地坪涂料与自流平地坪

徐　峰　薛黎明　程晓峰◎编著

化学工业出版社

·北京·

本书引入近年来有关地坪涂料与自流平地坪材料的新技术和研究新成果，使内容更丰富，更接近技术的最新进展。本书分为六章，依次为绪论，环氧地坪涂料，聚氨酯、聚脲、甲基丙烯酸甲酯地坪涂料，功能性地坪涂料和光固化地坪涂料，自流平地坪材料的原材料与生产设备、自流平地坪材料及其应用技术。

本书可供从事建筑地面材料、建筑涂料和水泥、石膏砂浆基材料的研究、生产、施工、检测和管理的工程技术人员阅读，也可供大专院校涂料、建材和混凝土等相关专业的师生阅读参考。

图书在版编目（CIP）数据

地坪涂料与自流平地坪/徐峰，薛黎明，程晓峰编著. —2 版. —北京：化学工业出版社，2017.1（2023.3重印）
ISBN 978-7-122-28540-9

Ⅰ.①地… Ⅱ.①徐…②薛…③程… Ⅲ.①地坪-涂料②地坪-装饰材料 Ⅳ.①TU56

中国版本图书馆 CIP 数据核字（2016）第 279020 号

责任编辑：仇志刚　　文字编辑：李　玥
责任校对：吴　静　　装帧设计：刘丽华

出版发行：化学工业出版社（北京市东城区青年湖南街 13 号　邮政编码 100011）
印　　装：北京虎彩文化传播有限公司
787mm×1092mm　1/16　印张 21½　字数 592 千字　　2023 年 3 月北京第 2 版第 6 次印刷

购书咨询：010-64518888　　售后服务：010-64518899
网　　址：http://www.cip.com.cn
凡购买本书，如有缺损质量问题，本社销售中心负责调换。

定　　价：**98.00 元**

前言

FOREWORD

光阴荏苒，笔者2008年曾在化学工业出版社出版过一本关于地坪涂料与自流平地坪材料的小册子，迄今已近10年。其间，国家建设日新月异，经济发展天翻地覆；我国的现代化工业地坪也从初期起步阶段发展到于今的近趋成熟；地坪涂料与自流平地坪材料行业状况亦今非昔比。然而，本书目前仍有需求，这种情况下旧版重印显然失之时宜，笔者决定重新编写一本关于地坪涂料和自流平地坪的技术类图书。

本书在编写过程中，更注重于引入近年来地坪涂料与自流平地坪材料出现的新发展、新材料、新技术和新标准等内容。其中，在新发展方面除了在第一章集中详细介绍外还贯穿于全书内容；新材料方面引入近年来新发展的"腰果壳油活性环氧稀释剂（第二章）""聚脲、聚天门冬氨酸酯、甲基丙烯酸甲酯地坪涂料（第三章）""沥青路面用反射隔热涂料和光固化地坪涂料（第四章）"等；在新技术方面引入近年来的一些研究新成果，例如"新型水性仿石地坪涂料""防火型无溶剂溴碳环氧防腐地坪涂料"和"用于有机硅改性聚氨酯塑胶地坪的水性双组分聚氨酯涂料"，以及有关用脱硫石膏、氟石膏等制备自流平地坪砂浆的研究新内容；在新标准方面着重介绍了几个关于地坪涂料产品和应用技术标准，如JC/T 2327—2015《水性聚氨酯地坪》和JGJ/T 331—2014《建筑地面工程防滑技术规程》等。挂一漏万，不一而足。

总之，希望本书的出版，更能体现技术性、实用性和前瞻性的初衷之目的，但限于我们的学识水平与技术实践，书中缺憾疏失在所难免，诚望见谅、指正和批评。

编著者

2016年10月于合肥

目录

CONTENTS

第一章 绪论

第二章 环氧地坪涂料

第六章　自流平地坪材料及其应用技术

第一章 绪论

第一节 概述

一、地坪涂料及其应用技术

1. 地坪涂料的定义

按 GB/T 2705—2003《涂料产品分类和命名》的规定，地坪涂料是应用于水泥基等非木质地面的涂料，属于地面涂料的一种。在 GB/T 2705—2003 中，地坪涂料被分类于建筑涂料大类中。因而，地坪涂料是涂装于水泥砂浆、混凝土、石材或钢板等地面，能够对地面起装饰、保护或某种特殊功能的建筑涂料。

2. 地坪涂料的应用

地面是建筑物的重要结构部位，良好的地面装饰能够为人们提供洁净舒适的生活或工作环境。几乎所有的建筑物，例如住宅、办公楼、工业生产的车间、公共建筑和医院等，都存在着地面装修的问题。

地面装修材料种类繁多，例如地坪涂料、各种地面装饰块材、地毯和自流平地坪材料等，而其中地坪涂料因为具有更好的技术经济效益以及种类多、维修方便和功能性强等特点，有着更广泛的应用和适用范围。但是，由于目前家庭住宅装修更多的是选用木地板、耐磨地砖花岗岩和地毯等装饰材料，因而其主要应用场合还是工业厂房、公共建筑以及某些对地面有特殊要求的特殊建筑（例如医院手术室、高等级实验室等）的地面。

人们对各种公用、公共场合地面的装饰、清洁、安全和功能的要求在不断提高，推进着地面装饰材料的应用与发展，以满足人们不断增长的需求。例如，现代超市、购物中心除了装饰要求外的防滑要求；高档娱乐场合和会议中心的舒适要求、医院手术室和高等级实验室的超防尘要求以及某些地面的防静电要求、防腐蚀要求和防辐射要求等。

另一方面，现代工业对生产环境的要求也在不断提高，由文明生产而导致的车间清洁卫生的保持和产品品种和质量的需要，都对工业地坪提出了更为严格的要求，使得地坪成为不可忽视，而且必须高度重视并需要投入一定资金、技术进行建造、翻新和维修的生产硬件。在这种大环境下，我国的地坪涂料在短短的十几年时间内出现了从无到有、品种单一到众多品种同时应用、从低品级产品到多品级产品变化的快速发展过程。

3. 地坪涂料应用技术

涂料行业素有“三分材料，七分施工”之说，这尤其适应于地坪涂料。这是因为，地坪涂料以功能性涂料为多，而这类功能性涂料在应用过程中所需要的涂层系统往往可能比通常仅仅以装饰功能为主要应用目的的涂料更为复杂。例如，耐磨地坪涂料涂层系统需要配套使用耐磨性极好的金刚砂或其他配套技术，这是普通涂料技术中所无须使用的；地坪防滑涂料亦如此；再例如，防静电地坪涂料在涂装时导电网络的布置与安装等，都需要涉及专门的技术，而且需要规范的涂层系统设计技术。因而，地坪涂料的应用技术是使其具有实用性能的极重要技术。

二、地坪涂料与地面装饰材料

地面是建筑物需要装饰的重要结构部位，在现代生活与现代工业中尤其如此。通常，用于地面装饰的材料种类很多，豪华者如花岗岩、高档木地板，朴素者如普通水泥地坪（包括水泥混凝土地坪和水泥砂浆地坪）。而与各种地面装饰材料相比，地坪涂料具有无缝、防尘、防渗、防潮、耐磨损、不起尘、高强度、抗冲击等物理机械性能；具有优良的耐酸、碱、盐和耐其他多种化学介质腐蚀的抗化学药品性能；有价格低廉、施工简便的性能，还可以产生各种功能特性等特征。

常用的地面装饰材料如表 1-1 所示。

表 1-1　常用地面装饰材料的种类及其特征

装饰材料种类	性能特征	主要应用场合
普通水泥地坪	成本低、制作简单、耐久；易起灰尘、粗糙、不光亮、装饰效果差、易脏、不易清洁、耐磨性差，无防水、防潮性能，不耐腐蚀等	适用于道路路面，不适用于工业地坪，如在表面涂装普通地面涂料，也可以用于要求不高的工业地坪
普通水磨石地坪	耐久性好、耐磨、不变色；易起灰尘、春夏季节易回潮、水分不易散发、行走响声大、油脂易渗入、不易清洁、需要打蜡保养等	适用于要求不高的公共场所、仓库、工业地坪等
瓷砖地坪	不起灰尘、装饰性好；成本高、春夏季节易回潮、水分不易散发、响声大、有接缝、易破裂、抗冲击性和防滑性差、损坏后修补困难等	适用于各种公共场所、公用建筑和民用建筑等，不适用于工业地坪
花岗岩、大理石等	装饰效果好、豪华、耐磨、不变色、耐久性好；有接缝、防滑性差、损坏后修补困难等	适用于各种公共场所、公用建筑和民用建筑等，不适用于工业地坪
木地板	装饰性好、安装简单、保暖隔热、舒适感强；怕水，有的须经常保养等，防火性差	适用于居室和高级公共场所，不适用于工业地坪
塑料地板	美观、可防静电、平整；造价高、强度较低、抗穿刺性差、无耐磨性等	电子工厂、机房、实验室、制衣厂和办公室等
地毯	装饰豪华、铺贴简单（对地面基层的平整度要求高）、保暖隔热、舒适感强；需要专门的清洁机具等，防火性差	适用于居室和高级场所，不适用于工业地坪和公共场所
自流平地坪	自流平地坪除了具有极高的平整度外而装饰效果较好外，还因种类不同而具有不同的性能。例如，耐磨型地坪的硬度高，耐磨损性好；快硬耐磨地坪施工速度快，耐磨；高强彩色地坪的强度高、耐久光亮、装饰效果好	耐磨型自流平地坪特别适用于工业地面的施工，其他类自流平地坪分别适用于工业地面、实验室、机房和高档办公室的地面以及作为塑料地板铺设的衬底层等
普通装饰性地面涂料	施工简单、颜色丰富、易保养维护、容易翻新，装饰效果因涂料品种而异；怕烫、耐磨性差、不抗冲击等	主要用于居室装修及能够及时得到翻新的场合，不适用于工业地坪
地坪涂料	地坪涂料具有两大特征，一是种类和范围广，因而根据需要和要求的选择范围宽；二是其功能性，即除了具有必要的装饰性外，因地坪涂料的品种不同而可能具有不同的功能型性能特征，例如耐磨性、弹性、防滑性、耐腐蚀性和抗静电性等	分别适用于要求具有不同装修档次、不同功能场合的涂装，例如各种工业地坪、公共场所和高级仪器、仪表室和实验室等

从表 1-1 中可见，地坪涂料只是众多地面装饰材料的一大类，但却是很具有特征的一类，这体现在其品种非常丰富、档次比较齐全、功能多种多样，因而具有很强的竞争优势，成为广泛应用的地面装饰和功能材料。

三、地坪装饰材料的性能要求

地面作为建筑物的特殊结构部位，其装饰材料有其不同于其他类材料的特殊性。例如，墙面涂料虽然也能够产生保护功能，但其应用是以装饰性为着眼点的，而地坪涂料虽然也产生良好的装饰效果，但许多情况下则以其功能性为主要应用目的。

表 1-2 中列出工业地面和公共建筑地面对地坪的某些性能要求。从表中可知，诸如混凝土、水泥砂浆等地面材料，是不能够满足现代工业及各种公共建筑地面对地坪的性能要求的。因而，随着现代工业技术的发展，各种装饰性、功能性地坪材料具有了应用与发展的契机与优势。就目前的技术状况来说，地坪涂料以及各种有机类、无机类自流平地坪材料是技术经济性能最好的工业地坪和公共建筑地坪装饰材料。

表 1-2 工业地面和公共建筑地面对地坪的某些性能要求

性能项目	具体内容描述	
	工业地面	公共建筑地面
装饰性	装饰要求可能会因地面种类的不同而不同，但总的来说都要求具有一定的平整度和光泽度，并能够与整体环境相协调，使人感觉明亮、整洁、爽净	通常对装饰性的要求很高，要求平整、光洁、光亮，颜色与环境协调，往往需要赋予人以典雅、舒适或富丽堂皇等感觉，或达到特定的装饰效果
卫生与安全	不起尘、不长霉，能防水、防潮，不易滋生细菌，不会散发令人不舒服的气味和有毒有害气体，对环境和人体健康不会产生不良影响；要求具有一定的防滑性或行走舒适性，人行走不能产生太大声响	
强度	具有必要的强度，除了能承受人行走和各种操作需要的冲击、穿刺和磨损外，还要能够承受一定的机械冲击、碾压和磨损，有的还要求能够承受重型卡车、铲车等的长期、反复运行	具有必要的强度，能够承受人行走和各种活动需要的冲击、碰撞、穿刺和磨损
基层和与基层结合	对于安装类地面装饰材料，例如木地板，要求其安装牢固、平整性好，并对色泽、拼缝等有一定要求等；对于铺贴类地面装饰材料，例如塑料地板、地毯等，需要保证对地面基层达到要求的平整度等；对于涂装、粘贴等类地面装饰材料，要求其与基层结合牢固，不起壳、不剥离、不剥层、不脱落等，必须能够给人以坚实和安全的感觉等	
其他功能	一般的工业地坪需要能够防水、防潮和防油渗等，有的场合还需要具有防静电、防腐蚀和耐受一定的高温或防辐射等功能；有些工业作业场合的地面防滑也是需要高度重视的问题	能够耐水、防潮、防油、耐烫和阻燃等；具有弹性、防滑性、警示性、指示性及其他需要的特殊功能；需要具有良好的耐沾污性，能够承受反复清洗所产生的洗刷、磨损等作用；在某些场合，防滑性能非常重要
经济性	应具有合适的造价（包括施工费用），具有较好的技术经济性能。同时，对施工技术、施工用材料和设备、器具等没有特殊要求，并易于施工	造价需要具有与地面装饰材料的竞争性，并具有很好的装饰效果、使用耐久性和造价之间的综合平衡
耐久性	具有很好的耐久性，并易于保养维护、维修和翻新等	要求坚固、耐用，有长期的使用价值，并需要保养、维护方便

表 1-2 所示的是对地坪装饰材料的基本性能要求，也是地坪涂料必须满足的要求。

第二节 地面涂料的种类与特征

一、地面涂料的种类及其特性

地坪涂料属于地面涂料的一大类别。为了了解地坪涂料在涂料中的构成情况，表 1-3 中介绍地面涂料的种类与特性，其中包含地坪涂料。

表 1-3　地面涂料的种类和特征

涂料种类	性能特征	主要应用场合
酚醛类	属于氧化固化型涂料，具有适当的硬度、光泽、快干性，耐水和耐酸、碱性，且成本较低。但是，酚醛类涂料易黄变，耐久性差，因而需要进行改性处理，例如松香改性。酚醛类涂料比丙烯酸类涂料、醇酸类涂料的性能都差	酚醛类涂料主要用于木门窗的涂装，作为地面涂料已经很少使用，少量的酚醛清漆和瓷漆主要用于木地板的涂装
醇酸类	属于氧化固化型涂料，醇酸涂料经涂装成膜后，涂膜能够形成高度的网状结构，不易老化，耐候性好，光泽能持久不褪；涂膜柔韧、坚牢，并能耐摩擦，抵抗矿物油的腐蚀，抗醇类溶剂性良好。醇酸涂料性能上的不足是涂膜的耐水性不良，不能耐碱，在涂装时干燥成膜虽然很快，但完全干透的时间较长	主要用于各种木器的涂装，如家具、门窗等，醇酸类地面涂料主要是醇酸清漆和瓷漆，前者用于木地板的涂装，后者用于木地板和水泥地面的涂装
丙烯酸类	属于挥发固化型涂料，丙烯酸涂料或拼用了其他树脂进行改性的丙烯酸涂料，具有很好的物理性能，涂膜光滑坚韧，并有耐水性，具有优良的光泽保持性，不褪色、不粉化，耐候性、耐化学腐蚀性强，单组分，使用方便，价格相对便宜。但是，丙烯酸涂料的耐热和耐溶剂性不良是其不足之处	品种多，用途十分广泛。例如用于各种木器的涂装等。丙烯酸类地面涂料主要是清漆和瓷漆，用于室内装修的涂装。前者用于木地板的涂装，后者用于木地板和水泥地面的涂装
聚氨酯类	属于反应固化型涂料，所形成的涂膜具有优异的物理性能，例如硬度、附着力、耐磨性、耐碱性以及耐溶剂性能等均非常好。聚氨酯漆的耐热性能是其他一些涂料(例如丙烯酸涂料、醇酸涂料等)所不能比拟的。此外，聚氨酯涂料的涂膜光亮丰满，装饰效果非常好。因而，高质量的聚氨酯涂料(特别是双组分型)是目前常用的家用涂料和现场涂装的地面涂料中档次最高的涂料品种	用途十分广泛，品种也多，例如防水类聚氨酯涂料、外墙聚氨酯涂料和各种功能型聚氨酯涂料等，聚氨酯木器清漆用于木地板的涂装是目前最好的涂料品种
过氯乙烯类	属于挥发固化型涂料，耐候性、耐化学腐蚀性优良，耐水性、耐油性、防延燃性、三防性能较好；附着力较差，打磨抛光性较差，不能在70℃以上高温使用，固体分低	在装饰类涂料的应用中主要是用作地面涂料，例如木地板和水泥地面的涂装
氯化橡胶类	属于挥发固化型涂料，具有快干、耐磨、耐久和黏附性能优良等特点，并且耐雨、雪天气和地面冰块、渣滓等磨料和化学品等的侵蚀作用	主要应用于地面标线涂料、标识涂料(如反光涂料)，辨识性好
环氧树脂类	属于反应固化型涂料，涂膜附着力强；耐碱、耐溶剂；具有较好的绝缘性能和耐各种化学介质腐蚀的性能，漆膜坚韧，硬度高。室外曝晒易粉化，保光性差，色泽较深，漆膜外观较差	主要用于各种地坪涂料，如耐磨地坪涂料和耐腐蚀地坪涂料，用于大型工业厂房地坪涂装是各种环氧地坪涂料应用量最大的场合
地坪涂料	目前的地坪涂料主要以聚氨酯和环氧树脂两类合成树脂为成膜物质，这两种树脂的综合性能都很好，能够满足是地坪涂料所需要的涂料性能、涂膜性能和施工性能等的要求，也有以丙烯酸酯树脂为成膜物质的，但应用的不多	分别适用于要求具有不同功能场合的涂装，例如各种工业地坪、公共场所和高级仪器、仪表室等

在表 1-3 中，把地面涂料分成酚醛类、醇酸类、聚氨酯类、丙烯酸类、过氯乙烯类和环氧树脂类等，这是按照成膜物质进行分类的。聚氨酯和环氧树脂是地坪涂料的最重要成膜物质，由这两类成膜物质制得的地坪涂料构成了绝大多数的地坪涂料品种。但是，表 1-3 中的地坪涂料不是根据成膜物质分类，而是按照涂料的功能和使用场合粗略划分的。

表 1-3 中的酚醛类、醇酸类和过氯乙烯类地面涂料是我国早期发展和应用的地面涂料品种，随着产品的升级换代，这些涂料的应用已经很少。

二、地坪涂料的分类与种类

1. 国家标准 GB/T 22374—2008 的分类

目前，地坪涂料的种类和功能都很多，GB/T 22374—2008《地坪涂装材料》的分类和种类见表 1-4。

表 1-4　GB/T 22374—2008 标准对地坪涂料的分类和种类

分类方法	种类(代号)
按分散介质分类	①水性地坪涂料(S)；②无溶剂型地坪涂料(W)；③溶剂型地坪涂料(R)

续表

分类方法	种类(代号)
按涂层结构分类	①底涂(D);②面涂(M)
按使用场所分类	①室内;②室外
按承载能力分类	①Ⅰ级;②Ⅱ级
按防静电类型分类	①静电耗散型;②导静电型

2. 中国工程建筑协会标准 CECS 328—2012 的分类

CECS 328—2012《整体地坪工程技术规程》标准将地坪涂料称为“树脂类地坪系统”，并将地坪涂料工程系统分为八类，见表 1-5。不过，其分类是对地坪涂料工程系统的分类，而不是对地坪涂料产品的分类。所谓“地坪涂料工程系统”，是指地坪涂料在实际工程中应用时不同产品组合应用形成的应用体系。

表 1-5 CECS 328—2012 标准对“树脂类地坪系统”的分类

类型	名称	选用材料	系统设计厚度/mm
1	薄涂/厚涂地坪系统	① 溶剂型、无溶剂型、水性环氧树脂或聚氨酯地坪涂料 ② 乙烯基酯类地坪涂料 ③ 甲基丙烯酸甲酯类地坪涂料	① ≤0.5 ② 0.5~1.0 ③ ≥0.5
2	复合地坪系统	溶剂型、无溶剂型、水性环氧树脂或聚氨酯地坪涂料	0.5~3.0
3	撒播	① 无溶剂型环氧树脂地坪涂料 ② 乙烯基酯类地坪涂料	① >3.0 ② 2.0~4.0
4	自流平地坪系统	① 无溶剂型、水性环氧树脂或聚氨酯地坪涂料 ② 乙烯基酯类地坪涂料	① >0.8~3.0 ② 1.5~3.0
5	砂浆地坪系统	① 无溶剂型、水性环氧树脂或聚氨酯地坪涂料 ② 乙烯基酯类地坪涂料	① >3.0 ② 4.0~6.0
6	彩砂地坪系统	无溶剂型环氧树脂地坪涂料	>3.0
7	磨石地坪系统	无溶剂型环氧树脂地坪涂料	>4.0
8	纤维层地坪系统	乙烯基酯类地坪涂料	>1.5

3. 按成膜物质或用途分类

按照成膜物质或用途进行分类是较常用的分类方法，见表 1-6。

表 1-6 地坪涂料的分类与种类

分类方法	涂料种类	对组成、特征或用途等的描述
按成膜物质分类	环氧地坪涂料	通常由环氧树脂、溶剂和固化剂及颜料、助剂等构成，这类涂料中包含众多的地坪涂料品种，如无溶剂自流平地坪涂料、防腐蚀地坪涂料、耐磨地坪涂料、防静电地坪涂料和水性地坪涂料等，其主要特性是与水泥基层的黏结力强，能够耐水及其他腐蚀性介质的作用以及具有非常良好的涂膜物理机械性能等，是用量最大的地坪涂料
	聚氨酯地坪涂料	以聚醚树脂、聚酯树脂、丙烯酸酯树脂或环氧树脂为甲组分，异氰酸酯为乙组分而构成，因涂膜硬度和与基层的黏结力等不如环氧树脂类涂料，其品种较少，主要有弹性地坪涂料和防滑地坪涂料
	甲基丙烯酸甲酯地坪涂料	甲基丙烯酸甲酯(MMA)地坪涂料是以聚甲基丙烯酸甲酯(PMMA)为主体树脂基料、甲基丙烯酸甲酯等反应性单体为交联剂，加入高熔点蜡液、辅助配套专用粉料、骨料及助剂等材料而制成的新型高分子材料。该涂料具有快速固化、超低温固化(−30℃)、优异的耐候性、绿色环保等许多优点
	聚脲地坪涂料	聚脲地坪是由异氰酸酯组分和氨基化合物组分反应生成的弹性体，其涂料主要由异氰酸酯(MDI)、聚醚多元醇、聚醚多元胺、胺扩链剂、各种功能助剂、颜(填)料和活性稀释剂等组成。聚脲地坪涂料的优点在于其弹性高(断裂伸长率≥450%)、耐磨和防腐蚀性能好；对基层的附着和表面防滑性能优良
	其他地坪涂料	如以丙烯酸酯树脂和氯化橡胶等为基料的地坪封闭涂料，通常作为水泥或混凝土表面的处理剂，起封闭作用，防止泛碱或水蒸气渗出，以利于涂料涂装和在使用过程中对涂层的防护

续表

分类方法	涂料种类	对组成、特征或用途等的描述
按涂料用途分类	普通地坪涂料	用于一般装饰性地坪，使地面具有一定的装饰效果，不起尘和便于清扫等，也可用作医院或制药厂等的整体无缝地坪，使环境清洁明亮以及便于清洁和消毒等
	防静电地坪涂料	能够排泄静电荷，防止因静电积累而产生事故，以及屏蔽电磁干扰和防止吸附灰尘等，可用于各种需要抗静电的地面涂装，如电厂、电子厂车间、火工产品厂、微机室等
	可载重地坪涂料	这类地坪涂料与混凝土基层的黏结强度高，涂膜抗压、抗张强度和硬度均高，并具有很好的抗冲击性能、承载力和耐磨性，用于需要有载重车辆和叉车行走的工厂车间和仓库等的地坪涂装
	防腐蚀地坪涂料	除了具有可载重地坪涂料的各种强度性能外，还能够耐受各种腐蚀性介质长期的腐蚀作用，用于各种化工厂、炼油厂、卫生材料厂等地面的涂装
	防滑地坪涂料	涂膜具有很高的摩擦系数，具有防滑性能，用于各种具有防滑要求的地面涂装，是一类正处于快速应用与发展阶段的地坪涂料
	弹性地坪涂料	采用弹性聚氨酯制成，涂膜因具有弹性而具有行走舒适性，用于各种体育运动场所、公共场所和某些工厂车间地面的涂装
	耐核辐射地坪涂料	具有抗辐射和吸收辐射的性能，避免地面及相关装置在强辐射、高温、高湿等极端环境中受到核放射性的影响和损害，主要应用于核反应堆、核电站、同位素实验室和其他容易受放射性污染的建筑地面
	其他地坪涂料	如无毒地坪涂料，涂料使用无毒材料制成，涂膜无毒，用于食品厂、制药厂等对卫生性能要求高的地面的涂装

三、地坪涂料的功能特性及其应用

1. 地坪涂料的共性

如前述，地面涂料有通常的装饰性地面涂料和地坪涂料两大类。装饰性地面涂料不在本书的讨论范围。目前广泛应用的建筑地坪涂料有环氧耐磨地面涂料、聚氨酯弹性地面涂料、防滑地面涂料、防静电地面涂料和防腐蚀地坪涂料等。本书主要介绍这几类地坪涂料。

在能够保证适当装饰效果的同时，地坪涂料的最主要特点还在于其功能性，这将在表 1-7 中进行介绍。除此之外，地坪涂料还有一些共性。这主要包括如下几个方面。

① 因功能性突出而能够满足所使用场合的要求而得到应用。

② 除功能性外，还具有一定的装饰效果，能够根据要求灵活地配制出各种颜色。

③ 涂膜具有较好的力学性能，与基层的附着力强。

④ 涂膜具有适当的耐久性，其技术-经济综合性能较好，在适用场合具有与竞争材料相比较的竞争优势。

2. 地坪涂料的功能性和几种功能性地坪涂料的适用场合

上面所述几类涂料的功能、特性和适用场合如表 1-7 所示[1]。有必要指出的是，由于我国改革开放以来现代化工业水平不断提高，由于生产技术本身对清洁、耐磨、耐腐蚀、导静电等环境的要求，以及生产车间对文明、卫生的需要和涂料技术的进步，地坪涂料得到较快的发展，特别是环氧耐磨地面涂料，以其耐磨、防腐蚀、装饰性好等特性，而在许多行业得到大量的应用[2]。例如，环氧耐磨地面涂料的应用优点在医药行业得到充分体现。1996 年国家开始在制药行业实施 GMP（good manufacturing practices，即良好的操作规范）整体规划管理标准，其中一个基础的硬件水平就是洁净地坪的制作，环氧耐磨地面涂料因能够满足其要求而得到大量的应用。

表 1-7 几种地坪涂料的功能、特性和适用场合

涂料种类	性 能 特 征	主要应用场合
环氧耐磨地面涂料	涂料由中等分子量的环氧树脂和适当的固化剂(例如胺类固化剂)和耐磨性好的填料及助剂等组成。涂料施工方便,可以调配出各种颜色,使用范围广。涂膜的物理机械性能好,抗压、抗拉强度高,耐磨性好,耐冲击,耐水、耐酸、碱、盐和油类等物质的腐蚀等	各种有耐磨、耐腐蚀以及不起尘要求的工业地坪或其他工业与民用建筑的地面等
聚氨酯弹性地面涂料	涂料由端封闭的多异氰酸酯组分和固化剂组分以及助剂和适量的颜(填)料等组成,涂料施工方便,可以调配出各种颜色,涂膜具有良好的弹性、耐磨性,耐冲击、耐水,耐酸、碱、盐和油类等物质的腐蚀等	人行天桥、体育场(馆)、会议室、实验室和有弹性要求的工业车间地面
防滑地面涂料	涂料中除正常的涂料组分[基料、颜(填)料、助剂等]外,还有大量具有防滑功能的防滑助剂(粒料)。涂料施工方便,可以调配出各种颜色。涂膜的摩擦系数高,具有良好的防滑性能以及物理机械性能,如抗压、抗拉强度高,耐磨、耐冲击、耐水、耐腐蚀等	人行天桥、体育馆(场)、离岸平台、水上浮桥、购物中心和老人活动中心、少儿中心或其他公共场所以及装卸码头、工厂车间和急转弯、下坡、十字路口等交通路段
防静电地面涂料	涂料中除正常的涂料组分[基料、颜(填)料、助剂等]外,还含有大量具有导电功能的助剂(例如导电填料、导静电剂等),涂料施工方便,可以调配出各种颜色;能够排泄地面的积累静电荷,同时涂膜具有适当的物理机械性能,能够满足抗压、耐磨以及耐冲击、耐水等性能的要求,并具有适当的耐腐蚀性	安装有通信、机电、计算机等设备的车间,仪器、仪表室;微电子车间、化工厂车间、制衣车间和其他易因积累静电荷而能够导致火灾、爆炸和影响设备使用性能的场合
防腐蚀地坪涂料	涂料中的各种组分[基料、颜(填)料等]均能够耐受各种化学物质(例如酸、碱和盐等)的腐蚀,同时涂膜具有适当的物理机械性能,能够满足抗压、耐磨、耐水等性能的要求	主要应用于可能会受到严重腐蚀的化工车间(例如盐酸厂、氯碱厂和化肥厂等)、食品加工厂、卫生材料厂等地面的防腐蚀涂装

第三节 地坪涂料的现状与发展

一、概述

1. 发展沿革

我国的地面涂料几乎与工业涂料同时起步，即起源于20世纪五六十年代，起初以酚醛、醇酸、过氯乙烯和氯化橡胶类产品为主，主要应用于木地板、船用甲板以及一些特殊地面的涂装。

在20世纪90年代初期，随着国家改革开放带来的经济发展和快速的工业现代化进程，以及外国产品的进入，地坪涂料开始发展并逐渐形成规模。这主要是因为工业产品制造基地、国内大批开发区和工业园区、各种公共建筑的出现，尤其是汽车、电子和食品等工业的发展对高质量地坪的需求，对地坪涂料产生了巨大的需求量，催生了一些专业地坪涂料生产商和涂装公司。地坪涂料产品、应用和技术的快速发展使之成为继建筑涂料、汽车涂料和家具涂料后，发展最快的涂料品种。

目前，我国地坪涂料已从最初的水泥地板用漆、船甲板漆，发展到目前的无溶剂自流平地坪涂料、水性地坪涂料，以及防静电、重防腐、防滑和耐磨等多种功能性地坪涂料，拥有较齐全的品种，具备较成熟的应用技术，形成规模化的应用市场。这其中，得到成功、大量应用的是以聚氨酯和环氧树脂为成膜物质的各种功能性地坪涂料。另一方面，随着环保限制、应用需求、新材料的出现等各种因素的推动，我国地坪涂料生产与应用技术在水性化、功能化和产品改性等方面不断取得新的进展。

与世界发达国家的地坪涂料相比，我国地坪涂料的不足体现于产品方面为中低档性能的产品多，高端产品差距较大；体现于应用技术方面为涂装施工机械和技术相对滞后，涂装工程管

理薄弱等。

2. 地坪涂料的水性化技术

水性化是涂料工业发展的大趋势，但目前我国地坪涂料中溶剂型涂料的比例仍较大。溶剂型地坪涂料中含有较多的有机溶剂，污染环境，危害健康；特别是溶剂型聚氨酯地坪涂料中含有的游离异氰酸酯单体，会严重危害健康和环境。溶剂型地坪涂料在实际施工中还存在产生涂膜病态（如起泡、鼓泡、脱落、附着不良等）的问题，而且对环境温湿度、基层湿度的要求也很高。因而，地坪涂料水性化是行业内一直受到高度重视的问题，并得到较多的研究，使得环氧、聚氨酯和聚丙烯酸酯等几类主要的地坪涂料在水性化技术方面都取得重要进展。

3. 地坪涂料的功能化技术

功能型地坪涂料既能够体现出地坪涂料的许多优势，又大大扩展了地坪涂料的应用范围，也使地坪的许多具体应用要求得以满足。目前我国已具备齐全的功能型地坪涂料品种，例如弹性、耐磨型、防腐型、电功能型、防滑型、反射隔热型、地面目标伪装型、耐核辐射型等。

4. 产品改性

通过对现有产品改性使之提高性能或赋予产品新功能是地坪涂料发展的重要途径之一。例如，将不同成膜物质复合对产品进行改性、使用纳米技术改性环氧、聚氨酯地坪涂料、使用氟树脂改性聚丙烯酸酯地坪涂料、用聚氨酯改性聚丙烯酸酯地坪涂料等，都取得了很好的效果。

二、环氧地坪涂料的现状与发展

1. 水性化技术

环氧地坪涂料的发展首先体现于水性化技术。水性环氧地坪涂料具有许多优点，例如环保、涂膜附着力高、耐腐蚀性和耐化学药品性能优异、硬度高、耐磨性好；涂膜固化后的少量水分可使涂膜具有微孔隙，可释放混凝土内部水蒸气的压力以及可在室温和潮湿的环境中使用。水性环氧地坪涂料的缺点是施工过程中的污物易使涂膜产生缩孔；不适宜冬季或低温环境施工；对抗强机械作用力的分散稳定性差以及会使产品的物理机械性能降低等。

环氧地坪涂料水性化技术目前主要有两种。一是将环氧树脂水性化，然后与水可分散的环氧固化剂配合使用；二是低分子量的液态环氧同具有乳化作用的环氧固化剂配合使用[3]。

2. 无溶剂型环氧地坪涂料

无溶剂环氧地坪涂料具有不污染环境、无燃烧、爆炸危险、可在潮湿表面施工、固体分含量高、施工后能够自流平、成型后涂膜厚、配比可调整范围宽以及能够保持溶剂型产品的物理机械性能等优势，因而一度成为研究的重点，目前已经成为成熟的应用技术。

3. 功能型地坪涂料

环氧树脂优异的物理机械性能，使得环氧地坪涂料成为功能化较多的涂料品种，例如耐磨、防腐、防静电涂料等，而且都是成熟的应用技术并得到很多的应用。

4. 产品改性和新产品研制

针对环氧树脂存在的抗紫外线能力差、低温潮湿环境下施工导致与基层黏结力下降等性能不足，围绕其改性研究持续进行。例如以松节油为原料制取改性环氧树脂，不仅粘接力比传统双酚 A 型环氧树脂好，防腐蚀性能也非常优异，可作为抗紫外线的环氧地坪涂料[4]；再例如以糠醛、丙酮和环氧树脂为原料的糠酮环氧浆料制成的糠酮改性环氧树脂水泥地坪涂料，其弹性、抗压性能均很好，低温潮湿环境下能快速固化[5]。而采用聚环氧化丙烯二醇、甲苯二异氰酸酯和有机纳米蒙脱土等制备有机蒙脱土纳米插层聚氨酯预聚体，并以此对 E-44 环氧树脂进行改性制得的地坪涂料，可克服环氧树脂涂料常有的缺点，并使之在耐腐蚀、耐酸碱、柔韧性和耐冲击性等方面得到提高。

三、聚氨酯地坪涂料的现状与发展

1. 水性化技术

水性聚氨酯地坪涂料分为单组分和双组分两种。单组分产品是最早的水性化产物，其分子量较低，交联度不高，导致其耐溶剂和化学品性不佳，涂膜硬度以及表面光泽度均较低，虽然通过交联复合改性的单组分产品在一定程度上性能得以提高，但为了更好地满足需求，使之达到或接近溶剂型双组分聚氨酯地坪涂料的性能，近年来的研究开发趋向于双组分交联型聚氨酯地坪涂料[6]，它由含羟基水性多元醇组分和水性多异氰酸酯固化剂组成，它将双组分聚氨酯涂料的高性能和水性涂料的低 VOC 相结合，成为地坪涂料研究和发展的方向。

2. 功能型地坪涂料

以聚氨酯为成膜物质制备的功能型地坪涂料有弹性型、防滑型等类产品。其中，聚氨酯弹性地坪涂料用于塑胶运动地坪的制备得到大量应用；防滑型地坪涂料在一些特殊场合的应用也很成功。这两类功能型涂料应用的总量虽然不大，但由于性能独特、专用性强，成为重要的地坪涂料品种。

3. 产品改性和新产品研制

虽然弹性聚氨酯地坪涂料是该类产品应用的主体，但通过改性技术也能够制成硬地坪涂料。例如，某种新型聚氨酯地坪涂料，既是无溶剂型而有良好的环保性能，又可分别制成软质和硬质产品，其硬质产品的硬度为 50～80（邵氏 A）[7]。

无溶剂聚氨酯地坪涂料是性能优异的环保型产品，且涂料具有优良的弹性、强度，可满足船舶舱室地坪使用要求[8,9]。此外，还能够制成高透水性无溶剂聚氨酯地坪，以满足暴雨条件的排水要求[10]。

纳米插层改性是提高材料力学性能，特别是韧性的有效方法之一，近年来在聚氨酯、环氧树脂改性技术中得到广泛应用。例如，使用纳米膨润土改性水性聚氨酯涂料，是将比表面积大并富含羟基的高活性纳米级膨润土与聚氨酯硬段以氢键形式结合，使其具有优良的物理机械性能和较强的抗紫外老化功能[11]。

以环氧树脂为羟基组分、聚醚聚氨酯弹性预聚物为固化剂是对聚氨酯地坪涂料进行改性的良好技术。这种将两种树脂复合制备的新型弹性环氧聚氨酯地坪涂料，既有环氧树脂的强粘接力、高耐腐蚀性，又具有弹性聚氨酯优异的耐磨、耐冲击和高强度等特性[12]。

四、其他类地坪涂料的现状与发展

聚丙烯酸酯涂料主要用于地面涂料，使用含氟的聚甲基丙烯酸酯树脂作为成膜物质可以制备具有疏水性能的高性能地坪涂料[13]。

聚丙烯酸酯类地坪涂料的水性化技术主要是采用聚丙烯酸酯乳液和水泥复合使用，以取得耐水、高强和廉价等多方面的效益，并已成为成熟的技术而得到广泛应用。

具有固化速度快、防腐防水性能好、耐温范围宽、工艺简单等特点的聚脲地坪涂料，近年来开始应用于各种有防滑、防腐、耐磨要求的生产车间、停车场、运动场等地坪的涂装[14]。

随着 UV 光固化装置的不断改进，光固化地坪涂料已成为现场快速施工一种新的选择而得到应用。该类涂料的最大优势在于涂料的瞬间固化，这有助于地坪涂层在施工后更快地投入使用。

五、地坪涂料技术标准的发展

1. 国外地坪涂料标准

发达国家已经建立了完整的地坪涂料标准体系，其中以欧洲标准体系最为完备。欧洲地坪标准系统主要由 BS EN 8204-6 应用规范、FeRFA（英国树脂地坪协会）制定的详细应用指导细则和 BS EN 13813 等产品标准组成。

BS EN 8204-6《地坪地板和现场施工　第 6 部分：合成树脂地坪应用规范》侧重于应用和验收，涉及材料、设计、现场施工、地坪起鼓问题、健康与安全、现场测试等。FeRFA 制定的细则由 12 个指导文件和 3 个成员行为准则构成，包括规范应用、系统选择和安全防护等内容，侧重关注地坪防滑、起鼓、防腐、潮湿基材、防静电等方面的内容。

BS EN 13813《找平层材料和沥青地面　找平层材料　性能和要求》为地坪材料产品标准，其中树脂地坪涂料检测项目包括粘接强度、耐磨性、抗冲击性等必检项目和抗压强度、抗折强度、表面硬度等非必检项目。

从欧洲地坪涂料标准来看，整个欧洲对树脂地坪的分类是一致的。从地坪涂料的材料组成来看，包括环氧地坪、聚氨酯地坪、丙烯酸地坪和 PMMA 地坪四种。从交通应用角度分类，分为 LD（轻度）、MD（中度）、HD（重度）和 VHD（超重度）四种类型。他们将地坪涂料涂装分为八个系统，各系统特点见表 1-8[15]。

表 1-8　欧洲的地坪涂装系统

类型	名称	系统内容描述	适合交通	典型厚度	设计寿命/a
1	封闭层	水性或溶剂型，环氧、聚氨酯或丙烯酸，防尘与混凝土封闭	LD	≤150μm	LD：1～2 MD：<1
2	薄涂系统	水性、溶剂或无溶剂型，环氧、聚氨酯或丙烯酸	LD/MD	150～300μm	LD：2～3 MD：1～2
3	厚涂系统	无溶剂，聚氨酯、环氧和丙烯酸	MD	300～1000μm	LD：5～7 MD：2～4
4	多层系统	环氧、聚氨酯或 PMMA，多层涂覆或砂浆中间层或压砂中间层	MD/HD	>2mm	MD：10～12 HG：5～7
5	自流平系统	环氧、聚氨酯或 PMMA，一次流平施工，可进行轻度表面修饰	MD/HD	2～3mm	MD：6～8 HD：3～4
6	砂浆系统	聚氨酯或环氧、砂的比例大，刮抹施工，常用薄涂罩面以降低表面孔隙率	MD/HD	>4mm	MD：10～12 HD：5～7
7	重型自流平系统	聚氨酯、环氧或 PMMA，砂浆系统，面层为自流平	HD/VHD	4～6mm	MD：8～10 VHD：5～8
8	重型砂浆地坪	聚氨酯或环氧，砂的比例大，刮抹施工，无面层，整体致密不渗透	VHD	>6mm	10～12

2. 我国地坪涂料标准概况

我国地坪涂料标准主要有产品标准和应用技术标准（规程、规范）两类，见表 1-9[16]。

表 1-9　我国地坪涂料标准名录

标准类别	标准号	标准名称
地坪涂料产品标准	HG/T 2004—1991	水泥地板用漆
	JC/T 1015—2006	环氧树脂地面涂层材料
	HG/T 3829—2006	地坪涂料
	GB/T 22374—2008	地坪涂装材料
	JT/T 712—2008	路面防滑涂料
	JC/T 2158—2012	渗透型液体硬化剂
	JC/T 2327—2015	水性聚氨酯地坪

续表

标准类别	标准号	标准名称
地坪涂料应用技术标准	SJ/T 11294—2003	防静电地坪涂料通用规范
	CECS 328—2012	整体地坪工程技术规程
	JGJ/T 331—2014	建筑地面工程防滑技术规程

3. 我国地坪涂料标准的特点和差异

HG/T 2004—1991《水泥地板用漆》是我国最早的地坪涂料产品标准，所规定的技术性能指标仅适应当时的水平，地坪涂料产品也仅限于聚氨酯、酚醛和环氧树脂类薄涂层涂料。

JC/T 2327—2015 和 JC/T 1015—2006 是分别针对环氧和聚氨酯类地坪材料的专用标准，几个通用型地坪涂料标准存在如下一些差异[17]。

① 各标准对于常规物性项目，如容器中状态（外观），固体含量，耐化学品性如耐水性、耐酸性的规定大同小异，差别在于规定项目的多少、耐液体介质的不同和检测方法的差异。

② GB/T 22374—2008《地坪涂装材料》及 SJ/T 11294—2003《防静电地坪涂料通用规范》都规定了有毒有害物质限量；JC/T 2158—2012《渗透型液体硬化剂》规定了产品的 VOC 限定要求；其余标准则没有规定有毒有害物质限量要求。

SJ/T 11294—2003 规范规定的有害物质限量要求引用 GB 18581—2001《室内装饰装修材料 溶剂型木器涂料中有害物质限量》要求；GB/T 22374—2008 标准的要求见表 1-10。

表 1-10 GB/T 22374—2008 标准对地坪涂装材料(地坪涂料)有害物质的限量要求

有害物质名称		限量值		
		水性	溶剂型	无溶剂型
挥发性有机化合物(VOC)质量浓度①/(g/L) ≤		120	500	60
游离甲醛质量分数①/(g/kg) ≤		0.1	0.5	0.1
苯质量分数②/(g/kg) ≤		0.1	1	0.1
甲苯、二甲苯的总和质量分数②/(g/kg) ≤		5	200	10
游离甲苯二异氰酸酯(TDI)质量分数③/(g/kg)(聚氨酯类) ≤		—	2	2
可溶性重金属质量分数④/(mg/kg) ≤	铅(Pb)	30	90	30
	镉(Cd)	30	50	30
	铬(Cr)	30	50	30
	汞(Hg)	10	10	10

① 按产品规定的配比和稀释比例混合后测定。如稀释剂的比例为某一范围时，应按照推荐的最大稀释量稀释后测定。

② 若产品规定了稀释比例或产品由双组分组成或多组分组成时，应分别测定稀释剂和各组分的含量，再按产品规定的配比计算混合后地坪涂料中的总量。如稀释剂的使用量为某一范围时，应按照推荐的最大稀释量进行计算。

③ 若聚氨酯类地坪涂料规定了稀释比例或产品由双组分组成或多组分组成时，应先测定固化剂(含甲苯二异氰酸酯预聚物)中的含量，再按产品规定的配比计算混合后地坪涂料中的含量。如稀释剂的使用量为某一范围时，应按照推荐的最小稀释量进行计算。

④ 仅对有色地坪涂料进行检测。

③ GB/T 22374—2008《地坪涂装材料》有对防滑性的要求，SJ/T 11294—2003《防静电地坪涂料通用规范》有对体积电阻及表面电阻及阻燃性等项目的要求，JC/T 2158—2012《渗透型液体硬化剂》有对 pH 值、表面吸水量、表面吸水量降低率、耐磨度比等特殊项目的要求，其余标准均未涉及。

④ GB/T 22374—2008《地坪涂装材料》针对特殊场合，涉及流动度、防滑性（干摩擦系数、湿摩擦系数）、体积电阻及表面电阻、拉伸粘接强度、耐人工气候老化性、燃烧性能、耐化学性（化学介质商定）等项目，其余标准均未涉及特殊场合的项目。

4. 我国地坪涂料标准展望

今后，我国将会借鉴国外先进标准信息，并为了能够适应产品发展和应用技术的需要，将会不断制定新的地坪涂料标准。

另一方面，地坪涂料标准除了应规范产品质量外，还将根据国家发展节能减排、绿色环保产品的政策，引领产品向高性能、高固体含量、水性化方向发展。

随着地坪涂料应用技术发展的需要，还将制定不同行业的应用技术规程、设计规范、施工验收规范等，例如应用于地下停车场需求的地坪系统设计规范、满足卫生系统的医疗地坪系统设计规范、医疗地坪系统施工验收规范等。而随着时代发展的需要，已有的标准也会根据新的需要逐步得到修订。

六、地坪涂料发展展望

1. 地坪涂料将会得到较快发展

由于地坪涂料的一系列优异性能，随着社会的进步必然会得到更快、更好的发展，这从以下诸多方面可以得到论证。

（1）地坪涂料符合四 E 原则　四 E（能源、环境、效率、经济）是现代工业发展需要遵守的基本准则，地坪涂料是各种装饰性与功能性地面材料中很符合四 E 准则的一类产品。其中的一些主要品种，例如无溶剂环氧类地坪涂料、高固体分聚氨酯类地坪涂料，不需要或者只需要极少的溶剂，不需要消耗更多的石油化工原材料。

随着现代工业和科学技术的发展，人们越来越感受到环境压力，因而现代工业的发展是以环境保护为前提的。涂料工业需要使用大量的溶剂，是对环境产生重要影响的行业，但地坪涂料绝大多数属于环保型涂料。因而，地坪涂料是环境友好材料。

无论从材料的生产还是从施工速度方面看，地坪涂料都具有很高的效率。其生产属于简单的物理混合过程，生产工艺简单，设备投资节省，生产效率高。同常见粘贴类地面材料相比，地坪涂料的施工速度快很多倍，施工效率高。

（2）现代工业发展的需要　产品质量的保证、文明生产环境的要求和某些工业场合的特殊需要决定着地坪涂料的发展是其他类地面材料所不能取代的。例如，医药行业生产车间地面的质量直接影响产品质量。再例如，电脑、制衣、微电子产品生产车间地坪鉴于安全需要，必须使用防静电地坪，以避免静电积累对人体和产品产生危害。又例如，随着化工业的发展，防腐蚀地坪涂料成为另一类重要的功能性地坪涂料。在很多场合，例如经常会受到酸、盐和油类以及电流侵蚀的地坪，防腐蚀地坪涂料的功能、作用是其他地面材料所无法取代的。一言以蔽之，现代工业的发展离不开性能优异的地坪，而使用地坪涂料或自流平地面材料则能够施工出满足多种功能的技术-经济综合性能最好的地坪。

（3）现代生活的需要　近年来，因滑倒摔伤而造成人身伤害和财产损失的事件屡有所闻。主要原因是人们在把居室营建成富丽堂皇和众多商家把公共场所建成绚丽、豪华的同时，忽略了因地面光滑而带来的危害性。这就导致原来还只是停留在人们头脑中的概念的防滑涂料，已经开始应用于民用住宅、大型购物中心和其他公共场所。可见，现代生活也需要发展一些性能好的功能性地坪涂料。据作者的了解，我国已有多家专门从事地面涂料销售、施工和服务项目的公司，而使用防滑处理剂、防滑涂料对地面防滑的处理是其重要的业务范围。同时，国外的一些高性能的防滑处理剂、防滑涂料已经在我国销售或建厂生产，例如加拿大诺斯卡科技有限公司的系列防滑产品、美国的 VULCAN U. V. 防滑涂料产品等。

（4）财产和人身安全的需要　对于地面上经常有油、有水的工作场所；斜坡、装卸码头极易滑倒摔伤的场合；当路面潮湿或雨雪时，在急转弯下坡、十字路口等车辆轮胎容易打滑的事故多发点使用防滑涂料，对于改善危险工作环境和提高交通安全性的意义不言而喻。此外，防静电地坪涂料、防腐蚀地坪涂料的使用都具有相类似的保证财产和人身安全的意义。

2. 发展新品种地坪涂料

鉴于地坪涂料的优势，扩大新的应用领域、开发新型涂料品种是发展的趋势。可以预测，地面军用目标伪装涂料[18]以及能够降低沥青路面温度的太阳热反射涂层[19,20]在今后都可能得到进一步的研究与应用。

3. 发展环境友好型产品

无溶剂型、水性化地坪涂料今后都可能会在现有基础上得到更快的发展，其品种还将逐渐增多，质量会趋于稳定。

4. 新标准的制定

随着应用的规模化，将会制定相应的产品标准、施工技术规程等，使市场得以规范，并反过来促进应用技术的发展和进步。

第四节 自流平地坪材料概述

一、自流平地坪材料的种类与应用

1. 基本定义与组成

自流平地坪材料也称功能型地面装饰材料，是能够快速、经济和有效地得到平整、牢固或者具有装饰性地面的一类材料。自流平地坪材料通常分为有机和无机两大类：有机类即是流平性良好的地坪涂料；无机类实际上是水泥基或石膏基砂浆类材料，通常是由无机胶凝材料、超塑化剂、缓凝剂、早强剂、减缩剂、消泡剂、流平剂等添加剂和细砂等混合而成的粉状单组分（或者粉料与液料复合的双组分）地面建筑材料[21]，是功能性建筑砂浆的一种，使用时按照规定的比例加水拌和或者将粉料和液料拌和均匀，经机械泵送或者人工施工后，无须人工摊铺、振捣平整，而是靠浆体的高流动性而自动流动形成平整表面。一般地说，有机类自流平地坪材料（例如环氧自流平地坪砂浆）仍称为地坪涂料，而自流平地坪材料仅指无机自流平地坪材料，其基本组成如表 1-11 所示。

表 1-11 无机自流平地坪材料(砂浆)的基本组成

材料组分	功能或作用	商品材料举例
无机胶凝材料	将各种松散材料胶结形成自流平地坪层并与地面基层黏结在一起，使地坪层产生所需要的强度和各种物理机械性能	硅酸盐水泥、铝酸盐水泥(高铝水泥)、硫铝酸盐水泥以及建筑石膏、各种废渣石膏等
砂	构成地坪层的骨架材料，减少自流平地坪层在凝结硬化过程中的体积收缩，防止开裂	普通建筑用细砂、石英砂、碳酸钙碎石屑等
改性材料	减少无机胶凝材料凝结硬化后内部结构中的微观缺陷，降低水泥类无机胶凝材料的弹性模量，显著提高材料的抗弯强度、抗拉强度、抗折强度和黏结强度等	各种商品的乳胶粉、微细聚乙烯醇粉末、聚合物乳液等
矿物填充料	有利于地坪层材料中惰性材料的级配，使砂子等惰性材料具有最小的堆积间隙，同时有些填充料(例如粉煤灰)颗粒呈球形，在自流平材料施工过程中和浇注后能够起到“滚珠轴承”的作用，有利于改善料浆的流动性	粉煤灰、沸石粉、硅粉、碳酸钙、高炉水淬矿渣微粉、硅酸钙等
超塑化剂	也称高效减水剂，能够大幅度地提高自流平浆体的流动性，减少浆体调制时的用水量，提高浆体凝结硬化后的强度，减少体积收缩	萘系高效减水剂、蜜胺系高效减水剂、三聚氰胺系高效减水剂和聚羧酸盐减水剂等
缓凝剂	减缓自流平浆体的凝结，延长凝结时间，提高流动性	糖蜜系缓凝剂、柠檬酸系缓凝剂等
早强剂	提高自流平浆体的早期强度，但对后期强度无明显影响	三乙醇胺、甲酸钠、三异丙醇胺和硫酸钠等

续表

材料组分	功能或作用	商品材料举例
流平剂	提高自流平浆体的流动性，增强流平性，使之能够产生所需要的流平效果	甲基纤维素，羟乙基纤维素、羟乙（丙）基甲基纤维素等
消泡剂	消除自流平浆体中因表面活性剂的作用和机械搅拌、输送作用而引入的气泡，消除涂膜缺陷	磷酸三丁酯、有机硅消泡剂和各种粉状商品消泡剂等
减缩剂	既能够减少干缩，又能够大幅度减少自流平浆体在凝结硬化过程中的早期自收缩和塑性收缩，防止开裂	烷基醚聚氧化乙烯分子量小的脂肪多元醇等（如己二醇）
膨胀剂	能够降低自流平浆体的收缩，减少自流平浆体内部的结构裂缝，增强致密性，提高防水、抗渗性能	UEA 膨胀剂、明矾石膨胀剂、CEA 复合膨胀剂等
着色颜料	使自流平地坪层具有所要求的颜色，提高地坪层的装饰效果	氧化铁红、氧化铁黄，炭黑和氧化铬绿等

2. 自流平地坪材料的种类

按照黏结材料的不同，自流平材料有石膏基和水泥基之分。根据自流平地坪材料承载要求的不同可以分为底层自流平材料和面层自流平材料；根据自流平地坪材料外观形态的不同，有单组分和双组分自流平地坪材料。表 1-12 中是根据不同分类方法得到的自流平地坪材料的种类与特征。

表 1-12　自流平地坪材料的种类与特征

分类方法	类别	定义表述或功能特征	应用范围
根据在地面结构中的位置分类	底层自流平地坪材料	处于承受磨蚀和强度的地坪面层的下面、浇注后能够自动流平的地面材料，主要功能是提供平整的地面	作为各种面层铺设材料如地毯、聚氯乙烯地板革或木地板以及地面砖等的铺设支撑层，或者作为旧地面、起砂地面及施工不合格地面的修补材料
	面层自流平地坪材料	处于地坪面层，直接承受磨蚀、冲击，具有足够的强度及各种所需要的功能，浇注后能够自动流平的地面材料。相对于底层自流平材料来说，面层自流平材料的性能要求（如强度、硬度、耐磨性、耐腐蚀性等）要高得多，同时还可以制成非常光亮的表面或者着色成所需要的颜色	在其凝结硬化后，在面层上涂装涂料，或者不进行任何涂饰而直接作为地面负载层
根据胶凝材料的不同分类	水泥基自流平地坪材料	以水泥为胶凝材料制成的自流平地坪材料，强度和耐水性及各种物理机械性能均好	可以制成底层自流平材料和面层自流平材料，并能够制成各种功能型自流平材料而应用于面层或底层
	石膏基自流平地坪材料	以石膏为胶凝材料制成的自流平地坪材料，优点是不收缩、不开裂，但耐水性差，强度低，呈中性或酸性，对地坪中的铁件有腐蚀性，不耐磨	一般只适于制成底层自流平材料而应用于铺设支撑与地面修补材料
	有机自流坪材料	以低分子量或中等分子量的环氧树脂为成膜物质，配合各种商品固化剂和增大流动性的活性稀释剂，并根据功能的需要而加入不同的功能材料，如耐磨材料、抗静电剂等，制成所需要的功能型地坪涂料，如耐磨型、防腐蚀型、防静电型等	根据涂料品种不同而具有不同的适用场合，例如耐磨地坪、防腐蚀地坪、抗静电地坪等，是目前使用非常广泛的地坪涂料类别
根据产品外观形态或包装分类	单组分自流平地坪材料	为粉状包装，使用时加水拌和均匀使用，使用方便，单组分品种包装、运输和使用方便，所以目前使用的自流平地坪材料绝大多数为单组分产品	有水泥类和石膏类两种，水泥类单组分产品可以制成底层自流平材料和面层自流平材料；石膏类产品因耐水性差、强度低、不耐磨，而只能够制成底层自流平材料
	双组分自流平地坪材料	由粉料和液料两种组分构成，液料通常是聚合物乳液和其与某些助剂的混合物，因包装和使用不方便，目前应用较少	双组分类目前只有聚合物乳液和水泥组合的自流平材料，除了包装和使用不方便外，具有单组分产品所具有的各种性能且性能会更为优异，而且成本比单组分产品的低

除了表 1-12 所介绍的分类情况外，仅就水泥类自流平地坪材料来说，也存在着很多种类。例如，有普通的自流平地坪材料，有采用特殊配方制成的高强耐磨自流平地面，有能够大大缩短施工周期的超早强自流平地面，还有掺入有金属骨料的超耐磨地面材料以及对油类、液压流体（特种液压油）和许多化学试剂等具有高抗渗性能的抗渗性自流平地面[22]等。

3. 对自流平地坪材料的主要性能要求

根据实际施工和使用性能的需要，自流平地坪材料应具有如下的性能。

① 加水调拌成浆体状态后，应具有良好的可施工性、流动性和合适的凝结硬化时间，且在凝结硬化前不离析、不泌水。

② 在凝结硬化后具有要求的强度增长速度。

③ 凝结硬化过程中的收缩小，凝结硬化层不开裂，与地面基层的黏结性能优良，不脱落、不空鼓。

④ 最终能够达到的强度符合设计要求，具有良好的耐磨性，并具有适当的弹性模量和柔韧性。

⑤ 施工时和使用过程中不会对环境产生不良影响，即具有环保特性。

⑥ 具有合理的成本和所要求的耐久性，易于施工，易于维护和翻新。

4. 自流平地坪材料的应用

自流平地坪材料因具有良好的流动性和稳定性，最终地面所能够达到的平整度是人工所无法企及的，而且施工速度快、劳动强度低、地面强度高、流平层的厚度易于控制、不龟裂、表面的光洁度和光亮度均较高，装饰效果好，而且易于和有机地坪涂料复合制得耐酸、碱和化学腐蚀等的功能性地面。非常适合制造大型超市、商场、停车场、仓库、宾馆、影剧院、医院、停车场、人行道、冷冻食品库、仓库、水处理车间、精密仪器生产车间以及其他类工业生产车间等的地面。同时，还可以制造非结构性的高平整度地面，以利于表面铺面材料，例如地毯、合成革地面和木地板等的铺设和保持使用过程中的平整。由于具有这些特征，该类材料的发展受到重视，目前正处于快速发展和快速扩大应用的阶段。

二、自流平地坪材料发展简介

1. 国外自流平地坪材料的发展

(1) 发展状况　自流平地坪材料是于 20 世纪 70 年代发展的。日本由于劳动力紧张和费用高，对自流平地坪材料的开发较早。日本住宅公团在 1972 年首先对石膏基、水泥基的自流平地坪材料作了基础研究，随后出现商品石膏基自流平地坪材料。20 世纪 80 年代初在日本市场上开始出现水泥基自流平地坪材料，其他发达国家也相继出现了各种品牌的水泥基自流平材料。近年来，由于高洁净度、高耐腐蚀和高硬度及装饰效果等要求的地坪的出现，开始研制以环氧树脂为主要成膜物质制成的有机系自流平地坪材料，并得到很多的应用。

石膏基自流平地坪材料硬化后无收缩，体积稳定，但其表面硬度低，耐水性和耐磨性均较差，呈中性或者酸性，应用受到一定限制。日本在 1979 年已有石膏基自流平地坪材料，在日本已有十多种品牌的石膏基自流平地坪材料商品，并在商业大厦、学校、公用住宅等建筑物的地面使用。德国的帕依爱罗公司用Ⅱ型无水石膏、奇罗泥公司用 α-半水石膏都生产了强度为 20～30MPa、铺设厚度为 10mm 的石膏基自流平地坪材料。美国的石膏水泥公司开发的 α、β-石膏混合物，在现场加入骨料后泵送的石膏基自流平地坪材料也得到广泛应用。

国外自流平地坪材料的施工厚度不一。欧洲用于“浮动地面”上的底层自流平地坪材料，不直接黏结于混凝土地面上，自流平地坪层的厚度不大于 10mm；当自流平地坪层直接与地面结构黏结在一起时，厚度通常为 5～30mm[23]。面层自流平层由于成本较高，铺设的厚度相对较薄，或者与性能、成本较低的底层自流平层配合使用。当然，自流平地坪层的厚度还与地面的平整度有关。

总之，发达国家的无机自流平地坪材料早已经得到广泛认同，发展快、用途广、用量大、质量稳定，成为定型的建筑材料。欧洲已经将自流平地坪材料归入新制定的地坪砂浆标准（EN DIN 13813—2002）。欧洲标准化协会（CEN）已经制定或者正在制定一系列关于地面材料及找平层的产品标准及其性能试验方法[24]。

（2）国外地面构造主要类型　地面构造类型对于地面材料的应用有重要影响。相对于发达国家的地面构造，我国的地面构造类型简单，将在后面有关的施工内容中进行介绍，这里介绍国外的主要地面构造类型。

以欧洲为例，其地面构造主要有两种类型，一是中欧地区普遍使用的浮动式地面。浮动式地面铺设在隔声层上面，在地板面层（如地毯、聚氯乙烯地板革或木地板等）下面，使用薄层自流平地坪材料，或者在面层铺设瓷砖时，使用自流平砂浆来获得光滑的表面。二是斯堪的那维亚地区使用的复合地面找平层系统。其地坪一般不使用隔声层，而是在承重底板上面铺设一层较厚的可泵送自流平地面找平层，地板面层直接铺设在找平层上。此外，在东欧地区，有很大一部分旧地面是石膏基的，它们的翻新找平也可以使用自流平地坪材料。

① 浮动式地面找平层系统。典型的浮动式地面构造如图 1-1 所示[25]。图 1-1（a）为地板面层采用地毯、聚氯乙烯地板革和木地板时的浮动地面构造示意图；图 1-1（b）为地板面层采用地面砖时的浮动地面构造示意图。

图 1-1 中地面的各构造层的构成材料和功能特征如表 1-13 所示。

表 1-13　地面的各构造层的构成材料和功能特征

构造层	构成材料或功能特征描述
隔声层	广泛使用挤塑型(XPS)和膨胀型(EPS)聚苯乙烯泡沫塑料板以及矿棉板，典型厚度为 30mm
防潮层	广泛使用最小厚度为 0.1mm 的聚乙烯薄膜
地面找平层	最常用的配方中含有波特兰水泥(即我国的普通硅酸盐水泥)和砂(最大粒径小于 8mm)，灰砂比为 1∶(3～5)，水灰比为 0.45～0.55，施工厚度为 40～50mm，使用超塑化剂降低水灰比及改善工作性，并达到提高强度和减小开裂的目的。典型强度为抗压强度 25MPa，抗折强度 4MPa，承载能力 2kPa
自流平砂浆	为了能够铺设不同面层材料(如地砖、地毯、聚氯乙烯地板革或木地板等)，在地面找平层上使用厚度不大于 10mm 的自流平地坪层，可以采用机械或者手工方法进行施工。这类自流平地坪层通常具有较好的流动性，能够得到光滑的表面；能够快速硬化，对基层有良好的黏结力。高质量的自流平地坪层 2h 后即可上人，第二天就可以铺设面层材料
流动层砂浆	如果地面层采用地面砖，则应使用水泥基瓷砖黏结剂，即用流动层砂浆代替自流平砂浆，将面砖直接粘贴在浮动地板找平层上。这种砂浆要求 100%黏结于面砖背面，以保证与找平层之间形成牢固的黏结

② 复合式地面找平层系统。斯堪的那维亚地区使用复合式地面结构，典型的地面构造如图 1-2 所示。从图 1-2 中可见，可泵送施工的自流平地面找平层直接铺设在承重基层上面，而不设置隔声层。这种情况下常用底漆降低承重层的吸水性。这种自流平地面找平层的施工厚度比浮动式地板找平层上的自流平地坪层厚得多，最高可达 30mm，既作为隔离层，又满足地板面层对平整度和光滑度的要求。

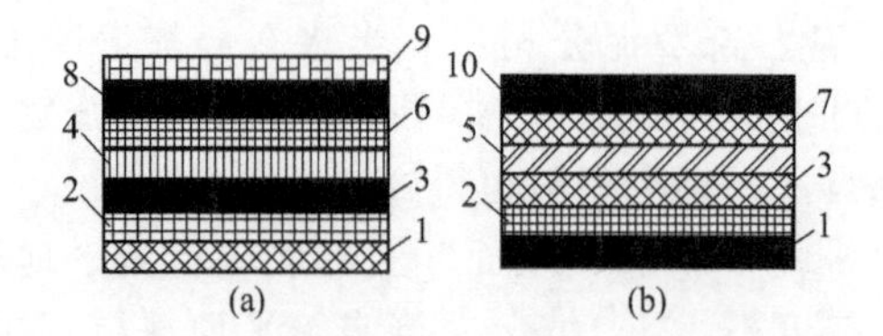

图 1-1　浮动式地面结构示意图

1—承重底板；2—隔声层；3—防潮层；4—地面找平层；5—浮动地面找平层；6—自流平砂浆；7—流动层砂浆；8—黏结剂；9—地板；10—地面砖

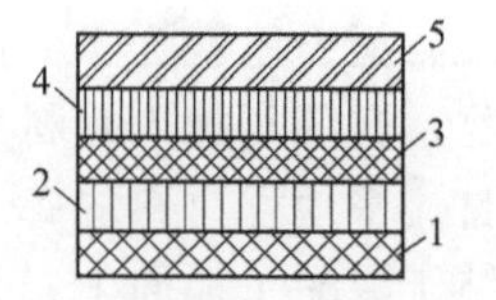

图 1-2　斯堪的那维亚地区使用的复合地面构造示意图

1—承重底板；2—底漆；3—地面找平层；4—黏结剂；5—地板面层

2. 国内自流平地坪材料的发展

（1）水泥基自流平材料　我国自流平地坪材料的发展约起始于20世纪80年代末～90年代初，其在开始阶段发展速度及普及推广都较慢。主要原因是当时的许多有机材料未能得到普及，价格高，导致大面积使用时成本较高，很难被工程应用接受。但在当时也研制了一些品种的自流平地坪材料。例如主要组成为普通硅酸盐水泥、细砂、膨胀剂、粉煤灰、流化剂和保水缓凝剂等的单组分粉状自流平地坪材料和以普通硅酸盐水泥、细骨料、流化剂、缓凝剂、防裂剂和填料等作为粉料，以聚合物乳液、分散剂、增稠剂、消泡剂和水等为液料的双组分自流平地坪材料[26]。

随着国家改革开放和经济的快速发展，各种新型材料不断投入市场，并促进着新材料和新构造的发展。建筑工业的快速发展使得自流平地坪材料得到迅速发展。特别是可再分散聚合物树脂粉末及保水效果非常好的高性能纤维素的成功应用和我国水泥质量的提高及稳定，以及混凝土外加剂的发展，使得自流平地坪砂浆的应用与发展具有了稳固的材料基础和应用市场，使得自流平地坪材料的质量得到保证，而且成本相应降低，为大规模工业应用创造了条件。因而，近年来我国自流平地坪材料得到快速发展。就工业地坪来说，随着对车间地面要求的提高，高质量车间地坪和功能型地坪的需求量不断增大。因而，水泥基自流平地坪材料同环氧地坪涂料一起成为主要的工业地坪材料。

近年来，伴随着应用的普及而进行了很多研究。在性能影响研究方面，主要集中在水泥和砂等主要原材料、外加剂（减水剂、减缩剂及膨胀剂）、树脂和矿物掺和料等对水泥基自流平地坪材料的影响研究等[27]。

例如，对自流平地坪材料中减水剂掺入方式的研究、对粉煤灰改善流平性和增强作用的研究以及颗粒级配对流平性影响的研究；对粉煤灰影响自流平砂浆性能的研究[28]；对纯丙烯酸乳胶粉在自流平砂浆中的作用影响的研究[29]；对建筑垃圾用于制备自流平地坪砂浆的研究[30]；以及各种自流平材料的配方和性能研究等。

早在2005年，我国就制定了建材行业标准JC/T 985—2005《地面用水泥基自流平砂浆》，其后，又制定了JC/T 1023—2007《石膏基自流平砂浆》、JC/T 2158—2012《渗透型液体硬化剂》以及JC/T 2329—2015《水泥基自流平砂浆用界面剂》等。随着应用的需要，还制定了相关的应用技术规程，例如北京市地方标准DB11/T 511—2007《自流平地面施工技术规程》和JGJ/T 175—2009《自流平地面工程技术规程》。

当前，得到发展和大量应用的主要是耐磨型自流平地坪材料，该类材料有的采用耐磨骨料（金属类和无机类）配制，耐磨性能好，直接用作广场、仓库、停车场、超市、工业厂房和重载机械厂等的地面，能够直接承受各种冲击和耐受重荷载以及具有使用寿命长、施工期短、无污染、造价不高等特点，能够被各种用户接受。

（2）石膏基自流平材料　我国石膏资源储量巨大，石膏基自流平地坪材料是合理开发利用石膏胶凝材料的途径。我国虽然在1986年研制成功以氟石膏废渣为胶凝材料的石膏基自流平地坪材料，但由于石膏的耐水性较差，且呈中性或酸性，对铁件有锈蚀的危险，因而使用范围受到限制，一直没有形成市售商品，推广应用范围很小。

近年来，随着国内对石膏的开发应用，又开始对石膏基自流平材料进行研究，并得到很好的结果。例如，新研制成功以天然硬石膏为胶凝材料的石膏基自流平材料，由于天然石膏无须煅烧，节省能源，且流动度大，强度性能好，因而商品在市场上销售较好[31]。近年来，使用脱硫石膏[32]、硬石膏[33]、磷石膏[34]和氟石膏废渣[35]等配制自流平地坪砂浆都得到研究。

（3）施工技术　随着自流平地坪材料的发展，自流平地坪材料的施工技术，包括施工方法、施工质量保证措施、施工机械和机具等的研究受到重视[36,37]并随之发展，并且颁布了JGJ/T 175—2009《自流平地面工程技术规程》标准。其中，施工机械、机具和测量仪器等的发展很快。例如，自流平地坪砂浆输送泵、自备动力的整平机、地面研磨机、地面铣刨机、抛丸清理机、切缝机和抹光机等地面施工用机械的应用，促进了自流平地坪施工技术的发展，加快了施工速度，同时使施工质量有了保证；许多施工器具，例如钉鞋、各种辊筒（如针刺滚筒、长毛滚筒、短毛滚筒）和刮板等，投资既低，又大大方便了施工操作；而为了满足保证施工质量的要求，一些测量仪器、器具也得到发展。例如，操作简单、测量快速的湿度测量仪、静电参数测试仪、含水率检测仪和拉拔试验仪等。

3. 国内自流平地坪材料的应用

国内自流平地坪材料的应用主要在特种工业地坪和垫层地坪两大方面，工业地坪如耐磨地坪和防静电地坪。前者以高强水泥自流平砂浆为基础添加耐磨材料（钢纤维或耐磨粒料）制成；后者以高强水泥自流平砂浆为基础添加导电材料（导电纤维或导电填料）制成。

水泥基或石膏基自流平砂浆都可以用作垫层地坪，且各有优缺点：水泥基其优点是耐水性好、强度高，但易收缩导致平整度变差；石膏基材料则相反。

近年来，自流平地坪材料的应用开始走向家庭装修。将自流平材料应用于住宅装修中的木地板或瓷砖（大理石）下面作找平层，可以解决木地板和瓷砖（大理石）地板中诸如地板受潮滋生真菌、地板产生膨胀、起拱、地板踩踏有杂声、地板槽口发生断裂、踢脚出现漏缝和地板大面积起鼓等多种问题[38]。

三、展望

我国的自流平地坪材料仅在近十年左右才形成应用规模。与发达国家相比，其品种、应用场合和施工质量等都有待发展和提高，而特别是产品质量和质量稳定性与国外品牌差距较大。在原材料方面，可再分散乳胶粉过去一直依赖于进口，现在虽然有了国产品，但质量与多种进口品牌相比较，明显较差；用于改善自流平性能的甲基纤维素醚的实际应用效果与进口产品相差甚远，在热稳定性方面尤其明显；粉状自流平材料所使用的消泡剂还一直依赖于进口产品。随着应用的更加普及和应用数量的不断增大，其中一些问题将会逐步得到解决；随着施工技术的普及和施工的专业化，这类地坪材料的施工质量也将会不断提高。

我国现今使用的水泥基自流平地坪材料多以硅酸盐水泥为胶结料，这与国外以高铝水泥（铝酸盐水泥）和石膏的情况有所不同。使用高铝水泥和石膏作为胶结料的优势[39]一是高铝水泥的强度增长快，在温度为10℃时经几小时后即可上人行走，在温度为15～20℃时浇注一天后地面就能够承载；二是高铝水泥和石膏的配合，在水化后生成钙矾石水化产物，该混合体系不像高铝水泥那样会发生相转变，另外，钙矾石晶体使自流平地坪材料的干燥收缩非常小；三是高铝水泥和石膏的胶结体系碱性小（pH 值为 11.5），对地面的侵蚀性较小。这些性能优势为我国水泥基自流平地坪材料胶结体系的改变提供了参考基础，因此我国应加强对高铝水泥和石膏为胶结体系的水泥基自流平地坪材料的研究。

此外，鉴于大量工业废渣的排放，在自流平地坪材料生产中更好地利用工业废料将是今后的重要研究课题；鉴于建筑节能要求的提高，具有保温与找平功能的新型自流平地坪材料可能会应运而生；随着市场的需求，可能还会出现其他新的功能型自流平地坪材料。

参考文献

[1] 王忠荣，等. 环氧树脂在工业地坪中的应用及发展趋势//全国化学建材直辖市组建筑涂料专家组. 第二届中国建筑涂料产业发展战略与合作论坛论文集. 北京，2003.

[2] 王天堂，等. 符合 GMP 要求的环氧自流平涂料探讨. 南方涂饰，2002，(6)：16-18.

[3] 史立平，孔志元，刘银. 地坪涂料水性化技术进展. 上海涂料，2011，49 (6)：26-28.

[4] 周盾白，周子鸽，贾德民. 环氧地坪涂料的研究及应用进展. 现代涂料与涂装，2007，22 (10)：17-19.

[5] 黄月文. 高渗透活性环氧地坪涂料. 广东南方涂饰，2005，(5)：14-16.

[6] 程飞，杨建军，吴庆云，等. 水性聚氨酯地坪涂料的应用与研究进展. 聚氨酯工业，2015，30 (1)：1-4.
[7] 李延军. 环保型聚氨酯地坪涂料的研制//首届水性地坪及建筑涂料技术研讨会，上海：全国涂料工业信息中心，2008，12.
[8] 杨光付，姜志国. 无溶剂聚氨酯舱室地坪涂料研制. 涂料技术与文摘，2012，33 (7)：3-5.
[9] 唐功庆，张梅，罗玉媛，等. 无溶剂聚氨酯弹性舰船地板材料的制备及性能研究. 化工新型材料，2011，39 (6)：130-132.
[10] 邵洪涛，汪国平，李学东. 高透水聚氨酯无溶剂地坪的设计与开发. 涂料工业，2014，44 (5)：13-15.
[11] 中国聚氨酯工业协会涂料专委会. 聚氨酯地坪涂料的发展现状. 涂料技术与文摘，2015，30 (8)：6-9.
[12] 狄志刚，付敏，朱晓丰，等. 弹性环氧聚氨酯地坪涂料. 涂料工业，2009，39 (10)：19-22.
[13] 林书乐. 含氟丙烯酸树脂的合成及其在高性能疏水 MMA 地坪涂料中的应用. 广州：华南理工大学，2012.
[14] 周庆军，廖有为. 地坪用聚脲涂料的开发与应用. 上海涂料，2009，47 (5)：32-34.
[15] 中国聚氨酯工业协会涂料专委会. 地坪涂料行业标准简介. 涂料技术与文摘，2015，36 (2)：1-6.
[16] 孙顺杰. 我国地坪涂料标准概述及发展趋势. 涂料技术与文摘，2014，35 (10)：43-47.
[17] 於杰，季军宏，苏春海，等. 地坪涂料的现行标准浅析与展望. 涂料技术与文摘，2015，3 (1)：40-44.
[18] 蒋晓军，卢言利，朱国荣. 地面军用目标伪装涂料技术的应用与发展. 涂料技术与文摘，2015，3 (1)：1-4.
[19] 陈肃明. 太阳热反射沥青路面降温机理分析. 重庆：重庆交通大学，2012，4.
[20] 张静. 沥青路面热阻及热反射技术应用研究. 哈尔滨：哈尔滨工业大学，2008，7.
[21] 罗庚望. 水泥系自流平材料研究进展. 化学建材，1995，11 (5)：218-219.
[22] 于昊，翁文杰. 耐磨地面材料在工业地面中的应用. 新型建筑材料，1998，(7)：17-19.
[23] 张杰. 可再分散胶粉在自流平地坪材料中的应用. 新型建筑材料，2003，(6)：28-31.
[24] 杨斌. 地面用水泥基自流平砂浆及其标准. 新型建筑材料，2006，(2)：11-13.
[25] Jakob Wolfisberg，张量. 欧洲地面构造及 FLOWKIT 系列产品. 新型建筑材料，2003，(6)：25-27.
[26] 罗庚望. 石膏系自流平材料的研究应用进展. 硅酸盐建筑制品，1993，(1)：38-40.
[27] 衡艳阳，张铭铭，赵文杰. 水泥基自流平材料的研究进展. 硅酸盐通报，2015，34 (12)：3529-3532.
[28] 李玉海，赵锐球. 粉煤灰对自流平砂浆性能的影响. 新型建筑材料，2006，(10)：16-18.
[29] 朱立德，孙东娟，陈晶. 纯丙烯酸乳胶粉在自流平砂浆中的性能试验研究. 新型建筑材料，2010 (5)：12-15.
[30] 杨子胜，王爱勤，王奕仁，等. 建筑垃圾掺量变化对制备自流平地坪砂浆性能的影响. 混凝土，2015，(4)：130-133.
[31] 安徽恒泰新型建筑材料有限责任公司. "石膏基自流平砂浆"产品技术研究成果鉴定资料. 合肥，2006.
[32] 徐亚玲，陈柯柯，施嘉霖. 脱硫石膏用于自流平地坪的应用研究. 粉煤灰，2011 (4)：18-21.
[33] 王丽，王鹏起，周建中. 硬石膏自流平地面材料配方试验探索. 新型建筑材料，2015，(9)：19-21.
[34] 卢斯文. 磷石膏基自流平材料的研究与应用. 武汉：武汉理工大学，2014.
[35] 李如意. 利用氟石膏废渣制作自流平地面材料的配方及工艺：中国，101428998A.
[36] 梁建华，王晓增. 耐磨地面施工方法及质量保证措施. 建筑技术，2006，37 (9)：703-704.
[37] 于啸武，寇全军，郭新军. 耐磨彩色地面硬化剂施工工艺. 建筑技术，2006，37 (9)：687-688.
[38] 尹宁. 自流平地面材料在家装中的应用研究. 山西建筑，2011，37 (13)：211-212.
[39] 张雄，张永娟. 建筑功能砂浆. 北京：化学工业出版社，2006：360.

第二章

环氧地坪涂料

第一节　原材料

一、环氧树脂

环氧树脂是分子结构中含有两个或两个以上环氧基团且能交联的一类合成树脂。环氧基团是由一个氧原子和两个碳原子组成的环，即 $-\underset{\diagdown\ O\ \diagup}{C-C}-$ ，具有高度的活泼性，使环氧树脂能够与多种类型的固化剂产生交联反应形成三维网状结构的高聚物。环氧树脂的分子结构及官能团的示意图如图 2-1 所示。

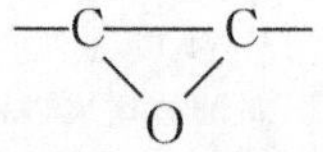

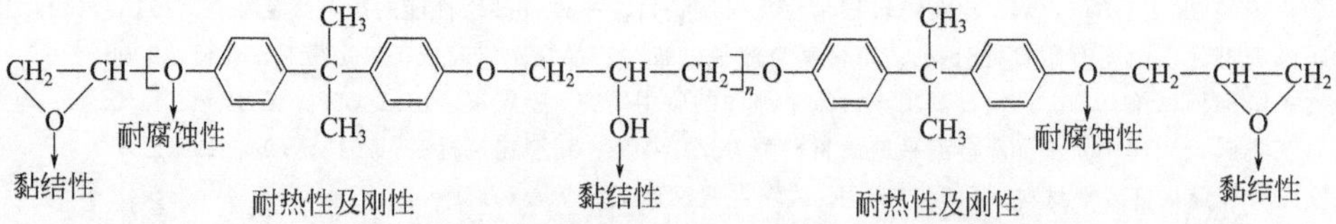

$$CH_2-CH-[O-C_6H_4-C(CH_3)_2-C_6H_4-O-CH_2-CH(OH)-CH_2]_n-O-C_6H_4-C(CH_3)_2-C_6H_4-O-CH_2-CH-CH_2$$

黏结性　耐腐蚀性　耐热性及刚性　黏结性　耐热性及刚性　耐腐蚀性　黏结性

图 2-1　环氧树脂的分子结构及官能团的示意图

环氧树脂的性能与分子量有重要关系：低分子量环氧树脂其硬度高、脆性大、冲击强度不高；线型环氧树脂附着力强、抗水性差，多用于挥发型涂料；中分子量环氧树脂硬度、柔韧性适中。

软化点是在规定条件下测定的环氧树脂的软化温度，能够表示环氧树脂的分子量大小，软化点高的环氧树脂分子量大，软化点低的分子量小；软化点和分子量之间的关系见图 2-2。低分子量环氧树脂的软化点＜50℃，聚合度＜2；中等分子量环氧树脂的软化点在 50～95℃，聚合度 2～5；高分子量环氧树脂的软化点＞100℃，聚合度＞5。

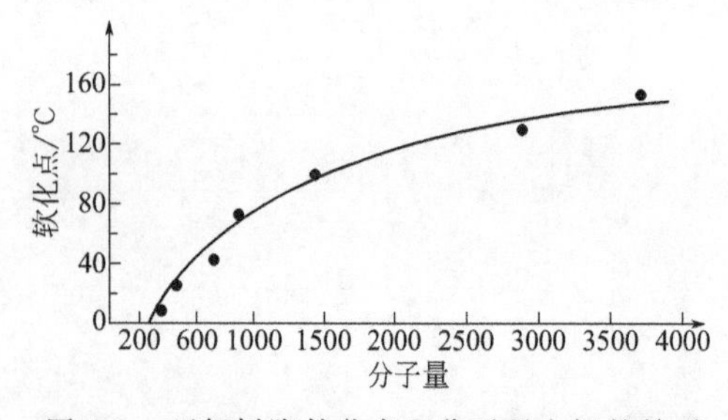

图 2-2　环氧树脂软化点和分子量之间的关系

用于溶剂型或者无溶剂型环氧自流平地坪涂料的成膜物质通常选用低黏度的双酚 A 型环氧树脂、双酚 F 型环氧树脂和脂肪族环氧树脂等。双酚 A 型环氧树脂、双酚 F 型环氧树脂与加成固化剂交联固化后的涂膜含羟基少，有效交联密度大，防腐蚀性介质渗透的能力强，耐水及耐化学物品性能优异，但户外耐曝晒性差。选用氢化双酚 A 型环氧树脂作基料，黏度低并能够改进涂膜的耐候性。由于无溶剂型地坪涂料不能在配方中再使用溶剂降低涂料的黏度，因此选择无溶剂型环氧涂料的基料时，应满足低黏度、涂膜羟基含量少和有效交联密度大等特点，采用脂肪族环氧树脂基料，会明显改进涂膜的耐候性和物理机械性能[1]。

二、固化剂和固化促进剂

1. 固化剂

(1) 常用固化剂及其对环氧涂料性能的影响　环氧树脂靠固化剂交联固化。固化剂的品种很多，达数十个，常用的是各种胺类（例如脂肪胺、脂环胺）固化剂和树脂类固化剂。

按固化剂固化环氧树脂的机理，可分为与环氧树脂的环氧基反应固化的固化剂和与环氧树脂的羟基反应的固化剂两大类。后一类主要是一些能和环氧树脂起反应的树脂，例如含羟甲基或烷氧基的酚醛树脂、三聚氰胺树脂和多异氰酸酯等。

在胺类固化剂中，脂环胺及其加成物色浅、流平性好、光泽高、不泛白、不需诱导期，但其玻璃化温度较高，柔韧性较差，主要用作无溶剂环氧地坪涂料的固化剂，使用时尚须同时加入聚硫橡胶、长链烷基缩水甘油醚、弹性聚氨酯等增韧剂进行增韧处理。

表 2-1 中列出 593、T31、651 等几种常用的商品固化剂的特性[2,3]，表 2-2 中列出实验研究得到的常用商品固化剂对环氧树脂涂料性能的影响[4]。

表 2-1　几种常用商品固化剂的特性

序号	固化剂名称	性能特征
1	593 固化剂	二亚乙基三胺和环氧丙烷丁基醚加成反应的产物，能够在室温下和环氧树脂起固化反应。由于其分子结构中含有 C_{11} 的长链结构（$H_2N—CH_2—CH_2—NH—CH_2—CH_2—NH—CH_2—CHOH—CH_2—OC_4H_9$），因此能够赋予树脂较好的柔韧性、挠曲性和冲击强度
2	T31 固化剂	多胺、甲醛、苯酚经曼尼斯反应而成的曼尼斯加成多元胺，是无毒等级的固化剂，应用安全，并能够在低温条件下固化双酚 A 型环氧树脂，可在湿度 80% 和水下应用，固化收缩率小
3	651 固化剂	一种聚酰胺类环氧树脂固化剂，由桐油酸和多元胺反应制成的桐油酸二聚体多元胺，由于结构中含有较长的脂肪酸碳链和氨基，可以使固化产物具有较高弹性、黏结力和耐水性。651 固化剂的施工性能较好，配料比例比较宽，毒性小，基本无挥发物，能够在潮湿的金属和混凝土表面施工；缺点是固化速率较慢，耐热性比较低，热变形温度低，耐汽油、烃类溶剂性能差
4	810 固化剂	改性胺类固化剂，在水下、潮湿、低温(0℃)干燥等条件下，均能够固化环氧树脂，也可以在带水的表面进行涂装，具有良好的浸润性
5	酮亚胺固化剂	酮类与多元胺反应制得的产物，该类固化剂能够配制成潮湿条件下和水下固化的涂料
6	NX-2040 固化剂	美国卡德莱公司生产的一种性能独特、不含苯酚、多用途取代酚醛胺环氧树脂的固化剂，其分子结构上既含有疏水性优异的长脂肪链、常温反应活性高的脂肪胺，又含有抗化学腐蚀性好的苯环结构，使之既具有一般酚醛胺的低温、潮湿快速固化的特性，又有一般低分子聚酰胺固化剂的长操作期、优异的柔韧性和较宽的树脂混合比。该类固化剂在环保性、高性能、多用途、快速固化重防腐环氧树脂涂料中得到广泛应用
7	LX-2028MA、NX-2028M	卡德莱化工(珠海)有限公司的新型腰果酚改性聚酰胺固化剂，它融合了聚酰胺固化剂的耐黄变、柔韧性好和腰果酚改性胺固化剂的低黏度、快干、低温固化和耐水性好等特点，是一种具有优异综合性能的环氧树脂固化剂[5]
8	LITE 3005	卡德莱化工(珠海)有限公司的新型腰果酚酰胺固化剂，该固化剂具有优异的防腐性能、良好的机械性能，综合了聚酰胺和酚醛胺固化剂的优点，可以替代聚酰胺固化剂以及聚酰胺和酚醛胺的复合固化剂体系，减少采购和生产麻烦以及终端客户的使用问题[6]

表 2-2　几种商品固化剂对环氧树脂涂料性能的影响

性能项目	固化剂种类					
	T31	651	810	酮亚胺	593	NX-2040
柔韧性	1	1	1	1	1	1

续表

性能项目	固化剂种类					
	T31	651	810	酮亚胺	593	NX-2040
附着力/级	1	1	1	1	1	1
冲击强度/N·cm	50	40	50	50	50	50
初期硬度/H	4	5	1	1	2	2
凝胶时间/h	4	5②	5	6	6	5
干燥时间/h 表干 实干	7 24	7 24	8 30	8 36	10 40	5 18
耐油性	通过	通过	变色	变色	变色	通过
耐油-水性	水相变色	水相变色	水相变色	水相中泡	水相变色	通过
耐盐水性	通过	通过	通过	大量中泡	通过	通过
耐蒸馏水性	通过	通过	通过	少量大泡	通过	通过
耐盐雾性① 原板 划痕	通过 通过	通过 通过	通过 通过	小泡 中泡	通过 通过	通过 通过
耐酸性(5%硫酸)	变色大泡	鼓胀变色	鼓胀变色	鼓胀变色	鼓胀变色	鼓胀变色
耐碱性(12%NaOH)	通过	通过	变色	中泡	通过	通过
耐丙酮性	中泡	大泡	中泡变色	大泡	大泡	中泡

①耐盐雾性为连续喷雾 700h，其他各种耐性为浸泡 2400h。②651 固化剂的该项实验结果反常，可能是实验时固化剂的用量偏大所致。

从表 2-2 中可知，各种固化剂引起的涂料物理机械性能的差异主要是涂膜硬度、凝胶时间和涂膜干燥时间等项目。NX-2040 的综合性能最好，既具有较长的操作使用期，又有较快的干燥时间，且涂膜硬度适中。各种固化剂引起的涂料耐化学性能的差异主要是耐油性、耐油-水混合性、耐酸性和耐溶剂性。几种固化剂固化的环氧树脂的耐酸性和耐丙酮溶剂性都较差。酮亚胺类水下环氧树脂固化剂，由于其分子结构中含有水分子基团，因此耐水性和耐盐雾性较差。同样，NX-2040 固化剂的耐化学腐蚀的综合性能优异。

(2) 低温固化环氧树脂用固化剂　环氧类涂料冬季低温施工固化速度慢，尤其对于聚酰胺的品种更为明显。而我国地域辽阔，很多地区冬季、夏季温差很大。尤其是季节交替时经常是一个产品在一个地区使用正常，而另一个地区则会出现问题，甚至必须调整和改变配方。

就环氧地坪涂料来说，使用普通聚酰胺固化剂时在 5℃以下固化的速率很慢，影响施工速度，给施工带来不便。值得指出的是，市场上在 5℃以下的环境中仍有良好干燥表现的环氧地坪涂料商品，多是采用高分子量环氧树脂和异氰酸酯固化剂制作的环氧聚氨酯地坪漆。例如，某商品地坪涂料，甲乙组分都能单独使用和干燥，甲乙组分混合也能使用和干燥，其实该涂料严格地说应是属于聚氨酯类的地坪涂料。其甲组分干燥是因为采用的是高分子量固体环氧树脂，因溶剂挥发而干燥；乙组分干燥一方面是溶剂挥发，另一方面则是异氰酸基与空气中的水蒸气反应而固化；甲乙混合干燥一方面是由于溶剂挥发，另一方面是由于甲组分环氧树脂中的—OH 和乙组分中的—NCO 反应而固化。

表 2-1 和表 2-2 中介绍的美国卡德莱公司的 NX-2040 固化剂，属于该公司的环氧改性胺固化剂的一种。这类环氧改性胺固化剂是针对环氧涂料施工中经常遇到的施工条件、施工底材对涂料的影响以及季节和温度变化对涂料的影响两个问题而开发的[7]。改性胺固化剂的特征是在低温条件下能够使环氧涂料体系快速固化并达到很高的固化程度，比聚酰胺固化剂高 40%～50%。涂膜最终的固化性能也能够保持很高的水平。在实际应用中，使用改性胺固化剂在 50℃和 0℃都能够使涂料体系正常固化，几个小时即可表干而进入下一工序。而聚酰胺固化剂在相同温度下需要十几个小时甚至 1～2 天的固化时间，仍不能够满足下一步的施工要求。

2. 固化促进剂

固化促进剂的主要功能是促进反应固化型涂料的固化反应，缩短固化时间或者在低温固化时不影响固化性能，是环氧地坪涂料在低气温施工时的一种辅助添加剂。固化促进剂的选用原则一是要具有明显的催化固化效果，二是与体系的相容性好，三是对固化体系不会产生不利影响以及应具有好的化学稳定性和价廉、易得等。对于溶剂型或无溶剂型双组分环氧地坪涂料来说，常用的固化促进剂为有机胺类，例如叔胺、甲基二乙醇胺和氨基苯酚等。表 2-3 中列出常用的、适用于双组分环氧树脂涂料的胺类固化促进剂。

表 2-3 适用于双组分环氧树脂涂料的胺类固化促进剂

商品名称	技术性能	应用特征	生产厂商
DMP-30	主要成分：2,4,6-三(*N*,*N*-二甲氨基甲基)苯酚；外观：棕色黏稠液体	促进固化，降低固化温度，缩短固化时间，于两组分配合时加入	天津延安化工厂
HY960 叔胺加速剂	主要成分：叔胺；有效成分：100%；黏度：250～350mPa·s	促进环氧树脂固化，降低固化温度，缩短固化时间，在涂料中用量为配方总量的 0.1%～3.0%	美国汽巴(Ciba)精化
OP-8658/DP-300 涂膜干燥、固化促进剂	主要成分：有机胺类化合物；外观：微棕色液体	热稳定性好，在涂料中用量为配方总量的 0.2%～1.5%	台湾幼东企业
Versamine EH-50	胺值：466～510mgKOH/g；黏度：140～400cP	浅色、不含甲醛和超低气味的环氧固化促进剂	德国 BASF 公司
k-54 环氧固化促进剂	胺值：610～630mg KOH/g；黏度：150～250cP	能够加速环氧树脂固化，广泛用作聚胺、聚酰胺、羧基酸酐或聚硫化物的活化剂，与聚胺的兼容性好	美国气体产品(Air Products)公司

注：1cP=10^{-3}Pa·s。

除了胺类固化促进剂外，有时也可以使用酸类固化促进剂，例如水杨酸，并且在较低气温时还可以适当地加入季铵盐。例如，某环氧树脂地坪涂料固化剂组分的配比为[8]：胺类固化剂：苯甲醇：水杨酸：季铵盐=50：（40～48）：（2～10）：（0～3）。其中，苯甲醇作为水杨酸的溶剂，并起到对环氧树脂增塑的作用，能降低低分子量环氧树脂成膜后的脆性。

三、溶剂

溶剂型环氧树脂涂料必须使用溶剂，合理选用溶剂对于环氧地坪涂料的流平性、干燥时间等是非常重要的。环氧树脂可以溶解于酮类、酯类、醚醇类和氯化烃类溶剂中，不溶于芳烃类和醇类溶剂。但是，芳烃类和醇类溶剂混合后可作为中分子量环氧树脂的溶剂。随分子量的增加，树脂的溶解性降低。

溶剂的选用除了应按照溶剂型涂料选用溶剂的原则（如挥发速度、毒性、成本）外，还应特别注意溶剂对环氧树脂的溶解性，常见溶剂对 E-20 环氧树脂的溶解性如表 2-4 所示。

表 2-4 常见溶剂对 E-20 环氧树脂的溶解性

溶剂		溶解性（质量分数）/%
名称	含有的官能团	
乙酸乙酯	酯键	18
乙酸丁酯	酯键	20
甲基乙基酮	羰基	100
甲基异丁基酮	羰基	23
环己酮	羰基	100
丙酮	羰基	18

续表

溶剂		溶解性（质量分数）/%
名称	含有的官能团	
正丁醇	羟基	7
二甲苯	苯甲基	2
溶纤剂	醚键、羟基	100

环氧树脂涂料采用由溶剂和稀释剂组成的混合溶剂。使用混合溶剂能够降低成本，改善涂膜性能和施工性能，并提高溶剂的溶解力。

分子量很高的环氧树脂应使用酮类和醚醇类溶剂，中分子量的树脂可使用芳烃类和醇类溶剂的混合物，低分子量的树脂可溶解于芳烃类溶剂中，但为提高溶解力，多用芳烃类和醇类混合溶剂。对于自流平地坪涂料，宜适量使用挥发速率较慢的醇醚类溶剂，能够适当提高流平性。

配制环氧树脂涂料时不要使用酯类和酮类溶剂，因为酯类和酮类溶剂会和胺类固化剂发生反应，降低固化效果。

随着环保法规的日益严格和无溶剂型、水性型环氧地坪涂料应用技术的成熟，溶剂型环氧地坪涂料的使用已越来越少，多数情况下只是地坪涂料一种品种补充。

四、颜料和填料

（一）概述

很多情况下地坪涂料是需要着色的，但地坪涂料的配色远较普通建筑装饰涂料简单，所使用的颜料品种也远较装饰涂料的少。从环氧树脂的性能考虑，环氧地坪涂料（溶剂型、无溶剂型和水性）对着色颜料的选用没有特殊要求，但从地坪涂料的实际性能需求考虑，宜选用那些耐化学药品性和耐碱性较好的无机颜料或其溶剂型或水性色浆。鉴于此以及叙述颜料的资料较多，这里只着重介绍填料的性能、选用等内容。

填料是低折射率的白色和无色颜料，也称体质颜料。这类材料大多数取之于天然产品和工业副产品，因而价格比着色颜料要便宜得多。填料的折射率一般在1.45～1.7。有些填料（例如轻质碳酸钙、白炭黑等）的密度小，悬浮力好，在涂料中能够防止密度大的颜料沉淀；有的填料能够改善涂膜的物理性能和化学性能；有的填料可以提高涂膜的耐水性、耐久性、耐磨性等。在涂料生产中正确地选用填料，除了降低生产成本以外，还有助于提高产品质量。

填料没有统一的分类方法或标准，一般按照矿物组成分类。按照这一分类方法，填料分为碱土金属盐类、硅酸盐类和铝、镁等轻金属盐类，如表2-5所示。

表2-5 填料的种类

种类	颜料品种示例
碱土金属盐类	重质碳酸钙、轻质碳酸钙、沉淀硫酸钡（重晶石粉）等
硅酸盐类	二氧化硅、滑石粉、高岭土、硅灰石粉、云母粉、膨润土、硅藻土等
铝、镁等轻金属盐类	白云石粉、碳酸镁、氧化镁、氢氧化铝等

（二）填料品种介绍

1. 石英质填料

地坪涂料中最常使用的填料是石英质填料，主要是石英粉和石英砂，都是由石英矿石经机械加工而成的外观呈细粉状或细粒状的产品。二者只是加工细度不同，并无本质的差别。

石英矿石的主要化学成分是SiO_2，是分布很广的一种造岩矿物。一般所称的石英均为低温石英，三方晶系，常呈六方柱状或双锥形，通常呈晶族或粒状、块状的集合体，透明、半透明或不透明。石英晶体一般有玻璃光泽，呈贝壳状断口，断口呈油脂光泽。石英的硬度为7，很坚硬，密度为2.65～2.66g/m^3。石英的颜色不一，无色透明的石英称为水晶（rock crystal）；紫色的称紫晶（amethyst）；浅玫瑰色的称蔷薇石英（rosy quartz）；烟至暗褐色的称烟晶（smoke quartz）；黑色不透明的称墨晶（black quartz）；浅灰黑色、黑色、棕褐色而呈结核状或条带状的为燧石（flint）；有灰色、红褐色、红色、绿色、黄褐色等色而成乳状、肾状、纤维状和球状的为玉髓［chalcedony］；呈环带状的玉髓叫玛瑙（agate），血红色的玉髓叫鸡血石（bloodstone）等等。可见，石英的用途非常广泛，产品从最普通（石英砂）到极贵重（玛瑙、鸡血石）。

涂料用的石英粉和石英砂由于配色和装饰效果的要求，通常为高白度产品，其他颜色的很少使用。石英粉的吸油量很低，为24%～26%，密度2.65g/m^3，折射率1.547，耐磨性、耐热性和化学稳定性均好。

特殊地坪涂料产品（例如彩砂地坪涂料）对石英砂的几何形状和颜色还有更严格的要求，这在本章关于彩砂地坪涂料的具体内容中有更详细的叙述。

石英质填料的硬度高，用于地坪涂料中能够增加耐磨性。在耐腐蚀地坪涂料中则既提供耐磨性，又具有极好的耐酸性。由于其价廉，能够满足地坪涂料多方面的性能要求（例如耐磨性、填充性、施工性和耐候性等），因而是多种地坪涂料中用量最大的组分。

目前商品石英粉的加工细度为250目、325目、500目、600目直至2000目甚至更高细度的产品等各种细度等级，一般将超过1200目细度的称为超细产品，或称石英微粉；石英砂的加工细度为8目、30目、40目、60目至120目等不等。

2. 碳酸钙（$CaCO_3$）

碳酸钙有天然的和人造的两种，分别称为重质碳酸钙和轻质碳酸钙。重质碳酸钙又称大白粉、石粉、双飞粉和方解石粉等，系纯度较高的石灰石（方解石）经磨细而成的粉末。根据生产方法的不同，重质碳酸钙又分为水磨石粉和干磨石粉两种。水磨石粉是将天然产的方解石用湿法研磨成石粉，经水漂分离、沉淀、干燥、粉碎，再包装成为石粉成品。干磨石粉是采用干粉碎的方法，用风漂分离采取其细度合格部分。

与重质碳酸钙相比，轻质碳酸钙的密度小，颗粒细，着色力和遮盖力强，但在地坪涂料中没有使用价值。

碳酸钙不溶于水，但当水中含有碳酸气时，能微溶，遇酸即溶，见水易吸潮，有微量碱性，不宜与不耐碱的颜料同时使用。

碳酸钙的价格低廉，性能又较稳定，耐光、耐候性好，但不耐酸，不能应用于有耐酸腐蚀要求的地坪涂料中。碳酸钙外观为圆球形，易于流动，能够促进涂料的流平性。

3. 硫酸钡（$BaSO_4$）

硫酸钡有天然的和合成的两种，天然产品称为重晶石粉，合成产品称为沉淀硫酸钡。天然产品在涂料中主要用于底漆中，由于其吸油量低，基料消耗量少，可以制成厚膜底漆，重晶石粉易研磨，易与其他颜料、基料混合，其填充性能、流平性、不渗透性均较好，并增加涂膜厚度和耐磨性。缺点是密度大，涂料易沉淀。合成硫酸钡性能更好，白度高，质地细腻。硫酸钡的耐酸性好，可以用于耐酸地坪涂料的填料。

4. 云母粉

云母粉是云母矿石经粉磨而成的细粉。云母矿是云母族矿物的总称，是复杂的硅酸盐类矿物；单斜晶系，晶体常呈六方片状；集合体是鳞片状；玻璃光泽，解理平行，底轴面极完全；薄片具有弹性。云母的种类很多，主要有白云母（外观呈白色、淡黄色、深棕色或粉红色）、黑云母（黑色、深棕色或深绿色）、金云母（也称美云母，黄色至深棕色）和锂云母（也称鳞云母、红云母，粉红色至灰色)。涂料中使用的云母粉主要是白云母和金云母。

云母粉的片状结构使之能够像浮型铝粉一样，能显著降低水在涂膜中的穿透性，云母粉还能降低涂膜的开裂倾向，提高涂膜的耐候性和耐腐蚀性。例如作为白云母亚种的绢云母粉，呈细小鳞片状结构，径厚比高，有较好的柔韧性和机械强度；有较好的耐热性，550℃以下不改变性质，热膨胀性在500℃以下很小，可以增大涂膜的伸缩抵抗力；具有良好的化学稳定性，与碱几乎不起作用，300℃以下不与酸反应，但易被氢氟酸和熔融碱金属腐蚀；有较好的抗紫外线能力和遮盖力。绢云母的这些特性能够改善防腐蚀涂料的防腐蚀性能。超细绢云母粉在防腐蚀地坪涂料中能够增加涂层的防腐蚀性能，本章中有关于该类涂料的介绍。

5. 金刚砂和刚玉

(1) 金刚砂　金刚砂的化学成分是碳化硅，分天然的与合成的两种。纯的金刚砂是无色晶体，一般为粉状颗粒，密度3.06～3.20g/cm^3。碳化硅的硬度很大，大约是莫氏9度，仅次于金刚石、碳化硼和立方氮化硼，在无机材料中排行第四。天然金刚砂又名石榴子石，系硅酸盐类矿物，生产使用历史悠久，我国古代使用金刚砂研磨水晶玻璃和各种玉石。合成金刚砂由黏土中的二氧化硅与碳在高温下反应而成。具有很高的强度及良好的抗氧化性能，高温下不变形。

金刚砂的用途非常广泛，但在环氧耐磨地坪涂料中的使用还很少，在水泥基自流平地面材料中用于制造高耐磨性水泥地坪，能够显著提高耐磨、耐冲击性能。此外，具有一定颗粒度的金刚砂是防滑地坪涂料中产生防滑功能的防滑粒料的主要品种，大量应用于防滑地坪涂料的涂装。

(2) 刚玉　刚玉是一种纯的结晶氧化铝，莫氏硬度为9，在天然矿物中，硬度仅次于金刚石。刚玉虽是铝的氧化物，但密度是4g/cm^{3}左右，比金属铝大。刚玉的外观有强烈的玻璃光泽，颜色多样，常见黄灰、蓝灰。含钛的刚玉呈碧蓝至青蓝色，称蓝宝石，含铬呈红色透明者则称红宝石，绿色的为绿玉，黄色的为黄玉，都是名贵的宝石。

刚玉的结晶中，当含有磁铁矿、赤铁矿、石英等杂质，并呈铁矿一样外观的粒状集合块时，称为刚玉砂或俗称“金刚砂”(不同于上面的碳化硅金刚砂)或“刚砂”。“刚砂”在一般情况下约含60%的刚玉(见表2-6)，多呈锖灰色和黑色，密度2.7～4.3 g/cm^3，莫氏硬度为7～9。

表2-6　金刚砂的化学组成(质量分数)　　单位：%

化学成分	金刚砂产地			
	希腊	土耳其	湖北	日本
Al_2O_3	62.62	60.10	48.42	＞94
SiO_2	4.90	1.80	8.40	
Fe_2O_3	31.41	33.20	19.90	3.53～4.35
CaO	0.45	0.80	4.76	
MgO	0.06			
H_2O	1.04	5.62		

刚玉主要用作研磨材料。可制成砂轮、研磨盘、研磨纸及研磨粉等。刚玉也有天然和人工合成两种。人工合成刚玉是将铝矾土在电弧炉中熔化，提高氧化铝的成分，然后将凝固块粉碎、整粒而成。

由于刚玉强韧和耐久性好，和水泥、沥青等有良好的调和性，可用于公路止滑、化工厂板铺装以及堰堤护床的表装材料、耐火材料及生产人造刚玉(人造宝石)的原料等方面。目前已有研究将纳米级Al_2O_3应用在耐磨涂料中[9]。同金刚砂一样，具有一定颗粒度的刚玉也是防滑地坪涂料中产生防滑功能的防滑粒料的主要品种，应用于防滑地坪涂料的涂装。

（三）填料对地坪涂料性能的影响

填料在地坪涂料中的主要作用如其名称所示，即填充作用。填料这种填充作用的主要功能除了增大涂膜体积外，还能够改善环氧树脂在固化过程中的体积收缩，减少或消除因体积收缩而造成的应力开裂。

就填料在涂料中的填充量来说，由于重晶石粉、石英粉等填料的密度大，吸油量低，以质量计算时其在涂料中的填充量更大。例如，在相同涂料配方中，当保持黏度不变时，碳酸钙的添加量只在30%左右，而重晶石粉和石英粉的添加量能够达到50%以上。

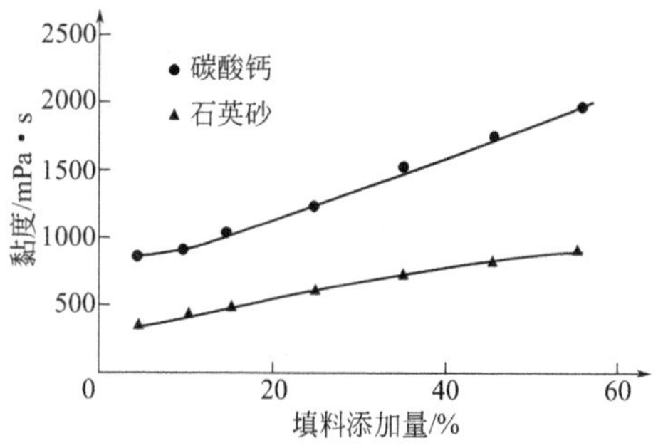

图 2-3 碳酸钙和石英砂添加量对环氧耐磨地坪涂料黏度的影响

从填料添加量对环氧自流平涂料涂膜的线性收缩率的影响来说，不同填料的影响是不同的。表2-7中比较了高吸油量填料和低吸油量填料对涂膜线性收缩率的影响[1]。从表2-7中可知，低吸油量的硫酸钡填料对环氧自流平涂料涂膜的线性收缩率的降低要优于高吸油量的轻质碳酸钙。因此，选择硫酸钡等低吸油量填料所得到的环氧地坪涂料，会具有更好的涂膜力学性能。图2-3中对碳酸钙和石英砂添加量的比较[10]，具有类似的结果。

表 2-7 不同吸油量填料对环氧自流平涂料涂膜线性收缩率的影响

填料添加量(质量分数)/%	涂膜线性收缩率/%	
	高吸油量填料(轻质碳酸钙)	低吸油量填料(沉淀硫酸钡)
10	1.95～2.54	1.59～1.72
20	1.28～2.10	1.30～1.82
30	1.71～1.90	1.20～1.60

除了添加量对线性收缩率的影响外，填料微粒的颗粒形态对环氧地坪涂料也有一定影响。例如，圆球状的颗粒（如重质碳酸钙）能够提高涂料的流动性能；纤维状颗粒（如硅灰石粉）降低涂膜线性收缩率的效果更为明显，并能够提高涂膜的耐磨性。

五、活性稀释剂

1. 基本概念

在高固体分和无溶剂涂料配方中，稀释剂是一个重要的组分，它具有类似溶剂的功能，可降低配方体系的黏度，但不同于溶剂的是，分子量高的稀释剂在固化过程中会留在涂层体系而不被计入有机挥发物（VOC）含量。

稀释剂的主要功能是降低体系黏度。例如，加入10%的 C_{12}～C_{14} 烷基缩水甘油醚可以将双酚A环氧树脂的黏度从13Pa·s降低到3Pa·s。好的稀释性能不但可以提高涂料的颜（填）料用量，还能降低黏度以达到好的表面润湿和附着效果。

稀释剂有活性和非活性两大类。非活性稀释剂本身不含反应官能团，无法与环氧树脂或固化剂反应。此类稀释剂会像增塑剂，降低体系的交联密度而导致低硬度和弱抗化学品性。由于缺乏化学结合，非活性稀释剂易于降解并从涂料体系中游离出来。壬基酚是常用的非活性稀释剂，广泛应用于需要低温固化的体系，因其酚基团可以促进环氧和氨基间的反应。然而，壬基酚因具有雌性激素活性而可能对鱼类及人体的繁殖系统产生副作用，因此欧盟已经限制壬基酚及壬基酚聚氧乙基醚的使用。加拿大和日本也出台了有关法令要求使用更环保和安全的壬基酚替代品[11]。

相对而言，活性稀释剂较少影响涂料的交联密度，因为它有可反应的官能团连接到交联网络结构上。例如，许多活性稀释剂是单或双官能团的缩水甘油醚，如脂肪族缩水甘油醚和苯基缩水甘油醚，它们可以和胺或环氧树脂的羟基反应。

2. 活性稀释剂的种类

使用活性稀释剂是降低无溶剂自流平环氧地坪涂料的黏度，使之达到涂料施工或自流平效果的有效方法。如上述，同普通概念的由溶剂组成的稀释剂不同，活性稀释剂虽然也是黏度很低的液体，能够降低涂料的黏度而起到稀释效果，但活性稀释剂的组成中含有环氧官能基团，能够与胺类固化剂反应，成为涂膜的组分而不会像溶剂那样成为挥发分。因而，在环氧耐磨地坪涂料中活性稀释剂的适量加入，既能够降低涂料的黏度，又不会增加涂料的有机挥发分含量。

按活性稀释剂的分子结构可以分为单环氧活性稀释剂和双环氧活性稀释剂，前者如单环氧丁基缩水甘油醚（$OCH_2CHCH_2OC_4H_9$）和 C_{12}～C_{14} 醇酸缩水甘油醚；后者如双环氧 1,4-丁二醇缩水甘油醚等。国外自流平环氧地坪涂料一般采用通用性好的 C_{12}～C_{14} 醇酸缩水甘油醚、丙烯酸酯缩水甘油醚等。这类活性稀释剂其表面张力小，流平性好，因而能够使涂膜具有很高的光泽而产生较好的镜面效果[12]。国内通常使用的活性稀释剂为正丁基缩水甘油醚活性稀释剂和腰果壳油基活性稀释剂。

3. 常用活性稀释剂的性能

表 2-8 为常用活性稀释剂的性能。

表 2-8 环氧树脂常用活性稀释剂的性能

活性稀释剂名称	简称	环氧当量	黏度(25℃)/mPa·s
正丁基缩水甘油醚	BGE	130～140	1.5
烯丙基缩水甘油醚	AGE	98～102	1.2
苯基缩水甘油醚	PGE	151～163	7
甲酚基缩水甘油醚	CGE	182～200	6
二缩水甘油醚	DGE	130	11
聚乙二醇二缩水甘油醚	PEGGE	130～300	15～17
丙三醇三缩水甘油醚	GGE	140～170	115～170

此外，有些活性稀释剂还能够对涂膜产生增韧作用，有些活性稀释剂对环氧地坪涂料的耐热性、耐化学腐蚀性也有一定影响，如表 2-9 所示[8]。同时，同一种活性稀释剂其用量不同时会对环氧树脂（涂料）黏度产生显著影响，如图 2-4 所示。

表 2-9 不同活性稀释剂对环氧地坪涂料性能的影响

涂料性能	活性稀释剂种类		
	丁基缩水甘油醚	C_{12}～C_{14}醇酸缩水甘油醚	1,4-丁二醇缩水甘油醚
稀释效果	优	良	尚可
对涂料表面张力的影响	良	优	尚可
反应活性	良	尚可	优
耐热性	良	尚可	优
耐化学性	优	良	尚可
黏结性	良	优	尚可
成本	低	低	高

4. 腰果壳油活性环氧稀释剂

腰果壳油活性环氧稀释剂属于无毒性环保型活性环氧稀释剂，可用于取代非环保型烷基缩水甘油醚类产品。以卡德莱化工有限公司的这类产品为例，它是一种单官能团的活性稀释剂（见图 2-5），其环氧基能够与胺反应，通过化学键结合到反应产物的交联网络。

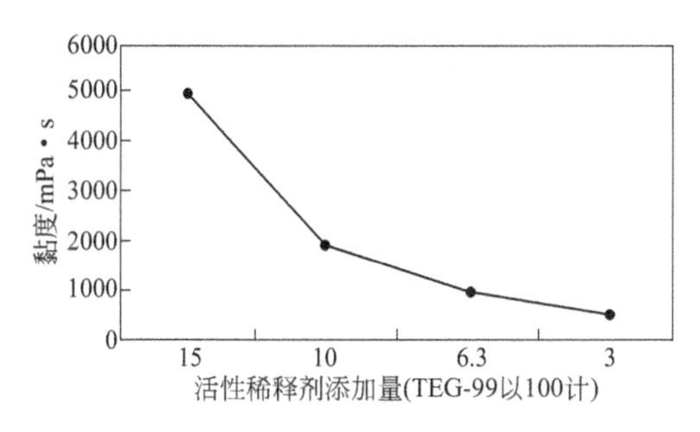

图 2-4 活性稀释剂添加量对体系黏度的影响

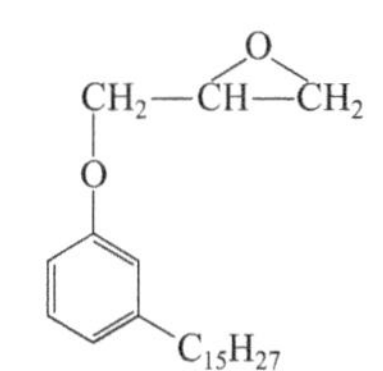

图 2-5 腰果壳油环氧活性稀释剂的基本化学结构

(1) 黏度稀释性能 腰果壳油活性环氧稀释剂具有较好的黏度稀释性能（见图 2-6），其添加量以质量计为液体环氧树脂的 5%时就能够将黏度降低一半；若添加量为 15%时其稀释能力等同于缩水甘油醚。

表 2-10 为三个不同体系在 25℃和 5℃固化条件下的表干和实干时间，其表明 10%腰果壳油活性环氧稀释剂体系的固化速率和硬度增长速率都与无稀释剂体系一致。5℃条件下尤其如此（见图 2-7 和图 2-8）。因而，添加 10%腰果壳油活性环氧稀释剂对固化性能无不良影响。

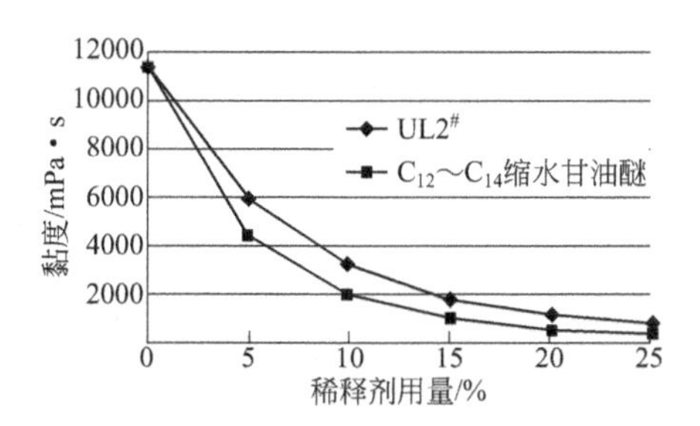

图 2-6 液体环氧树脂的稀释曲线（图中 UL2# 为腰果壳油活性环氧稀释剂）

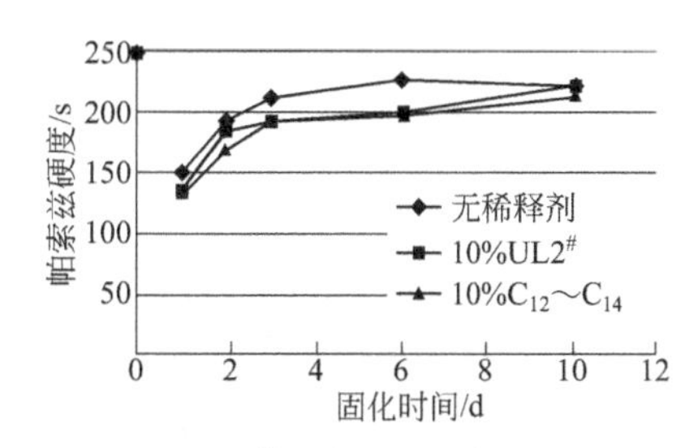

图 2-7 基于液体环氧/环氧当量＝190 和酚醛酰胺固化剂以及 25℃固化条件下，不同稀释剂对帕索兹硬度增长的影响（图中 UL2# 为腰果壳油活性环氧稀释剂）

表 2-10 25℃和 5℃固化条件下的表干和实干时间(干膜厚度 101.6μm,酚醛酰胺固化剂)

环氧体系	干燥时间(表干/实干)/h	
	25℃	5℃
液体环氧	3.00/3.75	16.00/22.00
液体环氧+10%腰果壳油活性环氧稀释剂	3.00/4.00	16.50/22.00
液体环氧+10%缩水甘油醚	3.00/3.75	16.00/22.50

(2) 在生锈 S-35 基材上的附着性能 划格法附着力性能试验表明，添加 10%腰果壳油活性环氧稀释剂体系在处理较差的基材表面的附着性能与添加 10%缩水甘油醚体系的一样，二者都具有良好的附着力。

(3) 对玻璃化转变温度（T_g）的影响 腰果壳油活性环氧稀释剂或缩水甘油醚的用量越高，T_g越低。这是，由于二者的单官能团都会充当“止链器”而消耗胺的活性部分，然后阻碍更大的交联网络形成，因此它们会降低交联的密度。这主要通过 T_g 的降低反映出来。与缩水甘油醚相比，腰果壳油活性环氧稀释剂在20%或30%用量时对 T_g 的影响相对较小，如图 2-9 所示。

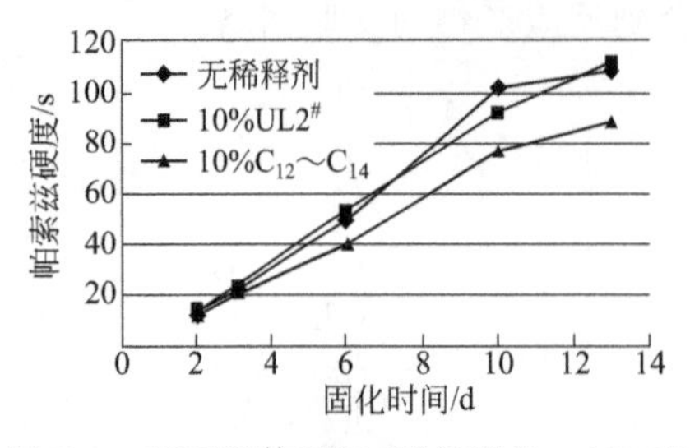

图 2-8 基于液体环氧/环氧当量=190 和酚醛酰胺固化剂以及5℃固化条件下，不同稀释剂对帕索兹硬度增长的影响（图中，UL2# 为腰果壳油活性环氧稀释剂）

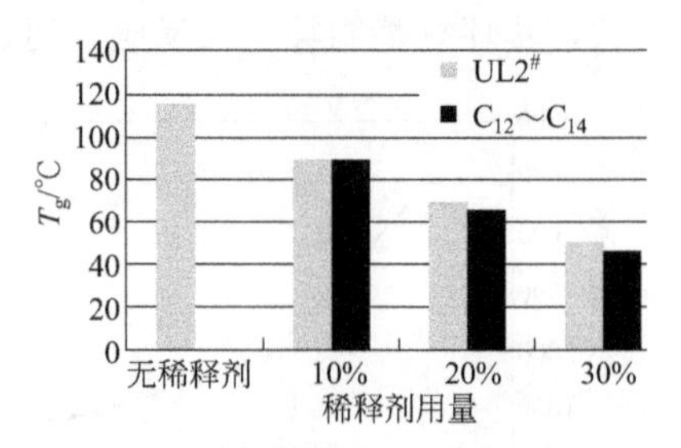

图 2-9 基于液体环氧/环氧当量=190 和三乙烯四胺固化剂体系下，不同稀释剂对玻璃化转变温度（T_g）的影响（图中 UL2# 为腰果壳油活性环氧稀释剂）

（4）对耐水性和耐化学腐蚀性的影响　与无添加稀释剂的液体环氧体系或添加酚醛酰胺体系相比，添加20%（高用量）腰果壳油活性环氧稀释剂体系具有更好的耐水性和耐化学腐蚀性。因此，即使 T_g 相对较低，腰果壳油结构的独特芳香环和长疏水侧链仍能够赋予腰果壳油活性环氧稀释剂体系优异的耐化学腐蚀性和耐水性。

（5）对颜色稳定性和保光性的影响　腰果壳油活性环氧稀释剂体系具有良好的颜色稳定性和保光性能（见图 2-10 和图 2-11）。

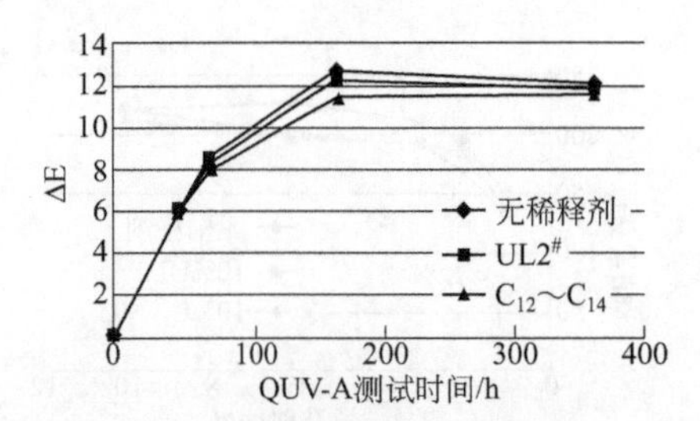

图 2-10 基于酚醛胺固化剂体系下，不同稀释剂对颜色稳定性的影响（图中 UL2# 为腰果壳油活性环氧稀释剂）

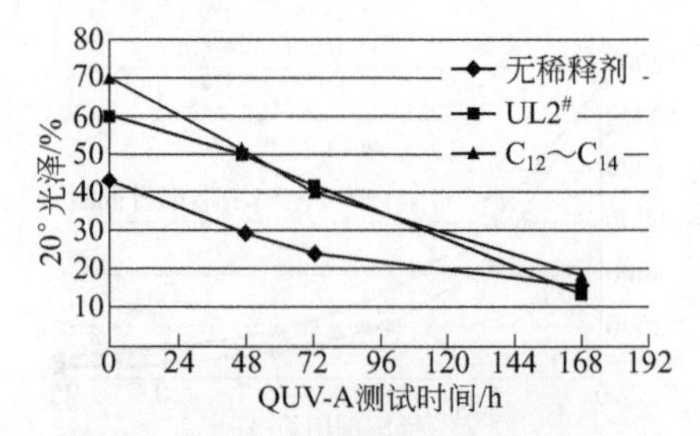

图 2-11 基于酚醛胺固化剂体系下，不同稀释剂对保光性的影响（图中 UL2# 为腰果壳油活性环氧稀释剂）

如图 2-10 所示，在彩色环氧/酚醛胺涂料体系中，20%腰果壳油活性环氧稀释剂体系在不同 QUV-A 紫外照射时间的 ΔE 数据与20%缩水甘油醚或者无稀释剂体系相比差别不大。

此外，与无稀释剂的体系相比（见图 2-11），添加了腰果壳油活性环氧稀释剂的体系还能改善保光性。20%腰果壳油活性环氧稀释剂和20%缩水甘油醚的涂料体系均能有效降低失光速度长达168hQUV-A 紫外照射。

（6）对耐盐雾腐蚀性的影响　由于腰果壳油结构的高疏水特性，20%腰果壳油活性环氧稀释剂涂料体系比20%缩水甘油醚涂料体系具有更好的耐盐雾腐蚀性。

总之，腰果壳油活性环氧稀释剂具有多项独特性能，如优异的稀释能力、快速固化、硬度增长速率快和良好的稳定性等。而其优异的耐水性和耐化学腐蚀性能使之成为一种具有通用性的活性环氧稀释剂。

（7）腰果壳油活性环氧稀释剂商品举例——卡德莱 NC-513　这是一种低黏度、单功能的腰果壳油类环氧活性稀释剂，主要用于重防腐船舶和地坪涂料领域的溶剂型和无溶剂型环氧体系，可降低黏度，延长涂料的使用期，在不影响耐水性和抗腐蚀性的前提下，增加涂料配方的灵活性。

六、助剂

涂料的助剂品种很多，下面介绍适用于环氧地坪涂料使用的分散剂、消泡剂等，其他有关助剂则在相应的内容中介绍。

（一）分散剂

颜（填）料在涂料中的润湿、分散和保持分散后的稳定性需要借助于润湿、分散剂进行。适用于溶剂型涂料的润湿、分散剂和水性涂料的并不相同。下面分别进行介绍。

1. 溶剂型涂料用润湿、分散剂

（1）功能与作用　润湿、分散剂的活性基团定向吸附于颜（填）料粒子表面，增加涂料各组分间的亲和性，降低涂料体系的表面张力，有助于颜（填）料的快速分散并在储存过程中保持分散稳定。除了这些主要作用外，润湿、分散剂还能够起到改善涂膜性能的作用，例如改善流平性，防止涂膜浮色发花，提高光泽和遮盖力等。

润湿、分散剂分子结构中的活性基团一端能吸附在粉碎成细小微粒的颜（填）料表面，另一端溶剂化进入基料中形成吸附层（吸附基越多，链节越长，吸附层越厚）、靠熵斥力（对于水性涂料则是靠电荷斥力）使颜（填）料粒子在涂料体系中长时间地处于分散悬浮状态。

当颜（填）料在润湿剂及外力的作用下，解聚或被粉碎成细小颗粒时，分散剂化合物就开始选择性地吸附在其表面而使分散的微细颗粒产生稳定作用。否则，如果没有分散剂的稳定作用，被分散后的颗粒会因范德华引力和重力的作用而重新聚集、絮凝并产生沉淀。

（2）主要种类　溶剂型涂料用润湿、分散剂主要有阴离子型（例如不饱和多元羧酸加成物、不饱和多元羧酸聚合物）、阳离子型（不饱和多元羧酸的聚酰胺盐、不饱和多元羧酸的多元胺盐改性物）、电中性型（聚羧酸的电中性盐、聚羧酸酯和聚胺的电中性盐）、离子型（长链化合物的烷基酯醚）、高分子型（改性聚丙烯酸酯及其衍生物、丙烯酸酯嵌段共聚物、改性聚氨酯、有机硅烷偶联剂）和偶联剂（钛酸酯偶联剂）等。

（3）常用商品简介

① 904、904S 润湿、分散、浮色防止剂。系台湾德谦贸易公司产品。904 的主要成分为高分子羧酸；904S 的主要成分为 904 与可相容有机硅的混合物；外观均为黄至淡褐色液体；活性成分均为 50%；闪点 21℃；溶剂为二甲苯/甲基异丁基酮，该分散剂对树脂的适用范围广，如环氧树脂、醇酸树脂、丙烯酸树脂、聚氨酯、乙烯树脂等。对颜料的分散、润湿效果特优，可有效防止涂料中二氧化钛等无机颜料和其他颜料合用时的各种浮色、发花等色分离问题。

② BORCHIGEN911 润湿、分散剂。系德国拜耳（Bayer）公司产品，其固体分 69%；黏度 2Pa・s；相对密度 0.99；酸值 15mg KOH/g。该分散剂可以用于几乎所有的涂料体系，具有良好的润湿、分散作用，能提高颜料的利用率及颜料浆的稳定性，降低发花倾向，防止黏度增大和胶化。

③ BYK-220S 润湿、分散剂。系德国毕克化学（BYK chemie）公司产品，为低分子量不饱和多元羧酸聚合物和聚硅氧烷共聚物的溶液，是一种阴离子型分散剂；活性组分为 52%，酸值为 100mg KOH/g。该润湿、分散剂能稳定所有的颜料，增加光泽，防止浮色发花，降低研磨料浆的黏度。在双组分环氧树脂系统中有很广的相容性。由于其中含有有机硅流平剂，因此涂膜有较好的流平和滑爽性。有时就不必再在配方中添加额外的有机硅类流平剂。适用于一般溶剂型工业涂料、建筑涂料和汽车涂料。

④ Disperbyk-116 润湿、分散剂。系德国毕克化学（BYK chemie）公司产品，为含有颜料亲和基团的丙烯酸聚合物，胺值 65mg KOH/g，活性组分＞98%，该润湿、分散剂属于高分子量解聚凝型颜料润湿、分散助剂，能增加涂料光泽，防止浮色发花，可用于各种溶剂型工业

涂料、建筑涂料、木器涂料及制备颜料浓缩浆。

⑤ TEXAPHOR 963 分散剂。系德国汉高（Henkel）公司产品，为聚羧酸与胺衍生物生成的电中性盐 50%的高级芳烃溶液，外观为棕色透明液体；密度 0.890～0.910g/cm^3，固含量 44%～48%，闪点 68℃～72℃。其是溶剂型涂料的一种通用添加剂，在醇酸树脂、醇酸/氨基树脂、丙烯酸和环氧树脂、氯化橡胶、亚麻籽油/厚油等类涂料中尤为有效。一些含羟基的线性树脂（如拜耳公司的 Desmophen 类树脂）与 TEXAPHOR 963 合用时，能产生触变性。

⑥ TEXAPHOR 963S 防浮色、发花剂。系德国汉高（Henkel）公司产品，为聚羧酸和胺衍生物的电中性盐与特殊硅油的复合物，外观为棕色透明液体，密度 0.89～0.91g/cm^3，固含量 37%～42%，闪点 55℃～58℃，溶剂为高级芳烃溶剂和十氢化萘的混合物，可用于大多数溶剂涂料体系。主要的应用领域包括那些可能发生强烈浮色和发花的体系，如短油度、中油度醇酸、醇酸氨基、丙烯酸体系；甚至在这些体系中使用了那些易出问题的颜料，如炭黑、氧化铁红、酞菁蓝和氧化铬绿，TEXAPHOR 963S 仍会有良好的效果。

2. 水性涂料用润湿、分散剂

水性涂料用润湿、分散剂的分子结构中具有亲水基和亲油基（也称疏水基）两个基团。亲油基是由亲油性原子团构成的，对油具有亲和性，与油接触时能够互相吸引。亲油基在水中具有和油一样的性能，具有憎水性。亲水基则与之相反，即与水具有亲和性，能够溶于水，是由溶于水的或易于被水所润湿的原子或原子团，例如羧基、磺酸基、硫酸酯基、醚基、氨基、羟基等所组成的。其功能作用与溶剂型涂料相同，其种类根据分散剂溶于水时所显示的电性进行分类。分散剂溶于水时，能够在水中电离生成离子的称为离子型分散剂；反之，不能电离生成离子的称为非离子型分散剂。对于离子型分散剂，按照其在水中所生成离子的电性质不同，又可以分为阴离子型分散剂、阳离子型分散剂、两性离子型分散剂和非离子型分散剂等。常用的水性涂料用润湿、分散剂商品如美国陶氏［罗门哈斯公司（Rohm and Hass）］的 Orotan 731A（聚羧酸钠型）、Orotan 731DP（聚羧酸钠型）和 Orotan 1124（聚丙烯酸铵型）；德国拜耳（Bayer）公司的 NA20（聚丙烯酸铵型）、NA40（聚丙烯酸铵型）；德国毕克化学（BYK chemie）公司的 Disperbyk-161（多羧酸聚合物的烷氧基铵盐型）、Disperbyk-181（多官能团聚合物烷氧基铵盐型）、台湾德谦公司的 DP 512（聚丙烯酸钠型）、920 分散剂（聚磷酸盐型）和德国巴斯夫（BASF）公司的 MD20（有机多元酸钠盐型）、Disperser N（聚丙烯酸钠型）、Disperser NL（聚丙烯酸钠型）等。

（二）消泡剂

1. 功能与性能要求

（1）功能　涂料中由于表面活性剂的引入和机械操作等原因，会产生气泡和泡沫，对涂膜质量产生严重影响；水泥砂浆底材存在很多孔隙，施工时孔隙内空气会被涂料置换出来，施工的机械搅拌及刮板会使大量空气裹入涂膜内；而往往因为涂料自身黏度高，气泡在涂膜中稳定，不易排出，这些因素使得涂料中须加入消泡剂加速排出，减少和消除针孔、气泡痕等缺陷。因而，涂料中需使用消泡剂。

消泡剂通常具有抑制泡沫产生和消泡的功能。消泡剂消泡的原理在于消泡剂进入泡沫的表面，使泡沫表面张力急剧变化，消泡剂迅速在界面间扩散，进入泡沫膜，使泡沫壁变薄，最终导致泡沫破裂；抑制泡沫产生的机理则是抑泡剂分散于涂料中，能够拆开引起发泡的活性分子，阻止分子间紧密接触，阻止泡沫得到稳定，使泡沫在起始阶段就受到控制，起到抑泡作用。

（2）性能要求　要起到好的消泡效果，消泡剂要能够满足：①消泡剂不溶于涂料体系；②消泡剂的表面张力低于涂料的表面张力；③消泡剂在涂料中有良好的分散性，能够迅速、均匀地分散于涂料体系中；④消泡剂不会与涂料中的成分发生反应；⑤消泡剂不会对涂料的性能产生不良影响。

2. 溶剂型涂料用消泡剂

溶剂型涂料用消泡剂主要有有机硅类消泡剂和聚合物型消泡剂。前者如聚硅氧烷和改性聚硅氧烷以及聚硅氧烷与其他破泡聚合物的混合物；后者主要是丙烯酸酯共聚物和乙烯共聚物等。下面介绍几种典型商品。

（1）C-885 FBRA 消泡、破泡剂　系台湾三化实业有限公司产品，成分为脂肪烃和芳烃类的有机硅，外观为透明液体，适用于丙烯酸、环氧树脂、聚氨酯等体系的溶剂型涂料，消泡、脱泡、抑泡效果好。

（2）BYK-071 有机硅消泡剂　系德国毕克（BYK Chemie）化学公司产品，成分为破泡聚硅氧烷溶液，相对密度 0.87；能在涂料生产和施工过程中有效地防止泡沫的形成；在大多数涂料中有较好的清晰性，主要用于溶剂型建筑涂料、木器及家具涂料等。

（3）Airex 930、Airex 931 脱泡剂　系英国迪高（Tego）化工公司产品，成分为含氟有机硅溶液，相对密度约 0.95；适用于醇酸、氧化橡胶、丙烯酸等类涂料，能促使这些涂料脱泡，防止涂膜出现针孔。

（4）TROYSOL AFL、TROYSOL 307 消泡剂和防发花剂　均系特罗依化学公司（Troy Chemical Corp）产品，TROYSOL AFL 为不含硅油的表面活性剂，TROYSOL 307 为含有机硅共聚物的非离子型表面活性剂；适用于醇酸、氯化橡胶、丙烯酸酯等类涂料；能防止在木、灰石及其他多孔物体表面的气泡滞留，减少颜料的浮色和发花。

3. 水性涂料用消泡剂

水性涂料用消泡剂虽然在种类上分低分子量醇类（如正辛醇）、磷酸酯类（如磷酸三丁酯）、硅油或乳化硅油类（如乳化甲基硅油、乳化苯甲基硅油等）等品种，但实际中应用的是各种商品消泡剂，这些商品消泡剂在组成上极少是单一物质，大部分是两种或两种以上成分的复合。

目前市场上的商品消泡剂品种繁多，除了国产商品外，使用效果好的还是各种进口产品。例如，德国毕克（BYK）公司、美国气体产品有限公司（Air Products）、英国联合胶体（Allied Colloids）公司、德国巴斯夫（BASF）公司、德国拜耳（Bayer）公司、道康宁（Dow Corning）公司、荷兰埃夫卡助剂（EFKA）公司、德国汉高（Henkel）公司、英国卜内门化学（ICI）公司、盛沃（SERVO）公司、迪高（Dego）化工公司、特罗依（Troy Chemical Corp）化学公司、美国联合（Union Carbide）碳化公司、获利（Worlee）化工公司和罗纳普朗克（Rhone Poulenc）公司等公司生产的众多不同类型的商品均在国内销售并得到较多的应用。下面介绍几种典型商品。

（1）074、080、082 系列消泡剂　系台湾德谦公司产品，074 消泡剂是非有机硅的有机酯类与碳氢化合物的混合物；080 是非有机硅的酰胺类与碳氢化合物的混合物；082 是非有机硅的含疏水粒子的矿物油混合物。080 除消泡、抑泡作用显著外，具有优异的加水稀释性，对生产过程中的起泡抑制与施工时的气泡消除均有效，过量使用不产生“鱼眼”；082 除消泡作用外，抑泡作用尤其显著，对生产过程中的起泡抑制与施工时的气泡消除均有效。

（2）Burst 100 消泡剂　系美国联合胶体（Allied Colloids）公司产品，成分为聚硅氧烷，适用于水性涂料的消泡，消泡效果高效、稳定、持久，用量 0.25%～0.5%。

（3）BYK 036 消泡剂　系德国毕克（BYK Chemie）化学公司产品，主要成分为含有机硅的石蜡基矿油与疏水组分的乳液，适用于颜料体积分数为 20%～85%的乳胶漆体系的消泡，用量 0.1%～0.5%。

（4）FoamerStar A36 消泡剂　系深圳海川化工科技有限公司的产品，主要成分为特殊分子结构的消泡物质与聚硅氧烷的合成物。适用于各种高光泽水性涂料，脱气效果好，能够消除涂膜中针孔，不产生缩孔病态。

(5) Nopco309-A 消泡剂　系德国拜耳（Bayer）公司产品，主要成分为含硅及多种添加剂的混合物，适用于水性涂料的消泡，具有较高的消泡能力及极佳的相容性，用量 0.1%～0.5%。

第二节　环氧耐磨地坪涂料生产与施工技术

环氧耐磨地坪涂料为双组分常温固化型涂料，有溶剂型和无溶剂型两种，通常也简称环氧地坪涂料。其中，无溶剂环氧地坪涂料通常称为无溶剂环氧自流平地坪涂料，国内在 20 世纪 90 年代开始研制和应用。经过 20 多年的发展，目前该系统的生产和应用技术已较成熟，并在医药、卫生、食品、生物等行业得到广泛应用[13]。

环氧耐磨地坪涂料有普通型、耐腐蚀型、厚膜型、自流平型、无溶剂型和抗静电型等种类。本节介绍前几种涂料的配方和配制技术，无溶剂自流平环氧地坪涂料在下面介绍，环氧抗静电地坪涂料在下一章介绍。

一、配方设计影响因素

1. 不同应用场合的环氧地坪涂料的种类和用途

环氧地坪涂料适用于许多不同的场合，但针对具体用途来说，所需要的环氧地坪涂料的性能有所不同，表 2-11 列出不同环氧地坪涂料的性能特征和适用场合[14]。

表 2-11　环氧耐磨地坪涂料的种类和用途

种类	特征	适用场合
普通环氧耐磨地坪涂料	涂膜厚度为 0.2～0.6mm，平滑无缝、附着力强，耐磨，弱起尘，易清洁，有适当的防水和耐腐蚀性	适用于非荷重、需防尘和耐酸、碱的装饰性工业地面，例如，电器、塑胶、纺织、烟草、食品、学校、医院等行业的厂房地面涂装
厚膜型环氧耐磨地坪涂料（环氧砂浆地坪）	涂膜厚度为 3.0～8.0mm，抗冲击，耐磨性好，耐酸、碱腐蚀性强，耐重压，弱起尘，防霉，易清洁	适用于高强度、耐冲击作业区或重载地面的涂装，例如，机械厂、码头、电梯口、车站、车场，特别是需要跑叉车、汽车、重型手推车的走道
自流平型环氧耐磨地坪涂料	涂膜厚度为 2.0～5.0mm，无接缝，平滑度高，装饰性强，易清洁，耐酸、碱腐蚀，弱起尘，防长霉等	适用于要求高度清洁、无尘、无菌的水泥地面或水磨石地面的涂装，例如制药、烟草、食品、学校、医院等行业的厂房地面
耐腐蚀型环氧耐磨地坪涂料	涂膜厚度为 1.0～3.0mm，耐酸、碱腐蚀，耐溶剂，耐水浸泡和冲击等。	适用于各种耐强酸、强碱和耐混合酸的场合，已经或经常处于潮湿状态使用的地坪，例如，化工厂、发电厂、污水处理池、游泳池、化学槽、发酵槽、腌渍槽等

2. 原材料的选用

环氧耐磨地坪涂料通常是以环氧树脂为基料材料，外加固化剂而制成的双组分反应固化型涂料。涂料的组成材料都是外购的，涂料生产的过程是配漆过程。因而在配方设计时需要考虑的问题主要是这些材料的选用和配比问题。针对表 2-11 中所述的几类环氧耐磨地坪涂料，对其原材料的选用说明如下。

(1) 普通环氧耐磨地坪涂料

① 环氧树脂的选用。由于涂膜较薄且要求其防水性能好，因而要求涂膜有较好的抗渗透性。用于表述环氧树脂清漆涂膜防介质渗透能力的渗透指数公式对于该类涂料中环氧树脂的选

用具有一定的指导意义[15]。该公式为：

$$PI = M_C/(M^{0.5}B^{1.5}) = 1/(\rho M^{0.5}B^{1.5})$$

式中 PI——涂膜的渗透指数，g/mol；

M_C——涂膜交联点的摩尔质量，g/mol；

M——渗透介质的分子量；

B——与涂膜和渗透介质有关的溶液效应因子；

ρ——涂膜的有效交联密度，mol/g。

不同环氧值的环氧树脂与胺或胺类加成物固化剂反应固化时有着不同的有效交联密度。环氧值大的环氧树脂固化后的交联密度大，固化网络的孔径小。反之，固化网络的孔径大。由于交联的化学键的束缚作用，固化网络对渗透介质的渗透扩散产生抵抗作用。分子量小、环氧值大的环氧树脂涂膜的渗透指数较小，抵抗介质渗透扩散的能力较强。因此，宜选用环氧当量较小的环氧树脂。例如，国产的 E-51、E-42、E-44 或国外的 EPON 828［美国壳牌（shell）公司产品］、DER331［美国陶氏化学公司（DOW Chemical Inc）产品］等。

② 其他涂料组分的选用。因涂膜较薄，且要求涂膜附着力强、防水、耐磨和耐腐蚀性优异，因而在配方中加入 15%～30%的溶剂，制成溶剂型涂料，降低涂料的黏度以便得到较薄的涂膜；为保证色泽均一，需选用性能优异的分散剂，并将颜（填）料分散研磨至细度小于 50μm；石英粉的加入，可保证涂膜有较强的耐磨性；固化剂宜选用能够耐腐蚀的聚酰胺类产品。

（2）厚膜型环氧耐磨地坪涂料（环氧砂浆地坪）

①环氧树脂的选用。因涂膜较厚，且要求能够耐重压、耐磨和耐腐蚀，因此应选用固体含量高的环氧树脂，如 E-44、E-42 或 E-51 等，使涂料具有较高的黏度，以保证进行一道或两道镘涂后即能够达到要求的厚度。

② 其他涂料组分的选用。应选用质地坚硬的填料，如石英砂，以保证耐重压、耐磨的要求；因涂膜较厚，颜料无须使用太多即可满足遮盖力的要求；选用脂环胺类固化剂能够使涂膜具有较高的硬度；因对涂料的细度和流平性无特殊要求，可不使用分散剂和流平剂；为了使气泡能够在涂膜较厚的情况下顺利逸出，需要使用适量的高效消泡剂。

（3）自流平型环氧耐磨地坪涂料

① 环氧树脂的选用。因要求涂料的流动性和流平性很好，耐磨，耐水和耐腐蚀性优异，因此应选用固体含量高而黏度低的环氧树脂，如 E-51、EPON 828［美国壳牌（Shell）公司产品］和 DER331［美国陶氏化学公司（DOW Chemical Inc）产品］等。在这种情况下不宜选用 E-44、E-42 等环氧树脂，因为这两类环氧树脂的黏度太高，如果达到自流平所需要的黏度，则必须加入大量的活性稀释剂，而过多的活性稀释剂与胺固化时生成分子量小的聚合物，影响涂膜的性能。

② 其他涂料组分的选用。因涂料需要具有很高的流平性，必须选用活性稀释剂；选用黏度较低的固化剂有利于提高涂料的自流平性；应选用质地坚硬的填料，如石英砂，以保证耐重压、耐磨的要求；由于是表面涂料，故应加入抗划伤剂，以保持涂膜的长久光亮；因涂膜较厚，颜料无须使用太多即可满足遮盖力的要求；润湿、分散剂的使用能够避免涂膜产生缩孔、鱼眼等病态。

③ 流平剂的选用。由于环氧自流平地面涂料不含挥发性溶剂，涂料的黏度高，表面张力大，涂膜易出现橘皮、刷痕、波纹、缩孔和针孔等表面状态缺陷。须添加流平剂来降低涂料表面张力，延长流动时间，提高流平性。流平剂多选用丙烯酸共聚物类，其表面张力较低，与环氧树脂相容性有限，可在短时间内迁移到涂膜表面，形成单分子层，使表面张力均一化，减少因表面张力梯度而引起的各种涂膜表面弊病。

(4) 耐腐蚀型环氧耐磨地坪涂料

① 环氧树脂的选用。环氧树脂可以参照自流平环氧涂料的情况选用。此外还应注意，从耐化学腐蚀性能方面来说，环氧树脂涂膜内不能含有可被腐蚀介质破坏的化学键和极性基团。例如，涂膜内含有酯键时耐化学药品性极差；含有碳-氧-硅键时会降低涂膜的耐汽油性和耐盐水性；而醚键和脂肪族羟基具有优良的耐化学药品性。表 2-12 中列出几种环氧树脂的涂膜含有的化学键及其耐腐蚀性[15]，供选用时参考。

表 2-12 涂膜内化学键对耐化学药品性能的影响①

环氧树脂种类	涂膜内存在的主要化学键	耐汽油(25℃)	耐 15%硝酸(25℃)	耐 3%盐水(25℃)	耐 15%氢氧化钠(25℃)
E51	醚键	90d 涂膜完好	90d 涂膜完好	90d 涂膜完好	90d 涂膜完好
E44	醚键	90d 涂膜完好	90d 涂膜完好	90d 涂膜完好	90d 涂膜完好
E20	醚键及脂肪族羟基	90d 涂膜完好	90d 涂膜完好	90d 涂膜完好	90d 涂膜完好
HW-28②	碳-氧-硅键	30d 涂膜破坏	90d 涂膜完好	90d 涂膜发白	90d 涂膜完好
711#③	酯键	90d 涂膜破坏	90d 涂膜破坏	10d 涂膜破坏	10d 涂膜破坏

① 以聚酰胺为固化剂，胺当量与环氧当量之比为 0.5∶1，在 30～35℃下充分交联固化制得的环氧树脂涂膜。
② HW-28 是环氧-有机硅树脂。
③ 711# 是酯型环氧树脂。

② 其他涂料组分的选用。因涂膜较厚，且要求耐磨和耐腐蚀性优异，并具有一定的抗拉性能，应加入一定量的增韧剂以保证涂膜在较厚的情况下具有较好的抗拉性能；选用脂环胺类固化剂能够使涂膜具有较好的耐腐蚀性；加入适量与环氧树脂亲和性好的滑石粉能够减小涂膜的内应力，防止涂膜开裂；片状填料（如云母粉）的加入能够增强涂膜的抗渗透性，提高涂膜的耐水性和耐腐蚀性。

二、几种环氧耐磨地坪涂料的配方

上述普通环氧耐磨地坪涂料和厚膜型环氧耐磨地坪涂料的配方参考举例如表 2-13 所示，自流平地坪涂料和耐腐蚀型地坪涂料配方参考举例如表 2-14 所示。

表 2-13 普通型和厚膜型环氧耐磨地坪涂料的配方参考举例

组分	涂料配方(质量比)		
	普通型(1)	普通型(2)	厚膜型
涂料组分	美国陶氏化学公司(DOW Chemical Inc)的 DER® 331 环氧树脂 34.0；二甲苯 14.2；正丁醇 9.0；德国汉高公司的 TEXAPHOR® 963 分散剂 0.3；德国汉高公司的 AMH2 型消泡剂 0.3；德国汉高公司的 F60 型流平剂 0.2；氧化铁红 5.0；600 目沉淀硫酸钡 7.0；600 目滑石粉 10.0；600 目石英粉 18.0；有机膨润土 2.0	环氧当量为 212～244 的 E-44 液体环氧树脂 36.4；二甲苯 9.2；正丁醇 3.0；德国汉高公司的 TEXAPHOR® 963 分散剂 0.3；德国汉高公司的 AMH2 型消泡剂 0.3；德国汉高公司的 F60 型流平剂 0.2；氧化铁红 5.0；600 目沉淀硫酸钡 14.6；600 目滑石粉 15.0；600 目石英粉 15.0；有机膨润土1.0	EPON 828 型环氧树脂 100.0；丁基缩水甘油醚 10.0；德国汉高公司的 AMH2 型消泡剂 2.0；氧化铁红 2.0；金红石型钛白粉 1.0；200 目石英砂 200.0；100 目石英砂 100.0
固化剂组分	德国汉高公司的 Versamid® 115 固化剂 33.0；二甲苯 32.0；正丁醇 8.0	德国汉高公司的 Versamid® 115 固化剂 37.0；二甲苯 36.0；正丁醇 9.0	德国汉高公司 Versamine® C36 固化剂 68.0

表 2-14　自流平型和耐腐蚀型环氧地坪涂料配方参考举例

组分	涂料配方(质量比)	
	自流平型涂料	耐腐蚀型涂料
涂料组分	美国 Shell 公司的 EPON 828 型环氧树脂 90.0;丁基缩水甘油醚 10.0;德国汉高公司的 TEXAPHOR® 963 分散剂 0.3;德国汉高公司的 AMH2 型消泡剂 0.6;德国汉高公司 F60 型流平剂 0.5;德国汉高公司 S4 型抗划伤剂 0.6;氧化铁红 3.0;金红石型钛白粉 1.0;300 目石英砂 50.0;200 目石英砂 30.0;沉淀硫酸钡 20.0;白炭黑 1.5	美国 Shell 公司的 EPON 828 型环氧树脂 90.0;邻苯二甲酸二丁酯 10.0;德国汉高公司的 TEXAPHOR® 963 分散剂 0.3;德国汉高公司的 1208 消泡剂 0.5;德国汉高公司的 F60 型流平剂 0.5;氧化铁红 4.0;600 目石英砂 35.0;600 目云母粉 10.0;600 目滑石粉 10.0;白炭黑 1.0
固化剂组分	德国汉高公司的 Versamine® C-31 固化剂 46.0	德国汉高公司的 Versamid® C-36 固化剂 57.0

此外，表 2-15 中给出使用毕克（BYK）公司助剂的环氧地坪涂料配方[16]；表 2-16 中给出环氧地坪封闭底涂、中涂和自流平面涂配套的一组环氧地坪涂料配方，该配方使用的助剂为国产助剂系统[17]。

表 2-15　使用毕克(BYK)公司助剂的环氧地坪涂料配方举例

组分	涂料配方(质量分数)/%	
	溶剂型环氧地坪面漆	无溶剂型环氧地坪面漆
涂料组分	1001X-75 型环氧树脂 43.0;溶剂 12.0;BYK-110 型润湿分散剂 0.5;BYK-354 型流平剂 0.2;BYK-A530 型消泡剂 0.2;颜料 12.0;填料 32.0;BYK-410 型防沉剂 0.1	EPON 828 型环氧树脂 48.0;活性稀释剂 4.8;BYK-110 型润湿分散剂 0.5;BYK-354 型流平剂 0.4;BYK-A530 型消泡剂 0.3;颜料 7.6;填料 38.0;BYK-A530 型消泡剂 0.2;BYK-410 型防沉剂 0.2
固化剂组分	固化剂 18.0	C31 型固化剂 23.0

表 2-16　封闭底涂、中涂和自流平面涂配套的环氧地坪涂料配方

组分	涂料配方(质量分数)/%		
	封闭底涂	环氧中涂	自流平面涂
涂料组分	EPON 828① 或 DER331② 液体环氧树脂 40.3;二甲苯 45.5;异丁醇 10.0;甲基异丁基酮 4.0;HX③-2055 型消泡剂 0.2	EPON 828① 或 DER331② 液体环氧树脂 42.2;660 型环氧丙烯丁基醚 5.0;400 目二氧化硅微粉 42.0;800 目重晶石粉 9.5;HX2500 型消泡剂 0.3;触变剂 1.0	EPON 828① 或 DER331② 液体环氧树脂 38.5;650A 型环氧丙烯丁基醚 2.5;300 目二氧化硅微粉 8.9;400 目二氧化硅微粉 9.1;600 目二氧化硅微粉 11.5;1000 目重晶石粉 6.1;HX-3313 流平剂 0.2;HX-2013 消泡剂 0.5;HX-4021 分散剂 0.3;HX-3400 流平剂 0.4;颜料粉 2.0
固化剂组分	605 型聚酰胺固化剂 18.0;二甲苯 10.5;异丁醇 0.5;促进剂 1.0	H113 固化剂 10.5;二甲苯 17.0;异丁醇 1.5;促进剂 1.0	686 胺固化剂 18.0;二甲苯 19.8;异丁醇 1.0;促进剂 1.2
涂料调配比例(涂料组分：固化剂组分)	100：30	使用配比:①涂料与固化剂调配比例为涂料：H113 环氧固化剂＝4：1;②已调配固化剂的涂料：石英砂＝1：(1.5～4.0)	80：40

① 美国(Shell)公司的产品。
② 美国陶氏化学公司(DOW Chemical Inc)产品。
③ HX 型助剂为华夏公司助剂。

对表 2-15 中助剂选用的说明如下。

使用解絮凝型润湿分散剂以防止颜料的浮色发花。对于钛白粉等无机颜料，分散剂 BYK-110 有很好的分散稳定效果。对于有机颜料的分散，应使用 BYK-161，因为 BYK-161 是高分子量的润湿分散助剂，能有效吸附在有机颜料的表面，对有机颜料起到了很好的分散稳定作用。对于钛白粉与酞菁蓝共同研磨的情况，则可使用受控絮凝型分散剂 BYK-P104S，它能有效防止该体系的浮色发花，但它会使体系的黏度有所提高，所以添加量不宜过大，一般占总配方量的 5%以下。无论是 BYK-110 还是 BYK-161，它们都能显著降低研磨料的黏度，提高光泽，提高涂料的流动性能和改善漆膜的流平性。

使用丙烯酸流平剂 BYK-354，或使用有机硅助剂 BYK-320 及丙烯酸流平剂 BYK-358N、BYK-361N 等能够增加涂料的流平性。BYK-361N 是 BYK-358N 的无溶剂形态，BYK-354 的分子量较高，在体系中还具有脱泡效果。BYK-OK 是不含有机硅的高沸点溶剂，能调节漆膜的干燥时间，尤其在夏天，气温较高，湿度较大，漆膜表面容易产生缩孔，此时若加入 BYK-OK，可以解决这一问题。

BYK-A530 消泡剂是含有机硅的聚合物，综合性能较好，近年来在环氧涂料中得到应用。此外，还可以使用其他品种的有机硅消泡剂（如 BYK-066N）或者无硅聚合物消泡剂（BYK-057）消除体系的泡沫。

另一方面，在需要提高涂膜表面的滑爽性时，可以使用有机硅助剂（例如 BYK-307 及 BYK-335），同时能够提高涂膜表面的耐划伤性能。因为它们能降低漆膜的表面张力，增进对底材的润湿，防止缩孔。还可以通过使用微粉蜡改善漆膜的滑爽性，如使用 Ceraflour-996（PE/PTFE）和 Ceraflour-980（PTFE）等。

三、环氧耐磨地坪涂料的制备

以表 2-13 中的配方“普通型（1）”涂料制备过程为例，将环氧耐磨地坪涂料的制备程序介绍如下。

1. 涂料组分的制备

涂料组分的制备是物料的混合过程。制备时，首先在配漆罐中投入二甲苯和正丁醇稍加搅拌使之均匀，然后投入 DER® 331 环氧树脂搅拌至成为均匀的环氧树脂溶液。接着，投入 TEXAPHOR® 963 分散剂、AMH2 型消泡剂和 F60 型流平剂三种助剂以及活性稀释剂丁基缩水甘油醚并搅拌均匀。再投入 100 目和 200 目的两种石英砂搅拌均匀，最后投入氧化铁红颜料、沉淀硫酸钡、滑石粉和 600 目石英粉搅拌均匀。为了保证颜料和高细度填料能够分散均匀，应注意充分搅拌，并在可能的条件下尽量保持高速度搅拌。

有机膨润土应根据品种决定其在工艺过程中的加入程序。如果是易分散型，则可以和氧化铁红颜料等粉状料一起投料，并伴同其他物料一起搅拌均匀即可。如果是需要预制成凝胶使用的膨润土，则应在预制成凝胶后，在粉料投料并充分搅拌均匀后，即在涂料制备工序的最后将预制凝胶投入混合料中搅拌均匀，得到涂料组分。膨润土预制成凝胶的方法可以参考有关文献[18]。

2. 固化剂组分的制备

在配漆罐中投入二甲苯和正丁醇两种溶剂以及 Versamid® 115 固化剂，搅拌成均匀的溶液，即得到固化剂组分。

3. 涂料配套包装

将所制得的涂料组分和固化剂组分，按照配方比例进行配套包装，两种组分配合成为一组，即得到成品环氧耐磨地坪涂料。

四、环氧地坪涂料标准简介

在第一章表 1-9 中介绍了地坪涂料的现有标准，从中可以看出适用于环氧地坪涂料的有 JC/T 1015—2006《环氧树脂地面涂层材料》、GB/T 22374—2008《地坪涂装材料》和 HG/T 3829—2006《地坪涂料》等。下面介绍 JC/T 1015—2006 和 HG/T 3829—2006 两个标准的基本规定、适用范围、定义、术语、分类和产品技术性能要求等内容，GB/T 22374—2008 的内容将在第三章第一节介绍。

（一）JC/T 1015—2006《环氧树脂地面涂层材料》

1. 基本规定与适用范围

JC/T 1015—2006 标准中的“环氧树脂地面涂层材料”即环氧地坪涂料。该标准规定了环氧地坪涂料产品的术语和定义、分类、要求、试验方法、检验规则、标志、包装和储存等内容；该标准适用于以环氧树脂为主要原材料的底层涂料、自流平型和薄涂型环氧地坪涂料。

2. 术语和定义

（1）环氧底层涂料（epoxy resinflooring primer）　由环氧树脂、固化剂、稀释剂及其他助剂等组成，多层涂装时直接涂到地面基体上，起到封闭和黏结作用的地坪涂料。

（2）自流平型环氧地坪涂料（self-levelling epoxy resin flooring coating）　由环氧树脂、稀释剂、固化剂及其他添加剂等组成，搅拌后具有流动性或稍加辅助性铺摊就能流动找平的地坪涂料。

（3）薄涂型环氧地坪涂料（thin epoxy resin flooring coating）　由环氧树脂、稀释剂、固化剂及其他添加剂等组成，采用喷涂、辊涂或刷涂等施工方法，通常一遍施工干膜厚度在 100μm 以下的地坪涂料。

3. 产品分类

JC/T 1015—2006 标准将地坪涂料分类为环氧底层涂料（EP）、自流平型环氧地坪涂料（SEL）和薄涂型环氧地坪涂料（ET）三类。

4. 产品技术性能要求

（1）环氧底层涂料（EP）　环氧底层涂料（EP）产品的技术性能应符合表 2-17 的要求。

表 2-17　环氧底层涂料产品的技术性能要求

序号	项目			技术指标
1	容器中的状态			搅拌后无硬块，呈均匀状态
2	固体含量/%		≥	50
3	干燥时间/h	表干	≤	6
		实干	≤	24
4	7d 拉伸黏结强度/MPa		≥	2.0

（2）自流平型环氧地坪涂料（SEL）　自流平型环氧地坪涂料（SEL）产品的技术性能应符合表 2-18 的要求。

表 2-18　自流平型环氧地坪涂料产品的技术性能要求

项目		指标
在容器中状态		搅拌后无硬块，呈均匀状态
涂膜外观		平整，无褶皱、针孔、气泡等缺陷
固体含量/%	≥	95

续表

项目			指标
流动度/mm		≥	140
干燥时间/h	表干	≤	8
	实干	≤	24
7d 抗压强度/MPa		≥	60
7d 拉伸黏结强度/MPa		≥	2.0
邵氏硬度(D 型)		≥	70
耐冲击性,ϕ60mm,1000g 的钢球			涂膜无裂纹、无剥落
耐磨性/g		≤	0.15
耐化学腐蚀性	15%的 NaOH 溶液		涂膜完整,不起泡、不脱落,允许轻微变色
	10%的 HCl 溶液		
	120# 溶剂汽油		

(3) 薄涂型环氧地坪涂料(ET) 薄涂型环氧地坪涂料(ET)产品的技术性能应符合表2-19的要求。

表 2-19 薄涂型环氧地坪涂料产品的技术性能要求

项目			指标
在容器中状态			搅拌后无硬块,呈均匀状态
涂膜外观			平整,无刷痕、褶皱、针孔、气泡等缺陷
固体含量/%		≥	60
干燥时间/h	表干	≤	6
	实干	≤	24
7d 拉伸黏结强度/MPa		≥	2.0
铅笔硬度(H)		≥	3
耐冲击性,ϕ50mm,500g 的钢球			涂膜无裂纹、无剥落
耐磨性/g			≤0.20
耐水性			涂膜完整,不起泡、不脱落,允许轻微变色
耐化学腐蚀性	15%的 NaOH 溶液		涂膜完整,不起泡、不脱落,允许轻微变色
	10%的 HCl 溶液		
	120# 溶剂汽油		

(二) HG/T 3829—2006《地坪涂料》

1. 基本规定与适用范围

HG/T 3829—2006 标准规定了地坪涂料产品的术语和定义、分类、要求、试验方法、检验规则、标志、包装和储存等内容;该标准适用于涂装在水泥、混凝土、石材或钢材等基面上的地坪涂料(不含水性地坪涂料、弹性地坪涂料)。

2. 术语和定义

(1) 地坪涂料底漆(floor primer) 多层涂装时,直接涂到底材上的地坪涂料。

(2) 薄型地坪涂料面漆(thin film floor finish) 采用喷涂、辊涂或刷涂等施工方法,漆膜厚度在 0.5mm 以下的地坪涂料面漆。

(3) 厚型地坪涂料面漆(high build floor finish) 在水平基面上通过刮涂等方式施工后能自身流平,一遍施工成膜厚度在 0.5mm 以上的地坪涂料面漆。

3. 产品分类

HG/T 3829—2006 标准对地坪涂料的分类如下：

① 地坪涂料底漆（A 类）。

② 薄型地坪涂料面漆（B 类）。

③ 厚型地坪涂料面漆（C 类）。

4. 产品技术性能要求

地坪涂料底漆产品、薄型地坪涂料面漆产品和厚型地坪涂料面漆产品应分别符合表 2-20、表 2-21 和表 2-22 的技术要求。

表 2-20 地坪涂料底漆(A 类)的技术要求

项目			指标
在容器中状态			搅拌后均匀、无硬块
固体含量(混合后)/%		≥	50 或商定
干燥时间/h	表干	≤	3
	实干	≤	24
适用期(时间商定)			通过
附着力(划格间距 1mm)/级		≤	1
柔韧性/mm		≤	2

表 2-21 薄型地坪涂料面漆(B 类)的技术要求

项目			指标
在容器中状态			搅拌后均匀、无硬块
固体含量(混合后)/%		≥	60
干燥时间/h	表干	≤	4
	实干	≤	24
适用期(时间商定)			通过
铅笔硬度(擦伤)		≥	H
耐冲击性/cm			50
柔韧性/mm		≤	2
附着力(划格间距 1mm)/级		≤	1
耐磨性(750g/500r)/g		≤	0.060
耐水性(7d)			不起泡、不脱落，允许轻微变色
耐油性(120# 汽油，7d)			不起泡、不脱落，允许轻微变色
耐酸性(10% H_2SO_4，48h)			不起泡、不脱落，允许轻微变色
耐碱性(10% NaOH，48h)			不起泡、不脱落，允许轻微变色
耐盐水性(3% NaCl，7d)			不起泡、不脱落，允许轻微变色

表 2-22 厚型地坪涂料面漆(C 类)的技术要求

项目			指标
在容器中状态			搅拌后均匀、无硬块
干燥时间/h	表干	≤	8
	实干	≤	24
适用期(时间商定)			通过

续表

项目		指标
硬度(邵氏硬度计,D型)	≥	75
耐冲击性		涂层无裂纹、剥落及明显变形
耐磨性(750g/500r)/g	≤	0.060
耐水性(7d)		不起泡、不脱落,允许轻微变色
耐油性(120# 汽油,7d)		不起泡、不脱落,允许轻微变色
耐酸性(10% H_2SO_4,48h)		不起泡、不脱落,允许轻微变色
耐碱性(10% NaOH,72h)		不起泡、不脱落,允许轻微变色
耐盐水性(3% NaCl,7d)		不起泡、不脱落,允许轻微变色
黏结强度/MPa	≥	3.0
抗压强度/MPa	≥	80

五、环氧耐磨地坪涂料施工技术

1、材料和施工工具的准备

(1) 材料准备

① 施工用产品的配套。环氧地坪具有苛刻的使用环境和严格的质量要求，使用单一产品绝不能够完成高质量地坪的施工。对于各个施工工序，通常是使用多种产品配套，才能够满足地坪系统的施工需要。表 2-23 中以某商品环氧地坪涂料配套系统为例，列出底漆、中涂和面涂产品的特征和用途。

表 2-23 某商品环氧地坪涂料的产品配套系统

类别	型号与名称	产品主要特征	用途
底漆与中涂	501 无溶剂环氧封闭底漆	无溶剂,封闭性好,处理后的地面强度高	无污染地面处理
	502 环氧封闭底漆(溶剂型)	黏度低,渗透性好,价格低	地面封闭处理
	M503 水性环氧底漆/中涂	可用于潮湿地面,涂膜具有良好的透气性	未施工防水层的地面
	M505 无溶剂环氧地坪砂浆	无溶剂,可厚涂,强度高	地面修补,地坪增强层或着色自流平面层
	M509 溶剂型环氧地坪中涂	固体含量高(>70%),可厚涂	用作地坪中涂层
	516 无溶剂环氧腻子	可厚刮,易刮平,易打磨,强度高,附着牢	地面补平
	S517 环氧导电腻子	可厚刮,易刮平,易打磨,强度高,附着牢,导电性好	抗静电地坪补平用
	M518 无溶剂环氧自流平中涂漆	流平性佳,可厚涂	用作地坪中涂
面漆	510 高固体分厚膜型环氧地坪面漆	价格低,无光、哑光或高光	地坪面涂
	511 无溶剂环氧自流平地坪涂料	无溶剂,自流平,装饰性好	自流平面涂
	AS512 无溶剂环氧自流平抗静电地坪涂料	无溶剂,自流平,抗静电	抗静电自流平面涂
	AS513 环氧抗静电地坪面漆	抗静电,价格低,无光、哑光或高光	抗静电面漆
	514 聚氨酯地坪面漆	干燥快,施工不受低温限制	地坪面漆
	515 环氧罩面清漆	透明性好,硬度高,保色,耐磨	罩面清漆
	519 水性环氧地坪面漆	安全防火,健康环保,透气性佳	水性环氧地坪面漆

② 涂料与软件检查。材料准备包括进料和对进场材料以及一些必要的软件的检查。例如，检查涂料是否与设计要求的颜色（或者参考色卡号）、品牌相一致；是否有出厂合格证；是否有法定检测机构的检测合格报告（复制件）以及涂料是否有结皮、结块和异常等。

③ 涂料试配检查。大多数环氧耐磨地坪涂料为双组分涂料，两组分混合后的固化速度受气温影响较大，因而在涂料使用前应取少量涂料进行试配，以检查涂料的固化时间、涂膜硬度，便于施工时掌握和对涂料质量的检查。发现异常时应及时与涂料供应商联系或分析原因。

(2) 工具准备　环氧耐磨地坪涂料的施工包括基层的检查与处理，涉及许多检查工具、施工工具和测试工具等，为了便于了解，掌握全部，现将这些工具尽可能全面地列于表 2-24 中，其中有些是必备的，有些则需要根据具体工程情况确定是否需要。

表 2-24 环氧耐磨地坪涂料施工和基层处理用工具的种类和功能

类别	设备或工具、器具名称	用途或功能作用
基层处理设备	磨削机	装配有金刚研磨刀片，用于混凝土、水磨石、硬化耐磨地面、大理石等基材表面的打磨处理
	便携式磨削机	用于小面积混凝土、水磨石、硬化耐磨地面、大理石等基材表面或边角部位的打磨处理，亦可用于去除小面积的旧涂层和油污层
	铣刨机	用于铣刨去除旧涂层、油污层等
	抛丸机(喷砂机)	用于大面积混凝土、水磨石、硬化耐磨地面、大理石等基材表面抛丸处理
	吸尘器	去除地面灰尘
	抹光机	施工环氧砂浆时用于抹平、压实，使之达到最佳强度
涂装用设备、工具、器具等	锯齿镘刀	用于镘涂自流平地坪涂料，以便于涂料更好地流平以及用于施工环氧砂浆和厚涂膜
	针刺辊筒	用于辊压未固化且尚处于流平状态的涂层，以消除其中的空气，避免涂层中产生气孔或气泡
	钉鞋	用于施工人员在未固化且尚处于流平状态的涂层上行走，以对局部涂装缺陷进行修复
	平底刮板	用于刮涂底漆、砂浆、腻子等稠厚地坪涂料，适合于紧贴地面刮涂
	辊筒与漆刷	短毛辊筒：施工面涂料时使用；长毛辊筒：施工底涂料时使用；纹理泡沫辊筒：施工纹理状面涂层时使用；漆刷：局部修整时使用
	无空气喷涂机	用于喷涂施工地坪面漆，效率高，易获得良好的装饰效果，易控制涂料消耗量；须根据涂料黏度及使用期选择喷泵和喷嘴，以获得适合的流体压力和流量。通常电驱动或内燃机驱动的高压无气喷涂机因其良好的便携性而得到广泛应用
	空气喷涂设备	包括空气压缩机和空气喷枪，可用于喷涂施工低黏度的地坪涂料
	砂浆搅拌机、铺料器与抹光机	用于施工厚涂层(≥3mm)树脂砂浆，将搅拌均匀的树脂砂浆用铺料器摊铺于地板上，采用抹光机抹平
中涂打磨设备	大打磨机	高效快速的中涂层打磨设备
	抛光机与砂带机	配以 80～120 目的磨片及砂带，在涂装面漆前打磨砂浆或腻子层以获得平整细腻的表面；配以较粗(20～40 目)的磨片及砂带亦可以用于混凝土等基材表面的简易打磨处理
检验与试验设备	底材表面温度及环境温湿度仪	测定涂装环境温湿度及底材表面温度以确定是否满足涂装要求
	基材含水率测定仪	用以测定基材含水率以判定是否符合涂装要求
	导静电电阻测定仪	用以测定防静电地坪的导静电电阻率
	拉拔试验仪	检测混凝土基层的黏结强度，检测混凝土基层的抗压强度
其他辅助工具	称量与搅拌工具	较高精度的称量工具有利于按比例准确配制多组分地坪涂料，使用电动搅拌器充分快速地混合和搅拌涂料
	切缝机与打胶枪	用于缝隙的处理，切割机用于将缝隙切割和修饰成“V”字形或梯形缝(沟、槽)，能够整齐切开所设置的伸缩缝
	清洗机	清洗已经完工的面涂料，并进行养护

2. 基层检查和处理

(1) 对混凝土基材的要求　根据国家标准 GB 50212—2014《建筑防腐蚀工程施工规范》，一般对施工环氧地坪涂料的混凝土基材的要求如下。

① 基层混凝土要求平整密实，强度要求不低于 C20；强度太差，必然影响涂层耐压、抗冲性能及耐久性。

② 地面平整度一般要求在 $2m^2$ 范围内落差不大于 2mm（最好用抹光机抹平并收光）；如平整度较差，则地坪涂层需加厚。

③ 如需涂装的地面处于底层，地下水位较高，则混凝土底层应作好防水处理，避免地下水上升形成的蒸汽压顶起地坪涂层而引起起泡、起壳现象。

④ 混凝土干燥至少三周以上，含水率不高于 6%；且在养护干燥过程中避免局部淋雨及积水在地面等，否则易引起局部混凝土水分含量超标。

⑤ 楼板、钢筋混凝土梁及分次浇筑的混凝土上的细石混凝土找平层强度不应低于 C20，厚度不低于 30mm。

⑥ 对损坏的混凝土表面修补或找平时应按 GB 50212—2014 国家标准要求进行，即：a. 当采用细石混凝土找平时，强度等级不应小于 C20，厚度不应小于 30mm；b. 当基层必须用水泥砂浆找平时，应先涂一层混凝土界面处理剂，再按设计厚度找平；c. 当施工过程不宜进行上述操作时，可采用树脂砂浆或聚合物水泥砂浆找平。

⑦ 对于有旧涂料的地面（如金刚砂地面、旧涂料地面），先用机械铲除旧涂料，然后对不良水泥、金刚砂地面进行处理，同时对地面打毛。地面经过这样的处理后，不牢固的旧水泥及金刚砂表面被清除掉，并且形成粗毛面，从而提高新涂层的附着力，提高涂装地坪的使用寿命。

⑧ 大面积混凝土基层应根据基材状况切割合理伸缩缝留待地坪涂装时处理，为保持地面美观，尽量将伸缩缝隐蔽在隔断下，实在不能的，施工环氧地坪时留缝，然后用弹性胶灌缝。

⑨ 对于较深的伸缩缝，须先用彩色弹性胶填充到低于地平面约 1～2mm 的高度，然后用快干硬涂料腻子刮平；对于已填了沥青的伸缩缝，要将缝中的沥青铲平到低于地平面 1～2mm 的深度，然后用快干硬涂料腻子刮平，防止返色。

⑩ 细节部位，如落水管周围、门槛处等混凝土应平整，棱角应平直。

（2）基层检查　基层检查包括基层含水率、pH 值、平整度和强度等的测定。

① 含水率的测定。测定基层的含水率有几种方法。

a. 塑料薄膜法（ASTM 4263 规定的方法）。取 45cm×45cm 的塑料薄膜平放在混凝土表面，用胶带密封四周边。16h 后，薄膜下出现水珠或混凝土表面变黑，说明混凝土基层过湿，不宜施工。

b. 相对湿度测定法。把一只无底的箱子放于混凝土基层，密封箱子与基层接触的四周边。24h 后测定箱子内的湿度。当气温为 21℃，相对湿度为 75%，混凝土基层的含水率为 5%时，箱子内的相对湿度既不增高也不降低。当测定箱子内的湿度值大于 75%时，说明混凝土基层的含水率大于 5%。

c. 无线电频率测定法。通过仪器测定传递、接收透过混凝土基层的无线电波的差异来确定基层的含水率。

d. 氯化钙测定法。测定水分从混凝土中逸出的速度，是一种间接测定混凝土含水率的方法。测定密封容器中氯化钙在 72h 后的增重，其增重应小于 $46.8g/m^2$，方可施工。

② pH 值的测定。对已经干燥的基层表面，在局部用水润湿约 $100cm^2$ 的面积，然后，将一张测定范围为 8～14 的 pH 试纸贴在润湿的基层表面使之润湿。在 5s 内和 pH 值样板比较，读出 pH 值。

③ 平整度的检查。目视检查或用 2m 刚性直尺贴靠基层表面，目视和塞尺结合检查。

④ 强度的测定。使用通常的混凝土强度测定方法测定。例如，预留试块进行抗压强度的试验、回弹法测定混凝土的强度试验、拉拔试验仪测定混凝土的强度或钻芯取样进行混凝土的强度试验等。

（3）水分的排除　混凝土含水率应小于 5%，否则应排除水分后方可进行施工。通常，排除水分的方法如下。

① 通风。当工期要求较紧时，可以采取强制通风措施，以加强空气循环，加速空气流动，带走水分，促进混凝土基层中的水分进一步挥发。

② 加热。提高混凝土和周围空气的温度，加快混凝土基层中的水分迁移到表层中的速率，促进其迅速蒸发。宜采用强制空气加热和辐射加热。直接用火源加热，生成的燃烧产物（包括水），会提高空气的露点温度，导致水蒸气在基层表面凝结，影响水分的排除。

③ 降低空气的露点温度。用脱水减湿剂、除湿器或引入室外空气（引入的室外空气露点温度低于混凝土基层和表面空气的温度）等方法除去空气中的水分。

（4）基层表面的处理方法　对于平整的和不平整的基层表面，常采用的处理方法如下。

① 平整表面。对于油污较多的平整表面，可以采用酸洗法处理。方法是用质量分数为10%～15%的盐酸清洗基层表面，待反应完全后（即不再产生气泡），再用清水清洗，并配合毛刷刷洗。此法可清除泥浆层并得到较低的粗糙度值。

对于面积较大的平整表面，可以采用机械法处理，即用喷砂或电动磨平机清除表面突出物、松动的颗粒，破坏毛细孔，增加附着面积。最后再用吸尘器吸除砂粒、杂质和灰尘等。

② 不平整表面。对于有较多凹陷、坑洞的地面，应采用环氧树脂砂浆或环氧树脂腻子填平、修补后再进行进一步的基层处理。

（5）基层质量要求　经过处理的混凝土基层，其性能符合表 2-25 的要求方可进行环氧涂料的施工。

表 2-25　混凝土基层的质量要求

项目		要求	项目		要求
湿度/%	≤	5	pH 值	≤	10
抗压强度/MPa	≥	24.0	表面状况		无砂粒、无裂纹、无油污、无空洞等
平整度/(mm/m)	≤	2			

3. 环氧耐磨地坪涂料的涂层结构

不同种类的环氧耐磨地坪涂料的涂层结构有所不同，但也是大同小异，基本上如图 2-12 所示，即由封闭底涂层、中涂层、腻子层和面涂层组成。差别在于中涂层，有的是普通薄层型涂层，有的是含有粗粒径填料的厚膜涂层，有的是加玻璃纤维增强的增强型涂层。

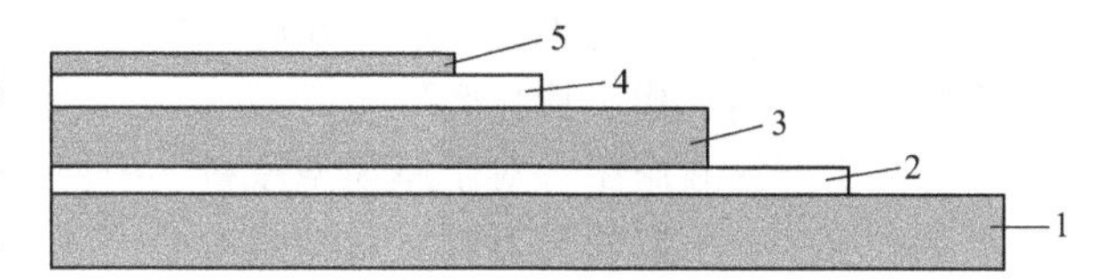

图 2-12　环氧耐磨地坪涂料的涂层结构

1—混凝土或水泥砂浆基层；2—封闭底涂层；3—中涂层；4—腻子层；5—面涂层

4. 涂料施工的环境要求

涂料施工时的环境条件对地坪涂装工程质量的影响很大，其要求主要从涂料的固化条件和施工环境影响两个方面考虑。

（1）涂料固化条件　采用胺类固化剂（如脂肪胺、芳香胺、低分子胺、聚酰胺等）的环氧封闭底漆、中涂漆和面漆等，涂料施工的环境温度应在 10℃以上。这是由于环氧基与氨基的反应一般在 10℃以下很缓慢，5℃以下基本不反应（采用促进剂虽然能够改善，但并不能解决全部问题）。

另一方面，在底材表面温度不能满足高于涂装环境露点 3℃以上时，由于底材表面易结露而造成后道涂膜附着力不佳，以及涂漆后，漆膜未干前表面易结露（有一层水膜）造成表面缺陷。特别是面漆（包括溶剂型环氧及无溶剂环氧），在此情况下，水蒸气易与漆中的胺固化剂反应，造成涂膜表面光泽低、发雾、发白、发黏、油点、硬度低等，降低表面装饰效果，严重时造成返工。可采用露点管理方法确定涂装环境温湿度是否满足涂装要求。先用温湿度计测出环境温湿度，根据温湿度查出空气露点；再用表面测温仪测出底材表面温度，和查得的露点对照，看底材表面温度是否高于涂装环境露点 3℃以上。底材表面温度高于涂装环境露点 3℃以上这一要求，并不只是涂漆时要求达到，在漆膜基本干燥（表干）前都应如此。特别是无溶剂面漆，表干时间一般较长，涂漆后如马上下雨或在冬春季的傍晚施工都是有危险的。但有时因工期紧，需采取措施改善涂装环境，如开启空调加温和抽湿，对涂料进行改进，对涂装环境加强测试以尽量抓住有利时机施工等。

（2）施工环境影响　环氧地坪涂料施工时要求洁净无尘的施工环境，在养护期间要求环境密闭等。施工场所不允许有粉尘飞扬，不允许受到雨水侵害，也不允许有较大的流动等。

5. 各种环氧耐磨地坪涂料的施工工序

不同类型的环氧耐磨地坪涂料的施工工序有所不同，下面分别进行说明。

（1）普通环氧耐磨地坪涂料　该类涂料的施工工序为：基层处理→底涂→环氧涂料中涂→环氧腻子→磨平、吸尘→面涂涂布→养护→打蜡→施工验收。

（2）厚膜型环氧耐磨地坪涂料　该类涂料的施工工序为：基层处理→底涂→环氧涂料过渡层→环氧树脂砂浆馒平→批嵌环氧腻子→磨平、吸尘→面涂涂布→养护→打蜡→施工验收。

（3）自流平环氧耐磨地坪涂料　该类涂料的施工工序为：基层处理→底涂→环氧砂浆中涂→打磨、清洁→面涂涂布→养护→打蜡→施工验收。

（4）耐腐蚀型环氧耐磨地坪涂料　该类涂料的施工工序为：基层处理→底涂→环氧涂料过渡层→玻璃纤维布铺贴→批嵌层→面涂涂布→养护→打蜡→施工验收。

6. 施工操作说明

（1）封闭底漆施工　用刷涂、辊涂或喷涂的方法施工封闭底漆一道至两道，两道之间的间隔时间在 8h 以上，但不能大于 48h。对于旧地面，应增加一道底漆。底漆施工时应注意涂布均匀，涂膜无明显的厚度差异，防止漏涂。用辊涂法施工时应注意余料堆积情况。底漆封闭不完全（漏涂）时，会发生附着不牢、涂膜起泡等现象。

（2）腻子修补　对水泥基层存在的凹坑，用商品环氧腻子或用底漆和细石英砂配制的环氧砂浆填平，在固化成膜后打磨平整。

（3）中层涂料施工　对于厚膜型涂料，中层涂料施工时可采用镘刀镘涂。由于涂料中使用的石英砂较多，一般情况下刮涂后涂膜不会出现明显刮刀痕迹，但如果石英砂加入量过大，刮痕明显时应辊压一次。涂装间隔如果大于 48h，应进行打磨后再进行下道涂料的施工，以保证层间黏结力。

（4）面涂料施工　根据环氧耐磨地坪涂料的种类，面涂料可以采用刷涂或刮涂施工。对于厚膜型涂料，按配比要求将两组分涂料混合均匀，待熟化后使用 1mm 刮板刮涂涂料。刮涂时应尽量保持厚薄均匀，无漏涂现象，无明显余料。刮涂时，刮刀的移动速度应均匀，刮刀与地面平面夹角为 30°左右，以保证涂膜厚度。刮涂道数根据厚度要求而定。普通环氧涂料则可以采取刷涂方法施工。面涂料施工时两道之间的间隔时间应在 18h 以上，但不能大于 48h。配制好的涂料应尽快用完，以防止涂料的黏度升高，涂料中的气泡难于排出。

（5）打蜡养护　面涂料施工完，并完全固化后（一般应在面涂料施工 24h 以上），进行打蜡养护，两周后可验收使用。

7. 质量验收

环氧耐磨地坪涂料的验收尚无统一标准，一般可从表面质量、饱满度和硬度等项目进行验收和施工质量检查。

（1）表面质量　作为一种具有装饰功能的功能性地坪涂料，要求施工的涂膜有良好的平整性，表面不能有目视可见的涂膜病态（如气泡）。

（2）饱满度 质量好的涂膜除了物理机械性能以外，涂膜应该质感丰满。对于要求光泽高的地面，其测试方法是通过测量涂膜的反光率来评定，要求涂膜的反光率大于95%。若条件不具备，可以通过涂膜反射日光灯的灯光情况进行评定，即在打开日光灯的情况下，饱满度好的地坪日光灯管在涂膜上的投影清晰，不走形；否则，灯管会模糊、变形。

（3）硬度 环氧耐磨地坪涂料的铅笔硬度应大于2H，以保证满足工业生产的使用要求。

8. 施工质量保证要点

（1）充分认识施工质量的重要性 “七分材料，三分施工”这句话在涂料行业长期以来用于表达施工对于涂料使用的重要性。对于环氧耐磨地坪来说则更是如此。从使用角度来说，环氧耐磨地坪有一些性能方面的特殊要求，例如长时间承受动、静荷载，经受长久的摩擦力和剪切力，酸、碱等各种有腐蚀性介质的长时间腐蚀等。这些特点除了对材料的性能有特殊要求外，对施工质量也有更严格、更专业化的要求。对此必须具有充分的认识，从基层处理到打蜡抛光的每一道工序都应该严格对待，慎重处理，绝不能大而化之，以免产生施工质量问题。

（2）应注重基层的质量和对基层的处理 混凝土基层的质量显著地影响环氧耐磨地坪的质量。例如，基层的表面强度、平整度、养护情况、表面的酸碱性、基层的结构和含水率都会影响地坪的质量，严重时甚至可能导致施工失败。例如，有些施工企业在施工时对基层的检查和处理水平比较低，对基层处理的重视不够，以致在地坪施工不久就出现各种质量问题。因而，严格检查和处理混凝土基层是施工出高质量环氧耐磨地坪的基础。

（3）注意对基层表面的处理 一般认为，混凝土为多孔材料，其与环氧树脂类材料的黏结是非常牢固的。但实际并不完全如此，因为这里面还有很多的影响因素。实际上，只有经过正确处理的混凝土基层，涂料才能够与混凝土产生良好的黏结。一般来说，在混凝土地面的施工中，由于混凝土的振捣工艺，使表面层富集水泥浆而形成致密的富水泥浆表层。该表层平滑、光洁、致密、粗糙度较小。另一种情况是，由于混凝土在固化过程中，表层混凝土的失水快，水泥的水化不能够完全进行，因而表面层的强度低，表面硬度也低。所以为了施工出高质量的环氧耐磨地坪，需要将该表面层清除掉，使环氧耐磨地坪能够直接黏结于坚实的混凝土层上。这样也更易于环氧树脂向多孔的混凝土层中渗透。

（4）注意改善施工的劳动卫生条件 改善施工的劳动卫生条件对于环氧耐磨地坪涂料的施工质量有重要意义。通常，溶剂型涂料的施工是又脏又累又影响健康的劳动，特别是在面积小、通风差的场合施工时，施工环境中的溶剂浓度很高，在这样的环境下作业容易疲劳，进而影响施工质量，也容易引起火灾。因而，应采取措施通风。对于其他易造成施工环境问题的因素亦应当采取措施改善。

（5）施工质量管理 环氧耐磨地坪涂料在施工过程中应设有专职质量管理人员，对施工过程中的每一道工序进行管理，确保工序合格后再进行下一道工序。

第三节 环氧地坪涂料新技术

一、用聚氨酯改性环氧树脂制备耐磨涂料

环氧树脂固化后形成较稠密的芳香结构，交联密度大，内聚力高，使其固化产物变形能力差，性脆，用其制备的耐磨涂料的耐磨性差。采用弹性体增韧、热塑性树脂增韧和膨胀单体共聚改性环氧树脂，能够改善环氧树脂基体的韧性，提高耐磨性能。下面介绍采用具有高弹性的聚氨酯预聚体对环氧树脂进行改性[19]，使刚性的环氧体型构架中分布聚氨酯弹性基团，改善其韧性，可显著地提高改性环氧涂料的耐磨性能。用聚氨酯改性环氧树脂制备耐磨涂料虽然不是针对耐磨地坪涂料而进行的研究，但对提高耐磨地坪涂料的耐磨性具有参考意义。

1. 涂料制备

（1）改性环氧树脂的制备 采用聚氨酯预聚体改性 E-44 双酚 A 型环氧树脂。先将环氧树脂与混合溶剂（二甲苯等）按一定比例混合，加热搅拌制成环氧溶液；然后将其与聚氨酯预聚体按适当比例混合放入三颈瓶中，水浴加热至 80℃，搅拌保温 2.5h，冷却出料。其制备工艺流程图如图 2-13 所示。

（2）耐磨涂料的制备 使用改性环氧树脂制备耐磨涂料，配方（质量分数）为：改性环氧树脂 45%～65%、低分子 650# 聚酰胺（LMPA）13%～17%、粗颗粒 SiC 5%～10%、细颗粒 SiC 15%～25%，涂层中添加适量助剂。其制备工艺流程如图 2-14 所示。

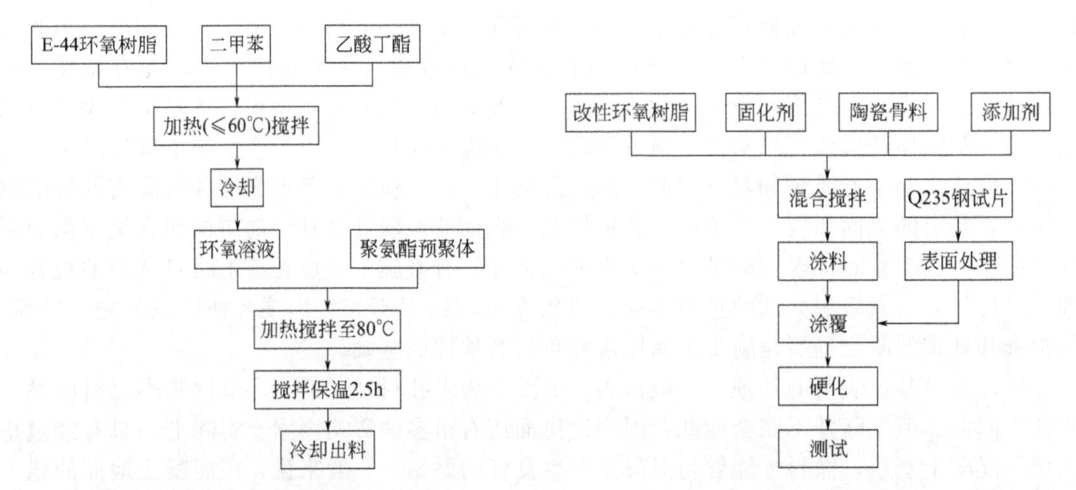

图 2-13 改性环氧树脂工艺流程图

图 2-14 改性环氧树脂耐磨涂料制备工艺流程示意图

2. 涂料耐磨性的测试

将耐磨涂料刷涂于尺寸为 75mm×35mm ×0.75mm Q235 钢试片上，涂层厚度为 150μm。在 QQM 轻型球磨机的小号球磨罐中装有水和各种粒度（0.5～1.5mm）的河沙，河沙与水的质量比为 1∶3，转速为 600r/min。测每小时磨损后试样的质量，用公式算出磨损率：

$$磨损率(E)=(磨耗损失质量/原质量)\times 100\%$$

并取 10h 内每小时磨损率的平均值，评定涂层的耐磨性。

3. 改性涂料的耐磨性能

改性环氧耐磨涂料的每小时磨损率为 0.042%，而在相同情况下，利用纯环氧树脂所制备的涂料每小时磨损率为 0.146%。由此可见，改性环氧树脂耐磨涂料具有比纯环氧树脂耐磨涂料更好的耐磨性能。究其原因，改性环氧树脂的冲击韧性和粘接强度均比纯环氧树脂有显著的提高。这是因为改性树脂体系固化后，连接在环氧树脂刚性链段上的聚氨酯预聚体以弹性颗粒状态分散析出，在体系内部形成所谓的“海岛结构”，即在刚性的环氧体型构架中分布着聚氨酯弹性基团，从而提高了体系固化后的韧性。同时，由于聚氨酯预聚体结构中有聚酯/聚醚链，它与环氧树脂中的极性脂肪羟基和醚键共同作用，从而提高了体系的粘接强度。

根据化学反应的基本原理，结合红外光谱分析（见图 2-15 和图 2-16），聚氨酯改性环氧树脂发生的主要反应如下：

$$\text{PU—NCO}+\text{EP—OH}\longrightarrow \text{PU—NH—}\overset{\overset{\displaystyle\text{O}}{\|}}{\text{C}}\text{—OEP}$$

910～920cm^{-1}处是环氧基的特征峰，2265～2280cm^{-1}处是异氰酸酯基（—NCO）的特征峰，1730～1735 cm^{-1}处是—NHCOO—基团的特征峰。从图 2-16 可知，当 E-44 环氧树脂与聚氨酯发生反应后，在 2265～2280cm^{-1}处的—NCO 基团逐渐消失，而在 1730～1735cm^{-1}处

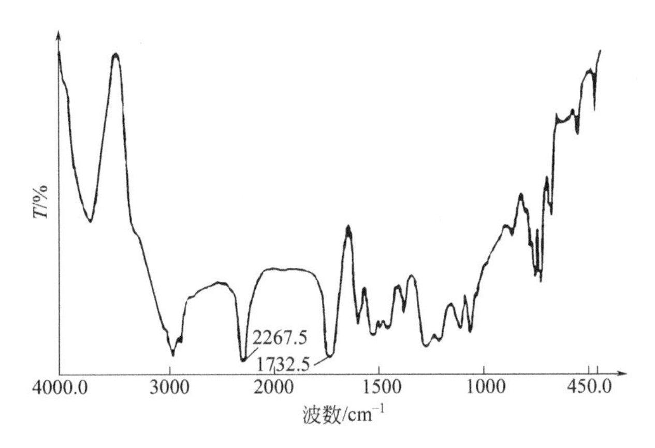

图 2-15 聚氨酯预聚体的红外光谱图

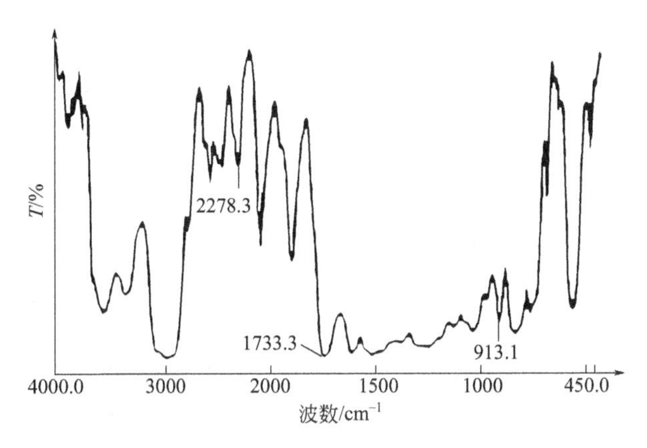

图 2-16 聚氨酯改性环氧树脂（PU：EP＝3：10）耐磨涂料的红外光谱图

的—NHCOO—基团的量逐渐增多，这是由于—NCO 基团和体系中的羟基发生反应生成—NHCOO—基团所致。由于—NCO 基团具有强极性和化学活泼性，易与其他基团（如羟基）发生反应，因此改性后的环氧涂料中所含残余的—NCO 基团越少越好。这就需要所加入的聚氨酯中的—NCO 基团能与环氧树脂中的羟基完全反应，此与聚氨酯的添加量有关，并且聚氨酯的添加量也与体系的性能有关。若聚氨酯的添加量太少，体系相容性很好，没有聚氨酯弹性体颗粒析出，不利于裂纹中止；若聚氨酯的添加量太多，环氧树脂相分离严重，析出弹性颗粒过多，相邻粒子靠得太近，外力作用下引发的裂纹容易超过临界点，使应变能变为热能，反而引起材料的破坏。实验及分析证明，当 EP 与 PU 的质量比为 0.3 时，反应后剩余的－NCO 基团特征峰强度较小（即量较少），有利于提高改性涂料的综合性能。

因而，由于聚氨酯改性环氧树脂体系内部形成了“海岛结构”，即在刚性的环氧体型构架中分布聚氨酯弹性基团，从而改善了体系的韧性，使改性涂料的耐磨性能得到显著提高。改性体系中发生的主要反应为聚氨酯中的—NCO 基团和环氧树脂中的羟基发生反应生成—NHCOO—基团。

二、使用新型环氧树脂配制性能优良的彩色自流平地坪涂料

TEG99 环氧树脂是以松节油为原料，经多步单元反应制得的一种新型环氧树脂[20]，因为其分子结构中只有一个碳-碳不饱和键，所以它的耐候性和抗紫外线的性能比双酚 A 型环氧树脂好，而且还具有传统双酚 A 型环氧树脂黏结力强、物理性能优越、耐化学腐蚀等特点。下面介绍使用新型环氧树脂配制彩色自流平地坪涂料的研究[21]。

1. 实验研究

(1) 涂料配方　彩色自流平新型环氧地坪涂料是双组分反应型环氧地坪涂料，涂料和固化剂配方见表 2-26。

表 2-26　彩色自流平新型环氧地坪涂料配方

组分	原料名称	用量(质量分数)/%
涂料	TEG99 环氧树脂 活性稀释剂 填料 分散剂 流平剂 消泡剂 颜料	25～60 1.5～6.0 20～30 0.4～2.0 0.2～0.8 0.1 0.2
固化剂	胺固化剂 苯甲醇 水杨酸 季铵盐	50 40～48 2～10 0～3

TEG99 环氧树脂以松节油为原料，经水合、催化开环、碱作用闭环，最终合成出 TEG99 环氧树脂。合成工艺路线见图 2-17。

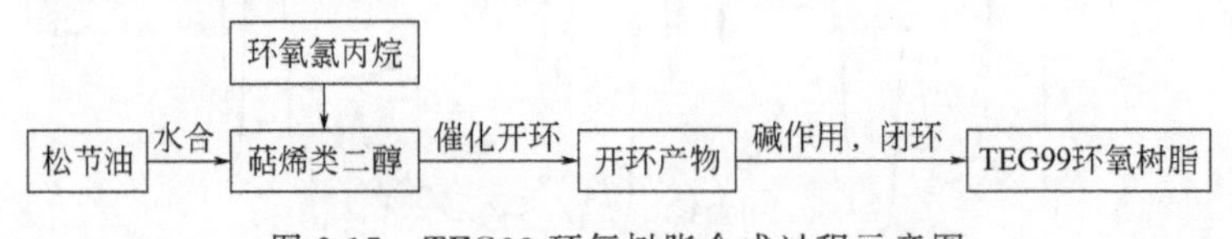

图 2-17　TEG99 环氧树脂合成过程示意图

TEG99 环氧树脂的外观为透明、橙黄色黏稠液体；环氧值为 400g 树脂/ 环氧当量；总氯含量 0.0662 当量/ 100g 树脂；挥发分≤2%。

(2) 涂料的制备

① 甲组分的制备。将环氧树脂和活性稀释剂按比例混合，再依次加入填料、分散剂、流平剂、消泡剂和颜料搅拌均匀后，用磨砂机或高速分散机分散到合格细度，得到甲组分。

② 乙组分的制备。将胺固化剂和固化促进剂混合均匀后得到乙组分。

2. 活性稀释剂种类及其用量对新型环氧地坪涂料性能的影响

TEG99 环氧树脂在室温下的黏度是 24～25.9Pa·s，如不加处理难以达到自流平效果，因而选用活性稀释剂丁基缩水甘油醚来降低黏度。

在配制环氧地坪涂料甲组时分应注意活性稀释剂的添加量适宜。活性稀释剂的添加量太多，成本升高，固化产物的各项性能降低；添加量太少，甲组分黏度大，难以达到自流平效果。其添加量是 TEG99 环氧树脂的 5%～10%适宜。

3. 脂环胺固化剂对新型环氧地坪涂料性能的影响

以脂环胺及其改性物为配方的 TEG99 环氧树脂地坪涂料有很好的施工性和各种优异的性能。孟烷二胺、异佛尔酮二胺和双（对氨基环己烯）甲烷三种脂环胺对彩色自流平新型环氧地坪涂料性能的影响见表 2-27。

表 2-27　脂环胺固化剂对新型环氧地坪涂料性能的影响

项目	固化剂种类		
	孟烷二胺	异佛尔酮二胺	双(对氨基环己烯)甲烷
适用期(25 ℃)/min	90	120	75
附着力/级	2	2	3

续表

项目	固化剂种类		
	孟烷二胺	异佛尔酮二胺	双(对氨基环己烯)甲烷
抗冲击强度/(kJ/m²)	50	50	60
铅笔硬度	2H	2H	3H
耐磨性/g	0.0091	0.0088	0.0082

从表2-27可见，三种脂环胺固化剂对固化后的环氧树脂机械性能影响相似，但异佛尔酮二胺因适用期长，流平性好，具有很好的施工性，且还有良好的耐潮湿性、耐白雾性、耐水性、良好的颜色稳定性、高硬度和高光泽的表面效果。

4. 固化促进剂对新型环氧地坪涂料性能的影响

从实际应用需要的角度，要求环氧地坪涂料能快速地在低温潮湿环境中固化，因而在涂料配方中添加了固化促进剂。表2-28比较了固化促进剂对新型环氧地坪涂料性能的影响。

表2-28　固化促进剂对新型环氧地坪涂料性能的影响

项目	固化剂、苯甲醇和水杨酸质量比		
	50∶48∶2	50∶44∶6	50∶40∶10
表干时间/d	2	1	1
实干时间/d	4	2.5	2
热变形温度/℃			
1d	25	34	30
2d	41	43	45
3d	53	51	47

从表2-28可见，对于TEG99环氧树脂来说，固化剂∶苯甲醇∶水杨酸最佳配比为50∶44∶6。如果固化温度低，还可加入适量季铵盐。

5. 填料和助剂对新型环氧地坪涂料性能的影响

填料能减少环氧树脂固化时的体积收缩，提高涂层的耐磨性，使涂料具有更好的耐化学腐蚀性。但填料的添加量应适中。TEG99环氧树脂的浸润性差，较难自动流平，而丙烯酸类流平剂表面张力较小，加入环氧树脂后很快迁移到表面，形成单分子膜，有效降低体系的表面张力，提高涂层的流平性。

TEG99环氧树脂地坪涂料在甲、乙组分混合搅拌时不可避免地会夹带入气泡，且体系中的多种表面活性物质也容易起泡，因而应加入消泡剂以防止涂层产生针孔和鱼眼。

6. 新型环氧地坪涂料的性能指标

彩色自流平新型环氧树脂地坪涂料的性能指标见表2-29。

表2-29　彩色自流平新型环氧树脂地坪涂料的性能指标

项　　目	指标	项　　目	指标
漆膜外观	平整光滑	耐磨性/g	≤0.01
表干时间/d	≤1	耐硫酸性(20%,25℃)	30d,涂层无变化
实干时间/d	≤3	耐氢氧化钠性(20%,25℃)	30d,涂层无变化
附着力/级	≥2	耐有机溶剂性	30d,涂层无变化
铅笔硬度	≥2H		

三、彩砂环氧地坪涂料

1. 基本性能特征和适用范围

彩砂环氧地坪涂料是以彩色石英砂和环氧树脂组成的无缝一体化的新型复合装饰地坪，通过一种或多种不同颜色的彩色石英砂自由搭配，形成丰富多彩的装饰色彩及图案，具有装饰质感优雅、耐磨损、抗重压、耐化学腐蚀、防滑、防火、防水等优点。该类地坪涂料不仅适用于工业地面，也适用于商业及民用建筑地面，近年来在欧美等发达国家和地区十分流行，被誉为“彩砂无缝硬地毯”（colour sand seamless hard carpet）。

彩砂环氧地坪涂料和自流平环氧地坪涂料一样，都属于以环氧树脂为基料的树脂地坪。不过，这两种地坪涂料的施工工艺不同。彩砂地坪涂料为湿固态施工，需要铺砂器和抹平机进行压实整平，自流平地坪涂料为液态施工，只需用耙子或镘刀刮平即可。彩砂环氧地坪涂料的装饰效果比自流平环氧地坪涂料的好。

（1）性能特点　彩砂环氧地坪涂料采用无溶剂的透明环氧树脂，不掺杂粉状填料或颜料，以保持环氧树脂优异的化学和物理性能；而颗粒状彩色石英砂，不仅赋予地坪优美的装饰性能，而且保障了地坪的高抗压性和高耐磨性，该涂料有如下特点：①色彩丰富，质感丰满，富有现代装饰风格；②地面整体无缝，还可根据需要制作图案，并与地面一体化，高雅豪华；③石英砂粒呈圆形，具有抗划伤、抗重压、抗冲击等优异性能；④强度高，硬度大，具有优异的耐磨性；⑤洁净防尘，其水密性表面可经受高压冲洗或蒸汽清洁，易清洁维护；⑥具有突出的防滑功能和优异的耐水、防水、耐酸碱等化学性能；⑦使用寿命较长；⑧无放射性污染，无有害气体释放。

（2）技术性能　彩砂环氧地坪涂料的技术性能见表 2-30。

表 2-30　彩砂环氧地坪涂料的技术性能

性能	项目	性能	项目
肖氏硬度	80～85	断裂伸长率(23℃)/%	3
抗压强度/MPa	90～100	耐酸性(5% H_2SO_4、HCl,5d)	无变化
抗拉强度/MPa	35～50	耐碱性(10%NaOH、NH_4OH,5d)	无变化
抗弯强度/MPa	40～60	可行人时间/h	24
耐磨性/g	0.01	完全固化时间/d	7
固化温度/℃	12		

（3）适用范围　彩砂环氧地坪涂料的装饰功能和使用功能均优于自流平环氧地坪涂料，因而其应用范围更为广泛，除了可在工业厂、库房的地坪上应用外，这种涂料更适合于在商业及民用建筑上应用。

① 具有高要求的地面，如对清洁、防火、防水等有要求的医疗医药及食品加工业的厂库房；有耐磨、抗重压及清洁等要求的加工制造业及大型超级商场的仓库或仓储；有耐化学性能要求的精细化工车间及库房等。

② 具有环境雅致、清洁及耐磨防滑等功能要求的公共场所，如楼堂大厅、展览大厅、超级商场、商用大楼、高级娱乐场所及体育场馆等。

③ 具有高洁净度要求的场所，如医院、写字楼、办公室及机关大楼等。

④ 住宅建筑的居室客厅、廊厅、厨房、卫生间、停车房等。

2. 制备彩砂环氧地坪涂料的原材料要求

彩砂环氧地坪涂料的原材料主要为彩色石英砂和彩砂地坪专用型环氧树脂。彩砂需选用颗粒状的彩色石英砂，不仅能够赋予地坪优美的装饰性能，而且赋予地坪高抗压性和高耐磨性；

树脂采用无溶剂型透明环氧树脂。彩砂环氧地坪涂料中不掺杂粉状填料或颜料，以保障涂层具有极好的装饰效果和优异的化学和物理性能。

（1）彩砂的选择　彩砂选用天然彩色石英砂，其来源广、硬度高，这就使地坪的原材料和质量有了根本的保障。使用新技术染色工艺可以把白色或无色石英砂颗粒加工成颜色丰富的彩色砂粒，配合以彩砂混合装饰设计，赋予地坪丰富的色彩美感。石英砂最好是圆形或球形颗粒状的，便于在施工过程中颗粒间自由滑动，使砂粒能够尽量“最紧密堆积”，使环氧彩砂层充分密实，保证地坪优异的抗重压性和耐磨性并节省面层的树脂用量，降低成本。

由于对色泽、颗粒圆度、粒度配比及耐化学性等指标的高要求，目前使用的高质量彩色石英砂主要为进口产品。国产彩砂的质量不如进口产品，使用国产彩砂制得的涂料装饰效果比使用进口产品的质量差。

（2）环氧树脂的选择　环氧树脂选用无溶剂型，并要求为低黏度产品。以保证在砂浆混合阶段，低黏度可以使环氧树脂和彩砂更容易混合均匀，使树脂砂浆不互相粘合而易于施工；在面涂层施工阶段，低黏度的环氧树脂更容易渗透到环氧彩砂层的空隙中，填充和密闭空隙，使环氧彩砂层成为密实的整体，保障地坪的面层效果以及抗压、抗冲击和耐磨性能。

3. 彩砂环氧地坪涂料施工工艺简介

（1）设备与工具

彩砂环氧地坪涂料的施工设备与工具包括地面处理设备、施工设备和施工用器具。其中，地面处理设备包括打磨机、铣刨机、抛丸机、真空吸尘器等；主要施工设备为搅拌机（用于混合彩砂与环氧树脂）、铺料器（将彩砂与环氧树脂混合后的料浆，根据施工厚度要求均匀地铺设在地面上）和抹平机（对铺敷的料浆进行压实抹平）等；施工器具有刮刀、刮板、铲子、大抹子、小抹子、角抹子、油漆刷子和辊筒等。

（2）彩砂环氧地坪涂料基本施工工艺

① 与其他环氧地坪涂料的施工一样，首先要对地面进行打磨处理，同时真空吸尘，保证施工环境不受污染。然后对地面进行修补找平，找平后施布环氧树脂底涂。

② 将颗粒状彩色石英砂和高性能环氧树脂混合，混合比例一般为环氧树脂：彩砂＝1：(5～9)，然后用铺砂器铺设彩砂层，铺设厚度为 2～8mm，通常为 3～5mm，并用抹平机进行压实整平，形成整体无缝的环氧彩砂层。

③ 约 24h 后，采用刮涂或辊涂进行面层涂料施工，封闭环氧彩砂涂层的空隙，形成密实性面层。可以根据要求施工成具有适度凹凸的防滑面或者平滑面。

四、糠酮环氧水泥地坪涂料

糠酮环氧改性水泥地坪涂料[22]是糠酮环氧与水泥在固化剂作用下形成的。以糠醛、丙酮和环氧树脂为原料制备出糠酮环氧浆材后，再和水泥复合而制得糠酮环氧改性水泥地坪涂料。该涂料兼具水泥砂浆地坪的价廉，环氧地坪涂料的耐水性、耐油性、耐酸碱性、耐盐雾腐蚀性等化学特性，耐磨性、耐冲压性、耐洗刷性等物理特性以及亮丽、不产生裂纹、易清洗、易维修保养和糠酮树脂的价廉、良好的耐酸碱和化学腐蚀性能。下面介绍固化剂、改性剂、催化剂、稀释剂、环境温度、水分及助剂等对地坪涂料抗压强度和硬度、弹韧性、流动性能和耐磨性等的影响。

1. 糠酮环氧净浆的配方及制备

（1）糠酮环氧净浆配方　糠酮树脂以糠醛、丙酮为原料，经催化缩合而成。糠酮环氧改性水泥地坪涂料是糠酮环氧浆材（净浆）中掺入水泥经固化反应而成的。糠酮环氧浆材是双组分反应型体系，甲、乙双组分的配方如表 2-31 所示。

表 2-31 糠酮环氧净浆配方

涂料组分	原材料	用量(质量分数)/%
甲组分	糠酮树脂	40～50
	E-44 环氧树脂	50～60
	增韧剂	2.0～5.0
	丙酮	0～20
	分散剂	0.5～3.0
	流平剂	0.2～0.7
	消泡剂	0.2～0.5
乙组分（以甲组分 100 计）	胺固化剂(DETA)	7.5～10.0
	丙酮	3.75～10.0
	催化剂	1.0～1.5

（2）改性水泥浆及其试件的制备　将糠酮环氧浆材（净浆）中的甲、乙两组分按表 2-31 所示的比例混合均匀，按 m(净浆)：m(水泥)＝1：1 混合搅拌均匀。

（3）改性水化浆及其试件的制备　先将水泥与 0.5%聚羧酸型高效减水剂和水按 0.22 水灰比搅拌均匀，待 15～20 min 后按 100 份水泥与 100 份净浆的比例混合搅拌均匀。

2. 固化体系对净浆及其改性水泥强度的影响

糠酮环氧浆材甲组分含活泼的环氧基和羰基，在胺固化剂的作用下扩链并交联形成大分子，具有较高的强度和韧性，但由于脂肪族胺二乙烯三胺（DETA）中氨基非常活泼，当甲、乙两组分大量混合时，反应放出大量的热，加速了固化反应而易爆聚。因此，在配制净浆时常把固化体系乙组分中的胺固化剂先与部分丙酮作用释放出大量的热后，再与甲组分混合，这样虽避免了净浆的爆聚，但也降低了强度。室温（25～30℃）下固化体系对净浆（甲组分丙酮掺入量为 2.5%）和改性水泥浆的抗压强度的影响如表 2-32 所示。

表 2-32 不同固化体系下净浆及其改性水泥的抗压强度

编号	固化体系(乙组分)			28d 抗压强度/MPa	
	DETA	丙酮	催化剂	净浆	改性水泥浆
1	10	5.0	0	35.1	80.4
2	10	5.0	1.5	90.6	88.9
3	7.5	3.75	1.125	87.5	85.6
4	7.5	3.75	0.75	53.8	79.8
5	7.5	7.5	0.75	43.9	55.2
6	10	10	1.0	52.7	67.3
7	10	10	1.5	66.4	73.1

由表 2-32 可见，净浆的乙组分中引入催化剂时，大大提高了浆材固结体的强度。当催化剂掺入量为甲组分的 1.5%时（编号 2），抗压强度高达 90.6 MPa，远高于无催化剂（编号 1）的 35.1MPa；固化体系中 m(丙酮)：m(DETA) 从 1：2 增至 1：1（编号 5、编号 6、编号 7）时，抗压强度随催化剂及固化剂（DETA）的增加而提高。

水泥与净浆以 1：1 的质量比成型后，固结体抗压强度比净浆增大，这是由于水泥中强烈的碱性及水泥微粒本身的活性使得固结体强度增大。无催化剂作用时水泥浆（编号 1）比净浆的抗压强度增大 1.3 倍。在催化剂作用下，当固化体系中丙酮的添加量不大时，净浆与水泥浆抗压强度相近（编号 2、编号 3）；但当丙酮掺入量增加时，水泥浆的强度明显地比净浆大很多

（编号5、编号6、编号7），这可能是由于水泥微粒吸附丙酮等低分子物质而使强度不至于下降得太多。

3. 甲组分丙酮添加量对浆材抗压强度的影响

图2-18为甲组分中丙酮添加量对净浆和改性水泥浆的抗压强度的影响。净浆的抗压强度受催化剂的影响很大，无催化剂时，起始强度小，掺入少量的丙酮（10%）就使强度下降到18.5MPa；在催化剂作用下，起始抗压强度增大，掺入20%的丙酮时仍有较高的强度（30.2MPa）。催化剂对改性水泥浆的抗压强度影响较小，并且起始强度较净浆大，当丙酮掺入量为20%时仍都有较高的强度，分别为20.4 MPa（无催化剂）、27.5MPa（有催化剂），此时水泥浆的流动性和流平性能得到显著改善。

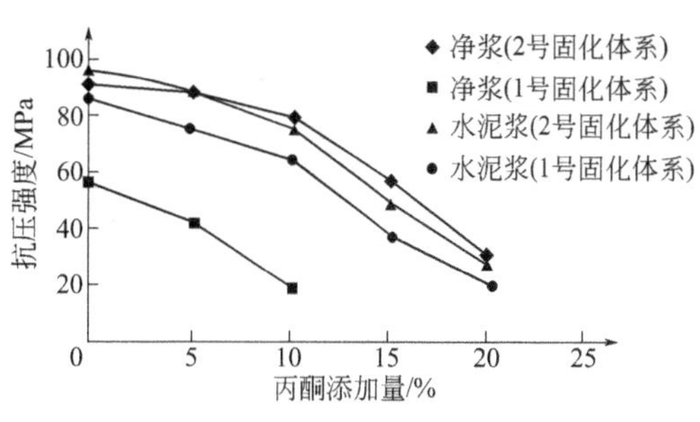

图2-18　甲组分中丙酮添加量对浆材抗压强度的影响

4. 环境温度对净浆及其改性水泥强度的影响

很多情况下要求浆材及其改性水泥能在低温潮湿环境中快速固化。由于此处使用了酮亚胺催化固化体系及水泥的水固化作用，净浆及其改性水泥浆都能在潮湿环境中固化。在较低的环境温度（5℃）时净浆（甲组分中不掺丙酮）及其改性水泥浆的强度随时间的变化列于表2-33。

表2-33　温度对净浆及其改性水泥抗压强度的影响

固化体系	温度/℃	3d抗压强度/MPa		28d抗压强度/MPa	
		净浆	改性水泥浆	净浆	改性水泥浆
2	25~30	41.7	52.6	92.3	96.7
2	5	8.56	13.4	60.1	72.5
7	25～30	21.2	38.7	62.4	75.1
7	5	2.83	9.11	28.5	56.3

从表2-33可以看出，室温（25～30℃）下浆材的抗压强度远高于5℃时的强度。早期（3d）强度尤为明显。但无论是室温还是5℃环境，改性水泥浆3d时已经具备了较高的强度，且3d和28d的抗压强度均高于净浆。

5. 水泥水化对浆材抗压强度的影响

水泥微粒在水的作用下水化结晶而成无机刚性材料。改性水泥浆没有加水水化，水泥微粒被有机浆材分子润湿包围，未发挥水泥水化固化的作用；当水泥中预掺入少量的水时，水泥微粒先吸附一层水分子而利于水化，在助剂作用下与净浆一起混合（改性水化浆）。浆材的强度变化如表2-34所示。

表2-34　三种浆材改性后的抗压强度影响

固化体系	3d抗压强度/MPa			28d抗压强度/MPa		
	净浆	改性水泥浆	改性水化浆	净浆	改性水泥浆	改性水化浆
4	9.16	30.9	20.2	53.8	79.8	61.2
5	5.78	22.5	19.3	43.9	55.2	52.3

由表2-34可见，无论是改性水泥浆还是改性水化浆均具有较高的早期（3d）强度，且比净浆高；改性水化浆强度略低于改性水泥浆，是由于水的掺入导致浆材体积增大，并且32.5级水泥水化后的强度比净浆固结体低，使得水化浆整体强度稍下降。

6. 净浆及其改性水泥浆的弹韧性、硬度和耐磨性

净浆、水泥浆和水化浆的弹韧性和硬度各不相同，其应力-应变曲线示于图 2-19。水泥微粒水化形成的是刚性无机高分子，因此掺入净浆后整个固结体的刚性增加，硬度增加，压缩应变降低，在较低的压缩应变（5%）下就发生脆性破坏，此时强度为 61.2MPa；没有掺水的水泥浆在 5%的压缩应变下发生应力屈服，此时屈服值为 79.8 MPa，随后应力随应变增加缓慢下降，并不发生脆性断裂，当应变增加至 10%时固结体被破坏；净浆则具备较高的屈服应变 6.7%、压缩破坏形变和较低的强度，硬度也较小。

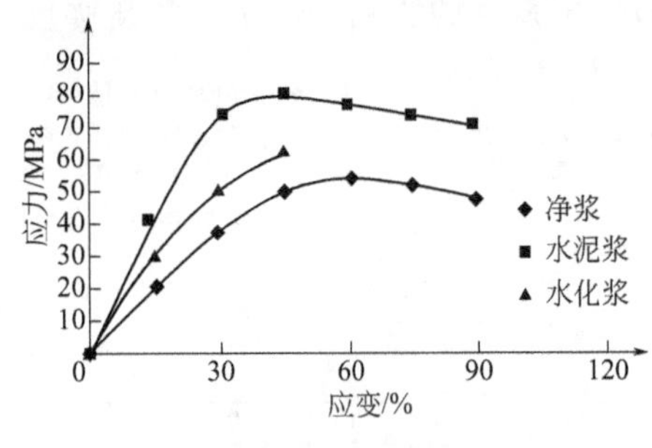

图 2-19 采用固化体系浆材固结体的应力-应变曲线

净浆、水泥浆和水化浆的耐磨性也稍有差异，水化浆为 0.0069g，耐磨性最好；水泥浆次之，为 0.0075g；净浆差些，为 0.0090g；但三者都在 0.01g 以内。

从上面的介绍可见，糠酮环氧改性水泥在催化剂作用下具有较高的抗压强度和韧性，在低温潮湿环境中能快速固化，在各种助剂作用下呈现良好的施工性能，适于用作地坪涂料等。当水泥中掺入适量的水时，水泥的水化对整个涂料的固化及其强度有一定的影响。

五、纳米改性聚氨酯/环氧复合地坪涂料

使用纳米插层技术改性聚氨酯、环氧树脂，能够提高材料的力学性能，纳米改性环氧涂料能够提高涂膜的耐腐蚀性、柔韧性、抗冲击性和耐划痕性等。下面介绍采用纳米插层聚氨酯改性双酚 A 型环氧树脂，再以此为基料配制地坪涂料的研究，由此得到的涂料能够克服通常环氧地坪涂料质脆、韧性和耐磨性差等不足[23]。

1. 纳米改性聚氨酯/环氧复合地坪涂料的配制

（1）聚醚插层蒙脱土的制备

① 蒙脱土的有机化预处理。在质量浓度为 5%的蒙脱土水溶液中加入过量的质量浓度为 10%的十六烷基三甲基溴化铵水溶液。80℃下搅拌反应 4h 后抽滤，用去离子水洗至无 Br^-（用 0.1mol/L 的 $AgNO_3$ 溶液检测无白色沉淀），真空干燥至恒重。研磨，过 325 目筛，得到有机蒙脱土。

② 聚醚插层蒙脱土的制备。将一定量上述蒙脱土加入到一定量的聚氧化丙烯三醇 N330（有机蒙脱土的质量浓度为 30%）中，在 60℃下搅拌分散 4h，研磨，得到纳米复合物 N330/蒙脱土，备用。

（2）聚氨酯和纳米改性聚氨酯的合成

① 聚氨酯预聚体的合成。在带有高速分散机、高纯氮气保护及温度计的密闭反应器中加入经化学计量的 2,4-甲苯二异氰酸酯（TDI）和聚氧化丙烯三醇 N330，在 80～85℃下搅拌反应 4h，得到 N330 聚氨酯预聚体（PUN330）。

② 纳米改性聚氨酯预聚体的合成。在带有高速分散机、高纯氮气保护及温度计的密闭反应器中加入经化学计量的 2,4-甲苯二异氰酸酯（TDI）和纳米复合物 N330/蒙脱土，在 80～85℃下搅拌反应 4h，得到 N330/蒙脱土的预聚体。

（3）环氧改性体的合成　在聚氨酯反应官能团当量用量小于环氧树脂中烃基当量的前提下，按不同实验设定用量比例混匀聚氨酯预聚体和 E-44 环氧树脂，然后在 120～125℃下搅拌反应 2.5h，以实施聚氨酯预聚体化学共聚改性 E-44 环氧树脂，直至异氰酸根反应完全。

（4）固化成型　将聚氨酯改性预聚体与理论用量的 651 聚酰胺固化剂混合（氨基氢与环氧基的摩尔比为 1∶1），搅拌均匀后注入模具中，在常温条件下固化 1 个月后用于各项性能的测

试。所测得的纳米聚氨酯改性环氧树脂的力学性能如表 2-35 所示。

表 2-35 改性前后环氧树脂的力学性能对比

项目	E-44 环氧树脂	E-44/PUN330			E-44/(PUN330/3%蒙脱土)		
		100∶10	100∶30	100∶60	100∶10	100∶30	100∶60
拉伸强度/MPa	44.8	42.4	38.3	32.1	46.5	43.6	38.1
断裂伸长率/%	9.13	12.9	15.9	17.5	12.7	14.5	16.3

(5) 地坪涂料的配制　以纳米插层聚氨酯改性环氧树脂(取 PUN330/3%蒙脱土用量为 30%的改性材料)为基料制备改性地坪涂料。该涂料为双组分反应型,由甲、乙两个组分组成。表 2-36 为纳米改性聚氨酯/环氧复合地坪涂料的基本配方,其中甲组分填料为 100～200 目的石英砂,颜料为铬绿、钛白粉等;乙组分为 651 聚酰胺固化剂(也可以使用异佛尔酮二胺等其他脂肪胺、脂环胺及其加成物),促进剂可为 DMP-30 等。该种涂料可制成无溶剂型,但根据工程施工情况也可以添加适量的溶剂,如二甲苯和丁醇等。

表 2-36 纳米改性聚氨酯/环氧复合地坪涂料的基本配方

涂料组分	原材料	用量/质量比
甲组分(涂料组分)	纳米改性聚氨酯/环氧树脂	100
	填料	50～100
	颜料	2～5
	TEXAPHOR 963 分散剂	0.4～1.5
	F60 流平剂	0.3～0.8
	W010 防沉剂	1～2
	AMH2 消泡剂	0.1～0.2
乙组分(固化剂组分)	胺类固化剂	30～50
	促进剂	0～2
	混合溶剂	0～60

2. 改性复合地坪涂料的性能

纳米改性聚氨酯/环氧复合地坪涂料的主要性能为:附着力(划圈法)≤1 级;铅笔硬度 5H;光泽 92%;耐碱性(25% NaOH,25℃),30d 无变化;耐酸性(25% H_2SO_4,25℃),30d 无变化;耐汽油(25℃),30d 无变化;抗冲击(1kg 钢球,2m 高落下),不起壳,无裂缝。

3. 纳米改性聚氨酯复合环氧树脂改性效果分析

通过改性树脂的红外光谱分析,可以证实纳米改性聚氨酯复合环氧树脂的纳米改性及两种树脂复合,该红外光谱分析如图 2-20 所示。

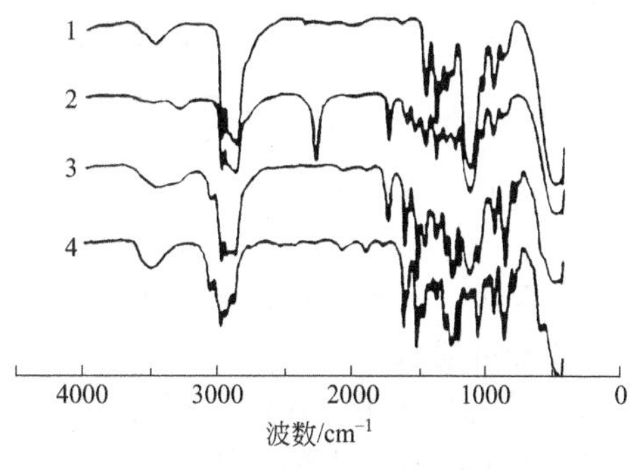

图 2-20 改性环氧树脂和改性材料及中间体的红外光谱图

1—聚氧化丙烯三醇;2—聚氨酯预聚体;3—纳米改性聚氨酯/环氧树脂;4—未改性环氧树脂

比较图 2-20 中的曲线 1 和曲线 2,可看到曲线 1 中 $3500cm^{-1}$处的游离羟基伸缩峰在曲线 2 中大大减弱,且在 $3299cm^{-1}$处出现仲酰胺的氮氢伸缩振动峰;曲线 2 中在 $2271cm^{-1}$处出现较大的异氰酸根的烃伸缩振动峰及 $1732cm^{-1}$ ($\upsilon_{C=O}$) 出现较大的吸收峰,这说明聚醚中的羟基与 TDI 反应,生成了聚氨酯预聚体。在 $1538cm^{-1}$处出现的烃变形振动峰进一步证实了这一点。对比曲线 2 与曲线 3、曲线 4 可以看出,曲线 2 中 2271cm^{-1}处异氰酸根的烃伸缩振动峰在曲线 3 中消失；曲线 4 中 3500cm^{-1}处出现了仲酰胺的氮氢伸缩振动吸收峰以及在 1731cm^{-1}处出现羰基的烃伸缩振动峰、1280～1050cm^{-1}出现了较强的碳-氧-碳对称和不对称伸缩振动［$\upsilon_{c-o-c(as,s)}$］，说明聚氨酯已经接枝到环氧树脂上。

六、环氧大豆油在无溶剂环氧地坪涂料中的应用

1. 环氧大豆油

环氧耐磨地坪涂料体系的不足在于：一是环氧树脂黏度偏大，需要加入活性或非活性稀释剂，而多数稀释剂存在气味和毒性偏大的问题；二是环氧树脂本身具有很高的交联密度，质脆、韧性低和耐冲击性能差。因此，提高韧性对环氧树脂的使用很重要。

环氧大豆油（ESO）是一种资源丰富、价格适中、无毒无味的环境友好材料，可赋予制品良好的热、光稳定性，耐溶剂性等性能。环氧大豆油分子链含有 3～4 个环氧基，结构类似于多环氧化合物型环氧树脂活性稀释剂。其本身黏度较低，价格适中，可用于环氧地坪涂料的改性[24]。

环氧大豆油可用作环氧地坪涂料体系的活性稀释剂成分，并对环氧地坪涂料进行共混改性。下面介绍环氧大豆油用量对环氧地坪涂料的稀释和增塑作用，及其对环氧地坪体系性能影响的研究。

2. 涂料制备

（1）实验涂料基础配方　实验用无溶剂环氧地坪涂料的基础配方见表 2-37。

表 2-37　无溶剂环氧地坪涂料基础配方

组分	原材料	用量(质量分数)/%
A 组分	618 型环氧树脂	42.0～45.0
	环氧大豆油	2.0～5.0
	660A 型活性稀释剂	4.0～8.0
	润湿分散剂	0.5～1.0
	消泡剂	0.5～0.8
	流变助剂	1.5～2.0
	滑石粉	3.5～5.0
	钛白粉	7.5～15.0
	硫酸钡	15.0～20.0
	流平剂	0.3～0.7
B 组分	改性胺	25
	促进剂	适量

注：A 组分与 B 组分的质量比为 4∶1。

（2）制备工艺

① 环氧大豆油脱水。环氧大豆油中含有一定量的水分，会影响固化效率而引起涂膜缺陷，故需要进行脱水处理，即把环氧大豆油加热到 100～110℃，在真空度不低于 0.096MPa 下减压 30min 脱水。

② 涂料组分（A 组分）制备。把部分环氧树脂、环氧大豆油、流变助剂、润湿分散剂和部分消泡剂加入分散缸中，高速分散 5min 以上，依次加入颜（填）料，并高速分散 15min 以上，放入砂磨机中砂磨至细度 50μm 以下。向磨细料浆中加入剩余树脂和助剂，中速分散均匀即得。

③ 固化剂（B 组分）制备。依次加入各组分，中高速分散成均匀透明胶液即可。

3. 环氧大豆油的最佳用量

(1) 环氧大豆油和660A对环氧树脂的稀释作用 设定实验温度25℃，分别在618型环氧树脂中加入5%、8%、10%、15%和20%(以环氧大豆油或660A与环氧树脂的质量分数计)的环氧大豆油和660A，经稀释后环氧树脂的黏度如图2-21所示。

由图2-21可以看出，环氧大豆油用量为环氧树脂的6%～8%时，稀释效果最好，随着用量的增加，黏度下降趋于平缓；而单环氧基的660A稀释效果很好，用量为环氧树脂的15%时，稀释效果极为明显，环氧树脂的黏度已经降到了1000mPa·s以下，超过15%以后，黏度下降趋于平缓。

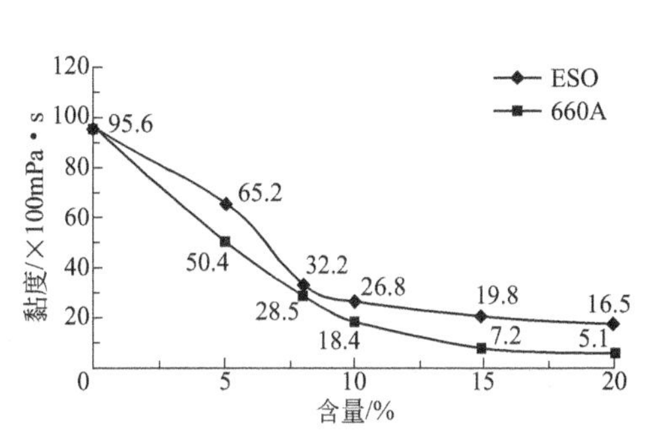

图2-21 环氧树脂黏度与环氧大豆油和660A用量的关系

(2) 活性稀释剂用量对环氧固化物物理性能的影响 使用改性芳脂胺D6350型固化剂对618型环氧树脂进行固化，分别加入不同比例的活性稀释剂环氧大豆油和660A，活泼氢与环氧基的摩尔比设定为1.05，制备试件，在25℃下放置7d后，测试其物理机械性能，结果见表2-38。

表2-38 环氧大豆油和660A用量对环氧树脂物理机械性能的影响

实验配合比	物理机械性能			
	硬度(邵氏D)	抗压强度/MPa	拉伸强度/MPa	断裂伸长率/%
618型环氧树脂+D6350	88	127	65.7	3.4
618型环氧树脂+D6350+5%环氧大豆油	85	122	60.2	6.2
618型环氧树脂+D6350+8%环氧大豆油	82	117	57.3	14.2
618型环氧树脂+D6350+10%环氧大豆油	77	92	34.7	16.0
618型环氧树脂+D6350+15%环氧大豆油	75	75	28.4	23.2
618型环氧树脂+D6350+5%660A	84	118	61.3	2.7
618型环氧树脂+D6350+8%660A	85	112	54.5	2.4
618型环氧树脂+D6350+10%660A	83	103	52.3	2.2
618型环氧树脂+D6350+15%660A	82	97	50.7	2.2
618型环氧树脂+D6350+20%660A	78	78	35.5	1.4

由表2-38可知，随着环氧大豆油加入量的增多，固化物硬度、抗压强度和拉伸强度都有不同程度的下降，断裂伸长率有较好的提升，这主要是由环氧大豆油特殊的分子结构所致，环氧大豆油分子量为800～1000，脂肪族支链较长，柔顺性较好。当其用量超过8%以后，强度下降较为明显，故环氧大豆油加入量在8%左右比较合适。

660A为环氧丙烷丁基醚，属于单官能度的环氧化合物，参与固化时不能形成网状交联结构，降低了涂膜交联点密度和交联点间的分子量，影响了固化物的物理性能。随其加入量的增大，固化物各项指标均呈现下降趋势，超过15%以后下降明显，故660A的加入量不宜超过15%。

因而，在无溶剂环氧涂料体系中，为了兼顾涂料的黏度和物理性能，选用环氧大豆油和660A拼用的方式较为适宜，环氧大豆油的用量在6%～8%，660A用量在10%～15%。

(3) 固化体系的确定 根据上述结果制备成无溶剂环氧地坪涂料的主涂料(白色)，固化剂分别选用端氨基聚醚T403、改性芳脂胺D6350、腰果油改性胺NX2007、改性IPDA脂环胺EU5106等，涂料与固化剂质量比为4∶1，观察不同固化剂的表干时间、固化后的涂膜状态、涂膜物理性能及高湿环境下的涂膜状态等，从而确定固化剂组分，结果见表 2-39。

表 2-39 使用不同固化剂得到的涂膜性能

性能		固化剂种类			
		NX2700	EU5106	D6350	T403
颜色		黄色	水白	淡黄	水白
适用期/min		30	40	45	240
表干时间/h		1	2	2	6
涂膜硬度（邵氏 D）	3d	78	84	85	84
	7d	80	85	88	85
涂膜干燥 3d 状态	光泽(60°)	105	100	109	101
	涂膜表观	略黄，光泽高，略有油面感	白色，光泽高	略黄，光泽高	白色，光泽高

注：1. 表干时间和涂膜硬度测试时涂膜厚度为 1mm。
2. 适用期检测试样总质量为 150g。

由表 2-39 可以看出，在常温和较低湿度环境下，四种固化剂的涂膜表面均较好，光泽均能到 100 以上，NX2007 的涂膜表干速度最快；固化 7d 后，涂膜的硬度均能到邵氏 D80 以上，芳脂胺 D6350 的最高。

① 固化剂对涂膜颜色的影响。在浅色涂料中，固化剂本身的颜色会对整个涂膜的颜色造成一定的影响，上述四种固化剂，在配制成涂料时，略带黄色相，对体系颜色均有一定的影响，尤其是 NX2700 较为明显。

将上述制备的自流平白色涂膜放置在无阳光直射的室内，一个月后，分别观察涂膜的颜色，发现 NX2700 和 D6350 都有一定程度的黄变，NX2700 黄变程度较高，D6350 有轻微黄变，IPDA 改性的 EU5106 和聚醚胺 T403 无变化。这与固化剂本身的分子结构有较大关系，EU5106 为改性的脂环胺，T403 为聚醚胺，两者均为脂肪族的分子结构体系，耐黄变性能好；而 D6350 与 NX2700 均为芳香族体系，分子的链段上均含有苯环，苯环易被氧化成醌而黄变。D6350 为改性的芳脂胺，苯环稳定性较高，非紫外线直射下氧化成醌的过程较为缓慢；而 NX2700 为腰果油改性酚醛胺结构，既有苯环，同时还有一个含不饱和键的侧长碳链，苯环边上还接有一个弱酸性的羟基结构，这种能与苯环产生共轭结构的体系老化黄变的倾向更大，容易氧化生成醌式结构。

② 高温高湿下固化剂的筛选。地坪涂料在实际使用过程中有高温高湿的环境，如南方多雨季节的地下停车场，就要求整个涂膜体系有良好的耐高湿环境性能。分别采用上述四种固化剂，在 30℃、湿度 90%的环境下制备 1mm 厚的自流平涂膜，涂膜表观效果见表 2-40。

表 2-40 高温高湿环境下固化的涂膜

性能	固化剂种类			
	NX2700	EU5106	D6350	T403
适用期/min	20	25	30	180
表干时间/h	40	50	60	240
涂膜外观	明显失光，涂膜起皱，表面有颗粒	失光严重，涂膜起皱，表面有颗粒	无失光，光泽高	无失光，光泽高

由表 2-40 可以看出，NX2700 和 EU5106 耐湿性能较差，在湿度较高时，涂膜表面会产生失光起皱，甚至是固化不完全的现象；而 D6350 和 T403 在高湿环境下表现良好，对湿度不敏感。

在高温天气施工时，表干太快和适用期较短的固化剂会造成涂料流动性能变差，影响施工和涂膜表观效果，在实际使用中需根据气温来进行固化剂的混拼，确保好的施工性能和涂膜效果。

综合以上结果，选用的固化体系为D6350芳脂胺和T403聚醚胺混拼，并根据气温调节比例。

③ 芳脂胺和聚醚胺用量配比确定。芳脂胺D6350与环氧体系相容性好，对湿度不敏感，涂膜硬度高；固化物硬度和韧性均较好，且为无色水白，对湿度也不敏感，缺点是表干太慢，反应活性较低。分别采用D6350与T403不同比例作为固化体系，其涂膜及浇注体性能见表2-41。

表2-41 不同D6350和T403比例混拼时的物理性能

性能项目	D6350与T403混拼比例[m(T403)：m(D6350)]				
	纯T403	2：1	1：1	1：2	纯D6350
表干时间/h	6	3.5	3	2.5	2
硬度(邵氏D)	85	86	87	87	88
抗压强度/MPa	87	90	101	105	107
拉伸强度/MPa	41	45	49	50	52
断裂伸长率/%	20	17	15	12	11

由表2-41可以看出，随着芳脂胺D6350比例的提高，涂膜的表干时间减少，硬度和强度均有所提高，但断裂伸长率下降。这是由于聚醚胺T403虽然为三官能度的结构，但是其链段上的聚醚链段起到了很好的增韧作用，使环氧固化物的柔韧性得到提高。综合各种性能，当固化剂T403与D6350比例为1：1复配时，各项性能较均衡。

(4) 促进体系的确定　由于环氧大豆油环氧基团的反应活性比环氧树脂的环氧基团低，且分子结构也和环氧树脂有差异，加入到无溶剂环氧地坪涂料中必然会影响环氧地坪涂料的固化行为，在较低温度下固化不完全，或大大延长固化时间，影响施工效率。为了降低甚至消除其引起的低温固化不完全问题，有必要引入特定的促进剂，促进环氧地坪涂料的低温固化。不同促进体系对涂膜干燥时间的影响见表2-42。

表2-42 促进剂体系对干燥时间的影响

项目		促进剂体系		
		无	K54	叔胺与醇胺复配
表干时间	10℃	5	4.5	3
	25℃	3	2.5	1.5
实干时间	10℃	28	25	16
	25℃	16	13	12

注：促进剂添加量为固化剂量的15%。

由表2-42可知，K54在低温下有一定的促进作用，但对于环氧大豆油增塑的环氧体系及固化剂中含有聚醚胺的固化体系效果不显著；而叔胺与醇胺复配的促进体系在低温环境下对此体系有较好的促进作用，尤其是促进实干的效果更加明显。

可见，在无溶剂环氧涂料体系中，环氧大豆油与环氧树脂有很好的相容性、降黏效果及增韧作用，为了兼顾涂料的黏度和物理性能，环氧大豆油的用量为环氧树脂的6%～8%，环氧丙烷丁基醚用量为环氧树脂用量的10%～15%，作为环氧地坪体系的活性稀释体系较为合适；固化体系选用端氨基聚醚T403与改性芳脂胺D6350按一定比例复配使用固化效果较好；促进剂体系选用叔胺与醇胺复配体系，可以显著提高固化效果。

七、橘皮纹理效果环氧地坪涂料

橘皮纹理效果环氧地坪涂料[25]不仅具有普通环氧地坪涂料坚韧、耐磨、耐腐蚀等特点，还具有防滑、美观的装饰效果。

1. 橘皮纹理效果环氧地坪涂料的原材料及基础配方

橘皮纹理效果环氧地坪涂料的基础配方见表 2-43。

表 2-43 橘皮纹理效果环氧地坪涂料的基础配方

原材料		用量(质量分数)/%
名称	生产厂商或采购来源	
DER331 环氧树脂	美国陶氏化学公司	25.0
环氧稀释剂		19.5
EFKA 4010 分散剂	荷兰 EFKA 助剂公司	0.5
806 有机膨润土	浙江华特化工有限公司	1.5
AE200 气相白炭黑	上海海逸化工贸易有限公司	1.0
R902+钛白粉	上海中庸化工贸易有限公司	3.0
800 目重质碳酸钙	江西广源化工有限公司	16.0
325 目硅微粉	湖北蕲春楚商矿产有限公司	26.8
400 目滑石粉	辽宁海城微细滑石粉厂	6.0
435 有机硅表面控制助剂	上海海明斯化工贸易有限公司	0.1
EFKA 3777 流平剂	荷兰 EFKA 助剂公司	0.3
EFKA 2722 消泡剂	荷兰 EFKA 助剂公司	0.3

2. 橘皮纹理效果环氧地坪涂料和涂膜样板的制备

(1) 涂料制备　橘皮纹理效果环氧地坪涂料的制备工艺如下。

① 先将 806 有机膨润土与部分环氧稀释剂混合，制成 10%的预凝胶，备用。

② 在容器中加入 DER331 环氧树脂、余下的环氧稀释剂和 EFKA 4010 分散剂，开动搅拌，然后依次加入除 806 有机膨润土外的其余物料。

③ 高速（1500r/min）搅拌 30min，细度控制在 80μm 以下。

④ 加入 806 有机膨润土预凝胶，调节涂料的黏度和触变性，黏度（25℃）控制在 5000～8000mPa·s，触变指数为 4.0～7.0。

(2) 橘皮纹理效果环氧地坪涂料样板的制备　先将橘皮纹理效果环氧地坪涂料与 9340 脂环胺环氧固化剂按 5∶1（质量比）的比例混合均匀，取部分混匀后的涂料用环氧专用稀释剂稀释，在石棉水泥平板上用羊毛辊筒先辊涂一道，在常温（23℃±2℃）下自然干燥 24h 以上，然后将混匀后未加环氧专用稀释剂的涂料倒在辊涂过的石棉水泥平板上，用专用拉花辊筒将涂料辊涂均匀，并拉出一致的橘皮花纹效果。常温（23℃±2℃）下自然干燥 7d 以上，干膜厚度为 500～800μm。

3. 橘皮纹理效果环氧地坪涂料的涂膜性能

橘皮纹理效果环氧地坪涂料的涂膜花纹清晰，色彩一致，其防滑性能良好（干摩擦系数 0.7），并具有普通环氧地坪涂料的物理机械性能。

4. 橘皮纹理效果环氧地坪涂料的性能影响因素

(1) 有机膨润土用量的影响　有机膨润土用量对橘皮纹理效果环氧地坪涂料的触变指数和涂膜橘皮纹理效果的影响见表 2-44。

表 2-44 有机膨润土用量对触变指数和橘皮纹理效果的影响

有机膨润土用量(质量分数)/%	黏度/mPa·s	触变指数	涂膜橘皮纹理效果
0	800	1.1	涂膜流平,无橘皮纹理
0.5	1500	1.4	橘皮纹理较弱
1.0	3500	2.0	橘皮纹理较平坦
1.5	5400	4.5	橘皮纹理效果明显,较圆润
2.0	7800	5.1	橘皮纹理效果明显,凹凸感较强
2.5	11000	6.6	橘皮纹理效果强,手感粗糙

由表 2-44 可见，随着有机膨润土用量的增加，涂料的黏度和触变指数（触变性）也随之提高，涂膜的纹理效果趋于明显，但当其用量超过 2.0%后，涂料的流动性很差，施工难度加大，涂膜的纹理变得粗糙，手感不细腻，装饰效果下降。另一方面，有机膨润土在涂料中有消光作用，当其用量较大时，对涂膜的光泽影响较大。有机膨润土用量以 1.5%～2.0%为宜。

(2) 气相白炭黑与有机膨润土配比的影响　气相白炭黑与有机膨润土的配比（质量比）对触变指数及涂膜橘皮纹理效果的影响见表 2-45。

表 2-45 气相白炭黑与有机膨润土的配比对触变指数及涂膜橘皮纹理效果的影响

气相白炭黑与有机膨润土的质量比	涂料刚配好的触变指数	涂料凝胶前的触变指数	涂膜橘皮纹理效果
0.0∶2.5	6.6	9.8	橘皮纹理变化较大,搭接处有颜色明暗的变化
0.5∶2.0	5.6	7.6	橘皮纹理有变化,搭接处有颜色明暗的变化
1.0∶1.5	5.3	6.6	橘皮纹理变化不大,搭接处颜色变化不明显
1.5∶1.0	4.0	5.5	橘皮纹理变化不大,搭接处颜色变化不明显
2.0∶0.5	3.8	4.9	橘皮纹理效果不是很明显,搭接处颜色有变化
2.5∶0.0	3.0	4.5	橘皮纹理效果不是很明显,搭接处颜色有变化

由表 2-45 可见，配方中未添加气相白炭黑，只有有机膨润土一种增稠剂时，涂料凝胶前的触变指数较大，涂膜的橘皮纹理变化也较大，搭接处有明显的颜色明暗变化；配方中只有气相白炭黑一种增稠剂时，涂料的初始触变指数较小，不能形成明显的纹理效果；气相白炭黑与有机膨润土配用作为涂料的增稠剂时，涂膜橘皮纹理变化不是很大，搭接处的颜色变化不是很明显；气相白炭黑与有机膨润土的配比为 1.0∶1.5 时，涂膜橘皮纹理效果最好。这是因为当涂料与固化剂混合后，涂料中的环氧树脂和固化剂开始反应形成羟基，羟基是高极性基团，使体系的极性升高。气相白炭黑对极性较敏感，其二氧化硅之间的氢键结合力会随着体系极性的升高而降低，从而降低由二氧化硅所引发的触变性，而随着混合涂料的极性不断提高，有机膨润土的活性增强，羟基也有助于膨润土片层结构之间的键间吸附，从而使由有机膨润土所引发的触变性得到提高。

在气相白炭黑与有机膨润土合适配比下，两者的触变性变化达到一个相对平衡，从而使整个体系的触变性随着时间的延长而不会出现明显的变化，即在涂料凝胶前较长的一段时间内，施涂出橘皮纹理变化不大的涂料。

(3) 颜料体积浓度的影响　颜料体积浓度（PVC）对涂膜橘皮纹理效果的影响见表 2-46。

表 2-46 颜料体积浓度(PVC)对涂膜橘皮纹理效果的影响

环氧树脂用量(质量分数)/%	颜料体积浓度(PVC)/%	触变指数	涂膜橘皮纹理效果
15	58.2	7.0	涂膜橘皮纹理效果很明显,手感粗糙

续表

环氧树脂用量(质量分数)/%	颜料体积浓度(PVC)/%	触变指数	涂膜橘皮纹理效果
20	51.1	6.5	涂膜橘皮纹理效果明显,手感较差
25	45.5	6.2	涂膜橘皮纹理效果明显,手感圆润
30	41.0	5.5	涂膜橘皮纹理效果明显,手感好
35	37.4	4.3	涂膜橘皮纹理效果较明显,手感好
40	34.3	3.4	涂膜橘皮纹理较平坦,纹理效果不强

注:配方的临界颜料体积浓度(CPVC)为60%。

由表2-46可见，随着环氧树脂用量的增加，体系的PVC随之降低，涂料的触变指数下降，涂膜纹理效果也跟着发生变化。当环氧树脂用量为25%～30%时，涂膜的橘皮纹理效果明显，手感好。这是因为环氧树脂的用量越大，涂料中各组分之间的作用力越大，体系在高剪切速率下的黏度越大，触变性下降越多，直接影响到湿涂膜纹理效果的形成。

影响涂膜橘皮纹理效果形成的因素很多，如施工环境的温度、通风状况、施工人员的技术水平、配方中填料的吸油量等。另外，由于环氧树脂和固化剂的反应是一个放热反应，高分子聚合物的分子量不断地变大，体系黏度随之增大，也会影响到整个体系的触变性变化。

在普通型环氧地坪涂料中，通过对有机膨润土、气相白炭黑以及其他功能填料的应用，可以制备出具有橘皮纹理效果的环氧地坪涂料。

八、防火型无溶剂溴碳环氧防腐地坪涂料

具有防火性能的无溶剂溴碳环氧防腐地坪涂料[26]可有效提高建筑物的防火安全性。四溴双酚A（溴系阻燃剂）广泛用于提高阻燃性能。下面介绍采用四溴双酚A合成满足地坪涂料制备要求的溴碳环氧树脂，并由此制备出具有长效防火性、零VOC、强附着、耐腐蚀和固化收缩率小、地坪厚度无限制等特点的新型无溶剂工业地坪防腐涂料。

1. 溴碳环氧树脂（TBA）的合成

称取四溴双酚A、质量浓度为30%的NaOH溶液投于装有电动搅拌、冷凝器、温度计、滴液漏斗、水浴加热的四口反应瓶中，开启搅拌并加热，当温度升到70℃时开始滴加环氧氯丙烷（HEC），1h滴加结束，于75℃保温2h，减压蒸馏回收过量的环氧氯丙烷，无馏出物，停止蒸馏。向反应体系加入30%NaOH溶液，于85℃下保温反应2h，停止加热和搅拌，降温静置，水洗分离，得到溴碳环氧树脂（TBA）。

2. 溴碳环氧无溶剂防火地坪涂料的制备

溴碳环氧无溶剂防火防腐地坪涂料的基本配方见表2-47。

表2-47　溴碳环氧无溶剂防火防腐地坪涂料基本配方

组分	原材料	用量(质量分数)/%
A组分	溴碳环氧树脂	40～45
	NX-2020活性稀释剂(美国卡德莱公司)	10～15
	增塑剂(美国卡德莱公司)	4～10
	颜(填)料	20～30
	三氧化二锑	1～9
	BYK358流平剂(德国BYK化学公司)	0.2～0.5
	6800消泡剂(德谦化学公司)	0.5～1.0
	EFKA-5054分散剂(原荷兰埃夫卡公司)	0.5～1.0

续表

组分	原材料	用量(质量分数)/%
B组分	改性脂环胺固化剂 5029(美国卡德莱公司)	25～30
C组分	DMP-30 固化促进剂	0.5～1.0

涂料的制备程序为：称取溴碳环氧树脂、活性稀释剂、增塑剂、流平剂、消泡剂、分散剂、颜（填）料和三氧化二锑原材料，高速分散并研磨至细度≤40μm 后，得到涂料组分（A组分），并与 B 组分、C 组分配套包装，得到成品涂料。

3. 影响溴碳环氧树脂合成的因素

合成溴碳环氧树脂的影响因素有反应温度、四溴双酚 A 与环氧氯丙烷（HCE）的比例、四溴双酚 A 与氢氧化钠的比例等。研究表明，合成溴碳环氧树脂的最佳工艺条件为：四溴双酚 A 与环氧氯丙烷的质量比为 1∶10，氢氧化钠与四溴双酚 A 的质量比为 1∶5，反应温度为 75℃，这样合成的溴碳环氧树脂分子量较低、树脂颜色浅、黏度低、流动性好，适合无溶剂地坪涂料的制备。

4. 活性稀释剂的选择

活性稀释剂选择腰果壳油改性的不挥发稀释剂 NX-2020，加入比例高，黏度调节好，但单独使用会降低材料的硬度、耐磨性和耐冲击性，为此选择低分子环氧稀释剂和不挥发稀释剂 NX-2020 组合复合活性稀释剂。研究结果表明，正丁基缩水甘油醚、聚乙二醇二缩水甘油醚、NX-2020 以质量比 1∶1∶1 比例组成复合活性稀释剂，其用量为 A 组分总质量的 10%～15% 时，地坪涂料可获得优异的综合性能。

5. 地坪涂料的防火和防腐性能

（1）防火性能 溴碳环氧无溶剂地坪涂料的防火性能除溴碳树脂的阻燃特性之外，三氧化二锑对其阻燃防火性能具有明显的协同作用，其协同影响见图 2-22。

由图 2-22 可知，三氧化二锑对溴碳树脂产生的协同阻燃效果随其用量增加而增大，当用量为涂料质量的 6% 时，极限氧指数为 37.5%。固化地坪材料各项燃烧性能指标为：碳化长度 21mm、氧指数 37.5%。

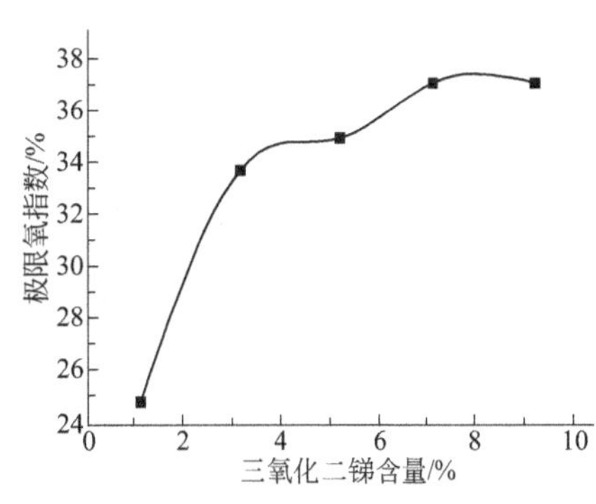

图 2-22 三氧化二锑用量对氧指数的影响

（2）防腐性能 溴碳环氧无溶剂地坪涂料涂层除耐氢氟酸性能较差外，耐浓硫酸等强酸、饱和氢氧化钠等强碱和有机溶剂性能优异，这主要是由于环氧树脂涂料优异的耐腐蚀性，其次则是由于无溶剂地坪涂料涂层极为致密。涂层的致密性越高耐化学介质的渗透性越好，地坪耐腐蚀的性能越好。对涂层表面的扫描电镜研究表明该地坪涂料固化后形成的地坪涂层均匀、致密、无结构缺陷，增强了涂层耐化学介质渗透的能力，提高了地坪的防腐性能。

九、自流平乙烯基重防腐地坪涂料[27]

1. 环氧乙烯基树脂及其重防腐地坪涂料基本特性

环氧乙烯基树脂也称乙烯基酯树脂，是由一种环氧树脂和一种含烯键的不饱和一元羧酸加成反应而得到的产物，是综合性能优良的强耐腐蚀树脂。由一元不饱和羧酸形成了树脂分子末端的不饱和键和酯基，这类树脂由于分子结构中含有易被水解破坏的酯基比双酚 A 型和通用型不饱和聚酯树脂都少，而且都处于邻近交联双键的空间位阻保护之下，因此具有更好的耐水、耐酸和耐碱性能，其对氧化性酸如硝酸、铬酸等的耐腐蚀性能优于酚醛、呋喃、环氧和通用不饱和聚酯树脂等[28]。

以环氧乙烯基树脂为成膜物质制备的重防腐地坪涂料在很多领域得到应用。下面介绍配制能够耐丙酮、乙腈、碳酸二甲酯等强溶剂及耐强酸强氧化剂的乙烯基重防腐地坪涂料时，树脂、色浆、助剂和蜡液等因素的影响。

2. 制备乙烯基重防腐地坪涂料的影响因素

（1）乙烯基树脂与色浆的相容性对漆膜性能的影响　乙烯基重防腐涂料反应速度快，收缩率大，若乙烯基树脂与色浆的相容性差，既影响涂料充分固化，也容易产生浮色发花现象。选择相容性好的树脂及色浆可大大提高产品的防腐性能和涂膜表观效果。

① 树脂分散色浆的能力及其对色浆的适应性。选择华东理工大学华昌聚合物有限公司的MFE2、台湾长兴材料工业股份有限公司的2960和无锡欣叶豪化工有限公司的901三种型号的乙烯基树脂，与三种不同色浆，配制涂料，以研究乙烯基树脂与色浆的相容性。结果表明，不同树脂与不同色浆配制的涂料，其涂膜外观各有不同，有的浮色发花较重，有的略有浮色发花，有的基本无浮色发花。可见，乙烯基树脂分散色浆的能力及其对不同色浆的适应性是涂料配方设计时需要考虑的重要性能影响因素。

② 乙烯基色浆添加量对涂膜性能的影响。乙烯基色浆的添加量也会对诸如硬度、耐腐蚀性等涂膜性能产生影响（见表2-48）。

表2-48　乙烯基色浆添加量对乙烯基地坪涂料涂膜性能的影响

涂膜性能	乙烯基色浆添加量(质量分数)/%		
	3	6	9
遮盖力/(g/m²)	360.48	200.75	120.64
硬度(邵氏D)	71	80	94
耐酸性(H_2SO_4)	≥6个月	≥6个月	≤6个月

从表2-48可以看出，乙烯基色浆添加量过少时，涂膜遮盖力差；随着乙烯基色浆用量的增加，涂膜变硬变脆，同时耐腐蚀性能下降，主要原因是乙烯基色浆采用不饱和聚酯树脂来研磨，而不饱和聚酯树脂的耐腐蚀性能比乙烯基树脂的差；当乙烯基色浆添加量为乙烯基树脂质量的6%时，涂料综合性能较好。

（2）蜡液种类和添加量对涂膜外观及耐腐蚀性能的影响　在乙烯基重防腐地坪涂料中，蜡的熔点和添加量直接影响涂膜的耐腐蚀性。表2-49是不同蜡液及蜡液添加量对涂膜外观及耐腐蚀性的影响。

表2-49　不同种类蜡液添加量对涂膜外观及耐腐蚀性的影响

项 目	蜡液Ⅰ添加量(质量分数)/%			蜡液Ⅱ添加量(质量分数)/%			蜡液Ⅲ添加量(质量分数)/%		
	1.0	1.5	2.0	1.0	1.5	2.0	1.0	1.5	2.0
涂膜外观	蜡分布不均	蜡分布不均	蜡分布不均	蜡分布不均	蜡分布不均	蜡分布不均	蜡分布均匀	蜡分布均匀	蜡分布不均
耐腐蚀性	耐腐蚀性差	耐腐蚀性良好	耐腐蚀性优	耐腐蚀性尚可	耐腐蚀性良好	耐腐蚀性优	耐腐蚀性差	耐腐蚀性良好	耐腐蚀性优

从表2-49可以看出，不同种类的蜡液对固化后涂膜表面的蜡分布影响很大，其中蜡液Ⅲ在涂膜中分布最为均一；同时蜡液的添加量也直接影响涂膜的耐腐蚀性能。原因在于乙烯基固化属自由基共聚合反应，需要采取隔氧措施固化反应才能充分有效地进行，蜡液的加入可以起到隔氧作用；添加足量的蜡液，有利于固化反应充分和涂膜耐腐蚀性提高，但蜡液添加过量会

造成涂膜表面蜡分布不均匀；蜡液添加量少，有利于涂膜表面蜡均匀分布，但牺牲了涂膜耐腐蚀性。因此，确定合适的蜡液及其添加量相当重要。

(3) 助剂对乙烯基重防腐地坪涂料性能的影响 使用不同润湿分散剂配制的乙烯基重防腐地坪涂料，其涂膜外观见表 2-50。

表 2-50 不同润湿分散剂添加量对涂膜外观的影响

润湿分散剂		涂膜外观
种类	添加量(质量分数)/%	
904s(台湾德谦化学有限公司)	0.1	轻微浮色
	0.2	无浮色发花
	0.3	无浮色发花
BYK-163(德国毕克化学技术有限公司)	0.1	浮色发花较重
	0.2	轻微浮色发花,有贝纳德漩锅
	0.3	无浮色发花,有贝纳德漩锅
BYK-104	0.1	轻微浮色发花
	0.2	轻微浮色发花,有浮油助剂聚集
	0.3	无浮色发花,有浮油助剂聚集

从表 2-50 可以看出，三种润湿分散剂中，德谦 904s 性能最优，主要是由于此助剂含有少量的聚硅氧烷共聚物，故对防止浮色更有效，同时有机硅还有助于防止贝纳德漩锅和条纹，促使涂膜获得较优的表观效果。不过，这种结果是以长兴 2960 型乙烯基树脂和特定色浆得到的。因而，进行涂料配方设计时需要根据选用的原材料，尤其是树脂和色浆种类具体确定。

(4) 消泡剂的影响 乙烯基重防腐涂料反应收缩率大，黏度上升快，较一般防腐涂料更难消泡，因此选择合适的消泡剂种类和用量更为重要。例如，在同一涂料体系中，分别使用 BYK-052、BYK-053 和 BYK-066 三种消泡剂，相同用量下有的涂膜气泡较多，有的涂膜气泡较少，有的无气泡，有的有助剂聚集等结果。

3. 自流平乙烯基重防腐地坪涂料配方设计考虑要点

① 乙烯基树脂与色浆的相容性直接影响涂料的外观，选择合适的乙烯基树脂与色浆搭配，能有效减少漆膜浮色发花现象。

② 乙烯基色浆的用量会影响涂膜的硬度和耐腐蚀性，应选择合适的乙烯基色浆添加量，以确保涂料的综合性能。

③ 蜡液种类及用量对乙烯基重防腐地坪涂料的涂膜性能影响明显，合适的蜡液种类及添加量有利于保证涂膜的表观效果和耐腐蚀性。

④ 选择适合于乙烯基重防腐地坪涂料体系配套的润湿分散剂、消泡剂和流平剂的种类及其用量，能有效减少涂膜的浮色发花、针孔和平整性差等现象。

合理选择原材料种类、用量，进行正确设计，能够得到具有厚涂性能（在平面上一次镘涂施工的干膜厚度可达 1mm 以上）的自流平型乙烯基重防腐地坪涂料。

十、使用环保型活性稀释剂制备环氧自流平地坪涂料

无溶剂环氧地坪涂料主要采用活性稀释剂降低涂料黏度。活性稀释剂黏度低，含有环氧基，能与胺固化剂反应成为涂膜结构组成部分。在用量合适时，既可满足涂料施工要求，又可保证涂膜力学性能和耐化学性。

然而，多数活性稀释剂在涂料生产和施工过程中仍有挥发，影响作业人员健康。因此，应选择低毒、无毒、低挥发、低气味的环氧活性稀释剂生产无溶剂环氧地坪涂料[29]。

C_{12}～C_{14}烷醇由于具有较长的碳链，沸点较高，用其合成的C_{12}～C_{14}烷基缩水甘油醚沸点高，挥发性和毒性低，还具有较好的柔韧性，属于环保型环氧活性稀释剂。下面介绍使用C_{12}～C_{14}烷基缩水甘油醚活性稀释剂制备环保型无溶剂环氧自流平地坪涂料技术。

1. 无溶剂环氧自流平地坪涂料的基本配方

无溶剂环氧自流平地坪涂料的基本配方见表2-51。

表2-51 无溶剂环氧自流平地坪涂料的基本配方

原材料		用量(质量分数)/%
名称	生产厂商或采购来源	
涂料组分		
E51双酚A环氧树脂	①南亚环氧树脂(昆山)有限公司 或②江苏三木化工股份有限公司	42.0～50.0
双酚F环氧树脂		2.0～5.0
环氧活性稀释剂	① EPICLON 703(C_{12}～C_{14}烷基缩水甘油醚)：大日本油墨化学公司) ② AGE(烯丙基缩水甘油醚)：广州浩特化工有限公司 ③ BGE(正丁基缩水甘油醚)：安徽恒远化工有限公司	3.0～6.0
颜料	R902钛白粉：美国杜邦公司	25.0～35.0
填料	绢云母粉、滑石粉和石英粉等：地方采购涂料	4.0～9.0
分散剂	① EFKA 4050分散剂：荷兰EFKA助剂公司 ② HX-4030高分子量润湿分散剂：华夏化工集团	0.5～0.8
TEGO Airex 900消泡剂	德国迪高公司	0.5～0.8
BYK-354流平剂	德国毕克化学有限公司	0.2～0.5
BYK-410触变剂	德国毕克化学有限公司	0.1～03
助剂组分		
固化剂	① NX-2009固化剂：美国卡德莱公司 ② TMD固化剂(脂肪胺)：德国德固赛公司 ③ Ancamide 1618固化剂(改性脂环胺)：美国空气产品公司 ④ Versamid 115固化剂(聚酰胺)：德国科宁公司 ⑤ T31酚醛胺固化剂	90～95
K-54固化促进剂	美国气体公司	5～10

2. 无溶剂环氧自流平地坪涂料的制备

将环氧树脂和活性稀释剂搅拌5min后，加入助剂并搅拌10min，然后加入颜（填）料高速分散30min，最后加入色浆调色，在砂磨机或高速分散机上分散至细度≤50μm，制得A组分（涂料组分）；将胺固化剂和固化剂促进剂混合均匀后制得B组分（固化剂组分）。

3. 无溶剂环氧自流平地坪涂料组分用材料的确定

（1）不同活性稀释剂对涂料黏度的影响　在无溶剂环氧自流平地坪涂料体系中，由于活性稀释剂本身是短链分子，碳链比环氧树脂短，因而阻碍了链的形成，影响成膜物质的主要性能，故活性稀释剂用量一般以不超过配方中树脂用量的20%为宜。

不同活性稀释剂降低涂料黏度的效果不同，如表2-52所示。

表2-52 不同活性稀释剂的降黏效果

活性稀释剂	黏度(25℃)/mPa·s
BGE(正丁基缩水甘油醚)	6500

续表

活性稀释剂	黏度(25℃)/mPa·s
AGE(烯丙基缩水甘油醚)	8000
EPICLON703	7700

从表 2-52 可以看出，BGE 的降黏效果最好，AGE 和 EPICLON 703 相当，采用 EPICLON 703 制备的涂料其黏度也满足了无溶剂环氧自流平地坪涂料对黏度的要求。此外，三者涂料的流平效果相当，但因为 EPICLON 703 具有良好的环保性能，适合于制备环保型涂料，且其用量 6%为宜。

(2) 环氧树脂的选择　为满足无溶剂环氧自流平地坪涂料的无溶剂、低黏度、良好流动流平性和方便施工的要求，除采用活性稀释剂外，还需要采用液态环氧树脂（如 E51 型），并搭配使用更低黏度的其他类型的环氧树脂（如双酚 F 型）。双酚 F 环氧树脂的特点是黏度低，有利于降低体系的黏度，提高与固化剂的混溶性，增进涂膜的流平性。此外，双酚 F 环氧树脂对颜（填）料的润湿性较好，耐热性稍低，耐腐蚀性稍优，但其价格高，因此在配方中少量使用。

(3) 固化剂的选择　目前无溶剂自流平地坪涂料使用的固化剂主要有脂肪胺及其加成物、脂环胺及其加成物、聚酰胺及其加成物、酚醛胺等。通常选用的固化剂中应该含有抗白花、耐酸、低温固化（5～10℃）、耐黄变、抗水斑的成分，以避免无溶剂环氧自流平地坪涂料在低温、高湿的环境下施工可能出现的油斑和白花现象。不同固化剂对涂膜性能的影响如表 2-53 所示。

表 2-53　不同固化剂对涂料性能的影响

涂料性能	固化剂品种				
	NX-2009	TMD(degussa)	Ancamide1618	Versamid115	T31
耐水性	优	一般	一般	一般	一般
耐化学腐蚀性	优	优	优	优	优
低温固化	优	一般	一般	优	优
树脂相容性	优	一般	优	差	优
耐黄变性	优	优	一般	良	差
施工性能	优	差	优	优	优
涂膜表面效果	优	一般	优	一般	一般
涂膜韧性	良	差	一般	优	一般

由表 2-53 可知，NX-2009 的综合性能明显优于常规的环氧树脂固化剂，适用于无溶剂环氧自流平地坪固化系统。

(4) 助剂的选择　无溶剂环氧自流平地坪涂料对涂膜要求高，施工时既要使涂膜在有限的时间内充分流平，避免浮色发花等，又要求厚膜中的气泡迅速排出而不会在涂膜表面留下缺陷，同时还要求涂料的储存稳定性好，对助剂的选择非常关键。应根据具体实验结果综合考虑，如表 2-51 所示。

(5) 颜（填）料的选择　环保型环氧自流平地坪涂料选择绢云母粉、滑石粉和石英粉、R902 钛白粉为主要颜（填）料。

(6) 不同活性稀释剂对涂膜柔韧性、硬度和黏结强度的影响　分别以 BGE、AGE、EPICLON 703 为活性稀释剂制备三种涂料组分（A 组分），采用 NX-2009 作为固化剂（B 组分）其柔韧性、表面硬度以及与水泥基面的黏结强度如表 2-54 所示。

表 2-54 不同活性稀释剂对涂膜柔韧性、硬度和黏结强度的影响

活性稀释剂种类	涂膜性能		
	柔韧性/mm	硬度(邵氏 D)	黏结强度(拉拔法)/MPa
BGE(正丁基缩水甘油醚)	1	78～81	3.1
AGE(烯丙基缩水甘油醚)	1	80～84	3.3
EPICLON703	1	79～82	3.1

从表 2-54 可见，分别用 BGE、AGE、EPICLON703 制备的无溶剂环氧自流平地坪涂料，其柔韧性、涂膜硬度、黏结强度差别不大，说明 BGE、AGE、EPICLON703 三种不同活性稀释剂对无溶剂环氧自流平地坪涂料的基本力学性能影响不明显。

采用环保型活性稀释剂 EPICLON703 制备的无溶剂环氧自流平地坪涂料除了具有良好的环保性外，各项物理机械性能指标也满足 GB/T 22374—2008 的要求，且个别性能远超国家标准的要求。

第四节 环氧地坪涂料应用中的一些问题

一、超细绢云母粉对环氧防腐蚀涂料防腐蚀性能的影响

采用超细绢云母粉作为环氧双组分防腐蚀涂料的填料，能够提高涂料的耐化学腐蚀性能和附着力、耐冲击性、硬度、耐磨性等物理性能[30]。下面介绍超细绢云母粉对环氧树脂-胺固化体系涂料耐腐蚀性和其他性能的影响。

1. 实验过程简述

实验过程为在基料环氧树脂中加入一定比例的二甲苯与丁醇混合溶剂，充分搅拌溶解后，分别加入称量好的各种颜料和各种助剂，充分搅拌均匀，通过锥形磨研磨至要求细度。浆料制好后加入一定比例固化剂，充分搅拌均匀，倒入锥形磨中研磨，直至达到要求细度。浆料制好后加入一定比例的固化剂，充分搅拌均匀，然后将其涂覆在打磨好的试片上，在 25℃温度下干燥 7d 后进行物理及化学测试。

2. 实验结果

实验结果见表 2-55，结果表明，增加绢云母用量，降低二氧化钛用量，对涂膜的耐化学腐蚀性能没有不良影响，在物理性能上其硬度、附着力、柔韧性、耐冲击性有一定程度的提高（见配方 6 和配方 1）。

表 2-55 绢云母粉与二氧化钛的添加对比实验结果

项目		配方 1	配方 2	配方 3①	配方 4	配方 5	配方 6
绢云母添加量(质量分数)/%		5.0	12.0	12.0	16.0	19.0	22.0
二氧化钛添加量(质量分数)/%		20.0	13.0	11.0	9.0	4.0	3.0
涂膜性能	铅笔硬度	2H	2H	2H	3H	3H	3H
	附着力(划圈法)/级	2	2	2	1	2	1
	耐冲击性/cm	<50	50	<50	50	50	≥50
	柔韧性/mm	2	2	2	2	1	1
	耐盐水性/h	500	700	>1000	>1000	>1000	>1000
	耐中性盐雾(划叉)/h	450	450	500	500	450	450

①配方 3 中加入 2.0%(质量分数)的防锈剂。

3. 功能作用及机理分析

（1）提高涂膜的机械性能和耐盐水性　随着超细绢云母粉的用量比例逐渐提高，涂膜的机械性能均有所提高，尤其是耐盐水性提高2倍以上。

（2）不降低耐盐雾性能　在中性盐雾箱中，涂膜划叉检测结果与绢云母的不同添加比例关系不大，而在添加量适中时，其性能还更好，说明添加适量的绢云母粉能体现出它最优良的性能。另外在添加一定比例的防锈颜料三聚磷酸铝后，其耐盐雾性能提高，但是其机械性能降低。

（3）机理分析　绢云母粉既具有良好的机械性能，又具有高纵横比的晶体片状结构，在涂膜中可规律地平行排列，上下重叠，形成一种致密的保护层；且绢云母的超细粒径使之在涂料中发挥最大的效率，提高涂膜弹性、强度和抗渗透性；还由于超细粒径的绢云母更易与基料混匀使它们之间结合更加牢固，从而使涂膜具有良好的机械性能和耐水性。片状云母粉在涂膜交联固化过程中将会平行交叉地分布在涂层中。在有足够厚度的涂层里将会形成数十层的鳞片状排列，形成了涂层内介质复杂曲折的渗透路径（见图2-23），从而有效延长了介质渗透至基体的必要时间，增强了涂层的防腐蚀性能。

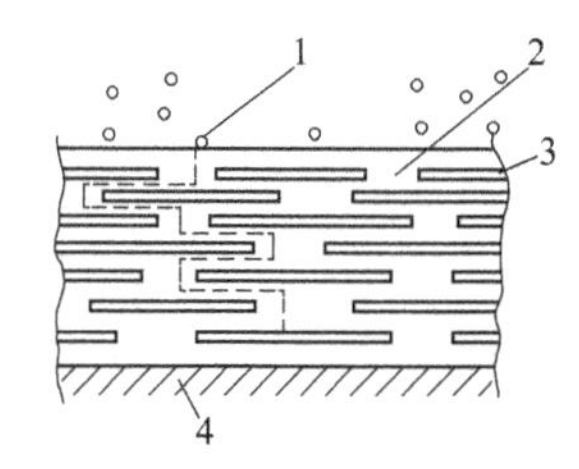

图2-23　腐蚀性介质在片状填料涂层中渗透示意图
1—腐蚀性渗透介质；
2—成膜物质基体；
3—片状填料；4—基层

与使用价格昂贵的二氧化钛颜料相比，超细绢云母粉在防腐蚀涂料中的应用使涂膜的硬度、附着力、柔韧性、耐冲击性均有一定程度的提高，耐盐雾性能不降低。

二、几种因素对环氧耐磨涂层耐磨性能的影响[31]

涂膜的耐磨性能对于耐磨地坪涂料来说极为重要，这里介绍以聚氨酯改性环氧树脂为基料和添加硬质陶瓷骨料的环氧耐磨涂料中，影响涂料耐磨性能的各种因素研究[31]。

1. 涂膜的制备及其耐磨性能测试方法

（1）涂膜的制备　改性环氧耐磨涂层的配方（质量分数）为：自制的聚氨酯改性环氧树脂45％～60％、低分子650# 聚酰胺13％～17％、粗颗粒SiC 5％～10％、细颗粒SiC 15％～25％，适量助剂。其制备工艺流程如图2-24所示。

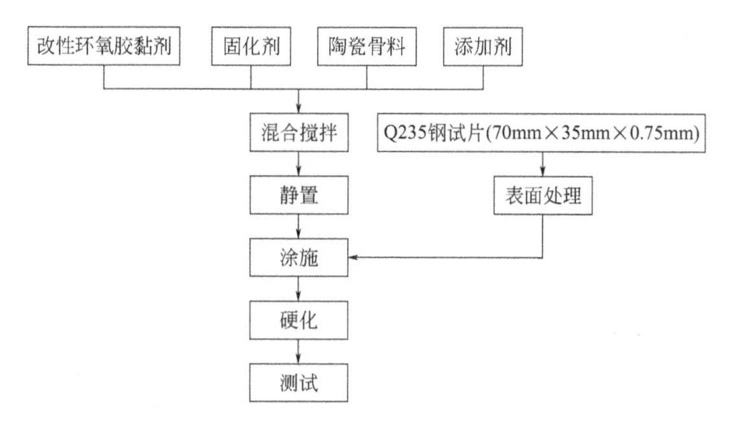

图2-24　改性环氧涂层的制备过程示意图

（2）涂膜耐磨性能测试方法　在QQM轻型球磨机的小号球磨罐中装有水和0.5～1.5mm各种粒径的河沙，河沙与水的质量比为1∶3。试件尺寸为70mm×35mm×0.75mm，片状。测每小时磨损后试样的质量，用公式E=(失去的质量/原有质量)×100％算出磨损率，取10h内每小时磨损率的平均值评定涂层的耐磨性。

2. 骨料含量对涂层耐磨性能的影响

改善环氧树脂的韧性和选用硬度高、耐磨性优良的 SiC 陶瓷颗粒作为涂层的骨料是提高涂层抗冲蚀磨损性能的有效方法。SiC 陶瓷骨料的含量对涂层耐磨性能的影响如图 2-25 所示。

从图 2-25 可知，当 SiC 陶瓷骨料含量＜25％时，涂层的耐磨性随骨料添加量的增加而提高；当骨料含量＞25％时，涂层耐磨性随骨料添加量的增加而降低。涂层中陶瓷骨料的添加量不同，形成的涂层内部结构也有差别，这使它们的磨损机理也有所不同。

涂层试片在球磨罐中转动时，主要受到低攻角冲蚀，基料发生不均匀扯离撕裂，以微米级片层形式脱落。对涂层的电子扫描显微镜（SEM）研究发现，涂层发生选择性磨损，即磨损易发生在裸露于表面的基料上，而填料的磨损较轻微。涂层中，按基料所处的位置不同可分为两类：一类是骨料表面包覆的过渡层基料；另一类是填充在骨料周围的基料。骨料表面这一层过渡层基料起着传递冲击能量的作用，对涂层的耐冲蚀性磨蚀有重要影响。当涂层中陶瓷骨料的添加量较少时，基料与骨料分布不均匀，冲蚀过程中涂层的耐冲蚀性能主要由基料决定，相对于陶瓷骨料来说，基料在冲蚀粒子的作用下本身容易流失，涂层中的基料大量流失，耐冲蚀性能较差。当骨料含量为 25％时，基料含量降至恰好充满骨料间的空隙时，涂层内部缺陷如缩孔大大减少，骨料能抵抗冲蚀粒子的冲击磨损，基料则及时耗散冲蚀粒子的冲击能，减缓裂纹的生成和扩展，从而获得良好的耐冲蚀性能。陶瓷骨料的含量进一步增加时，因其表面能很大，所以大部分基料都用于在骨料表面生成过渡层，粒子间的结合弱而松散，冲击粒子的冲击能难以被耗散，即易于在骨料和基料的界面积累，使得微裂纹很容易产生、扩展，涂层磨损时骨料大量剥落，所产生的空洞较多，耐冲蚀磨损性能下降。

可见，骨料的添加量有一临界值。当骨料的添加量达到此值时，骨料所形成的孔隙恰好由基料完全填充，涂层具有最佳的抗冲蚀磨损性能。此外，由于对环氧树脂进行了改性，提高了基料对陶瓷颗粒的黏结强度，使陶瓷颗粒更难于从胶黏剂中脱落，从而起到抗磨骨干作用。尽管因磨料冲击作用，使得陶瓷颗粒已经破碎，但是由于树脂对颗粒有足够的黏结强度，使颗粒很难从胶黏剂中脱落，进一步提高了涂层的耐冲蚀磨损性能，其性能可达到 Q_{235} 钢基体的 1.5～2 倍（相同实验条件下，Q_{235} 钢的磨损率为 0.078％）。

3. 粗骨料含量对涂层耐磨性能的影响

实验中选用陶瓷骨料的粒径为 14μm 和 3～5μm。为寻求骨料含量为 25％时，粗颗粒含量占骨料总量的最佳比，实验得到的粗颗粒含量与涂层磨损率的关系如图 2-26 所示。

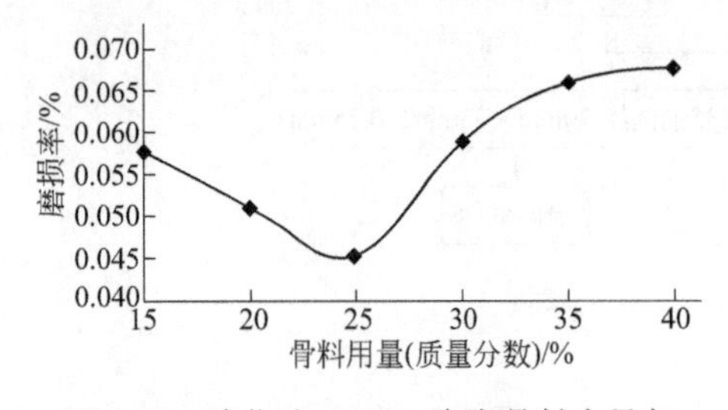

图 2-25 碳化硅（SiC）陶瓷骨料含量与涂层磨损率的关系

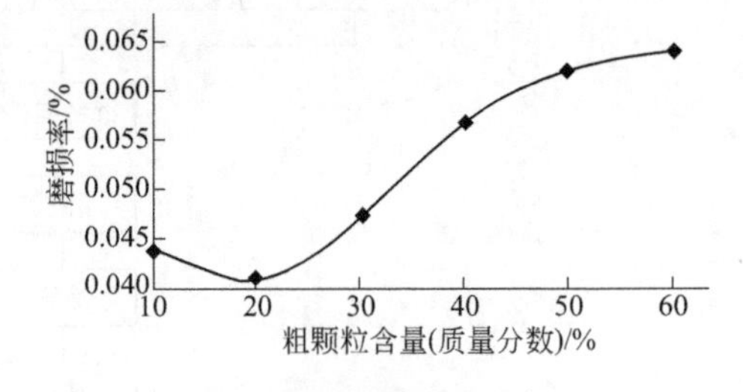

图 2-26 粗颗粒含量与涂层磨损率的关系

图 2-26 表明，在保持一定的基料与骨料比的条件下，当粗颗粒含量＜20％时，涂层的耐冲蚀磨损性能随粗颗粒的增加而提高；当粗颗粒含量＞20％时，涂层的耐冲蚀磨损性能随粗颗粒的增加而降低。冲蚀磨损涂层的失效，首先是较软的基料被硬的磨料挖掉，然后是凸出的硬质颗粒脱落。造成磨损的主要原因是涂层强度（或刚性）不足引起的变形磨损。骨料的表面形状及颗粒的堆积形式是影响涂层强度（或刚性）的重要因素。

研究中选择表面圆滑形的 SiC 陶瓷颗粒，因为圆滑形颗粒比无规则尖形或片状颗粒与基料的结合强度高，利于提高涂层的耐磨性能。同时骨料粒径增大，基料对骨料的粘接面增大，一方面粘接力增大，另一方面粘接面处基料所承受的作用力减小，基料变形、开裂以及粘接面脱开的可能性降低，而由于填料的凸起，在一定程度上阻止其背后的基料遭受磨料冲击，产生的“投影效应”逐渐增强。

骨料粒径越小，越易于与基料形成致密的涂层。骨料粒径小，表面积大，易与成膜物质成为准交联点，陶瓷骨料与基料结合更牢固，形成的涂层的附着力、耐冲击性能及耐磨性等指标均优良。单一粒径的骨料在形成涂层时，颗粒间空隙较多，这些空隙往往由基料和气孔所占据。当涂层中加入不同粒径的骨料时，小颗粒填充在大颗粒的空隙中，不仅能提高颗粒在基体中的有效分布体积，亦能保证基料均匀地包覆在陶瓷颗粒表面，这样既不影响基料对颗粒的黏结强度，又可提高体系内耐磨颗粒的含量，从而提高涂层的耐冲蚀磨损性能。

分析可见，当粗颗粒含量＜20％时，含量增加，可使基料对骨料的黏结力及嵌合作用增强，涂层的耐磨性提高；当粗颗粒含量＞20％时，含量增加，涂层颗粒间空隙增多，基料不能均匀包覆于骨料表面，从而使涂层耐磨性降低；当粗颗粒含量为20％时，粗细颗粒形成紧密堆积，涂层中的缺陷大大减少，颗粒级配达到最佳，涂层表现出优异的耐冲蚀磨损性能。

三、填料粒径对耐磨性能的影响

环氧耐磨涂料由环氧基料和耐磨填料组成，环氧树脂聚酰胺膜的硬度并不高，为20.39HV（与之相比，聚酯膜的硬度为36.722HV），因而耐磨填料的粒径、添加量对涂料的耐磨性能会产生重要影响[32]。下面介绍使用双组分聚酰胺固化环氧树脂和五种不同粒度的石英砂，研究研磨与搅拌条件下填料颗粒尺寸对涂层耐磨性的影响。

1. 实验安排

将五种不同粒度的石英砂等量加入树脂中，得到A、B、C、D、E五种涂料样品。将每一种样品分成两份，一份进行高速搅拌后，测定填料颗粒细度；另一份进行充分研磨处理后，测定填料颗粒细度。所有涂料均喷涂于10cm的玻璃板上，涂膜厚（100±20）μm，测定其耐磨性。

2. 填料粒径对耐磨性能的影响

五种涂料在高速搅拌和研磨处理两种工艺条件下的颗粒细度和磨损失重见表2-56。两种工艺条件下的填料尺寸与磨损失重的关系见图2-27和图2-28。

表2-56 涂料用不同工艺设备处理的颗粒细度和失重

涂料种类	高速搅拌		研磨处理	
	颗粒细度/μm	磨损失重/mg	颗粒细度/μm	磨损失重/mg
A	65	26.7	25	25.4
B	45	22.2	30	21.8
C	30	40.0	15	40.8
D	25	32.2	22	30.2
E	20	43.8	12	44.1

从表2-56及图2-27、图2-28可见，在涂料具有一定防沉效果的前提下，石英砂加入量相同时，采用高速搅拌的分散方式，石英砂颗粒的大小与涂层磨损失重之间缺乏明显的对应关系；而涂料在经过研磨处理后，随着颗粒尺寸的逐渐增大，涂层磨耗呈现出逐渐减小的趋势。为了消除涂层耐磨性上下不均匀的影响而进行的平行实验也有类似结果。说明不能仅从填料颗粒的初始尺寸推断涂层耐磨性的好坏，真正决定涂层耐磨性的是研磨处理后的填料颗粒尺寸。例如涂料A和B，其研磨前的颗粒尺寸相差很大，但它们在研磨后的颗粒尺寸相近，因此耐磨性相差不大。

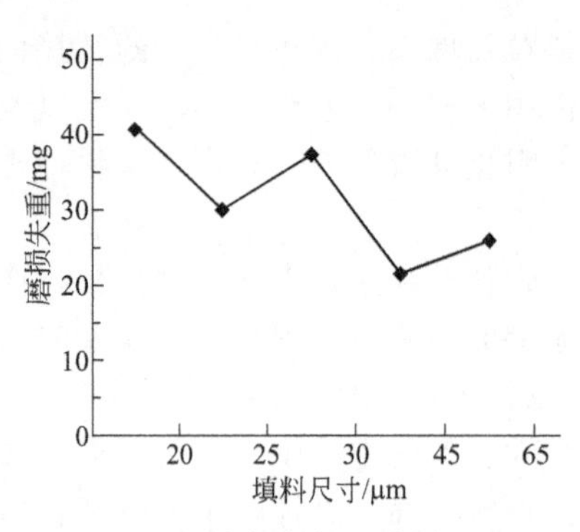

图 2-27 搅拌条件下填料尺寸与磨损失重的关系

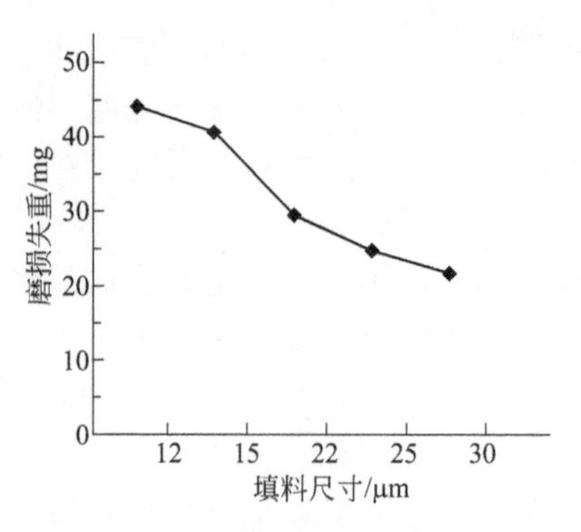

图 2-28 研磨条件下填料尺寸与磨损失重的关系

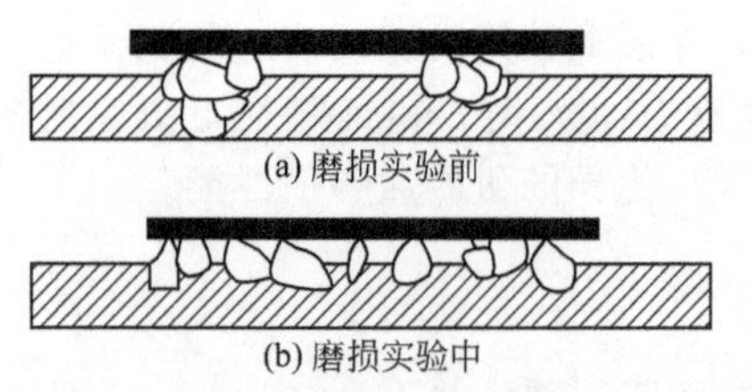

图 2-29 耐磨涂料在磨损实验中的变化示意图

—树脂基体；—填料颗粒；—磨损实验面

五种涂料在高速搅拌和研磨处理两种工艺条件下的磨损失重几乎相等，说明研磨处理并不能显著提高涂层的耐磨性。通过推测涂料在耐磨实验过程中发生的变化可以解释这一现象，见图 2-29。

原子晶体在自然状态下是由许多单晶组成的。单晶体之间由范德华力结合在一起，而在单晶体内部由共价键连接。在进行涂层的耐磨实验过程中，大颗粒的多晶体在外力的冲击、剪切等作用下，在晶界处发生破裂，从而分裂成多个单晶体，如图 2-29 所示。最终主要是由单晶体的耐磨性减少了整个涂层的磨耗。单晶颗粒越大，则涂层的耐磨性越好。这显然与初始多晶体的颗粒尺寸没有必然联系。由于实验中的研磨处理十分充分，可以认为填料颗粒在研磨后都变成了单晶体，涂料无论是采用高速搅拌还是研磨处理，在耐磨实验中真正起作用的都是单晶体颗粒，因此其耐磨性相近。

四、改性无溶剂环氧自流平重防腐地坪涂料的研制及性能

改性无溶剂环氧自流平重防腐地坪涂料[33]系采用一种防腐性能优异的丙烯酸改性环氧树脂作为甲组分，以腰果壳油改性的不挥发非活性的环氧树脂稀释剂为溶剂调节施工黏度，以在重防腐领域具有优异使用效果的天然腰果壳油合成的固化剂作为乙组分而制成的黏度适中、适合自流平施工的双组分环氧重防腐地坪涂料。该无溶剂环氧自流平重防腐地坪涂料及其涂装系统的防腐性能优良、持久；涂膜表面平滑、美观，达镜面效果；耐磨、耐压、耐冲击；生产施工过程简单、方便，基本无溶剂排放。

1. 涂料制备

(1) 基本配方 基本配方如表 2-57 所示。

表 2-57 无溶剂环氧自流平重防腐地坪涂料基本配方

原材料名称	用量(质量分数)/%	原材料名称	用量(质量分数)/%
改性环氧树脂(BYD-7201)	40.0～50.0	分散剂(EFKA-5065、EFKA-4050)	0.5～1.0
非活性环氧稀释剂(NX-2020)	5.0～10.0	消泡剂(EFKA-2720)	0.5～1.0
填料	30.0～35.0	流平剂(EFKA-3239、L-1982)	0.2～0.5
颜料	3.0～10.0		

(2) 生产工艺 环氧自流平色漆的生产工艺流程见图 2-30，固化剂的生产工艺流程见图 2-31。

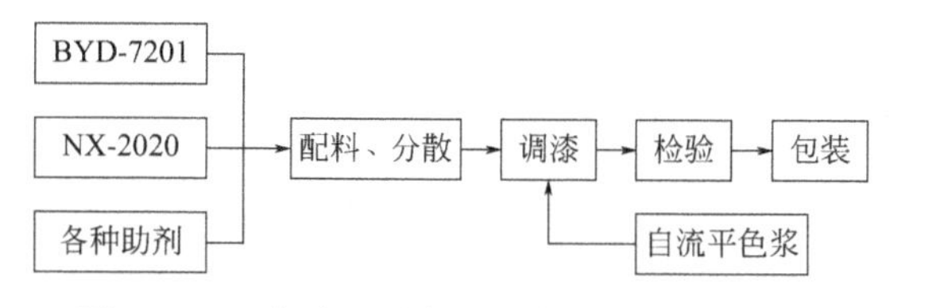

图 2-30 环氧自流平色漆生产工艺流程示意图

图 2-31 固化剂工艺流程示意图

（3）性能检测 产品性能检测结果见表 2-58。

表 2-58 无溶剂环氧自流平重防腐地坪涂料性能

项 目	指 标	检验结果
干燥时间/h		
表干	≤6	4
实干	≤24	24
抗压强度/MPa	≥85	95
拉伸强度/MPa	≥9	11
抗折强度/MPa	≥7	8.5
粘接强度/MPa	≥2	2.7
邵氏硬度(D 型)	≥70	78
耐磨性(750g,500r)	≤0.02	0.18
耐酸性(60% H_2SO_4)	56d 无变化	无变化
耐碱性(30%NaOH)	56d 无变化	无变化
耐汽油(120# 汽油)	56d 无变化	无变化
耐盐水(30%NaCl)	56d 无变化	无变化

2. 配方设计及分析

（1）树脂的选择 环氧树脂具有力学性能好、黏结性能高、固化收缩率低以及综合性能优异等特点，是目前应用最为广泛的地坪涂料用合成树脂。环氧树脂的类型及其分子量对涂料的性能影响很大，双酚型环氧树脂黏度低、各种性能较好，但价格偏高；环氧 E-44（双酚 A 型）为半固态，流平性差，不适合制备无溶剂型涂料。

通常生产无溶剂环氧自流平地坪涂料是采用 E-51 液态环氧树脂（双酚 A 型），但是单纯的双酚 A 型环氧树脂的重防腐性能较差，使该类涂料不能广泛应用于需要重防腐的工业地坪领域。因此，选用一种改性的液体环氧树脂 BYD-7201［环氧当量为 169～178，黏度 20000～40000mPa·s（25℃），泰国有机化学公司生产］。BYD-7201 是丙烯酸改性的双酚 A 型液态环氧树脂，其固化后具有较高的交联密度、优异的防腐性能，特别适用于需耐浓度较高的强酸、强碱性介质的场合。

（2）固化剂的选择 固化剂是影响自流平地坪涂料表面状况和防腐性能的主要因素之一，因此固化剂的选择至关重要。在第二章第一节中曾对多种固化剂进行介绍，这里鉴于涂料防腐蚀性能的保证而选用 NX-2007 型固化剂。

NX-2007 型固化剂是由腰果壳液合成的改性环氧树脂固化剂，其作为重防腐的应用已经有数十年的历史，由卡德莱公司的前身 3M 公司于 20 世纪 80 年代首先开发。目前世界各国特别是船舶和重防腐涂料正在大量采用这种固化体系。

NX-2007 型固化剂既有低分子量脂肪胺体系的硬度和优良的耐化学腐蚀性能，又有低分子量聚酰胺体系的长适用期、良好的韧性以及低毒性能，此外还有一般酚醛胺体系的快速固化和优良的附着力，并获得美国 FDA 和 NSFD 认可，可作为与食品或饮用水直接接触的防腐蚀涂料固化剂。NX-2007 与各种常规固化剂相比具有明显的防腐、防护和快干性能，综合性能优异，见表2-59。用NX-2007代替传统的改性脂肪胺类固化剂（ANCAMINE 1618）配漆后的防腐性能比较见表2-60。表2-60中的结果是按理论配比与E-51环氧树脂混合，涂于马口铁片，室温固化7d；干膜厚度100～150μm；室温下浸泡于上述试剂中28d后，测增量百分率。由表2-60可见，NX-2007的耐化学腐蚀性能明显优于传统的改性脂肪胺类固化剂，适合于无溶剂环氧自流平重防腐地坪固化系统。

表2-59 NX-2007与各种常规固化剂性能比较

性能	NX-2007	脂肪胺	聚酰胺	酚醛胺	聚氨酯
耐水性	优	一般	良	一般	一般
耐酸碱性	优	优	良	优	差
低温固化性	优	一般	差	优	差
树脂相容性	优	一般	差	优	一般
毒性	低	高	低	高	高
漆膜韧性	良	差	优	差	优

表2-60 固化剂NX-2007与固化剂ANCAMINE 1618防腐性能比较

化学试剂	NX-2007	ANCAMINE 1618
10%氨水	0.35	0.65
10%氢氧化钠溶液	0.20	0.43
纯净水	0.25	0.35
30%盐水	0.24	0.71
10%醋酸溶液	1.43	4.45
10%盐酸溶液	0.25	1.12
10%硫酸溶液	0.36	0.56
70%硫酸溶液	0.66	0.74
甲醇	4.19	溶胀
乙醇	1.79	4.56

(3) 稀释剂的选择　无溶剂环氧地坪涂料由于黏度大，不适合自流平施工，所以在制备自流平涂料时需要添加一定量的稀释剂来调节环氧树脂涂料的黏度，现在大多使用AGE、BGE型环氧活性稀释剂。这种类型的稀释剂具有较大的气味和毒性，并且对环氧树脂的性能有一定的影响，不适合大量加入。而以腰果壳油改性的不挥发非活性环氧稀释剂NX-2020，其加入比例可高达30%，具有很好的调节黏度的作用而又能保证涂膜的理化性能，同时还能调节施工操作时间和涂膜的韧性。它独特的结构使它能与各种环氧体系有极佳的相容性，对施工表面有很强烈的浸润性能，对涂层的防腐、防护具有很好的促进作用。

(4) 颜（填）料的选择　颜料在涂料中除着色和遮盖作用外，有时也起防腐蚀的作用。因此，底漆中可以选择一些具有一定的防腐蚀能力的颜料，如氧化铁红、磷酸锌、四盐基锌黄等；面漆则选择二氧化钛、炭黑、汉沙黄、酞菁系列颜料等，这些颜料都具有优异的耐化学介质性能。

填料（体质颜料）除降低成本外，主要用于改善涂层的物理机械性能。考虑体质颜料的防腐蚀性能，可选用滑石粉、沉淀硫酸钡、重晶石粉、石英粉、云母粉作为该涂料的填料。由填料的晶形结构可看出，云母粉、滑石粉和石英粉具有一定的鳞片结构，可提高涂层的抗渗能力，所以主要选用该类填料。但是云母粉的吸油量较高，不适合高比例添加，需要与其他低吸油量的填料搭配使用，才能保证涂料的自流平性能。

（5）助剂体系　无溶剂环氧自流平地坪涂料对涂膜的要求极高，施工时既要使涂膜在有限的时间内充分流平，避免浮色发花等，又要求厚膜中的气泡迅速排出而漆膜表面不留下任何缺陷。因此，分散剂、流平剂、消泡剂等助剂的选择及用量是极为关键的。一方面通过加入各类助剂，消除涂料施工中的各种弊病；另一方面，助剂的加入只可提高或至少不降低涂层的防腐蚀能力，保证对涂层性能的理化体系不产生影响。经过实验，分散剂选用荷兰埃夫卡公司的4050和5065；流平剂选用荷兰埃夫卡公司的3239和日本楠木化成的L-1982；消泡剂选用荷兰埃夫卡公司的2720，这一助剂组合具有很好的施工效果和防腐性能。

3. 防腐性能分析

（1）涂层的防腐性　涂层的防腐性能如表2-61所示。由表中数据可看出，该地坪涂料对各种酸碱物质及常用的溶剂（除了氢氟酸和50%的硝酸外）都具有良好的防护性，能满足各种具有防腐性能要求的工业厂房的地坪需要。

表2-61　无溶剂环氧自流平重防腐地坪涂料的防腐性能实验结果①

化学试剂	涂膜质量/g	浸透后余质量/g				增减质量分数/%			
		3d	8d	30d	90d	3d	8d	30d	90d
60%硫酸	10.032	10.033	10.008	10.030	10.045	0.010	−0.239	−0.020	0.130
30%盐酸	10.133	10.179	10.237	10.245	10.257	0.454	1.026	1.105	1.224
氢氟酸	10.164	10.563	10.400	10.487	10.530	3.926	2.322	3.178	3.601
50%硝酸	10.832	12.455				14.983			
10%硝酸	9.871	9.889	9.917	9.985	10.211	0.182	0.466	1.155	2.533
30%醋酸	13.903	14.009				0.762			
10%醋酸	9.844	9.877	9.923	10.020	10.085	0.335	0.803	1.788	2.448
10%柠檬酸	13.766	13.772	13.780	13.770	13.795	0.044	0.102	0.029	0.211
50%氢氧化钠	11.038	11.088	11.037	11.030	11.035	0.453	−0.063	−0.072	−0.027
二甲苯	14.168	14.170	14.173	14.170	14.173	0.014	0.035	0.014	0.035
甲苯	11.064	11.065	11.070	11.068	11.066	0.009	0.054	0.036	0.018
丁醇	10.258	10.256	10.253	10.257	10.334	−0.019	−0.049	−0.010	0.741
甲醇	9.063	9.150	9.265	9.293	9.317	0.960	2.229	2.538	2.803
乙醇	10.127	10.131	10.145	10.141	10.146	0.039	0.178	0.138	0.188
四氯化碳	9.510	9.509	9.510	9.517	9.510	−0.011	0.000	0.074	0.000

①按理论配比混合均匀后，涂刷于马口铁片，室温固化7d；干膜厚度100～150μm；室温下浸泡于上述试剂规定天数后，取出晾干，测质量和计算增减质量分数。

（2）涂层的致密性　涂层的致密性是影响涂层防腐性的重要因素。涂料固化后，涂层的致密性越高耐化学介质的渗透性越好，通过对无溶剂环氧自流平地坪涂料涂层表面的扫描电镜观察发现，该无溶剂环氧自流平地坪涂料涂膜是非常致密的。因为该涂料不含溶剂，消除了涂料成膜过程中由于溶剂挥发而形成的空隙；由于选用的树脂和固化剂交联固化后具有较高的交联密度，减少了涂膜本身与分子结构有关的结构空隙，这些因素的共同作用使涂层具有较高的致密度，从而增强了涂层耐化学介质渗透的能力。

（3）片状填料与涂层防腐的关系　片状体质颜料（如云母粉、滑石粉等）在涂膜交联固化过程中将会平行交叉地分布在涂层中。在有足够厚度的涂层里将会形成数十层的鳞片状排列，形成了涂层内介质复杂曲折的渗透路径，从而有效延长了介质渗透至基体的必要时间，增强了涂层的防腐性能。

五、停车库无溶剂自流平环氧地坪涂层剥离破坏原因及对策

1. 停车库无溶剂自流平环氧地坪涂层结构

停车库环氧地坪涂层自上而下包括面涂层、中涂层（包括环氧砂浆层和腻子层）、底涂层、细石混凝土（厚度5cm以上且双向配筋）基层和下卧结构层。

车辆自重及震动荷载（竖向）、车轮摩擦力（水平向）均自面层往下逐层传递给下卧结构层。

2. 环氧地坪涂层破坏形式

环氧地坪一般有8～15年的使用寿命，但是很多停车库往往2～3年，甚至更短时间就出现环氧涂层脱离基层的破坏情况。环氧涂层出现与基层有关的剥离问题主要有以下两种情况。

（1）涂层剥离破坏　涂层大面积剥离破坏主要有几种情况：一是环氧树脂层与混凝土基层结合界面破坏，表现为环氧涂层脱落，混凝土基层正常无损，这种大面积出现剥离破坏的直接原因是界面黏结力不足；二是环氧涂层与混凝土基层表面砂浆结合紧密，破坏面出现在混凝土基层内部，破坏面位于混凝土基层的砂浆平面，这种破坏形式一般大面积出现，直接原因是混凝土的拉伸强度不足；三是环氧涂层的不同涂膜层也有出现剥离的情况，主要原因是不同涂膜间的界面黏结力不足，这种情况一般为局部破坏，不会大面积出现。

（2）环氧涂层出现凸起及裂缝　涂层局部凸起，主要表现为出现直径2～5mm和30～50mm不同程度的凸起，主要原因是施工时基层含水率高，涂料施工并固化后气体集聚在涂层下面，当温度升高时涂层下面的水分汽化，物相变化产生的体积膨胀力使环氧涂层凸起，或者是由于漆膜固化时杂质未清理干净。涂层出现裂缝，表现为涂膜收缩开裂和涂层因基层裂缝而拉裂。

3. 环氧地坪涂层剥离破坏原因[34]

车辆荷载不会单独引起停车库环氧涂层剥离破坏；环境温度变化引起环氧涂层和混凝土基层的不一致变形是造成环氧涂层剥离破坏的主要原因。当结合界面黏结力小于混凝土的拉伸强度时，破坏面会出现在结合界面；当结合界面黏结力大于混凝土的拉伸强度时，破坏发生在混凝土基层浅表面。在实际应用中可以对车辆荷载与温度变化产生的内力进行叠加考虑。

环氧涂层的固化收缩为0.2%～2%，其收缩应力也可能会引起涂层剥离破坏。

当混凝土基层通过伸缩缝划分为小块时，需考虑环氧涂层和混凝土基层结合界面上剪应力的不利影响。

4. 避免停车库环氧涂层破坏的对策

为了避免停车库环氧涂层破坏，在设计和施工阶段可以有针对性地采取预防措施。

① 细石混凝土基层的设计强度选用C30以上，并且双向配筋。基层施工时，要一次收浆压平，且保证2mm/m的平整度和防止起砂、空鼓。

② 试制环氧地坪涂料配方时，一是要重点关注中涂层环氧砂浆的配比，选用线膨胀系数小、弹性模量低、固化收缩小的配方；二是要确保结合界面的黏结拉力大于混凝土的拉伸强度标准值，一般不应低于2.0MPa。

③ 环氧涂层应在室温10～25℃施工、养护。

④ 施工时基层的含水率不大于8%，基层下方要有防水防潮层。

六、环氧地坪涂料施工中的问题及解决措施

1. 漆膜中出现气泡的解决及防免

（1）涂膜出现气泡的原因　漆膜中出现气泡的主要原因是涂料在施工过程中，由于搅拌、涂施等机械操作，以及环氧树脂同固化剂反应放出热量产生的作用，使施涂的涂膜后中产生很

多气泡。

（2）解决的方法 ①涂料生产时，适当加入消泡剂，以降低涂料的表面张力，消除气泡的产生；②在施工工程中，将搅拌后的涂料静置一段时间后再进行施涂操作；③适当控制涂料的黏度和固化速率，即涂料的黏度不要太高，固化速度适中，不要太快；④在涂料尚处于流动状态时用针刺滚筒滚涂有气泡的涂膜。

2. 涂膜表面刷痕的消除

（1）刷痕产生的原因 涂膜产生刷痕可能是因为涂料的原因，也可能是因为施工方面的原因。属于涂料的原因有涂料的流平性差、涂料黏度过高或组成中使用触变性大的填料或助剂等。属于施工方面的原因有施涂方法错误、涂料搅拌后静置时间过长、辊筒表面处理有误和涂层过薄等。

（2）解决的方法 ①属于涂料的原因，应从改善涂料的性能方面解决。如提高涂料的流平性，降低涂料的黏度，尽可能减少有触变性的填料和助剂等；②注意施工方法，涂料调配后静置的时间不要过长，辊筒的两端应制成圆角，涂层一遍施涂的厚度尽可能不要小于0.15mm等。

3. 固化剂产生的浮色问题的解决及防免

（1）固化剂产生浮色的原因 涂料在固化成膜以后，由于颜料的使用原因，会出现分离现象，其主要原因同颜料的性能（如粒径、晶型、分子极性、表面电荷等）有关。涂料施涂后颜色的分离一般分为垂直分离和水平分离两种。垂直分离称为发花，水平分离一般称为浮色。

在涂料组分不改变，更换固化剂后产生浮色，这种情况主要是颜料的分子极性问题，因为无机颜料分为极性和非极性的。同时，固化剂中的稀释剂，也分极性溶剂和非极性溶剂。如果新更换的固化剂中的稀释剂的极性和颜料的极性相同，则二者因相容性差，在涂膜干燥过程中某些颜料组分过早地从涂料中不均匀分离而导致浮色。

（2）消除固化剂产生浮色的方法 当涂料组分中颜料的分子极性和某种固化剂中稀释剂的分子极性相反时，不会产生浮色现象。更换固化剂后产生浮色时可通过调整分散剂降低极性，或在涂料组分中加入适量的硅烷偶联剂来降低涂料的极性，消除浮色。

4. 如何解决环氧砂浆难于调配颜色的问题

环氧地坪砂浆在实际使用中可能会遇到颜色难于调配的问题。常见的问题一般是砂浆不上色，配方中的颜料用量很大（可能超出平常用量的一倍或几倍）时仍不能够使涂膜呈现所需要的颜色甚至根本不能够显现彩色。造成这一问题的原因是砂浆中产生颜料迁移现象。

迁移性是指彩色涂膜中的颜料，从其所在的涂膜中转移到涂膜表面或与之接触的另一物质表面上的现象[35]。颜料的迁移往往造成涂膜渗色或浮色。颜料迁移性的大小主要与涂膜性质、颜料种类和用量、颜料在涂膜中所处的物理化学状态及涂膜所处的环境等因素有关。一般来讲，颜料迁移性越大，涂膜耐迁移性越差。耐迁移性是彩色涂膜的一项重要性能指标，如果涂膜耐迁移性差，则其在使用过程中会发生变色，从而影响涂装效果，严重时还会损害涂膜的物理化学性能。

因为环氧砂浆中石英砂等颗粒粗大，溶剂的存在又能够使涂料中颜料的流动性、迁移性很大，导致颜料在未固化的涂膜中易于迁移。颜料向基层迁移，使涂膜表面没有颜料分布，因而涂膜难于上色。解决这一问题的方法首先是通过增加涂料中粉料的用量以消除颜料迁移的问题。但过多地增加粉料，可能会对涂料的流动性和涂膜的物理机械性能产生不利影响。若在合理的范围内增加粉料的用量仍不能够解决，则可以通过增加钛白粉的方法解决，在涂料中适量地添加钛白粉就能够很好地消除颜料迁移现象，达到所需要的配色要求。作者在实际中曾遇到这类问题，使用这种方法能够很好地解决。

5. 涂料与基层的黏结强度低

涂料与基层的黏结强度低是很严重的施工缺陷，在上面的施工技术介绍中曾强调对基层的处理。实际上，基层潮湿以及过于光滑等都会导致涂料的黏结强度低。混凝土含水率不同时与环氧砂浆的黏结强度如表 2-62 所示。对于潮湿基层，应进行干燥处理；对于表面过于光滑的基层，应采取措施对表面进行粗糙化处理，能够显著提高黏结强度。对基层进行不同粗糙化处理情况下所得到的与基层的黏结强度如表 2-62 所示。

表 2-62 对基层进行不同处理时环氧砂浆与基层的剪切黏结强度

处理方式	处理情况	剪切黏结强度[①]/MPa
表面粗糙化处理	光滑表面	7.2
	粗砂纸打毛	15.4
	粗砂纸打毛后再用细砂纸磨光	8.4
	5%盐酸浸泡 15min 后再水洗干燥	12.0
表面干燥处理	含水率 7%	2.91
	含水率 5%	4.37
	含水率 0	11.04

①用环氧树脂：填料＝1：2.5 的环氧砂浆黏结不同表面处理的混凝土，测定 28d 的剪切黏结强度。

6. 环氧涂料丰满度不良的原因和解决方法

(1) 丰满度不良的现象　涂料涂膜虽然涂得很厚，但从外表看仍然很单薄而且显得干瘪的现象。

(2) 出现问题的原因　①使用高聚合度成膜物质生产的涂料，其本身丰满度就差；②颜料含量少或涂料过稀；③涂装基层的平滑度较差；④底材吸油量大。

(3) 解决问题的措施　①在涂料配方时要注意成膜物质的选择；②涂料配方设计时应注意保证适当的颜（填）料用量，涂料施工时选用固体含量较高的产品；③涂料施工前按要求处理基层，并充分打磨以改善其粗糙度；④使用封闭底漆以消除底材对面层涂料的吸收。

7. 环氧树脂自流平地面表面出现凹凸不平

(1) 造成环氧地坪表面不平整的原因　①施工中杂物混入；②地面不平整，施工地坪规格太薄；③涂料施工时，固化反应较快，导致涂料黏度上升过快，影响流平；④施工中材料未能及时供应，造成衔接处接痕明显。

(2) 不平整预防方法　①环境力求清洁，石英砂应选择颗粒均匀者；②地面处理平整，清洁干净，凹处补修，附着物须铲除清理干净；③材料混合后，须在可使用时间内施工完，避免超过使用时间；④施工前做好材料供应计划等准备工作。

除了上面介绍的几种涂膜病态外，表 2-63 中简述了一些常见涂料施工中容易出现的问题及其处理方法。

表 2-63 涂料施工中容易出现的问题及其处理方法

缺陷名称	缺陷描述	产生的原因	处理方法
凸起	涂膜产生直径 2～5mm 到 30～50mm 不同程度的凸起	涂料施工时基层含水率高或由于有杂质未清除	对有问题的部分进行小修补
剥离	涂膜与基层之间脱开	涂膜与基层的附着力差，涂膜的抗张强度超过涂膜与基层间的黏结强度	表面打磨后补涂
裂缝	涂膜收缩而断开的状态，基层开裂而影响涂膜一起断开的现象	涂膜本身因涂料性能的原因或基层产生裂缝而使涂膜产生裂缝	使用性能合格的涂料重新施工

续表

缺陷名称	缺陷描述	产生的原因	处理方法
固化过慢	环氧涂料在低温下固化反应变慢	在低温施工时未适当增加固化剂的用量，或者未按要求增添固化促进剂	低温施工时应适当增加固化剂的比例，或使用固化促进剂
可使用时间变短	涂料和固化剂调配好后，在正常施工时间内涂料的黏度会显著提高甚至固化，影响涂料的流平性等性能，甚至使涂料报废	涂料的固化与树脂和固化剂的种类、配比和环境温度有关。调配好的涂料如果一直放置在容器里，会蓄积反应热，导致涂料的温度升高，固化变快，可使用时间缩短；一般施工环境温度越高，通风越差，可使用时间越短	涂料调配后不要一直存在容器里，应及时施工，涂料接触混凝土被冷却，同时应根据环境温度的变化确定固化剂用量
固化不均匀	涂膜的固化不均匀，表现在一次施工出的涂膜硬度不同，有的硬度高，有的硬度低	涂料与固化剂混合时搅拌不充分，双组分混合得不均匀	应使用电动搅拌器充分搅拌，保证双组分涂料混合均匀
固化不良	整个硬化状态差，重物或人员走动后涂膜表面出现压痕	施工环境温度太低，反应不完全，或没有按照温度的变化调整固化剂的加入比例	按照温度的变化调整固化剂的加入比例
表面发黏	初凝时，表面发黏	涂料调配时搅拌不充分，未反应的成分在表面下游离	应使用电动搅拌器充分搅拌，保证双组分涂料混合均匀
表面发白	涂膜的光泽度低，清晰度差，表面仿佛有一层云雾	施工环境的湿度高，水蒸气在涂膜上结霜，造成固化剂里的胺析出，产生白雾集结在表面，或者在早春季节地面的温度比室内气温低，特别在光滑表面易结露	待施工环境符合要求后方可施工涂料，同时施工前应保持施工现场通风，减小室温与地面的温差
不固化	涂料和固化剂调配并施工后，涂料长时间不固化	固化剂加入量不准或加错	加强管理，按要求调配涂料
针孔	施工面上出现许多像针刺过而留下的痕迹状态	固化剂与涂料混合时，因搅拌而在涂料里产生大量气泡，在固化过程中气泡不断逸出，在涂膜中留下痕迹而成为针孔	在涂料中加入消泡剂，或者在涂料尚处于流动状态时用针刺辊筒辊涂有气泡的涂膜
环形山孔	涂膜就像不沾油那样发生环形状的孔	基层的密实性不均匀，或者涂料中加入过量的性能差的消泡剂	使用封闭底涂封闭涂膜再施工涂料，或更换性能合格的涂料
凹陷	涂膜出现圆形凹窝	涂料表面张力不均一，局部呈现规则性的不均匀。夏季施工人员流下的汗珠滴在未固化涂膜上往往也会造成凹陷	更换性能合格的涂料；施工时防止汗水接触未固化的涂料

七、环氧地坪在使用过程中容易出现的问题和保养维护

1. 容易出现的问题

（1）变色或粉化　受阳光照射特别严重的地方易泛黄或粉化。

（2）磨损　人员、车辆等通行频繁的情况下易发生严重磨损。

（3）刮痕　意外锐物划过的伤口（可修复，但有痕迹），划痕太深应及时修补，否则影响其周围涂膜的附着力。

（4）软化　经常有开水流淌的基面，或有化学溶剂浸渍表面的情况下发生。

2. 环氧地坪的保养与维护

① 日常清扫可用柔软扫帚或抹布清洁。

② 严重污垢时，使用中性清洁剂，用抹布擦拭，然后用水清洗、充分干燥，打一层薄蜡。

③ 地面溅溢有酸、碱等化学药品时，应及时用水清洗，如果是调味料、油等则用抹布擦拭即可。

④ 光滑的涂层可用亮光蜡定期保养，保持美观。

第五节　水性环氧地坪涂料

一、水性环氧树脂

1. 水性环氧树脂的性能特点

对于大多数聚合物体系来说，水性树脂的物理机械性能比相应溶剂型的要差，水性环氧树脂也不例外。但另一方面，部分物理机械性能的损失却能够带来其他所需要的重要性能，并使应用领域得到扩展。与溶剂型或无溶剂型环氧树脂相比，水性环氧树脂的优点在于：①低VOC含量和低毒性，适应环保要求；②在无溶剂或者仅有少量助溶剂存在的情况下，具有很大的黏度可调范围；③对水泥基材有很好的渗透性和黏结力，能够与水泥或水泥砂浆配合使用；④可以在潮湿条件下固化，并可以很方便地与其他水性聚合物体系混合使用。

2. 水性环氧树脂的种类

水性环氧树脂主要是环氧乳液。在建筑工程上以各种用途和目的使用的环氧乳液，通常是指含有活性环氧基团的、基于双酚A型环氧树脂的水分散体。根据分子量的大小，环氧乳液分为Ⅰ型和Ⅱ型两种[36]。

Ⅰ型环氧乳液由低分子量液体环氧树脂（环氧当量190左右）和水性固化剂组成。低分子量环氧树脂，通常为双酚A型液体树脂，如国产的环氧E-51（环氧618）、美国Shell公司的EPON 828等。环氧树脂可预先用表面活性剂乳化，或者在使用前由固化剂混合乳化。因而，固化剂必须既是交联剂又是乳化剂。该类固化剂以多胺为基础，在其分子中引入表面活性的链段，使其成为两性分子，从而具有很强的乳化作用。Ⅰ型体系中不必加入助成膜溶剂，因而VOC为0。

Ⅱ型水性环氧体系，由高分子量固体环氧树脂（环氧当量500左右）及水性环氧固化剂组成。水性环氧固化剂与环氧树脂乳液必须有较好的相容性，但不要求具有乳化作用。高分子量环氧树脂在室温下为固体，软化点为60～80℃，一般由生产厂预先配制成乳液。通常其中可能含有少量活性稀释剂。国外已有Ⅱ型水性环氧的商品生产，如Shell公司的EPI-REZ 3522和EPI-CURE 8290 W50、CIBA公司的PZ 3961和HZ 340等。Ⅱ型环氧乳液大都含有少量助溶剂作为成膜助剂。

此外，根据制备方法的不同，环氧乳液可以分为外乳化型和内（自）乳化型两类。外乳化型环氧乳液是借助于外加乳化剂的作用将环氧树脂乳化分散于水中，相当于Ⅱ型环氧乳液。通常的制备方法是，在高剪切力作用下先将乳化剂和环氧树脂均匀混合，随后在一定的剪切条件下缓慢地向体系中加入水。随着加水量的增加，整个体系逐步由油包水型乳液转变为水包油型乳液，形成均匀稳定的水可稀释体系。乳化过程通常在常温下进行。因而对于固体环氧树脂往往还需要借助于少量溶剂（共溶剂）使之变成液体再进行乳化。

与丙烯酸树脂体系相比，环氧树脂较难通过乳化聚合形成稳定乳液，可以成功地乳化环氧树脂的乳化剂种类不多，目前使用的多是阴离子型乳化剂。但是，一般低分子的阴离子型乳化剂并不能用于环氧树脂的乳化。较适合的乳化剂是含有一定长度的氧化乙烯链节的阴离子型乳化剂，即该类乳化剂同时具有阴离子和非离子两种性质。此外，一些高分子聚合物，例如含丙烯酸盐的聚丙烯酸酯、聚氨酯等对环氧树脂也有较好的乳化效果。

通过化学改性，可以将一些亲水性的基团引入到环氧树脂分子链上，使环氧树脂具有自乳化的性质。这是自乳化型环氧乳液制备的基本原理。根据所引入的亲水性基团的性质，自乳化环氧树脂分为阴离子型、阳离子型和非离子型等几类[37]。

（1）阴离子型环氧乳液　通过适当的方法在环氧聚合物的分子链上引入羧酸、磺酸等功能性基团，中和成盐后环氧树脂就具备了水分散的性质。常用的方法有功能性单体扩链法和自由基接枝改性法。前者是利用环氧基团与一些低分子的扩链剂，如氨基酸、氨基苯甲酸、氨基苯磺酸（盐）等化合物上的氨基反应，在链上引入羧酸、磺酸基团，中和成盐后可分散于水中。自由基接枝改性方法是利用双酚 A 型环氧分子上的亚甲基在过氧化物作用下易于形成自由基并与乙烯基单体共聚的性质，将（甲基）丙烯酸、马来酸（酐）等单体接枝到环氧树脂上，从而得到自乳化环氧树脂。这也是采用苯乙烯、丙烯酸类单体对环氧树脂接枝改性的重要根据。

（2）阳离子型环氧乳液　含氨基的化合物与环氧反应生成含叔胺或季铵碱的环氧，用酸中和后得到阳离子型的水性环氧树脂。这类树脂在实际中很少使用，由于环氧固化剂通常是含氨基的碱性化合物，两者混合后，体系容易失去稳定性而影响使用性能。

（3）非离子型环氧乳液　通过含亲水性的氧化乙烯链段的聚乙二醇或其嵌段共聚物上的羟基或聚氧化乙烯链上的氨基与环氧基团反应，可以将聚氧化乙烯链段引入到环氧分子链上，得到含非离子亲水成分的水性环氧树脂。该反应常需要在催化剂的存在下进行，常用的催化剂有三氟化硼络合物、三苯基膦和强无机酸等。

3. 水性环氧体系的固化和成膜机理

水性环氧涂料体系的固化和成膜机理与一般聚合物乳液涂料的成膜有很大的区别，同时与溶剂型环氧涂料的成膜也有很大的区别。聚合物乳液涂料的成膜为物理或物理化学过程，聚合物乳液中的聚合物颗粒具有较低的玻璃化温度，在水蒸发后形成紧密堆积结构，在毛细管压力作用下聚结成膜。环氧树脂涂料为反应型的双组分涂料，其成膜过程既有物理过程，又有化学过程。在溶剂型环氧体系中，环氧树脂与固化剂都以分子形式处于溶液中，体系是均相的，因而固化十分完全，所形成的涂膜是均相的。

水性环氧涂料为多相体系，环氧树脂为分散相，胺固化剂为连续相，首先在界面上发生固化反应，同时固化剂逐渐扩散到环氧树脂中，进一步使环氧树脂固化，所以水性环氧体系的固化是由扩散过程控制的。是否固化完全取决于分散相的粒径和分散相环氧颗粒的黏度和玻璃化温度等因素[38]。

（1）分散相的粒径　粒径越小，固化越易趋于完全。

（2）分散相环氧颗粒的黏度和玻璃化温度　Ⅰ型水性环氧体系中分散相环氧树脂处于液态，但随着固化反应的进行，环氧颗粒表面层的黏度不断增大，甚至成为固体，其玻璃化温度也会逐渐上升，使固化剂的扩散越来越困难。Ⅱ型水性环氧体系中，环氧颗粒为含溶剂的高黏度溶液，随着固化反应的进行也会形成扩散的壁垒。

（3）胺固化剂与环氧树脂的相容性　两者的相容性越好，固化剂越容易向环氧树脂内扩散，有利于固化。环氧树脂是亲油的，其亲水亲油平衡值（HLB 值）为 3 左右。而多胺固化剂则是亲水的，具有水溶性。因此，为改善两者的相容性，通常胺固化剂为环氧多胺加成物。

在成膜过程中，随着水分的蒸发，环氧颗粒与胺固化剂形成紧密堆积。如果这时环氧颗粒仍是液态或其玻璃化温度仍低于室温，环氧树脂与固化剂的相容性良好，则可形成均相透明和有光泽的膜。反之，如放置时间太长，环氧颗粒的玻璃化温度升高，就可能形成不完全均相的膜，透明性和光泽度低，甚至不能成膜。成膜后固化反应继续进行，完全固化可能要 10～15d。显然，固化反应的速度太快，不利于成膜。通过使用固化促进剂加速水性环氧体系成膜过程的研究能够证明这一问题。在研究中发现，使用固化促进剂后，固化反应加快，环氧颗粒表面很快固化，使胺固化剂难以扩散到内部，形成的膜明显地呈两相结构。

水性环氧涂料的固化和成膜性直接影响涂膜的性能，如硬度、光泽、耐水性和耐溶剂性等。要保证涂膜固化完全，首先是使分散相的粒径尽可能小，其次少量的溶剂可起到成膜助剂的作用，有利于提高涂膜的质量。同时应提高胺固化剂与环氧树脂的相容性。

4. 水性环氧树脂的制备

目前国内外环氧树脂的水性化技术主要分为乳化法和成盐法两大类。乳化法指的是环氧树脂的直接乳化、不用加乳化剂的自乳化或水性环氧固化剂乳化，而成盐法则是将环氧树脂改性成富含酸或富含碱的树脂，再用分子量小的碱或酸进行中和[39]。

用作水性环氧地坪涂料的环氧树脂乳液宜选用乳化法来制备。

(1) 直接乳化法　将环氧树脂和乳化剂混合，加热到合适的温度，在激烈的搅拌下缓慢加水完成相反转来制得水性环氧树脂乳液。可采用的乳化剂有聚氧化乙烯烷基醚（HLB＝10.8～16.5）和聚氧化乙烯烷基酯（HLB＝9.0～16.5），当然也可合成专用的水性环氧乳化剂。例如采用聚四氢呋喃（PTMEG）合成水性环氧乳化剂。

(2) 自乳化环氧树脂　在环氧树脂分子链中引入亲水性氧化乙烯链段，同时保证每个改性后的环氧树脂分子上含有 2 个环氧基，不用外加乳化剂即可自分散形成乳液。采用聚氧化乙烯和氧化丙烯的嵌段共聚物与双酚 A 型环氧树脂和双酚 A 反应，能够制得具有自乳化功能的分子量高的环氧树脂，反应过程中以三苯基膦作为催化剂，这样改性后的环氧树脂很容易分散在水中，可预先制成水性环氧树脂乳液或在施工场合就地乳化，且由于亲水链段在环氧树脂的分子链中，固化后涂膜的耐化学药品性能有所提高。

(3) 水性环氧固化剂乳化环氧树脂　水性环氧固化剂乳化环氧树脂的原理是对多元胺进行改性，使其成为具有亲环氧树脂结构的水性环氧固化剂，同时该固化剂又作为阳离子型乳化剂完成对环氧树脂的乳化，用该方法制备的水性环氧树脂乳液具有良好的稳定性，并且由于环氧树脂组分不需进行亲水改性，可以保证涂膜的耐化学药品性能良好。

用上述三种方法制备的水性环氧乳液均适用于水性环氧地坪涂料，用水性环氧固化剂乳化环氧树脂法宜选用低黏度的液体环氧树脂，有利于固化剂的混合乳化；对于分子量高的环氧树脂则应该用直接乳化法或自乳化法制备，并且所用的分子量高的环氧树脂需过量 40％～60％才能保证涂膜的最终性能。

5. 环氧树脂乳液制备举例[40]

(1) 原材料　①双酚 A 型高分子量环氧树脂，E20 型；②商品表面活性剂，BMJ4000 型；③乙二醇单乙醚；④氨氢当量＝356.8 的水性环氧固化剂；⑤三乙烯四胺固化剂。

(2) 制备程序

① 反应性环氧树脂乳化剂的制备。将一定比例的 E-20 双酚 A 型环氧树脂和表面活性剂 BMJ4000（环氧基与端羟基摩尔比为 1∶1）加入到装有搅拌器、温度计的三颈瓶中。加热到 90℃，待环氧树脂和表面活性剂完全溶解后停止加热，加入催化剂。由于是放热反应，温度会迅速升到 110℃，待温度降至 90℃时再进行加热。控制反应温度在 100℃左右反应 2～4h，然后自然降温至 80℃，加入蒸馏水进行溶解稀释。

② 水性环氧树脂乳液的制备。将 E-20 双酚 A 型环氧树脂的乙二醇单乙醚溶液和水性环氧乳化剂按照一定比例搅拌混合均匀，然后滴加蒸馏水，直至体系的黏度突然下降，此时体系的连续相由环氧树脂溶液相转变为水相，即发生了相反转，再加入蒸馏水稀释至一定浓度，即制得Ⅱ型环氧树脂乳液。

(3) 乳化剂浓度对环氧树脂乳液稳定性和乳液粒径的影响　用相反转技术制备环氧树脂乳液时，影响乳液稳定性和分散相粒径的因素很多，例如环氧树脂的分子量、乳化温度、乳化剂的化学结构及其浓度和乳液的固体含量等。其中乳化剂的浓度对环氧树脂乳液的影响最为显著，它不仅影响乳液稳定性和粒径分布，而且也影响乳液成膜后涂膜的性能，例如涂膜硬度、耐水性和光泽等。表 2-64 中列出乳化剂浓度对环氧树脂乳液某些性能的影响。

表 2-64 乳化剂浓度对环氧树脂乳液某些性能的影响

性能项目	配方 1	配方 2	配方 3
外观	均匀白色乳液	均匀白色乳液	均匀白色乳液
乳化剂含量/%	4.9	5.9	7.0
环氧当量/g	418.0	427.5	437.0
固体含量/%	50.3	50.4	50.4
机械稳定性	2000r/min,20min,未通过	3000r/min,30min,通过	3000r/min,30min,通过
平均粒径/μm	1.319	0.945	0.912

由表 2-64 中可以看出，乳化剂的浓度较高时，制得的环氧树脂乳液稳定性较好，离心机 3000r/min 旋转 30min 也不出现分层和破乳现象，而且分散相粒子的平均粒径小于 1μm。由此带来的涂膜性能也很优异。

此外，研究还发现，乳化剂的浓度较高时分散相粒子的粒径分布较窄；但当乳化剂的浓度达到一定值时，若进一步增加乳化剂的浓度，由于体系已经发生完全相反转，多余的乳化剂停留在水中，对环氧树脂粒子的贡献不大，分散相粒子尺寸小且分布较窄，但粒径减小得不明显，乳液的稳定性仍然较好。

6. 使用聚氨酯改性的水性环氧树脂[41]

化学改性方法制备的水性环氧树脂的粒径通常为纳米级，稳定性高，具有更大的实用价值。化学改性方法制备水性环氧树脂通常有醚化反应型、酯化反应型和接枝反应型，其基本原理都是采用环氧树脂与亲水物质中和成盐，或先通过水解后再中和成盐。下面介绍采用甘氨酸改性环氧树脂的高分子反应方法，将极性基团引入环氧树脂中，中和成盐，使之具有亲水性而得到稳定的环氧乳液。该类新型环氧乳液具有优良的涂膜性能，特别是在柔韧性和耐磨性方面具有明显改善。

(1) 环氧乳液及水性环氧固化剂的制备

① 环氧树脂的改性。将一定比例的 E-44 环氧树脂和聚氨酯预聚体在 120℃下反应 2h，得到改性环氧树脂。然后按比例将改性环氧树脂、水、表面活性剂 OP-10 及预先用水溶解的甘氨酸投入三颈烧瓶中，在 80～85℃下反应 3h，制得改性环氧树脂。其反应式如下：

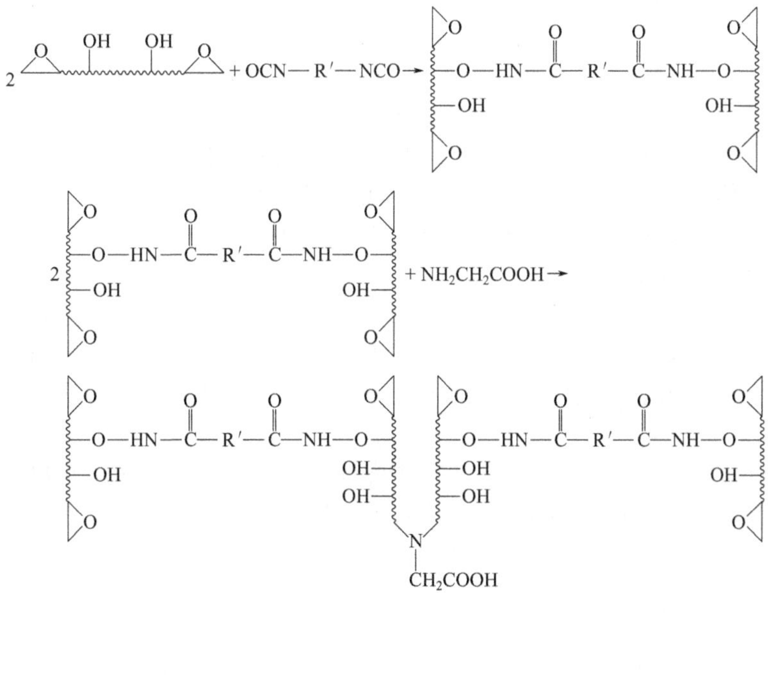

$R'=$ （CH_3）—NH—C(=O)—O—R—O—C(=O)—NH—（CH_3）

② 环氧乳液的配制。将制得的水性环氧树脂先用氢氧化钠水溶液（质量分数为20%）中和，再用高剪切乳化机乳化，得到环氧乳液。

③ 水性环氧固化剂的制备。将一定比例的E-44、三乙烯四胺和无水乙醇投入三颈烧瓶中，在55～60℃下反应6h，减压蒸馏除去乙醇得到水性环氧固化剂。

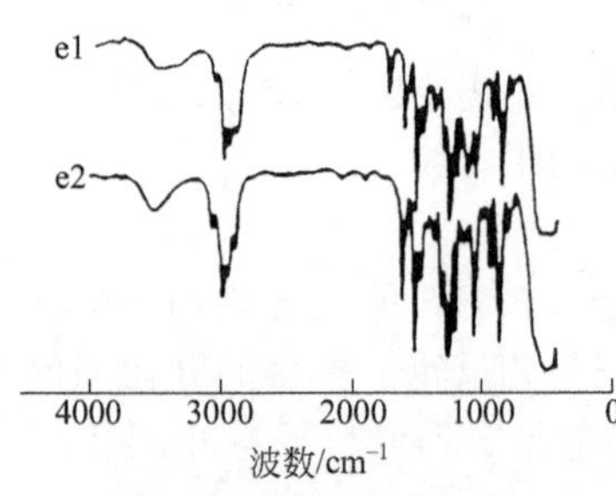

图2-32　聚氨酯改性水性环氧树脂的红外光谱谱图
e1—聚氨酯改性水性环氧树脂；
e2—纯环氧树脂

(2) 聚氨酯改性水性环氧树脂的红外光谱分析　图2-32中示出聚氨酯改性水性环氧树脂的红外光谱谱图，从图中可见，e2在1750cm^{-1}附近无吸收峰，e1在1750cm^{-1}附近有较强的吸收峰，说明聚氨酯中的异氰酸基已与环氧树脂中的羟基反应；同时，e1与e2相比，912 cm^{-1}处的环氧基的特征吸收峰减弱很多，这说明甘氨酸中的氨基已与环氧树脂中的环氧基发生反应。

(3) 聚氨酯改性水性环氧树脂的性能

① 溶解性。溶解性是水性环氧树脂的重要性能指标。在聚氨酯用量一定时，甘氨酸与环氧树脂配比不同时在不同介质中的溶解性如表2-65所示。

表2-65　投料比对水性环氧树脂溶解性的影响

聚氨酯：甘氨酸：环氧树脂(摩尔比)	乙醇	丙酮	甲苯	水	NH_3/H_2O
0.1：0.25：1	溶	易溶	溶	微乳化	部分乳化
0.1：0.5：1	易溶	易溶	溶	部分乳化	易乳化
0.1：0.75：1	微溶	微溶	微溶	不能乳化	不能乳化

从表2-65中可见，甘氨酸与环氧树脂的比例对所制备的水性环氧树脂在不同溶剂中的溶解性有较大影响。甘氨酸用量较小时，改性后的环氧树脂亲水性不够，在水中甚至在碱水中均难以乳化。但甘氨酸与环氧树脂比例（摩尔比）超过0.5：1时，会导致产物分子量增大，反应产物易聚结成团，无法溶解；甘氨酸与环氧树脂比例为0.5：1时，产物的水乳化性能最好。

② 温度对环氧乳液黏度的影响。图2-33中示出聚氨酯：甘氨酸：环氧树脂（摩尔比）=0.1：0.5：1、固体含量为40%时环氧乳液的黏度随温度变化的趋势。从图中可见，当温度低于70℃时，环氧乳液的黏度随温度升高而降低的幅度很大。但在较高的温度下，黏度随温度升高而降低的速度显著减慢。

③ 固体含量对环氧乳液黏度的影响。图2-34中示出聚氨酯：甘氨酸：环氧树脂（摩尔比）=0.1：0.5：1、温度20℃时，环氧乳液的黏度随固体含量的变化。环氧乳液的固体含量已用水稀释至2%～10%。从图中可见，在给定的固体含量范围内，环氧乳液的黏度随固体含量的升高而增大。

④ 环氧乳液的稳定性及形态。在乳液固体含量及聚氨酯用量一定的情况下，甘氨酸用量对环氧乳液稳定性的影响如表2-66所示。从表中可见，当聚氨酯：甘氨酸：环氧树脂（摩尔比）=0.1：0.5：1时，乳液的稳定性较好。

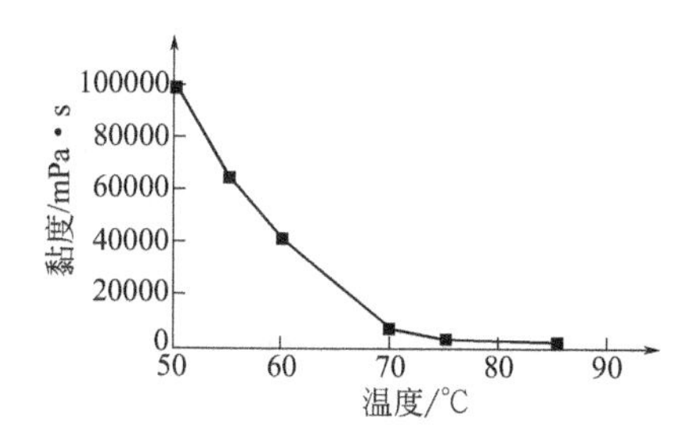

图 2-33 温度对环氧乳液黏度的影响

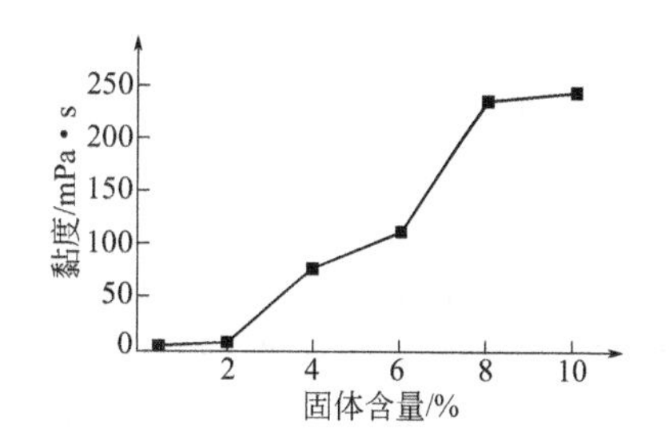

图 2-34 固体含量对环氧乳液黏度的影响

表 2-66 甘氨酸用量对环氧乳液稳定性的影响

储存时间	聚氨酯∶甘氨酸∶环氧树脂(摩尔比)	
	0.1∶0.25∶1	0.1∶0.5∶1
1个月	分层	不分层
3个月	分层	不分层
6个月	分层	不分层

通过扫描电子显微镜观察到的聚氨酯∶甘氨酸∶环氧树脂(摩尔比)＝0.1∶0.5∶1的改性环氧乳液的颗粒形态如图2-35所示。从图中可以看出，改性环氧乳液的颗粒形状圆滑，平均粒径为200～250nm。

⑤ 改性环氧涂料的涂膜性能。使用所述改性环氧乳液配制的清漆的性能为：涂膜硬度9H；抗冲击强度＞50J；光泽度112.4%；耐磨性（负荷500g，150r）1.2mg；附着力1级；柔韧性1mm；耐水性、耐盐水性和耐醇性均为3个月涂膜无变化。

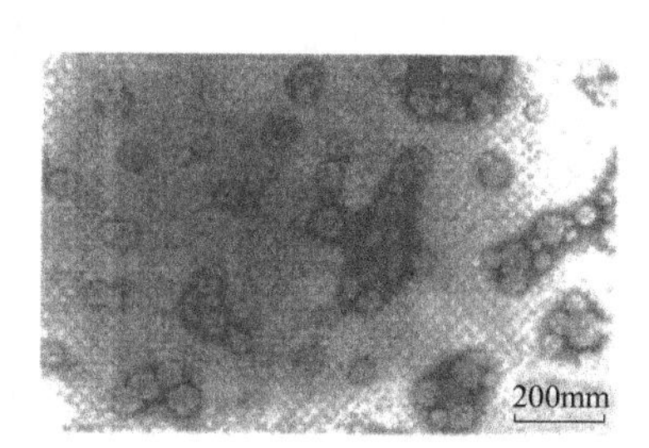

图 2-35 使用扫描电子显微镜拍摄的改性环氧乳液的颗粒形态

7. 水性环氧固化剂

(1) 种类与作用 水性环氧固化剂是决定水性环氧地坪涂料最终性能的关键组分之一。作为水性环氧树脂的固化剂，应能够较好地溶解或分散在水中，而且在水中能够稳定存在，与环氧树脂要有良好的相容性。固化剂可直接乳化环氧树脂或与水性环氧树脂乳液配成稳定的水性环氧树脂体系，同时体系的流变性能、适用期、固化条件和涂膜性能也应满足地坪涂料的使用要求。

水性环氧体系用固化剂室温固化水性环氧树脂涂料，一般采用多乙烯多胺类环氧固化剂（如二乙烯三胺、三乙烯四胺及间苯二胺），实际上大多为它们的改性产物，包括酰胺化的多胺、聚酰胺和环氧一多胺加成物。由于分子中引入了非极性基，改善了它们与环氧树脂的相容性。早期，酰胺化多胺用作Ⅰ型水性环氧体系的固化剂，它虽然能使液体环氧乳化，但固化后的性能不佳，耐水性、耐化学性差，需对其加以改性才能保证固化后的性能接近溶剂型环氧树脂涂料，具体方法如下：第一，提高它与环氧树脂的相容性，以利于分散后环氧乳液的稳定性，并避免固化后由于固化剂析出而造成的表面缺陷。提高相容性的途径是与芳香族单环氧化合物或多环氧化合物反应。典型的芳香族单环氧化合物为缩水甘油醚，典型的多环氧芳香族化合物为双酚A环氧树脂。第二，如作为Ⅰ型水性环氧体系的固化剂，多胺改性后必须有表面活性剂的作用。其途径是在分子中引入有表面活性作用的分子链段（大多为非离子型的表面活性物质）。第三，延长水性环氧的适用期。多胺固化剂中包括伯胺氢和仲胺氢。要延长适用期，通常有必要降低固化剂的活性，而伯胺氢的活性比仲胺氢高得多。通过封端剂将伯胺氢反应掉是降低多胺固化剂活性的有效途径。封端剂为单环氧化合物，如缩水甘油丁醚、芳基（如苯基、甲苯基）环氧丙基醚。从相容性考虑，采用脂基与芳基单环氧化合物配用更合适。第四，保持良好的水分散性。多胺是水溶性的，与环氧化合物加成后亲水性下降，因此，合成时必须考虑亲水亲油的平衡，使它仍有良好的水可分散性。有时采用成盐的方法，一方面中和一部分伯胺氢，另一方面又适当地提高亲水性，使改性后的多胺固化剂有良好的水可分散性。通常用有机一元弱酸（如醋酸），它在固化后基本挥发掉，不致影响耐腐蚀性。

由于聚酰胺类固化剂的缺点，改性后的性能仍不甚理想，因此水性环氧体系的固化剂主要是多胺一环氧加成物。采用多乙烯多胺（如三乙烯四胺）与单环氧或双环氧化合物加成，将约50%的伯胺氢封闭，然后再与双酚A环氧加成，达到适当的亲水亲油平衡，再与甲醛反应进一步将伯胺氢经甲基化。以此固化剂固化的环氧体系具有较好的光泽、硬度和耐化学品性。

（2）水性环氧固化剂产品性能举例　某名称为GCA01的水性环氧固化剂属于典型的多胺-环氧加成改性固化剂，可用水进行稀释，稀释过程中不会出现类似于水性聚酰胺固化剂稀释时由于胶束的形成和聚酰胺与水之间的氢键作用产生的“水峰”现象，并且固化剂分子具有表面活性，能将低分子量的环氧树脂直接乳化，其性能见表2-67。

表2-67　水性环氧固化剂GCA01的性能

项　目	性　能	项　目	性　能
外观	黄色液体	稀释剂①	水和丙二醇甲醚
黏度(25℃)/mPa·s	1500～4500	闪点/℃	>100
固含量/%	45～47	胺氢当量/(g/eq)	290～295
密度/(g/cm³)	1.05～1.10		

①该水性环氧固化剂中含有少量的丙二醇甲醚以保证室温下成膜，尽管含有溶剂，但其闪点仍高于100℃。

二、水性环氧地坪涂料的原材料选用

与普通的溶剂型环氧地坪涂料相比，水性环氧地坪涂料具有以下优势：①以水作为分散介质，不含甲苯、二甲苯之类的挥发性有机溶剂（当然也有加入少量的醇醚类溶剂来改善水性环氧涂料的成膜），不会造成环境污染，无火灾隐患，环保性能好；②可在潮湿环境中施工和固化，有合理的固化时间，保证涂膜有较高的交联密度；③对大多数基材具有良好的附着力，即使是在潮湿的基材表面同样有良好的黏结性；④操作性能好，施工工具可用水直接清洗，可以重复使用，涂料的配制和施工操作安全方便；⑤固化后的涂膜光泽柔和，质感较好，并且具有较好的防腐性能和单向透气性。

1. 成膜物质

生产水性环氧地坪涂料可以自制水性环氧树脂时，此时液体环氧树脂仍是首先考虑选择的材料。一般认为，环氧值高的环氧树脂充分固化后的有效交联密度大，对腐蚀性介质透过涂膜的阻隔作用强，而环氧值低的环氧树脂则相反。例如，可以选用E-51型标准液态环氧树脂。因该树脂的分子链较短，与固化剂有较高的有效交联密度，能够形成耐腐蚀性优良的涂膜。此外，环氧树脂分子中的脂肪族羟基具有一定的亲水性，其存在有利于水分子在涂膜内积聚或者穿过，使涂膜的防水性降低。E-51环氧树脂分子链中羟基含量少，形成的涂膜中羟基量必然也少。这样，从环氧树脂的选择上就提高了涂膜的耐腐蚀性和耐水性。不同牌号的环氧树脂和涂膜中羟基含量与涂膜耐水性的关系如表2-68所示。

表 2-68 不同牌号环氧树脂和涂膜中羟基含量与耐水性的关系

环氧树脂牌号	羟基值/(mol/100g)	环氧值/(mol/100g)	涂膜中羟基含量(mmol/g)	耐蒸馏水性(25℃)
E-44	0.49	0.39	6.65	30d涂膜严重破坏
E-44	0.10	0.42	3.79	90d涂膜完好
E-20	0.32	0.20	4.42	30d涂膜开始破坏
E-51	0.08	0.49	3.97	90d涂膜完好

但是，过高的交联密度容易使涂膜发脆，可以在环氧树脂组分中加入活性稀释剂，以降低涂料黏度，提高施工时固化剂与涂料的混匀性，使固化剂充分发挥对环氧树脂的乳化能力。例如，有的水性环氧地坪涂料甲组分的配方采用分子量低的液态环氧树脂：活性稀释剂=85：15。

2. 颜(填)料

水性环氧地坪涂料是双组分涂料，颜（填）料既可加到环氧树脂组分中，也可以加到固化剂组分中。水性环氧地坪涂料配制时填料的选择原则是采用低吸油量、细度适中、性能稳定的填料。当然，考虑到水性环氧固化剂呈弱碱性，应避免采用酸性的颜（填）料。

填料的用量（用颜基比来表示）对水性环氧地坪涂料的最终性能影响很大，适量加入不仅能降低水性环氧地坪涂料的成本，缩短涂膜表干时间，还可以提高涂膜的机械强度、耐磨性、光泽和遮盖力，减少涂料固化时的体积收缩，并赋予涂料良好的储存稳定性；但过量加入则会增大水性涂料的黏度，导致涂料的流平性不良，施工困难，涂膜的表面效果变差。

3. 助剂

对于水性环氧地坪涂料，颜（填）料既可在环氧树脂组分中分散，也可以在水性环氧固化剂组分或在两个组分中同时分散。颜（填）料如果在环氧树脂组分中分散会受到环氧树脂黏度的限制，若用量太大，则分散效率低，为避免产生浮色和发花现象，通常需加入分散剂来防止颜料的絮凝，但选用的分散剂应为油水两用型分散剂。因而，最好是将颜（填）料分散在水性环氧固化剂组分中，具有乳化环氧树脂功能的固化剂具有表面活性，能润湿颜（填）料，有一定的润湿分散作用，可以不加分散剂就直接进行配漆。

因为水的表面张力较高，对底材的润湿性较差，特别是有油脂残余的表面更难以润湿，这时应加入润湿流平剂来提高其润湿性，同时也改善了涂料的流平性。在固化剂组分中配漆会因为胺固化剂的存在，降低表面张力而存在夹带空气的问题，水性环氧地坪涂料的配制和施工中的机械作用也不可避免地会带入空气；同时，加入润湿流平剂之类的表面活性剂也很容易造成泡沫。因此，配漆时要加入抑泡剂和消泡剂，通常在分散前加入抑泡剂来减少泡沫的形成，分散后再加入消泡剂来消除混入的气体，这样才能使水性环氧地坪涂料在涂装时形成光滑平整的表面。此外，还可以加入增稠剂来调节固化剂色漆的黏度，使得两个组分的黏度相差不大，便于混合乳化以及提高储存稳定性。

上述这些助剂的选用应根据水性涂料的配方设计原理进行选用。

4. 成膜助剂

对于Ⅰ型水性环氧体系来说，环氧树脂为液态，一般不需要成膜助剂，但加入少量溶剂作为成膜助剂有助于延长其适用期。

对于Ⅱ型水性环氧体系，由于使用固体环氧树脂，就必须加入成膜助剂。

成膜助剂也称共溶剂（即同时能够溶解于水的环氧树脂的溶剂）或助成膜溶剂，通常是挥发很慢的溶剂，如各类醇醚、醇醚醋酸酯等，特别是那些对环境不会产生污染的溶剂（如丙二醇甲醚等），加入后可使水性环氧地坪涂料的最低成膜温度降低，有利于固化凝结成膜。同时共溶剂还能调节涂料体系的黏度，改善水性环氧地坪涂料的流平性和最终涂膜的外观。良好的共溶剂通常需满足以下条件：良好的水解稳定性；低的凝固点；适中的挥发速率；高效的凝结效率。在一般情况下，共溶剂的添加量按基料的1%～5%左右考虑，在温度较低的季节施工，共溶剂的加入量可适当增加以得到更好的涂膜效果。

5. 环氧基与胺氢当量比

环氧树脂和水性环氧固化剂的使用比例（用环氧基与胺氢当量比来表示）对水性环氧地坪涂料的性能有很大的影响，水性环氧地坪涂料的性能可通过调节环氧基与胺氢当量比来改变，一般当量比可作20%的增减，表2-69总结了环氧基与胺氢当量比对水性环氧地坪涂料性能的影响。具体的当量比因应用场合不同而异，环氧基过量可使水性环氧地坪涂料的适用期延长，涂膜的耐水性、耐化学药品性能以及耐湿性等性能有所提高；而胺氢过量又可加快涂膜的固化，涂膜的光泽度、附着力、耐磨性和耐溶剂性也相应改善。

表2-69 环氧基与胺氢当量比对水性环氧地坪涂料性能的影响

胺氢过量	环氧基过量	胺氢过量	环氧基过量
光泽度好	耐腐蚀性好	耐磨性好	耐碱性好
固化快	适用期长	耐溶剂性好	耐湿性好
附着力强	耐水性好	耐污性好	耐酸性好

三、水性环氧地坪涂料制备

1. 配方

表2-70中列出水性环氧地坪涂料参考配方。表中的水性环氧地坪涂料由低分子量的液体环氧树脂（组分一）和水性环氧固化剂色漆（组分二）组成，采用水性环氧固化剂色浆来乳化低分子量的液体环氧树脂，配漆则选择在固化剂组分中进行，这一点与常规的溶剂型环氧地坪涂料的配制不同（在环氧树脂溶液组分中配漆）。

表2-70 水性环氧地坪涂料参考配方

原材料名称	用量(质量比)	
	配方1	配方2[42]
组分一		
环氧树脂DDR331①	90～95	15.0
共溶剂②	1～5	—
活性稀释剂	—	85.0
组分二		
水性环氧固化剂GCA01(1)	20～25	16.0～35.0
水	40～50	15.0～30.0
抑泡剂	0.1	—
钛白粉	5～10	—
颜(填)料	145～175	32.0～60.0
水性环氧固化剂GCA01(2)	115～125	—
润湿分散剂	—	0.1～0.8
增稠剂	1～2	0.1～0.8
消泡剂	0.3～0.5	0.1～0.7
流平剂	—	0.1～0.5

① 美国陶氏化学公司(Dow Chemical Company)产品。

② 共溶剂是在水中具有很高的溶解度，又对树脂具有很高的溶解能力，且能够和体系具有很好的互溶性的溶剂，如丙二醇丁醚、丙二醇苯醚等。

2. 制备工艺

表 2-70 中配方 1 的水性环氧地坪涂料的配制工艺如下。

① 将水性环氧固化剂 GCA01（1）、水和少量抑泡剂加到配料罐中，搅拌直至水性环氧固化剂 GCA01（1）溶解均匀。

② 在中速搅拌下加入钛白粉和各种颜（填）料，再高速分散 10min，然后进行砂磨，直到细度小于 50μm 为止。

③ 过滤后在中速搅拌下缓慢加入水性环氧固化剂 GCA01（2），加完后再搅拌 15min。

④ 用增稠剂调节黏度，并在低速搅拌下加入消泡剂，搅拌 5 min 后进行包装。

3. 水性环氧地坪涂料的性能

按表 2-70 中配方 1 及上述工艺配制的水性环氧地坪涂料的性能为：表干时间 4h；实干时间 24h；硬度 2H；附着力 1 级；柔韧性 2mm；耐磨性（750g，500r/min，磨耗失重）0.025g；耐冲击性 40cm；耐水性 96h 无异常；耐碱性（10%NaOH 溶液）96h 无异常；耐盐水性 48h 无异常；光泽 75°。

四、水性环氧地坪涂料的技术要求

目前水性环氧地坪涂料尚无国家标准，表 2-71 中列示出上海市企业标准 GMQB/02610—2004《水性环氧树脂工业地坪涂料》（上海汉中涂料有限公司）的要求。

表 2-71 水性环氧树脂工业地坪涂料的性能标准

序号	实验项目	指标要求	测试方法
1	涂料状态	搅拌后无硬块	GB/T 9761—1988
2	固体含量/%	≥40	GB/T 6751—1986
3	细度/μm	≤50	GB/T 6753.1—1986
4	黏度/s	40～70	GB/T 1723—1993
5	干燥时间/h 表干 实干	≤4 ≤24	GB/T 1728—1989
6	涂膜颜色及外观	涂膜平整光滑	GB/T 1729—1979
7	涂膜厚度/mm	≥0.3	GB/T 1764—1979
8	附着力/级	≤2	GB/T 1720—1989
9	柔韧性/mm	≤2	GB/T 1731—1993
10	抗冲击性/kg·cm	≥30	GB/T 1732—1993
11	硬度(摆杆法)	≥0.6	GB/T 1730—1993
12	耐磨性(750g,500r,失重)/g	≤0.04	GB/T 1768—1989
13	对比率	>0.87	GB/T 9270—1988
14	光泽度/%	>25	GB/T 1743—1989
15	耐水性	4d 无变化	GB/T 1733—1993
16	耐碱性(10% NaOH 溶液)	4d 无变化	GB/T 1763—1989
17	耐盐水性	4d 无变化	GB/T 1763—1989

五、水性环氧地坪涂料的施工

水性环氧地坪涂料具有与溶剂型环氧地坪涂料相当的性能，现有的水性环氧地坪涂料可以应用在制药、食品、医院、纺织、化工、电子等行业的生产厂房、办公楼、仓库、实验室的地坪涂装，特别适用于一楼地面、地下室、地下停车场和其他较为潮湿的环境。水性环氧地坪涂料的施工方法比溶剂型涂料简单，但也应该注意质量的保证。下面简要介绍施工技术[43]。

1. 施工准备

(1) 材料　水性环氧地坪涂料底涂、中涂、面涂，石英砂，石英粉等相关材料。

(2) 工具　基材打磨工具、吸尘器、批补刮刀、辊筒、小型搅拌器等。

2. 施工条件

① 将地面水泥砂浆剔凿并清扫干净，地面如有油脂类杂质，需用溶剂擦拭干净。

② 原水泥地面要求坚硬、平整、不起砂，地面如有空鼓、脱皮、起砂、裂痕等，必须按要求处理后方可施工。原地面如为水磨石、地板砖等光滑地面，需先凿成粗糙面。

③ 只要不积水，或无明显渗漏就可施工，施工现场相对湿度应低于 85%，环境温度在 10℃以上。

3. 施工步骤

(1) 底涂　将混凝土基材处理完毕并清理干净后就可进行底涂（辊涂或刷涂），辊涂或刷涂应均匀，厚薄一致，该底涂具有一定的透水蒸气功能，能增强基材强度并增加涂层对基材的附着力。

(2) 中涂　在已配好的水性环氧涂料（中涂）中加入石英砂和石英粉配成水性环氧砂浆，用镘刀将其均匀涂布，用于增加厚度及涂层抗压强度。

(3) 批补　中涂后用砂纸打磨地坪，并用水性环氧涂料（中涂）与石英粉配成的腻子依实际需要施工数道，要求达到平整无孔洞、无批刀印及砂磨印。

(4) 面涂　用辊筒将水性环氧地坪涂料面涂辊涂两道，完工后要求整体地面光泽柔和、洁净、颜色均一、无空鼓。

(5) 养护　面层实干需要 24h，在这期间应进行封闭，以免影响表面洁净光滑的效果。3d 后方可上人，完工保养 7d 后方可正式投入使用（以 25℃为准，低温时需适度延长）。

第六节　水性环氧地坪涂料新技术和应用中的问题

一、新型水性仿石地坪涂料

1. 新型水性仿石地坪涂料系统的材料和涂层构造[44]

新型水性仿石地坪涂料系统不但具有类似石材的外观，还具备地坪材料的基本性能，如耐磨性、抗化学腐蚀性和环保性能。按照施工的先后顺序，新型仿石地坪涂料系统所使用的材料包括水性环氧底漆、水性环氧中层漆、水性多彩涂料和水性环氧罩面清漆。仿石地坪涂料系统的构造见图 2-36。

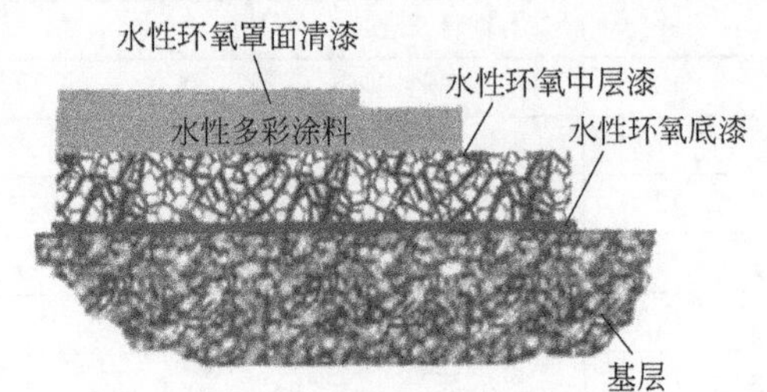

图 2-36　新型水性仿石地坪涂料涂层构造示意图

2. 水性多彩涂料的制备[45]

(1) 水性多彩涂料制备原理　水性多彩涂料是一种以多色乳胶漆的“小颗粒”构成涂料的分散相，保护胶水溶液构成连续相的多相悬浮体系，所以多彩涂料也称为水包水涂料。

要实现这种水包水的分散悬浮体，必须把乳胶漆以小颗粒的形态分散于保护胶水溶液中。分散相乳胶漆颗粒表面形成一层不溶于水的柔性膜，以阻止膜内乳胶漆组分与膜外的保护胶液组分互相扩散和防止乳胶漆颗粒之间发生聚集。这样使得多彩涂料在储存过程中能保持相对稳定的状态，而施工后湿膜中的分散相有色乳胶漆颗粒初期仍处于分散状态，随着涂膜中水分的挥发，分散相的乳胶漆颗粒相互堆砌、融合，最终形成多彩花纹涂膜。

(2) 水性多彩涂料的原材料选用

① 按照外墙乳胶漆的要求进行原材料选择。由于新型水性仿石地坪涂料是应用于地面的，其对涂料一些性能的要求类似于外墙涂料，因而水性多彩涂料的原材料可按照外墙乳胶漆的原材料进行选用，即选用耐水、耐碱、耐候和力学性能良好的材料。此外，还有几种属于水性多彩涂料的专用材料，是外墙乳胶漆不使用的。这些原材料包括凝聚剂、保护胶体等。

② 凝聚剂。可以选择硫酸铝、硫酸钾铝（明矾）作为凝聚剂，它们都能使建筑乳液凝聚。分散相的制备原理是将黏度较高的乳胶漆颗粒表层的聚合物乳液破乳而产生凝聚，颗粒表层的聚合物乳液凝聚后就具有一定的强度，而由于颗粒中除了聚合物乳液外，还含有羟乙基纤维素胶体和颜料、助剂等，因而聚合物乳液凝聚而产生的强度既不足以使颗粒变得很坚硬，又能够保持颗粒的形状。

当“彩色颗粒”制备后，应采取措施除去与“彩色颗粒”接触的凝聚剂，以防止其向“彩色颗粒”内部渗透使颗粒内的聚合物乳液继续破乳凝聚，导致“彩色颗粒”变得坚硬而失去装饰性能。

③ 保护胶。保护胶或称保护胶体溶液，可采用1799型聚乙烯醇水溶液。

（3）水性多彩涂料配方举例　表2-72中列示出制备水性多彩涂料的基本参考配方。

表2-72　制备水性多彩涂料的基本配方

<table>
<tr><th>涂料组分</th><th colspan="4">制备配方</th><th rowspan="2">在涂料中的用量/%</th></tr>
<tr><th></th><th></th><th>原材料</th><th>用量(质量分数)/%</th><th>在分散相中的用量/%</th></tr>
<tr><td rowspan="14">分散相</td><td rowspan="12">预制涂料浆</td><td>聚丙烯酸酯乳液</td><td>30.0</td><td rowspan="12">87.8</td><td rowspan="14">65.0</td></tr>
<tr><td>膨润土增黏剂</td><td>2.5～4.5</td></tr>
<tr><td>2%羟乙基纤维素溶液</td><td>30.0</td></tr>
<tr><td>丙二醇</td><td>6.0</td></tr>
<tr><td>钛白粉</td><td>8.0～20</td></tr>
<tr><td>彩色浆①</td><td>适量</td></tr>
<tr><td>水</td><td>10.0</td></tr>
<tr><td>阴离子型分散剂(如731A型分散剂)</td><td>0.6</td></tr>
<tr><td>乳胶漆用防霉剂(如K20型)</td><td>0.2</td></tr>
<tr><td>消泡剂(如681F型)</td><td>0.2</td></tr>
<tr><td>成膜助剂(如Texanol酯醇)</td><td>1.0</td></tr>
<tr><td>水</td><td>95.0</td></tr>
<tr><td rowspan="2">凝聚剂溶液</td><td>水</td><td>95.0</td><td rowspan="2">12.2</td></tr>
<tr><td>硫酸铝</td><td>5.0</td></tr>
<tr><td colspan="2" rowspan="11">分散介质</td><td>水</td><td colspan="2">18.0</td><td rowspan="11">35.0</td></tr>
<tr><td>乳胶漆用防霉剂(K20型)</td><td colspan="2">0.1</td></tr>
<tr><td>聚乙烯醇水溶液</td><td colspan="2">23.0</td></tr>
<tr><td>氨水(或AMP-95多功能助剂)</td><td colspan="2">0.2</td></tr>
<tr><td>丙二醇</td><td colspan="2">1.2</td></tr>
<tr><td>阴离子型分散剂(如“快易”分散剂)</td><td colspan="2">1.5</td></tr>
<tr><td>聚丙烯酸酯乳液</td><td colspan="2">50.0</td></tr>
<tr><td>Texanol酯醇</td><td colspan="2">3.0</td></tr>
<tr><td>增稠剂</td><td colspan="2">3.0</td></tr>
<tr><td>681F型消泡剂</td><td colspan="2">0.2</td></tr>
</table>

①根据调色需要使用一种或多种颜色的彩色色浆，用量根据涂膜效果需要酌量添加。

（4）水性多彩涂料基本制备程序

① 水性多彩涂料用彩色颗粒（分散相）的制备。按照表 2-72 所示的配方和普通乳胶漆的制备工艺，制备出彩色或者白色涂料。由于这样制备的涂料并不具备最终使用目的，为了有别于一般涂料而将其称为预制涂料浆。

按照配方称取水和硫酸铝投入搅拌缸中，搅拌至硫酸铝溶解，得到凝聚剂溶液。

使预制涂料浆处于低速搅拌的情况下加入凝聚剂溶液。凝聚剂加完后，根据需要的颗粒大小调整搅拌速度继续搅拌，直至达到需要的颗粒大小，即得到彩色颗粒。

然后，对所得到的彩色颗粒进行进一步处理，成为可以用于制备水性多彩涂料的彩色分散颗粒，留置待用。

以同样的方法可以制备多种不同颜色、不同大小的彩色分散颗粒，或者不同颜色、相同大小的彩色分散颗粒，以及相同颜色、不同大小的彩色分散颗粒等。

② 分散介质的制备。分散介质由保护胶体、成膜物质和助剂组成。

选择 1799 型聚乙烯醇水溶液作为保护胶体。需要加热到 95℃以上进行溶解。

分散介质应选用涂膜物理机械性能良好的聚丙烯酸酯乳液为成膜物质。

除了成膜物质外，分散介质通常还应酌量使用成膜助剂、冻融稳定剂、消泡剂、防霉剂、增稠剂等。分散介质中通常不能使用大量的颜料和填料，以保证涂膜具有透明性。若需要无光泽的涂膜。分散介质中还可以使用适量的消光剂。

分散介质的制备为物理混合过程，按照一定顺序将各种原材料称量后混合均匀即可。

（5）水性多彩涂料的制备　根据色卡要求，按照预先确定的彩色颗粒的种类和用量，将各种彩色颗粒在低速搅拌下分散于分散介质中，即得到水性多彩涂料。

关于上述“对所得到的彩色颗粒进行进一步处理”，这有物理处理和化学处理两种方法。物理处理方法是滤除与彩色颗粒混在一起的液体，再用清水洗涤数次以彻底清洗掉凝聚剂成分，防止其继续向彩色颗粒中渗透，使彩色颗粒的内部在存放的过程中继续凝聚而变硬。

化学处理方法是制备彩色颗粒后，向溶液中加入能够和硫酸铝反应的化学物质，使硫酸铝与其反应生成不会对聚合物乳液产生凝聚作用的物质。例如，当掺入氯化钡（$BaCl_2$）时，硫酸根离子就会和氯化钡在水中离解出来的钡离子（Ba^{2+}）反应，产生白色的硫酸钡（$BaSO_4$）晶体沉淀。反应式如下。

硫酸铝在水中离解：$Al_2(SO_4)_3 \longrightarrow 2Al^{3+} + 3SO_4^{2-}$

氯化钡在水中离解：$BaCl_2 \longrightarrow Ba^{2+} + 2Cl^-$

硫酸根离子和钡离子反应：$Ba^{2+} + SO_4^{2-} \longrightarrow BaSO_4 \downarrow$

水性多彩涂料的制备程序如图 2-37 所示。

3. 水性环氧树脂面漆的制备

（1）原材料选择　环氧树脂应选择环氧值适中的品种，其固化物交联密度高、致密性好、耐腐蚀性强、水性仿石地坪涂料使用水性环氧树脂 E-51，环氧当量为 185。为提高水性环氧树脂与水性固化剂的相容性，缩小两组分的溶解度参数差距，通常还会在树脂中添加少量的助溶剂，主要成分为醇醚化合物。对于水溶性胺固化剂的选择，不但要考虑其反应活性，还要考虑其与环氧树脂的相容性、分散乳化性。

由于环氧树脂涂料作为罩面清漆使用，不添加钛白粉等颜料。可选择折射率低的石英粉填料，一方面可适当降低产品成本，另一方面可有效提高涂膜的机械强度和耐磨性。

为了防止水性环氧树脂面漆对底材的润湿性不良，可加入润湿流平剂来提高其润湿性，同时也能够改善涂料的流平性。此外，水性环氧树脂面漆在涂膜干燥过程中易发生闪蚀现象，可通过添加防闪锈剂（如上海昊昶精细化工有限公司的 Synthro-cor CE 660 B）来预防，同时还需使用消泡剂以消除生产、运输和施工过程中产生的气泡，防止病态涂膜出现。

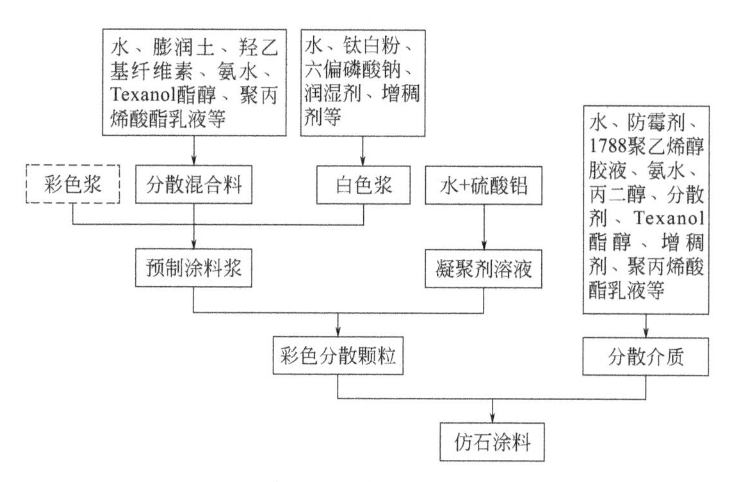

图 2-37 水性多彩涂料制备程序示意图

(2) 水性环氧树脂涂料配方 水性环氧树脂涂料分为两个组分，配方如表 2-73 所示，实际使用时按照质量比 1∶1 配合。

表 2-73 水性环氧树脂罩面清漆配方

涂料组分	原材料名称	用量(质量比)
A 组分	E-51 环氧树脂	90.0～95.0
	助溶剂	1.0～5.0
	水	0～5.0
B 组分	水性固化剂	25.0～30.0
	分散剂	0.3～0.5
	润湿剂	0.6
	防闪锈剂	0～0.2
	1200 目石英粉	10.0～15.0
	消泡剂	0.3～0.4
	增稠剂	0.5～1.0
	流平剂	0.2～0.4
	水	不足剩余量

(3) 新型水性仿石地坪涂料的施工 不同行业对地坪涂料的性能要求不一，因此施工方法也有一定差异，但通常的做法是先处理基层，后涂刷底漆以增强涂层强度。涂刷底漆后，一般还应施工一道水性环氧中层漆，起到过渡层的作用。然后喷涂水性多彩涂料，待多彩涂料干燥后，再涂刷水性环氧树脂罩面涂料。

基层的处理很重要，以混凝土或砂浆地面为宜，首先确认基层必须坚硬牢固，平整度好，清除表面灰尘，填补裂纹和孔洞，涂刷封闭底漆，防止基层泛碱，增大附着力。

水性多彩涂料的施工须使用专门的喷枪喷涂。施工前须调节喷枪口径风压等条件加以试验，再进行大量喷涂。喷涂时，喷枪的运行须保持一定速度、一定距离，喷嘴与喷涂面须保持平行。为保证仿石逼真效果，降低施工材料成本，可预先涂刷一遍与石材底色相同的涂料，然后再喷涂多彩涂料。

涂刷水性环氧涂料前，必须确保多彩涂料干燥。水性环氧罩面清漆可根据具体情况喷涂 2～3 道。

二、水性环氧地坪涂料制备技术

制备水性环氧地坪涂料有两种方法[46]：一种是以环氧水分散体或环氧乳液和水性环氧固化剂为原材料制备；另一种是以自乳化型环氧固化剂乳化液体环氧树脂而制备。前者能体现出水性涂料的特点，但价格较高；后者靠固化剂乳化环氧树脂，价格较低。

通过将颜（填）料和自乳化型环氧固化剂经过润湿分散后作为涂料的甲组分，以E-51液体环氧树脂和活性稀释剂分散后作为涂料的乙组分，在施工时按一定的比例混合即为水性环氧地坪涂料。这样制备的涂料硬度高，并具有良好的耐磨性、耐化学品性、柔韧性和自流平性，气味低。

1. 制备涂料用的原材料和配方

实验用原材料及面层涂料配方见表2-74。

表2-74 实验用原材料及面层涂料配方

涂料组分	原材料		生产厂家	用量(质量比)
	名称	规格或型号		
甲组分	水	自来水		12～16
	水性环氧固化剂	H-205B	上海汉中化工有限公司	30～35
	丙二醇甲醚	工业级	陶氏化学公司(Dow Chemical Company)	8～10
	消泡剂	154	日本诺普科助剂有限公司	0.14～0.2
	颜(填)料	800目	深圳市合创元材料科技有限公司	34～36
	微粉蜡	1200目	香港天龙生物技术有限公司	2.0～2.5
	润湿剂	H-140	深圳市海川实业股份有限公司	0.2～0.3
	分散剂	5040		0.3～0.5
	增稠流平剂	621N	日本诺普科助剂有限公司	0.2～0.3
乙组分	环氧树脂	E-51	江苏三木集团有限公司	90～95
	环氧稀释剂	AGE	德国巴斯夫股份公司(BASF)	5～10

2. 水性环氧地坪涂料的制备

（1）甲组分的制备　将水、部分水性环氧固化剂、消泡剂、润湿分散剂加入混料罐中，待体系搅拌均匀后加入颜（填）料，高速分散至浆料细度小于50μm，接着加入剩余的水性环氧固化剂和流平剂，搅拌分散至体系均匀，过滤后出料包装，得到甲组分。

（2）乙组分的制备　将E-51环氧树脂和稀释剂加入搅拌罐内搅拌10～20min后即可包装，得到乙组分。

（3）甲乙组分配比　施工时将甲乙两组分按（3.0～3.2）∶1.0的比例混合，搅拌均匀后使用。

3. 涂料性能影响因素

（1）固化剂和E-51环氧树脂的选择及配比的确定　水性环氧地坪涂料的成膜物质主要由疏水性的液体环氧树脂和具有乳化性能的胺类固化剂两部分组成，并决定着涂膜的基本性能。与分子量低的胺、水分散性胺类固化剂相比，水溶性聚酰胺具有挥发性低和E-51环氧树脂的相容性好、乳化效率高等优点，故两者配合选用。同时，为了使二者很好地相容、乳化固化成膜，需加入少量低气味、低黏度的AGE环氧稀释剂和助溶剂。

E-51环氧树脂被胺类固化剂乳化后在水中分散，随着水分的挥发，固化剂和树脂从表面向内部不断发生交联反应，形成立体网络状结构，黏结颜（填）料形成连续涂膜。然而，如果固化剂和环氧树脂配比过高，因两者的交联密度增大会导致涂膜的硬度增大，耐磨性提高，但柔韧性降低，涂膜太脆，容易开裂；若固化剂和环氧树脂配比过低，涂膜的柔韧性好，硬度降低。其比例对涂膜性能的影响见表 2-75。

表 2-75 固化剂和 E-51 环氧树脂比例对涂膜性能的影响

固化剂和 E-51 环氧树脂比例	抗冲击性/cm	铅笔硬度	耐磨性(750g, 500r)/mg	柔韧性/mm
1.4∶1.0	50	H	5.0	1
1.5∶1.0	50	2H	4.0	1
1.6∶1.0	50	2H	3.0	2
1.7∶1.0	50	3H	3.0	3

根据表 2-75 使用结果考虑，固化剂和环氧树脂两者的比例选择在（1.5～1.6）∶1.0 比较合适。

（2）颜（填）料用量对涂膜的影响　颜（填）料能降低地坪涂料成本，提高涂膜硬度、耐磨性、抗冲击和耐化学药品的特性。地坪涂料要求所使用的颜（填）料吸油量低，粒径细，硬度高，耐酸碱腐蚀性好等，可选用金红石型钛白粉、重晶石粉、石英粉和滑石粉等。颜（填）料用量对涂膜性能的影响见表 2-76。

表 2-76 颜(填)料用量对涂膜性能的影响

颜(填)料用量/%	抗冲击性/cm	铅笔硬度	耐磨性(750g,500r/min)/mg	柔韧性/mm
32	50	2H	6.0	1
34	50	2H	8.0	1
36	50	2H	10.0	2
38	40	H	16.0	3

从表 2-76 可见，随着颜（填）料用量的增加，涂膜的抗冲击性、硬度、柔韧性和耐磨性逐渐下降。这是因为随着颜（填）料的增多，起黏结作用的成膜物质用量相对减少，导致干膜内的疏松程度增加，内聚力下降，从而使涂膜的综合性能有所下降。颜（填）料的适用范围为 34%～36%。

（3）微蜡粉用量对涂膜的影响　加入适量微蜡粉能够增强水性环氧地坪涂料的涂膜硬度和耐磨性。但如果微蜡粉用量太多，会导致硬度增大而造成涂膜开裂；用量太少起不到应有的作用。微蜡粉用量对涂膜性能的影响见表 2-77。

表 2-77 微蜡粉用量对涂膜性能的影响

微蜡粉用量/%	抗冲击性/cm	铅笔硬度	耐磨性(750g,500r/min)/mg	柔韧性/mm
1.0	50	2H	8.0	1
1.5	50	2H	6.0	1
2.0	50	3H	5.0	2
2.5	50	3H	3.0	2
3.0	45	3H	3.0	3

从表 2-77 可以看出，微蜡粉的用量选择在 2.0%～2.5%较好，使用后涂膜的耐磨性较高。

（4）助剂的选择　水性环氧地坪涂料还需要采用各种助剂调整涂料的黏度稳定性和表面张力。其中，润湿分散剂的使用能够使颜（填）料通过静电斥力形成稳定的分散体系。所选用的助剂系统见表 2-74。

当固化剂和 E-51 环氧树脂的比例在（1.5～1.6）∶1.0，颜（填）料用量为 34%～36%，微蜡粉用量为 2.0%～2.5%时，制备的水性环氧地坪涂料成本适中，涂膜具有优异的性能，适合室内、车间公共场所等使用。

三、水性环氧地坪涂料配套体系及其应用

水性环氧地坪涂料配套体系[47]，包括水性环氧地坪封闭底漆、水性环氧地坪中间漆、水性环氧地坪涂料面漆等。水性环氧地坪涂料的封闭底漆和中间漆一个重要的应用特点是可以作为溶剂型环氧地坪涂料、高固体分环氧自流平地坪涂料的底漆和中间漆，层间附着力优异，即可以代替溶剂型环氧地坪涂料、高固体分环氧自流平地坪涂料的底漆和中间漆，从而减少了对环境的污染。

下面介绍水性环氧封闭底漆、水性环氧地坪中间漆、水性环氧地坪涂料面漆的制备及其应用。

1. 配方

水性环氧地坪涂料配套体系中的底漆、中间漆、面漆的甲组分均相同，乙组分则根据底漆、中间漆、面漆的不同特性要求，其组成各不相同，但主要成分都是以水性环氧固化剂和自来水组成的。

(1) 水性环氧地坪涂料甲组分　见表2-78。

表2-78　水性环氧地坪涂料甲组分

原材料名称	用量(质量分数)/%	原材料名称	用量(质量分数)/%
E-51环氧树脂	85～95	环氧活性稀释剂	5～15

(2) 水性环氧地坪涂料的底漆乙组分　见表2-79。

表2-79　水性环氧地坪涂料的底漆乙组分

原材料名称	用量(质量分数)/%	原材料名称	用量(质量分数)/%
水性环氧树脂固化剂	35～50	自来水	50～65

(3) 水性环氧地坪涂料的中间漆乙组分　见表2-80。

表2-80　水性环氧地坪涂料的中间漆乙组分

原材料名称	用量(质量分数)/%	原材料名称	用量(质量分数)/%
水性环氧树脂固化剂	20～30	消泡剂	0.2～0.4
分散剂	0.2～0.4	颜(填)料	55～65
防沉剂	0.5～1.5	自来水	15～25

(4) 水性环氧地坪涂料的面漆乙组分　见表2-81。

表2-81　水性环氧地坪涂料的面漆乙组分

原材料名称	用量(质量分数)/%	原材料名称	用量(质量分数)/%
水性环氧树脂固化剂	25～40	抗划伤剂	0.5～1.5
分散剂	0.5～1.5	消泡剂	0.3～0.5
流平剂	0.2～0.5	颜(填)料	30～45
防沉剂	0.3～0.8	自来水	25～35

2. 涂料制备工艺

(1) 水性环氧地坪涂料的甲组分制备工艺　将水性环氧树脂加入到洁净的配料釜中，启动搅拌，在400～600r/min的转速下，加入环氧活性稀释剂，搅拌均匀，过滤包装，即得到甲组分。

(2) 水性环氧地坪涂料的底漆乙组分制备工艺　将水性环氧树脂固化剂加入到洁净的配料釜中，启动搅拌，在400～600r/min的转速下，加入自来水，搅拌均匀，过滤包装，即得到乙组分。

(3) 水性环氧地坪涂料的中间漆乙组分制备工艺

① 将水性环氧树脂固化剂加入到洁净的配料釜中，启动搅拌，在400～600r/min的转速下，加入润湿分散剂、防沉剂，搅拌均匀。

② 在400～600r/min的转速下加入配方量的水，搅拌均匀，然后在600～800r/min转速下加入颜（填）料，搅拌均匀，用自来水清洗釜壁及搅拌。

③ 在600～800r/min转速下加入消泡剂，搅拌均匀，过滤包装，即得到乙组分。

(4) 水性环氧地坪涂料的面漆乙组分制备工艺

① 将水性环氧树脂固化剂加入到洁净的配料釜中，启动搅拌，在400～600r/min的转速下，加入润湿分散剂、增稠流平剂、消泡剂，搅拌均匀。

② 在400～600r/min的转速下加入配方量的水，搅拌均匀，然后在600～800r/min转速下由轻到重依次加入防沉剂、抗划伤剂、颜（填）料搅拌均匀，用自来水清洗釜壁及搅拌。

③ 研磨。研磨前检查设备及玻璃珠完好、干净。研磨时开启冷却水，保证研磨温度控制在60℃以下，每隔1h检测一次细度，细度合格后，过滤包装，即得到乙组分。

3. 水性环氧地坪涂料性能影响因素研究

(1) 环氧树脂的选择　环氧值高的环氧树脂与水性胺固化后涂膜交联密度大、硬度高、耐化学腐蚀性好。环氧值低的环氧树脂分子量大、黏度高，需要加入更多的稀释剂稀释才能被水性胺固化剂乳化。另外，环氧值低的环氧树脂分子中羟基含量高，涂料固化后残留在涂膜中，降低了涂膜的耐水性。因此，在水性环氧地坪涂料中通常选用高环氧值、低分子量的液体环氧树脂。表2-82是两种液体双酚A型环氧树脂的性能比较。

表2-82　两种环氧树脂基础性质比较

项目名称	环氧树脂类型	
	E-51	E-44
外观	无色透明液体	无色透明液体
黏度/mPa·s	≤2500	12000～20000
环氧值	0.48～0.54	0.41～0.47

由表2-82的性能比较可以看出，采用E-51环氧树脂作为水性环氧地坪涂料所用树脂，环氧值低、黏度小、分子量低，加入适量的环氧稀释剂就能被水性固化剂乳化，流平性也会好，外观自然平整光滑；E-44环氧树脂黏度太大，需要加入的环氧稀释剂要多才能被水性固化剂乳化。

(2) 消泡剂的选择　水性环氧固化剂中含少量的乳化剂，在涂料的制备和施工过程中容易出现起泡现象，影响涂膜质量。加入适量的消泡剂，可以消除泡沫的影响，见表2-83。

表2-83　消泡剂的用量对涂膜的影响

消泡剂质量分数/%	涂膜外观	消泡剂质量分数/%	涂膜外观
0.25	涂膜表面聚集有密集的气泡	0.45	涂膜表面平整光滑
0.35	涂膜表面有少量气泡	0.55	涂膜表面有缩孔现象

由表2-83可知，随着消泡剂用量的增加，涂膜表面气泡有所消除，但随着消泡剂用量的继续增加涂膜表面会出现缩孔，所以消泡剂的用量应适宜。

(3) 水性环氧地坪涂料甲组分　水性环氧地坪涂料底漆、中间漆、面漆甲组分的组成都相同，给产品的生产带来了极大方便。所选用的树脂为低分子量的液体环氧树脂E-51。液体环氧树脂E-51是双酚A型环氧树脂，分子中含有极性高而不易水解的脂肪族羟基和醚键，使其在潮湿状态对混凝土底材有较高的附着力，而且耐化学品性能也高。其结构为刚性的苯核和柔性的烃链交替排列，从而赋予涂膜较好的物理机械性能。环氧稀释剂的加入不仅可以起到稀释的作用，而且其在涂膜成膜时可以参与交联反应，不会对环境造成污染。

（4）水性环氧地坪涂料乙组分　水性环氧地坪涂料底漆、中间漆、面漆乙组分的主要组分相同，都是由水性环氧固化剂和自来水组成的。水性环氧固化剂在水中乳化环氧树脂 E-51 所形成的乳液粒径分布很均匀，具有良好的乳化效果。所使用的固化剂具有类似于表面活性剂的结构，能在水中很好地乳化低分子量的液体环氧树脂。

（5）水性环氧地坪涂料底漆和中间漆的特点　水性环氧地坪涂料的封闭底漆和中间漆的一个重要应用特点是可以作为溶剂型环氧地坪涂料、高固体分环氧自流平地坪涂料的底漆和中间漆，层间附着力优异，即可以代替溶剂型环氧地坪涂料、高固体分环氧自流平地坪涂料的底漆和中间漆，从而避免了用溶剂型环氧地坪中间漆对环境造成的污染。

4. 水性环氧地坪涂料配套体系的施工方法及用量

（1）基层地面的处理

① 新竣工的地坪必须养护 28d 后方可施工。

② 清除表面的水泥浮浆、油污、旧漆以及黏附的垃圾杂物；清除积水，并使潮湿处彻底干燥。

③ 用无尘打磨机打毛地坪表面，并用吸尘器彻底清洁；对地坪表面的洞孔和明显凹陷处应用腻子来填补批刮，实干后，打磨吸尘。

④ 地坪基层混凝土的抗压强度应不低于 20MPa，抗拉强度不低于 2MPa。施工环境应满足湿度小于 85%，温度 10～40℃，并保持通风良好，表面平整度在 3.0mm 以内，含水量不高于 6%，pH 值 6.0～8.0。

（2）水性环氧底漆的施工方法

① 配制封闭底漆，将组分 A 用电动搅拌机搅拌 1min 左右，再按照组分 A 与组分 B 以一定的比例混合，进行搅拌直至搅拌均匀，搅拌均匀后混合物应为白色乳状的黏稠物。然后再加入自来水，加入量约为组分 A 和组分 B 质量之和的 1/5，再次充分搅拌均匀，直至混合物变为均匀的白色乳液，即为底涂材料。混合后的底涂须在 1h 内用完。

② 可选择刷涂、辊涂、喷涂等工艺均匀涂装于基面，一般采用辊涂。在处理清洁、平整的地坪表面时，采用高压无气喷涂或辊涂，施工环氧底漆一道。涂装后 5～6h 可进行下一道涂装。如基面强度太差，需涂装两次底涂。

（3）水性环氧中间漆的施工方法

① 配制水性环氧地坪中间漆，将组分 A 用电动搅拌机搅拌 1min 左右，再将组分 A 与组分 B 以一定比例混合，进行搅拌直至搅拌均匀。

② 水性环氧地坪中间漆砂浆层用的粗砂粒径取决于所要刮涂的厚度。如中间涂层要求较厚，可使用粒径较粗的砂子。中涂砂浆做完之后，如表面粗糙，可以先打磨再用批补腻子批平，也可以用细砂批补一遍之后再用腻子批补。细砂的粒径可为粗砂粒径的一半左右。主要作用是填充粗砂之间的空隙，防止开裂、节省材料。混合后的中涂须在 1h 内用完。

采用刮涂方式施工水性环氧地坪中间漆砂浆层，一般施工 1d 后可进行下一道工序施工。

③ 用无尘打磨机打磨水性环氧地坪中间漆砂浆层，并用吸尘器彻底清洁，然后刮涂水性环氧地坪中间漆腻子层。水性环氧地坪中间漆腻子层用的是石英粉，混合好的中涂材料须在 1h 内使用完毕，涂装一般 1d 后可进行下一道工序。

（4）水性环氧面漆的施工方法

① 用无尘打磨机打磨地坪中间漆腻子层，并用吸尘器彻底清洁。

② 配制水性环氧地坪面漆，将组分 A 用电动搅拌机搅匀，再将组分 A、B 按一定配比配好，搅拌均匀后，按总量 10%～20%加入水调节黏度并搅拌均匀后即可使用。混合后的面漆

需在1h内用完。

③ 可选择刷涂、辊涂、喷涂等工艺均匀涂装，一般采用辊涂。涂装后6～8h可进行下一道涂装，一般需要涂装两道。

（5）水性环氧地坪涂料的用量　水性环氧地坪涂料的封闭底漆用量为0.12kg/m²；中间漆用量为0.4kg/m²；面漆用量为0.32 kg/m²，即水性环氧地坪涂料每平方米的用量之比，*m*（底漆）：*m*（中间漆）：*m*（面漆）为3∶10∶8。

四、水性环氧地坪的透气性及其原理

目前常根据环氧乳液的种类相对应地将水性环氧地坪涂料分为Ⅰ型和Ⅱ型。即Ⅰ型涂料是环氧树脂直接用乳化剂乳化；Ⅱ型涂料是其固化剂中含有亲水亲油基团，施工时涂料两组分混合后固化剂能够乳化溶剂型环氧树脂。水性环氧地坪涂料以Ⅱ型为主。

解释水性环氧地坪的透气原理有毛细管原理、造孔剂原理等[48]，下面介绍一种验证水性环氧地坪具有透气性能的方法，并通过与溶剂型环氧地坪涂料的对比，分析水性环氧涂料的固化过程，阐释其透气性原理及造成涂料性能差异的原因。

1. 透气性验证试验方法

在两个致密性一致的相同金属桶中分别制作厚度为100mm的混凝土，在温度（20±1）℃、湿度≥90%的条件下养护24h，使混凝土最终含水率保持在60%左右，然后按照环氧地坪施工工艺，在两个桶中分别施工水性和溶剂型两种环氧地坪涂料，施工厚度5mm（一般环氧地坪涂层厚度不超过5mm），涂料用量均为（180±5）g，如图2-38所示。施工完毕后，在25℃下静置3d，待涂层完全固化后，将两个金属桶放置于105℃的烘箱中烘烤24h，观察效果，并对烘烤前后的质量进行记录分析。

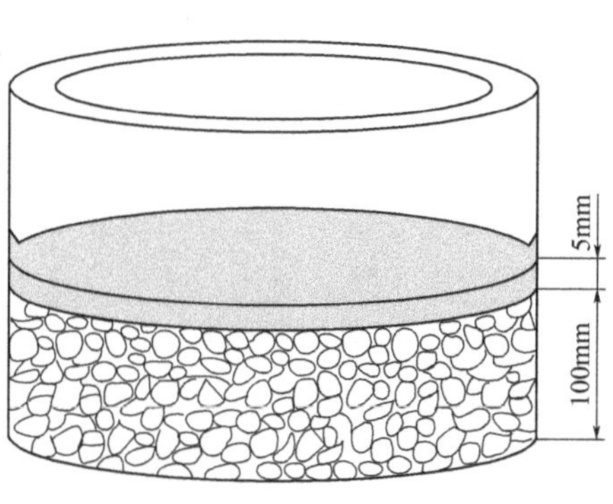

图2-38　透气性验证示意图

2. 透气性试验验证结果

两个金属桶在烘烤过程中，含水率较高的混凝土内部会产生蒸汽或潮气，不断向外逸出。在施工水性环氧涂层的金属桶中，涂膜及桶底均未出现异常；而施工溶剂型环氧涂层的金属桶中，涂层无异常，但金属桶底部发生了向外膨胀、鼓包的现象。

（1）金属桶外观变化　在高温烘烤的条件下，混凝土中的水分逐渐转化为蒸汽逸出，水性环氧地坪涂层的透气性可以使这些蒸汽从内部透过，从而涂层的表观及铁桶底部均无变化；但在溶剂型环氧地坪涂层下，由于涂层不具有透气性且与混凝土粘接强度较高，不断逸出聚集的蒸汽产生较大的压力导致底部桶皮与混凝土分离，随着气体的不断膨胀，压力逐渐增大，迫使桶底变形。这一现象说明溶剂型环氧地坪涂层不具有透气性，而水性环氧地坪涂层具有透气性。

（2）质量变化　在相同条件下，施工水性环氧地坪涂料和溶剂型环氧地坪涂料的金属桶在烘烤前（静置3d）、烘烤过程中（24h）的整体质量随时间的变化如表2-84和表2-85所示。

表2-84　烘烤前(静置3d)不同时间点试验桶的质量

涂料种类	金属桶质量变化/g				
	0	12	24	48	72
水性环氧地坪涂层	2600	2562	2541	2530	2528
溶剂型环氧地坪涂层	2600	2598	2598	2597	2597

表 2-85　烘烤过程中不同时间点试验桶的质量

涂料种类	金属桶质量变化/g					
	0	2	4	8	12	24
水性环氧地坪涂层	2528	2294	2204	2120	2107	2102
溶剂型环氧地坪涂层	2597	2590	2587	2586	2580	2580

从表 2-84 和表 2-85 可以看出，烘烤前后，施工油性环氧涂料的金属桶质量基本保持不变；而施工水性环氧涂料的金属桶，无论在烘烤前的养护期，还是在烘烤的过程中，其质量均不断减少，且在烘烤时损失的质量大于涂层的施工量。这说明，无论是室温条件下涂层体系内挥发的水分，还是高温环境中混凝土内部受热蒸发的水分，都可顺利地透过涂层而逸出。

3. 透气性原理分析

分析水性环氧涂层的透气性原理，首先要了解涂料的固化过程。

水性环氧地坪涂料是多相体系，其配制过程是在高速分散机作用下，含有亲水亲油基团的固化剂首先乳化环氧树脂，使得亲油基团的固化剂将高速分散下的环氧树脂微粒包裹，形成胶囊式的乳胶粒子，亲水基团向外，然后分散于水相中。固化过程中，在水分挥发、粒子变形、粒子合并阶段都伴随着环氧树脂与固化剂之间的化学反应。总的来说，存在以下两种固化过程。

（1）粒子合并固化　在乳胶粒子之间，具有合并成膜的趋势，但由于存在相界面阻力，与其他乳胶粒子相互成膜的难度加大，只有部分乳胶粒子能够合并成较大的粒子，并逐步发生反应，且在水分完全挥发前固化成型，从而在一定范围内独立与基层形成粘接。

（2）粒子独立固化　在水分完全挥发前，乳胶粒子内部，固化剂向环氧树脂迁移，快速发生反应，形成独立的固化粒子，与基层粘接。

水性环氧涂层固化成型如图 2-39 所示。

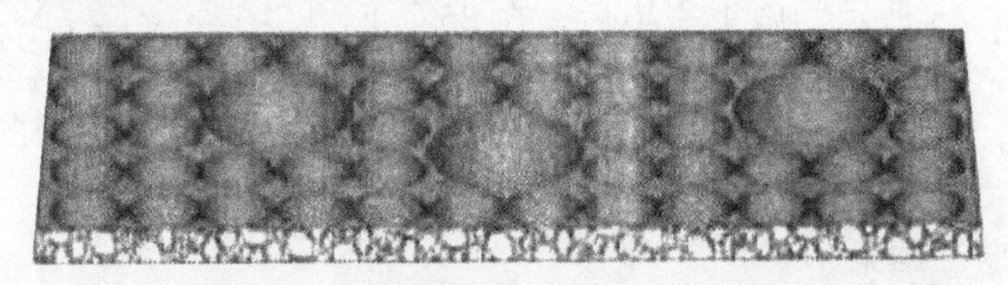

图 2-39　水性环氧涂层固化成型示意图

由图 2-39 可知，胶囊式粒子固化后紧密排列，而水挥发后的空位形成空隙，成为水蒸气逸出的通道，从而使得整个涂层具有透气性。实际应用中，水性环氧地坪的这一特性可以保证基层混凝土中的潮气顺利透过并逸出，而不损坏环氧涂层，如图 2-40（a）所示。

溶剂型环氧地坪涂料的固化过程属于均相固化，环氧树脂与固化剂以分子形式均匀地分散于稀释剂或活性溶剂中，树脂与固化剂分子可以充分接触。成膜时，随着稀释剂的蒸发或活性溶剂的参与，两种物质逐步反应形成网络交联的致密结构，在固化过程中无法形成透气通道。因此，一旦混凝土基层返潮，其造成的潮气逐渐在局部累积，产生的压强迫使涂层与混凝土剥离，从而导致涂层膨胀、鼓包［见图 2-40（b）］。在实际应用中，鼓包的位置极易受损而形成瑕疵，影响地坪的整体效果及使用。因此，对于溶剂型环氧地坪涂料，需要在设计时有防水措施，并保证基层含水率满足标准要求。

4. 涂层透气性的影响因素

（1）施工工艺对透气性的影响　实际施工过程中，一般会根据客户需求及现场情况对环氧地坪的施工工艺进行适当的变化和调整。但总体来讲，其施工工艺都包含基础处理、底漆封闭、中涂施工、腻子找平、面漆施工及养护等步骤，施工的先后顺序如图 2-41 所示。

按照图 2-41 工艺分别在图 2-38 所示的金属桶中制作 3mm、5mm、8mm 的涂层，涂层厚度及透气结果见表 2-86。

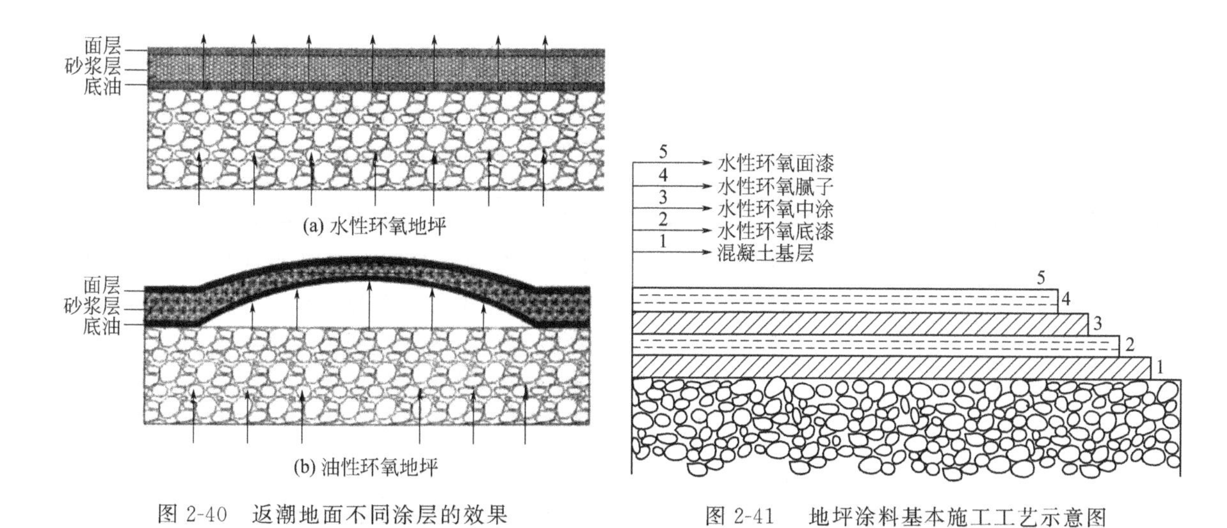

图 2-40 返潮地面不同涂层的效果

图 2-41 地坪涂料基本施工工艺示意图

表 2-86 不同厚度涂层透气性检测结果

项目	涂层名称	涂层(总体厚度)/mm		
		3	5	8
施工厚度	底漆	0.1	0.1	0.1
	中涂	2.3～2.5(分 2 道施工)	4.3～4.5(分 4 道施工)	7.3～7.5(分 6 道施工)
	腻子	0.1～0.2	0.1～0.2	0.1～0.2
	面漆	0.3～0.4	0.3～0.4	0.3～0.4
试验结果		金属桶底无变化	金属桶底无变化	金属桶底无变化

从表 2-86 可以看出，水性环氧地坪施工中，不同的施工厚度、不同的施工道数，均可以保证涂层具有透气性，且施工过程中石英砂（中涂施工时添加）、石英粉（腻子施工时添加）等物料的加入，仍然使涂层具有透气性，从而在使用过程中，不受潮气的影响或破坏。

（2）分散条件对透气性的影响　乳胶粒子的大小影响水性环氧涂料的固化成膜，而乳胶粒子的大小与分散条件有关。实际施工时双组分涂料的混合都使用手持式电动搅拌机进行预混、分散速度越高，乳胶粒子被分散时的粒径越小，越有助于固化成膜。但是，Ⅱ型水性环氧地坪涂料在高速搅拌时，容易导致环氧树脂乳化不充分，加水后，尚未乳化的环氧树脂易与水相形成非均相混合物，涂刷获得的涂层有独立的环氧树脂点，从而导致部分位点无法固化，涂层表面发黏。

产生上述问题的原因在于当搅拌速率较大时，油性树脂被分散为小颗粒，与水性固化剂相结合，仅能达到部分乳化的效果。施工后，未被乳化的树脂颗粒形成一个不能固化的空穴，导致涂层不连续，但对透气性结果影响不明显，因此，在施工水性环氧地坪涂料时，需要按照材料说明控制好分散条件。

5. 两种环氧地坪涂料的力学性能对比

分别使用油性、水性环氧地坪涂料制备涂膜，经过相同条件的养护，在同一时间测试涂层硬度、粘接强度、抗压强度及耐冲击性等力学性能，测试结果如表 2-87 所示。

表 2-87 两种环氧地坪涂料的涂层性能对比

测试项目	GB/T 22374－2008 标准要求	涂层性能测试结果	
		油性环氧涂料	水性环氧涂料
铅笔硬度	＞H	3H	2H
粘接强度/MPa	＞2	3.1	2.4

续表

测试项目	GB/T 22374—2008 标准要求	涂层性能测试结果	
		油性环氧涂料	水性环氧涂料
抗压强度/MPa	＞50	70	59
耐冲击性/cm	50	50	50

从表 2-87 可以看出，与溶剂型环氧地坪涂料相比，在同一时间测试的水性环氧地坪涂料铅笔硬度、粘接强度、抗压强度值略低，其中抗压强度的差别较为明显，但均满足标准要求。

这些差异存在的首要原因在于胶囊式粒子在固化过程中，固化剂向树脂边扩散并固化，形成边缘交联度高、而中心交联度低的固化物，造成材料整体的交联度较低。

为了进一步了解涂层，对涂层进行耐冲击破坏性测试，结果见图 2-42。

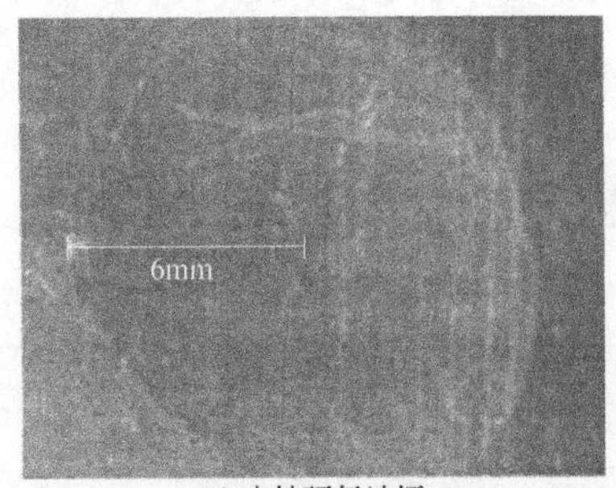

(a) 水性环氧地坪

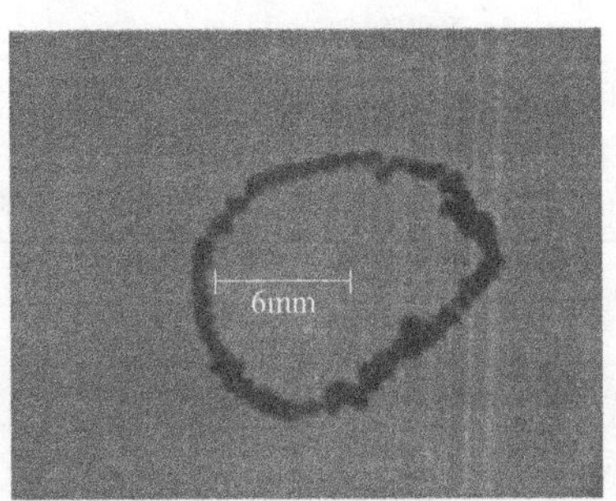

(b) 油性环氧地坪

图 2-42 两种环氧地坪涂层耐冲击破坏性测试结果

从图 2-42 可以看出，溶剂型环氧地坪涂层受力点外出现环形裂纹，而外力作用于水性环氧地坪涂层时，仅在受力点形成破坏，对周围部位几乎无影响，这一结果进一步说明，胶囊式粒子在固化时是独立式固化，受外力冲击时，固化物对周边的作用或外力传递较小，不影响周边涂层。可见，水性环氧涂层是一个胶囊式粒子独立固化，固化物紧密排列，且与基层或涂层形成点位粘接的不连续涂层。

总之，水性环氧地坪涂层具有透气性，主要在于其独特的胶囊式粒子固化过程，实际应用中，可以避免地坪涂层产生鼓包缺陷；而且不同的施工厚度、施工道数，均可以保证涂层具有显著的透气性，施工中，石英砂、石英粉的加入，透气性仍然可以保证涂层不受潮气影响；分散条件不影响涂层的透气性，但不适当的分散条件会对涂层的表观造成影响。

相比于溶剂型环氧地坪涂料，水性环氧地坪涂料的性能变差，主要在于其固化交联程度不高。耐冲击破坏试验表明，溶剂型环氧地坪涂层是一个连续整体涂膜，而水性环氧涂层是一个胶囊式粒子独立固化、固化物紧密排列，且与基层或涂层形成点位粘接的不连续涂层。

参考文献

[1] 常玉，梁剑锋，刘戎志. 无溶剂环氧自流平地坪涂料的技术探讨. 涂料工业，2005，35（12）：50-52.

[2] 郭铭，张锋，许永辉. 几种典型固化剂对环氧树脂涂料性能的影响. 中国涂料，2002，（5）：27-28.

[3] 徐凯斌. 厚膜环氧自流平工业地坪涂料的研制. 新型建筑材料，1999，（11）：44-48.

[4] 张涛，胡志滨，赵军. 厚浆型自流平环氧地坪涂料的研制. 中国涂料，2001，（4）：4-8.

[5] 戴志晟，郭铭. 防腐性能优异的新型环氧树脂固化剂——腰果酚改性聚酰胺. 现代涂料与涂装，2011，14（2）：15-18.

[6] 郭铭，Tavares，Fernanda. 具有优异综合性能的环氧树脂固化剂 LITE 3005 及其配方设计. 现代涂料与涂装，2013，16（10）：10-13.

[7] 戴志晟，张晓晖. 环氧改性胺固化剂在施工中的应用. 中国涂料，2004，（11）：35-37.

[8] 沈敏敏，哈成勇. 彩色自流平新型环氧地平涂料的研究. 化学建材，2001，12（1）：21-23.

[9] 巩强，曹红亮，赵石林. 纳米 Al_2O_3 透明耐磨复合涂料的研制. 现代涂料与涂装，2004，（2）：1-3.

[10] 张睿，王留方，倪爱兵，等，无溶剂环氧自流平地坪涂料. 涂料工业，2006，36 (12)：24-27.
[11] 徐红，李经，Jitendra Bhatia. 无毒可再生超浅色环氧稀释剂. 现代涂料与涂装，2015，18 (7)：30-36.
[12] 王天堂，等. 符合GMP要求的环氧自流平涂料探讨. 南方涂饰，2002，(6)：16-18.
[13] 黄琪. 环保型自流平地坪涂料. 中国涂料，2000，(1)：12-14.
[14] 张涛，等. 环氧地坪涂料的涂装及配方设计//全国化学建材协调组、建筑涂料专家组. 第一届中国建筑涂料发展战略与技术研讨会论文集. 北京，2001.
[15] 李桂林. 环氧树脂涂料配方设计. 涂料工业，1999，(12)：1-7.
[16] 姜福贵，王金平. BYK助剂在环氧地坪漆中的应用. 中国涂料，2004，(8)：35-36.
[17] 张传凯. 新编涂料配方600例. 北京：化学工业出版社，2006.
[18] 徐峰，邹侯招，储健. 环保型无机涂料. 北京：化学工业出版社，2004：303-304.
[19] 王晓东，侯锐钢. 环氧自流平地坪涂料. 上海涂料，2002，40 (1)：41-44.
[20] 张微，龙军峰. 改性环氧树脂耐磨涂料的制备与性能研究. 上海涂料，2004，42 (3)：4-6.
[21] 哈成勇，沈敏敏. 萜二醇和环氧氯丙烷共聚物及其制法：中国，00117529.7. 2000.
[22] 黄月文. 高渗透活性环氧地坪涂料. 广东南方涂饰，2005，(5)：14-16.
[23] 黄月文，刘伟区. 糠酮环氧水泥地坪涂料的研究. 新型建筑材料，2004 (5)：21-23.
[24] 汪斌，陈团. 环氧大豆油在无溶剂环氧地坪涂料中的应用研究. 涂料工业，2014，44 (7)：1-4.
[25] 唐植贤，徐军标，蔡芬峰. 桔皮纹理效果环氧地坪漆的制备. 上海涂料，2016，54 (1)：28-31.
[26] 崔锦峰，杨保平，郭军红，等. 溴碳环氧无溶剂防火防腐地坪涂料的研制. 涂料工业，2010，40 (7)：5-9.
[27] 黄凯，谢亦富，赖映标，等. 自流平乙烯基重防腐地坪涂料的研制. 涂料工业，2010，42 (7)：60-63.
[28] 王晓冬，刘立创. 乙烯基酯树脂在混凝土地坪防腐中的应用. 山西建筑，2005，31 (7)：129-130.
[29] 谢亦富，赖映标，陈绍波，等. 环保型活性稀释剂制备环氧自流平地坪涂料的研究. 广东化工，2013，40 (3)：39-40.
[30] 申德妍，刘伟区，班文彬，等. 纳米改性聚氨酯/环氧复合地坪涂料的研制. 新型建筑材料，2005，(12)：36-38.
[31] 周普，晏大雄，朱永筠. 超细绢云母粉在环氧防腐蚀涂料中的应用. 涂料工业，2004，34 (6)：40-41.
[32] 张微，黄伟九，龙军峰，等. 改性环氧耐磨涂层的性能研究. 涂料工业，2005，35 (4)：25-29.
[33] 梁剑锋，周子鹄，刘戎治，等. 无溶剂环氧自流平重防腐地坪涂料. 涂料工业，2005，35 (9)：19-22.
[34] 李强. 停车库环氧地坪涂层剥离破坏原因及对策. 住宅科技，2012，(2)：60-62.
[35] 程启朝. 如何提高工业地坪的施工质量与应用. 现代涂料与涂装，2007，10 (4)：25-27.
[36] 谢慕华. UV固化彩色涂膜耐迁移性的研究. 涂料工业，2003，33 (5)：14-16.
[37] 江洪申，陈安仁，环氧树脂水性化研究//全国化学建材协调组建筑涂料专家组. 第三届中国建筑涂料产业发展战略与技术研讨会论文集. 上海，2003.
[38] 周天涛，沈志明，王宝根. 水性环氧及其在建筑中的应用. 新型建筑材料，2001，(5)：16-18.
[39] 陶永忠，陈挺，顾国芳. 室温固化水性环氧树脂涂料. 涂料工业，2001，31 (1)：36-38.
[40] 陈铤，施雪珍，施生君. 水性环氧地坪涂料的配方设计及施工. 上海涂料，2004，42 (2)：26-30.
[41] 顾国芳，陈铤. Ⅱ型水性环氧树脂乳液及其固化过程的研究//全国化学建材协调组建筑涂料专家组. 第一届中国建筑涂料产业发展战略与技术研讨会论文集. 北京，2001.
[42] 石磊，刘伟区，刘艳斌，等. 新型聚氨酯改性水性环氧涂料的研究. 新型建筑材料，2006，(9)：67-69.
[43] 孙再武，张伶俐，周子鹄. 高性能薄涂型水性环氧地坪涂料的制备与施工工艺. 现代涂料与涂装，2005，8 (5)：1-4.
[44] 孙顺杰，乔亚玲. 新型水性仿石地坪涂料. 现代涂料与涂装，2013，16 (6)：1-5.
[45] 徐峰，薛黎明，尹东林. 腻子与建筑涂料新技术. 北京：化学工业出版社，2015：224-227.
[46] 张强国，俱国鹏，房妮，等. 水性环氧地坪涂料的合成研究. 现代涂料与涂装，2010，13 (7)：33-36.
[47] 马小芳，李华明，李顺喜. 水性环氧地坪涂料配套体系的研制及其应用. 中国涂料，2015，30 (9)：49-53.
[48] 姚俊海，章荣会，霍利强，等. 水性环氧地坪的透气性验证与原理分析. 涂料工业，2014，44 (4)：6-10.

第二章

聚氨酯、聚脲、甲基丙烯酸甲酯地坪涂料

第一节　溶剂型和无溶剂型聚氨酯地坪涂料

一、聚氨酯地坪涂料的特征

聚氨酯类涂料具有非常全面的综合性能，例如装饰性、物理机械性能和耐候性等，并且可以根据选用聚氨酯材料的不同而使涂膜的延伸性能在很大范围内变化。例如，可以从延伸率很高、弹性很好调整到几乎无延伸性的高硬度产品。因而，在各大类涂料中都有聚氨酯类涂料的品种，且都属于高性能产品，例如建筑墙面涂料、木器涂料、汽车涂料、防水涂料等等，不胜枚举。因而，聚氨酯类涂料是非常重要、品种很多、用途广泛的一类涂料。

聚氨酯类地坪涂料是目前应用量大、品种多的品种，综合来说仅次于环氧树脂类地坪涂料，是地坪涂料的两大主要品种之一，而且多为功能性地面涂料。

一般地说，环氧树脂类地坪涂料的耐磨性、与基层的附着力和对基层潮湿的容忍性优于聚氨酯类；而聚氨酯地面涂料也具有优良的耐水性、耐酸碱性、抗油污、不起尘、易清洁、有弹性、优良的附着力及耐磨性等物理机械性能；聚氨酯弹性地坪涂料所具有的功能性特征则是良好的延伸性和抗冲击性，有减震作用，行走舒适。

我国较早开发应用成熟的聚氨酯地坪涂料有两种，一种是加入防滑剂或者在施工时使用防滑剂施工防滑地面涂料；另一种是聚氨酯弹性地面涂料，通常也是双组分常温固化型涂料，由聚氨酯预聚物组分为甲组分，由含羟基树脂、颜料、助剂等混合组成乙组分，施工时将甲、乙两组分按比例混合，涂装后涂料交联固化成膜，形成具有弹性的彩色地面涂膜。

此外，以不含颜（填）料的聚氨酯清漆或含颜料的瓷漆作为木地板的涂装材料在我国建筑装潢兴起的初期得到很多应用，但后来随着木地板性能、档次的提高和生产工艺的改变而失去了这方面的应用。

目前来说，聚氨酯地坪涂料的应用品种除了功能性产品外，更主要的仍然是取聚氨酯涂料的弹性而应用，即聚氨酯弹性地面涂料。这类涂料的适用基层主要是水泥类（如水泥砂浆、混凝土）、木材类等地面以及金属底材，其适用的场所主要是计算机房、控制室、高等级实验室、体育场馆、超净厂房等地面，以及会议室、影剧院和各种要求具有弹性、行走舒适的工业与民用建筑的地面。

聚氨酯地坪涂料的不足之处是环保性较差，例如常使用高毒性的甲苯二异氰酸酯（TDI）

作为固化剂组分，导致生产与施工过程中对环境和人员产生较大的影响。因而，提高其环保性能是其发展的必然趋势。例如，聚氨酯地坪涂料的无溶剂化、水性化和避免使用高毒性原料[例如使用二苯基甲烷二异氰酸酯（MDI）代替甲苯二异氰酸酯（TDI）等]技术均得到成功应用，并将逐渐成为聚氨酯地坪涂料的主流产品。

我国已经对环保型聚氨酯地坪涂料进行了大量的研究，开发出诸如无溶剂喷涂型硬质聚氨酯涂层[1]、无溶剂聚氨酯彩砂地坪[2]、船舶舱室聚氨酯地板涂料[3]和无溶剂聚氨酯透水地坪[4]等。

近年来同样得到较多研究的是水性聚氨酯地坪涂料，主要是研究双组分产品。例如对羟基组分水性化的研究和对水性异氰酸酯固化剂的研究。前者如对乳液型丙烯酸多元醇[5]、对分散体型多元醇的研究[6]；后者如采用亲水组分对异氰酸酯改性以使其能达到自乳化的研究[7]等。

总体上说，与环氧树脂类地坪涂料相比，聚氨酯弹性地面涂料目前的应用量还不大，但在应用范围上则各有偏重，各有优势。由于聚氨酯地坪涂料具有柔韧性可以大范围调整等优势[8]，从而能满足不同的应用需求。因此，聚氨酯地坪在不同应用功能的开拓上具有很大的潜力。随着人们生活方式的改变和各种超净尘、高舒适性的需要以及运动场馆建设的现代化，并伴随着聚氨酯弹性地面涂料品种的增多、性能的完善和施工技术的进步，其使用已在越来越多的场合被认可，应用将会越来越广泛，应用量也将会不断增大。

二、聚氨酯地坪涂料的主要种类

按照分散介质的不同，聚氨酯地坪涂料有溶剂型、无溶剂型和水性等品种；按照使用方式不同有单组分和双组分之分，按照涂料功能特性的不同有防滑地坪涂料、弹性地坪涂料、运动场地地坪涂料等；按照涂料在涂层结构中的作用有封闭底涂料、中层涂料和面涂料以及水性聚氨酯水泥复合砂浆等，如表 3-1 所示。

表 3-1　聚氨酯地坪涂料的分类与种类

分类方法	涂料种类	对组成、特征或用途等的描述
按分散介质的不同分类	溶剂型	包括单组分和双组分聚氨酯地坪涂料，涵盖了早期的各类产品，如弹性型、防滑型、舱室地坪涂料等，是发展最早、技术成熟的一类产品。涂料（包括固化剂组分）中含有溶剂，对环境的影响较大，是应用受限制的涂料品种
	无溶剂型	涂料（包括固化剂组分）中含有的溶剂或 VOC 很少，环保性能较好。产品包括硬质和弹性等类型产品。为了确保环保性能，常使用二苯基甲烷二异氰酸酯（MDI）作为涂料的异氰酸酯组分，以避免使用高毒性原料。是聚氨酯地坪涂料发展的方向
	水性	包括单组分和双组分两类产品。单组分聚氨酯地坪涂料主要是指由粒径为 0.001～0.1μm 的聚氨酯分散液或者由粒径更大的聚氨酯乳液制备的地坪涂料，其耐溶剂和耐化学品性不良，涂膜硬度以及表面光泽度较低。 水性双组分聚氨酯地坪涂料由含羟基水性多元醇组分和水性多异氰酸酯固化剂组成，它将双组分聚氨酯涂料的高性能和水性涂料的低 VOC 结合起来，是近年来水性聚氨酯地坪涂料的主要研究对象，目前的产品性能已接近溶剂型双组分聚氨酯地坪涂料
按产品使用方式不同分类	单组分	单组分聚氨酯地坪涂料由含羟基化合物与过量的多异氰酸酯反应生成的预聚物、溶剂、颜料、除水剂和助剂等组成，利用空气或基材表面的水分固化，其耐磨性能优异
	双组分	涂料的甲组分是以甲苯二异氰酸酯（TDI）或二苯基甲烷二异氰酸酯（MDI）与混合聚醚合成的预聚体；乙组分系采用混合聚醚制成的含—OH 基团树脂或其他含—OH、—NH_2 活泼基团的材料，添加各种颜（填）料和助剂后制成。具有良好的综合性能，目前绝大多数聚氨酯地坪涂料属于双组分产品

续表

分类方法	涂料种类	对组成、特征或用途等的描述
按涂料功能特性的不同分类	防滑地坪涂料	聚氨酯涂膜本身有很好的防滑性能，其涂膜干态、水湿态和油湿态时的静摩擦系数均大于0.45，因此可用于有防滑性能要求的场合，并可以配合金刚砂或刚玉等作为防滑粒料配制防滑要求更高的涂料
	运动场地坪涂料	运动场聚氨酯地坪涂装体系，又称为聚氨酯铺面材料、塑胶铺地材料、塑胶地面等硬度(邵氏 A)在45～80，施工方式有全塑型、透气式、复合型等多种方法；多以单组分或多组分聚氨酯涂料封底，其上铺设多组分(常为双组分或者三组分)的无溶剂聚氨酯涂料
	弹性地坪涂料	多为双组分涂料，由聚氨酯弹性预聚物(甲组分)和由含羟基树脂组分与颜料、助剂等混合组成的乙组分所组成，涂膜延伸性和抗冲击性良好，具有减震作用，行走舒适，是高级机房、实验室、体育场馆等多种高等级工业及民用建筑地面的良好装饰材料

如上所述，聚氨酯地坪涂料有溶剂型、无溶剂型和水性等品种。本节主要介绍与溶剂型和无溶剂型有关的聚氨酯地坪涂料品种，水性聚氨酯地坪涂料在第四节介绍。

三、聚氨酯地坪涂料的原材料

（一）基料

聚氨酯地坪涂料为双组分涂料，基料由聚氨酯预聚物和固化剂构成。聚氨酯预聚物是涂料的主体和技术核心，其性能直接决定涂料的性能。根据对涂料性能的要求不同，可以合成不同的聚氨酯预聚物，例如下面地坪涂料生产技术中涉及的聚醚型弹性聚氨酯、聚酯型聚氨酯弹性预聚物以及新型高性能聚氨酯弹性树脂等。

（二）填料和颜料

1. 填料

填料在涂膜中起到骨架和填充作用，能够增大涂料的黏度、增加涂膜的厚度和提高涂膜的机械强度以及降低涂料的成本等。填料含水率要小于0.1%，有一定的硬度，能够耐酸碱；并需要具有合适的细度。例如，对于环氧砂浆类厚质涂料来说，使用填料的目的是填充砂颗粒之间的间隙，这种情况下使用的填料不应有太高的细度，在200～325目；对于应用于面涂层的涂料，要求光泽和耐磨性等，需要使用高细度、高硬度的填料，应高于600目。

填料可以使用滑石粉、硅灰石粉和重质碳酸钙等普通填料，或者使用石英砂、金刚砂和刚玉等高硬度填料，能够增加弹性涂膜的耐磨性；重质碳酸钙易溶解于酸，不宜用于有防酸介质腐蚀要求的地面。

2. 颜料

配制彩色聚氨酯地坪涂料需要使用颜料，通常使用强度高、耐酸碱的无机颜料，或者物理化学性能稳定的有机颜料。如白色颜料使用钛白粉；红色颜料使用氧化铁红、钼铬红、镉红等；黄色颜料使用氧化铁黄、镉黄、耐晒黄；绿色颜料使用氧化铬绿、酞菁绿等；黑色颜料使用氧化铁黑、炭黑等；蓝色颜料使用稳定型酞菁蓝。如此等等，不一而足。

（三）溶剂

1. 聚氨酯涂料对溶剂的特殊要求

聚氨酯类涂料对溶剂的要求较高，除了像一般涂料一样考虑溶解度、挥发速率、成本和毒性等共同特征外，还应该注意到聚氨酯树脂中含有异氰酸酯基（—NCO）的具体情况，一般需要从以下几个方面考虑。

（1）溶剂中不能够含有与异氰酸酯反应的物质

① 不能使用醇和醇醚类等极性溶剂。溶剂中若含有与异氰酸酯反应的物质，则会导致涂料变质。因此，醇类、醇醚类溶剂都不能作为聚氨酯涂料的溶剂使用。

② 溶剂中不能含有水。溶剂和水之间有一定的溶解度。例如，水在丙酮中可以任意溶解；而在20℃时每100g醋酸乙酯、甲基异丁基酮和苯中可以溶解水的量分别为3.01g、1.9g和0.06g。可见，普通工业溶剂中或多或少地含有水分。

溶剂中含的水分会使异氰酸酯发生凝胶，使涂膜产生小泡和针孔。这主要是由于溶剂中的水分与异氰酸酯反应，生成脲与缩二脲而消耗异氰酸酯。1mol水需要消耗1mol以上的异氰酸酯，即18g水要消耗174g甲苯二异氰酸酯，1份水要消耗近10倍的甲苯二异氰酸酯，使配比失常，支化增加，产生凝胶。因此聚氨酯涂料应使用无水级溶剂，或者使用氨酯级溶剂。

③ 氨酯级溶剂。氨酯级溶剂是指含杂质极少，可应用于聚氨酯涂料的溶剂。氨酯级溶剂的纯度比普通工业溶剂高。例如，酯类溶剂除了不含水外，还必须尽量减少游离酸和醇的含量，以免与异氰酸酯基反应。酯类溶剂中含有的水、醇和酸三者的总和用异氰酸酯当量表示，是指消耗1g当量—NCO基所需要溶剂的克数。溶剂的异氰酸酯当量数值越大，稳定性越好，小于2500时即不能应用于聚氨酯涂料。

(2) 溶剂对异氰酸酯基反应速度的影响。溶剂的极性越大，异氰酸酯与羟基的反应越慢。甲苯与甲乙酮之间相差24倍，其原因是溶剂分子极性大，会与醇中的羟基形成氢键而发生缔合，使反应缓慢。

2. 稀释剂

聚氨酯涂料的稀释剂是在施工时为了调整涂料的黏度以便于施工而需要临时添加的溶剂。选择时首先要选择对预聚体有一定溶解能力的溶剂，使聚氨酯涂料成均相溶液，其次应具有较强的稀释能力，不至于增大涂料的黏度。同时，还应当考虑涂料中异氰酸基的特点。

① 对稀释剂使用的溶剂虽然不像涂料生产过程中使用的溶剂的要求那样严格（因为溶剂在涂料施工后迅速挥发，影响不大），但仍然应该注意聚氨酯涂料的特征，不能使用醇类、醇醚类溶剂。此外，溶剂中所含的水、酸、醇的量也应该尽量低。

② 稀释剂的挥发速度对聚氨酯涂料的成膜影响甚大。稀释剂的沸点低，涂膜表层的溶剂迅速挥发，则涂膜内部溶剂的进一步挥发受到影响，甚至可能造成涂膜的鼓泡和裂纹。稀释剂的沸点高，则挥发速率低，有可能会使部分溶剂残留在涂层内，降低产品的物理性能。

③ 聚氨酯涂料用稀释剂配方举例。

配方1（质量比）：无水环己酮50%，无水二甲苯50%。

配方2（质量比）：无水环己酮20%，无水二甲苯70%，无水醋酸丁酯10%。

（四）助剂

1. 促凝剂和缓凝剂

为了加快聚氨酯涂料的固化速率，可以加入促凝剂；反之，可以加入缓凝剂。促凝剂主要是有机金属盐和有机胺等两类[9]。其中，常用的有机金属盐类促凝剂有二月桂酸二丁基锡、辛酸亚锡、油酸亚锡、醋酸苯汞辛酸锡等；常用的有机胺类固化剂有*N*-甲基二乙醇胺、一乙醇胺、4,4′-二氨基二苯基甲烷、2,4-二氨基甲苯等；缓凝剂主要是一些酸类、酰氯类物质，例如磷酸、盐酸、对甲苯磺酰氯和己二酰氯等。

2. 阻凝剂

在预聚体的合成过程中，反应介质在酸性条件下，TDI主要与羟基反应生成聚氨酯预聚体；在碱性条件下，还与脲和聚氨酯反应。为了有利于产品的储存稳定性，同时确保反应的顺利进行和抑制不利的副反应发生，反应介质应始终保持在酸性条件下，通常pH值控制在5以下。在聚氨酯涂料的实际生产过程中发现[10]，当采用的原材料为进口TDI时，常出现预聚体早期成胶和储存期短的不足，其原因是进口TDI中水解氯含量低，体系的pH值接近中性。在这种情况下，加入少量的阻凝剂如苯甲酰氯、柠檬酸、盐酸、磷酸等以保证介质维持在pH值小于7的酸性条件下可以解决所述不足。例如，可以加入聚醚总量0.2%～0.4%的85%磷酸。

3. 消泡剂

聚氨酯涂料在施工时涂膜中有时会产生气泡，这对涂膜的危害很大。涂料中加入消泡剂能够消除这类涂膜弊病。聚氨酯涂料用消泡剂通常分为非硅的树脂系和有机硅系两类。树脂系消泡剂是热塑性树脂，例如乙烯基异丁醚和丙烯酸酯的共聚体等，特性是与聚氨酯涂料不相容，而能够将存在于涂膜中的小气泡表层破坏，使小气泡逐渐变成大气泡，大气泡更容易上升至涂膜表面并破裂。典型产品如德国毕克公司的 BYK052、BYK053 等。

有机硅系消泡剂的消泡功能则在于气泡一旦升至涂膜表面，由于有机硅体系的表面张力很低，能够在气泡的表面铺展而使气泡破裂，典型产品如德国毕克公司的 BYK141 等。此外，市场上还有众多的商品消泡剂可供选用。例如，国产的 550 消泡剂，其主要成分为聚硅氧烷溶液，适用于聚氨酯、环氧、丙烯酸等类涂料的消泡；201 甲基硅油，成分为聚二甲基硅氧烷，表面张力小，消泡效果显著；台湾三化公司的 C-885 和 FBRA 消泡、破泡剂，成分为脂肪烃和芳烃类的有机硅，适用于丙烯酸、聚氨酯等体系的溶剂型涂料，消泡、脱泡、抑泡效果较好。

4. 防缩孔剂

双组分聚氨酯涂料两组分的表面张力可能会存在差异，在涂料施工后因表面张力之差的驱动力，易引起缩孔。可以使用防缩孔剂避免。常用的防缩孔剂有两类，一类为热塑性树脂，与聚氨酯涂料的混溶性低，例如醋酸丁酸纤维素（如美国 Eastman 化学公司的 CAB 381-0.5 或 CAB-551-0.2），防缩孔剂在聚氨酯湿涂膜的两个组分间均呈很低的互溶性，降低两个组分的表面张力差从而避免缩孔。另一类防缩孔剂为含有机硅的化合物，能够降低聚氨酯涂料的表面张力，该类助剂典型的如德国 BYK 公司的 BYK306。也可以将此类助剂与醋酸丁酸纤维素复合使用。

防缩孔、流平剂的选用，以适应于聚氨酯类涂料使用的品种为基本选用条件，如流平剂 906、GLP 402 液体流平剂、BYK-VP-354 流平剂、BYK-355 流平剂和 Efka-39 流平剂等。醋酸丁酸纤维素选用时应选用丁酰基含量较高的产品。因为丁酰基含量越高，其防缩孔、流平的效果越好。

四、通过环氧树脂和聚氨酯反应固化的弹性地面涂料生产技术

双组分聚氨酯涂料的基料由聚氨酯预聚物（即固化剂组分）和含羟基组分所组成。作为弹性地面涂料，其含羟基组分和预聚物组分的特性与配制其他涂料不同，应根据具体性能的要求选择。

1. 含羟基的环氧树脂组分

常见的含羟基树脂有环氧树脂、聚酯树脂、聚酰胺树脂、聚醚树脂和丙烯酸酯树脂等。对于弹性地面涂料来说，由于环氧树脂对水泥地面的黏结力强，耐碱、耐腐蚀性好，因而比聚酯树脂、聚酰胺树脂、聚醚树脂等更适合作羟基组分。环氧树脂作羟基组分时，环氧基未结合，只有羟基和弹性预聚物中的—NCO 基反应。因而需要选择羟基值适当的环氧树脂。不同的环氧树脂对涂料的性能会带来不同的结果，如表 3-2 所示[11]。

表 3-2 不同环氧树脂对地面涂料的影响

环氧树脂牌号	分子量	羟基值	涂膜外观	干燥时间/h		拉伸强度/(N/mm^2)	伸长率/%
				表干	实干		
E-20	900	0.26	光滑平整	2	15	12	150
E-12	1400	0.33	有橘皮	8	24	9.5	200
E-03	3750	0.39	有橘皮和缩孔	20	48	—①	—①

① 太软，发黏测不出。

从表 3-2 中可以看出，分子量大于 1400 的环氧树脂与弹性聚氨酯预聚物的相混溶性不好，影响涂膜的外观，且涂膜的干燥性能与强度也不好，因而宜选用低分子量的环氧树脂，例如 E-20 牌号的环氧树脂作羟基组分。

2. 弹性预聚物的合成

（1）弹性预聚物的合成　聚氨酯涂料最常用的弹性预聚物是由线型聚醚或聚酯与甲苯二异氰酸酯（TDI）反应生成的含长链、含端 NCO—基的弹性预聚物。例如，可按表 3-3 所示的配方来合成弹性预聚物。

表 3-3　合成弹性预聚物使用的配方示例①

原　材　料	用量(质量比)	原　材　料	用量(质量比)
线型聚醚或聚酯②	100～120	反应控制剂(例如二丁基锡)	适用量
多元醇(三羟甲基丙烷)	4～10	混合溶剂③	80～100
甲苯二异氰酸酯(TDI)	60～80		

① 合成操作过程中尚须使用纯苯进行循环脱水。
② 线型聚醚可以使用聚丙二醇醚(牌号 204、210、220 等)、聚丙三醇醚(牌号 3034、330 等)。
③ 混合溶剂的组成为:乙酸丁酯∶二甲苯∶环己酮＝47.3∶41.7∶11.0，配制时分别投入。

表 3-3 中弹性预聚物的合成操作工艺为：先将线型聚醚或聚酯（即商品型号为 204、210、220 等的聚丙二醇醚或商品型号为 3034、330 的聚丙三醇醚）、三羟甲基丙烷、环己酮和纯苯一起投入反应釜中，开机搅拌，升温至 80℃停止搅拌。继续升温至 140℃，蒸出苯水混合物，补加损失的环己酮后，即得到线型聚醚或聚酯-三羟甲基丙烷-环己酮溶液。降温备用。

将甲苯二异氰酸酯和二甲苯全部投入反应釜中，再加入 9/10 量的乙酸丁酯于反应釜中，开动搅拌。升温至 40℃，在此温度下徐徐加入三羟甲基丙烷-环己酮溶液，加料时控制反应釜内的温度，若升温太快，可以停止加料，使反应釜内物料的温度维持在 40～50℃，最后全部加完后，加入 1/10 量的乙酸丁酯，升温至 75℃，在（75±2)℃下保温 2h 后，取样测定其 NCO—含量和不挥发分，当 NCO—含量为 8%～9.5%、不挥发分为 50%±2%时为合格，然后过滤出料，包装。

（2）不同原材料合成的弹性预聚物对涂料性能的影响

① 聚醚和聚酯对涂料性能的影响。采用线型聚醚或聚酯合成弹性预聚物，其所制得的涂料的性能是不同的。将这两种原料合成的弹性预聚物分别与 E-20 环氧树脂固化成膜，测定其干燥时间、拉伸强度和伸长率，结果如表 3-4 所示。

表 3-4　不同预聚物对地面涂料的影响

线型树脂	干燥时间/h		拉伸强度/MPa	伸长率/%
	表干	实干		
聚酯预聚物	15	36	10	300
聚醚预聚物	2	15	15	200

由于线型聚酯与聚醚相比，分子量大、分子链长、羟基值低，由其与甲苯二异氰酸酯合成的预聚物与环氧树脂反应，前者交联密度低，反应速率慢；后者交联密度大、反应速率快；所以通常采用聚醚聚氨酯弹性预聚物，以获得干燥快、强度高的涂膜。当要求弹性高的涂膜时，可以考虑采用线型聚酯预聚物。

② 多元醇用量对涂料性能的影响。在合成弹性预聚物时，多元醇的用量对涂料的干燥性能、强度和弹性有较大影响。多元醇用量对涂膜性能的影响如表 3-5 所示。

表 3-5　多元醇用量对涂膜性能的影响

多元醇用量/%	涂膜干燥时间/h		拉伸强度/(N/mm²)	伸长率/%
	表干	实干		
2	8	724	9.0	250
4	6	20	10.5	250
6	2	15	15.0	200
8	2	15	18.0	100

从表 3-5 中可以看出，随着多元醇用量的增加，涂膜的干燥性能和拉伸强度提高，弹性下降。这是由于多元醇在弹性预聚物分子链段形成刚性链段。在其用量增加时，柔性链段的运动受阻，刚性链段的作用加强，所以呈现出上述有规律的变化。根据这一原理，可以通过调节多元醇的用量，制成弹性性能不同的地面涂料。

3. 聚氨酯弹性地面涂料的生产

(1) 涂料的颜料体积浓度（PVC）　在聚氨酯弹性地面涂料体系中，颜料体积浓度的大小除了与涂膜光泽、机械性能、耐腐蚀性能等有关外，还会对涂膜的干燥性能、弹性和耐磨性产生影响。一般地说，颜料体积浓度低，涂膜光泽高、弹性和柔韧性好、耐磨性好；颜料体积浓度高，涂膜光泽低、干燥性能好而硬度高。因而，可根据使用环境的具体要求，确定合适的颜料体积浓度。但是，涂料的颜料体积浓度一定要小于其临界颜料体积浓度。

(2) NCO/OH 当量比　NCO/OH 的当量比对涂膜的性能影响较大，若甲组分弹性预聚物的用量过少，涂膜会发软、发黏，耐水、耐化学腐蚀性降低。若甲组分含量过高，则涂膜的交联密度较大，耐溶剂性提高，但涂膜脆性加大，抗冲击性能降低。一般 NCO/OH 当量比为 1.2～1.3 为宜。

(3) 参考配方　聚氨酯弹性地面涂料配方的影响因素较多，需要根据性能要求和原材料(如环氧树脂的环氧当量）和合成预聚物的羟基等来试验确定。表 3-6 中给出这类涂料的基本参考配方。

表 3-6　聚氨酯弹性地面涂料参考配方

原材料名称	用量(质量比)	原材料名称	用量(质量比)
涂料组分(乙组分)		混合溶剂①	20～30
环氧树脂	30～45	醋酸丁酸纤维素	0.2～0.3
钛白粉	10～20	E-40 消泡剂	0.05～0.2
着色颜料	8～15	固化剂组分(甲组分)	
填料	15～25	聚氨酯弹性预聚物②	100

① 混合溶剂可用比例为：乙酸丁酯∶二甲苯＝50∶50。
② 由本节表 3-3 中的配方制得。

(4) 生产程序简述　甲组分是弹性预聚物（固化剂），由本节中前述工艺合成，与涂料组分分开包装。乙组分是涂料组分，配制过程也是配漆过程，即将 E20 环氧树脂、颜（填）料、防缩孔、流平剂、消泡剂等搅拌均匀，经研磨至细度小于 30μm，即得到成品涂料。

五、聚醚型弹性聚氨酯地面涂料生产技术

用聚醚型聚氨酯配制的弹性地面涂料硬度偏低，除用胺交联以提高硬度外，还可以使用羟值为 130～400 的低分子量的聚烷基醚来制备适合于配制弹性涂料用树脂。此外，采用氧化丙烯蓖麻油聚醚，平均每个分子具有 4 个以上的羟基基团，使聚氨酯树脂具有较高的交联密度，提高了树脂的拉伸强度。聚醚与异氰酸酯反应时，如有少量的水分存在，就会使涂膜产生气

泡，影响涂膜质量。使用油酸苯汞、醋酸苯汞、辛酸汞、萘二甲酸汞、丙酸苯汞、辛酸铅、油酸铅和苯二甲酸铅等催化剂，特别是有机汞与有机铅组成复合催化剂，添加量为0.01%～2%，即使有少量的湿气存在，也能够防止产生气泡。为了进一步提高催化剂的催化活性，可添加少量的氧化铅或辛酸钙等碱性化合物。

1. 配方举例

按上述原理制备聚醚型聚氨酯弹性地面涂料的配方如表3-7所示。

表3-7　聚醚型聚氨酯弹性地面涂料配方举例

原材料名称	技术要求或规格	用量(质量比)
涂料组分(甲组分)		
聚丙三醇①	分子量为732	40.8
羟基化蓖麻油②	分子量为1040	40.6
聚丙三醇	分子量为426	4.3
二氧化钛		6.4
有机硅表面活性剂		1.0
油酸苯汞	30%矿油精溶液	1.5
固化剂组分(乙组分)		
甲苯二异氰酸酯(TDI)	20/80异构体	71.5
聚丙三醇	分子量为426	28.5

① 由三羟甲基丙烷和环氧丙烷反应制得。
② 羟值为290；平均每个分子具有5.1个羟基基团。

2. 涂料制备

(1) 涂料组分（甲组分）

① 聚丙三醇脱水。将聚丙三醇于100～102℃、1066.6～1599.9Pa下加热脱水1h。

② 色浆装备。将4.3质量份的聚丙三醇和6.4质量份的二氧化钛混合均匀，并研磨至细度小于30μm，成为色浆，将该色浆和脱水聚丙三醇混合均匀，制得混合料。

③ 涂料制备。将上述制得的混合料升温至40℃，然后加入有机硅表面活性剂和油酸苯汞，搅拌均匀，制得涂料组分。该涂料组分在25℃时黏度为0.65Pa·s，密度为1.08g/m^3。

(2) 固化剂组分（乙组分）　将甲苯二异氰酸酯（TDI）和11.5质量份的聚丙三醇混合搅拌均匀，于65℃下反应30min之后，再加入17质量份的聚丙三醇，将反应混合物在1066.6～1599.9Pa下，于60～65℃下保温1h，冷却至50℃制得预聚体（固化剂组分），该固化剂组分25℃时的黏度为2.6Pa·s，密度为1.20g/m^3，异氰酸值为163。

(3) 涂料混合比例　该涂料适合于混凝土地面和木地面的涂装，既可用于户内（如家庭和商店），也可在室外场合（如舰船甲板、天井和门廊等地方）使用。涂料组分（甲组分）和固化剂组分（乙组分）的混合比例为40∶60，于施工前混合，涂装后经过6h的充分固化后，即可上人行走。涂膜施工厚度一般为0.5～6mm。

六、聚酯型聚氨酯弹性涂料简介

1. 聚酯型聚氨酯弹性预聚物的制备

下面举例说明聚酯型聚氨酯弹性预聚物的制备方法[12]。

先制备癸二酸聚酯和己二酸聚酯。癸二酸聚酯投料比例为：癸二酸59.4kg；一缩乙二醇38.6kg；三羟甲基丙烷2.0kg。己二酸聚酯投料比例为：己二酸53.9kg；一缩乙二醇346.1kg。

然后再制备预聚物。制备预聚物的投料比例为：癸二酸聚酯37.6kg；己二酸聚酯TiO_2(6/4)色浆15.5kg；己二酸聚酯SiO_2(9/1)色浆6.3kg；TDI(2,4)体12.6kg；二甲苯 28.0kg。

2. 涂料配比及涂膜性能

涂料配比为：预聚物色浆（72% 固体溶液）75.5%；MOCA（30% 醋酸乙酯溶液）24.5%。

涂料配方参数和涂膜性能分别为：NCO/NH_2 为 1/0.9；不挥发分 61.7%；涂膜伸长率 450%～550%；涂膜拉伸强度 15～20MPa。

七、高性能聚氨酯弹性涂料[13]

这里介绍的高性能聚氨酯弹性涂料，系以聚己内酯二元醇、聚碳酸酯二元醇、三元醇及 IPDI 二异氰酸酯为主要原料，添加适量的有机锡类催化剂，树脂的羟基含量控制在 0.8%，在 100～115℃下反应 5h，得到的羟基弹性树脂的分子量分布均匀、相容性好、黏度适中、使用性能好。用 HDI 三聚体 3390 作配套固化剂，得到的聚氨酯弹性涂层，除具有普通聚氨酯弹性涂料的弹性、耐磨性等通性外，还具有比同类产品更好的快速固化功能，以及更好的装饰性和长期户外使用的耐候性、耐水性及耐化学药品性等特性。

1. 主要原材料及规格

聚己内酯二元醇（PCL），自制；聚碳酸酯二元醇（PCDL），美国进口；三元醇（P310），自制；三羟甲基丙烷（TMP），瑞典进口；佛尔酮二异氰酸酯（IPDI），37.8%；二甲苯、醋酸丁酯，工业品；催化剂，辛酸亚锡、二丁基锡；反应终止剂，自制；阻聚剂，自制；固化剂，HDI 三聚体 3390；着色颜（填）料，工业品；增稠剂，美国德固赛（Degussa）公司产品；紫外线吸收剂、抗氧剂，美国汽巴（Ciba）公司产品；流平剂，荷兰埃夫卡（EFKA）公司产品；催化剂，有机锡 10%醋酸丁酯溶液。

2. 高性能聚氨酯弹性树脂及涂料的制备

（1）羟基弹性树脂的制备 将计量好的 PCL、PCDL、P310、TMP、二甲苯和醋酸丁酯置于装有温度计、搅拌器、回流冷凝器的洁净反应釜中，开动搅拌，升温至回流温度，回流脱水至无水分蒸出。降温至 70℃，加入计量好的 IPDI，缓慢升温至 90℃，保温 1h，加入催化剂，再在 100～115℃保温 5h 后，加入反应终止剂，继续保温 0.5h，用化学分析方法测量树脂的羟值，当羟值达到理论计算值时，降温出料。

（2）涂料的制备 在制备好的羟基弹性树脂中加入计量好的着色颜（填）料、增稠剂、紫外线吸收剂和适量的混合溶剂，高速搅拌分散均匀，再用砂磨机研磨至规定细度后，加入抗氧剂、流平剂和催化剂，用混合溶剂调整至规定黏度，涂料与固化剂按 NCO/OH＝1.2 配制。

3. 结果与讨论

（1）多元醇的影响

① 二元醇结构的影响。用于合成聚氨酯弹性树脂的低聚物多元醇可以是聚醚、聚酯、聚己内酯，不同的结构赋予弹性树脂不同的性能。为了满足高品质的要求，宜选择酯基含量少、内聚能高、耐候性好的聚己内酯二元醇（PCL）作树脂的多元醇组分。聚己内酯二元醇尽管能提高涂层的耐候性，但程度有限，且不能改善涂膜的硬度、抗划伤性及耐水性。通过引入聚碳酸酯二元醇（PCDL），采用共聚酯的方法，能够提高树脂的综合性能。二元醇结构的影响见表 3-8。

表 3-8 二元醇结构对聚氨酯树脂性能的影响

项　目	涂膜性能		
	PCL	PCL＋PCDL	PCDL
涂膜颜色及外观	无色透明	无色透明	无色透明
干燥性能(25℃)/h	20	20	20

续表

项　目	涂膜性能		
	PCL	PCL+PCDL	PCDL
附着力/级	0	0	0
柔韧性/mm	1	1	1
耐磨性(500g,1000r,失重)/mg	0.09	0.03	0.02
伸长率/%	380	275	195
拉伸强度/MPa	14.23	18.98	19.35
硬度(邵氏 A)	52	91	97
表面状态	有明显划痕	无明显划痕	无划痕
ΔE(人工老化,1500h)	0.9(略有失光)	0.3～0.7	0.1～0.4

由表 3-8 可以看出，涂层的耐候性、耐磨性、强度和硬度均随着 PCDL 的加入而提高，表面状态也因树脂强度和硬度的提高而得以改善。PCDL 的加入还显著提高涂膜的水解稳定性。但过多地引入 PCDL，会使涂膜过硬而降低涂膜的弹性。

此外，将涂膜在 100℃沸水中放置沸煮 48h 后，涂层伸长率和拉伸强度均有所下降。这是因为水与羟基树脂的极性基团发生化学反应，产生化学降解，树脂的化学组成和物理结构遭到破坏。树脂中的极性基团越多，极性越强，亲水性就越大，水解稳定性越差。PCL 与 PCDL 共聚酯的涂层伸长率和拉伸强度的保持率明显高于 PCL 涂层。其原因是 PCL 中含有强极性酯基，酯基的水解造成聚氨酯树脂主链断裂，且产生羧基（$RCOOR'+H_2O \longrightarrow RCOOH+R'$-OH），羧基会进一步促进树脂水解。PCDL 中的碳酸酯基的极性尽管很大，但与水反应生成的水解产物碳酸的衍生物不稳定，酸性较弱，对水解反应的催化作用较小，而且碳酸酯基的水解反应是可逆的。因此用聚碳酸酯二元醇代替部分聚己内酯二元醇，得到的涂层耐水解性能较好。

②三元醇的影响。向涂料中引入了三元醇，能够达到羟基封端的目的，以及提高涂膜的干燥性能和强度等性能，三元醇的影响见表 3-9 所示。

表 3-9　三元醇对涂膜性能的影响

<table>
<tr><th rowspan="2">项　目</th><th colspan="6">三元醇的用量/%</th></tr>
<tr><th>0</th><th>5</th><th>10</th><th>15</th><th>20</th><th>25</th></tr>
<tr><td>树脂黏度(涂-4 杯)/s</td><td>49</td><td>59</td><td>62</td><td>71</td><td>127</td><td>327</td></tr>
<tr><td>干燥性能(25℃)/h</td><td>32</td><td>28</td><td>24</td><td>20</td><td>16</td><td>12</td></tr>
<tr><td>光泽度</td><td>雾影</td><td>86</td><td>87</td><td>89</td><td>90</td><td>—</td></tr>
<tr><td>表面状态</td><td>有明显划痕</td><td colspan="2">轻微划痕</td><td colspan="3">无明显划痕</td></tr>
<tr><td>耐磨性[①]/mg</td><td>0.2</td><td>0.11</td><td>0.03</td><td>0.03</td><td>0.04</td><td rowspan="4">涂膜太脆，无法测量</td></tr>
<tr><td>伸长率/%</td><td>395</td><td>350</td><td>310</td><td>275</td><td>185</td></tr>
<tr><td>拉伸强度/MPa</td><td>12.70</td><td>15.01</td><td>16.67</td><td>18.98</td><td>19.62</td></tr>
<tr><td>硬度(邵氏 A)</td><td>49.8</td><td>62.4</td><td>74.5</td><td>91.0</td><td>94.0</td></tr>
<tr><td>ΔE(人工老化,1500h)</td><td>0.9(有失光粉化现象)</td><td colspan="2">0.5～0.8</td><td colspan="2">0.3～0.7</td><td>涂膜太脆，无法测量</td></tr>
</table>

① 500g 砝码、1000r 时的失重。

由表 3-9 可以看出，不含三元醇的树脂，涂膜的耐候性能不好，这主要是由于在羟基过量的情况下，树脂中存在过多的线型聚合物，致使涂膜表面发雾，在光致作用下，线型聚合物分子链的降解造成涂膜的耐候性不好。三元醇的引入，减少了体系中的线型聚合物，改善了涂层的表面状态和耐光性能。随着三元醇添加量的增加，涂层的干燥时间缩短，涂膜的表面状态、耐磨性及力学性能明显提高，树脂的黏度增大。这主要是因为三元醇的引入增大了树脂的交联密度。但三元醇用量过多，不仅会引起树脂黏度过度增大而影响树脂的使用性能，还会导致涂层力学性能的下降。当三元醇的加入量为总固体分的15%时，得到的弹性涂层综合性能较好。

（2）异氰酸酯的影响　聚氨酯涂料的黄变与其分子结构有关。以芳香族异氰酸酯（如MDI、TDI）为原料的聚氨酯，由于MDI、TDI分子结构中苯环的存在，在紫外线促进下很容易氧化，生成发色的醌式结构而变黄。由于脂肪族二异氰酸酯的结构中不含苯环，不会发生上述反应，因此脂肪族二异氰酸酯的聚氨酯具有良好的耐候性。脂肪族二异氰酸酯的结构对弹性树脂性能的影响见表3-10。

表3-10　二异氰酸酯的结构对树脂性能的影响

项　目	二异氰酸酯种类	
	HDI	IPDI
$\overline{M}_{wn}/\overline{M}_n$	2.35	1.97
树脂的混容性	浑浊	无色，透明
干燥性能(25℃)/h	19	20
附着力(非金属底材)/级	1	0
伸长率/%	290	275
拉伸强度/MPa	16.95	18.98
ΔE(人工老化，1500h)	1.1	0.3～0.7
储存稳定性(180d，45℃)	明显增稠	无明显变化

由表3-10可以看出，除干燥时间因HDI异氰酸酯的反应活性比IPDI异氰酸酯高而缩短外，其余性能均不如用IPDI异氰酸酯制备的弹性树脂，这是由IPDI的特殊结构决定的。从IPDI的化学结构可以看出，它具有一个环己烷的六元环结构，并带有3个甲基和2个不同活性的异氰酸酯基团。由于其2个—NCO基团的活性相差近10倍，因此在合成反应中，能极好地选择所需产物的结构，表现出良好的重现性；同时能极大地降低起始IPDI的残留浓度，生成的树脂分子量分布均匀、稳定性好；结构中3个甲基的存在还提供了很好的相容性。因此选用IPDI作羟基弹性树脂的异氰酸酯组分。

（3）羟基含量的影响　脂肪族产品的内聚能小、反应活性低，因此如何解决涂料的干燥和力学性能等问题很重要。通过控制NCO/OH当量比小于1来制备羟基聚氨酯弹性树脂。对羟基封端的弹性树脂来说，羟基含量是表征其质量的重要指标，又是计算配套固化剂用量的重要依据。增加树脂的羟基含量，即增大体系后期固化时的交联密度，可改善树脂的力学性能，实验结果如表3-11所示。

表3-11　羟基含量对聚氨酯树脂性能的影响

项　目	羟基含量/%				
	0.5	0.8	1.1	1.4	2.0
树脂黏度(涂-4杯)/s	149	71	61	49	32
干燥性能(25℃)/h	32	20	18	12	
表面状态	有明显划痕	无明显划痕	无明显划痕	—①	—②
伸长率/%	325	275	105	—①	—②
拉伸强度/MPa	13.8	18.98	23.46	—①	—②
硬度(邵氏A)	66	91	94.5	96.6	—②

① 涂膜太脆，无法测量。
② 反应太快，无法测量。

表 3-11 表明，随着羟基含量的增大，树脂黏度降低，使用性能提高。这是因为羟基含量的增加，树脂的交联度降低；同时羟基含量的增加也改善了涂层的表面状态和力学性能。其原因是羟基含量增大，树脂羟基的过量数目增多，而过量的羟基在与固化剂交联时，增大了整个体系的交联密度，而缩短了涂层的干燥时间，改善了涂层的表面状态和力学性能。但羟基含量若太高，会使涂料固化时因过度交联，使涂膜变脆而导致力学性能下降，实验结果表明，羟基含量以 0.8%较合适。

(4) 催化剂的选择　脂肪族异氰酸酯的反应活性低、反应速度慢。因此，在用 IPDI 制备聚氨酯树脂时，通常需要提高反应温度来加快反应速率，但过高的反应温度会增加副反应的发生，影响树脂的性能。选择合适的催化剂不仅有利于反应工艺过程的控制，使反应以适当的速度平稳地进行，而且能极大地改进异氰酸酯的选择性，更好地控制和改善树脂的性能。有机锡类催化剂是—NCO 与—OH 反应的高效催化剂。以辛酸亚锡和二丁基锡为体系的催化剂，充分发挥两者的协同作用。缩短了反应时间，有效地抑制了副反应的发生，控制了树脂黏度的过度增大，得到了性能良好的羟基弹性树脂。

(5) 树脂合成工艺条件的确定　合成反应的温度对反应速率、体系的黏度、树脂的化学结构均有影响。树脂长时间在较高的温度，尤其有催化剂存在情况下进行反应，会增大副反应的发生概率，其结果导致树脂黏度过度增大，甚至不能使用。因此控制树脂合成的反应温度和反应时间也是树脂制备的关键技术之一，反应温度对涂膜性能的影响如图 3-1 所示。

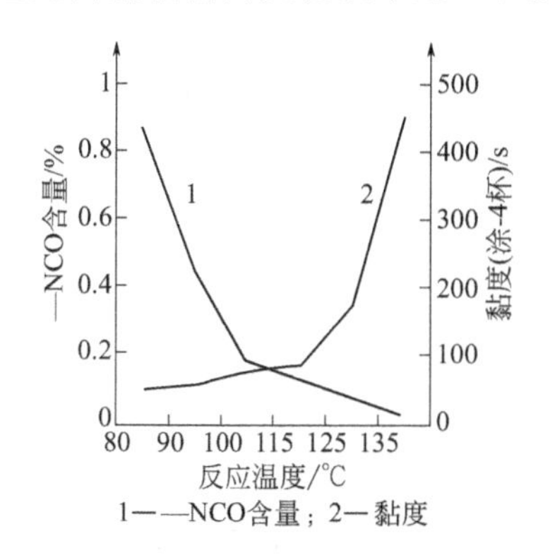

图 3-1　反应温度对涂膜性能的影响

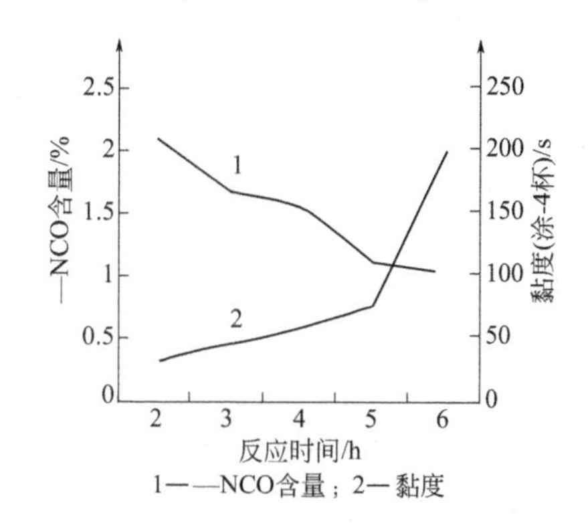

图 3-2　反应时间对涂膜性能的影响

由图 3-1 可以看出，随着反应温度的升高，树脂中的—NCO 含量降低，体系的黏度增大。这是因为温度的升高，加快了异氰酸酯与各类活泼氢化合物的反应速率，同时也加剧了异氰酸酯自聚的反应速率，引起树脂黏度上升，尤其是在催化剂作用下，温度越高，这种现象就越为突出，甚至会导致反应胶化。图 3-2 表明的是在 100～115℃的温度下，随着反应时间的延长，树脂的—NCO 含量下降。说明反应朝着预期的方向进行，体系的黏度也随着反应的进行、树脂的交联密度增大而增大，但树脂长时间在高温下反应，会发生上述类似现象，而直接影响树脂的性能。实验确定羟基弹性树脂的反应工艺条件为反应时间 5h，反应温度 100～115℃。

(6) 固化剂的影响　为了满足耐候性的要求，应尽可能选用脂肪族聚氨酯产品作羟基聚氨酯弹性树脂的配套固化剂。实验对市售的 HDI 缩二脲 N-75 和 HDI 三聚体 3390 树脂进行了筛选，结果见表 3-12。

表 3-12　固化剂种类对涂料性能的影响

项　目	固化剂种类	
	N-75	3390 树脂
固体含量/%	75	90

续表

项　目	固化剂种类	
	N-75	3390树脂
游离 HDI/%	0.65	0.1
干燥性能(25℃)/h	22	20
使用期(25℃)/h	2	3
涂膜表面状态	有轻微划痕	无明显划痕
耐磨性(500g,1000r,失重)/mg	0.05	0.03
伸长率/%	285	275
拉伸强度/MPa	16.89	18.98
硬度(邵氏 A)	82	91
ΔE(人工老化,1500h)	0.8	0.3～0.7

由表 3-12 可以看出，采用以上两种固化剂均能满足对涂层的使用要求。两者相比，用 HDI 三聚体 3390 作羟基弹性树脂的配套固化剂所得到的涂层，除伸长率比 HDI 缩二脲 N-75 略低外，其余性能均优于 N-75。同时还因 3390 固化剂的游离 HDI 相对较少，而具有良好的施工和环保性能。因此在满足对涂层干性、弹性和耐候性要求的前提下，选择 3390 为体系的配套固化剂更为适宜。

通过对所得到产品的性能检验，结果证实以聚己内酯二元醇、聚碳酸酯二元醇、三元醇及 IPDI 二异氰酸酯为主要原料，添加适量的有机锡类催化剂，树脂的羟基含量控制在 0.8%，在 100～115 ℃下反应 5h，得到的羟基弹性树脂的分子量分布均匀、相容性好、黏度适中、使用性能好。用 HDI 三聚体 3390 作配套固化剂，得到的聚氨酯弹性涂层，除具有普通聚氨酯弹性涂料的弹性、耐磨性等通性外，还具有比同类产品更好的快速固化功能，以及更好的装饰性和长期户外使用的耐候性、耐水性及耐化学药品性等特性，从而提升了弹性聚氨酯橡塑涂料的产品品质。

八、环保型聚氨酯弹性地坪涂料

聚氨酯地坪涂料由于异氰酸酯预聚体在合成过程中残留少量游离异氰酸酯，对环境及人体造成危害，使其应用受到限制。下面介绍采用拜耳公司环保材料制备的环保型聚氨酯地坪涂料，其固体含量 100%，且基本不含游离 TDI，因而称为环保型聚氨酯弹性地坪涂料[14]。

1. 原材料

主要原材料为德国拜耳公司的 Desmophen 1150 聚酯多元醇和 Desmodur VL 聚异氰酸酯，其技术性能指标分别见表 3-13 和表 3-14。

表 3-13　Desmophen 1150 聚酯多元醇性能

项　目	性　能	项　目	性　能
碘色值	≤5	含水量/%	≤0.1
酸值/(mg KOH/g)	≤2	类型	带有羟基和醚基的支链化多元醇
黏度(23℃)/mPa·s	3500±500	溶剂种类	无溶剂型液体
羟基含量/%	4.7±0.2	用途	应用于制备坚硬且柔韧的涂料

表 3-14　Desmodur VL 聚异氰酸酯性能

项　目	性　能	项　目	性　能
黏度(23℃)/MPa·s	90	类型	聚异氰酸酯(MDI)

续表

项目	性能	项目	性能
异氰酸基含量/%	31.5	溶剂种类	无溶剂型液体
异氰酸基当量	133	用途	应用于制备无溶剂涂料、防水涂料等

2. 涂料制备程序

该涂料为双组分常温固化型聚氨酯弹性地坪涂料，其中，甲组分为 Desmodur VL 构成的固化剂组分，乙组分为由 Desmophen 1150、助剂及颜（填）料等组成的涂料组分，使用时按甲组分∶乙组分=2∶5 混合均匀。

涂料组分的制备方法是将 Desmophen 1150、助剂及颜（填）料加入搅拌罐中搅拌均匀，然后经砂磨、过滤后出料，即为地坪涂料组分。

3. 影响环保型聚氨酯弹性地坪涂料性能的主要因素

（1）n(—NCO)∶n(—OH) 对涂膜性能的影响　见表 3-15。

表 3-15　n(—NCO)∶n(—OH)对产品性能的影响

n(—NCO)∶n(—OH)	拉伸强度/MPa	断裂伸长率/%	邵氏硬度(D 型)
1.0	8.5	82	37
1.1	11	65	57
1.2	14	49	65
1.3	6	25	67

由表 3-15 可见，随着 n(—NCO)∶n(—OH) 的提高，涂膜硬度增大，而弹性（断裂伸长率）和强度随之降低，涂膜变得质脆易裂。当 n(—NCO)∶n(—OH)=1.1 时，涂膜综合性能较好，尽管此时涂膜表面硬度仅为 57，但耐磨性、抗划刻性良好，且压缩复原率达到 98%以上，表现出良好的弹性。

（2）颜（填）料对涂膜的影响　见表 3-16。

表 3-16　颜(填)料添加量对涂膜性能的影响

涂膜性能	颜(填)料添加量(质量分数)/%			
	0	15	20	25
拉伸强度/MPa	7.8	10.5	11.0	11.0
断裂伸长率/%	35	68	65	58
邵氏硬度(D 型)	32	50	57	57

在聚氨酯涂料中加入一定的颜（填）料可提高涂膜强度、硬度及耐磨性，使涂膜饱满，色彩鲜艳，并且降低涂膜收缩率。由表 3-16 可知，加入 15%～25%的无机颜料和硬度较大的填料如石英砂等效果较好。

（3）吸水剂对涂料性能的影响　吸水剂能吸收微量水分，提高产品储存稳定性和涂膜理化性能。吸水剂对涂料性能的影响见表 3-17。

表 3-17　吸水剂对涂料性能的影响

涂膜性能	吸水剂添加量(质量分数)/%				
	2	4	6	8	10
储存期/d	16	49	120	≥180	≥180
拉伸强度/MPa	5.6	6.3	8.4	11.0	10.4

续表

涂膜性能	吸水剂添加量(质量分数)/%				
	2	4	6	8	10
断裂伸长率/%	15	26	34	65	63
邵氏硬度(D型)	64	62	58	57	57

(4) 催化剂对涂料性能的影响　催化剂能促进双组分地坪材料—NCO与—OH的交联固化反应，并减少副反应的发生，还能调节涂膜的固化时间，使之具有一定的适用期便于施工，且尽快固化以提高施工效率。催化剂对涂料性能的影响见表3-18。

表3-18　催化剂对涂料性能的影响

涂膜性能		催化剂添加量(质量分数)/%				
		0.1	0.2	0.3	0.4	0.5
适用期/h		4.0	3.5	2.5	2.0	0.5
干燥时间/h	表干	12	11	8	8	6
	实干	34	31	24	22	10
拉伸强度/MPa		6.3	7.6	11.0	11.0	10.5
断裂伸长率/%		32	47	68	65	64

从表3-18可见，催化剂用量为0.4%左右为宜，涂料综合性能较好。

4. 涂料的性能

(1) 有害物质限量和物理机械性能　环保型弹性聚氨酯地坪涂料有害物质限量和物理机械性能符合GB/T 22374—2008《地坪涂装材料》标准中无溶剂类产品的性能要求。

(2) 流平性　将涂料的两组分充分混合均匀后，按1.5～2kg/m^{2}的用量缓慢倾倒在经过处理的基材表面，并用刮板简单刮涂，涂料即可自动流平，形成平整光滑、色泽均匀的涂膜，固化后具有良好的装饰效果。

九、制备无溶剂双组分聚氨酯舱室地坪涂料的研究[3]

应用于航空母舰甲板、舰船舱室地坪的涂装是双组分聚氨酯地坪涂料的重要应用场所。当在这些场所应用时涂料需要能够满足海洋耐候性和船舶环境要求，并且不会对环境产生影响。下面介绍关于制备无溶剂双组分聚氨酯舱室地坪涂料的研究，该研究所得出关于R值、扩链剂和滑石粉对涂膜拉伸性能的影响，以及如何增强涂膜阻燃性能的结果对于这类涂料的研究有参考价值。

1. 主要原料

研究所使用的原材料、规格、生产单位如表3-19所示。

表3-19　制备无溶剂双组分聚氨酯舱室地坪涂料的原材料

原材料名称	规格或型号	生产供应商	用量(质量比)
聚醚多元醇	HF201;$\overline{M}_n$=1000;f=2	北京市汉丰聚氨酯有限公司	20～80
聚醚多元醇	HF330N;$\overline{M}_n$=480;f=3		15～30
聚醚多元醇	PTMG 1000;$\overline{M}_n$=1000;f=2		5～15
二苯基甲烷二异氰酸酯(MDI)	100LL;$\overline{M}_n$=250;f=2;—NCO含量=31%	烟台万华集团	30～70

续表

原材料名称	规格或型号	生产供应商	用量(质量比)
3,3′-二氯-4,4′-二氨基二苯甲烷(MOCA)	$\overline{M}_n=267$;$f=2$;羟值 419mg KOH/g	苏州市湘园特种精细化工有限公司	10～50
催化剂	P104	石家庄万福化工有限公司	0.5～3
阻燃剂	SKR 303	廊坊市思科瑞聚氨酯有限公司	0～70
紫外线吸收剂	UV 327	南京米兰化工有限公司	0.5～2
防老剂	1010		1～3
色浆	HFG 707	北京汉丰聚氨酯有限公司	1～5
滑石粉	1000 目	北京峰雪科技发展有限公司	0～50

2. 化学反应方程式

① 预聚物的合成见式 (3-1)。

$$2OCN-C_6H_4-CH_2-C_6H_4-NCO + HO-R-OH \longrightarrow OCN-C_6H_4-CH_2-C_6H_4-NH-\overset{O}{\overset{\|}{C}}-O-R-O-\overset{O}{\overset{\|}{C}}-NH-C_6H_4-CH_2-C_6H_4-NCO \tag{3-1}$$

② R 值[n(—NCO)/n(—OH)]≤1 时见式(3-2)。

$$OCN-C_6H_4-CH_2-C_6H_4-NH-\overset{O}{\overset{\|}{C}}-O-R-O-\overset{O}{\overset{\|}{C}}-NH-C_6H_4-CH_2-C_6H_4-NCO + H_2N-C_6H_3(Cl)-CH_2-C_6H_3(Cl)-NH_2 \longrightarrow$$
$$\sim\overset{O}{\overset{\|}{C}}-NH-C_6H_4-CH_2-C_6H_4-NH-\overset{O}{\overset{\|}{C}}-O-R-O-\overset{O}{\overset{\|}{C}}-NH-C_6H_4-CH_2-C_6H_4-NH-\overset{O}{\overset{\|}{C}}-NH-C_6H_3(Cl)-CH_2-C_6H_3(Cl)-NH\sim \tag{3-2}$$

③ R 值>1 时，—NCO 基团与脲反应见式 (3-3)。

$$\sim NH-\overset{O}{\overset{\|}{C}}-NH\sim + \sim NCO \longrightarrow \sim N(C(=O)NH\sim)-\overset{O}{\overset{\|}{C}}-N(C(=O)NH\sim)\sim \tag{3-3}$$

—NCO 基团与氨基甲酸酯反应见式 (3-4)。

$$\sim NH-\overset{O}{\overset{\|}{C}}-O\sim + \sim NCO \longrightarrow \sim N(C(=O)NH\sim)-\overset{O}{\overset{\|}{C}}-O\sim \tag{3-4}$$

3. 涂料制备实验

① 结构预聚物制备。在装有搅拌器、温度计和冷凝管的四口烧瓶中分别加入计量好的多元醇，升温至 110℃真空脱水 2h，测定水分含量小于 0.1%时，停止抽真空并降至常温。

加入计量好的 MDI，通入氮气，升温并保持体系在 80℃反应 2h，当测定体系的—NCO 含量达到理论值时停止反应，作为 A 组分。

② 将MOCA、多元醇、滑石粉、色浆和其他助剂混合，在锥形磨中研磨2遍，至细度小于30μm结束研磨；在装有搅拌器、温度计和冷凝管的四口烧瓶中加入研磨好的原料，并升温至110℃真空脱水2h，测定水分含量小于0.1%时，停止抽真空并降温，作为B组分。

③ 将A、B组分按配方计算的质量比混合。放置到聚四氟乙烯的模具中，制得（2±0.1）mm厚的涂层，在温度（23±2）℃、湿度（60±15）%下成膜，养护96h后脱模，在实验室条件下养护72h，制得待测试样。

4. 实验结果与讨论

（1）*R*值对拉伸性能的影响　通过调节体系的$n_{(\text{—NCO})}/n_{(\text{—OH})}$，改变*R*值，从而改变材料化学交联密度和拉伸性能，聚氨酯弹性地坪的拉伸强度和断裂伸长率随*R*值的变化见图3-3。

由图3-3可知，随着*R*值的增大，拉伸强度逐渐增大。这是因为当*R*值较低时，材料不能形成大分子网络，强度较低，随着*R*值的增大，异氰酸酯基团反应生成缩二脲基、脲基甲酸酯基，分子网络更完善，分子间作用力增大，故拉伸强度和伸长率增大。

当*R*值过大时，化学交联密度开始不均匀，拉伸过程中容易引起应力集中，同时影响硬相结晶，降低物理交联点，因此拉伸强度和伸长率到达最高点后下降。

（2）扩链剂对拉伸性能的影响　改变扩链剂用量，聚氨酯弹性地坪涂料与钢板的黏结力和断裂伸长率变化结果见图3-4。

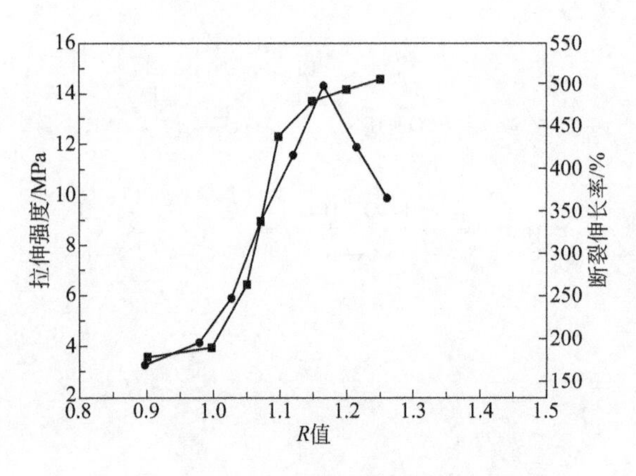

图3-3　*R*值对拉伸强度和断裂伸长率的影响
■—拉伸强度；●—断裂伸长率

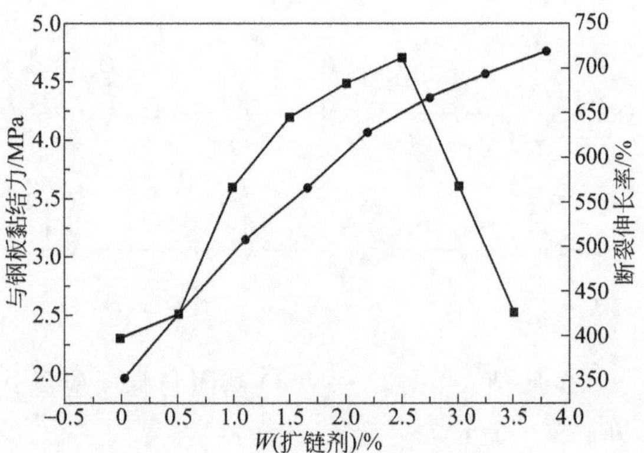

图3-4　扩链剂加入量对钢板黏结力和断裂伸长率的影响
■—拉伸强度；●—断裂伸长率

由图3-4可知，聚氨酯弹性地坪涂料与钢板的黏结力随着扩链剂量的增加先增大再降低。随着扩链剂的增加，硬段含量增加，硬段较强的静电力使材料与钢板的作用力增大，同时分子量增大使材料的力学性能优化。但过高的扩链剂用量，使内聚能过大，影响了材料与钢板间的浸湿作用，使界面黏结力下降。

随着扩链剂量的增加，硬段含量增加，硬段彼此靠拢，静电力作用增强，有利于氢键生成，增强了分子间的作用力，同时微相分离充分，充分发挥软段的柔性和硬段的物理交联点作用，因此断裂伸长率增大。

（3）阻燃剂对阻燃性能的影响　阻燃剂对聚氨酯弹性地坪涂料耐燃性能的影响见图3-5。

由图3-5可知随着阻燃剂含量的提高，氧指数增大。随着阻燃剂含量增加，阻燃剂达到50份后，阻燃效果提高变缓，主要是阻燃协同效应消失造成的。

（4）滑石粉对拉伸性能的影响　改变滑石粉加入量可以改变聚氨酯弹性地坪与钢板的黏结力和断裂伸长率，结果见图3-6。

图 3-6 中出现极大值，主要原因在于填料用量在小于 PVC 值之前能够产生补强作用；填料用量增加超过 PVC 值后，基料对填料不能够实现理想的包裹和黏结，引起拉伸强度下降。

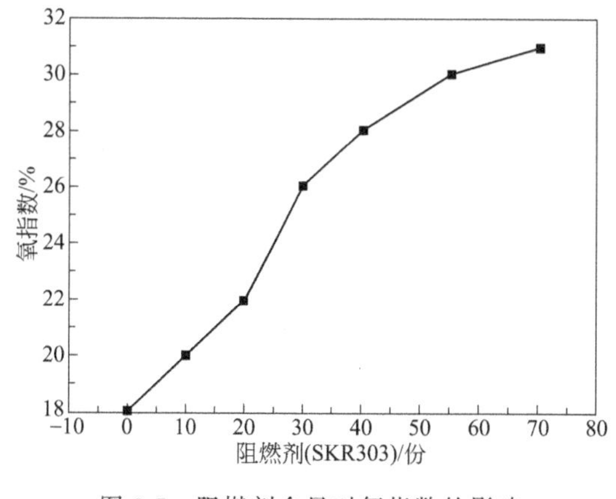

图 3-5 阻燃剂含量对氧指数的影响

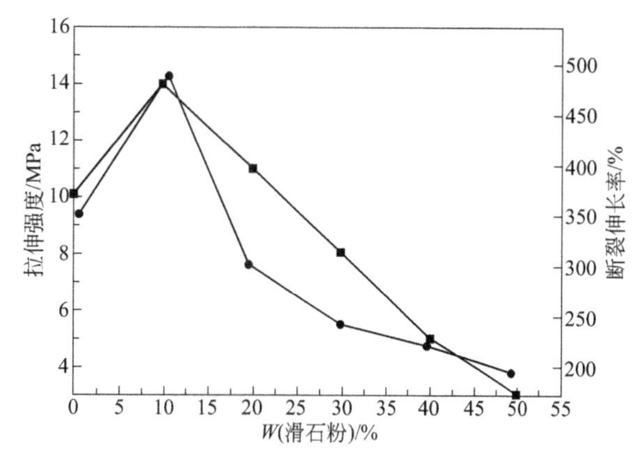

图 3-6 滑石粉加入量对拉伸强度和断裂伸长率的影响

■—拉伸强度；●—断裂伸长率

从以上介绍的实验研究结果可知，随 R 值增大，材料的断裂伸长率出现极值，拉伸强度逐渐增大，在 $R=1.2$ 时分别出现极大值和拐点。扩链剂用量为 2.55%时，材料与钢板黏结力最大。扩链剂用量在 3.5%以内，断裂伸长率随扩链剂用量增加而逐渐增大。适宜的滑石粉添加量为 10%。

5. 甲板漆的性能要求

国家标准 GB/T 9261—2008《甲板漆》对船舶甲板、码头及其他海洋设施的钢铁表面用涂料性能要求的规定如表 3-20 所示。

表 3-20 甲板防滑涂料的性能要求

项目			指标
涂膜外观			正常
不挥发物质量分数/%		≥	50
干燥时间/h	表干	≤	4
	实干	≤	24
附着力/MPa		≥	3.0
耐磨性(500g,500r)/mg		≤	100
耐冲击性			通过
耐盐水性(天然海水或人造海水,27℃±6℃,48h)			涂膜不起泡、不脱落、不生锈
耐柴油性(0# 柴油,48h)			涂膜不起泡、不脱落
耐十二烷基苯磺酸钠(1%溶液,48h)			涂膜不起泡、不脱落
耐盐雾性(单组分漆 400h,双组分漆 1000h)			涂膜不起泡、不脱落、不生锈
耐人工气候老化性(紫外 UVB-313,300h 或商定；或者氙灯 500h 或商定)/级			漆膜颜色变化≤4;粉化≤2①;裂纹 0
耐候性(海洋大气曝晒,12 个月)/级			漆膜颜色变化≤4;粉化≤2①;裂纹 0
防滑性(干摩擦系数)		≥	0.85②

① 环氧类涂料可商定。
② 仅适用于有防滑要求的产品。

十、溶剂型单组分聚氨酯地坪涂料的制备研究

溶剂型单组分聚氨酯地坪涂料施工时无须现场调配涂料[15]，利用空气或基材表面的水分

即可固化；在力学性能方面，由于单组分聚氨酯在固化时能生成大量脲键，因而耐磨性较为优异。

1. 单组分聚氨酯涂料的固化机理

单组分聚氨酯涂料是由含羟基化合物与过量的多异氰酸酯反应生成的预聚物、溶剂、颜料、除水剂和助剂组成。由于单组分聚氨酯涂料含有活泼性端基（—NCO 基），其暴露在空气中，能与空气中的水分发生反应生成脲键而固化成膜，反应过程可分为两个阶段：首先水与—NCO基反应生成不稳定的氨基甲酸，随即分解为胺和二氧化碳；二氧化碳从涂膜中挥发，而胺继续与剩余的—NCO 基反应生成脲，反应过程见式（3-5）、式（3-6）。

$$OCN-R-NCO+2H_2O \longrightarrow H_2N-R-NH_2+CO_2\uparrow \tag{3-5}$$

（OCN—R—NCO 表示含—NCO 端基的预聚体）

$$OCN-R-NCO+H_2N-R-NH_2 \longrightarrow \lbrack HN-R-NH-CO-NH-R-HN-OC \rbrack \tag{3-6}$$

2. 单组分聚氨酯涂料的制备

（1）原材料　二苯基甲烷二异氰酸酯 MDI（德国巴斯夫公司产）；聚醚 1000（山东蓝星东大公司产）；三羟甲基丙烷 TMP（日本三菱公司产）；聚氨酯潜固化剂；反应型聚氨酯着色剂；二甲苯、丙二醇甲醚醋酸酯（PMA）、苯甲酸、分散剂、消泡剂、流平剂、钛白粉等。

（2）彩色单组分聚氨酯地坪涂料的合成　在分散罐中依次加入聚醚树脂、分散剂搅拌均匀，然后相继加入钛白粉和填料，高速分散约 40min，取样测细度至不大于 40μm，然后用反应性活性着色剂进行调色。

在具有搅拌器、温度计的烧瓶中加入计量的色浆和 TMP，加热进行真空脱水处理 1～2h，降温至 50℃以下，加入计量的 MDI 及相应的溶剂，边搅拌边升温至聚合温度，保温 2h，加入潜固化剂、苯甲酸，继续保温 1h，降温至 50℃左右，加入消泡剂和流平剂，边搅拌边冷却至室温即停止反应。

3. 结果与讨论

（1）含多羟基原料的选择　用于聚氨酯涂料合成的多羟基原料主要有多元醇树脂和低分子量的扩链剂，考虑到经济成本，采用聚醚 1000 树脂作为羟基组分，同时对比了聚醚 635 及 TMP 的不同使用效果。实验发现，以聚醚 635 作扩链剂得到的涂膜硬度最高，但涂料黏度大，且使用聚醚 635 容易导致体系胶凝；而使用 TMP 作扩链剂，硬度比聚醚 635 略低，但能满足使用要求，而且涂料的黏度容易控制，不易起泡。结合硬度和黏度，使用 TMP 作扩链剂更合适。

（2）TMP 用量的设计　在聚氨酯预聚物合成中，适当的扩链剂比例，可使涂料具有合适的黏度和优异的机械强度，TMP 是一种带 3 个伯羟基的高活性小分子扩链剂，其用量决定了预聚物的交联密度，从而直接影响到涂料的黏度和力学性能。单组分聚氨酯涂料中 TMP 用量的实验结果见表 3-21。

表 3-21　TMP 用量对涂膜性能的影响

TMP/聚醚(质量比)	涂料黏度	涂膜硬度
1/15	黏度低	H～2H
2/15	黏度适中	3H
2.5/15	黏度稍偏大	3H 以上
3/15	黏度很大	3H 以上
4/15	合成或冷却后凝胶	—

由表 3-21 可以看出，TMP 占聚醚 1000 比例越大，涂料黏度越大，同时硬度也越大，当聚醚达到 4/15 时，交联密度过大，发生胶凝现象。TMP/聚醚为 2.5/15 时较合理。

（3）预聚物—NCO 值的设计　单组分聚氨酯涂料是利用其封端的—NCO 基团与空气中的水蒸气反应而交联成膜，不同—NCO 值时涂料的性能见表 3-22。

表 3-22　不同—NCO 值预聚物时涂料的性能

预聚物的—NCO 值/%	涂料黏度	涂膜外观
3	黏度很大	不起泡
5	合适	不起泡
7	合适	不起泡
9	黏度低	起泡
10	黏度低	起泡严重

由表 3-22 可见，涂料的黏度随—NCO 值的增大而降低。当—NCO 值为 3%时，涂料的黏度太大，有时甚至发生黏度太大而无法搅动的现象；而当—NCO 值大于 7 时，涂膜易起泡，这是—NCO 基团过多，其与水蒸气反应产生过多二氧化碳气体。—NCO 值在 5%～7% 较为合适。

（4）助剂的选择　与普通涂料类似，彩色单组分聚氨酯涂料的助剂主要是分散剂、消泡剂、流平剂等，但其选用更为严格：所选用的助剂不会和—NCO 基团反应；分散剂的热稳定性应足够好，不能在真空脱水时汽化变质。

（5）填料对涂料性能的影响　填料可能会与涂料中的异氰酸酯基起反应，因此要选用不会与异氰酸酯基反应的填料，且碱性填料能对异氰酸酯的反应起催化作用。另外，由于水会和异氰酸酯基反应，所选的填料同时应该是不含结晶水的颜（填）料。若采用未经硬脂酸处理的石英粉、滑石粉等，会使涂料黏度增大甚至胶凝。可选用性能稳定的惰性钛白粉作白色颜料，微细硅微粉作填料。

（6）潜固化剂对产品性能的影响　潜固化剂经常被应用于单组分聚氨酯体系，潜固化剂在无水的条件下能与—NCO 基团稳定共存，有水蒸气时优先与水反应，水解产物再与异氰酸酯基发生扩链反应。这从根本上解决了单组分聚氨酯涂料在潮气固化过程中发泡、储存时间短等问题。噁唑烷类潜固化原理如下：

$$\text{O}\overset{\frown}{\quad}\text{N—R}_3\ (\text{C}(R_1)(R_2)) + H_2O \longrightarrow \underset{H}{\text{O}}\overset{\frown}{\quad}\underset{H}{\text{N}}\text{—R}_3 + \begin{matrix}R_1\\ R_2\end{matrix}\!\!>\!C{=}O$$

$$n\,\text{OH}\overset{\frown}{\quad}\text{NH—R}_3 + n\,\text{OCN—R—NCO} \longrightarrow \left[\text{OCH}_2\text{CH}_2\overset{R_3}{\text{N}}\text{CONH—R—NHCO}\right]_n$$

不同用量的噁唑烷类潜固化剂（再配合以潜固化剂用量计 0.5%的苯甲酸）对涂料性能的影响如表 3-23 所示。

表 3-23　潜固化剂用量对涂膜性能的影响

潜固化剂用量(对总量)/%	涂膜外观	涂膜硬度(铅笔硬度)	储存稳定性[①]
0	有气泡,低光泽	2H	凝胶
0.5	气泡少,光泽好	3H	黏度大
1.0	光滑,光泽好	3H	黏度正常
1.5	光滑,高光泽	>3H	黏度正常
2.0	光滑,高光泽	>3H	黏度正常

续表

潜固化剂用量(对总量)/%	涂膜外观	涂膜硬度(铅笔硬度)	储存稳定性[①]
2.5	光滑,高光泽	>3H	黏度正常
3.0	光滑,高光泽	>3H	黏度正常
4.0	光滑,高光泽	>3H	黏度正常

① 室温下存放3个月后的结果。

由表3-23可以看出，随着潜固化剂用量的增大，涂膜的表面效果和储存稳定性变好，硬度升高；而没加入潜固化剂的涂料，在密闭的铁罐放置一个月后黏度增大很多，两个月后胶凝；空气湿度大时，没有使用潜固化剂的涂料，其涂膜表面模糊失光；使用潜固化剂的涂料，涂膜表面呈高光泽。潜固化剂用量为总量的1%～2%时较合适。

(7) 溶剂的选用　单纯使用无水二甲苯（XYL）作溶剂，涂膜残留气泡较多，有时产生缩孔，流平性也较差，其原因可能是二甲苯的挥发速率较快，涂膜表干太快，来不及消泡和流平。将部分溶剂改用丙二醇甲醚醋酸酯（PMA），能显著改善涂膜气泡多的问题。当采用二甲苯和PMA混合时，随着PMA用量的增加，表干时间延长，涂膜气泡变少，流平性变好。

(8) 反应型聚氨酯着色剂　用颜料粉调制彩色单组分聚氨酯涂料难于分散，且影响预聚物合成。可以使用液体型聚氨酯着色剂，该着色剂是一种带活性羟基的染料树脂，在预聚体合成过程中可接枝在预聚物中，几乎不存在浮色发花的问题，其颜色有黄色、蓝色、黑色、红色、紫色等颜色，使用这种着色剂调出来的色漆颜色艳丽，涂膜表面呈现出水晶般的通透效果。

彩色单组分聚氨酯地坪涂料相比双组分黏度聚氨酯涂料施工便捷，引入反应型聚氨酯着色剂调色，安全可靠，解决了单组分黏度聚氨酯配制色漆困难的问题。

十一、GB/T 22374—2008标准的部分内容介绍

第一章表1-9中列出我国现有地坪涂料的标准，其中属于通用型地坪涂料标准的为HG/T 3829—2006《地坪涂料》和GB/T 22374—2008《地坪涂装材料》。溶剂型和无溶剂型聚氨酯地坪涂料可以执行这两个标准。此外，关于水性聚氨酯地坪涂料，可以参照JC/T 2327—2015《水性聚氨酯地坪材料》，其主要内容将在本章第四节中介绍。HG/T 3829—2006标准的部分内容已在第二章第二节中介绍，下面介绍GB/T 22374—2008标准的部分内容。

1. 基本规定与适用范围

GB/T 22374—2008标准规定了地坪涂料产品的术语和定义、产品分类、有害物质限量及物理性能要求、试验方法、检验规则、标志、包装和储存等内容；该标准适用于涂装在水泥砂浆、混凝土等基面上，对地面起装饰和保护作用以及具有特殊功能（防静电、防滑性等）的地坪涂装材料。

2. 术语和定义

GB/T 22374—2008标准定义的术语如下。

(1) 水性地坪涂装材料（water-based floor coatings）　是以水为分散介质的合成树脂基地坪涂装材料。

(2) 无溶剂型地坪涂装材料（sevent-free floor coatings）　使用非挥发性的活性溶剂或不使用挥发性的非活性溶剂的合成树脂基地坪涂装材料。

(3) 溶剂型地坪涂装材料（sevent-based floor coatings）　以非活性溶剂为分散介质的合成树脂基地坪涂装材料。

3. 产品分类

GB/T 22374—2008标准对地坪涂料的分类如下。

地坪涂装材料按其分散介质分为水性地坪涂装材料（S）、无溶剂型地坪涂装材料（W）

和溶剂型地坪涂装材料（R）三类；按涂层结构分为底涂（D）和面涂（M）；按使用场所分为室内和室外；根据承载能力分为Ⅰ级和Ⅱ级；根据防静电类型分为静电耗散型（ED）和导静电型（EC）。

4. 产品技术性能要求

（1）有害物质限量　GB/T 22374—2008 标准对应用于室内的地坪涂装材料的有害物质限量的要求见第一章表 1-10。

（2）物理性能要求　对地坪涂装材料底涂要求、面涂基本性能要求分别见表 3-24 和表 3-25。

表 3-24　地坪涂装材料底涂要求

项目		指标		
		水性	溶剂型	无溶剂型
在容器中状态		搅拌混合后均匀，无硬块		
干燥时间/h	表干 ≤	8	4	6
	实干 ≤	48	24	
耐碱性(48h)		涂膜完整，不起泡、不脱落，允许轻微变色		
附着力/级 ≤		1		

表 3-25　地坪涂装材料面涂基本性能要求

项目		指标		
		水性	溶剂型	无溶剂型
在容器中状态		搅拌混合后均匀，无硬块		
涂膜外观		正常		
干燥时间/h	表干 ≤	8	4	6
	实干 ≤	48	24	48
硬度	铅笔硬度(擦伤) ≥	H		—
	邵氏硬度(D型)	—		商定
附着力/级 ≤		1		商定
拉伸黏结强度/MPa	标准条件 ≥	—		2.0
	浸水后 ≥	—		2.0
抗压强度①/MPa ≥		—		45
耐磨性(750g,500r)/g ≤		0.060	0.030	
耐冲击性	Ⅰ级	500g 钢球，高 100cm，涂膜无裂纹、无剥落		
	Ⅱ级	1000g 钢球，高 100cm，涂膜无裂纹、无剥落		
防滑性(干摩擦系数) ≥		0.50		
耐水性(168h)		不起泡、不脱落，允许轻微变色，2h 后恢复		
耐化学性	耐油性(120# 溶剂汽油，72h)	不起泡、不脱落，允许轻微变色		
	耐碱性(20% NaOH，72h)	不起泡、不脱落，允许轻微变色		
	耐酸性(10% H_2SO_4，48h)	不起泡、不脱落，允许轻微变色		

① 抗压强度仅适用于无溶剂型地坪涂装材料，对于高承载地面，如停车场、工业厂房等应用场合，抗压强度的要求可由工序双方商定。

（3）特殊场合使用的地坪涂装材料面涂的性能要求　对特殊场合使用地坪涂装材料面涂的性能，除要求符合表 3-25 外，还应符合表 3-26 的要求。

表 3-26 地坪涂装材料面涂的特殊性能要求

项目		指标		
		水性	溶剂型	无溶剂型
流动度① ≥		—		140
防滑性②	干摩擦系数 ≥	0.70		
	湿摩擦系数 ≥			
体积电阻，表面电阻③/Ω	导静电型	$5\times10^4\sim1\times10^6$		
	静电耗散型	$1\times10^6\sim1\times10^9$		
拉伸黏结强度④/MPa	热老化后 ≥	—		2.0
	冻融循环后 ≥	—		2.0
耐人工气候老化性④(400h)		不起泡、不脱落，无裂纹，粉化≤1级；$\Delta E\leqslant6.0$		
燃烧性能⑤		商定		
耐化学性⑥(化学介质商定)		商定		

① 仅适用于自流平地坪涂装材料。
② 仅适用于使用场所为室外或潮湿环境的工作室或作业区域。
③ 仅适用于需要防静电的场所。
④ 仅适用于户外场所。
⑤ 仅适用于对燃烧性能有要求的场所。
⑥ 仅适用于需要接触高浓度酸、碱、盐等化学腐蚀性药品的场所。

十二、聚氨酯地面涂料涂装技术

中国工程建设协会标准 CECS 328：2012《整体地坪工程技术规程》中有许多涉及聚氨酯地坪涂料应用技术的规定，其很多相关的内容已在第二章第二节介绍。下面简述无溶剂聚氨酯地面涂料的涂装技术中的有关问题。

实际上，几种聚氨酯地坪涂料以及环氧地坪涂料的施工都是很相似的，还有很多几乎是一样的地方，例如基层处理、施工环境要求和注意事项等。

无溶剂聚氨酯地坪涂装体系可以分为硬聚氨酯地坪涂装体系、软聚氨酯地坪涂装体系（也称弹性聚氨酯地坪涂装体系）和运动场聚氨酯地坪涂装体系[16]。硬聚氨酯地坪涂装体系和软聚氨酯地坪涂装体系多用于工业地坪，其施工方法相似，只是涂料在配方上通过改变配比来调节涂膜的弹性和硬度。运动场地聚氨酯地坪的施工方法自成一体，在球场、跑道、室外停车场、高档人行道等运动性地面的应用中占有统治地位，这部分内容将在下一节介绍。

硬聚氨酯地坪涂装体系和软聚氨酯地坪涂装体系作为工业地坪涂装体系的一种，与无溶剂环氧地坪涂装体系的施工非常相似。

硬聚氨酯地坪涂装体系和软聚氨酯地坪涂装体系的底涂层和中涂层（包括砂浆层与腻子层）的施工与无溶剂环氧地坪涂装体系十分相似，只是材料换成了无溶剂聚氨酯底漆和无溶剂聚氨酯中涂漆，而且在很多情况下，由于无溶剂环氧底漆（或水性环氧底漆）具有与水泥基基层更高的黏结力和更好的容忍性，因而时常使用无溶剂环氧底漆（或水性环氧底漆）。在许多情况下则直接应用无溶剂环氧底漆和无溶剂环氧中涂漆作为聚氨酯地坪涂装体系的底涂层和中涂层。

这两个地坪涂装体系的主要差异在于面漆，聚氨酯地坪涂装体系的面涂层使用硬度在50～80 邵氏 D（shoreD）的无溶剂聚氨酯面漆，软聚氨酯地坪涂装体系使用硬度在 40～70shoreA 的无溶剂聚氨酯面漆。这两种面漆均具有一定弹性，硬度低于环氧自流平面漆（通常为 80～90shoreD）。由于聚氨酯涂料对双组分的配比准确度、基面的潮湿度以及环境中的水分含量更加敏感，在使用前必须注意防止结露、返潮等高湿环境。

简言之，聚氨酯地面涂料的涂装工序为：基层清理→涂刷底涂料→基层修补→刮涂头道厚涂料→刮两道厚涂料→涂刷罩面涂料→静置养护→交付使用。

涂装作业过程中应注意，当使用溶剂型涂料时，其中的挥发分和游离异氰酸酯等的毒性大，施工现场一定要保持通风。应注意劳动和防火安全保护，应注意防火安全，严禁烟火，操作工人应间隔时间去户外呼吸新鲜空气。

施工工具应及时用二甲苯洗净，用乙酸乙酯擦去手上沾污的涂料，然后再用清水和肥皂洗净，最好在洗净的手及皮肤表面涂上护肤油脂。

第二节 聚脲和聚天门冬氨酸酯地坪涂料

一、聚脲地坪涂料

1. 聚脲地坪涂料[17]的特性

聚脲地坪涂料又称喷涂聚脲弹性体地坪材料。喷涂聚脲弹性体技术采用专用喷涂设备施工，喷涂的聚脲涂料固体含量为100%，改变了传统喷涂工艺中溶剂污染、厚度薄等缺点。我国于1997年4月开始引进美国Gusmer公司的专用设备，对该技术进行开发应用，并陆续研制成功应用于防水、防腐和地坪等多方面的产品。

聚脲地坪涂料是一种无溶剂喷涂材料，具有良好的环保性能；喷涂聚脲所得到聚脲弹性体具有强度高、柔韧性及低温柔性好、耐老化、附着力强等性能。

2. 原材料选择

聚脲涂料主要由异氰酸酯组分和聚醚胺组合料组成，现有聚脲原材料主要由MDI（二苯基甲烷二异氰酸酯）、聚醚多元醇、聚醚多元胺、胺扩链剂、各种功能助剂、颜（填）料、活性稀释剂等组成，各种材料在涂料中的功能作用见表3-27。

表3-27 聚脲地坪涂料的主要原材料及其功能作用

材料	品种或型号	功能或作用描述
MDI（二苯基甲烷二异氰酸酯）	液化MDI	也称改性MDI，系通过在4,4′-MDI中引入氨基甲酸酯或碳化二亚胺基团而得到。纯MDI常温下是固体，使用不方便。4,4′-MDI在储存过程中还容易产生二聚物，储存稳定性差；在使用前须加热熔化成液体才可使用。液化MDI能够克服这些缺点
	MDI-50	为2,4-二苯基甲烷二异氰酸酯与4,4′-二苯基甲烷二异氰酸酯的混合物，常温下呈无色至微黄色透明液体状态；因有50%2,4-位异构体，阻碍了异氰酸酯与胺的反应，可以延缓涂膜的反应速度，提高涂膜表面的流平性能，同时降低涂膜的拉伸强度
	粗MDI	是多亚甲基多苯基多异氰酸酯(PAPI)的别名，是一种不同聚合度的多异氰酸酯的混合物，其中二异氰酸酯(MDI)约占混合物总量的50%，因具有高官能度，能够有效提高涂膜的撕裂强度
聚醚多元醇	GE220 A	是分子量为2000的二官能度聚醚，与MDI制造的预聚体黏度较低，涂膜断裂伸长率高
聚醚胺	D-2000	主要结构特征是在主链上以氧化丙烷为重复段，平均分子量为2000的双官能团伯胺，其伯氨基连接在脂肪族聚醚主链端基的第二个碳原子上；产品低黏度、低色度、低蒸汽压，能够改进喷涂聚脲材料的柔韧性，提高剥离强度
	D-230	分子量为230的2官能度端氨基聚醚，提高反应速率
	T-5000	分子量为5000的3能度端氨基聚醚，提高拉伸强度
扩链剂	DETDA①	提高涂膜拉伸强度、耐冲击性能等
	DMTDA②	降低反应速率，提高涂膜的流平性
	4200	延长凝胶时间，提高附着力

续表

材　料	品种或型号	功能或作用描述
助剂	抗氧化剂、紫外线吸收剂	提高涂膜耐老化性能
	稀释剂	降低聚脲A、B组分的黏度，提高喷涂时两组分的混合效果，从而改善涂膜的整体性能

① 二乙基甲苯二胺。
② 3,5-二甲硫基甲苯二胺。

3. 聚脲地坪涂料配方举例和典型产品性能

（1）参考配方　见表3-28。

表3-28　聚脲地坪涂料参考配方

组分	原材料名称	用量(质量分数)/%
A组分	液化MDI	30～40
	MDI-50	20～35
	聚醚多元醇CE220 A	35～45
	活性稀释剂	0～10
B组分	D-2000	20～25
	T-5000	28～35
	DETDA	10～15
	DMTDA	10～15
	4200	12～16
	颜(填)料	5～10
	抗氧化剂	0.5～1.0
	紫外线吸收剂	0.5～1.0
	活性稀释剂	5～10

进行聚脲地坪涂料配方设计时，NCO指数是一个关键性指标，聚脲涂料的NCO指数一般为0.8～1.2。此外，涂料黏度对涂膜性能影响较大。一般说来，两组分黏度越低且在施工温度下黏度越接近，喷涂混合越均匀，涂膜性能越好。

（2）典型性能指标　见表3-29。

表3-29　聚脲地坪涂料的主要性能指标

项　目	指　标
凝胶时间/s	≤45
表干时间/min	≤10
拉伸强度/MPa	≥16
断裂伸长率/%	≥450
与混凝土的黏结强度/MPa	≥2.5
硬度(邵氏A)	85～95
耐磨性(1000g,1000r)/mg	≤20
耐盐雾性(2000h)	无锈蚀、不起泡、不脱落
耐紫外线老化(500h)	涂层完好，不起泡，无针孔现象
耐30%NaOH(30d)	涂层无变化
耐10%HCl(30d)	
耐饱和NaCl(30d)	

4. 聚脲地坪涂料施工简介

（1）基层处理　按地坪涂料施工要求对基层进行严格处理。

（2）聚脲地坪涂料施工　封闭底漆施工后 1～7d 内进行聚脲地坪涂料施工，若超过 7d，必须再施工 1 遍封闭底漆，干燥 1d 后进行聚脲地坪涂料施工。施工前，应使用吸尘器或干净抹布清理地坪表面的灰尘、杂物等，并对地坪上的设备、下水管口等进行屏蔽、保护。

施工前，如环境温度低于 15℃时，应将聚脲地坪涂料的 A、B 组分加热、保温。

喷涂前检查 A、B 两料液压（12.4～15.9 MPa），若液压相差 2MPa 以上，必须泄压放料后再重新开机调试，涂料温度控制在 70～75℃。

聚脲地坪涂料施工时，喷枪口距喷涂面的距离控制在 80～100cm。纵向喷涂完 1 遍后检查涂膜，对大气孔和凹陷处用修补料找平，修补料干燥 2h 后，横向喷涂到设计膜厚。

聚脲地坪涂料整体施工完毕后采用特殊手法对表面进行防滑造粒处理。

涂膜施工完 24h 内，应避免重物碾压；施工中严禁将水分、油污等杂质带入施工工作面，聚脲地坪涂料施工应当避开大雾、雨雪、高温等恶劣天气。

典型设备参数、工艺设置为：喷枪流量 4～8kg/min；设备压力 13.8～15.2MPa；涂料（A、B 料）加热温度 75℃；管道保温温度 70℃；压缩空气压力 0.5～0.7MPa。

（3）注意事项与安全措施　在封闭底漆、聚脲地坪涂料施工过程中应杜绝火源；喷涂设备是高压喷涂设备，喷涂作业时，应熟悉保养规则、安全操作规程及措施。严禁使喷枪枪口对准他人及自己；在室内地坪施工时，应具备合适的透风设备，工作场所内的电气设备应具有防爆装置；工作人员应穿戴好工作服、护目镜、手套、防毒面具等劳保用品。

二、聚天门冬氨酸酯地坪涂料

1. 聚天门冬氨酸酯地坪涂料的基本原理

聚天门冬氨酸酯地坪涂料是通过聚天门冬氨酸酯树脂和 HDI 三聚体反应而生成的高分子化合物为成膜物质的无溶剂型地坪涂料。由于聚天门冬氨酸酯实际上是一种脂肪族仲胺，所以常常将其与 HDI 三聚体作为固化剂的涂料归结为聚脲涂料一类[18,19]，但在地坪涂料行业中也称为聚天门冬氨酸酯地坪涂料[20]。

1990 年 Zwiener 等人发现聚天门冬氨酸酯可以用作溶剂型聚氨酯涂料的反应型稀释剂，能够与普通含有羟基的聚酯、聚丙烯酸酯共聚物混溶，从而降低涂料体系中的 VOC 含量。

当聚天门冬氨酸酯与同是脂肪族的 HDI 三聚体反应时，能够得到耐候性非常好的新型脂肪族涂料。具体表现在：聚天门冬氨酸酯黏度低；与 HDI 三聚体的反应速率通过不同的取代基团，凝胶时间从 5min 延长至 120min；施工寿命可以从 5min 拓宽到 2h 以上；喷涂一道就可达到 0.6mm；涂层表面无气孔产生；配方体系的可调节范围很宽；对紫外线有很好的耐受性，光泽持久、色彩稳定、不泛黄；固体含量可以从 70%调节到 100%。

HDI 三聚体和聚天门冬氨酸酯树脂的化学结构式如图 3-7（a）和（b）所示[18]。

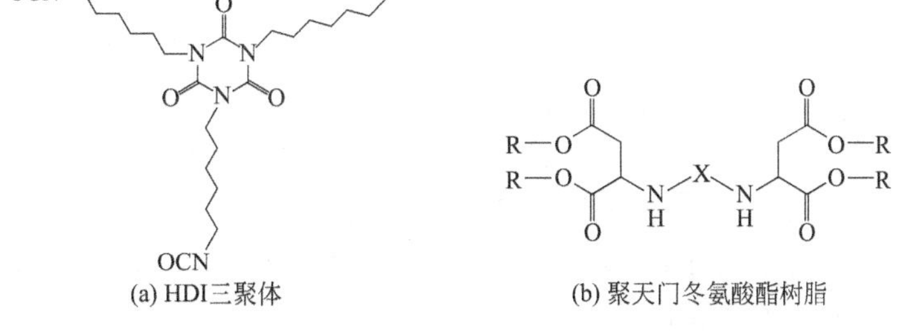

(a) HDI三聚体　　(b) 聚天门冬氨酸酯树脂

图 3-7　HDI 三聚体和聚天门冬氨酸酯树脂的化学结构式

当聚天门冬氨酸酯树脂分子中的 X 被不同结构的基团取代后，便会生成聚天门冬氨酸酯系列衍生物，从而获得不同功能的 B 组分。聚天门冬氨酸酯分子结构中的氨基，处于空间冠状位阻环境的包围中，特殊的诱导效应使得它在与 HDI 三聚体的反应过程中，表现出“减速”作用。通过人为增加聚天门冬氨酸酯分子中空间冠状结构的位阻密度，就能够合成出降低反应活性、延长凝胶时间的“定时”化合物。

聚天门冬氨酸酯树脂与脂肪族多异氰酸酯的反应如图 3-8 所示。

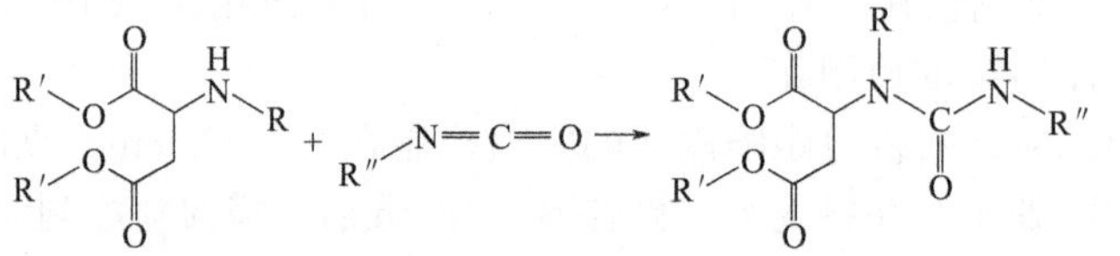

图 3-8 聚天门冬氨酸酯涂料反应机理

2. 聚天门冬氨酸酯地坪涂料的主要原材料

(1) 聚天门冬氨酸酯地坪涂料　以德国拜耳公司向市场供应的聚天门冬氨酸酯树脂为例，其应用于地坪涂料的聚天门冬氨酸酯产品如表 3-30 所示。

表 3-30　常用聚天门冬氨酸酯树脂的性能

项 目	性 能		
	Desmophen NH 1520	Desmophen NH 1420	Desmophen NH 1220
特性描述	与聚异氰酸酯反应的低黏度含氨基树脂		
固体含量	100	100	100
胺值(mgKOH/g)	189～193	199～203	199～203
当量/(g/eq)	290	279	226～234
黏度/mPa·s	800～2000	900～2000	900～2000
反应性	低	中	高

(2) HDI 三聚体　制备聚天门冬氨酸酯地坪涂料应当选择无溶剂低黏度的脂肪族 HDI 三聚体（脂肪族多异氰酸酯）作为固化剂。德国拜耳公司的这三种 HDI 三聚体的性能如表 3-31 所示。

表 3-31　几种商品 HDI 三聚体固化剂的性能

项 目	性 能		
	Desmodur N 3300	Desmodur N 3600	Desmodur N 3900
成分及特性	HDI 三聚体	弹性 HDI 三聚体	含六亚甲基二异氰酸酯的低黏度脂肪族聚异氰酸酯
NCO 含量/%	21.8±0.3	11.0 ± 0.5	23.5±0.5
游离 HDI 单体/%	≤0.15	≤0.30	≤0.30
当量/(g/eq)	约 193	约 382	约 170
黏度/mPa·s	3000±750	6000±1200	730±100

实际上，合理控制多异氰酸酯的聚合度和分子量，可以有效降低 HDI 三聚体的黏度。Desmodur N 3300 是标准的 HDI 三聚体产品，供应形式黏度为 3000mPa·s，当分子量降低 20%左右时，对应产品的黏度可降低到 1200mPa·s，如 Desmodur N 3600。如果采用特殊的催化剂技术，HDI 的三聚体反应结果可得到主产物为非对称型三聚体结构（亚氨代噁二嗪二

酮)。这种特殊的分子结构可以大大降低 HDI 固化剂的黏度，产品黏度只有 700mPa・s，同时能保持较高的官能度，如 Desmodur N 3900。某些柔性 HDI 固化剂，如 Demodur N 3800，也可以在体系中混拼使用，用于提高漆膜的柔韧性。

3. 聚天门冬氨酸酯地坪涂料的配方

从表 3-30 所列的一系列聚天门冬氨酸酯树脂中可以发现，它们都具有 100%的固含量、较低的黏度，而且反应活性各异，这些特性使我们在设计涂料配方时具有灵活的选择性。表 3-32 给出了无溶剂聚天冬氨酸酯地坪涂料面漆的配方[21]。

表 3-32 无溶剂聚天冬氨酸酯地坪涂料面漆配方

组分	原材料名称	用量(质量分数)/%
A 组分(涂料组分)	Desmophen NH 1420 型聚天门冬氨酸酯	22.40
	Desmophen NH 1520 型聚天门冬氨酸酯	11.0
	润湿分散剂	1.00
	消泡剂	0.15
	流平剂	0.30
	吸水剂 3Å 分子筛	2.00
	钛白粉	32.15
	防沉剂	0.15
	光稳定剂	0.50
	基材润湿剂	0.20
	消泡剂	0.15
B 组分(固化剂)	Desmodur N 3900 型 HDI 三聚体	21.80

第三节 用于体育运动场地的聚氨酯弹性地面涂料

一、使用状况、特性和类型

1. 使用状况

美国的 3M 公司于 1961 年首次用弹性聚氨酯涂料铺设了一条赛马跑道。由于使用效果好，到 1963 年开始用同样的材料铺设田径跑道。其后，第 19 届奥林匹克运动会的田径赛场跑道采用 3M 公司的聚氨酯弹性地面涂料铺设的田径跑道，但将其称之为聚氨酯橡胶跑道。第 19 届奥林匹克运动会以后的田径赛场跑道与助跑道均采用聚氨酯材料铺设，并被国际公认为是最好的跑道。

20 世纪 80 年代以后，我国在北京、上海、南京等地用聚氨酯弹性地面涂料铺设了大面积的跑道和运动员训练场地，随后该类运动场地材料的应用遍及全国各大城市。后来，聚氨酯弹性涂料扩大用于网球、羽毛球和篮球等室内、外的运动场地。

2. 聚氨酯弹性涂料运动场地的特性

与煤渣类跑道相比，聚氨酯弹性涂料跑道具有一些明显的优点。

① 运动性能好。聚氨酯弹性涂料跑道弹性好、耐磨、防滑；可吸收震动，弹跳自如；运动员若摔倒，能够减轻、减少受伤的程度。

② 场地清洁，易于维护管理，能够改善运动场地的卫生条件，比赛不受气候条件影响，雨后即可运动，冬季无冰冻，一年四季均可在场地练习与比赛，提高了运动场地的使用效率。

③ 受到运动员的欢迎。聚氨酯弹性涂料跑道色彩美观，使运动员感到舒适，能够振奋精神，提高竞技水平。

3. 聚氨酯弹性涂料运动场地

根据运动比赛的要求和造价要求，用聚氨酯弹性涂料施工的运动场地有全塑型、双层型、混合型和折叠型四种类型。其中折叠型属于工厂模制品。

① 全塑型　运动场地的表面涂膜层全部采用不含废轮胎胶粒的聚氨酯涂料铺设而成，涂膜层的厚度为10～30mm。涂膜层具有较高的回弹性。钉子鞋可无条件地在涂膜层上运动，适用于高级运动比赛，但造价较高。

② 双层型　运动场地为双层结构，底层是将废轮胎胶粒与聚氨酯弹性涂料混合均匀后铺注，厚度为10～15mm。然后，再在其表面施工一层厚度为2～5mm的不含废轮胎胶粒的聚氨酯涂膜，上面再黏附一层0.3～2mm的含废轮胎胶粒的聚氨酯涂膜作为摩擦面层。该类场地适用于一般运动，需要用专门的跑鞋。

③ 混合型　将10%～20%废轮胎胶粒与聚氨酯弹性涂料混合均匀后铺注，厚度为10mm左右；面层上也铺一层2～3mm的含废轮胎胶粒的聚氨酯涂膜作为摩擦层。该类场地适用于比赛用运动场地，需要用专门的跑鞋。

二、运动场地用聚氨酯弹性涂料配方和制备

运动场地用聚氨酯弹性涂料为双组分涂料[22]，一个组分为预聚体，另一个组分为色浆。按聚氨酯弹性涂料交联反应的结构形式分为醇交联和胺交联两种。聚醚为聚丙二醇和聚丙三醇，异氰酸酯大部分采用80∶20甲苯异氰酸酯，也有采用二苯基-4,4′-甲烷二异氰酸酯，其成本高，但施工时环境影响小，涂膜的物理机械性能好。

1. 醇交联聚醚型聚氨酯弹性涂料

运动场地用醇交联聚醚型聚氨酯弹性涂料由聚醚色浆（A组分）与异氰酸酯预聚体（B组分）组成，其配方如表3-33所示。

表3-33　运动场地用醇交联聚醚型聚氨酯弹性涂料配方

原材料名称	用量/质量份	原材料名称	用量/质量份
A组分		2,6-二叔丁基甲酚	1.0
聚丙二醇(分子量2025)	51.5	醋酸苯汞	0.2
一氧化铅	0.5	B组分	
气相二氧化硅(白炭黑)	0.1	异构比为80∶20的甲苯二异氰酸酯	86.7
煅烧高岭土	46.5	三羟甲基丙烷-环氧丙烷加聚物(分子量440)	6.0
2-乙基己酸钙	0.1		

配方中的醋酸苯汞既是催化剂，又是防霉剂，采用醋酸苯汞与2-乙基己酸铅最好。气相二氧化硅粒径很细，为胶体，有助于煅烧高岭土的分散。2-乙基己酸钙是稀释剂，它使含有煅烧高岭土比例很高的聚丙二醇也能够保持流动性。在配方中有时也添加氧化钙，其作用是防止催化剂储存时变质。从配方组成上看，制成的涂膜层有部分是三官能团醇交联的热塑性弹性体。

使用时，按A∶B=92∶8的比例（异氰酸酯基∶羟基=1∶1）配制。两个组分内均加有适量的废胶粒（一般为聚氨酯胶的35%～45%）。二者混合均匀后即可进行铺注。

2. 胺交联聚醚型聚氨酯弹性涂料

运动场地用胺交联聚醚型聚氨酯弹性涂料由聚醚色浆（A组分）与异氰酸酯预聚体（B组分）组成，其配方如表3-34所示。

表 3-34 运动场地用胺交联聚醚型聚氨酯弹性涂料配方

原材料名称	用量(质量份)	原材料名称	用量(质量份)
A组分(涂料组分)		UV-327紫外线吸收剂	0.5
聚丙三醇(分子量为3000)	14.0	抗氧剂1010	0.5
聚丙二醇(分子量为2000)	38.0	2,6-二叔丁基甲酚	1.0
莫卡(moca,固化剂)	5.0	醋酸苯汞	0.3
气相二氧化硅(白炭黑)	2.0	B组分(预聚体组分)	
煅烧高岭土	31.4	异构比为80∶20的甲苯二异氰酸酯	11.1
2-乙基己酸铅	0.3		
氧化铁红	5.0	聚丙三醇(分子量为3000)	30.0
磷苯二甲酸二(2-乙基己酯)	3.0		

A组分（涂料组分）的配制程序为：将配方中的各种原材料按配方量称取后，混合均匀，经过研磨设备磨细，黏度控制在6.3Pa·s（23℃），水分含量低于0.2%。

B组分（预聚体组分）的配制程序为：将配方中的苯二异氰酸酯和聚丙三醇称量后置于反应釜中混合均匀，在80～85℃温度下反应2.5h，于室温下放置34h后测定游离异氰酸基含量为9%～11%，黏度为4.65 Pa·s（23℃）。施工时，称取甲组分90质量份，乙组分40质量份（按异氰酸基含量为1.02～1.05计算），迅速搅拌均匀后即可施工。混合后12～24h即固化成膜。

三、运动场地聚氨酯弹性涂料的施工

1. 基层的施工

聚氨酯弹性涂料运动场地的基层一般有水泥混凝土和沥青混凝土两种，其施工十分重要。聚醚型聚氨酯弹性涂料施工的运动场地，基本上能够耐水和防霉，但不能够长期接触潮湿基层。因此，基层设计时既要考虑基层地下水向上渗透的问题，又要考虑表面涂膜层的排水问题。

（1）水泥混凝土基层的施工　基层的第一道施工工序是用压路机辊压，然后铺筑一层粒径100～150mm的碎石层。在碎石层上铺一层塑料薄膜以隔断地下水。在塑料薄膜上再铺筑一层厚度约为100mm的水泥混凝土。混凝土层按一定间隔留有缝隙，缝隙用柔性材料填充，以容纳混凝土层的胀缩。混凝土层养护28d，待完全干燥后，可准备进行涂膜层的施工。

（2）沥青混凝土基层的施工　按水泥混凝土基层的施工方法辊压基层和铺筑碎石层。铺筑沥青混凝土基层时，先在碎石层表面铺筑一层60mm厚的粗沥青混凝土层，再铺筑40mm厚的细石沥青混凝土。经过一个月的养护并将表面修整平滑后，可准备进行涂膜层的施工。

2. 聚氨酯弹性涂料的施工

聚氨酯弹性涂料运动场地的施工有手工和机械施工两种方法。场地的面积在2000m^{2}以下时，手工施工比较经济。

（1）机械化施工　在一辆车上设置有A料和B料储槽，A、B料通过计量泵进入螺旋混合头，然后与废轮胎胶粒一起进入叶轮式水泥混合机内混合均匀。由射槽将涂料混合料浇注在沥青或水泥混凝土基层上。车上还设有整平架，将浇注的涂料混合料自动摊平。有的设备还设置真空除气泡的装置，以减少涂膜层的气泡。

（2）手工施工　先用喷涂或刷涂的方法在沥青或混凝土基层表面涂装一层厚度为0.3～0.5mm的聚氨酯涂膜。涂膜层的施工可分2～3道进行，其厚度一般为13～15mm。涂料混合料的黏度一般为12Pa·s左右，操作时间为30～60min，可步行时间为8～24h，经过1～7d可完全固化。每平方米跑道需要涂料混合料约17.5kg。

（3）摩擦层的施工　基层上施工好涂膜层后，在其未完全固化前，将0.3～1.25cm大小的颗粒状弹性聚氨酯颗粒均匀地撒布在涂膜层上，待完全固化后，将多余的胶粒扫除掉，即成为涂膜层表面的摩擦层。此外，也可以采取其他方法施工出摩擦层。例如，在涂膜层未完全固化前，撒上聚乙烯或聚丙烯颗粒，因为这两种颗粒都不能和聚氨酯树脂黏结，待涂膜层完全固化后，再将聚乙烯或聚丙烯颗粒扫除，涂膜层表面即形成凹凸面的摩擦层。

（4）跑道标线的施工　一般用脂肪族异氰酸酯（如 HDI）型的双组分聚氨酯涂料进行跑道的划线，该类涂膜耐气候老化而不易黄变。该类涂料的施工同一般双组分聚氨酯涂料的施工方法相似。此外，也有采用预制划线标带进行粘贴的。

四、聚氨酯弹性涂料运动场地的涂膜层性能与保养维修

1. 涂膜层性能

由于使用的材料不同和施工成本的差别，不同国家制作的聚氨酯弹性涂料运动场地，其涂膜层的性能不同，表 3-35 中列出我国、美国和德国的涂膜层的性能。

表 3-35　不同国家的聚氨酯弹性涂料运动场地的涂膜层性能

性能项目	不同国家的涂膜层		
	中国	美国	德国
拉伸强度/MPa	4.12	0.85～1.71	1.96～2.90
伸长率/%	370	200	270
硬度(邵氏 A)	53～63	40～55	45～53
撕裂强度/(kN/m)	15.4	—	14.7
压缩永久变形/%	4	10	5
冲击弹性/%	40	30	50

2. 聚氨酯弹性涂料运动场地的保养与维修

聚氨酯弹性运动场地的保养与维修比煤渣场地更易进行。

（1）清洁卫生　场地经过比赛污染后，可用扫帚或刷子等工具打扫干净，并使用浸过矿物油的布头或棉纱将食物、鞋印等污染严重的痕迹擦净。场地可用无腐蚀性的洗涤剂清洗。用冲稀 50 倍的氨水冲稀效果较好，能够彻底洗除污染物。每月像地板打蜡一样涂装 1～2 次特制的保护涂料。

（2）修补技术　用刮刀除去已经损坏的涂膜层，并彻底清除黏结在混凝土基层上的涂料。然后，涂刷一层聚氨酯涂料。经过 4～6h 的固化后，再浇注配制好的弹性涂料混合料，并养护至完全固化。要修补较大面积的涂膜层时，应先除去已经损坏的涂膜层，将配制好的涂料混合料浇注至被去除涂膜层的 3/4 深度，整平后再浇注剩下 1/4 的深度，使修补处的涂膜层与周围原涂膜层厚度相同，并养护至完全固化。

五、两种聚氨酯弹性涂料运动场地

（一）环保型双组分聚氨酯弹性地面材料[23]

应用于运动场地的聚氨酯弹性地坪涂料也称为塑胶运动场铺面材料，其基本配方通常为 TDI-MOCA(3,3 -二氯-4,4-二氨基二苯基甲烷)/重金属催化剂体系。该体系配方存在毒害及污染问题。按照 GB 5044—1985《职业性接触毒物危害程度分级》，TDI 属于Ⅱ级（高度危害）毒物，是可疑人体致癌物。TDI 为散发性刺激性气体，人体比较敏感，嗅觉阈为 0.35～0.92 mg/m^3；我国车间空气卫生标准规定，空气中 TDI 浓度不高于 0.2mg/m^3，美国为不高于 0.036mg/m^3，法国为不高于 0.08mg/m^3，瑞典为不高于 0.04mg/m^3，英国为不高于 0.02mg/m^3。此外，塑胶运动场中常用的重金属催化剂是有机 Pb/Hg[24] 或 Pb/Zn[25]。醋酸苯汞对眼、皮肤和呼吸道有强烈刺激作用，能通过皮肤接触、吸入引起肺水肿，严重时可致死；异辛酸铅、环烷酸铅主要的靶器官是神经系统和造血系统，会影响人的发育、内分泌和免疫功能；儿童铅中毒

可导致“脑神经功能失调症”，铅与脑组织的结合将造成不可恢复的永久性损伤。因此用该配方体系所铺设的塑胶运动场带来的危害及环境污染问题不容忽视。国际运动跑道技术协会（IST）早在 1994 就提出“不接受使用含 TDI 成分的聚氨酯系统的运动跑道”的建议。下面介绍一种新型环保型运动场用双组分聚醚聚氨酯铺面材料。该材料利用二苯基甲烷二异氰酸酯（MDI）替代高挥发性的 TDI，以有机 Sn/Zn 复合催化剂代替 Pb、Hg 催化剂体系。当选择液化 MDI（异氰酸酯指数为 1.01），替代高挥发性的 TDI；选择异辛酸锌/辛酸亚锡复合催化剂[m(异辛酸锌)∶m(辛酸亚锡)=2.5∶1.0]，质量分数为 0.5%；以 MOCA 作为硫化交联剂，其用量为 4.5%，制备的环保型双组分运动场用聚氨酯铺面材料，不含 TDI、Pb、Hg 等有毒物质。

1. 环保型聚氨酯弹性地面材料的制备

（1）原材料　制备环保型聚氨酯弹性地面材料的主要原材料有 4,4 -二苯基甲烷二异氰酸酯（纯 MDI，德国 BASF 公司产）；碳化二亚胺-脲酮改性 MDI（液化 MDI，烟台万华公司产）；多元醇改性 MDI（改性聚合 MDI，烟台万华公司产）；多亚甲基多苯基多异氰酸酯（粗 MDI 或 PAPI，德国 Bayer 公司产）；聚醚多元醇（N210、N220、N403、N3050）；3,3-二氯-4,4-二氨基二苯基甲烷（MOCA）；氯化石蜡；滑石粉；陶土；气相白炭黑；氧化铁红；辛酸亚锡和异辛酸锌等。

（2）预聚体（A 组分）的制备　按配方将混合聚醚多元醇加入反应釜中，搅拌，升温至 120℃，真空脱水，当水分含量小于 0.05%后，降温至 50℃，加入 MDI 和添加剂，搅拌并缓慢升温至 80℃，反应 3h，降温至 40℃，出料，得到 A 组分。

（3）色浆（B 组分）的制备　按配方称取聚醚多元醇、MOCA、填料（滑石粉、陶土等）、增塑剂（氯化石蜡）、色料、抗氧化剂、紫外线吸收剂、防霉剂等，混合均匀，经高速剪切处理后，在三辊研磨机上研磨至细度不大于 50μm，进行真空脱水 2～3h 出料，得到 B 组分。

2. MDI 种类的选择

MDI 种类对铺面材料的性能影响很大，表 3-36 对比了相同配比时各种 MDI 对涂膜物理机械性能的影响。

表 3-36　MDI 种类对涂膜性能的影响

MDI 种类	硬度(邵氏 A)	拉伸强度/MPa	扯断伸长率/%	压缩复原率/%	回弹值/%
纯 MDI	60	1.21	101	98	38
粗 MDI	54	1.35	112	99	40
液化 MD	55	1.46	169	99	43
改性聚合 MDI	50	1.41	120	98	39

由表 3-36 中可见，纯 MDI 的综合性能最差。这是由于经过改性的 MDI 及 PAPI 含有更多的活性基团，使产品的分子链之间的氢键增加，有利于提高产品的力学性能。其中液化 MDI 的综合性能最佳，且液化 MDI 在室温下为液体，储存期为 6 个月，便于使用和储存。下面的结果均是使用液化 MDI 制备涂料所得到的。

3. 一些因素对环保型双组分聚氨酯弹性地面材料性能的影响

（1）异氰酸酯指数对涂膜性能的影响　异氰酸酯指数是指—NCO 基团与含活泼氢的基团之比。表 3-37 为异氰酸酯指数对涂膜性能的影响。

表 3-37　异氰酸酯指数对涂膜性能的影响

异氰酸酯指数	硬度(邵氏 A)	拉伸强度/MPa	扯断伸长率/%	压缩复原率/%	回弹值/%
0.98	46	1.22	200	98	40
1.00	50	1.31	181	99	41

续表

异氰酸酯指数	硬度(邵氏 A)	拉伸强度/MPa	扯断伸长率/%	压缩复原率/%	回弹值/%
1.01	55	1.46	169	99	43
1.02	59	1.58	142	99	42
1.03	63	1.64	121	99	43

由表 3-37 可见，随着异氰酸酯指数的增大，涂膜的硬度、拉伸强度提高，扯断伸长率减小。这是因为异氰酸酯指数越大，—NCO 基团越多，在涂膜中不仅生成氨基甲酸酯，而且还生成脲基甲酸酯和缩二脲，它们的刚性大，致使涂膜的硬度、拉伸强度增大，扯断伸长率减小。从实验结果可见，异氰酸酯指数以 1.01 为宜。

(2) MOCA 用量对涂膜性能的影响　固化剂 MOCA 的用量会对涂膜性能产生影响，试样结果如表 3-38 所示。

表 3-38　MOCA 用量对涂膜性能的影响

MOCA 用量(质量分数)/%	硬度(邵氏 A)	拉伸强度/MPa	扯断伸长率/%	压缩复原率/%	回弹值/%
5.5	64	2.68	232	98	41
5.0	59	1.77	191	98	42
4.5	55	1.46	169	99	43
4.0	50	1.21	122	99	43
3.5	44	0.98	97	99	42

由表 3-38 可见，MOCA 的用量对涂膜的物理机械性能影响较大，其用量增加可以显著提高涂膜的硬度、拉伸强度和扯断伸长率。综合性能及成本考虑，MOCA 的用量以 4.5%（质量分数）为宜。

(3) 催化剂对涂膜性能的影响。在聚氨酯防水涂料中已成功地使用有机 Sn 复合催化剂[26]，在此基础上将辛酸亚锡及异辛酸锌复合应用于聚氨酯铺面材料，结果见表 3-39、表 3-40。

表 3-39　复合催化剂组成对涂膜性能的影响

m(Zn)∶m(Sn)	适用期/h	表干时间/h	实干时间/h	硬度(邵氏 A)	拉伸强度/MPa	扯断伸长率/%
1.5∶1.0	0.1	1.5	10.5	48	1.10	182
2.0∶1.0	0.5	3.6	9.1	51	1.39	173
2.5∶1.0	1.0	4.5	8.0	55	1.46	169
3.0∶1.0	1.3	5.2	7.2	57	1.51	153
3.5∶1.0	1.6	5.4	6.3	59	1.59	141

表 3-40　复合催化剂用量对涂膜性能的影响

复合催化剂用量/%	适用期/h	表干时间/h	实干时间/h	硬度(邵氏 A)	拉伸强度/MPa	扯断伸长率/%
0.1	1.8	6.2	11.0	54	1.21	152
0.3	1.2	5.1	9.2	55	1.32	158
0.5	1.0	4.5	8.1	55	1.46	169
0.7	0.5	3.4	7.0	55	1.48	172
0.9	0.3	2.1	6.3	55	1.51	183

注：复合催化剂组成为 m（异辛酸锌）∶m（辛酸亚锡）=2.5∶1.0。

从表 3-39、表 3-40 可以看出，当复合催化剂 m(异辛酸锌)∶m(辛酸亚锡)=2.5∶1.0，其质量分数为 0.5%时，涂膜性能可满足国家标准要求；同时也能满足现场施工的要求；在保持一定固化时间（如 7～9h 固化行走）的同时，又有适当的适用期（如 1h 可操作时间）。

（二）新型抗污染聚氨酯铺面材料[27]

聚氨酯铺面材料为双组分反应固化型聚氨酯弹性体，甲组分一般为聚醚型预聚体，游离异氰酸酯基含量一般在10%以下。乙组分为交联剂与各种助剂等的混合物，含有—OH、—NH等活性基团，固化速率靠催化剂来调节，同时制品硬度也可以在一定范围调节。近年来对这类材料提出更高要求，如阻燃、抗静电、耐污染等。下面介绍通过加入复合阻燃剂来提高铺面材料的阻燃性，使其阻燃等级达到1级；通过加入纳米 SiO_2 来提高其抗污染性；同时材料的其他性能也得到不同程度改善的新型聚氨酯铺面材料。

1. 主要原材料

制备新型抗污染聚氨酯铺面材料的主要原材料有：甲苯二异氰酸酯（TDI-80）；液化二苯甲烷二异氰酸酯（MDI）；聚醚多元醇；催化剂（二月桂酸二丁基锡）；交联剂（MOCA）；进口液体阻燃剂1；国产固体阻燃剂2；纳米 SiO_2 等。

2. 铺面材料的制备

（1）甲组分的制备　按配方计算出各原材料的投加量，然后将混合多元醇加入到反应釜中进行减压脱水。当水分达到要求（＜0.1%）后，降温至60℃，在搅拌下加入规定量的TDI-80，缓慢升温至85～90℃搅拌反应2h，然后降温至40℃。再加入规定量的液化MDI，使得甲组分中游离异氰酸酯基（—NCO）含量达到规定值，搅匀后即可出料。室温放置1d后取样分析—NCO含量，备用。

（2）乙组分的制备

① 将聚醚多元醇减压脱水，然后按配比加入固体交联剂MOCA，搅拌溶解后降温至50℃，备用。

② 将乙组分中所用的填料进行烘干处理。

③ 按配比计算出每釜各种原材料的投加量，然后将计量准确的各种原材料依次加入到高速混合釜中，混合温度控制在30～35℃，高速混合30min，可过滤、包装备用。

（3）铺面材料的配制　可以通过调整甲、乙组分配比制得不同用途的聚氨酯铺面材料，满足不同要求。

3. 主要原材料的选择及影响因素分析

（1）主要原材料的选择

① 多异氰酸酯的选择。多异氰酸酯用来制作甲组分，聚氨酯材料所用的多异氰酸酯有TDI、MDI、多亚甲基多苯基多异氰酸酯（PAPI）和液化MDI等。由于MDI室温下为固体，合成工艺操作不方便，而液化MDI用量大，价格高。选择TDI（80/20）和PAPI价格较便宜。但使用PAPI反应过于激烈，不易控制，因此很少采用。如果单用TDI作预聚体，为了提高塑胶铺面材料的硬度，必须提高—NCO的含量，使得预聚体中游离的TDI较多。因此，先用TDI与混合聚醚多元醇反应制成纯预聚体，然后再加入液化MDI，使甲组分预聚体的—NCO含量达到预设计值。由于液化MDI的挥发性远小于TDI，有利于施工过程中操作人员的劳动保护。

② 多元醇的选择。由于聚酯型聚氨酯的耐水性不如聚醚型聚氨酯，因而实际中合成聚氨酯塑胶铺面材料是以聚醚多元醇为主，常用多种聚醚复合使用。如三官能度的聚醚和二官能度的聚醚复合使用，或者二官能度的聚醚与多官能度的聚醚复合使用 通常聚氨酯铺面材料对拉伸强度和伸长率要求不高（如塑胶跑道要求拉伸强度不小于0.7MPa，伸长率不小于90%；篮球场、排球场和羽毛球场要求拉伸强度不小于0.8MPa，伸长率不小于90%等），因此，铺面材料选择以三官能度的聚醚为主，二官能度的聚醚为辅，在满足性能要求的前提下，尽量降低生产成本。

③ 阻燃剂的选择。聚氨酯属于可燃物质，燃烧会释放出有毒气体，对环境污染严重，几

分钟可能使人窒息死亡。普通聚氨酯的氧指数为19%～20%，而聚氨酯铺面材料要求达到1级阻燃（氧指数大于38%），因此必须引入阻燃剂来提高氧指数。

阻燃剂有反应型阻燃剂、添加型有机阻燃剂和添加型无机阻燃剂三类，通常添加单一种类的阻燃剂很难达到1级阻燃要求，使用复合阻燃剂效果较好。这里选用添加型有机阻燃剂与添加型无机阻燃剂复合，其阻燃效果好且稳定。

④ 抗污剂的选择。在涂料配方中加入纳米材料，不仅可以改善涂膜的力学性能，而且可以提高涂膜的抗污染性能。为此将纳米 SiO_2 引入到铺面材料中。纳米材料的比表面积及表面张力很大，容易吸附而发生团聚，同时，纳米组分表面存在局部电荷不均匀，极易产生吸附而团聚。为了发挥纳米组分在材料中的作用，就要降低其表面张力，使其很好地分散在乙组分中。为此先对纳米材料进行预处理，方法是在纳米组分中加入表面活性剂，采用超声波分散等制成溶胶。表3-41为加入纳米 SiO_2 前后铺面材料的耐污性能对比实验结果。耐污性的对比实验方法为：涂膜于室温下熟化7d后，淋上相同种类和数量的墨汁，待24h后，用水和刷子清洗，然后用肉眼观察。从表3-41可以看出，加入纳米 SiO_2 后铺面材料的耐沾污性能明显提高。

表3-41　耐污性能对比实验结果

项　目	墨汁涂刷面积/m^2	用水清洗后表面状况
未加纳米 SiO_2 的铺面材料	1	有明显痕迹
加入纳米 SiO_2 的铺面材料	1	无痕迹

（2）主要原材料的影响因素分析

① 水分。异氰酸酯的—NCO基团异常活泼，即使空气中存在的微量水分也会与之反应，生成脲的衍生物，该衍生物再与过量的异氰酸酯反应，则生成具有支化、交联结构的缩二脲。所以水分的存在不仅会消耗一部分异氰酸酯，而且因为生成相应量的支化产物而导致体系黏度过大，影响使用，甚至使产品报废，因此必须控制原材料的含水量。聚醚多元醇的含水量应小于0.1%，固体填料也要预先烘干处理。

② 溶剂。在甲组分的生产过程中加入少量的溶剂，不但可以使反应趋于温和，易于控制，而且还能降低甲组分的黏度，有利于涂料施工。但所用的溶剂应对—NCO是惰性的，且应是氨酯级溶剂，即异氰酸酯当量大于2500。

③ 酸碱度。一定的酸性条件有利于氨基甲酸酯低聚物的生成，而碱性条件则易生成缩二脲等高黏度副产物，故生产过程中必须严格控制原料的酸碱度，以防爆聚。一般是在分析原材料符合要求的前提下，先做凝胶实验，合格后再生产。

4. 产品性能

不同用途的聚氨酯铺面材料，对其制品性能要求也不同，可以通过调整甲、乙组分的配方来满足不同要求。该铺面材料性能符合GB/T 14833—2011标准要求。

六、塑胶跑道性能要求

塑胶跑道属于合成材料跑道，国家标准GB/T 14833—2011《合成材料跑道面层》将这类跑道按其结构形式分为渗水型和非渗水型两种。渗水型跑道是由树脂黏合橡胶碎粒或其他方法制造的具有缝隙结构的一类合成材料跑道面层；非渗水型是垂直剖面致密或有少量气孔及带有特定结构形式的一类合成材料跑道面层。

合成材料跑道面层的性能要求分为厚度、有效性、耐久性、物理性能和有害物质限量等类项目。

1. 厚度

面层的厚度应该满足冲击形式和垂直变形的要求，现场低于检测合格证书给出厚度值

10%的面积，不能超过总面积的10%。

2. 有效性

合成材料跑道面层的有效性是指运动员在面层上进行竞赛和训练时感到舒适和安全，不因运动员运动时对面层产生的冲击力，过高的反作用于人体或造成过高的体能损耗，并且在跌倒时减轻对人体的伤害。技术性能中与面层有效性相关的项目有冲击吸收、垂直变形、抗滑性等。

3. 耐久性

耐久性是指合成材料跑道面层的有效性在相当一段时间内得到保持的特性。技术性能中与面层耐久性相关的项目有拉伸强度、拉断伸长率和阻燃性等。

4. 合成材料跑道面层物理性能

合成材料跑道面层物理性能见表3-42。

表3-42 合成材料跑道面层物理性能

项目		指标	
		渗水型	非渗水型
冲击吸收/%		30～50	35～50
垂直变形/mm		0.6～2.5	0.6～2.5
抗滑值(BPN,20℃)	≥	47	47
拉伸强度/MPa	≥	0.4	0.5
拉断伸长率/%	≥	40	40
阻燃性/级		Ⅰ	Ⅰ

5. 合成材料跑道面层的有害物质限量

合成材料用于跑道面层应避免和减少对环境和人体造成的危害，其中的有害物质限量应满足如下要求：苯≤0.05g/kg；甲苯和二甲苯总和≤0.05g/kg；游离甲苯二异氰酸酯≤0.2g/kg；可溶性铅≤90mg/kg；可溶性镉≤10mg/kg；可溶性铬≤10mg/kg；可溶性汞≤2。

第四节 水性聚氨酯地坪涂料

一、概述

1. 水性聚氨酯地坪涂料的性能特征

毫无疑问，水性聚氨酯地坪涂料的优势仍在于其环保性能，正是日益强化的环保法规和环保意识推动了涂料水性化的进步。但是，除此之外其与溶剂型聚氨酯地坪涂料相比也还有其他一些特征，如表3-43所示[28]。

表3-43 水性聚氨酯地坪涂料的性能特征

性能项目	特征比较描述	
	传统溶剂型双组分聚氨酯地坪涂料	水性双组分聚氨酯地坪涂料
活化期/h	6～8	极短时间～4
干燥速率	指触干<10min,室温实干5～6h,60℃时40min	约比溶剂型涂料慢20%～30%
硬度	较宽的可调节范围	较宽的可调节范围
耐候性(QUV)/h	>4000	>4000
耐化学品性	非常好	与溶剂型相当或稍差

续表

性能项目	特征比较描述	
	传统溶剂型双组分聚氨酯地坪涂料	水性双组分聚氨酯地坪涂料
可操作性及易受环境影响性	温度、湿度的影响较小，两个组分易于混合	温度、湿度的影响较大，应认真评估两个组分的易混合性
气味	强烈的溶剂气味	基本无气味
成本	标准	约比溶剂型涂料高 20%～30%
社会效益	VOC 高，消耗资源多，生产和施工期间污染环境，有害健康	“绿色”形象，环保

聚氨酯最早的水性化产物是单组分水性聚氨酯，其具有较高的断裂伸长率和适当的强度，并能常温物理干燥，但是由于较低的分子量和低交联度，与溶剂型双组分聚氨酯涂料相比，单组分水性聚氨酯地坪涂料的耐化学品性和耐溶剂性不良，硬度、表面光泽度和鲜艳性都较低。

因而，为了满足使用需求，使水性聚氨酯地坪涂料的性能接近溶剂型双组分产品，近年来的研究开发趋向于双组分水性聚氨酯地坪涂料。

2. 双组分水性聚氨酯地坪涂料的成膜机理

双组分水性聚氨酯涂料的成膜机理与一般的聚合物乳液涂料（丙烯酸乳液）成膜有很大的区别，同时与溶剂型聚氨酯涂料的成膜机理也完全不同。图 3-9 为双组分水性聚氨酯涂料的固化成膜示意图[29]。

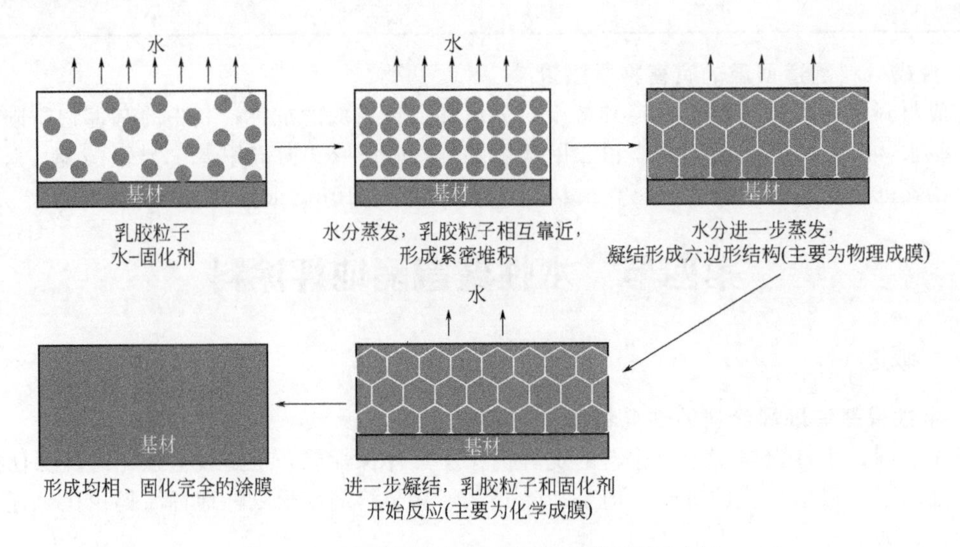

图 3-9 双组分水性聚氨酯涂料成膜过程示意图

双组分水性聚氨酯地坪涂料的成膜过程包括物理成膜过程和化学成膜过程。物理过程主要指水分的挥发，类似于普通聚合物乳液涂料在成膜过程中的蒸发、凝聚过程，主要发生在成膜过程的前阶段。化学过程是固化剂组分与预聚体多元醇组分之间进行交联反应形成网状结构，主要发生在湿涂膜中的大部分水蒸发以后。在双组分水性聚氨酯涂料成膜过程的前阶段，多异氰酸酯并没有过多地与多元醇或水发生化学交联反应。

大部分水分蒸发后，乳液与固化剂粒子相互接触并挤压，此时多元醇中的羟基以及残余的水开始大量地与固化剂中的—NCO 基团发生化学反应，该过程比较复杂，成膜过程中的具体反应如下：

$$—NCO + —OH \longrightarrow —\overset{H}{N}—C(=O)O—$$

$$—NCO + H_2O \longrightarrow —NH_2 + CO_2$$

$$—NH_2 + —NCO \longrightarrow —NH—\overset{O}{\overset{\|}{C}}—NH—（快）$$

$$—COOH + —NCO \longrightarrow —\overset{O}{\overset{\|}{C}}—NH— + CO_2（慢）$$

环境的温度、湿度以及体系中催化剂的用量、基团的反应活性对反应速率有很大的影响。其中温度和湿度决定水分的挥发状况，催化剂的加入可有效加快—NCO与—OH的反应，同时延缓—NCO与水及其他基团的反应。水性双组分聚氨酯地坪涂料的主副反应及其影响参数，决定双组分体系的活化期、施工、应用、成膜和干燥过程。

3. 双组分水性聚氨酯地坪涂料适用期的判断

双组分水性聚氨酯涂料适用期的表现形式不同于双组分溶剂型聚氨酯涂料。很多时候，双组分水性涂料体系的黏度变化会一直保持在远远低于初始黏度两倍的范围内。这意味着通过黏度上升判断溶剂型涂料适用期的方法不适用于双组分水性聚氨酯体系。实际上，对于双组分水性聚氨酯涂料来说，需要通过测试涂膜的某些性能（如光泽、雾影、硬度、耐化学品性等）的突变点来判断其适用期。

4. 双组分水性聚氨酯地坪涂料的某些应用

目前，已实现商品化的双组分水性聚氨酯地坪涂料有底漆、自流平罩面漆和弹性罩面漆等，表3-44中列出这几种产品的实际应用范围。

表3-44 双组分水性聚氨酯地坪涂料产品的实际应用

产品类别	性能特征、主要技术参数和适用场合		
	性能特征	主要技术参数	适用场合
双组分水性聚氨酯地坪自流平罩面漆	低VOC，低气味；抗划伤；耐候性良好；具有高光泽或亚光的效果	耐酒精擦拭≥1000次；耐磨性（1000g，500r）≤25mg	可应用于各类环氧树脂、聚氨酯自流平地坪涂料的罩面
双组分水性聚氨酯水泥自流平封闭漆	低VOC，低气味；可保持水泥自流平原有的风格效果	耐酒精擦拭≥500次；光泽（60°）≤30%	可应用于商场、办公室和学校等场所
双组分水性聚氨酯运动场地弹性面漆	高柔韧性；抗划伤；与弹性基层的附着力良好；耐水性和耐候性良好	断裂伸长率≥100%；附着力0级	可应用于网球场、篮球场等运动场地弹性地坪涂料的罩面

二、双组分水性聚氨酯地坪涂料生产技术

1. 双组分水性聚氨酯地坪涂料的主要原材料

（1）涂料基本组分　涂料是由成膜物质、颜（填）料、分散介质和助剂组成的。其中，成膜物质决定涂料的基本性能，而颜（填）料、分散介质和助剂三部分在按照水性涂料特性进行选择时，还有一些需要针对水性聚氨酯涂料特征进行选择的，例如消泡剂、润湿剂、流动、流平剂等。

（2）成膜物质类原材料　双组分水性聚氨酯地坪涂料的成膜物质包括含羟基水性多元醇和水性多异氰酸酯固化剂。

① 含羟基水性多元醇。可供选择的含羟基水性多元醇组分分为乳液型多元醇和分散体型多元醇。两者相比，乳液型多元醇具有较大的分子量，并且不含共溶剂，通常具有比较快的干燥速率和较好的厚膜容忍性，但难以制备高光涂膜，某些性能（如耐水性）往往较分散体型多

元醇差。

分散体型多元醇一般为中等分子量并且含有大约10%的共溶剂。在同等交联密度的情况下，分散体型多元醇搭配多异氰酸酯使用可以得到光泽更高且综合性能更优的涂膜。乳液型多元醇和分散体型多元醇各有特点，可以根据实际需要，灵活搭配使用。

表3-45中介绍的是德国拜耳（Bayer）公司的常用于生产水性聚氨酯涂料的多元醇分散体产品。

表3-45 双组分水性聚氨酯地坪涂料中的常用多元醇分散体

多元醇分散体商品名称	固体含量（质量分数）/%	—OH含量（质量分数）/%	共溶剂含量（质量分数）/%	主要性能特征
Bayhydrol A 2546	41	4.1	0	易制得哑光涂膜，厚膜容忍性好
Bayhydrol A 2542	50	3.8	1.1①	高光泽，耐化学品性能好
Bayhydrol A 2457	40	2.7	0	—OH含量较低，性价比高，通常供混拼使用
Bayhydrol A XP 2695	41	5	7.6①	最佳的耐化学品性，高硬度
Bayhydrol U XP 2757	52	1.8	0	高韧性的羟基聚酯，耐候性好，耐水性好，通常供混拼使用
Bayhydrol UH XP 2648/1	35	0	0	非反应性产品，高柔韧性，通常供混拼使用

① 共溶剂为丙二醇丁醚。

② 水性多异氰酸酯固化剂组分。地坪涂料在现场施工时，两组分通常采用手持式电动搅拌器混合，混合时的剪切力较低、时间较短，因此只有那些具有良好乳化性能且黏度较低的多异氰酸酯固化剂才能被有效分散，形成均匀、粒径小于200nm的小液滴。这是获得理想涂膜性能的基本要求。经含羟基官能团的聚醚改性后的1,6-六亚甲基二异氰酸酯（HDI）或异佛尔酮二异氰酸酯（IPDI）三聚体具有非常好的易混合特性，但缺点是降低了多异氰酸酯的官能度。

如果聚醚链段通过脲基甲酸酯结构连接在多异氰酸酯上，则能提高官能度，有助于提高水性聚氨酯涂膜的最终性能。表3-46中列出拜耳（Bayer）公司的常用于生产水性聚氨酯涂料的最新一代亲水型多异氰酸酯固化剂，这是由氨基磺酸盐改性的产品，可以减少乳化剂用量，交联后的涂膜，在干燥、硬度、耐化学品性等方面有进一步提高，且能得到低黏度、100%固体含量的产品，使用时无须溶剂稀释，可制备极低VOC的水性涂料。

表3-46 用于水性聚氨酯涂料的亲水型多异氰酸酯固化剂商品介绍

多异氰酸酯商品名称	黏度/mPa·s	—NCO含量（质量分数）/%	主要性能特征
Bayhydur 3100	2800	17.4	亲水改性通用固化剂，能够得到较好的柔韧性，使用时需要预先稀释
Bayhydur XP 2655	3500	21.2	高光泽，耐化学品性能好，使用时需要预先稀释
Bayhydur XP 2487/1	6000	20.5	耐化学品性能好，使用时需要预先稀释
Bayhydur XP 2547	600	23.0	快干、哑光、硬度高、低黏度，使用时无须稀释
Bayhydrol XP 2451/1	800	20.5	更适合喷涂施工，低黏度，使用时无须稀释

（3）助剂类原材料　在第二章第一节中介绍环氧地坪涂料时已介绍了水性涂料用分散剂和消泡剂等，下面介绍水性聚氨酯涂料常用的几种助剂。

① 助溶剂。也称成膜助剂，其作用是辅助成膜和利于流平，通常为一些高沸点的溶剂，例如丙二醇丁醚。现在多采用商品成膜助剂，例如常用的Texanol酯醇（化学名称为2,2,4-三甲基-1,3-戊二醇单异丁酸酯）、醇酯-12（分子式为$C_{12}H_{24}O_3$）等。

② 增稠剂。也称流变增稠剂，其作用是改善涂料在生产过程中的加工性，在储存过程中的稳定性［例如防止颜（填）料沉淀］和施工过程中的流变、流平性，以及提高一次施工干膜厚度等。常见种类有纤维素类、聚氨酯类和碱溶胀型。不同增稠剂能够赋予涂料不同的流变性能和带来相应不足。例如，纤维类增稠剂增稠效果明显，但只能提高涂料在低剪切速率和中等剪切速率下的黏度，因而触变性大，且耐水性差。

碱溶胀类增稠剂增稠效果显著，成本低，但对涂料的流平性和涂膜的耐水性都有不良影响，其提高的也只是低至中剪切速率的黏度（某些经过改性处理的商品，也能提高高剪切速率的黏度）。

相比较说，聚氨酯类增稠剂具有较全面的性能，能够使涂料在低剪切速率区（即施工黏度）时表现出较低的表观黏度，且不会影响涂膜的耐水性。通常是将不同类型的增稠剂复合使用以取得涂料性能的平衡。例如，选用疏水改性碱溶胀型增稠剂（如 TT-935）和聚氨酯型增稠剂（如 RM-2020NPR）配合使用，可以有效减少增稠剂对涂膜耐水性的影响，并具有较好的流平性。

③ 润湿流平剂。润湿流平剂的作用是降低涂料体系的表面张力，改善涂料对基材的润湿性和渗透性，提高附着力。正是因为水性双组分聚氨酯地坪涂料中含有大量的水，水的表面张力高（72 mN/m），对底材的润湿性差，加之消泡剂等助剂的使用，容易产生缩孔，因此使用润湿流平剂加以改善。应选用不易起泡的润湿流平剂（如 BYK-346）。

④ 耐磨助剂。耐磨性是地坪涂料必须具备的性能。为了提高耐磨性，保证地坪的使用耐久性，通常在地坪涂料中添加耐磨助剂。常用的耐磨助剂是蜡乳液，可直接加入涂料中，且效果明显。蜡乳液的选用条件是能够明显改善涂膜耐磨性，容易在涂料组分中分散均匀，在储存过程中不易发生沉淀等。

（4）颜（填）料　作为水性地坪涂料，应注意选用高硬度的填料（例如石英砂、石英粉、硫酸钡等）和钛白粉及氧化铁系颜料。不应选择有活性的颜料（例如氧化锌）以避免影响涂料的储存稳定性。此外，颜（填）料的选用还可以和本章第二节中溶剂型弹性聚氨酯地坪涂料中的内容互相参照。

2. 双组分水性聚氨酯地坪涂料配方设计要点

（1）充分考虑所设计的双组分水性聚氨酯地坪涂料性能要求　一般需要考虑的因素有：①满足实际的功能需要；②优异的外观；③方便施工，易于混合；④有足够长的可操作时间和较短的表干时间；⑤能够适应辊涂、喷涂等多种施工方法；⑥低气味、低毒或无毒，不易燃，能保障施工及使用安全。

应注意的是，设计地坪涂料配方时不仅要考虑固化后涂膜的性能指标，也需要充分考虑涂料的施工性。例如，地坪涂料常采用辊涂方法施工，容易出现起泡、浮色现象等，因此在配方设计和助剂选用时应予以重视。

（2）成膜物质的选用　选择成膜物质即选用含羟基水性多元醇组分和水性多异氰酸酯固化剂。

使用不同含羟基水性多元醇所得到的涂料会具有不同的性能，表 3-47 中列出几种含羟基水性多元醇的特性，以供选用时参考。

表 3-47　双组分水性聚氨酯涂料常用含羟基水性多元醇的特性

含羟基水性多元醇	在双组分水性聚氨酯地坪涂料中的应用特性描述
丙烯酸乳液型多元醇	其主要特点为：聚合物的分子量大，羟基当量大，配制双组分涂料所需的异氰酸酯固化剂少，成本低；溶剂含量极低，环保性好，黏度小使地坪涂料具有高的施工固体分。乳液对异氰酸酯的润湿分散性差，必须使用亲水性强的水性异氰酸酯固化剂，即使这样，仍很难得到高光涂膜，而且涂膜在室温下干燥速率快，在化学交联前已物理干燥成膜，因而涂膜的物理机械性能和耐化学品性不佳[30]

续表

含羟基水性多元醇		在双组分水性聚氨酯地坪涂料中的应用特性描述
分散体型多元醇	聚酯多元醇分散体	使用聚酯多元醇分散体制备的地坪涂料具有良好的流动性，涂膜的光泽较高，但聚酯多元醇的酯键易水解，导致涂料的储存稳定性差，这种分散体在地坪涂料中应用较少
	丙烯酸多元醇分散体	丙烯酸多元醇分散体的分子量较低，羟基官能团含量较高，与水性异氰酸酯固化剂配合制成地坪涂料后，具有较好的流平性，涂膜干燥后具有较好的丰满度和光泽，同时具有良好的物理机械性能和耐化学品性，基本达到溶剂型聚氨酯地坪涂料的性能。缺点是干燥速度慢，含有溶剂，增加涂料体系的VOC，树脂的黏度大，降低了涂料的施工固体分[31]
	聚氨酯多元醇分散体	使用聚氨酯多元醇分散体配制的水性双组分聚氨酯地坪涂料具有优异的力学性能，如柔韧性和耐磨性，以及优异的耐化学品性，但其使用成本较高，在地坪涂料中使用较少
水性异氰酸酯固化剂		德国Bayer公司经化学改性的产品具有较低的亲水性，被广泛用于水性双组分聚氨酯地坪涂料中，涂料的干燥、固化和耐化学品等性能，可比拟溶剂型双组分聚氨酯地坪涂料。可以参考表3-46进行选用

就固化剂的选用来说，未改性的异氰酸酯固化剂在水性双组分聚氨酯地坪涂料中的应用受到限制，因为它们很难与水性羟基组分混合均匀，两相间容易分离。要使异氰酸酯固化剂和水性羟基组分能够在施工条件下均匀混合，需要将异氰酸酯固化剂水性化。因此，配方设计时应选用经过改性的亲水型多异氰酸酯固化剂商品，如前述表3-46中所列的拜耳公司由氨基磺酸盐改性的亲水型多异氰酸酯固化剂（Bayhydur 3100型）。

(3) —NCO与—OH比值的设置　对于双组分水性聚氨酯涂料来说，另一个需要考虑的实际问题是如何确定其—NCO与—OH比值。一般来说，多异氰酸酯与多元醇的反应速率比与水的反应更快，但两者仍然具有竞争关系。为了补偿多异氰酸酯和水的副反应而产生的损失，一般使用过量的多异氰酸酯，—NCO与—OH比值的选择在1.5～3.0。—NCO与—OH比值越高，涂膜的耐化学品性越好，但干燥时间越长，成本越高。一般情况下，—NCO/—OH的比例控制在1.5左右。

(4) 双组分水性聚氨酯地坪涂料配方举例　表3-48中列出使用由羟基丙烯酸乳液制备水性双组分聚氨酯地坪涂料（涂料组分）的配方[32]，其配套使用的固化剂可选用拜耳公司的水性异氰酸酯固化剂Bayhydur XP 2547。

表3-48　使用羟基丙烯酸乳液的水性双组分聚氨酯地坪涂料的涂料组分配方举例

原材料	型号或规格	用量(质量分数)/%
水	去离子	13.0
防霉、杀菌剂	DXZ	0.1
分散剂	BYK-191	4.0
润湿流平剂	BYK-346	0.3
消泡剂	BYK-022	0.5
成膜助剂	Texanol 酯醇	1.6
增稠剂	RM-8W	0.5
耐磨剂	AQUACER 531 蜡乳液	2.0
钛白粉	杜邦 R-902	1.0
酞菁绿		3.0
氧化铁黄		4.0
沉淀硫酸钡		10.0
羟基丙烯酸乳液		60.0

3. 水性双组分聚氨酯地坪涂料生产过程简述

双组分水性聚氨酯地坪涂料的生产过程是简单的水性涂料配制过程。生产时，先将去离子水、防霉杀菌剂投入分散釜中搅拌均匀，依次投入成膜助剂、分散剂、部分消泡剂、润湿流平剂、部分增稠剂和耐磨剂等搅拌均匀。然后投入钛白粉、沉淀硫酸钡和颜料粉，搅拌均匀，高速分散 10～20 min，然后使用砂磨机进行砂磨，至细度小于 50μm 后，转入调漆釜中，加入羟基丙烯酸乳液，搅拌均匀后，用剩余增稠剂调整黏度，视泡沫情况投入剩余消泡剂并慢速搅拌消泡。这样即得到涂料组分。

将涂料组分和水性异氰酸酯固化剂组分以配方实验拟定的比例进行配套包装。当选用的水性异氰酸酯固化剂黏度较高时，尚需要在包装前，根据其黏度情况选择共溶剂（例如丙二醇甲醚醋酸酯）进行适当稀释，然后才能作为固化剂组分与涂料组分配套包装。

三、水性聚氨酯地坪涂料的技术性能要求——JC/T 2327—2015 标准简介

1. 适用范围与定义

目前我国已颁布建材行业标准 JC/T 2327—2015《水性聚氨酯地坪材料》，该标准规定了水性聚氨酯地坪涂料（代号 C）和水性聚氨酯水泥复合砂浆（代号 M）术语和定义、分类和标记、要求、试验方法、检验规则、标志、包装和储存等内容；该标准适用于水性聚氨酯地坪涂料和水性聚氨酯水泥复合砂浆类涂装材料。

其中，水性聚氨酯地坪涂料的定义是：“以单一的水性聚氨酯分散体或以水性合成树脂分散体与聚异氰酸酯反应生成的高分子化合物作为主要成膜物质的地面涂装材料”。

水性聚氨酯水泥复合砂浆的定义是：“以水性合成树脂分散体、聚异氰酸酯、水泥、骨料以及颜（填）料等多个组分构成的地面材料”。水性聚氨酯水泥复合砂浆按流动度分为自流平型（代号 SL）和非自流平型（代号 NSL）。

2. 水性聚氨酯地坪涂料的物理性能要求（见表 3-49）

表 3-49 水性聚氨酯地坪涂料的物理性能要求

项目		指标
在容器中状态		搅拌后呈均匀状态
适用期(2h)		通过
低温储存稳定性(3 次循环)		不变质
涂膜外观		涂膜平整，无明显可见的起皱、缩孔现象
干燥时间/h	表干	≤1
	实干	≤24
铅笔硬度(擦伤)		≥2H
耐划伤性①(2000g)		未划透
耐冲击性/cm		50
柔韧性/mm		≤2
附着力(划格间距 2mm)/级		≤1
耐磨性(750g,500r)/g		≤0.20
耐酸性(10%硫酸,48h)		无起泡、无脱落、无裂纹，允许轻微变色
耐碱性(20%氢氧化钠,72h)		
耐油性(120# 溶剂汽油,72h)		
耐盐水性(3%氯化钠,7d)		
耐溶剂擦拭性(95%乙醇,200 次)		不露底
防滑性(干摩擦系数)		≥0.6
耐人工气候老化性②(600h)		无起泡、无脱落、无裂纹；粉化≤1 级；变色≤1 级

① 仅限清漆。
② 仅限户外使用的涂料。

3. 水性聚氨酯水泥复合砂浆的物理性能要求（见表 3-50）

表 3-50 水性聚氨酯水泥复合砂浆的物理性能要求

项目		指标	
		自流平型(SL)	非自流平型(NSL)
在容器中状态		液体组分搅拌后应呈均匀状态；粉体组分应无结块	
涂膜外观		表面平整，无裂纹，颜色均匀	
可操作时间/min		≥20	—
流动度/mm		≥130	—
24h 抗压强度/MPa		≥20	
7d 抗压强度/MPa		≥40	
7d 抗折强度/MPa		≥10	
7d 拉伸黏结强度/MPa		≥2.0	
维卡软化点/℃		≥140	
耐冲击性(1kg，200cm)		无剥落、无裂纹	
防滑性(干摩擦系数)		≥0.6	
耐磨性(500g，100r)/g		≤0.15	
耐水性(168h)		无起泡、无剥落、无裂纹，无变色	
耐碱性(20%氢氧化钠，72h)		无起泡、无脱落、无裂纹，允许轻微变色	
耐油性(120# 溶剂汽油，72h)			
耐盐水性(3%氯化钠，7d)			
耐酸性(48h)	10%硫酸		
	10%柠檬酸		
	10%乳酸		
	10%醋酸		

4. 有害物质限量要求

用于室内环境的水性聚氨酯地坪材料的有害物质限量应符合表 3-51 的要求。

表 3-51 水性聚氨酯地坪材料的有害物质限量要求

有害物质名称		限量值	
		水性聚氨酯地坪涂料	水性聚氨酯水泥复合砂浆
挥发性有机化合物(VOC)/(g/L)		≤80	≤20
游离甲醛/(mg/kg)		≤50	≤30
苯、甲苯、乙苯、二甲苯总和/(mg/kg)		≤100	≤30
游离二异氰酸酯(TDI、HDI)含量总和/%		≤0.3	—
可溶性重金属/(mg/kg)	铅(Pb)	≤30	≤30
	镉(Cd)	≤30	≤30
	铬(Cr)	≤30	≤30
	汞(Hg)	≤10	≤10

四、水性双组分聚氨酯地坪涂料涂装技术

1. 涂层配套体系

(1) 涂层结构　与一些溶剂型地坪涂装体系相似，基于混凝土基材的水性双组分聚氨酯地坪涂装体系通常由底漆、中涂层（砂浆、腻子）和面漆组成[33]。

(2) 涂层作用及材料要求　其中，底漆起封闭和阻隔、加固和稳定以及黏结和过渡三种作用。底漆的性能之一是应具有良好的渗透性能。双组分聚氨酯涂料在混凝土基材上的附着力较差，容易从基材上脱落，不宜用作底漆。而环氧树脂对混凝土基材具有极好的附着力，并具有优异的耐化学介质性，非常适合用于制备封闭底漆。从环保角度考虑，应选用水性环氧体系。水性环氧固化后的涂膜具有微孔结构，能释放基材中聚集的水蒸气压力，消除溶剂型环氧底漆经常发生的起泡、鼓泡、脱落等弊病。同时，水性环氧涂料交联固化后的涂层具有良好的耐水性，浸水及潮湿环境下不影响涂层的湿附着力。

水性环氧涂料主要有两种类型：一是以环氧乳液与水性胺固化剂配合，该体系为全水性，环氧与固化剂间容易混合，使用方便。缺点是环氧树脂乳液中含有较多的亲水链段，对涂膜的耐化学介质性能有一定的影响。二是以低分子液体环氧树脂与水性胺固化剂配合，施工时需先进行水性胺固化剂乳化低分子液体环氧树脂操作。

中涂层介于底涂和面涂之间，涂膜的厚度通常也较高，一般经由多道施涂而成。中涂层包括砂浆层及腻子层。砂浆层可以增加涂层总厚度，提高涂层的承载能力和使用期限。腻子层则用于填补基材或砂浆层的细孔、针眼等，提高基面的平整度。

水性环氧对填充料具有较好的包覆和黏结能力，有些还可以加入适量水泥，进一步增强了中涂层的强度，在固化时吸收中涂层中多余的水分，使固化时间缩短。水性环氧中涂层还可以有效释放基材中聚集的水蒸气压力，因此水性双组分聚氨酯地坪涂装体系中选用水性环氧涂料。对于基材平整度较好，对装饰要求并不苛刻的情况，如应用于户外地坪时，可以不采用中涂层，直接在底漆上施涂水性双组分聚氨酯地坪面漆，这样不仅可以大大节约涂装成本，而且还可减少因中涂层施工而引发的一些质量问题。

面涂料是整个涂装体系中的关键要素。水性双组分聚氨酯地坪面漆主要由含羟基官能团的水性涂料组分和水性异氰酸酯固化剂组分组成。为了保证涂层中羟基官能团完全反应，使涂膜的性能充分展现，通常使用过量的水性异氰酸酯交联固化，n(—NCO)/n(—OH)达 1.3～1.8。适当过量的—NCO 官能团也可以与底部的水性环氧涂层中的羟基或氨基官能团交联，提高底、中、面涂层间附着力和结合力。

2. 涂装工艺要点

基于混凝土基材的水性双组分聚氨酯涂装体系的主要施工工序为：基层处理→施工底漆(1～2 道)→施工中涂层(根据厚度要求施工多道)→施工面涂层(2 道)→划线→养护。

(1) 基材处理　基材的强度及地坪涂料与基材间的附着力会直接影响地坪涂层的使用寿命。涂装前，混凝土基材应平整光洁、无油污、干燥、无浮尘，以期最大限度发挥地坪涂料的保护作用和装饰效果。水性地坪涂装体系对基材的处理比溶剂型要求更为严格。

对于新建混凝土基材，要求平整密实，强度要求不低于 C25。基材强度太差，会影响涂层耐压、抗冲性能及耐久性；一般要求地面平整度＜3mm；混凝土干燥至少 3 周以上，含水率＜6%。虽然水性双组分聚氨酯地坪各涂装材料是全水性体系，可以在潮湿基材上直接施工，但如果基材的含水率过高，既影响干燥速率，又会使涂膜性能下降。另一方面，潮湿基面使得底漆很难向混凝土基材内部渗透，会降低涂层在基材上的附着力。

对于新建混凝土，即使满足上述条件，施工前仍建议用打磨机整体打磨一遍，以去除基材表面的浮浆及松脱物，增加基材与涂层间的粘接强度。

对于旧混凝土基材，应根据基材表面不同状况进行相应处理。对于基材表面有旧涂层的处理，一种方法是彻底去除原有涂膜，另一种方法是仅去除失效涂膜，保留功能尚好的涂层。质量完好的旧涂膜表面也应打磨粗糙，以增加与新涂层间的附着力。如果旧基材表面受到油品的污染，若不去除，会严重影响涂装质量，使涂膜粘附不牢，甚至起皮脱落，需要彻底清理干净。清理方法有活性剂清洗法、有机溶剂清洗法、碱液清洗法、物理机械打磨法等，可以根据油污的性质及污染程度选用适宜的方法。

如果旧基材表面已经出现破损、起砂、起壳等破坏现象，则应采取不同补救措施。对于裂缝或缺口，应用切割机切成V形槽，用水性环氧砂浆修补；对于严重起砂或大面积起壳的，一般是将破损处清除，再重新浇筑混凝土。若起砂不严重，可以通过施涂两道水性环氧底漆，对基材进行加固处理，而对于小面积起壳，则采用专用灌注材料灌注的方法进行修补。

(2) 施工底漆　调配底漆时应严格按比例调配。首先将环氧树脂与水性胺固化剂两组分充分搅拌均匀，此过程约3min左右，确保水性胺固化剂将环氧树脂充分乳化，然后在搅拌条件下缓慢连续加入或分多次加入稀释用水，每次加水前须确保混合物已充分混合搅拌均匀，液面无明显多余的水。底漆一般施涂一道，若基材表面轻微起砂，则需施涂两道，第一道底漆的固体分比正常底漆稍低，以使其对混凝土基材具有更好的渗透性。底漆的施工方法可采用辊涂、刷涂、喷涂，通常采用交叉法辊涂，以保证底漆在基材表面均匀涂布，底漆施涂量为8～10m²/kg。底漆实干后即可进行下一道工序，为了增加底漆与中涂层或面漆层的黏结力，可对底漆进行打磨。

(3) 施工中涂层　中涂砂浆由水性环氧中涂漆在施工现场加入石英砂配制而成，石英砂的选取按照级配原则，即粗细搭配使用，使中涂层不易出空穴。中涂砂浆的单道施工厚度一般不超过2mm，若过厚，则水分不易挥发，从而影响涂膜的固化交联，会降低涂层的整体强度。如需要较厚的砂浆层，可通过多道施工，直到所需厚度。通常后一道中涂砂浆层选用的石英砂粒径较前一道要小一级别，以逐步提高砂浆层的平整度，每道施工间隔时间为24h。中涂砂浆一般采用刮刀刮涂施工，薄涂砂浆层可采取镘涂。砂浆层施工完成后需打磨、吸尘。

腻子由水性环氧中涂漆中加入石英粉或滑石粉等粉料制得。腻子层用于砂浆层与面漆或底漆与面漆间，以提高整个涂层的平整度。腻子层用量一般为0.1～0.3kg/m²。腻子层不能过厚，否则不仅容易开裂，而且会使涂层的整体强度下降。如果基面平整且无须耐重压，可直接在底漆上施涂腻子层进行找平处理，这样会比较经济。

(4) 施工面漆　基材经底漆和中涂施工，并打磨修平后，最后进行水性双组分聚氨酯地坪面漆的涂装。面漆涂装是最关键的施工工序，其施工质量的优劣会直接影响整个地坪涂层的涂装效果和使用寿命。

施工时，首先将水性主漆和水性异氰酸酯固化剂严格按配比混合搅拌均匀，然后在搅拌下加水稀释均匀，放置熟化5～10min后再涂装。应严格控制稀释用水的量，若过度稀释，涂膜干燥过程中容易浮色发花，反之，涂膜不易流平，产生橘皮，影响装饰效果。应根据所用水性双组分聚氨酯涂料的特点、涂装面积大小、施工现场状况选择施工方法，通常采用辊涂或高压无气喷涂方法施工，要求涂敷均匀，每道厚度适中，一般施涂两道，两道间隔24 h，总用漆量约为0.2～0.25 kg/m²。

(5) 影响涂装质量的其他因素

① 施工环境的温、湿度。施工环境的温、湿度对涂装质量有较大影响。当温度过低时，(如低于5℃)，湿膜中的水分挥发慢，表干时间延长，固化剂易与水发生反应，影响主漆与固化剂的固化交联。此外，还会影响涂膜的成膜性，漆膜的综合性能下降，直接影响涂层的使用寿命。而温度过高时，固化剂的反应活性高，涂料使用期短，容易干结报废，涂膜流平性差，影响外观效果。适宜的施工温度为15～30℃。水性双组分聚氨酯地坪是全水性体系，相比于溶剂型体系对环境湿度有更高的容忍度，不会由于湿度过高引起涂膜发白、失光等问题，但过高的湿度可能会导致涂层中水分挥发缓慢，干燥慢，涂层固化交联变差，综合性能下降。因此，在水性双组分聚氨酯地坪施工及保养期间应保持场地通风，使涂膜中的水分及时排出，适宜的施工环境湿度应不大于85%。

② 适用期。适用期是指主漆中加入固化剂时起至不能涂装使用时止的时间。溶剂型涂料

的适用期判别比较明显，可以通过涂料的黏度增长情况来判断。如前述，而水性涂料体系则不然。有些水性环氧涂料两组分混合后几天内都不胶化，甚至涂料黏度变小，此时若再使用该涂料，成膜后的综合性能非常差，甚至不能成膜，因此仅仅通过黏度变化来判别水性涂料的适用期是不正确的。正确的方法是两组分混合后，在不同时间测定涂料的综合性能，若其光泽、硬度、耐化学介质等性能在某个时间点发生明显下降，则以此时间段作为该涂料体系的适用期。水性双组分聚氨酯地坪涂装体系在施工过程中，要严格把握好各涂层的配料量，必须在适用期内施工完毕，既确保涂装质量，也可以避免造成物料不必要的浪费。通常，水性双组分聚氨酯地坪涂料的使用期不超过 3h。

五、用于有机硅改性聚氨酯塑胶地坪的水性双组分聚氨酯涂料

有机硅改性聚氨酯（硅 PU）塑胶地坪[34]具有耐老化、抗开裂、不鼓泡等优点，不会因气候等环境因素的改变而产生发硬、发软等现象，其具有独特的上硬下弹的弹性系统设计，即上层的加强层保留足够的反弹承托，为运动中球的平稳、多向、快速移动的需求提供充足的物理基础保证，同时满足专业运动对球感的要求；下层的弹性层则通过回缩瞬间吸收冲击力，缓冲后的受压蓄势通过加强层形成向上的高回弹力，有效减缓地面对运动人员脚踝、关节、韧带的反作用力所造成的运动伤害，同时能够提高运动的效果。因此，硅 PU 塑胶地坪成为市场上公认的最好的运动场地之一，自 2005 年开始应用以来得到迅速推广。

通常，在硅 PU 塑胶地坪表面施涂一层地坪面漆，可有效解决加强层的色差问题，并提高硅 PU 塑胶地坪的耐候性、耐磨性、耐化学介质性等性能，改善硅 PU 塑胶地坪的耐久性。

目前，溶剂型双组分聚氨酯涂料是硅 PU 塑胶地坪面漆的主流产品，因其生产和施工过程中有大量有机溶剂挥发，会危害环境及人体健康。水性双组分聚氨酯涂料因其环保性好，同时又具有溶剂型双组分聚氨酯涂料的高性能。因此，用于硅 PU 塑胶基材的水性双组分聚氨酯地坪涂料具有应用前景。

但是，水性涂料对基材的浸润性及附着力较差，因此研究应用于硅 PU 塑胶基材上的水性双组分聚氨酯涂料时，需要有效解决其附着力、耐久性等问题。

1. 基本配方及制备工艺

（1）基本配方　用于硅 PU 塑胶基材的水性双组分聚氨酯地坪涂料由甲组分（固化剂）和乙组分（涂料组分）组成。甲组分为水可分散型异氰酸酯；乙组分为水性羟基丙烯酸树脂体系，配方见表 3-52。色浆混合于乙组分中，其基本配方见表 3-53。

表 3-52　水性羟基丙烯酸树脂体系的配方

原材料	用量(质量分数)/%	原材料	用量(质量分数)/%
水性羟基丙烯酸树脂	65.0～75.0	消泡剂	0.2～0.5
成膜助剂	0～2.0	润湿流平剂	0.1～0.3
色浆	18.0～30.0	杀菌剂	0.1～0.3
耐磨助剂	0～5.0	增稠剂	0.2～0.5

表 3-53　色浆的基本配方

原材料	用量(质量分数)/%	原材料	用量(质量分数)/%
去离子水	8.5～15.0	着色颜料	3.0～15.0
分散剂	1.0～3.0	填料	0～10.0
消泡剂	0.1～0.2	水性流变助剂	0.1～0.3

（2）色浆制备工艺　在容器中加入配方量的去离子水、分散剂、消泡剂、各色颜（填）料、水性流变助剂，砂磨分散至浆料的细度≤25μm，即得色浆。

（3）涂料组分制备　在容器中加入水性羟基丙烯酸树脂、色浆，搅拌均匀后，加入成膜助剂、耐磨助剂、消泡剂、润湿流平剂、杀菌剂，搅拌均匀，然后慢慢加入增稠剂调节黏度，80目筛网过滤，包装，得乙组分。

2. 涂料性能影响因素讨论

（1）水性羟基丙烯酸树脂的选用　水性羟基丙烯酸树脂是水性双组分聚氨酯涂料的主要成膜物质，对涂膜性能起决定性作用。目前用于制备硅PU塑胶地坪面漆的水性羟基丙烯酸树脂主要有分散体型丙烯酸多元醇和乳液型丙烯酸多元醇两类。前者为溶液自由基聚合，然后再在水中分散。得到的树脂分子量较小，对水可分散型异氰酸酯固化剂的润湿分散性好，容易与固化剂接触反应，涂膜的光泽度、丰满度好，但含有一定量的有机溶剂；后者为乳液聚合法合成，分子量大，涂膜丰满度稍差，但体系的VOC含量低，施工固体分高，涂膜干燥快，并具有更为优异的柔韧性和耐候性，且加工成本低。

用于硅PU塑胶地坪的面漆常采用辊涂或无气喷涂法施工，施工场地通常处于户外，环境温度较高，而每道施涂的湿膜厚度往往超过100μm，由这两种水性羟基丙烯酸树脂配制的水性双组分聚氨酯地坪涂料在不同湿膜厚度下涂膜中针孔情况（即厚膜容忍性）见表3-54。

表3-54　不同水性羟基丙烯酸树脂的厚膜容忍性对比

湿膜厚度/μm	羟基丙烯酸水分散体	羟基丙烯酸乳液
50	无针孔	无针孔
100	极少量针孔	基本无针孔
150	较多针孔	极少量针孔
200	极多针孔	少量针孔

由表3-54可见：由羟基丙烯酸乳液制备的地坪涂料的厚膜容忍性明显好于羟基丙烯酸水分散体，这是由于水分散体树脂分子中大量的亲水基团与水之间存在较强的氢键作用，涂膜中的水挥发速率较慢，水可分散型异氰酸酯与涂膜中残存的水发生反应，产生大量的CO_2，导致涂膜产生针孔。因此，制备水性双组分聚氨酯地坪涂料时选用羟基丙烯酸乳液优于水分散体。

（2）羟基含量的影响　不同羟基含量的羟基丙烯酸乳液配制的水性双组分聚氨酯地坪涂料的乙组分，使用同一种甲组分交联固化，主要性能见表3-55。

表3-55　不同羟基含量的羟基丙烯酸乳液对涂膜性能的影响

性　能	羟基含量/%		
	3.3	2.6	1.3
划格附着力/级	2	1	1
耐磨性/mg	17	17	16
耐水性(168h)	无异常	无异常	无异常
耐10% H_2SO_4(48h)	无异常	无异常	无异常
耐20%NaOH(72h)	无异常	无异常	无异常
耐120#汽油(72h)	无异常	无异常	无异常
耐人工老化(2000h)	粉化0级，变色1级	粉化0级，变色1级	粉化0级，变色1级

由表3-55可见，羟基丙烯酸乳液的羟基含量对涂膜的耐磨性、耐化学介质性等性能的影响不明显，但当乳液的羟基含量增大至3.3%时，涂膜在硅PU塑胶基材上的附着力变差，这

可能是由于羟基含量较高时，使得涂膜的交联密度增大，涂膜的内聚力过大，导致硅 PU 塑胶基材上的涂膜容易脱落。

(3) 水可分散型异氰酸酯的影响 水可分散型异氰酸酯固化剂对涂膜的性能有重要影响。使用羟基含量不同的 A、B、C、D 四种水可分散型异氰酸酯（主要性能指标见表 3-56）分别配制固化剂，其涂膜的主要性能见表 3-57。

表 3-56 四种羟基含量不同的水可分散型异氰酸酯的主要性能

性能	水可分散型异氰酸酯			
	A	B	C	D
黏度/mPa·s	500	800	6800	700
固含量/%	70	100	100	100
—NCO 含量/%	11.5	22.5	16.2	22.5

表 3-57 不同水可分散型异氰酸酯对涂膜性能的影响

性能	水可分散型异氰酸酯			
	A	B	C	D
划格附着力/级	1	1	1	1
耐磨性/mg	17	17	15	16
耐水性(168 h)	无异常	无异常	无异常	无异常
耐 10% H_2SO_4(48h)	起微泡	无异常	起微泡	无异常
耐 20%NaOH(72 h)	无异常	无异常	无异常	无异常
耐 120# 汽油(72 h)	无异常	无异常	无异常	无异常
耐人工老化性	1500h，粉化 1 级，变色 1 级	2000h，粉化 0 级，变色 1 级	1500h，粉化 1 级，变色 1 级	2000h，粉化 0 级，变色 1 级

表 3-57 中的结果为使用羟基含量为 1.3%的羟基丙烯酸乳液制备水性双组分聚氨酯涂料的乙组分，以 n(—NCO)∶n(—OH)按 1.5∶1 配比所得到的。

由表 3-57 可见，由水可分散型异氰酸酯 B、D 交联固化的涂膜的耐酸性、耐人工老化性等性能明显好于 A、C。这是由于 A 中含有一定量的溶剂，而 C 因黏度较大，在水中难以直接分散，使用前须用一定量的溶剂稀释，以便降低黏度，改善其分散性，使用这两种固化剂均增加了涂料体系的 VOC（挥发性有机化合物）含量，对环境有一定污染和危害。而 B、D 黏度较小，加入乙组分后非常容易分散均匀。

(4) —NCO 与—OH 配比的影响 在水性双组分聚氨酯地坪涂料体系中，羟基丙烯酸树脂与水可分散型异氰酸酯间的反应是主反应，但水可分散型异氰酸酯还会与水等物质发生副反应，尤其在施工环境温度较高而湿度较大的情况下，会消耗一定量的水可分散型异氰酸酯。为确保涂料中羟基能完全反应，通常使用过量的水可分散型异氰酸酯。使用表 3-56 中的水可分散型异氰酸酯 D 作为固化剂，按照 n(—NCO)∶n(—OH)不同比例配制涂料，涂膜性能见表 3-58。

表 3-58 n(—NCO)∶n(—OH)配比对涂膜性能的影响

性能	n(—NCO)∶n(—OH)			
	0.8	1.2	1.6	2.0
划格附着力/级	2	1	1	2
耐水性（168h）	无异常	无异常	无异常	无异常

续表

性能	n（—NCO）∶n（—OH）			
	0.8	1.2	1.6	2.0
耐10%H_2SO_4（48h）	24h边缘起小泡	无异常	无异常	无异常
耐20%NaOH（72h）	无异常	无异常	无异常	无异常
耐120#汽油（72h）	无异常	无异常	无异常	无异常

由表3-58可见：n(—NCO)∶n(—OH)配比对涂膜的耐水性、耐碱性及耐汽油性等性能影响不大。n(—NCO)∶n(—OH)配比过小，涂膜的交联密度过小，涂膜的耐酸性较差。当n(—NCO)∶n(—OH)配比过大时，不但增加了涂料的使用成本，而且涂膜在硅PU塑胶基材上的附着力变差，这可能是由于过量的水可分散型异氰酸酯与水发生了反应，降低了涂膜性能。较适宜的n(—NCO)∶n(—OH)配比为1.2～1.6。

（5）耐磨助剂的选用　硅PU塑胶地坪在使用过程中不断受到运动人员鞋底的踩踏和摩擦，因此作为面涂的水性双组分聚氨酯地坪涂料必须具有优异的耐磨性，以提高地坪的使用耐久性。

在涂料中直接添加耐磨助剂是提高涂层耐磨性最为简便的方法，其中蜡乳液是较为常用的一类耐磨助剂，易于在涂料中添加，且效果明显。

蜡乳液应以能够明显改善涂膜耐磨性，以及容易在乙组分中分散均匀，在储存过程中不易发生沉降与结块等为条件进行选用。

（6）流变助剂的选用　用于篮球场、网球场等场合的硅PU塑胶地坪，在涂装第一道面漆时，常常在面漆中按比例加入一定量的细石英砂，以提高整个涂层的摩擦系数。由于石英砂的密度较大，在尚未施涂的面漆中容易沉降，从而使涂膜中的石英砂分布不匀。为了解决石英砂的沉降问题，通常可以添加一定量的低黏度的纤维素作为流变助剂，使涂料具有较好的流动性、流平性。

（7）润湿剂、流平剂和消泡剂的选用　润湿剂、流平剂能够改善水性双组分聚氨酯地坪涂料对硅PU塑胶基材的润湿性，提高附着力。选用时除了考虑润湿、流平效果外，还应考虑其易起泡的特性。例如可以选用BYK-346、BYK-348等润湿、流平综合性能优异的产品。

消泡剂的作用除防止和消除水性双组分聚氨酯地坪涂料在生产过程中和施工时产生气泡外，也有助于消除地坪涂料在固化过程中水可分散型异氰酸酯与水反应所产生的CO_2。聚醚改性有机硅类消泡剂（如BYK-028、BYK-093等）较为适宜于水性双组分聚氨酯地坪涂料。

3. 用于硅PU塑胶地坪的水性双组分聚氨酯涂料的性能

硅PU塑胶地坪用水性双组分聚氨酯涂料除具有类似于溶剂型双组分聚氨酯涂料的物理机械性能外，基本不含VOC，其邵氏A硬度为65，摩擦系数为0.6；并具有优良的耐老化性，其2000h耐人工老化性试验后粉化为0级，变色为1级。

4. 硅PU塑胶地坪施工工艺简介

（1）涂层构造　硅PU塑胶地坪构造由下至上依次为底漆涂层、弹性涂层、加强层、面涂层共四层。

（2）施工工艺　硅PU塑胶地坪施工工艺为：基础基材处理→切割伸缩缝→防水底漆施工→填充伸缩缝→弹性层施工→加强层施工→水性双组分聚氨酯面漆施工→划线→养护→验收。

（3）施工注意事项　应避免在烈日下或基层温度较高情况下施工（无雾、无雨天的早上或傍晚较适宜）底漆，以保证其渗透性。

弹性层、加强层为单组分含硅聚氨酯吸水固化材料，用齿刮板直接涂刮于基面，每道涂刮厚度不能超过2.5mm，每道涂刮时间间隔以前一道已干燥固化为准。应避免在高温烈日下施工，施工后应保持2～3h不受猛烈阳光照射，否则会因表面成型太快而造成表面鼓泡。

水性双组分聚氨酯地坪面漆应在较低湿度且温度不宜过高的环境下施工。根据要求严格控制涂料各组分的配比，同时应在尽可能短的时间内施涂完毕；若辊涂施工，应采用十字交叉法，以保证涂膜颜色外观及厚度均匀；每道漆施工间隔应在6h以上。

六、有机硅改性的双组分水性聚氨酯地坪涂料

有机硅改性的双组分水性聚氨酯地坪涂料[35]是由含羟基（—OH）的硅丙水分散体的涂料组分和含多异氰酸酯—NCO基团的固化剂双组分制成，其涂膜坚硬、耐久，具有很好的耐水性、耐蚀性、耐划伤性和耐擦洗性。下面介绍有关这种涂料的研究。

1. 含羟基（—OH）硅丙水分散体的合成

（1）合成含羟基（—OH）硅丙水分散体的主要原材料　合成硅氧烷的主要原材料为D_4（八甲基环四硅氧烷）、$D_{Ⅵ}$（四甲基四乙烯基环四硅氧烷）和乙烯基三乙氧基硅烷等；合成羟基丙烯酸酯的主要原材料为甲基丙烯酸甲酯、丙烯酸丁酯、丙烯酸2-乙基己酯、甲基丙烯酸、羟基丙烯酸乙酯、丙烯腈等。

（2）含羟基（—OH）硅丙水分散体的合成工艺　含羟基（—OH）硅丙水分散体是通过具有三维高交联结构的有机硅氧烷与羟基丙烯酸酯采用核壳结构乳液聚合方法合成的。具体合成方法如下。

① 制备含一定比例的有机硅氧烷与羟基丙烯酸酯——“种子乳液，较软的核”。

② 在种子乳液基础上制备含羟基（—OH）硅丙水分散体——“较硬的壳”。

③ 硅氧烷开环反应：

$$n(\overset{R^1}{\underset{R^1}{|}}\!\!\!\!\!\!Si—O)_4 + n(\overset{R^2}{\underset{R^3}{C}}=\overset{COOR^4}{CH}) \longrightarrow —[(\overset{R^1}{\underset{R^1}{Si}}—O)_4—(\overset{R^2}{\underset{R^3}{C}}—\overset{COOR^4}{CH})]_n—$$

$$OCN—R—NCO + HO—R^1—OH \longrightarrow OCN—R—\underset{H}{\underset{|}{N}}—COO—R^1—OH$$

反应式中：R^1 =—CH_3、—CH_2CH_3等；R^2、R^3 = H、—CH_3等；R^4 = H、—CH_3、—CH_2CH_3、—$CH_2(CH_2)_2CH_3$等。

（3）涂膜性能影响参数　有机硅氧烷单体添加量、羟基含量、酸值和固化剂的选择等均会对涂膜性能产生显著影响。

① 有机硅氧烷单体添加量对乳液聚合及涂膜性能的影响见表3-59。

表3-59　有机硅氧烷单体添加量对乳液聚合及性能的影响

项目	有机硅氧烷单体添加量(质量分数)/%				
	0	5	10	15	20
乳液聚合	无凝聚物	无凝聚物	无凝聚物	微量	少量
胶膜耐水性	24h泛白	24h稍泛白	不泛白	不泛白	不泛白
耐沾污性	13	10	5	2	2
憎水性	差	好	好	很好	很好

② 羟基含量对涂膜性能的影响见表3-60。

表 3-60 羟基含量对涂膜性能的影响

羟基含量	数均分子量(M_n)	凝胶时间/h	表干时间/h	清漆外观
1.5	3520	>24	1	半透明
2.5	3760	>24	3	半透明
3.5	4530	12	2	蓝乳
4.5	5980	3	2.5	奶乳
5.0	10980	—	—	絮凝

羟基含量高可提高交联密度，亲水性好，还可提高异氰酸酯组分与丙烯酸组分的相容性，但若羟基含量过高则涂料黏度会过大；羟基含量低，交联密度不够，性能降低。如表 3-60 所示，综合考虑选择羟基含量 3%左右。

③ 酸值对性能的影响。羧基含量对树脂的可熔性、黏度变化、润湿性和树脂与多异氰酸酯的混溶性均有影响，并能催化—NCO 与—OH 的交联反应。

羧基含量一般不宜过高，因羧基过高，会与—NCO 基团反应释放出大量二氧化碳，其会导致涂膜表面产生气泡或针孔。同时也降低了耐水性及与固化剂组分的相容性，从而使综合性能下降。一般在树脂中酸值在 35～50mgKOH/g，涂料组分就具有足够的水溶性，其与固化剂有良好的相容性，可达到良好的交联官能度及物理性。

④ 固化剂选择对性能的影响。异氰酸酯的选择是决定涂膜性能的重要因素。异氰酸酯二聚体和三聚体是聚氨酯涂料常用的固化剂，环状的三聚体具有稳定的六元环结构及较高的官能度，自身黏度低，易被分散，因此涂膜性能好，而缩二脲黏度高，不易分散，一般不适宜用于双组分水性聚氨酯涂料。

（4）含羟基硅丙水分散体指标　含羟基硅丙水分散体指标见表 3-61。

表 3-61 含羟基硅丙水分散体指标

项目	指标
外观	乳白微带蓝相液体
黏度/mPa·s	500～2000
固体含量/%	42～46
pH 值	约 7.5
玻璃化温度(参考值)/℃	56
羟基含量/%	约 3

2. 双组分水性聚氨酯地坪涂料配制

（1）涂料组分配制　双组分水性聚氨酯地坪涂料中，涂料组分的配方见表 3-62。

表 3-62 双组分水性聚氨酯地坪涂料的涂料组分配方

原材料名称	用量(质量分数)/%	
	白色浆	涂料组分
去离子水	28～34	5.0～19.5
分散剂	1.0～3.0	—
润湿剂	0.2～0.3	—
消泡剂	0.2～0.3	0.1～0.3

续表

原材料名称	用量(质量分数)/%	
	白色浆	涂料组分
防霉、杀菌剂	0.15～0.20	0.10～0.15
钛白粉	65.0～68.0	—
白色浆	—	20～25
彩色浆	—	适量
含羟基硅丙树脂	—	60～70
增稠流平剂	—	0.3～0.5

(2) 固化剂组分与涂料组分的配套　选择适用于水性体系的脂肪族类固化剂与涂料组分配套。当涂料组分为 100 质量份时，则脂肪族固化剂组分（—NCO 含量 20%左右）用量 5～7 质量份。

3. 双组分水性聚氨酯地坪涂料的性能

上述制备的双组分水性聚氨酯地坪涂料具有优良的性能：其铅笔硬度（擦伤）≥2H；抗冲击 500N·cm；人工耐老化（1000h）试验后：粉化 0 级，变色 2 级。

上述研究得到的主要技术数据为：含有机硅氧烷单体为 5%～10%，羟基含量为 2.8%～3.0%，酸值在 25～36mgKOH/g，玻璃化温度为 40～58℃条件下，合成高性能含羟基硅丙树脂，将其与脂肪族固化剂配制的地坪涂料涂膜性能最佳。

第五节　甲基丙烯酸甲酯（MMA）地坪涂料

一、概述

甲基丙烯酸甲酯（MMA）地坪涂料是以聚甲基丙烯酸甲酯（PMMA）为主体树脂基料、甲基丙烯酸甲酯等反应性单体为交联剂，加入高熔点蜡液、辅助配套专用粉料、骨料及助剂等材料而制成的新型高分子材料。该材料经引发剂引发自由基交联聚合后，可快速交联固化成高强度涂膜。甲基丙烯酸甲酯地坪涂料具有快速固化、超低温固化（固化温度范围为－30～35℃）、优异耐候性、绿色环保等众多优点，在国外尤其西欧和日本得到广泛应用，在我国的应用和研究都很少。

甲基丙烯酸甲酯地坪涂料在日本、欧洲和美国等发达国家已经有 30 多年的使用历史，2006 年从日本引入中国。2010 年上海世博会上新加坡馆的地坪采用国内生产的甲基丙烯酸甲酯地坪涂料快速修复成功并取得好的效果，使其应用受到重视。2010 年底，长城汽车股份有限公司天津生产基地 5 万平方米涂装车间地坪采用甲基丙烯酸甲酯地坪涂装系统，成为目前国内最大的甲基丙烯酸甲酯地坪工程。

甲基丙烯酸甲酯地坪涂料具有常见地坪涂料的通性，同时也具有其他涂料所不具备的独特性能，主要特点如下。

① 温度对甲基丙烯酸甲酯涂料的固化反应影响很小，可在－30～40℃的温度下施工。这是与传统地坪涂料最大区别之一。例如，环氧地坪涂料和聚氨酯地坪涂料一般要求在 0℃以上或 5℃以上固化。

② 反应迅速，最后一道工序完成 1～2h 后就能投入使用，且修复、补修简单快捷。甲基丙烯酸甲酯地坪涂料具有快速固化的特性，一般表干时间小于 30min，实干时间小于 1h。其综

合使用性能在实干 1h 内就能达到理论值，因此对地面的修理所需时间也很短。2010 年上海世博会新加坡馆地面快速修复就是例证。2010 年 6 月 22 日凌晨 0 点进入场馆开始旧地面打磨，至早上 6 点完全施工完毕清理现场，保证了 9 点的正常开馆。

③ 优良的耐药品性，对酸碱、油、盐雾及药品具有抗受性；并具有优良的耐候性，可应用于室外。

④ 耐负荷、耐磨、耐冲击、抗划痕性都较好。甲基丙烯酸甲酯地坪涂料配合骨料固化后抗压强度超过 60MPa，远远超过常用的混凝土。同时甲基丙烯酸甲酯均聚树脂又有一定的弹性，对机械设备的振动有很好的吸收与缓冲作用。并可减少振动产生的噪声，提供舒适的工作环境。

⑤ 甲基丙烯酸甲酯地坪涂料固化程度高，无小分子残存物或小分子分解物，环保、卫生，符合卫生食品行业标准。由于其致密的结构可防止小分子渗入涂膜，因此清理方便、彻底。

⑥ 甲基丙烯酸甲酯地坪涂料虽然具有类似于环氧地坪涂料的硬度，但其断裂伸长率较高。因而，若甲基丙烯酸甲酯地坪涂料的涂装基层出现微小裂缝，甲基丙烯酸甲酯地坪表面也不会随之开裂。

⑦ 甲基丙烯酸甲酯地坪涂料不具有疏水性，水在这种涂层表面很容易铺展形成一层薄薄的水层，使地面湿滑，诱发事故。不过，采用丙烯酸酯与氟单体共聚得到的疏水性含氟丙烯酸树脂制备的疏水甲基丙烯酸甲酯地坪涂料能够满足地坪涂料防湿滑性能要求。

二、甲基丙烯酸甲酯地坪涂料的成膜机理

甲基丙烯酸甲酯地坪涂料是以改性聚甲基丙烯酸甲酯（PMMA）树脂为主要原料，以甲基丙烯酸甲酯和其他甲基丙烯酸酯或丙烯酸酯单体的混合物作为反应的主要交联单体，通过引发剂的引发发生自由基聚合，与溶解在体系中的甲基丙烯酸甲酯均聚树脂形成互穿网络结构，结合加入的高熔点蜡液、辅助配套专用粉料、骨料、颜料及助剂等材料制成的新型高分子地坪材料。

甲基丙烯酸甲酯地坪涂料的树脂体系不同，涂料的性能亦有所不同。因而，可以通过不同的树脂体系来调节甲基丙烯酸甲酯地坪涂料的性能。例如，采用悬浮聚合工艺制备出含氟甲基丙烯酸酯树脂作为具有疏水性能的功能树脂，使之与甲基丙烯酸甲酯聚合物聚合生成高性能疏水性甲基丙烯酸甲酯地坪涂料，使之具有防滑性能，特别是防湿滑性能。

甲基丙烯酸甲酯地坪涂料的成膜机理在于，其固化体系采用的是氧化还原引发聚合体系[36]，过氧化物类引发剂（如过氧化二苯甲酰）和促进剂在常温下发生氧化还原反应而产生自由基，由于凝胶效应，甲基丙烯酸甲酯单体快速聚合，与体系中原有的甲基丙烯酸甲酯均聚树脂形成互穿网络结构，共同构成连续的涂膜，颜料和填料则被均匀分散于在涂膜中。

三、含氟甲基丙烯酸甲酯地坪涂料配制研究简介

甲基丙烯酸甲酯地坪涂料的成膜物质是反应性甲基丙烯酸甲酯单体在主体树脂聚甲基丙烯酸甲酯结构网络中聚合形成的具有互穿网络结构的高分子材料[37]。

下面介绍使用悬浮聚合法制备较低分子量的聚甲基丙烯酸甲酯的实验过程。该法所得产物粒径大且均匀，乳化剂用量少，单体转化率高。悬浮聚合产物一般通过过滤分离，聚合物颗粒的粒径决定着分离工艺的难易程度。当粒径大于过滤介质的孔径到一定程度时，才能进行有效过滤。因此，要求产物粒径较大。

1. 聚甲基丙烯酸甲酯制备实验

（1）实验使用的原材料　见表 3-63。

表 3-63 制备聚甲基丙烯酸甲酯实验使用的原材料

名　称	纯度	生产商
甲基丙烯酸甲酯(MMA)单体	工业级	广州超云化学工业有限公司
偶氮二异丁腈(AIBN)	分析纯	天津市科密欧化学试剂有限公司
1788 型聚乙烯醇(PVA)	分析纯	成都市科龙化工试剂厂
十二硫醇	化学纯	上海凌峰化学试剂有限公司
乙酸丁酯	分析纯	天津市科密欧化学试剂有限公司
正己烷	分析纯	广东光华化学厂有限公司
1,2-丙二醇甲醚	分析纯	广州市新港化工有限公司
二甲苯	分析纯	天津市科密欧化学试剂有限公司
十六醇	分析纯	成都市科龙化工试剂厂
亚硝酸钠	分析纯	上海凌峰化学试剂有限公司

(2) 实验步骤　往四口烧瓶中加入水和聚乙烯醇、亚硝酸钠等水溶性物质，搅拌一段时间使聚乙烯醇、亚硝酸钠完全溶解，将偶氮二异丁腈溶于甲基丙烯酸甲酯单体和溶剂的溶液中，然后一次性加入到水溶液中，在一定温度下搅拌反应一段时间后得到聚合物颗粒，用 300 目的尼龙布过滤，用 70℃热水冲洗滤渣三遍，然后真空干燥 12h。

主要制备工艺条件为：搅拌速率 300r/min；聚合反应温度 75℃，保护胶体（聚乙烯醇）用量 0.07%，偶氮二异丁腈用量 5%（占单体量）。此外，加入适量的二甲苯或正十二烷基硫醇都能制得满足分子量要求的产物；添加 0.2%的亚硝酸钠能有效抑制聚合过程中的二次成核，提高产率。

2. 含氟聚甲基丙烯酸甲酯的制备

丙烯酸树脂具有良好的耐候性、耐污性和疏水、疏油性等，下面介绍含氟丙烯酸树脂的悬浮聚合工艺，所制备的含氟丙烯酸酯树脂颗粒能够溶解于甲基丙烯酸甲酯中，以进一步制备具有高耐候性和疏水性的甲基丙烯酸甲酯地坪涂料。

(1) 实验使用的原材料　见表 3-64。

表 3-64 制备含氟聚甲基丙烯酸甲酯颗粒实验使用的原材料

名　称	纯度	生产商
甲基丙烯酸甲酯(MMA)单体	工业级	广州超云化学工业有限公司
Zonyl® TM 甲基丙烯酸全氟烷基乙基酯(FMA)单体	工业级	美国杜邦公司
偶氮二异丁腈(AIBN)	分析纯	天津市科密欧化学试剂有限公司
1788 型聚乙烯醇(PVA)	分析纯	成都市科龙化工试剂厂
十二硫醇	化学纯	上海凌峰化学试剂有限公司
二甲苯	分析纯	天津市科密欧化学试剂有限公司
亚硝酸钠	分析纯	上海凌峰化学试剂有限公司

(2) 实验步骤　往四口烧瓶中加入水和聚乙烯醇、亚硝酸钠等水溶性物质，搅拌一段时间使聚乙烯醇、亚硝酸钠完全溶解，将甲基丙烯酸全氟烷基乙基酯单体、十二烷基硫醇（分子量调节剂）以及偶氮二异丁腈溶于甲基丙烯酸甲酯单体和溶剂的溶液中，然后一次性加入到水溶液中，在一定温度下搅拌反应一段时间后得到聚合物颗粒，用 300 目的尼龙布过滤，用 70℃热水冲洗滤渣三遍，然后真空干燥 12h。再用 100 目筛网分离出粒径较大的聚合物颗粒和粒径很小的聚合物粉末。

悬浮聚合法制备含氟聚丙烯酸树脂颗粒的最佳工艺条件为：用十二烷基硫醇作为分子量调节剂，先加入含有 1.5% 偶氮二异丁腈的甲基丙烯酸全氟烷基乙基酯单体，反应 10～15min 后，加入混有引发剂、十二烷基硫醇的甲基丙烯酸甲酯单体，能制备出高氟含量的含氟丙烯酸树脂颗粒。最佳氟单体添加量为 13%，所得树脂的接触角为 112°。

3. 含氟甲基丙烯酸甲酯地坪涂料配制实验

（1）实验使用的配方　见表 3-65。

表 3-65　含氟甲基丙烯酸甲酯地坪涂料(清漆)配制实验用配方

涂料组分	原材料名称	用量(质量比)
A 组分	软单体	20～40
	硬单体	20～40
	消泡剂	0～10
	甲基丙烯酸甲酯均聚物	20～30
	含氟丙烯酸树脂	
	固化促进剂	0～10
	密封蜡	0～5
B 组分	固化剂	2

（2）含氟甲基丙烯酸甲酯地坪涂料（清漆）制备　先制备 A 组分。在带温度计的四口烧瓶中加入软单体、硬单体、增塑剂和消泡剂，并在油浴锅内以 400r/min 的速度搅拌，待烧瓶内温度升到 70℃后，加入树脂，保温 30min，使树脂颗粒完全溶解。然后，降温到 55℃时加入固化促进剂、密封蜡等。待温度降到 40℃后出料装罐储存。

将 A 组分和 B 组分配套后即成为含氟甲基丙烯酸甲酯地坪涂料产品，即把 A 组分与 B 组分按质量比 50∶1 进行配套。双组分涂料于使用前混合，两组分混合搅拌 30s 后应立即进行施工。

四、甲基丙烯酸甲酯地坪涂料应用技术——CECS 328:2012 标准部分内容介绍

中国工程建设协会标准 CECS 328：2012《整体地坪工程技术规程》规定了渗透性液体硬化地坪系统、水泥基耐磨地坪系统、甲基丙烯酸甲酯地坪系统、乙烯基酯树脂地坪系统、水性聚氨酯水泥复合砂浆地坪系统、环氧树脂磨石地坪系统和复合地坪系统等类地坪的术语、基本规定、材料、设计选型和构造、基层要求和处理、施工、成品保护、质量检验与验收等内容，下面介绍该规程中与环氧地坪、聚氨酯地坪、甲基丙烯酸甲酯地坪、乙烯基酯树脂地坪等有关的内容。

CECS 328：2012 规程中所谓的“水性聚氨酯水泥复合砂浆地坪系统”是指由水性聚氨酯树脂、水泥和骨料组成的砂浆所构成的地坪系统；“环氧树脂磨石地坪系统”是指以环氧树脂系统为黏结料，配以各种骨料，经过研磨、抛光而成的具有石材质感的地坪系统；“甲基丙烯酸甲酯地坪系统”是指以甲基丙烯酸甲酯为主要成分的反应型液体树脂通过与引发剂产生聚合而形成的地坪系统；“乙烯基酯树脂地坪系统”是指以乙烯基酯树脂地面材料辅以促进剂、引发剂、增强材料等材料涂布在基层表面而形成的具有化学防腐功能的地坪系统。

1. 材料性能要求

环氧树脂和聚氨酯地坪材料的环保和物理机械性能指标应符合现行国家标准 GB/T 22374—2008《地坪涂装材料》的规定。

甲基丙烯酸甲酯地坪涂料的环保性能指标应符合现行国家标准GB/T 22374—2008《地坪涂装材料》的规定（见第一章表1-10），物理机械性能指标应符合表3-66的规定。

表3-66 甲基丙烯酸甲酯地坪涂料的物理性能指标

项目	要求	项目	要求
容器中状态	搅拌混合后均匀无硬块	黏结强度	≥1.5MPa
施工时限	≤15min	耐磨性(750g,500r)	≤30mg
固体含量	≥90%	耐冲击性(500N·cm)	无开裂,无剥落
实干时间	≤60min	耐水性(168h)	无起泡,无脱落
硬度(邵氏D)	≥70		

2. 设计选用和地坪系统构造

(1) 设计选用　地坪工程应根据使用功能、环境条件、地面结构、材料性能、施工工艺和工程特点、使用寿命进行系统设计。

①底层地面构造层下应铺设防水、防潮层。

②水性聚氨酯水泥复合砂浆地坪系统施工前应在基层切割限位槽，限位槽应设置在距单次连续施工区域边沿内侧20～30cm，宽度宜为地面设计厚度的2倍，深度应大于或等于地面设计厚度。

③环氧树脂和聚氨酯地坪工程设计应符合表3-67的规定。

表3-67 环氧树脂和聚氨酯地坪工程设计选用

<table>
<tr><th colspan="2">地坪系统</th><th>选用材料</th><th>系统描述</th><th>系统设计厚度/mm</th><th>适用场合</th></tr>
<tr><td rowspan="2">环氧树脂和聚氨酯</td><td>薄涂</td><td rowspan="2">溶剂型环氧树脂、无溶剂型环氧树脂、水性环氧树脂、溶剂型聚氨酯、无溶剂型聚氨酯、水性聚氨酯</td><td>两层或两层以上辊涂</td><td>≤0.5</td><td>办公室、酒店、餐厅等需要满足装饰效果和易清洁的场所</td></tr>
<tr><td>厚涂</td><td>两层以上辊涂</td><td>0.5～1.0</td><td>办公室、酒店、餐厅等需要满足装饰效果及耐磨性的场所</td></tr>
<tr><td colspan="2">环氧树脂和聚氨酯复合地坪系统</td><td>溶剂型环氧树脂、无溶剂型环氧树脂、水性环氧树脂、溶剂型聚氨酯、无溶剂型聚氨酯、水性聚氨酯</td><td>底涂、中涂、面涂</td><td>0.5～3.0</td><td>选用不同材料进行复合施工的场所</td></tr>
<tr><td colspan="2">环氧树脂和聚氨酯自流平</td><td>无溶剂型环氧树脂、水性环氧树脂、无溶剂型聚氨酯、水性聚氨酯</td><td>底涂、一次性流平的自流平面涂</td><td>0.8～3.0</td><td>无溶剂材料适用于手术室、洁净室、制药车间等要求无菌、无尘的场所；电子、医药等净化区域；轻工行业生产厂房；要求较高的仓储区域
水性材料适用于潮湿混凝土基础，无防水层的一楼地面及其他有环保要求的场所</td></tr>
<tr><td rowspan="2">环氧树脂和聚氨酯砂浆</td><td>环氧树脂砂浆</td><td rowspan="2">无溶剂型环氧树脂、无溶剂型聚氨酯、水性环氧树脂、水性聚氨酯</td><td rowspan="2">底涂、砂浆层、灌浆层、面涂</td><td rowspan="2">>3.0</td><td>机械加工厂、重载区域仓库、码头卸货区等需要满足重载碾压的场所</td></tr>
<tr><td>聚氨酯砂浆</td><td>奶制品厂、食品加工厂、蒸馏间、厨房、冷藏室等对高低温度要求高的场所及重防腐区域</td></tr>
<tr><td colspan="2">环氧树脂砂浆</td><td>无溶剂型环氧树脂</td><td>底涂、砂浆层、灌浆层、面涂</td><td>>3.0</td><td>楼堂大厅、展览大厅、商场、商用大楼、高级娱乐场所等需要满足装饰及防滑功能的场所</td></tr>
</table>

续表

地坪系统	选用材料	系统描述	系统设计厚度/mm	适用场合
环氧树脂磨石	无溶剂型环氧树脂	底涂、混合骨料、灌浆层	>4.0	卷烟厂、超大型企业厂房、楼堂大厅、展览大厅、商场、商用大楼、高级娱乐场所等需要满足耐磨及装饰功能的场所
环氧树脂撒播	无溶剂型环氧树脂	底涂、中涂撒播层、面涂	>3.0	仓库、各类工业厂房、车间、停车场等需要满足耐磨及防滑功能的场所

注：环氧树脂和聚氨酯砂浆多层复合地坪系统自流平面层施工厚度不得小于 0.8mm。

④ 甲基丙烯酸甲酯地坪系统适用于室外长期暴露型无接缝彩色地面，地铁车站的快速修补，冷冻、冷藏室等。在混凝土基层上施工甲基丙烯酸甲酯地坪材料时，单层施工设计厚度不应小于 0.3mm，系统设计厚度不应小于 1.5mm。

⑤ 乙烯基酯树脂地坪系统设计厚度应符合表 3-68 的规定。

表 3-68　乙烯基酯树脂地坪系统设计厚度

地坪系统	设计厚度/mm	地坪系统	设计厚度/mm
乙烯基酯薄涂及鳞片厚度	≥0.5	乙烯基酯纤维层	2.0～3.0
乙烯基酯自流平	1.5～3.0	乙烯基酯撒播	2.0～4.0
乙烯基酯砂浆	4.0～6.0		

(2) 地坪系统构造

① 环氧树脂和聚氨酯薄涂、厚涂地坪系统应由混凝土基层、底涂层、面涂层构成，见图 3-10。

② 环氧树脂和聚氨酯复合地坪系统应由混凝土基层、底涂层、中涂层和面涂层构成，见图 3-11。

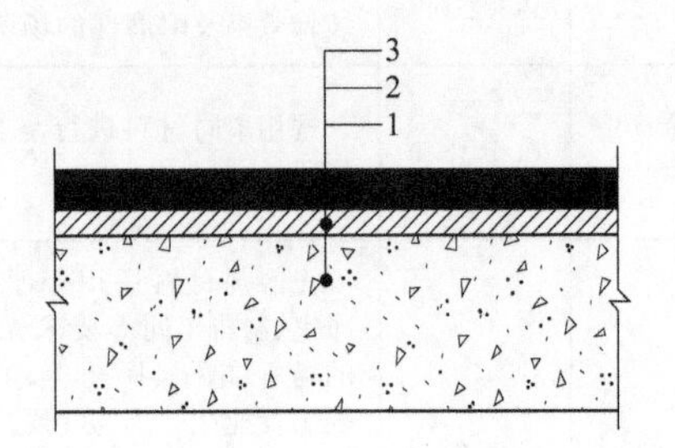

图 3-10　环氧树脂和聚氨酯薄涂、厚涂地坪系统构造示意图

1—混凝土基层；2—底涂层；3—面涂层

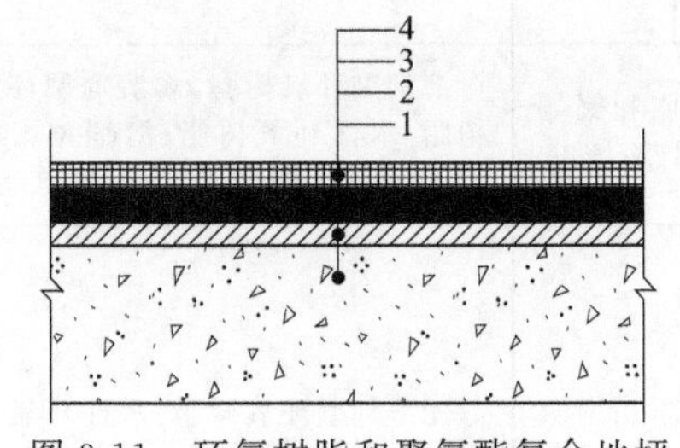

图 3-11　环氧树脂和聚氨酯复合地坪系统构造示意图

1—混凝土基层；2—底涂层；3—中涂层；4—面涂层

③ 环氧树脂和聚氨酯自流平地坪系统应由混凝土基层、底涂层、自流平面涂层构成，见图 3-12。

④ 环氧树脂砂浆地坪系统应由混凝土基层、底涂层、环氧树脂砂浆层、灌封层、面涂层构成，见图 3-13。

⑤ 水性聚氨酯水泥复合砂浆地坪系统应由混凝土基层、底涂层、水性聚氨酯水泥复合砂浆层构成，见图 3-14。

⑥ 环氧树脂彩砂地坪系统应由混凝土基层、底涂层、环氧彩色砂浆层、灌封层、透明面涂层构成，见图 3-15。

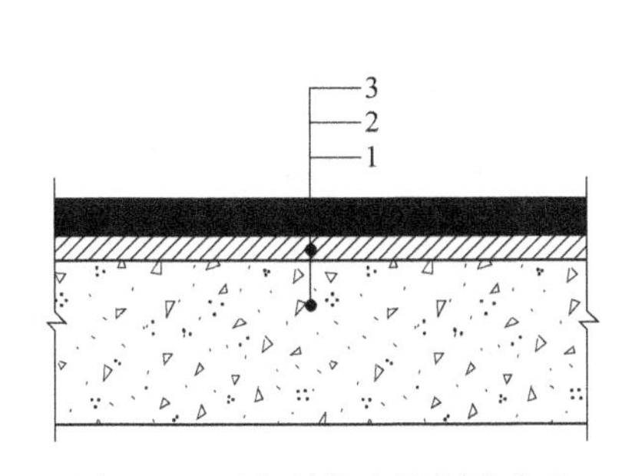

图 3-12 环氧树脂和聚氨酯自流平地坪系统构造示意图

1—混凝土基层；2—底涂层；3—自流平面涂层

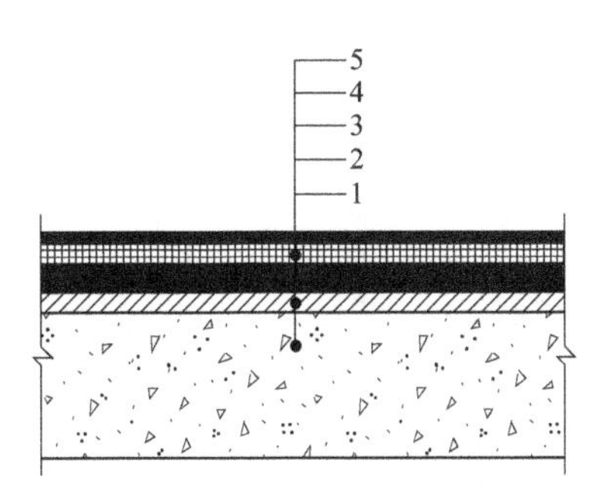

图 3-13 环氧树脂砂浆地坪系统构造示意图

1—混凝土基层；2—底涂层；3—环氧树脂砂浆层；4—灌封层；5—面涂层

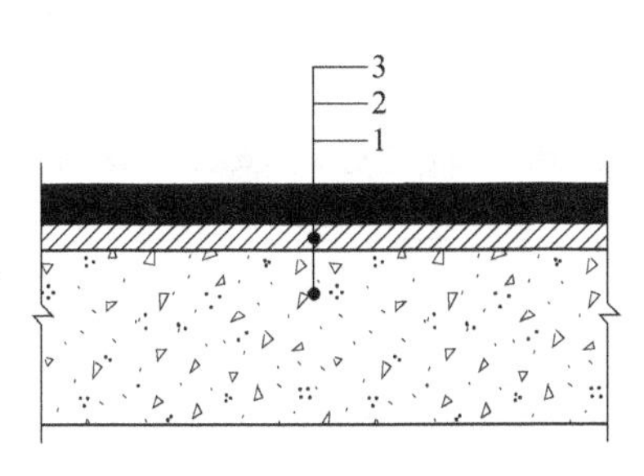

图 3-14 水性聚氨酯水泥复合砂浆地坪系统构造示意图

1—混凝土基层；2—底涂层；3—水性聚氨酯水泥复合砂浆层

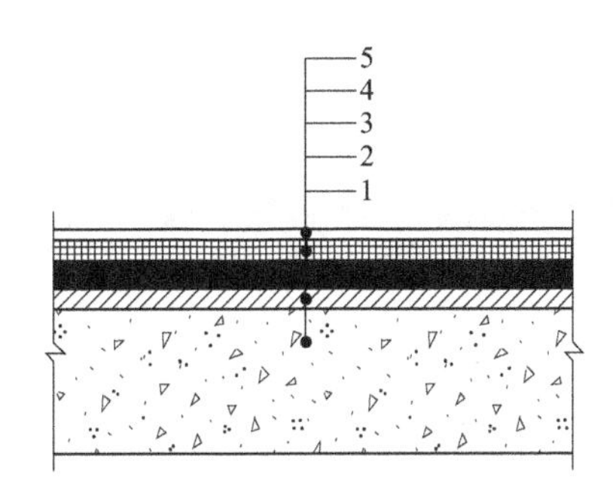

图 3-15 环氧树脂彩砂地坪系统构造示意图

1—混凝土基层；2—底涂层；3—环氧彩砂浆层；4—灌封层；5—透明面涂层

⑦ 环氧树脂磨石地坪系统应由混凝土基层、底涂层、环氧彩色砂浆层、灌封层、透明面涂层构成，见图 3-16。

⑧ 环氧树脂和聚氨酯撒播地坪系统应由混凝土基层、底涂层、中涂撒播层和面涂层构成，见图 3-17。

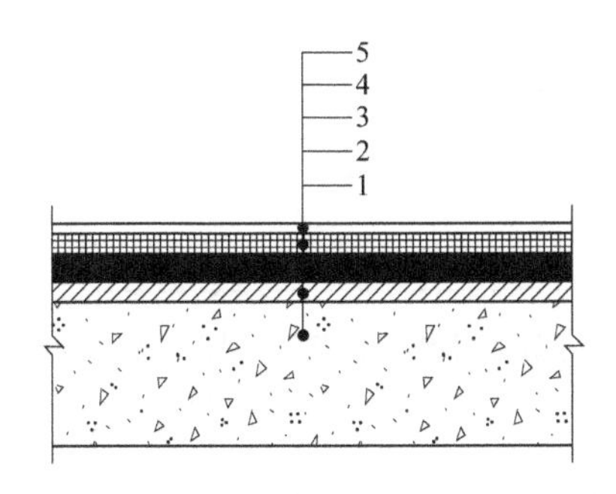

图 3-16 环氧树脂磨石地坪系统构造示意图

1—混凝土基层；2—底涂层；3—环氧彩色砂浆层；4—灌封层；5—透明面涂层

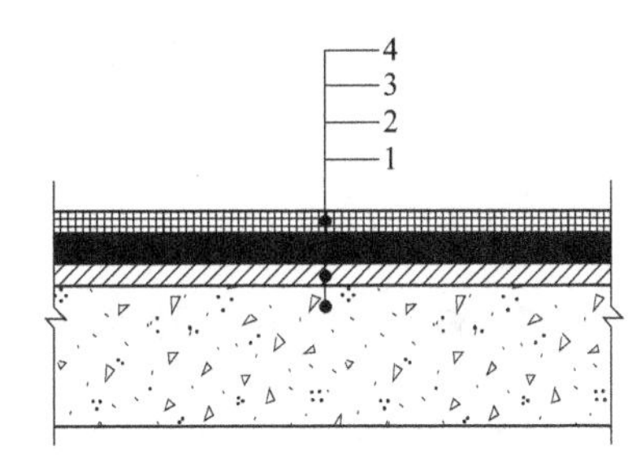

图 3-17 环氧树脂和聚氨酯撒播地坪系统构造示意图

1—混凝土基层；2—底涂层；3—中涂撒播层；4—面涂层

⑨ 甲基丙烯酸甲酯地坪系统应由混凝土基层、底涂层、中涂层、面涂层构成，见图 3-18。

⑩ 乙烯基酯树脂薄涂和鳞片地坪系统应由混凝土基层、底涂层、面涂层构成，见图 3-19。

⑪ 乙烯基酯树脂自流平地坪系统应由混凝土基层、底涂层、自流平面涂层构成，见图 3-20。

⑫ 乙烯基酯树脂砂浆地坪系统应由混凝土基层、底涂层、纤维增强层、乙烯基酯树脂砂浆层、灌封层、面涂层构成，见图 3-21。

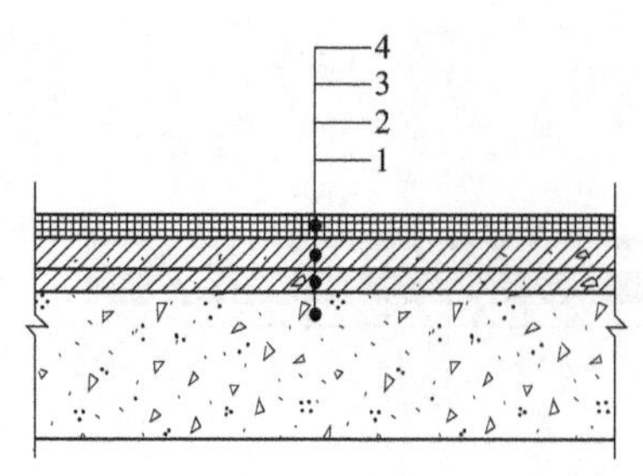

图 3-18　甲基丙烯酸甲酯地坪系统构造示意图
1—混凝土基层；2—底涂层；3—中涂层；4—面涂层

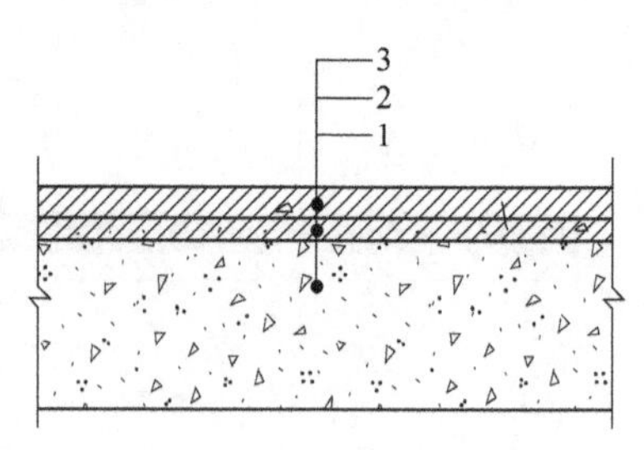

图 3-19　乙烯基酯树脂薄涂和鳞片地坪系统构造示意图
1—混凝土基层；2—底涂层；3—面涂层

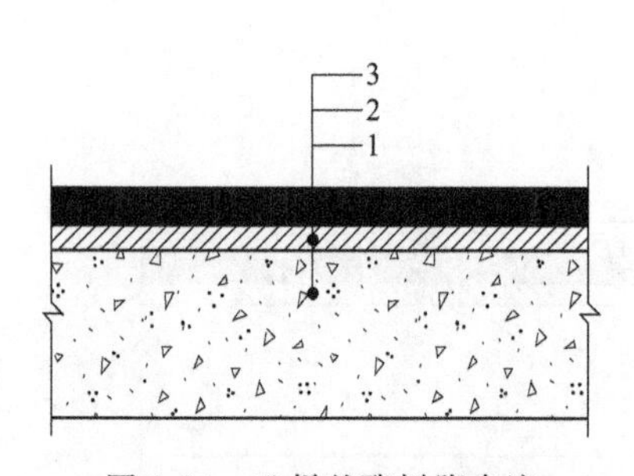

图 3-20　乙烯基酯树脂自流平地坪系统构造示意图
1—混凝土基层；2—底涂层；3—自流平面涂层

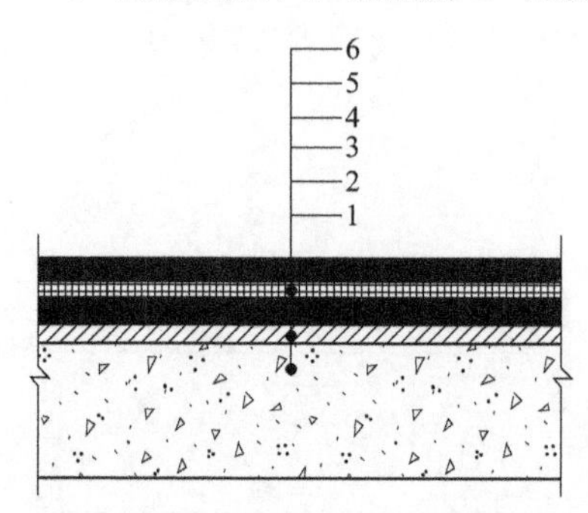

图 3-21　乙烯基酯树脂砂浆地坪系统构造示意图
1—混凝土基层；2—底涂层；3—纤维增强层；4—乙烯基酯树脂砂浆层；5—灌封层；6—面涂层

⑬ 乙烯基酯树脂纤维层地坪系统应由混凝土基层、底涂层、纤维增强层、面涂层构成，见图 3-22。

⑭ 乙烯基酯树脂撒播层地坪系统应由混凝土基层、底涂层、中涂撒播层、面涂层构成，见图 3-23。

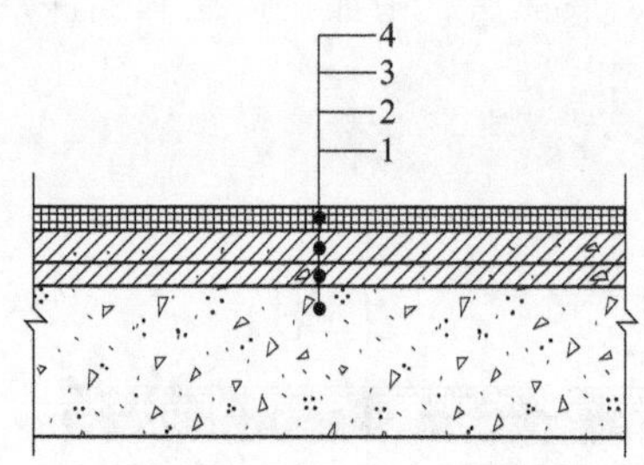

图 3-22　乙烯基酯树脂纤维层地坪系统构造示意图
1—混凝土基层；2—底涂层；3—纤维增强层；4—面涂层

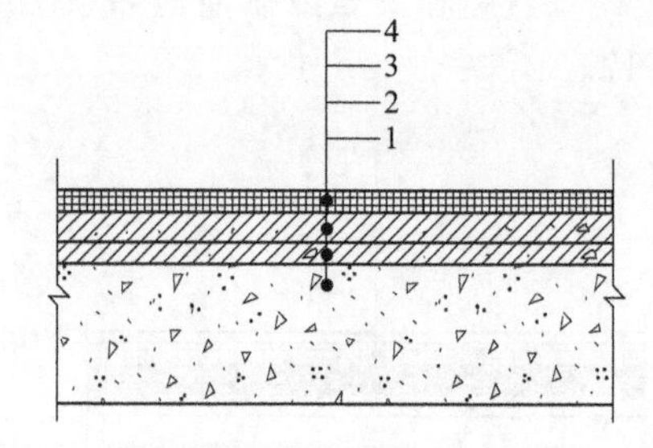

图 3-23　乙烯基酯树脂撒播层地坪系统构造示意图
1—混凝土基层；2—底涂层；3—中涂撒播层；4—面涂层

3. 基层要求和处理

(1) 基层要求　环氧树脂、聚氨酯、甲基丙烯酸甲酯、乙烯基酯树脂地坪系统，其基层混凝土应坚固、密实，对有争议部位应进行实地检验；整体地坪工程基层要求除应符合本规程外，尚应符合 GB 50209—2010《建筑地面工程施工质量验收规范》和 JGJ/T 175—2009《自流平地面工程技术规程》的规定。

(2) 基层处理　当混凝土基层的抗压强度小于 25MPa 时，应进行补强处理或重新施工；除处于继续开展而未稳定的动态裂缝和渗水裂缝外，当裂缝宽度小于 0.5mm 时，宜采用填充密封法，即先采用机械切割的方式将裂缝切成深 20mm、宽 20mm 的 V 形槽。环氧树脂和聚氨酯地坪系统工程应采用无溶剂环氧树脂或无溶剂聚氨酯材料填充；甲基丙烯酸甲酯地坪系统工程应采用甲基丙烯酸甲酯砂浆材料填充；乙烯基酯树脂地坪系统工程应采用乙烯基酯树脂砂浆材料填充。当裂缝宽度大于0.5mm时，宜采用灌浆法；当找平层与混凝土基层之间出现空鼓，且空鼓面积小于$1m^2$时，可采用注浆法处理；当空鼓面积大于$1m^2$时，应剔除后重新施工找平层。

当基层出现起砂、浮浆、表面脱落现象时，应用机械清除；当基层平整度用2m靠尺检查且空隙大于3mm时，应进行找平处理；当基层有旧涂膜时，宜采用机械方法彻底清除旧涂膜。

混凝土基层应采用铣刨、抛丸或打磨方法进行打毛处理，以增强与地坪系统的黏结强度。

当基层含水率在4%～8%时，可采用通风、提高室内温度等方式降低混凝土含水率或采用防潮底涂进行封闭处理；当基层含水率大于8%时，应采用防潮层处理。

4. 施工

(1) 一般规定 整体地坪工程使用的材料和施工完成后的室内空气质量应符合国家有关环保标准的规定。

环氧树脂地坪材料、聚氨酯地坪材料、甲基丙烯酸甲酯地坪材料、乙烯基酯树脂地坪材料应储存在阴凉、干燥、通风、远离火源和热源的场所，不得露天存放和曝晒，储存温度宜为10～25℃。

施工单位应建立各道工序的自检、互检和专职人员检验制度，并应有完整的施工检查记录。隐蔽工程施工检查记录应经业主代表或监理签字确认后，方可进行下道工序施工。

施工现场应封闭，严禁交叉作业。

整体地坪工程施工时，应配备施工人员和设备的安全防护装置。

(2) 施工条件 环氧树脂和聚氨酯地坪系统施工环境温度宜为15～25℃，相对湿度不宜高于80%，基层表面温度不宜低于5℃；甲基丙烯酸甲酯地坪系统施工环境温度宜为－30～35℃，相对湿度不应高于70%，基层表面温度不得高于30℃；乙烯基酯树脂地坪系统施工环境温度宜为5～30℃，相对湿度不宜高于80%，基层表面温度不宜低于5℃。

环氧树脂和聚氨酯、甲基丙烯酸甲酯地坪、乙烯基酯树脂地坪系统工程应采用专用机具施工；施工区域应严禁烟火，不得进行切割或电气焊等操作；施工人员施工前，应做好劳动防护，保持室内通风。

环氧树脂和聚氨酯地坪材料的配制、搅拌和可操作时间的控制应按产品说明书要求进行。

甲基丙烯酸甲酯材料、预促进的乙烯基酯树脂基料应按比例加入引发剂，混合搅拌均匀后方可使用，并应按产品说明书规定的操作时间内使用。

(3) 环氧树脂和聚氨酯薄涂、厚涂地坪系统施工工艺

① 施工底涂，应均匀涂刷两遍，不得漏涂和堆涂。

② 施工面涂，采用辊涂、刷涂或喷涂等工艺。为达到设计厚度要求，薄涂地坪系统应涂刷两遍面涂，厚涂地坪系统应涂刷两遍以上。

③ 施工完成后的地面，应按照产品说明书的要求进行养护，养护完成后方可使用。

(4) 环氧树脂和聚氨酯多层复合地坪系统工程施工

① 施工底涂，涂装应均匀，无漏涂和堆涂。

② 施工中涂，可采用镘涂、刮涂等工艺施工。

③ 施工面涂，可采用薄涂、厚涂和自流平系统的工艺施工。

④ 施工完成后的地面，应按产品说明书的要求进行养护，养护完成后方可使用。

(5) 环氧树脂和聚氨酯自流平地坪系统工程施工

① 施工底涂，涂装应均匀，无漏涂和堆涂。

② 施工自流平面涂，应采用镘刀一次刮涂达到设计厚度，宜使用消泡辊筒进行消泡处理。

③ 施工完成后的地面，应按产品说明书的要求进行养护，养护完成后方可使用。

(6) 环氧树脂砂浆地坪系统工程施工

① 施工底涂，涂装应均匀，无漏涂和堆涂，在底涂未干之前，均匀撒布少量骨料。

② 施工环氧树脂砂浆，宜使用摊铺机将环氧树脂砂浆摊铺至设计厚度，并应用抹光机压实平整。局部凹陷处可采用树脂砂浆进行找平修补。

③ 施工环氧树脂灌封材料，应将灌封材料倒在砂浆层上，批刮使材料渗透，直至砂浆层吸收饱满，再清除表面多余的灌封材料，宜养护 12h 再进行下一道工序施工。

④ 施工面涂，采用薄涂、厚涂和自流平系统的工艺施工。

⑤ 施工完成后的地面，应按产品说明书的要求进行养护，养护完成后方可使用。

⑥ 施工完成后的地面，应做好成品保护。

(7) 水性聚氨酯水泥复合地坪系统工程施工

① 应按地坪设计方案在处理后的混凝土基层上切割限位槽。

② 施工底涂，涂装应均匀，无漏涂和堆涂。

③ 施工水性聚氨酯水泥复合材料，宜使用摊铺机摊铺至设计厚度，并应用抹刀收光平整。固化前局部凹陷处可采用同质砂浆进行找平修补；镘涂自流平宜按上述“环氧树脂和聚氨酯自流平地坪系统工程施工”工艺规定进行。

④ 施工完成后的地面，应按产品说明书的要求进行养护，养护完成后方可使用。

(8) 环氧树脂和聚氨酯彩砂地坪系统工程施工　和环氧树脂砂浆地坪系统工程施工工艺相同。

(9) 环氧树脂和聚氨酯磨石地坪系统工程施工

① 施工底涂，涂装应均匀，无漏涂和堆涂。

② 应将骨料和环氧树脂按产品说明书混合搅拌均匀后进行摊铺，不同颜色的砂浆施工应分区进行，应压实平整，压实后的厚度应高于设计厚度 2～4mm。

③ 施工环氧灌封材料，将配制好的环氧灌封材料倒在砂浆层上，通过批刮使材料渗透，直至砂浆层吸收饱满，再清除表面多余的灌封材料，养护时间应大于 48h。

④ 应使用无尘金刚石磨头打磨机进行粗磨、细磨；将粉尘清理干净后，用同质环氧树脂修补，最后应进行精磨、抛光。

⑤ 施工透明封闭层材料，应按规定比例混合搅拌均匀后进行辊涂施工。施工完成后的地面，应按产品说明书的要求进行养护，养护完成后方可使用。

(10) 环氧树脂和聚氨酯撒播地坪系统施工

① 施工底涂，涂装应均匀，无漏涂和堆涂。

② 施工环氧树脂和聚氨酯中涂，摊铺后即均匀撒播骨料，应达到防滑设计要求。撒播完毕后 24h 内，应清除多余和松动的骨料。

③ 采用薄涂工艺施工面涂。

④ 施工完成后的地面，应按产品说明书的要求进行养护，养护完成后方可使用。

(11) 甲基丙烯酸甲酯地坪系统工程施工工艺

① 底涂涂装应均匀，无漏涂和堆涂。

② 中涂可采用刮涂、镘涂、喷涂等工艺施工。当有防滑要求时，应在中涂材料未干时撒播防滑骨料。

③ 面涂可采用辊涂、镘涂或喷涂等工艺施工，达到设计厚度。

④ 施工完成的地面，应进行大于 2h 的自然固化养护。

(12) 乙烯基酯树脂薄涂及鳞片厚涂地坪系统工程施工工艺

① 底涂应采用刷涂或辊涂工艺进行施工，应充分浸润混凝土基层。涂装应均匀，无漏涂和堆涂。

② 修补时应使用底涂材料掺入 50%～100%的细骨料制成稀胶泥对局部凹坑、麻面等缺陷进行批刮修补。

③ 面涂的配制搅拌和可操作时间应按产品说明书要求进行，可采用辊涂、刷涂或喷涂等工艺施工。

④ 施工完成的地面应按照产品说明书的要求进行养护，完全固化后方可接触化学介质。

⑤ 乙烯基酯树脂自流平地坪系统、砂浆地坪系统、撒播地坪系统工程施工工艺应按照环氧树脂和聚氨酯类相应种类的地坪施工工艺进行。

⑥ 乙烯基酯树脂纤维层（FRP）地坪系统工程的工工艺应符合现行国家标准 GB 50212《建筑防腐蚀工程施工及验收规范》的有关规定。

5. 成品保护

（1）一般规定　整体地坪工程施工完毕后，必须设专人负责成品保护工作，对保护的区域或部位列出清单和警示，并制定出成品、半成品保护的具体职责、方法和措施。

所有室内外整体地坪工程完毕后，均应按规定清理干净，及时进行成品保护。不得在成品上涂写、敲击和刻划。

室内整体地坪晴天应开启门窗，以保持空气流通；风雨天气应关闭门窗，以防地坪受风雨侵袭而损售，或产生霉变。室外整体地坪铺设后，应及时清除建筑垃圾，并及时设置防护栏杆进行保护。直到成品强度达到规定后，方可拆除。应做好防雨淋的保护措施，不应在其上面堆放带棱角的材料或易污染楼地面的材料。

整体地坪工程验收之前，各工种的高凳架子、台钳等工具不宜再进入场地。当确实需要时，应采取防污染或防止损坏地坪的措施。操作人员和其他人员必须穿软底鞋，并确认已做好成品保护防御性工作后，方可进场。

上、下道工序之间应办理成品保护交接手续，证明上道工序完成成品无损坏后方可进行下道工序。

（2）环氧树脂地坪系统、甲基丙烯酸甲砖地坪系统、乙烯基酯树脂地坪成品保护　平时应以柔软扫帚清扫地面，或用抹布擦拭干净，每月应定期使用光亮蜡保养。应防止坚硬、尖锐的物品直接摩擦地面。对于溅落到地面上的腐蚀性化学药品和溶剂应立即清除；油脂应立刻清除。坚硬的重物必须轻放；机器操作台的地面、较重的原材料、半成品或成品存放区地面，应铺橡胶垫或软质塑胶垫。需要经常电焊或氧割的区域，应在地面上铺设钢板或其他耐高温隔离垫。

各类推车或拖车的脚轮应选用受力面较宽、具有一定弹性的高耐磨聚氨酯脚轮；且行走时，需尽量慢速，避免急刹车或急转弯。

（3）聚氨酯地坪成品保护　应安置橡胶板等保护垫，防止有重物撞击或锐器刮磨，穿硬底鞋人员不得入内。搬运推车要使用橡胶或人造橡胶聚氨酯（PU）轮胎，并派专人清理检查。

应避免 80℃以上热水直接喷溅，并以架高托盘承接，使热水冷却后再溢出，以避免高温直接喷溅，同时应防止灰尘或物料碎粒撒入。

当有油渍和液垢时，应采用去渍油或清洁剂擦洗，然后用橡胶板刮除残液，不可使用高速打蜡机或砂盘清扫。

如有其他施工方进行施工时，工作区和施工通道区应进行刚性保护。严禁有切割或气电焊等热源在施工区域内操作。当不可避免时，除应采取刚性保护措施外，还应当加铺防火垫。

6. 质量检验与验收

（1）一般规定　整体地坪工程验收时应提供材料进场时的抽样复检合格报告。

环氧树脂、聚氨酯地坪系统和甲基丙烯酸甲酯地坪系统工程质量检验与验收应符含 GB 50209—2010《建筑地面工程施工质量验收规范》的规定；乙烯基酯树脂地坪系统工程质量检验与验收应符合现行国家标准 GB 50212《建筑防腐蚀工程施工及验收规范》的规定。

（2）整体地坪工程质量检验与验收批次　应符合下列规定。

① 应按每一层或每层施工段或变形缝作为一个检验批，单层或双层的工业建筑，以每层

为一个检验批，多层及高层建筑的标准层可按每3层作为一个检验批，不足3层时，应按3层计。

② 每个检验批应按自然间或标准间随机检验，抽查数目不应少于3间，不足3间时，应全数检查，走廊（过道）应以10延长米为1间，工业厂房（按单跨计）、礼堂、门厅应以两个轴线为1间计算。

③ 整体地坪工程验收时应提供材料进场时的抽样复检合格报告，复检项目应按表3-69确定。

表3-69 整体地坪工程材料复检项目

<table>
<tr><th colspan="2">整体地坪类型</th><th>检测项目</th><th>组批</th><th>取样量/kg</th><th>检测方法</th></tr>
<tr><td rowspan="2">环氧树脂和聚氨酯地坪系统</td><td>薄涂</td><td rowspan="2">容器中的状态、涂膜外观、干燥时间、拉伸黏结强度、抗压强度、耐磨性、耐冲击性、防滑性、耐水性、耐化学性</td><td rowspan="2">5t</td><td>2</td><td rowspan="2">GB/T 22374—2008《地坪涂装材料》</td></tr>
<tr><td>厚涂</td><td>4</td></tr>
<tr><td colspan="2">环氧树脂和聚氨酯复合地坪系统</td><td>容器中的状态、干燥时间、耐磨性(750g,500r)、耐碱性(48h)、附着力</td><td>5t</td><td>3</td><td>GB/T 22374—2008《地坪涂装材料》</td></tr>
<tr><td colspan="2">环氧树脂和聚氨酯自流平地坪系统</td><td>容器中的状态、固体含量、流动度、干燥时间、7d拉伸黏结强度、7d抗压强度、耐磨性、耐冲击性、耐化学性</td><td>5t</td><td>5</td><td>GB/T 22374—2008《地坪涂装材料》、JC/T 1015—2006《环氧树脂地面涂层材料》</td></tr>
<tr><td colspan="2">乙烯基酯树脂地坪系统</td><td>外观、黏度、固体含量、胶凝时间、酸值</td><td>5t</td><td>3</td><td>GB/T 22374—2008《地坪涂装材料》、GB 50212—2012《建筑防腐蚀工程施工及验收规范》表6.2.2</td></tr>
<tr><td colspan="2">甲基丙烯酸甲酯地坪系统</td><td>容器中的状态、施工时限、固体含量、实干时间、硬度、黏结强度、耐磨性、耐冲击性</td><td>5t</td><td>3</td><td>GB/T 16777—2008《建筑防水材料试验方法》、GB/T 1728—1979《漆膜、腻子膜干燥时间测定法》</td></tr>
</table>

（3）主控项目　环氧树脂、聚氨酯、甲基丙烯酸甲酯和乙烯基酯树脂地坪系统工程验收的主控项目见表3-70。

表3-70 地坪系统工程验收的主控项目

<table>
<tr><th>项　目</th><th>耐冲击性①</th><th>耐磨性②</th><th>防滑性③</th></tr>
<tr><td>环氧树脂和聚氨酯薄涂、厚涂地坪系统</td><td rowspan="2">—</td><td rowspan="13">≤0.06</td><td rowspan="13">≥0.5</td></tr>
<tr><td>环氧树脂和聚氨酯复合地坪系统</td></tr>
<tr><td>环氧树脂和聚氨酯自流平地坪系统</td><td rowspan="7">无裂痕、无剥落</td></tr>
<tr><td>环氧树脂砂浆地坪系统</td></tr>
<tr><td>水性聚氨酯水泥复合砂浆地坪系统</td></tr>
<tr><td>环氧彩砂地坪系统</td></tr>
<tr><td>环氧磨石地坪系统</td></tr>
<tr><td>环氧撒播地坪系统</td></tr>
<tr><td>甲基丙烯酸甲酯地坪系统</td></tr>
<tr><td>乙烯基酯树脂薄涂、厚涂地坪系统</td><td>—</td></tr>
<tr><td>乙烯基酯树脂撒播地坪系统</td><td rowspan="3">无裂痕、无剥落</td></tr>
<tr><td>乙烯基酯树脂自流平和砂浆地坪系统</td></tr>
<tr><td>乙烯基酯树脂纤维层地坪系统</td></tr>
</table>

① 用直径50mm的钢球，距面层500mm的钢球法检测抗冲击性。
② 工程设计有要求时，用橡胶砂轮法检测磨耗。
③ 工程设计有要求时，用摆锤法检测摩擦系数。

（4）一般项目　环氧树脂、聚氨酯、甲基丙烯酸甲酯和乙烯基酯树脂地坪系统工程验收的一般项目见表3-71。

表3-71　地坪系统工程验收的一般项目

<table>
<tr><th rowspan="2">项目</th><th colspan="2">外观</th><th colspan="2">表面平整度/mm</th><th colspan="2">空鼓</th></tr>
<tr><th>要求</th><th>检测方法</th><th>要求</th><th>检测方法</th><th>要求</th><th>检测方法</th></tr>
<tr><td>环氧树脂和聚氨酯薄涂、厚涂地坪系统</td><td rowspan="3">表面平整、光滑，无明显气泡、色差、针孔、起壳、漏涂等缺陷</td><td rowspan="13">距表面1m处垂直观察，至少90%的表面无肉眼可见的差异，距表面1m处垂直观察，至少90%的表面无肉眼可见的差异</td><td>—</td><td>—</td><td rowspan="13">每20m^{2}地面，空鼓不得超过2处，每处空鼓面积不得大于400cm^2</td><td rowspan="13">用小锤轻敲检查</td></tr>
<tr><td>环氧树脂和聚氨酯自流平涂地坪系统</td><td>—</td><td>—</td></tr>
<tr><td>环氧树脂和聚氨酯复合地坪系统</td><td rowspan="5">≤3</td><td rowspan="5">用2m靠尺和楔形塞尺检查</td></tr>
<tr><td>环氧树脂砂浆地坪系统</td><td rowspan="4">表面平整、光滑，无明显气泡、针孔、起壳、漏涂等缺陷</td></tr>
<tr><td>水性聚氨酯水泥复合砂浆地坪系统</td></tr>
<tr><td>环氧彩砂地坪系统</td></tr>
<tr><td>环氧磨石地坪系统</td></tr>
<tr><td>环氧撒播地坪系统</td><td>表面平整、密实，无明显气泡、针孔、漏涂等缺陷</td><td>—</td><td>—</td></tr>
<tr><td>甲基丙烯酸甲酯地坪系统</td><td>表面平整、光滑，无明显裂纹、色差、针孔、起壳、漏涂等缺陷</td><td>≤3</td><td>用2m靠尺和楔形塞尺检查</td></tr>
<tr><td>乙烯基酯树脂薄涂、鳞片厚涂地坪系统</td><td rowspan="2">表面平整、均匀，无明显针孔、色差、漏涂等缺陷</td><td rowspan="2">—</td><td rowspan="2">—</td></tr>
<tr><td>乙烯基酯树脂撒播地坪系统</td></tr>
<tr><td>乙烯基酯树脂自流平和砂浆地坪系统</td><td>表面平整、光滑，无气泡，颜色和光泽应均匀一致，无明显差异</td><td rowspan="2">≤3</td><td rowspan="2">用2m靠尺和楔形塞尺检查</td></tr>
<tr><td>乙烯基酯树脂纤维层地坪系统</td><td>表面平整、光滑，无气泡，颜色和光泽应均匀一致，无明显差异，纤维层搭接均匀一致，无空鼓</td></tr>
</table>

(5) 验收　整体地坪工程验收应在检验批质量检验合格的基础上，确认达到验收条件后方可进行。验收合格应符合下列规定。

① 检验批应按主控项目和一般项目验收。

② 主控项目应全部合格。

③ 一般项目应有80%以上的检验点合格，且不合格点不得影响使用。

④ 有特殊要求的整体地坪工程竣工验收时可按合同约定加测平整度、防滑系数、耐磨性、黏结强度、耐污染性、耐药品性、拉伸强度、硬度等。

⑤ 需提供材料进场时复检合格报告。

⑥ 施工方案和质量验收记录应完整。

⑦ 隐蔽工程施工质量记录应完整。

参考文献

[1] 范名琦，陈酒姜，孙汉军. 无溶剂喷涂型硬质聚氨酯涂层的研制. 现代涂料与涂装，2012，15 (5)：28-30.

[2] 周盾白，蒋晨，李国荣. 聚氨酯彩砂地坪. 涂料技术与文摘，2013，34 (02)：38-40.

[3] 杨光付，姜志国. 无溶剂聚氨酯舱室地坪涂料研制. 涂料技术与文摘，2012，33 (7)：3-5.

[4] 邵洪涛，汪国平，李学东. 聚氨酯碎石透水路面//中国化工学会涂料涂装专业委员会. 2013功能性建筑及地坪涂料研讨会论文集. 常州，2013：148-151.

[5] Fiori D E，Ley D A，Quinn R J. Effect of Particle Size Distribution on the Performance of Two-Component Water Reducible Acrylic Polyurethane Coating Using Tertiary Polyisocyanate Crosslinkers. Journal of Coating Technology，2000，72 (9)：63-69.

[6] R E 哈特. 水基无溶剂或低挥发性双组分聚氨酯涂料：中国，1129241A. 1996-08-219.

[7] 李金旗. 用于水性双组分聚氨酯涂料的水性树脂和水可分散聚异氰酸酯. 上海涂料，2008，46 (10)：21-24.

[8] 中国聚氨酯工业协会涂料专委会. 聚氨酯地坪涂料的发展现状. 涂料技术与文摘，2009，30 (8)：6-9

[9] 傅明源，等. 聚氨酯弹性体及其应用. 北京：化学工业出版社，1994.

[10] 王涛. 聚氨酯防水涂料用助剂. 化学建材，2002，(1)：36-37.

[11] 辛伟华. 聚氨酯弹性地坪涂料//中国化工学会涂料涂装专业委员会. 中国建筑涂料及涂装进展、标准、检测技术研讨会会议文集. 常州，1999：63-66.

[12] 虞兆年. 涂料工艺：增订本，第二分册. 第2版. 北京：化学工业出版社，1996：387.

[13] 傅敏，狄志刚，许后麟，等. 高性能聚氨酯弹性橡塑树脂和涂料的研制. 上海涂料，2005，43 (22)：4-9.

[14] 李延军. 环保型聚氨酯地坪涂料的研制. 涂料工业，2009，39 (5)：25-27.

[15] 黄佩坚，陈绍波，谢亦富，等. 彩色单组分聚氨酯地坪涂料的制备与研究. 广州化工，2013，41 (17)：89-91.

[16] 邵洪涛. 无溶剂地坪涂料的种类和施工. 涂料工业，2009，39 (2)：50-53.

[17] 周庆军，廖有为. 地坪用聚脲涂料的开发与应用. 上海涂料，2009，47 (5)：32-34.

[18] 黄微波，王宝柱，刘培礼，等. 喷涂聚脲技术领域的最新进展——聚天门冬氨酸酯聚脲. 上海涂料，2005，43 (5)：19-22.

[19] 刘小平，苗维峰，郑超. 聚天门冬氨酸酯聚脲树脂的合成及涂料研究. 2010防腐蚀涂料年会暨第27次全国涂料工业信息年会. 宁波，2010：68-73.

[20] 段衍鹏，赵云鹏，刘景，等. 聚天门冬氨酸酯聚脲及其涂料. 现代涂料与涂装，2015，18 (6)：7-9.

[21] 沈剑平，张之涵，魏亮，等. 高性能环保型聚氨酯地坪涂料. 涂料技术与文摘，2012，33 (8)：18-22.

[22] 李绍雄. 聚氨酯树脂. 南京：江苏科学技术出版社，1992.

[23] 苏政权，刘佳健，郭艳芬，等. 环保型双组分聚醚聚氨酯铺面材料的研究. 新型建筑材料，2005，(6)：41-43.

[24] 江苏省跑道会战组. 聚氨酯橡胶跑道的试制. 特种合成橡胶，1980，(1)：31-37.

[25] 吴淑贞，郑运选，张维林. 降低双组分聚氨醇铺装材料异辛酸铅复合催化剂体系用量的研究. 聚氨酯工业，2000，15 (4)：25-27.

[26] 陈乐培，韩雪锋，边延江，等. 双组分彩色聚氨酯防水涂料非汞非铅催化剂的选择. 新型建筑材料，2003，(1)：44-46.

[27] 范兆荣，刘运学，谷亚新，等. 新型抗污染聚氨酯铺面材料的制备. 新型建筑材料，2004，(8)：7-9.

[28] 中国聚氨酯工业协会涂料专委会. 聚氨酯地坪涂料的发展现状. 涂料技术与文摘，2015，30 (8)：6-9.

[29] 张发爱，余彩莉．高羟基含量丙烯酸酯乳液的制备和表征．高分子材料科学与工程，2006，22（2）：51-54．
[30] 陈佩云，张德震．水性双组分丙烯酸酯聚氨酯涂料．华东理工大学学报，2006，32（10）：1230-1233．
[31] 史立平，孔志元，何庆迪，等．水性双组分聚氨酯地坪涂料的研制．涂料技术与文摘，2013，34（7）：24-29．
[32] 史立平，孔志元，何庆迪，等．羟基丙烯酸乳液在水性双组分聚氨酯涂料中的应用．涂料技术与文摘，2015，36（1）：3-6．
[33] 史立平，孔志元，何庆迪，等．混凝土基材水性双组分聚氨酯地坪涂装工艺．涂料技术与文摘，2015，36（8）：50-53．
[34] 史立平，孔志元，何庆迪，等．用于硅 PU 塑胶地坪的水性双组分聚氨酯涂料的研制．上海涂料，2015，36（8）：1-6．
[35] 陈凯．双组分水性聚氨酯地坪涂料的合成与研究．涂料技术与文摘，2010，31（12）：33-35．
[36] 廖有为，吴志高，徐风．新型 PMMA 防护涂料技术及应用进展．中国涂料，2010，25（7）：23-27．
[37] 林书乐．含氟丙烯酸树脂的合成及其在高性能疏水 MMA 地坪涂料中的应用．广州：华南理工大学，2012．

第四章

功能性地坪涂料和光固化地坪涂料

目前的地坪涂料大多数是取其功能性而应用的，例如第二章中的环氧地坪涂料，多数应用是取其耐磨、耐重压或耐腐蚀等功能而应用的；而第三章的聚氨酯、聚脲、甲基丙烯酸甲酯地坪涂料多数是取其弹性、柔韧等功能性而应用的，其中一个大量应用的是运动场地的聚氨酯地坪涂料。这是在本章专门介绍防滑地面涂料、防静电地坪涂料和反射隔热地坪涂料之前所应该指出的。二者的差别在于，第二、第三章地坪涂料的功能性是其涂料的固有性能，介绍的重点不是放在功能性的，而本章介绍的防滑地坪涂料和防静电地坪涂料则是专门着眼于功能性进行介绍的。

第一节　防滑地面涂料

一、防滑涂料的应用与发展

1. 防滑地面涂料的应用

防滑地面涂料作为一种功能性建筑涂料在某些场合有着重要应用。例如，仓库和车间地面、跑道、浴室和游泳池的地面以及购物中心和老人活动中心等；再例如，人行天桥、体育馆(场)、舰船甲板、钻井平台、离岸平台、水上浮桥和高压输电线铁塔、微波塔等，这些地面或接触面需要具有足够的防滑性，能够便于行走和作业安全。在这些场合以及其他需要防滑安全的场合，涂装防滑涂料可能是较好的防滑措施。

防滑地面涂料是一种功能性涂料，其主要功能是防滑性，即增大被涂装面的摩擦系数和摩擦阻力。例如，在上述一些容易引起人员滑倒摔伤的地面或物面涂装防滑涂料后，就能够使地面或物面的摩擦系数显著增大而防止人员摔伤，增大安全性。

2. 国外防滑涂料的发展

防滑涂料的开发利用已有多年。在国外防滑涂料发展的初期，防滑涂料的基料通常选用普通的醇酸树脂、氯化橡胶、酚醛树脂或改性环氧树脂，这些树脂的耐候性、机械性能好。树脂中掺以硬而大的粒子，如廉价的石英砂或类似物，这些填充物粒大而突出于表面，产生较大的摩擦阻力，从而达到防滑的目的。

防滑涂料最成功的应用是在航空母舰和舰载甲板上，涂料增大了甲板的摩擦系数，避免了滑动，在航母航行时涂膜可防止飞机和车辆在甲板上滑动。正是由于这些特殊的用途，使防滑涂料的应用迅速发展，由一般的民用范围发展到专门为航母的应用研究，已成立了专门的防滑涂料生产、研究中心。

防滑涂料品种繁多、用途广泛，专用性和通用性防滑涂料应运而生。例如，美国 AST 中心生产的 EPOXO 300C 环氧聚酰胺防滑涂料被用于美国海军全部航空母舰飞行甲板和 90%以上大型舰船甲板，是安全保障最高的防滑涂料，这种涂料摩擦力大、耐久性长，已有 20 年的应用历史。采用具有金刚石级硬度的氧化铝型耐磨粒料，在水、油状态下摩擦系数几乎不变，耐热喷气能力、耐化学品能力强，且附着力好。与之类似的还有 AS-75、AS-150、AS-175、AS-250、AS-550H AS-2500 等品种。另外 DAVIS 公司生产的 Devoe Devran929，Devoe Devgrip 138AR、138HR、237M 等品种也是防滑涂料。

3. 国外海军用防滑涂料的发展

很多年来，美国海军用环氧防滑涂料涂在舰船（包括航母）的表面，涂料增大了甲板的摩擦系数，避免了舰船航行中飞机和车辆的滑动，减少了军人的滑倒摔伤事故。后来，人行道、车厢、化工环境、体育场跑道、码头、钻井平台等出现了不同的防滑涂料。但是由于以前的防滑涂料含有大量的有机溶剂，施工时全部挥发到空气中，造成环境污染。每年美国海军用于航母的有机防滑涂料约 3.79×10^5 L，向大气和水中排出大量的有机溶剂、致癌物和结晶硅石，这不仅增大了危险品的处理费用，而且给环境造成了极大的污染。很多人士对目前的防滑涂料提出了批评，因此需要改进防滑涂料。目前有以下三个途径可以发展。

① 向无溶剂型 100%固体含量的防滑涂料发展。这类防滑涂料包括无溶剂型聚氨酯防滑涂料、无溶剂型环氧防滑涂料以及各种粉末防滑涂料，如美国 AST 中心生产的 AS-2500 聚氨酯防滑涂料。这种涂料不会产生大气污染。

② 向水性防滑涂料发展。水性涂料是涂料工业发展的热门方向，目前国内外都有大量研究。

③ 向无机涂料发展。激光诱导改善表面（LIST，laser induced surface improvememnt）是防滑涂料使用方面的一个新方法，它用激光熔化金属粉末，一部分形成长期防腐的底层，一部分形成耐磨面层。比如用钛金属，或其他重金属与陶瓷复合在一起形成一层无毒的金属粉末。目前的激光法还没有大量的应用，激光束的宽度仅 4mm，应增加宽度（30～40mm）和扫描速度，这种方法是完成防滑甲板涂料的一种创新。预期用 LISI 方法施工和修补的航母甲板防滑面漆能超过当前有机防滑涂料体系的性能，而且能减少维修费用。

4. 国外的防滑涂料种类

美国军用标准 MIL-C-24667A（1992）将防滑涂料分为高耐久性辊涂甲板涂料、标准耐久性辊涂或镘涂甲板涂料、标准耐久性辊涂弹性甲板涂料和标准耐久性喷涂甲板涂料四类。

这四类涂料是根据用途和施工类型而划分的，局限于舰船甲板上使用。而目前大多数是以树脂的种类而分类的，比如环氧防滑涂料、聚氨酯防滑涂料、醇酸防滑涂料、氯化橡胶防滑涂料等。

按照涂料的组成还可分为单组分防滑涂料、双组分防滑涂料和多组分防滑涂料。单组分防滑涂料只有一个组分，虽然施工方便，但性能没有双组分的好。单组分防滑涂料品种有醇酸防滑涂料、氯化橡胶防滑涂料、湿固化聚氨酯防滑涂料、环氧酯防滑涂料等。由于水泥的碱性能使醇酸涂料中的游离脂肪酸皂化，因而在混凝土上不能选用醇酸防滑涂料；而环氧酯耐化学药品性强，效果就好些。双组分防滑涂料是最常用的一种，树脂与固化剂分开包装，防滑粒料可放在其中一个组分中，施工时两组分混合，然后施工，品种有环氧聚酰胺防滑涂料、聚氨酯防滑涂料等。目前大多数用的是双组分环氧体系，常用的固化剂是胺类固化剂，这种热固型体系反应后硬度很高且耐磨，可用于钢铁和混凝土上。多组分防滑涂料是把成膜树脂、固化剂、防滑粒料等分开包装，使用时机械混合，或涂完涂料后立即喷撒防滑粒料，让防滑粒料牢固地嵌在涂膜中。

5. 我国防滑涂料的发展与应用

国内最早开发生产防滑涂料的厂家是上海开林造漆厂，以后各大油漆厂也有批量生产。我国早期的防滑涂料一般采用黄砂、水泥作为防滑耐磨材料。黄砂用清水洗净后晒干，过筛，取738～246μm（20～60目）的砂粒与32.5级水泥按指定的比例，调至不见夹心为止。施工一般采用橡皮刮刀，刮1～3层，其厚度为1～2mm。但这种防滑涂料使用寿命较短，易磨平，在北方严寒的冬季里易冻裂，耐钢板的热胀冷缩性能较差。后来，有许多厂家加以改进，采用了环氧聚酰胺或聚氨酯树脂作为防滑涂料，加入耐磨的碳化硅、金刚砂等。如江苏太仓生产的SH-F型防滑涂料曾在舰船上大量应用，且使用效果较好。

1995年，青岛海洋化工研究院研制成功HF-05型直升飞机甲板防滑漆，累计涂装舰船甲板约80000m^2。该涂料选用聚氨酯作为成膜物质，制成双组分防锈底漆、防护面漆；底漆和面漆间插入聚氨酯弹性体来增强涂料的抗冲击性能，提供舒适感；加入防滑粒料，增大涂膜表面的摩擦力，改善防滑性[1]。

2006年，我国研制成功不含有防滑粒料的甲板防滑涂料。其中，底漆为环氧富锌漆，以抵抗海水的腐蚀；中间漆为环氧云铁防锈漆；面漆为聚氨酯甲板漆。利用分子设计的方法，将涂料中强极性的活性官能团保留在涂料表面上，与甲板上的人员和物体等接触面形成较强的分子间作用力，增大摩擦系数，提高防滑性[2]。

改革开放以来，防滑涂料的发展和应用宏观上受到重视，典型的体现在相继发布的地坪涂料标准中都有对涂料防滑性能的规定。我国多年来的地坪涂料标准中已有多个标准（如JT/T 712—2008《路面防滑涂料》、GB/T 22374—2008《地坪涂装材料》、JC/T 2327—2015《水性聚氨酯地坪材料》、JGJ/T 331—2014《建筑地面工程防滑技术规程》和GB/T 9261—2008《甲板漆》等）对涂料产品的防滑性能做出相应要求。因而，对地面防滑性能的判定已有标准可依。

目前，我国防滑涂料的品种已经基本齐全，应用技术相对完善，研制和生产接近国际先进水平。

二、地面防滑安全性的意义及确定

1. 地面防滑安全性的确定

防滑问题绝大多数是建筑物地坪和舰船甲板、舱室防滑。随着我国建筑业的发展，尤其是公共建筑的发展，建筑地面的档次相应得以提高，如有些高档花岗岩地面、高档地面砖等，无不华丽美观、富丽堂皇。但是，无论是高档豪华的公共建筑，还是或富丽或典雅的私人住宅，都存在地面防滑问题。因而，虽然我国以前防滑地面涂料使用尚不普遍，但随着时代的发展和要求的提高，这类涂料的应用将会逐步受到重视。

美国保险商实验室（UL）和美国材料与测试学会（ASTM）曾对有关活动场所的地面是否会造成滑倒跌伤的可能性与其摩擦系数之间的关系进行研究，结果为：摩擦系数小于0.40时为非常危险范围；摩擦系数在0.40～0.50时为危险范围；摩擦系数在0.50～0.60时为基本安全范围；摩擦系数大于0.60时为非常安全范围。研究表明，地面材料的摩擦系数在0.5以上，即可确认为达到安全标准。如果摩擦系数在0.5以下，则被认为未达到安全标准。一旦此类案件发生争议，即可按此标准作为判定的依据。

另一方面，由于过去多年来因滑倒摔伤而造成的人身财产的伤害屡有所闻，已引起人们对建筑物地面防滑问题的高度重视，并采取了相应的技术措施。如前述，我国目前对判定防滑指标达到的程度已有标准依据。

2. 国外关于地面防滑的有关法规或规定

据统计，北美各国过去每年约有2.7万件因路滑摔倒而导致的意外伤害事故，其中约有

50%发生在公共活动场所[3]。产生的原因是众多商家把公共场所建成绚丽、豪华的同时，忽略了因地面过于光滑而带来的危害性。随着此类诉讼案例的增多，北美各国针对这一问题制定了严格的法律法规和标准规定。例如，美国制定的《职业安全与卫生条例》（OSHA）强调所有对公众开放的机关、学校、商业、旅游和交通部门等，凡是提供行走活动场所的地面、人行道，其防滑摩擦系数标准均要达到0.60（检测值）以上，斜坡地段要达到0.80（检测值）。对于地坪表面未达到此项标准的业主将受到处罚或被提起诉讼。

北美大都参照美国的规定，加拿大政府对于地面防滑除按照美国的标准办理外，还通过了安大略省的第23项法案。该法案授予各级政府部门一项职权：因在他人未达标的地面上滑伤住院，其医疗费用将由执法部门强行从产权人的财产中扣除。该法案同时还强调：在不符合规定的地面上（包括政府设施与私人产权）因地滑而受到意外伤害，除本人可以提起诉讼外，政府部门也可在不受委托的情况下直接向法院提起诉讼。为使公共活动场所的地面达到防滑标准，北美各国已将地面的防滑安全标准作为工程验收的一项强制性内容。在可操作性方面，具有建筑防滑测试仪，体积小，可用于电池现场测试。按照ASTM和OSHA标准测量地面材料的摩擦系数，方便可靠，是施工、验收和判定争议的重要工具。

三、国外常用的地面防滑材料

国外发达国家由于对地面防滑问题的重视，使各种防滑产品得到应用。这些产品基本上可以分为防滑涂料、地面防滑处理剂、防滑清洁剂等种类，如表4-1[4]所示。从表中可以看出，在各种防滑材料产品中，防滑涂料品种最多。可见，防滑涂料的研制、应用和发展受到重视。同时，防滑涂料也得到较多应用。例如，美国纽约州的一个综合田径运动场，采用了“单组分环氧树脂透明密封涂料”进行地面的防滑处理，产品操作简便、环保性好，固化后保持了透明完美的光泽，达到了适于运动的防滑系数指标，成为体育场所的理想防滑材料。

表4-1 常用防滑产品的种类和适用范围

类别	产品	产品实例	特征和适用范围
防滑地面涂料类	双组分环氧树脂防滑地面涂料	HD环氧树脂防滑地面涂料、环氧树脂透明防滑涂料、环氧树脂防滑地面涂料（多种颜色）、水性环氧树脂防滑地面涂料等	产品高度防滑、抗老化、耐腐蚀、操作方便，易于保养、维护，易于翻新等特征；产品颜色丰富、品种多，防滑性能的范围广，可根据使用场合的环境对防滑性能的特定要求等进行选用；适用于各种公共场所、运动场所、工厂、机场、广场、人行天桥、舰船甲板、钻井平台和离岸平台等，是应用最广泛的防滑材料
	单组分快干型环氧树脂防滑地面涂料	HD合成橡胶基底防滑涂料、合成橡胶基底透明防滑涂料	
	其他类型防滑涂料	橡胶地面防滑涂料（多种颜色）、喷涂型防滑涂料（例如纹理状环氧树脂防滑涂料）、弹性合成橡胶地面防滑涂料	
	密封剂	环氧树脂防滑密封剂、弹性防滑密封剂等	
防滑处理剂	处理剂	厕浴室防滑处理剂、工矿业地面防滑处理剂等	用于各种材料的表面，如釉面瓷砖、花岗岩、大理石、光滑表面的混凝土、浴池、浴缸等民用设施
	清洁剂	溶剂型油污地面清洁剂、防滑清洁剂（例如S.R.C防滑基底清洁剂、TRAX强负荷防滑基底清洁剂）	用于食品加工业、快餐店和弹性、韧性地面的维护
防滑卷材	有多种规格，如防滑铺地卷材、局部防滑垫等		具有高度防滑性能，有多种规格、多种颜色，用于雨、雪天气时的通道、走廊等室内外需要局部保护的临时性措施

四、摩擦力与摩擦系数

1. 摩擦力

摩擦力是两个相互接触的物体在作相对运动或有运动趋势时在接触面处产生的阻碍物体间相对运动的力，与两个物体表面的材质、表面状况（如粗糙度）和接触面积的大小有关。产生摩擦力的原因包括许多因素，例如两个运动物体表面分子间的作用力（例如范德华力）、表面的物理作用（例如粗糙表面凹凸处的啮合作用、锉削作用、黏滞作用和软、硬接触面产生的耕犁效应等）和接触点在负荷作用下产生的高温熔接作用等。

摩擦力分为静摩擦力和动摩擦力两种，前者是使两个接触表面由静止开始运动所需要的力，后者是两个接触表面维持恒定滑动速度所需要克服的阻力。通常，动摩擦力总是小于静摩擦力，亦即两个接触表面维持恒定运动比使两个接触表面开始运动所需要的力小。

当一个物体的表面结构比较光滑而硬度又比较高时，另一个物体在其表面运动所需要克服的阻力就小，即摩擦力小。例如，经过打磨抛光的花岗岩地面材料、釉面地砖等，表面光滑，硬度又高，与许多物体间的摩擦系数小，在其上走动时需要克服的摩擦力小，因而在上面行走时不小心就很容易滑倒；而在冰表面行走，需要克服的摩擦力更小，则更容易滑倒。物体间的摩擦力在不同的场合会表现出不同的利弊。因而，有时候需要采取措施增大物体间的摩擦力，例如将表面打毛，在表面涂装摩擦系数较大的防滑涂料等；有时候则需要采取措施降低物体间的摩擦力，例如将表面抛光、打蜡、用油脂类物质润滑表面等。

2. 材料的摩擦系数与涂膜的防滑

两个相对运动物体表面之间的摩擦系数 μ 的定义为：

$$\mu = F/P$$

式中，F 为摩擦阻力，N；P 为垂直于表面的压力，N。

摩擦系数与两个表面的材质有关，与表观接触面积的大小无关。

与摩擦力可以分为动摩擦力和静摩擦力的情况相对应，摩擦系数也分为动摩擦系数和静摩擦系数两种。静摩擦系数大于动摩擦系数，静摩擦系数随着表面接触时间的延长而增大，并可认为在接触时间为零时等于动摩擦系数。动摩擦系数与滑动的速度有关，并随着滑动速度的增加而出现最大值。

大多数物体的 μ 值在 0.5～1.2。当物体表面有水、油等物质时，μ 值会变小。对于刚性物体来说，温度对摩擦系数的影响不大，但是对于像聚合物这类非刚性的物体，摩擦系数会随着温度的升高而增大，并随着温度的升高而出现最大值。

物体的摩擦系数越大，克服运动所需要的阻力越大。不同材料的摩擦系数相差很大。涂膜的防滑效果可以根据物体在涂膜表面移动的阻力来判断。涂膜表面越不光滑，涂膜表面的摩擦系数值越大，说明物体在涂膜表面的摩擦力越大，物体在涂膜表面移动的阻力越大，涂膜的防滑效果越好，反之亦然。一般认为摩擦系数大于 0.45 的涂膜，可称为防滑涂料[3]。表 4-2 中列出一些聚合物的摩擦系数。

表 4-2 一些常见聚合物的摩擦系数

聚合物名称	聚甲基丙烯酸甲酯	环氧树脂	聚氨酯	酚醛树脂	醋酸纤维素	聚四氟乙烯
摩擦系数	0.40	0.3～0.7	0.5～1.2	0.61	0.55	0.10

五、防滑涂料的组成材料和防滑粒料

1. 防滑涂料的组成材料

防滑地坪涂料由成膜物质、防滑粒料、助剂和分散介质等所组成。防滑粒料是为了提高涂膜防滑性能的添加剂，赋予涂膜防滑能力，防止人员滑倒摔伤；成膜树脂具有固定防滑粒料的作用，同时保护底材不受破坏。防滑粒料在下面介绍，这里介绍其余几种涂料组分材料。

在早期的防滑涂料中，防滑涂料的成膜物质与普通涂料的成膜物质并无区别，例如醇酸树脂、酚醛树脂、过氯乙烯树脂等都可以作为防滑涂料的成膜物质使用。但是，随着对涂膜防滑性能以及对使用耐久性要求的提高，对于成膜材料的选择逐渐变得严格。例如，选用摩擦系数高、耐磨性能好的成膜物质。这样，可能得到既具有较高摩擦系数，又有良好耐久性的防滑涂料。从这些因素考虑，可用于防滑涂料的成膜聚合物有氨基树脂、环氧树脂、聚氨酯等一些耐磨性较好的涂料。聚氨酯和环氧树脂因其品种较多，摩擦系数和耐磨性因品种不同而导致的变化性也较大，但总的来说摩擦系数较高，耐磨性较好。特别是聚氨酯类树脂，试验表明[5]，不管其种类如何，均有很好的防滑性能，而且其涂膜干态、水湿态和油湿态时的静摩擦系数均大于0.45，其中聚醚型、聚酯型和环氧型的防滑性能更好，摩擦系数大于0.6。因而，一些对防滑性能要求高的场合，例如海上采油平台用的防滑涂料、高压输电线铁塔、微波塔、停车场用的防滑涂料和航空母舰甲板用的防滑涂料等，一般均采用聚氨酯或环氧树脂作为成膜物质。

防滑涂料大部分为溶剂型的，需要根据成膜物质的要求来选择溶剂。例如，以聚氨酯为成膜物质时需要选择适用于聚氨酯树脂的溶剂；以环氧树脂为成膜物质时需要选择适用于环氧树脂的溶剂等，此不赘述。

颜料和填料的选用则因为涂料种类、应用场合和功能性能的要求的不同而不同，因而应灵活掌握。例如，在本节后面所列举的用于输电铁塔、微波塔等高空建筑物的防滑涂料配方实例中，因为涂料需要具有防锈的功能，配方中除了防滑粒料外还使用了大量的防锈颜料。

因防滑涂料的体系不同选用助剂的角度也不相同，一般需要视具体涂料种类（如成膜物质的种类、颜料和填料的种类等）的要求而选用，通常涂料所使用的消泡剂、流平剂、湿润剂和触变剂等均需要考虑具体涂料体系。对防滑粒料的表面处理能够增加粒料与基料的附着力，降低磨损率。一个典型的例子是用硅烷偶联剂处理金刚砂，能够提高防滑涂料的使用寿命。

2. 防滑粒料[6]

（1）防滑粒料的防滑机理及其种类

① 防滑粒料的防滑机理。涂料的防滑性能与许多因素，例如基料、颜（填）料的种类和使用量等有关，而最主要的还是防滑粒料，是防滑粒料赋予涂料以防滑功能。因而，防滑粒料是防滑涂料中最主要的材料组分。

防滑粒料也称为防滑剂，在涂料中能够增加涂膜对第二个物体的摩擦系数而产生防滑作用。相对于涂料中常用的颜（填）料的颗粒粒径来说，防滑粒料的粒径较粗大，一般呈现明显的颗粒状；相对于涂料中常用的颜（填）料的颗粒形状来说，防滑粒料的几何构形是很不规则的。因而，掺入了防滑粒料的涂料经过涂装成膜后，防滑粒料能够稍微突出于涂膜面层，在涂膜面层呈现微浮雕型，机械地赋予涂膜面层以粗糙度，阻碍或抵抗第二个面在其表面的运动，增大在其表面的运动阻力，从而起到防滑效果。而对于某些防滑粒料来说，例如常用的氧化铝和金刚砂类防滑粒料，质地极硬、耐磨。防滑涂膜在受到磨损后，由于更多的氧化铝和金刚砂类防滑粒料露出棱角而使涂膜的摩擦系数增大，防滑效果更好。

② 防滑粒料的种类及其应用。按材质的不同，防滑粒料分为有机合成材料和无机材料两类。有机合成防滑粒料主要有聚氯乙烯、聚乙烯、聚丙烯、聚氨酯树脂粒子和橡胶粒子等。有机合成防滑粒料在涂料中应用的必要条件是其不能够溶解于涂料中所使用的溶剂。无机防滑粒料主要有硅石砂、石英砂、玻璃片、碳化硅（商品名称为金刚砂）、结晶氧化铝（商品名称为刚玉）、云母、云母氧化铁、陶瓷砂、实心和空心玻璃微珠等。其中，金刚砂和刚玉增加涂膜摩擦性能的效果最好，应用最为广泛。

按照不同的使用要求，对各种材质的防滑粒料需要加工成不同的形状（例如圆的、扁的或无定形的）和不同的粒径，以满足防滑要求。

无机防滑粒料的优点是价廉，但外形多为多棱角形状，密度大，施工性能不好，在喷涂施工时常堵塞喷嘴，难以施工；且由于粒料的密度远大于涂料的密度，在涂料中易沉淀，施工后不易保持均匀分布，当涂料黏度低时情况更为严重。通过采取增加涂料触变性的措施可以减缓这类现象。无机防滑粒料不仅能够显著增大防滑涂膜的干态摩擦系数，也能够显著提高水湿润状态和油湿润状态下的摩擦阻力。处于防滑涂膜面层的金刚砂形成硬接触面，对钢铁这样的高硬度材料在其上的滑动形成点接触，使得摩擦阻力大大减小，显得更滑。但是，对于诸如橡胶之类的软接触面（例如鞋底），在加压时会因橡胶的变形而增大接触面，并能穿刺橡胶而起到固着作用，最终使得摩擦力显著增大。橡胶与金刚砂的防滑接触面还可能在加压下形成负压吸附作用，使摩擦阻力进一步提高。对增加水润湿状态和油润湿状态下的防滑性很有意义。

从涂膜性能来说，无机防滑粒料与基料的黏结性相对差些，易脱落，质硬而脆，在经过步行或其他外力摩擦的作用后棱角易被磨平，因而保持防滑效果的时效性短。

合成材料制成的有机类防滑粒料，价格高，但具有合适的硬度和弹性，外形圆滑，能够经受摩擦冲击而不易破碎；并且与基料的黏结力强，不易从涂膜中脱落。同时，有机粒料的密度与涂料的密度相近，在涂料中可以保持悬浮状态，施工性好。

一般地说，无机防滑粒料在涂装初期的防滑性能好，但经过使用后防滑性能下降得比有机防滑粒料快。有机防滑粒料在涂装初期的防滑性可能不如无机防滑粒料，但防滑性持久。处于户外大面积使用的防滑涂料，例如运动场地的防滑涂料，鉴于成本、耐久性等需要，使用有机防滑粒料也会具有更好的技术经济效益。因而，防滑粒料的选用主要是根据具体应用场合的要求情况而定。

不管是有机防滑粒料还是无机防滑粒料，在使用时都需要考虑其粒径大小和在涂料中的用量问题。显然，粒料的粒径过大或者加入量过多，其在涂膜面层的突出多，防滑效果更加明显。但涂膜可能会有粗糙感，装饰效果降低。此外，粒料的用量过大还会导致涂膜中产生气泡，影响涂膜的附着力。如果粒料的粒径偏小或在涂料中的加入量太少，则粒料在涂膜面层的突出不明显，不能够产生足够的粗糙度，涂膜的防滑性变差甚至不明显。

(2) 防滑粒料的应用方式　防滑粒料应用于涂料中的方法有直接加入法、封闭层法、混合法和空心粒料破碎法四种，都能够得到具有防滑性能的涂膜，也各有特点和局限。

① 直接加入法。直接加入法属于施工措施的方法，即在涂料涂装施工到最后一道面涂料时，在涂料尚未固化时，将防滑粒料均匀地撒布在涂膜上，或者使用喷枪借助于机械压力将防滑粒料喷入涂膜中，待涂膜固化后，防滑粒料就被黏结在涂膜中并稍微的凸出于涂膜表面，这样就可以得到防滑涂膜。该法简单易行，但防滑粒料总是难以分布均匀。使用该种方法时防滑粒料在涂膜中的分布状态如图 4-1 (a) 所示。

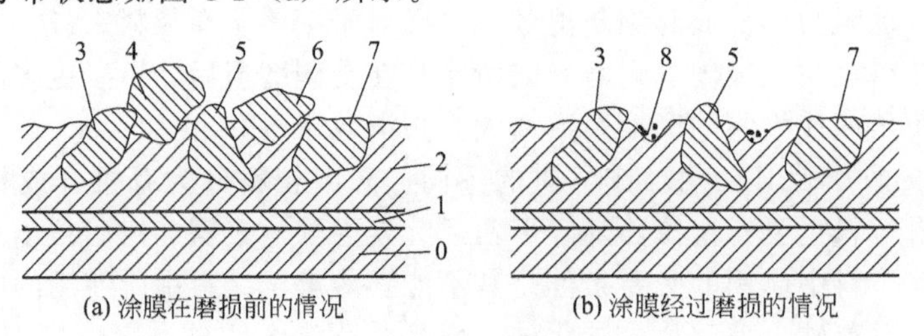

图 4-1　直接加入法防滑粒料在涂膜中的分布状态示意图

0—底材；1—底涂料；2—涂膜；3、4、5、6、7—防滑粒料；8—破碎的防滑粒料从图 4-1（a）中可以看出，粒料 3、5、7 是永久性被嵌入的防滑粒料，而粒料 4、6 相对于粒料 3、5、7 来说其黏结面积要小得多，在受到较大的剪切力或摩擦力时就有可能被逐出；而粒料 3、5、7 露出于涂膜的尖端部分将有磨钝和破碎的可能。经过磨损后的涂膜如图 4-1（b）所示。图 4-1（b）中的粒料 4、6 已经被逐出涂膜，而更小的粒料 8 则储存在裂缝和窝穴中。这样涂膜就失去一部分防滑性能，而且裂缝和窝穴会容纳灰尘和脏物，污染涂膜。

② 封闭层法。封闭层法是在“直接加入法”的涂膜固化以后，再涂装一层封闭涂膜 8，如图 4-2 所示。该法能够避免“直接加入法”的不足，即因为涂膜表面的防滑粒料被一层涂膜封闭，不致使粒料 4、6 被逐出，但也削弱了涂膜的防滑效果。

③ 混合法。混合法是将防滑粒料预先用树脂溶液湿润并混合于涂料中，形成可流动组分。施工成膜并固化后，防滑粒料靠固化的中间膜层黏结，如图 4-3 所示。从图中可以看出，防滑粒料是以树脂薄膜包覆，凸出于涂膜面层的防滑粒料因有固化的树脂层而呈现轻微的圆形和稍微的平滑。防滑粒料彼此之间是靠各自包覆的树脂层黏结在一起。同时，相邻粒料的许多树脂层也互相黏结，加强了防滑粒料对底材的附着力。防滑粒料的堆置与重叠能够使防滑粒料凸出于涂膜面层的程度增大，提高防滑效果。这种方法具有直接加入法和封闭层法所共有的优点和缺点，但程度均有所减轻。

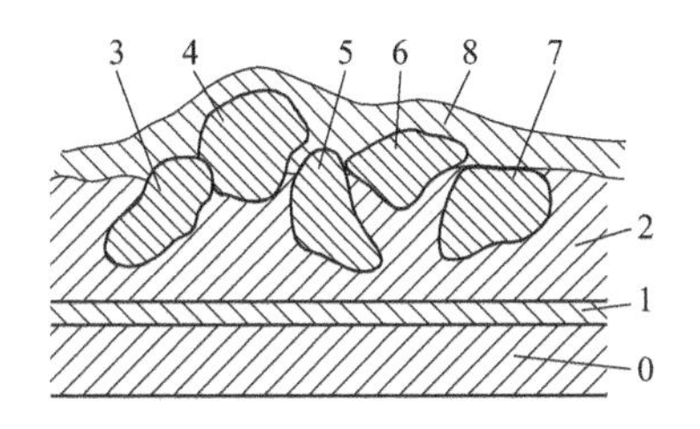

图 4-2 封闭层法防滑粒料在涂膜中的分布状态示意图
0—底材；1—底涂料；2—涂膜；3、4、5、6、7—防滑粒料；8—封闭层涂膜

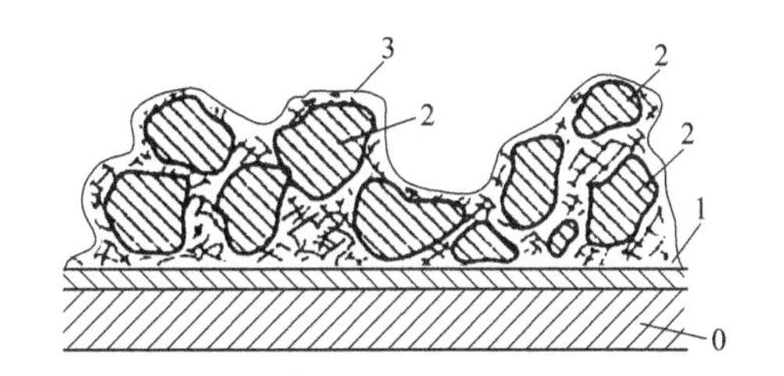

图 4-3 混合法防滑粒料在涂膜中的分布状态示意图
0—底材；1—底涂料；2—防滑粒料；3—涂料层

④ 空心粒料破碎法。空心粒料破碎法所使用的防滑粒料与前几种方法不同。该法使用的是空心的防滑粒料。这种空心粒料呈微球形，壁厚比其直径小得多，材质可为玻璃、陶瓷、塑料或金属等。空心粒料破碎法是采取直接加入法将空心防滑粒料施工于未干燥固化的涂膜表面，防滑粒料在涂膜中一开始也呈现如直接加入法的涂膜结构。但是，当表面经机械作用（如用粗糙的金刚砂纸剧烈摩擦）或化学侵蚀或热冲击等作用，使部分空心防滑粒料被破碎或被除去，涂膜面层呈现微浮雕化而具有防滑性。产生防滑性的原理一是当空心防滑粒料被破碎时，其边缘呈锯齿状，具有很大的摩擦系数，并使涂膜的摩擦系数增大；二是涂膜面层的部分空心粒料被除去，在涂膜面层留下坑穴，产生微观上的凹凸不平的涂膜面层，涂膜的摩擦系数增大。同时，当涂膜表面有水或油时，这些坑穴中能够充满水或油，起到“空吸杯”的作用，仍能够产生防滑作用。

空心粒料破碎法的优点在于所得到的防滑表面在使用过程中，经过磨蚀和摩擦，能不断引起新的粒料的破碎或被除去而产生新的防滑效果，因而其防滑性能能够维持于涂膜的整个使用期；缺点在于面层的质地布满坑穴，易容纳脏物，污染涂膜。

六、防滑涂料配方举例

表 4-3 中给出美国专利 US3652485 的双组分聚氨酯防滑涂料的配方；表 4-4 中给出中国专利 CN1163917A 的三组分聚氨酯防滑涂料的配方。

表 4-3　防滑涂料配方举例(双组分聚氨酯防滑涂料)

原材料名称		用量(质量比)	原材料名称		用量(质量比)
A 组分	聚氨酯树脂	48	B 组分	细度为 325 目的硅酸镁(44μm)	20
	醋酸戊酯	6		石棉粉(纤维状)	10
	二甲苯(无水)	6		金刚砂(12/30 网)	115

表 4-4　防滑涂料配方举例(三组分聚氨酯防滑涂料)

原材料名称	用量(质量比)	原材料名称	用量(质量比)
A 组分		二甲基磷酸酯	5～8
聚四氢呋喃聚醚-MDI 预聚体	40	C 组分	
二甲苯(无水)	10～20	10～80 目的聚氨酯弹性体的粉碎颗粒(175～476μm)	30～50
B 组分			
MOCA(固化剂)	6.2	金刚砂(12/30 网)	5
环已酮	5～10	硅酸盐微珠	3

表 4-5 中给出美国航空母舰用甲板防滑涂料（质量比）；表 4-6 中给出高氯化聚乙烯甲板防滑涂料[7]。

表 4-5　美国航空母舰用甲板防滑涂料配方

原材料名称	用量(质量比)	原材料名称	用量(质量比)
A 组分		滑石粉	18.1
氨基树脂	0.4	纤维填料	0.4
酰胺树脂液	5.7	钛白粉	0.7
B 组分		炭黑	0.5
液体环氧树脂	13.0	石脑油	5.4
增稠剂	0.4	氧化铝颗粒	50.0

表 4-6　高氯化聚乙烯甲板防滑涂料配方

原材料名称	用量(质量比)	原材料名称	用量(质量比)
高氯化聚乙烯(HCPE)	70	其他助剂	2
改性树脂	7	稀释剂	11
钛白粉	10	防滑材料	120
炭黑	1.2		

表 4-7 中给出用于高压输电铁塔、微波塔等高空铁制建筑物涂装的具有防锈功能的防滑涂料配方。为了确保高空作业的安全，用于这类高空铁制建筑物的涂膜的摩擦系数需要大于 0.78。表 4-7 中的涂料当不使用防滑粒料时摩擦系数仅为 0.3，加入防滑粒料后其摩擦系数显著增大，均超过 0.78 的要求值。

表 4-7　用于输电铁塔、微波塔等高空建筑物的防锈、防滑涂料配方

原材料名称	用量(质量比)			
	配方 1	配方 2	配方 3	配方 4
环氧树脂组成物	25	30	20	30
缩合磷酸铝	8	10	15	15

续表

原材料名称	用量(质量比)			
	配方1	配方2	配方3	配方4
缩合磷酸锌	—	—	—	5
偏硼酸钡	2	5	5	5
铅酸钙	8	15	—	10
金属锌粉	4	—	20	10
云母状氧化铁(防滑粒料)	40	20	30	50
正丁醇	20	20	15	15
乙基溶纤剂	10	10	—	10
甲基异丁基酮	20	20	20	15
涂膜摩擦系数	0.8	0.8	0.8	0.9

七、建筑地面防滑涂料的应用

建筑地面防滑涂料的用途包括室内地面、工厂车间地面、操作平台、医院、停车场、人行道、过街天桥、运动场地和游泳池等。防滑涂料应用于建筑地面的防滑能够起到很好的防滑效果，例如在防滑地面砖上的应用，即在瓷砖成型体的表面涂饰黏结力强的环氧树脂，然后将氧化铝防滑粒料或碳化硅防滑粒料撒布在液体树脂层表面而被树脂湿润。树脂固化后，防滑粒料即被牢固地黏附于表面，得到微观上凹凸不平的防滑涂膜。这样既不影响涂膜的质感，又能够得到很好的防滑效果，且涂膜的耐磨性能非常好。

在聚氨酯弹性地面材料中，将金刚砂作为防滑粒料，与双组分聚氨酯涂料混合喷涂，防滑性、耐磨性均较优良。不足之处是由于防滑粒料分布不均匀，涂膜光泽降低，使涂膜的装饰效果变差。

停车场、人行道、车行道和体育赛场等多用聚氨酯或环氧树脂作为成膜物质，以20～60目的金刚砂防滑粒料来配制防滑涂料。防滑涂层由四层构成：防护底漆、中间层涂料、防滑粒料和罩面涂料。底漆的性能应能够与底漆（例如水泥和金属）相适应。例如，钢铁底材的底漆应以防锈蚀为主；水泥基材料的底漆应以附着、黏结、耐碱和防渗水为主。

对游泳池、洗浴间、屠宰场和肉类加工车间这类长期有水侵蚀的地面，防滑粒料应采用聚合物粒子。例如，丙烯腈和丙烯酸甲酯在乳液聚合中形成120μm的空心粒子，将此空心粒子和环氧树脂基料一起配制成防滑涂料，能够用于游泳池地面的防滑。

八、防滑地坪涂料性能技术要求

1. 防滑地坪涂料基本性能要求

防滑地坪涂料性能要求分为三部分内容，即基本涂料性能、有害物质限量性能和防滑性能。因而，涉及防滑地坪涂料性能要求时，都首先是基本涂料性能和有害物质限量性能要求。对此，不同标准有不同的规定。

2. 防滑地坪涂料相关标准中对涂料防滑性能的要求

早在2008年2月，我国就发布了JT/T 712—2008《路面防滑涂料》（主要内容在下一节介绍），但迄今为止尚无专门的防滑地坪涂料标准。其后，在一系列地坪涂料的相关标准中涉及到对涂料产品防滑性能的要求。不同现行标准对涂料防滑性能的要求见表4-8。

表 4-8 现行标准对涂料防滑性能的要求

标准编号	标准名称	对涂料防滑性能的要求
GB/T 22374—2008	地坪涂装材料	①对于涂料基本性能：干摩擦系数≥0.50；②对于有防滑性能要求的涂料：摩擦（干、湿）系数≥0.70
JC/T 2327—2015	水性聚氨酯地坪材料	①水性聚氨酯地坪涂料：干摩擦系数≥0.60；②水性聚氨酯水泥复合砂浆：干摩擦系数≥0.60
GB/T 9261—2008	甲板漆	干摩擦系数≥0.85
JT/T 712—2008	路面防滑涂料	①普通防滑型：45≤BPN＜55；②中防滑型：55≤BPN＜70；③高防滑型：BPN≥70

第二节 防滑涂料应用技术

一、防滑涂料施工方法略述

防滑涂料可以采用普通涂料的施工方法，例如喷涂、刷涂、辊涂等。由于防滑涂料中防滑粒料的粒径大，或者涂料的黏度大，要求的涂膜又很厚，因而也可以改用刮涂法施工，以期获得满意的效果。刮涂法施工时应先以少量涂料用力反复刷涂、辊涂于基层上，使基层得到充分湿润后，再进行刮涂。

掺入法添加防滑粒料时，大多数粒料埋入涂膜内部，起不到防滑的作用，最好采取分层涂装、撒布防滑粒料的方法施工，分三层或更多层施工。以聚氨酯防滑涂料的施工为例，先涂一层聚氨酯涂料，未干时撒布金刚砂防滑粒料，聚氨酯涂膜固化后再罩涂耐候性聚氨酯面涂料。

防滑涂料的施工方法还有一种是热熔法，即将热熔施工的防滑涂料首先加热熔化，喷涂施工，再撒布防滑粒料，涂料冷却后即固化成膜，能够尽快投入使用，且施工无公害。该方法可以机械化施工，在路面防滑上已经有应用。

二、彩砂环氧防滑地坪的配料及施工

这里的彩砂环氧防滑地坪和第二章第三节中的“彩砂环氧地坪涂料”是同一类地坪材料。在第二章中已经介绍了该类涂料的性能特征、适用范围、制备涂料的原材料要求和施工工艺简介等内容。由于该类涂料也具有一定的防滑功能，因而这里从防滑地坪涂料的角度考虑，拾遗补缺地具体介绍该类涂料的配料及施工[8]。

1. 原材料

配制彩砂环氧防滑地坪系列材料所需要的原材料如表 4-9 所示。

表 4-9 彩砂环氧防滑地坪的原材料

原材料名称	性能描述或要求
环氧树脂	双酚 A 或双酚 F 型，为数均分子量小于 700 的环氧树脂与已二醇二乙二醇醚的反应产物
固化剂	为异佛二酮二胺、三甲基六亚甲基二胺、间苯二胺、苯甲醇、已二醇二乙二醇醚、4,4-亚异丙基二苯酚的混合物
彩砂	15～20 目
填充料	硅藻土-石棉粉，俗称鸡毛灰
稀释剂	工业级丙酮等

2. 涂料配合比及混合方法

（1）配合比 彩砂环氧防滑地坪由封闭底涂料、踢脚边底涂料、踢脚边涂料、防滑地坪涂料、踢脚边面涂料和地坪面涂料六种材料配套而成，各材料的配合比如表 4-10 所示。

表 4-10 彩砂环氧防滑地坪的配合比及其施工用量

编号	涂料类别	质量比	用量/(kg/m^2)
①	封闭底涂料	环氧树脂∶固化剂∶丙酮＝2∶1∶适量	0.3～0.5
②	踢脚边底涂料	环氧树脂∶固化剂∶丙酮∶细鸡毛灰＝2∶1∶适量∶适量	0.3～0.5
③	踢脚边涂料	环氧树脂∶固化剂∶彩砂∶丙酮＝2∶1∶(24～25)∶适量	22～28
④	防滑地坪涂料	环氧树脂∶固化剂∶彩砂∶丙酮＝2∶1∶适量∶适量	22～28
⑤	踢脚边面涂料	环氧树脂∶固化剂∶丙酮∶细鸡毛灰＝2∶1∶适量∶适量	0.5～1.0
⑥	地坪面涂料	环氧树脂∶固化剂∶丙酮＝2∶1∶适量	0.5～1.0

(2) 混合方法　根据施工程序将表 4-10 中的环氧树脂、固化剂按照配合比称量后置于干燥洁净的容器中，适量加入丙酮进行稀释，用电动搅拌机充分搅拌均匀。然后，依次加入适量的鸡毛灰或彩砂，并继续搅拌直至粉料或颗粒分散均匀，立即进行施工。配制好的涂料必须在 40min 内用完，以免材料胶化报废。

3. 彩砂环氧防滑地坪的施工

彩砂环氧防滑地坪的施工包括基层处理、刷封闭底涂料、刷踢脚边底涂料、刮踢脚边涂料、刮防滑地坪涂料、刷踢脚面涂料和刷地坪面涂料等施工工序，施工时选择适宜的施工方法和工具，按程序依次施工，并注意控制各层材料用量。涂施封闭底涂料时应稍加用力，涂层应保持连续、均匀，边涂施边用喷枪向抹平板上喷适量稀释剂（丙酮等），以免粘板。对踢角边直角拐弯处用圆弧角板抹成过渡圆弧，然后再用小抹平板或小勺子将接缝和高低不平处细心抹平。涂层厚度以 3mm 为宜。每层施工完成后应待表面干燥固化不粘手时再进行下一步施工。最后一层为涂刷面涂料，涂刷前应将掺入有彩砂的涂层整理平整，并用吸尘器除净浮砂。先以漆刷仔细刷涂一遍面涂料，再用辊筒均匀辊涂。要求一次性完成面涂料施工。

4. 固化条件的影响

环氧防滑地坪胶料最适宜的施工温度是 12～18℃，在不同季节中因气温不同固化时间也不相同。一般在室温条件下固化 5～10h 达到表面不粘手，可再次施工。固化 12h 可上人行走。在 12～18℃，72h 左右已基本固化，120h 后达到完全固化。

三、自行车赛场跑道地坪漆面层施工技术

自行车赛场跑道是体育设施中精度要求高，施工难度大的工程之一，每个常规自行车赛车场建筑占地面积一般约 7000～8000m^2，跑道面积约 3400m^2，赛场跑道由一近似马鞍形空间环状曲线（缓和曲线）、定曲率曲线（圆弧曲线）形成的微倾平面，坡度连续变化的缓和曲面和等倾圆锥曲面组成。跑道规格为长 250m，宽 8m，放松道宽 3m，横截面坡度角 12°～40°，环向以 1/4 区域为一加高段。设计要求跑道平顺，接缝平直，不空鼓，无裂缝，砂粒均匀透明，不掉砂，具有适宜的表面粗糙度，测计线三维坐标精度＜±3mm、250m＜测计线周长＜250.015m，颜色丰富。留给设计者更大的发挥空间，清洁无尘，标识明显，运动员骑行时舒适，有安全感。下面以某一工程实例为例介绍这类跑道的施工技术[9]。该自行车赛场跑道的剖面如图 4-4 所示。

1. 施工工艺流程和施工要素

(1) 施工工艺流程　施工工艺流程如图 4-5 所示。

(2) 施工要素　赛场跑道面层施工主要有六项内容：50mm 厚细石钢筋混凝土垫层；高渗透、高附着力环氧底漆；3mm 厚环氧树脂石英砂浆加强层；面层采用高耐候、高耐磨聚氨酯地坪漆，配以 60～80 目高强度金刚砂防滑工艺施工；跑道板面硅橡胶嵌缝；漆跑道标线。

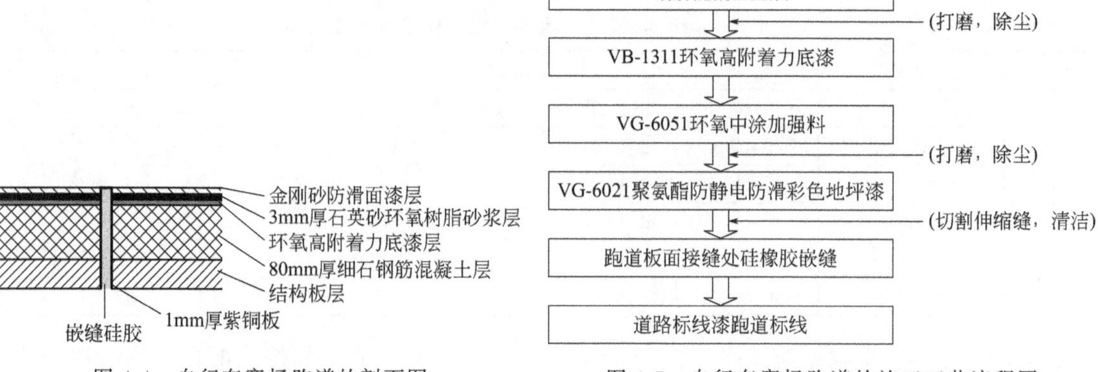

图 4-4　自行车赛场跑道的剖面图

图 4-5　自行车赛场跑道的施工工艺流程图

2. 自行车赛场跑道施工

(1) 50mm 厚细石钢筋混凝土垫层施工

① 修理和修补结构板面。清除表面松动砂浆、石子、杂屑和污物，用高压水清洗干净。凿平板面上局部超高部分，过低部位用不低于 C30 细石混凝土填平。

② 垫层标高控制。在测计线和外缘线上沿跑道方向分别每隔 1000mm 和 1000～1265mm 埋设一根特制螺栓，用水平仪定出垫层在螺栓上的标高，再用 0.5mm 尼龙线在测计线和外缘线的对应点上拉通线，横向每隔 1000mm 做一个坍饼，用以控制板面垫层标高。

③ 钢筋网片绑扎。钢筋就位后必须理顺并调整其平直度，全数绑扎。为了防止钢筋在坡度板上向下滑，横向钢筋上部与栏杆板底部钢筋焊接固定，下端和预埋钢筋绑扎牢固。为了使网片钢筋与底板保持 40mm 距离，每平方米面积设一根直径 6mm 的钢筋撑铁。

④ 浇筑细石钢筋混凝土垫层。混凝土浇筑前，在结构板上刷一道水灰比为 0.42 的水泥砂浆，浇筑流向沿斜面自下而上进行。浇筑顺序是：摊平混凝土→用小功率平板振动器振捣→提浆拍实→用长刮尺沿跑道方向理顺刮平→用木抹子进行表面收抄。混凝土终凝后，用草帘覆盖保湿养护 14d。

⑤ 清理干净表面覆盖草帘，使细石混凝土层干燥 15d 以上，然后进行下一道工序。

(2) 高附着力环氧底漆施工　基层含水率要求小于 10%，用地坪打磨机将混凝土表面打磨平整，并用大功率吸尘器清理干净表面的打磨浮灰，然后涂装底漆。底漆以主漆：固化剂：环氧稀释剂＝4：1：1 的质量比混合搅拌均匀，可以采用刷涂、辊涂和喷涂的形式施工。

(3) 环氧树脂砂浆加强层施工

① 对跑道板面上每个标高控制点进行复测，调节螺栓上的锥形螺帽，确定加强层砂浆厚度，要求测量误差不超过 2mm。

② 底漆涂装完毕，次日便可进行加强层的施工，严格采取精确的基料：固化剂：石英粉＝2：1：6 的质量比混合搅拌均匀，分 3 次成型。环氧树脂石英砂浆涂装时，先用镘刀均匀摊铺环氧树脂石英砂浆，并搓平振捣密实，厚度约 1mm。最后，用 4200mm 长铝合金刮尺沿跑道方向反复理顺刮平，形成平顺的曲面。次日适当打磨除尘，再行涂装。

③ 三次涂装加强层达到规定厚度后，适当打磨，使表面每个标高点达到规定数值后，用大功率吸尘器清理表面打磨灰尘，便可进行面漆的涂装。

(4) 聚氨酯彩色地坪漆防滑工艺施工　面漆使用双组分聚氨酯漆，其配比为基料：固化剂：稀释剂＝3：1：1 (质量比)，按配比混合搅拌均匀后，即可采用辊涂或者喷涂方式涂装第一道面漆。在面漆未表干时用抛砂机喷撒 60～80 目高强度金刚砂，次日用大功率吸尘器吸掉表面多余的砂粒，即可涂装第二道面漆。涂装完毕待涂层干燥固化后，测得表面电阻在 $10^7\Omega$，保证能够及时有效地导走高速车轮和地面摩擦产生的静电。

(5) 伸缩缝嵌缝施工　根据设计要求，需要在跑道双梁轴线板上横向切割30条伸缩缝，每条缝宽10mm，长8000mm。要求缝平直度不大于4mm，缝宽误差不超过+1mm、-2mm，不允许掉棱倒边。切割时间夏季以在48h内进行为宜。

首先要清除掉伸缩缝内砂浆等杂物，用高压吹气枪清理干净。含水率不大于8%，24h内无雨，气温不低于10℃，可进行嵌缝。为防止硅胶污染面层，灌缝前，还需要沿伸缩缝两边各贴40mm宽塑胶带。用挤压枪将硅胶在缝内由下而上挤满缝隙，再用刮刀将缝口硅胶压实刮平，贴上一层透明塑胶带，保护未凝固的硅胶。

(6) 标线　采用道路标线漆对整个跑道进行标线。

3. 试块和跑道面层摩擦系数试验

(1) 跑道面层试块和车轮胎摩擦系数试验　为了满足赛场跑道面层具有0.602～0.668摩擦系数的特殊要求，采用不同配方、不同操作工艺做成400mm×800mm×60mm的试块进行摩擦系数试验。从32组试验数据中选出与中国自行车联合会给出的标准相接近的6组数据，如表4-11所示。最终确认选择序号为3的试块作为自行车场地赛赛车场赛道地坪面漆施工工艺的依据。

表4-11　面层摩擦系数试验数据

序号	金刚砂细度/目	金刚砂用量/(kg/m²)	摩擦系数
1	40～60	0.50	0.676
2	40～60	0.45	0.645
3	60～80	0.45	0.657
4	60～80	0.40	0.634
5	80～120	0.43	0.631
6	80～120	0.38	0.609

(2) 竣工后实测跑道面层动摩擦系数　竣工后，对全跑道面层以伸缩缝为界分块，每块板面随机选出3～5小块，每小块测定动摩擦系数点，根据采集数据，按正态分布规律进行概率统计，得出置信度、标准差、跑道动摩擦系数等数据。

四、塑胶跑道的施工质量控制

涂料行业素有“三分涂料，七分施工”之说，因而施工技术对于地面涂料工程来说是极其重要的。同样，施工的质量控制亦极其重要。这里以某田径跑道区和两半圆区塑胶跑道的施工质量控制为例[10]，介绍塑胶跑道的施工质量管理。

该田径跑道区和两半圆区自上而下的构造为：红色13mm厚复合型空隙式塑胶面层→30mm厚细沥青混凝土→50mm厚粗沥青混凝土→100mm厚石粉掺6%水泥稳定层→150mm厚级配碎石稳定层→天然基土夯实层。

（一）塑胶跑道施工工艺流程

塑胶跑道的施工工艺流程为：测量控制网点→压实平整场地、预制路沿石和水沟盖板，设置排水系统工程→浇筑150mm厚级配碎石稳定层→浇筑100mm厚石粉掺6%水泥稳定层，养护、安装足球场盲管，施工500mm厚8∶2砂与客土机械混合层和耕植土→铺设50mm厚粗沥青混凝土层和30mm厚细沥青混凝土面层，养护、安装和调试自动喷淋系统，种植和养护天然草→面层划线。

（二）塑胶跑道关键工序施工

1. 工程的控制测量与施工测量

① 进场后应严格进行交桩控制点的复核及保护工作，根据施工现场实际情况将临时水准

点布设在相对固定点，并用混凝土桩作引桩。

② 根据现场交桩点定出田径场跑道中线、边线的控制桩，踏勘现场地下旧管网，布设情况及周围建筑物、构筑物等情况。

③ 根据施工图，用经纬仪从圆点测定操场的一条边，然后以这条边为基线推出其余三条边，在测定矩形边长时，在各边延长线上设置定位桩。

④ 在场地地形图上定出 10m×10m 方格网，并将每个点在实地用木桩定位。每层施工完毕、上面一层结构层施工前，应对方格网上每一点进行测量并在图纸上及时体现，以便掌握结构层施工厚度。

2. 地基处理

① 开挖土方前应认真清除地表植物、杂物、积水，并进行表土处理。

② 基层按地基施工规范要求认真压实。开挖土方时，若遇到较厚松软土层，设计深度内无法达到设计承载力要求时，应修改设计方案。

③ 采用流水施工作业。土方开挖前用水准仪测出标高，经纬仪放轴线，钉龙门架及控制木桩（控制标高）。采用机械开挖、人工修整相结合的方式，严禁超挖。雨季及时将雨水排出，以免影响施工及工程质量，挖出的废土及时外运。素土夯实采用中型碾压机分层压实(BN202AD 钢轮静压式压路机)，每层铺土厚度控制在 300mm，压实 6～8 遍，分层验收，密实度不小于 93%，厚度允许偏差±10%，纵横面高程允许偏差 20mm，宽度不得小于设计宽度。

3. 级配碎石稳定层

碎石采用质地坚硬、耐磨、轧碎花岗岩或石灰岩，且为多棱角块体。

(1) 摊铺

① 摊铺前应检查基底高程。

② 分幅、分段或者分条进行摊铺。

③ 松铺厚度＝机铺、人铺设计厚度×压实系数。压实系数：人工压实为 1.3～1.4；机械压实为 1.2～1.25。

④ 用 6～8t 两轮压路机自两侧中心慢速稳压两遍，使碎石各就其位，穿插紧密，初步形成平面。

⑤ 两遍压实后即洒水，用量约为 2～2.5kg/m^2；以后随压随洒水，用量约为 1kg/m^2，保持石料湿润，减少摩擦阻力。

(2) 碾压

① 用 10～15t 三轮压路机碾压，两后轮每次重叠轮宽的 1/2。

② 由两侧向前压路道边两三遍逐渐移向中心，跑道部分应由低处向高处碾压，随即检查纵横向坡度及高程。

③ 碾压表面平整，无明显轮迹，压实度不小于设计要求。

④ 分段施工，衔接处可留一段不压，供下一段施工回转机械用。

⑤ 碎石压完后应洒水，再撒布 1.5～2.5cm 的小碎石（0.5m^3/100m^2），扫均匀，每压两三遍即洒水一次，每次不大于 1kg/m^2，嵌缝料规格为 4～7cm。

(3) 质量目标　质量目标如表 4-12 所示。

表 4-12　碾压质量目标

项目	质量目标	测量取点数
厚度	±10mm	每 100m^2 1 个点
平整度	10mm	每 20m 2 个点

续表

项目	质量目标	测量取点数
宽度	不小于设计	每 40m 1 个点
高程	±5mm	每 20m 1 个点
横坡	±0.3%	每 20m 4 个点
密实度	≥93%	每 1000m² 1 个点

4. 水泥石粉稳定层关键工序施工

水泥石粉层由 6%水泥（强度级别为 42.5 级）和 94%石粉组成。摊铺要求如下。

① 由于场地限制，施工面相对较小，只能用搅拌机现场搅拌，人工摊铺，拌和需均匀，水泥含量须满足设计要求，控制含水量。

② 应避免碾压前人踩及车压而影响松铺系数，使密实度不均匀而影响平整度。

③ 水泥石粉层摊铺碾压完成后，压实密度达到 2.2kg/L，厚度偏差小于 5%，湿水养护 6～7d，待其板结并达到最高强度后，方可进行下一工序的施工。

5. 沥青混凝土层关键工序施工

（1）材料

① 50mm 粗沥青混凝土。最大碎石粒径小于 30mm，骨料粒径 2～10mm 占混合料 45%，石屑为 20%，粗砂 28%。石屑最大粒径小于 8mm，砂子粒径小于 3mm。

② 30mm 细沥青混凝土。砂子最大粒径小于 5mm，含量小于 5%，配比量为 35%；石屑最大粒径小于 10mm，含 0.07mm 以下的粉料不超过 5%，石粉 0.005mm 的颗粒含量应占总重的 80%～90%，配比量为 54%，粉针配比量为 11%。

（2）摊铺

① 采用 ABG325 多功能履带式摊铺机，摊铺宽度可达 9m，摊铺速度为 480m/h。后方配有一座玛连尼-意大利 MAP100E/60L 型可搬迁式沥青拌和站，产量可达 135t/d，以保证施工时沥青出厂质量，并有足够的摊铺量供应。

② 主跑道分两幅摊铺，其面层纵缝须放置在 5cm 宽白线宽度范围内，上下两层沥青混凝土层纵缝错开，辅助跑道采用全路幅摊铺。采用分路幅摊铺时，接缝应紧密、拉直，并设置样桩控制温度。

③ 控制摊铺温度，石油沥青混合料不应低于 100℃，并派专人用热料填补纵缝空隙，整平接茬，使搭接处混合料饱满，防止纵缝开裂。

④ 若摊铺工作中断，已摊铺沥青混合料降低至大气温度，则在继续铺筑时应采取“直槎热接”方法处理。

（3）碾压

① 石油沥青混合料开始碾压温度 100～120℃，碾压终了温度不低于 70℃。

② 压路机应从外侧向中心碾压。相邻碾压带重叠 1/3～1/2 轮宽，最后碾压路中心部分。压完全幅为一遍。当边缘有挡板、路缘石等构筑物支挡时，应紧靠支挡碾压。

③ 初压时用 6～10t 振动压路机（关闭振动装置）初压两遍。初压后检查平整度，必要时应予修整路拱；再用 10～12t 三轮压路机或 10t 振动压路机（关闭振动装置）碾压 4～6 遍，压至无明显轮迹；终压时用 6～8t 振动压路机（关闭振动装置）碾压 2～4 遍。

④ 压路机碾压过程中有沥青混合料粘轮现象时，可向碾压轮洒少量水。

⑤ 压路机不得在未碾压成型并冷却的路段转向、掉头或停车等候。

⑥ 对压路机无法压实的构筑物接头，拐弯死角加宽部分及某些跑道边缘等局部地区，应采用振动夯板压实；对各种沟渠盖板的边缘还应人工夯锤，热烙铁补充压实。

6. 塑胶层铺设关键工序施工

（1）铺装施工前的抽样试验　先将所有聚氨酯塑胶材料分别按生产排序，再取样根据现场环境条件分别进行成胶试验及拉丝成胶试验。

（2）划底线　严格检查批刮人员的作业方法及确保基材厚度的手段，刮料时要均匀无刮痕，后退有序，控制批刮的高低和速度。基材运到作业地点后必须在15～25min内完成。

（3）准备半成品　根据铺装面积计算所需要的半成品，将材料安放整齐。

（4）铺装　铺装施工包括配料、送料、喂料、摊铺修边等工序。施工次序为：两半圆区→主跑道→辅助跑道。当辅助区分幅与跳跃项目助跑道发生矛盾时，应以助跑道宽度为准。

（5）标志线测划

① 按国际标准田径场的标准进行测量，划出各种球场、运动场标志线。

② 由计算机按半径及相关数据算出各项田径赛项目的数据并由划线师利用经纬仪将各种比赛项目标示于塑胶跑道上，再用专业划线机将线条喷在塑胶跑道上。各标志线位置距终点线间的距离长度不允许出现负差，正差应小于1/10000。

（6）塑胶跑道面层质量指标　塑胶跑道面层硬度为45～60（邵氏A）；拉断伸长率≥100%；回弹值≥30%；与地基黏结强度≥0.12MPa；拉伸强度≥0.7MPa；压缩复厚率≥96%；阻燃性Ⅰ级。

五、直升飞机起降甲板防滑涂料性能及其施工方法

直升飞机起降甲板防滑涂料用于涂装大型舰船舰载直升飞机起降甲板和机库地面，要求必须具有耐海水、耐海洋气候、防腐蚀、防滑、耐磨、耐冲击、耐油、耐洗涤剂等性能。下面介绍一种由防锈底漆、弹性中涂漆和防护面漆组成的直升飞机起降甲板防滑涂料系统，该防滑涂料配以防滑粒料，形成一个整体涂层，具有优异的综合性能。它不仅适用于直升飞机起降甲板和机库地面，而且在舰船的走道甲板、作业甲板，以及舷梯、舱室地面也可使用，同时可应用于海上钻井平台、运箱车辆、石油、化工、冶金、交通运输等行业要求高度防滑耐磨的防滑涂装[11]。

1. 甲板防滑涂料的性能要求

直升飞机起降甲板防滑涂料作为一种特殊的涂料品种，除了具有普通涂料的必要性能外，还应具有如下一些特殊性能。

① 涂层必须具有良好的弹性和柔韧性。它作为钢结构用的户外涂料，必须能承受每天及一年四季环境温度变化而造成的钢结构热胀冷缩形变。涂层的弹性和柔韧性不足，这种形变就会导致涂层开裂、剥离和脱落。以环氧树脂为基料的甲板防滑涂料往往会因环氧树脂的脆性而破坏就是这个原因。

② 涂层的防滑性和耐磨性好，摩擦系数大。甲板防滑涂料的主要特点是摩擦系数大（一般要求0.7以上），摩擦系数越大，防滑性越好。摩擦系数在干态、水湿态和油润态三种状态下测定。该直升飞机起降甲板涂料可达到的干态摩擦系数为0.85以上，水湿态约0.80，油润态约0.7，这样可有效地防止因海浪颠簸造成飞机的侧滑和人员摔伤。为了减少涂层磨损，涂层的磨损应越小越好，这就对基料的选择提出了更高的要求。

③ 涂层耐海洋性气候、耐海水和耐盐雾。海洋环境使钢底材的腐蚀加剧，涂层还应有很好的附着力和密封性，能阻止水汽和盐雾的渗透，确保钢底材不受腐蚀。

④ 涂层的防护性能好，使用寿命长。甲板防滑涂料应能耐日光曝晒，耐干湿交替变化，耐海水侵蚀。此外，还要耐油沾污，能用洗涤剂液清洗。直升飞机起降甲板面积很大，涂装一次费工费时，用料量大，因此，希望使用寿命越长越好。

⑤ 涂层踩踏舒适。无论飞行甲板、走道甲板，还是舱室地面都是船员经常活动和行走的

地方，涂层踩踏舒适是很重要的。

2. 甲板防滑涂料的组成及特点

直升飞机起降甲板防滑涂料由底漆、弹性中涂漆和面漆三部分组成，并配以防滑粒料，形成一个整体涂层，如图 4-6 所示。

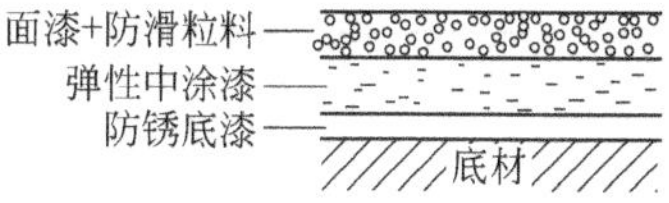

面漆+防滑粒料
弹性中涂漆
防锈底漆
底材

图 4-6 直升飞机起降甲板防滑涂料涂膜组成示意图

底漆、中涂漆、面漆均为双组分聚氨酯型涂料，涂料具有很好的弹性和柔韧性，能经受－40～100℃的温差变化，并能承受钢板因热胀冷缩引起的形变，不会产生开裂、脱落和翘曲。底漆、中涂漆、面漆性能各有侧重：底漆与钢底材有很高的附着力，并具有很好的防腐蚀、防锈作用；中涂漆有良好的弹性和柔韧性，能承受较大的冲击，保护涂层不碎裂；面漆具有良好的耐候性、耐油性、耐擦洗性和装饰性。三部分涂料的协同作用，使甲板防滑涂料达到较好的性能。

① 底漆。直升飞机起降甲板防滑涂料的防锈底漆是一种高效防锈漆，其基料为环氧改性聚氨酯。环氧结构的引入大大改善了底漆对钢底材的附着力（附着力达 30MPa），这是很多其他类型的涂料不能相比的。以柔性聚氨酯为主的组分保证了底漆的形变适应性、抗冲击性，以及与上层涂料的配套性。该防锈漆以碱式硅铬酸铅为主防锈颜料，再辅助以片状填料及其他成分，具有物理与化学复合防锈作用，在海洋环境下防腐蚀、防锈很有效。它的另一个特点是对旧钢板和稍有腐蚀的钢板也有很好的附着力，因此，也可用于维修施工。

② 弹性中涂漆。中涂漆是一种厚膜型无溶剂高弹性涂料，一次施工可达数毫米甚至十余毫米厚，这也是该防滑甲板涂料不同于普通甲板涂料的显著特点之一。对一般舰船的甲板施工，通常 1～5mm 厚的弹性中涂层就行。该中涂层提高了涂层的防护性能，大大改善了耐冲击性、抗碎裂性、阻水性、防锈性、耐磨性，延长了涂层的使用寿命，增加了踏踩的舒适感。弹性中涂漆的性能指标如表 4-13 所示。

表 4-13 弹性中涂的性能指标

项目	指标	项目	指标
外观	暗红	拉伸强度/MPa	3.87
干燥时间		伸长率/%	＞200
表干/h	2	邵氏硬度	60～70
实干/h	24(允许微黏)		

③ 面漆。面漆具有耐候性、弹性和柔韧性好的特点。该面漆是聚氨酯型涂料，颜色可随用途而变。固化后涂层的耐老化性好，对防滑粒料有很好的黏结力。面漆的性能指标如表 4-14 所示。

表 4-14 面漆的性能指标

项目		指标
外观		符合色标
干燥时间/h	表干	≤2
	实干	≤8
附着力/MPa		≥10
耐冲击性/cm·N		500
柔韧性/mm		1
耐盐雾性/h		600(底面漆配合)
耐油性(4d)		无变化

续表

项目	指标
耐擦洗性(5%碳酸钠)/次	2200
耐磨性(750g,500r)/mg	≤20
防滑性(静摩擦系数)	≥0.85

3. 配套性及整体性能

由于甲板防滑涂料的底漆、中涂漆、面漆采用了结构相似的聚氨酯涂料体系，因此形成的涂层层间附着力好，整体配套性好。施工时配以防滑粒料，以增大摩擦力，减少磨损。

防滑粒料可选用刚性防滑粒料，如金刚砂（碳化硅）、刚玉等，以及柔性防滑粒料（如橡胶粒等）两种。其中金刚砂的防滑涂层无论干态、水湿态或油润态下的摩擦力都远远大于用橡胶粒的涂层。其中一个主要的原因是尖利的金刚砂粒能刺进鞋底的橡胶层，从而减少了滑动的可能性。金刚砂涂层的耐磨性优于橡胶涂层，但橡胶粒涂层的踩踏舒适感好于金刚砂涂层。直升飞机起降甲板防滑涂料的综合性能指标除满足GB/T 9261—2008《甲板漆》的规定（见第三章表3-20）外，其防滑性（静摩擦系数）：干态≥0.85；水湿态≥0.80；油润态≥0.70。

4. 施工

甲板防滑涂料可用一般涂料的涂装方法施工，底漆、面漆可用刷涂、辊涂、喷涂法施工；中涂漆可用刷涂、辊涂、刮涂法施工。由于中涂漆的黏度很大，最好先辊涂一道，待底层充分润湿后再刮涂至要求厚度。底漆、中涂漆、面漆流平性都很好。底漆、面漆干燥迅速，通常2h内可表干，表干后再涂第二道漆，不会发生咬底现象。对有一定斜度的底材，为防止中涂漆流挂，可加适当的触变剂控制流动，使其达到均匀平整的目的。

在第二道面漆涂装后立即抛撒防滑粒料，20h后去除多余防滑粒料，再罩涂面漆1～2道。全部施工包括三道底漆、一道中涂漆、四道面漆，并抛撒防滑粒料一道。

(1) 除锈　甲板一般应进行喷砂（抛丸）除锈，按GB/T 8923的规定达到Sa 2.5级，对小面积甲板修补可用手工及动力工具除锈。除锈后的甲板应有一定的粗糙度（通常40μm以上），即达到GB/T 13288.1—2008规定的中等级粗糙度。

对有轻微浮锈的表面只要除尽疏松的浮渣，不必磨光。底漆对微有浮锈的表面附着力更好。涂有无机富锌底漆的钢板只要无锈迹，可直接涂底漆，不必喷砂除去无机富锌底漆。但是在有环氧富锌底漆的钢板上，底漆的附着力远不及底漆与钢板的附着力，所以，应尽可能除去环氧富锌底漆后，再涂装底漆为好。

(2) 配漆　甲板防滑涂料的底漆、中涂漆、面漆均为双组分涂料，两组分应按规定的比例配制，充分混合均匀，并在适用期内用完。

(3) 施工

① 底漆。刷涂3道，总用量0.5～0.6kg/m²，干膜厚度不低于110μm。

② 中涂漆。厚度1mm，用量为1.1 kg/m²，厚度每增加1mm，用量增加1倍。

③ 面漆。有防滑粒料时，4道面漆总用量约1.2 kg/m²。

④ 防滑粒料。以刚玉为例，用量1～1.5 kg/m²。

六、路面防滑涂料

1. 路面防滑涂料的作用与应用

彩色路面既起到装饰作用，又具有警示功能，彩色防滑路面则是其中一种重要的功能性路面。这种路面是通过涂装彩色防滑涂料得到的，使路面具有更加突出的防滑性能。

由于彩色路面防滑涂料在铺设彩色路面时施工简单、颜色丰富、色牢度相对稳定、价格相对便宜、防滑作用突出，所以在公交车专用道、高速公路、收费口、公路上下坡、十字路口、环岛、公交车停靠站等地，或交通事故多发地段的路面得到应用，能够起到很好的安全警示和防滑作用。英国的研究表明，彩色防滑路面能够有效降低事故发生率，通常情况下可使事故伤亡率降低 50%，在湿滑路面可使事故伤亡率降低 70%。

国外发达国家彩色防滑路面应用较早，特别是欧洲的应用较成熟。如英国在很多学校附近道路上、道路交叉口、公交车道上大量使用彩色路面防滑涂料；澳洲如新西兰、澳大利亚等国彩色路面防滑涂料的应用量也呈增长趋势；日本在这方面的应用也较早，特别是热熔型防滑涂料的应用较为成熟。

彩色防滑路面通过路面颜色的不同提示驾驶者在规定的路面上行驶，从而避免不同车辆混行；通过提供高摩擦力的面层起到防滑效果，可缩短 1/3 的刹车距离，避免恶性交通事故发生。

国内从 2004 年开始，彩色路面在道路上开始逐渐使用。2008 年 6 月颁布 JT/T 712—2008《路面防滑涂料》。

路面防滑涂料的颜色可采用醒目的红色，还有蓝色和绿色等，以引起司机的警觉，注意减速行驶，提高交通安全性和减少行车事故。例如，北京南三环路景泰桥等部分路段就涂装了路面防滑涂料[12]。

2. 路面防滑涂料的组成

路面防滑涂料由基料和防滑骨料组成。基料可以是石油树脂、改性松香树脂、聚丙烯酸酯树脂、聚丙烯酸酯乳液、聚氨酯树脂和环氧树脂等。如果路面防滑涂料的基料采用环氧树脂或活性丙烯酸树脂或聚氨酯等，则需要按照要求使用固化剂。

防滑骨料可以是陶瓷颗粒、金刚砂、煅烧铝矾土或石英砂等耐磨硬质细砂。骨料的粒径一般小于 4mm。

路面防滑涂料的涂装厚度（干涂层厚度）一般为 2～4mm，其抗滑能力用摆式摩擦系数测定仪测量，单位为 BPN。涂层的抗滑能力分为三个等级，分别为：普通防滑型、中等防滑型、高防滑型等。

3. JT/T 712—2008《路面防滑涂料》内容简介

（1）组成与分类　路面防滑涂料由基料和防滑骨料组成。

路面防滑涂料按施工方式分为热熔型和冷涂型两类；按抗滑性能的高低分为普通防滑型、中防滑型和高防滑型三类。冷涂型按干燥速度分为快干型和慢干型。

（2）一般要求　路面防滑涂料应满足表 4-15 中规定的通用理化性能要求。

表 4-15　路面防滑涂料通用理化性能要求

序号	项目	技术要求		
		普通防滑型	中防滑型	高防滑型
1	涂膜外观	干燥成型后，颜色、骨料颗粒分布应均匀，无裂纹、骨料颗粒脱落等现象		
2	耐水性	在水中浸 24h 应无异常现象		
3	耐碱性	在氢氧化钙饱和溶液中浸 24h 应无异常现象		
4	涂层低温抗裂性	－10℃保持 4h，室温放置 4h 为一个循环，连续三个循环后应无裂纹		
5	抗滑性/BPN 值	45≤BPN<55	55≤BPN<70	BPN≥70
6	热工加速耐候性	经人工加速老化试验后，试板涂层不产生龟裂、剥落，允许轻微粉化和变色		

（3）热熔型路面防滑涂料技术要求　热熔型路面防滑涂料理化性能除应满足表 4-15 的规定外，还应符合表 4-16 的要求。

表 4-16 热熔型路面防滑涂料特定理化性能要求

序号	项目	技术要求
1	不粘胎干燥时间/min	≤10
2	抗压强度[①](23℃±1℃)/MPa	≥8
3	耐变形性(60℃,50kPa,1h)/%	≥90
4	加热稳定性	200～220℃在搅拌状态下保持4h,应无明显泛黄、焦化、结块等现象

① 脆性材料压至破碎，柔性材料压下试块高度的20%。

(4) 冷涂型路面防滑涂料技术要求　冷涂型路面防滑涂料理化性能除应满足表 4-15 的规定外，还应符合表 4-17 的要求。

表 4-17 冷涂型路面防滑涂料特定理化性能要求

序号	项目	技术要求	
1	基料在容器中的状态	应无结块、结皮现象,易于搅拌均匀	
2	凝胶时间[①]/min	≥10	
3	基料附着性(画圈法)	≤4级	
4	不粘胎干燥时间/h	≤1(快干冷涂型)	≤5(慢干冷涂型)

① 物理干燥方式成膜的冷涂型路面防滑涂料对凝胶时间不作规定。

(5) 防滑骨料技术要求　防滑骨料理化性能应满足表 4-18 的要求。

表 4-18 防滑骨料理化性能要求

序号	项目	技术要求
1	莫氏硬度	≥6
2	骨料粒径/mm	≤4

七、JGJ/T 331—2014《建筑地面工程防滑技术规程》简介

1. 相关术语

(1) 防滑面层　起到防滑作用的地面面层。

(2) 静摩擦系数　物体之间产生滑动时，作用于物体上的最大切向力和垂直力的比值。

(3) 防滑性能　以静摩擦系数（COF）或防滑值（BPN）表达地面防止滑动的能力。

(4) 整体防滑地面　现场制作形成连续、无接缝、平整防滑的地面。

(5) 潮湿地面　长期接触水或相对湿度较大的潮气润湿的地面。

2. 防滑安全等级

建筑防滑地面应包括室外地面和建筑室内底层地面及楼层地面，室内底层地面和楼层地面又分为干态和湿态地面，其地面类型应按现行国家标准《建筑地面设计规范》GB 50037 进行分类，并包括室内外踏步、台阶、坡道以及人行道和公共设施地面。

建筑地面防滑安全等级应分为四级。室外地面、室内潮湿地面、坡道及踏步防滑值应符合表 4-19 的规定；室内干态地面静摩擦系数应符合表 4-20 的规定。

表 4-19 室外及室内潮湿地面湿态防滑值

防滑等级	防滑安全程度	防滑值 BPN
A_W	高	BPN≥80
B_W	中高	60≤BPN<80

续表

防滑等级	防滑安全程度	防滑值 BPN
C_W	中	45≤BPN<60
D_W	低	BPN<45

表 4-20 室内干态地面静摩擦系数

防滑等级	防滑安全程度	静摩擦系数 COF
A_d	高	COF≥0.70
B_d	中高	0.60≤COF<0.70
C_d	中	0.50≤COF<0.60
D_d	低	COF<0.50

3. 对整体防滑地面面层厚度的规定

地面工程按材料和施工方法可分为整体防滑地面和板块防滑地面。整体防滑地面面层厚度应符合表 4-21 的规定。

表 4-21 整体防滑地面面层厚度

整体防滑地面	防滑面层厚度/mm	整体防滑地面	防滑面层厚度/mm
水泥混凝土防滑地面	≥30	磨石防滑地面	≥30
透水混凝土防滑地面	≥30	水泥基自流平防滑地面	薄型≥3.0;厚型≥8.0
水泥砂浆防滑地面	≥20	水泥自流平-聚合物(树脂)复合防滑地面	≥3.0
水泥混凝土耐磨防滑地面	≥2.0	树脂自流平防滑地面	≥3.0
水泥混凝土密封固化剂防滑地面	≥2.0(渗透)	防滑剂处理防滑地面	—
聚合物(树脂)砂浆防滑地面	≥4.0		

4. 其他规定

① 老人、儿童、残疾人聚集的活动场所应相应提高防滑等级。

② 建筑地面防滑工程采用材料的产品性能应符合设计要求和国家现行有关产品标准的规定。材料进场时应提供产品合格证，包括防滑性能的检测报告。

③ 建筑地面防滑工程施工前应编制施工方案，并进行技术及安全交底。地面工程防滑各层施工均应按施工工序进行，本道工序完成并检验合格后，方可进行下一道工序施工。各道工序应有完整施工检查记录。

④ 建筑地面防滑施工气候环境温度应符合下列规定。

a. 水泥混凝土、水泥基自流平砂浆、水泥砂浆、水泥混凝土密封固化剂等不宜低于 5℃。

b. 聚合物类（环氧、聚氨酯、丙烯酸）宜为 10～35℃。

c. 雨、雪天气室外不得施工。

⑤ 有防火要求的地面工程所选用的防滑面层材料应符合现行国家标准《建筑内部装修设计防火规范》GB 50222 和《建筑设计防火规范》GB 50016 的规定。

⑥建筑地面防滑工程施工和防滑性能质量验收除应符合 JGJ/T 331—2014 标准外，尚应符合现行国家标准《建筑地面工程施工质量验收规范》GB 50209 和《城镇道路工程施工与质量验收规范》CJJ 1—2008 的规定。

⑦建筑地面防滑工程采用材料的环保性能应符合现行国家标准《民用建筑工程室内环境污染控制规范》GB 50325 的规定。

5. 建筑地面防滑工程的设计

（1）一般规定

① 地面工程防滑设计应根据工程需要，采用防滑地面材料制备各种防滑地面和选用防滑构造，使地面防滑符合设计和工程的规定。

② 室外建筑地面设计应符合现行行业标准《城镇道路路面设计规范》CJJ 169 的规定，包括人行道、步行街、广场、停车场等，其构造宜为垫层、基层、结合层和防滑面层。

③ 室内建筑地面设计应符合现行国家标准《建筑地面设计规范》GB 50037 的有关规定，包括底层地面、楼层地面以及散水、踏步、台阶、建筑出口平台、坡道等，其构造宜为水泥混凝土或砂浆的基层、结合层、防滑面层。

④ 地面工程防滑设计应根据相关地面使用功能、施工气候条件及工程防滑部位确定地面防滑等级，选择相应的防滑地面类型和材料。

⑤ 对于老年人居住建筑、托儿所、幼儿园及活动场所、建筑出入口及平台、公共走廊、电梯门厅、厨房、浴室、卫生间等易滑地面，防滑等级应选择不低于中高级防滑等级。幼儿园、养老院等建筑室内外活动场所，宜采用柔（弹）性防滑地面。应符合现行国家标准《老年人居住建筑设计标准》GB/T 50340 和《托儿所、幼儿园建筑设计规范》JGJ 39 的规定。

⑥ 有防水、防潮要求时在基层上应增设防水隔离层，隔离层可采用防水卷材、防水涂料、防水砂浆等材料。

⑦ 建筑坡道、楼梯踏步及经常有水、油污的地面进行防滑设计时应符合现行国家标准《建筑地面设计规范》GB 50037 的规定，其防滑等级应按水平地面等级提高一级，并应采用防滑条等防滑构造技术措施。

⑧ 建筑地面坡度小于 1.5%的地面，可采用混凝土、水泥砂浆、水泥基自流平砂浆、聚合物（树脂）砂浆等；坡度大于等于 1.5%并小于 5%的地面，宜采用水泥砂浆、混凝土，面层可采用拉毛或刻痕构造施工。

（2）地面防滑技术要求

① 室外及室内潮湿地面工程防滑性能要求见表 4-22 的规定。

表 4-22　室外及室内潮湿地面工程防滑性能要求

<table>
<tr><th>工程部位</th><th>防滑等级</th></tr>
<tr><td>坡道、无障碍步道等</td><td rowspan="3">A_W</td></tr>
<tr><td>楼梯踏步等</td></tr>
<tr><td>公交、地铁站台等</td></tr>
<tr><td>建筑出口平台</td><td rowspan="2">B_W</td></tr>
<tr><td>人行道、步行街、室外广场、停车场等</td></tr>
<tr><td>人行道支干道、小区道路、绿地道路及室内潮湿地面（超市肉食部、菜市场、餐饮操作间、潮湿生产车间等）</td><td>C_W</td></tr>
<tr><td>室外普通地面</td><td>D_W</td></tr>
</table>

② 室内干态地面工程防滑性能要求见表 4-23 的规定。

表 4-23　室内干态地面工程防滑性能要求

工程部位	防滑等级
站台、踏步及防滑坡道等	A_d
室内游泳池、厕浴室、建筑出入口等	B_d
大厅、候机厅、候车厅、走廊、餐厅、通道、生产车间、电梯廊、门厅、室内平面防滑地面等（含工业、商业建筑）	C_d
室内普通地面	D_d

③ 室内有明水处，尤其在游泳池周围、浴池、洗手间、超市、菜市场、餐厅、厨房、生产车间等潮湿部位应加设防滑垫。

(3) 地面防滑构造

① 砂浆防滑地面。应由基层、界面层和防滑面层构成（见图 4-7）。防滑面层可采用聚合物水泥自流平砂浆、水泥基自流平砂浆、树脂自流平砂浆、聚合物水泥磨石。

② 聚合物（树脂）防滑地面。应由基层、底涂层、中涂层和防滑面层构成（见图 4-8）。防滑面层可采用环氧、聚氨酯、聚丙烯酸酯、乙烯基树脂等类涂料。

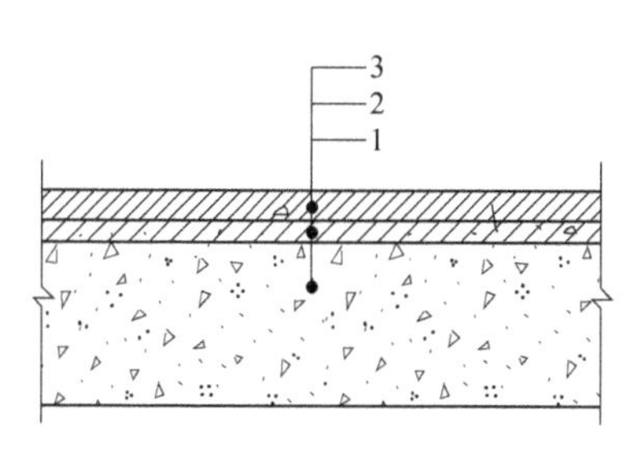

图 4-7　砂浆防滑地面构造
1—基层；2—界面层；3—防滑面层

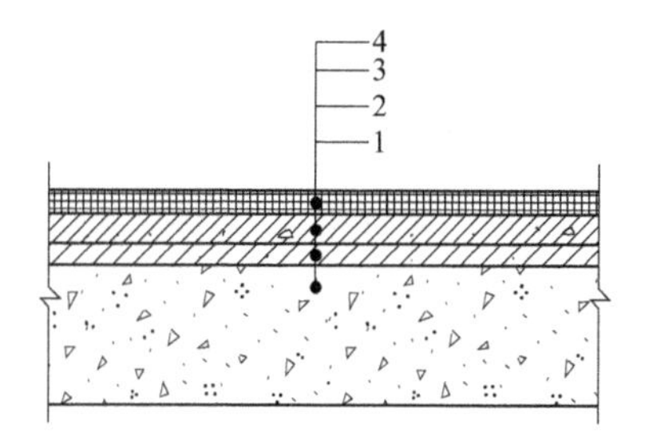

图 4-8　聚合物（树脂）防滑地面构造
1—基层；2—底涂层；3—中涂层；4—防滑面层

③ 防滑坡道。应由基层、找坡层、黏结层和防滑面层构成（见图 4-9）。防滑面层除采用防滑材料外，还应在防滑面层上按相关标准做构造处理。

④ 底层地面和楼层地面及踏步、台阶设置的变形缝设计应符合现行国家标准 GB 50037 的有关规定，并应与结构施工缝位置一致，且应贯通建筑地面的各个构造层。

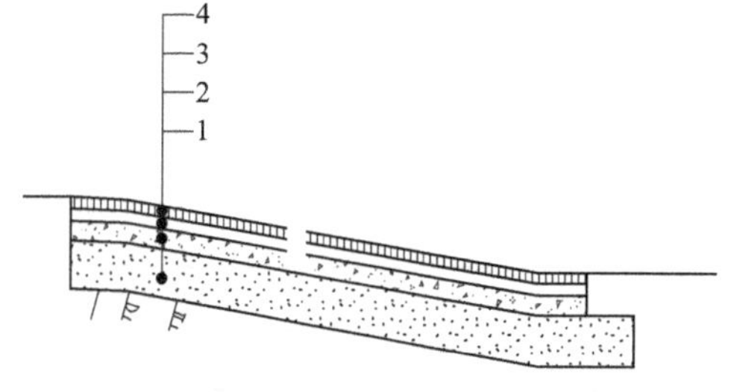

图 4-9　防滑坡道构造
1—基层；2—找坡层；3—黏结层；4—防滑面层

6. 建筑地面防滑工程用材料

(1) 一般规定

① 建筑地面工程防滑面层应根据地面构造、材料性能、防滑要求、环境条件、施工工艺、工程特点和设计要求选用防滑地面材料，拌和用水应符合现行行业标准《混凝土用水标准》JGJ 63 的规定。

② 进场材料应提供产品合格证和检验报告，根据工程要求应对进场材料进行复检，抽查时应以同一厂家、同一品种、同一规格、同一编号、按产品标准规定的检验批，每批随机抽样，抽样数量和制样方式按 JGJ/T 331—2014 规程第 9.2.1 条的规定对防滑性能进行复检，检测方法应按 JGJ/T 331—2014 规程附录 A（见“8. 防滑性能检测方法”）的规定，并应出具复检报告。

③ 室内防滑地面用材料的防滑性能应符合表 4-24 的规定。

表 4-24　室内干态地面用材料的防滑性能

产品名称	静摩擦系数(COF)	产品名称	静摩擦系数(COF)
室内地坪涂料	≥0.50	水泥基自流平砂浆	≥0.50
聚氨酯弹性地面材料	≥0.60	树脂自流平砂浆	≥0.50
聚合物水泥地面砂浆	≥0.60	防滑剂	≥0.50
聚合物(树脂)砂浆	≥0.60	混凝土地面密封固化剂	≥0.60
磨石(水泥、树脂)	≥0.60		

④ 室外及室内潮湿地面工程材料［包括混凝土、透水混凝土、水泥砂浆、聚合物（树脂）砂浆等］防滑性能（BPN）应不小于60。

⑤ 人防工程的地下室、地下车库以及对地面有防火、阻燃要求的建筑地面材料应具有防火阻燃功能，燃烧性能应符合现行国家标准《建筑材料及制品燃烧性能分级》GB 8624 的规定。

（2）整体地面防滑材料

① 现浇混凝土强度等级应符合设计强度等级要求，且不应小于C20。

② 水泥基自流平砂浆性能应符合现行行业标准《地面用水泥基自流平砂浆》JC/T 985 的规定。

③ 室内用聚合物树脂地面材料有环氧类、聚氨酯类、聚丙烯酸酯类等地面涂装材料，其性能应符合现行国家标准《地坪涂装材料》GB/T 22374 和《环氧树脂地面涂层材料》JC/T 1015 的规定。

④ 室外用聚合物树脂地面涂装材料性能应符合现行行业标准《路面防滑涂料》JT/T 712 的规定。

⑤ 混凝土地面密封固化剂或渗透型液体硬化剂性能应符合现行行业标准《渗透型液体硬化剂》JC/T 2158 的规定。

⑥ 聚合物水泥地面砂浆性能应符合现行国家标准《预拌砂浆》GB/T 25181 的规定，且其强度等级不应小于M15。

（3）防滑剂　室内用防滑剂环保性能应符合现行国家标准《室内装饰装修材料　内墙涂料中有害物质限量》GB 18582 的规定；防滑剂性能应符合表4-25 的规定。

表 4-25　防滑剂性能

项　目	指标	项　目	指标
物理状态(20℃)	液态	密度/(g/cm^3)	＞1.0
颜色	无色	防滑处理后摩擦系数(COF)	≥0.50

（4）配套材料

① 混凝土、聚合物水泥砂浆中采用的粗细骨料应符合现行国家标准《建设用砂》GB/T 14684 和《建设用卵石、碎石》GB/T 14685 的规定；水泥宜采用普通硅酸盐水泥并应符合现行国家标准《通用硅酸盐水泥》GB/T 175 的规定。

② 聚合物（树脂）砂浆中防滑粒料可分为下列三类。

a. 聚乙烯、聚氯乙烯和聚丙烯树脂粒料。

b. 石英砂、金刚砂、碳化硅、玻璃、结晶氧化铝陶瓷彩砂。

c. 弹性橡胶颗粒，粒径小于4mm。

③ 整体防滑地面施工中采用的增强材料，耐碱型玻璃纤维网格布性能应符合现行行业标准《耐碱玻璃纤维网布》JC/T 841 的规定。

④ 防滑地面工程用界面剂性能应符合现行行业标准《混凝土界面处理剂》JC/T 907 的规定。

（5）基层及处理

① 基层要求。

a. 防滑地面工程施工前，应按现行标准 GB 50209 和 CJJ 1—2008 的相关规定进行基层检查，验收合格后方可施工。

b. 室内防滑地面基层为混凝土层或聚合物水泥砂浆层时，应平整坚固、密实，不得有积水、起砂、空鼓、起壳、麻面、油脂、裂纹等缺陷。基层为混凝土时，其强度等级不应小于

C20，基层为聚合物水泥砂浆时，其强度等级不应小于 M15。对重载地面工程拉拔强度不应小于 1.0MPa。室外防滑地面混凝土的垫层和基层应符合现行标准 CJJ 1—2008 的规定。

c. 室内混凝土、聚合物水泥砂浆、磨石地面等基层的平整度不应大于 5mm，自流平树脂地面基层的平整度不应大于 3mm，其他各种防滑地面基层应符合现行国家标准 GB 50209 的规定。室外地面工程垫层压实度和基层平整度应符合现行标准 CJJ 1—2008 的规定。

d. 聚合物水泥砂浆、水泥基自流平砂浆地面基层含水率不应大于 8%，聚合物砂浆类地面不应大于 6%。

② 基层处理。

a. 基层表面缺陷处理可采用人工清理法、机械法、化学法等方法。

b. 当基层存在裂缝时，宜采用机械切割的方式将裂缝括成 V 形槽，有机树脂地面应采用环氧树脂灌浆材料等有机类材料填补；其他类型防滑面层宜采用聚合物水泥砂浆或水泥基灌浆材料灌浆、密封、找平。

c. 基层上不得有大于 0.04m^2 的空鼓。对 0.04m^2 及以下空鼓宜采用灌浆法或剔除法处理。

d. 当混凝土基层平整度达不到 JGJ/T 331—2014 标准要求时应进行找平处理。

7. 整体地面防滑工程施工

(1) 一般规定

① 整体防滑地面施工时，其变形缝设置应符合设计要求，并符合“底层地面和楼层地面及踏步、台阶设置的变形缝设计应符合现行国家标准 GB 50037 的有关规定，并应与结构施工缝位置一致，且应贯通建筑地面的各个构造层”的规定，大面积地面应设置分格缝。

② 防滑地面施工所用不同品种的防滑地面材料不得混合使用，有机类材料应储存在阴凉、干燥、通风的场所，不得露天存放和曝晒，并应远离火源和热源；无机类材料应储存在干燥、通风、不被雨淋的场所。

③ 整体防滑地面工程施工完毕后表面应养护，养护时间不宜低于 7d，水泥自流平砂浆地面养护时间不宜低于 24d。

④ 整体防滑地面可采用平涂地面、自流平砂浆地面、聚合物砂浆地面、压痕地面和防滑纹理地面等，在工程节点施工需要进行增强处理时，可采用玻璃纤维网布、无纺布等纤维布，搭接处应大于 50mm。

(2) 聚合物水泥砂浆防滑地面施工工艺　应符合下列规定。

① 在平整的基层洒水湿润或涂刷界面剂，应均匀，无漏涂。

② 找标高，冲筋，贴灰饼。有坡度要求时应按设计要求施工泛水坡度。

③ 摊铺砂浆后应用刮板找平，并抹压 2 遍收光。

④ 应按设计要求分格处理，施工完的地面应进行养护，并做好成品保护。

(3) 水泥自流平和树脂自流平防滑地面施工　应符合现行行业标准《自流平地面工程技术规程》JGJ/T 175 的规定。

(4) 聚合物涂料防滑地面施工工艺　应符合下列规定。

① 基层应符合 JGJ/T 331—2014 规程第六章的规定。

② 配制封闭底层涂料，应涂刷均匀、无漏涂。

③ 配制中涂材料并按防滑要求进行配制，并按下列规定进行施工。

a. 纹理防滑面层应采用专用涂辊，在尚未固化面涂层上辊拉，固化后形成橘纹状面层；

b. 撒砂防滑面层应在面涂层尚未固化前人工撒砂，应撒布均匀，并应进行辊压。24h 后将未粘牢的砂粒清扫干净，并应最后喷涂面层涂料。

c. 压印防滑面层应在砂浆面层做好进行压印处理，并应最后喷涂面层涂料。

d. 聚氨酯弹（柔）性面层，用刮板摊铺弹性聚氨酯材料，薄型厚度不应小于 3mm，厚型厚度不应小于10mm。16～24h后应喷涂或辊涂面层涂料，并作为防护层。

(5) 聚合物水泥磨石或聚合物磨石防滑地面施工工艺　应符合下列规定。

① 聚合物水泥磨石应涂刷专用界面处理剂，聚合物磨石在基层上应涂刷专用底涂。

② 对大面积和重要工程，宜按设计要求在砂浆层上铺设抗裂耐碱玻纤网布。

③ 应根据设计的图案和颜色并按比例配制磨石浆料，搅拌均匀后应分别进行摊铺，不同颜色的砂浆施工应分区进行，面层厚度不应小于设计和工程要求。

④ 磨石防滑地面强度达到设计要求后，应按工程要求进行粗磨、细磨。

⑤ 磨石面层分格缝，应根据设计要求按混凝土基层设置的施工缝位置进行设置，应在磨石层上切割相对应的伸缩缝，并应用密封胶嵌缝。

⑥ 宜在不同种类的磨石表面辊（喷）涂相应的防护剂。

8. 防滑性能检测方法

(1) 摆式防滑性能检测方法

① 摆式防滑性能检测方法应符合现行国家标准《混凝土路面砖》GB/T 28635的规定。

② 该检测方法适用于在潮湿态下室内外的防滑性能检测，可用于工程现场的实测和工程验收，防滑性能以防滑值表示。

③ 检测时，室内外地面应呈潮湿态，但不得有明水。

(2) 卧式拉力计防滑性能检测方法

① 卧式拉力计防滑性能检测方法应符合现行行业标准《地面石材防滑性能等级划分及试验方法》JC/T 1050的规定。

② 该检测方法适用于在干态下室内外地面防滑性能现场检测，防滑性能以摩擦系数表示。

第三节　防静电地坪涂料

一、概述

1. 导电涂料的发展

防静电地坪涂料属于导电涂料的一种。所谓导电涂料，是指具有传导电流和排除积累静电荷功能的涂料。这类涂料主要应用于非导电体的底材上。导电涂料的研究与应用始于20世纪40年代初。

我国是从20世纪50年代开始研究导电涂料的，并相继研制成功一系列的导电涂料产品。例如，用醇酸树脂加石墨制成的导电涂料，以环氧树脂加银粉制成的较低电阻率导电涂层的导电涂料，含导电炭黑的醇酸树脂导电涂料，耐热导电涂料，具有防锈能力的导电涂料以及具有耐温、阻燃和防腐蚀等综合性能的导电涂料等，而且这些产品均已经获得实际应用。

美国和日本从20世纪50年代以来已经研制并应用了多种类型的导电涂料，如美国的系列飞机雷达罩用抗静电涂料，其表面电阻为$10^6\Omega$，能够确保沉积静电的释放，使无线电导航、通信设备等正常工作[13]。近年来，美国将金属纤维分散于聚氨酯或弹性好的氟树脂中，制得导电性能良好的导电涂料，当用于金属或非金属飞机的蒙皮涂装时，能够很快消散后掠冲程电流或防止涂层产生静电。用作防静电涂层时可代替飞机上用的静电放电器，这种涂层可直接向空中放电或其上面再罩以石墨涂层，通过石墨涂层放电。美国于20世纪80年代还研制了一种保护飞机雷达罩用的白色涂料，其涂层能够反射掉大部分热效闪光环境之中的可见光波长和红外波长的蠕动和能量，并能够起到释放静电荷通道的作用。

2. 防静电地坪涂料的应用

防静电地坪涂料得以应用与发展的背景首先是导电涂料的发展与应用，其次是现代生产、生活和商业活动对地面的防静电要求越来越高。由于高分子材料越来越多的应用于工业生产和日常生活的各个方面，但高分子材料产生的静电及其静电荷的积累所带来的不利影响也越来越严重，因而越来越受到重视。

如本章第二节所述，环氧地坪涂料已经在电子、制衣、化工、制药、通信、计算机等场所。环氧地坪涂料也属于高分子材料，能够产生和积累静电荷。在电子、通信等领域，这种积聚的大量静电易引起对电子、通信或计算机的干扰，影响设备的使用性能；在化工领域，静电积聚引起的放电甚至会造成火灾、爆炸等安全事故。因而，能够排泄积累静电荷而具有防静电性能的环氧地坪涂料应需而生，并被越来越多的应用场合所接受。本节主要介绍防静电环氧地坪涂料的生产与应用技术。

二、导电涂料的种类及其导电机理

1. 导电涂料的种类

可以根据基料种类的不同对导电涂料进行分类，也可以按照用途的不同对导电涂料进行分类，按不同的分类方法导电涂料有不同的种类，见表 4-26。

表 4-26　导电涂料的分类与种类

分类方法	导电涂料的种类
按基料的种类分类	导电涂料按基料种类分类，可分为本征型（也称非添加型）和掺和型（也称添加型）两类。本征型导电涂料的基料自身能够导电，不需要再添加其他导电材料；掺和型导电涂料的基料不具有导电能力，必须要添加导电填料或导电助剂
按用途分类	按用途对导电涂料进行分类，导电涂料可分为：①导静电涂料，例如石油化学品储罐内壁导电涂料、导电地坪涂料等；②作为导体使用的导电涂料，例如线路板印刷涂料、键盘开关导电涂料、电致热涂料、船底导电防污涂料等；③电磁波屏蔽涂料，例如各种精密电子仪表外壳用导电涂料、电子计算机外壳用导电涂料等；④其他类导电涂料，例如电致变色涂料、光电导涂料等

2. 导电涂料的电阻率

导电涂料通常由基料、填料、分散介质（溶剂或水）和助剂等组分组成，其中至少有一种组分必须具有导电性能，以保证其涂膜具有导电能力。按照物质的体积电阻率的不同而对导体与绝缘体的划分如图 4-10 所示。

导电涂料的电阻率是其性能的一个重要参数，并决定导电涂料的用途和应用场合。一般地说[14]，电阻率 ρ_v 为 $10^6 \sim 10^{10}\Omega \cdot cm$ 的导电涂料用于防止和消除静电，即通常所说的防静电涂料；电阻率 ρ_v 为 $10^0 \sim 10^6\Omega \cdot cm$ 的涂料用于发热、电极、电阻等材料；电阻率 ρ_v 低于 $10^0\Omega \cdot cm$ 的涂料用于导电及电磁波屏蔽。

3. 掺和型导电涂料的导电机理

解释掺和型导电涂料的导电机理有“导电通道”和“隧道效应”两种学说[15]。“导电通道”学说认为，由于导电填料粒子间的直接相互接触，在整个涂膜中形成连续的导电网络，从而使电子流通而导电。这种导电涂料中填料粒子间的相互接触是在涂料干燥固化成膜过程中相互靠近而形成的，如图 4-11 所示。

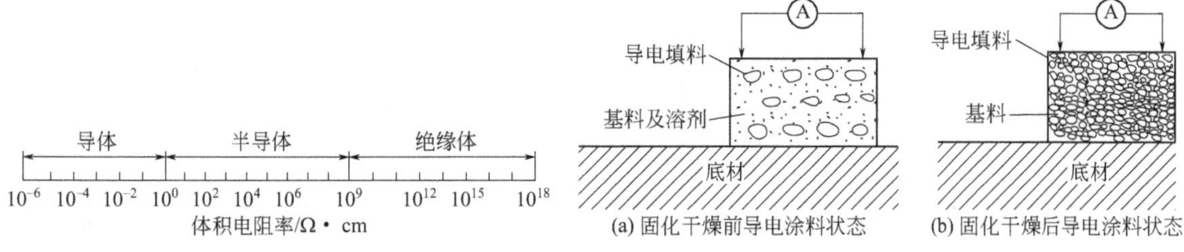

图 4-10　导体、半导体和绝缘体的划分

图 4-11　涂膜干燥前后导电涂料的状态

“隧道效应”学说认为，在导电涂膜中除导电粒子间的相互接触以外，由于电子在分散于聚合物基体中的导电粒子间隙里迁移所产生的电子导通，或者由于导电粒子间的高强度电场产生电流发射而导电。

三、防静电环氧地坪涂料的组成材料

防静电环氧地坪涂料是由基料、颜（填）料、溶剂和助剂等基本涂料组分组成的。从原理上来说，防静电地坪涂料可以使用环氧树脂、聚氨酯和过氯乙烯等适宜于制备地坪涂料的基料制备，但从涂料的综合性能考虑，目前使用的防静电地坪涂料还只有防静电环氧地坪涂料，即制备防静电地坪涂料的基料是环氧树脂。环氧树脂品种的选择、其与固化剂的配合等与上一节介绍的防滑环氧地坪涂料相同。

除基料外，环氧防静电地坪涂料作为一种功能性商品涂料使用，除具有所要求的导电性能以外，还需要具有普通涂料所具有的各种性能，例如储存稳定性，对底材的湿润、附着性，涂膜的平整、光洁和耐磨、抗划伤性等。鉴于这些情况，适当地选择分散剂、防沉剂、防缩孔、流平剂和抗划伤剂等助剂，对于得到满意的涂料性能要求的防静电涂料也是很必要的。这些涂料组分可以参照普通溶剂型（包括自流平型）环氧地坪涂料对助剂的选用，但应注意不要使用会影响涂膜导电性能的材料。

防静电涂料属于导电涂料的一类，防静电涂料有几种不同用途。防静电环氧地坪涂料主要是以导电填料为导电助剂的掺和型（添加型）导电涂料，因而导电填料是防静电环氧地坪涂料的重要组成材料，这在下面介绍。

四、导电填料

（一）导电填料的主要类别

导电填料分为金属类、碳类、金属氧化物类和复合类等四种（相类似的称谓是金属系、碳系、金属氧化物系，其意义是一样的）。

一些常用导电填料的基本性能特征如表 4-27 所示。

表 4-27 常用导电填料及特性

类别	填料名称	电阻率/Ω·cm	基本特性
金属类	银粉	1.6×10^{-6}	化学稳定性好，防腐蚀性强，导电性最好，价格昂贵，只能在军事领域等特殊场合应用
	铜类	1.7×10^{-6}	导电性好，成本低，但容易氧化。导电性能不稳定，一般需要化学处理才能得到稳定的导电性能
	镍粉	1.0×10^{-3}	导电性一般，价格适中，化学稳定性好，耐腐蚀性强，铁磁性优良
	铝粉	2.7×10^{-6}	导电性好，价格低，但易氧化。导电性能不稳定，耐化学腐蚀性差
碳类	炭黑、石墨	1×10^{-2}	价格便宜，密度小，耐腐蚀性强，但导电性差。一般只适用于抗静电领域
金属氧化物类	氧化锡①、氧化锌、氧化钛	电阻率随金属氧化物品种的不同而在较大范围内变化	密度较小，在空气中稳定性较好，可制备透明涂料以及制备浅色、白色抗静电涂料
复合类	导电云母粉、导电玻璃纤维和导电钛白粉等	电阻率随镀覆金属的不同而在较大范围内变化	密度小，价格适中，导电性好，颜色可调，原料来源丰富

① 纯的金属氧化物（例如氧化锡、二氧化钛等）是绝缘体，只有当他们的组成偏离了化学比、产生晶格缺陷和进行掺杂时才能够成为半导体。

复合类导电填料可以分为复合粉和复合纤维。在导电涂料中采用复合填料能够降低涂料成本，提高涂料性能。国际标准化组织（ISO 3252）对复合粉末的定义是：每一颗粒都由两种或多种不同材料组成的粉末，并且其粒度必须达到（通常是大于）0.5μm 足以显示出各种宏观性质。金属包覆型复合粉是将金属镀覆在每个芯核颗粒上形成的复合粉末，它兼具有镀层金属和芯核的优良性能。根据芯核物质的不同，金属包覆型复合粉大致可以分为金属-金属、金属-非金属、金属-陶瓷三类，如玻璃珠、铜粉和云母粉外包覆银粉以及炭黑外包覆镍粉等。此外，也有以金属氧化物为外壳，硅或硅化物、TiO_2等为内壳的复合导电微粉。

复合纤维有多种，如尼龙、玻璃丝、碳纤维包覆金属或金属氧化物等。将聚丙烯腈纤维包覆 Cu、Ni，将 Ni 镀于 Cu 的外部，可以保持内部铜层不被氧化，使其具有稳定的导电性。采用化学镀的方法在玻璃纤维表面沉积金属镀层，制得镀覆金属的导电玻璃纤维，可以用于防静电涂料的复合型导电填料。

防静电地坪涂料来说，主要使用碳系导电填料、金属氧化物类导电填料或复合类导电填料。

（二）碳系导电填料

碳系导电填料主要包括炭黑和石墨。按形状来划分，主要有粉体和纤维两大类，其种类和特性如表 4-28 所示。碳系导电填料具有优异的耐候性和耐化学品性，成本低，来源丰富，在适宜的用量下，对涂料的理化性能不会产生明显的影响。因而，碳系导电填料在防静电涂料中应用最为广泛[16]。

表 4-28 碳系导电填料的种类和特性

类型	品种	主要特性
炭黑	乙炔黑	纯度高,分散性好
	油炉黑	导电性好
	槽黑	导电性差
碳纤维	聚丙烯腈类	导电性好,成本高,加工困难
	沥青类	比聚丙烯腈类的导电性差,成本低
石墨	天然石墨	随产地而变化,难粉碎
	人造石墨	导电性随材料和生产方法而异

1. 炭黑

炭黑是质轻而极细的无定形炭粉末，这种颜料是由有机物质经不完全燃烧或经热分解而得到的不纯产品。外观为黑色粉末，相对密度 1.8～2.1。炭黑不溶于溶剂，它的种类很多。根据所选用的原料不同，有由天然气制成的气黑，由乙炔制成的乙炔黑，由油类制成的灯（烟炭）黑以及由煤焦油产品（萘或蒽）和天然气或煤气制成的混气黑等。根据所用制法的不同，有用槽法制成的槽黑，用炉法制成的炉黑和滚筒法制成的滚筒（炭）黑等。在导电涂料中应用较多的主要是导电性能较好的乙炔炭黑等，其技术性能指标如表 4-29 所示[17]。除乙炔炭黑外，用于导电涂料的还有其他一些粒径细、结构高、导电性能好的其他类型的炭黑，如导电槽黑、导电炉黑、超导电炉黑和特导电炉黑等。

表 4-29 用于导电涂料的乙炔炭黑的技术指标

技术项目	指标	技术项目	指标
杂质	无	灰分/%	≤0.2
加热减量/%	≤0.4	pH 值	6～8

续表

技术项目	指标	技术项目	指标
粗粒分/%	≤0.04	盐酸吸液量/(mL/g)	3.5～4.4
视比容/(mL/g)	9～13	比电阻/kΩ·cm	0.4
吸碘值/(mL/g)	80～100		

由于炭黑粒子的表面张力较低以及炭黑粒子间具有较强的凝聚力，和其他物质（如有机高分子、水以及有机溶剂等）的亲和力较弱，所以在通常的情况下很难均匀混合和分散。为此，常常采取对炭黑进行改性的措施来解决这一问题。将炭黑表面用各种表面活性剂或树脂加以包覆，是提高炭黑和基料的亲和力、使炭黑能够均匀混合和分散的有效措施。采用适宜的聚合性单体，在炭黑的存在下进行聚合，制成炭黑接枝聚合物，能够大大改善炭黑的亲水性或亲油性。例如，将丙烯腈在炭黑表面接枝聚合，使炭黑粒子聚集体分散为更细小的原生粒子，从而使其在有机溶剂中具有良好的分散稳定性；再例如，用聚乙烯在炭黑表面进行阴离子接枝聚合，也能够改善炭黑的分散稳定性。

2. 石墨

石墨的化学成分为碳，外观为铁黑色至深钢灰色，质软，具有油腻感。可沾污手指成灰黑色。金属光泽，成叶片状，鳞片状和致密块状。密度 2.23g/cm^3，熔点 3625℃。石墨的化学性质不活泼，只会被氧化，是最惰性的物质之一，具有很好的耐腐蚀性，与酸、碱等物质不易起作用。

石墨和金刚石的化学成分都是碳，但因为它们的结晶形态的不同而具有完全不同的性质。一个质软，一个是硬度最高的材料。在石墨晶体中，碳原子以 sp^2 杂化轨道和邻近的 3 个碳原子形成共价单键，并排列成六角平面的网状结构。晶体平面内的碳-碳间键距是 1.415×10^{-10} m，片层间的距离是 3.35×10^{-10} m。石墨片层间容易滑动是由于未参加杂化的 p 电子自由，相当于金属晶体中的自由电子，其在晶格结点上的自由运动赋予石墨以导电性和导热性。

（三）其他导电填料

1. 导电云母粉

导电云母粉是采用一定的镀覆方法在云母粉薄片表面镀覆一层具有导电能力的第二种材料，使之具有导电性能的新型导电填料。导电云母粉具有密度小、导电率高、有光泽、颜色可调、原料来源丰富和价格低等优点。因而近年来导电云母粉的制备技术和应用，以及导电云母粉制备导电涂料受到重视。

导电云母粉按其表面镀覆层的成分分为两类，一类是云母表面镀覆 SnO_2-Sb_2O_3、SnO_2-In_2O_3、TiO_2-SiO_2-SnO_2-Sb_2O_3等浅色金属氧化物，这类材料的电阻率相对较大，主要用于抗静电；第二类是云母表面镀覆银、镍和铜等金属，这类导电云母粉的电阻率较小，主要用于电磁屏蔽。

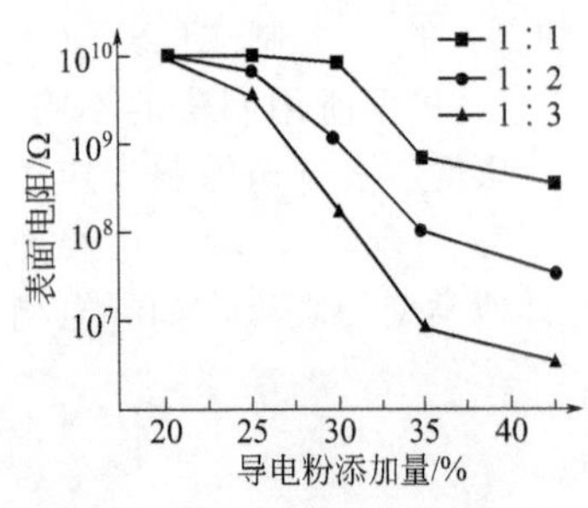

图 4-12　不同氧化锌-超细导电云母粉比例防静电自流平环氧地坪涂料表面电阻与导电粉添加量的关系

将超细导电云母粉和氧化锌进行复配使用，不但能够产生协同作用，得到优良的防静电效果，还能够赋予涂膜以高效、持久的导电性能。超细导电云母粉粉体的电阻率小于 80Ω·cm，而氧化锌分散于涂料中能够形成有效的导电通道，两者的协同作用比单独使用时的导电效果好。不同氧化锌-超细导电云母粉比例下防静电自流平环氧地坪涂料的表面电阻与导电粉添加量的关系如图 4-12 所示[18]。超细导电云母粉的颜色为浅灰色，氧化锌则是一种白色颜料，两者复合可以使颜色接近白色而使调色更容易进行。由于该复合体系的高强度和高模量，因此不仅不会像一般导电填料那样影响涂膜的力学性能，而且还能够增强涂膜的抗冲击性、耐候性和附着力。此外，超细导电云母粉的添加量小，更容易解决涂料的储存稳定性问题。

2. 镍粉

镍粉是一种银灰色、有光泽的金属粉末，其用作导电涂料的导电填料时，与其他几种导电填料相比，其铁磁性、耐腐蚀性均较优良，以其配制的涂料用于电子设备的电磁屏蔽效果较好。镍粉可以和环氧树脂、丙烯酸树脂等涂料基料一起制备导电涂料。

3. 导电纤维

防静电地坪涂料有溶剂型和无溶剂型两种。溶剂型防静电地坪涂料通常使用导电炭黑和导电云母粉等进行生产，电阻指数可达 $10^5 \sim 10^9\Omega$，其技术已很成熟。溶剂型防静电地坪涂料由于导电炭黑和导电云母粉的密度低、吸油量大，较难处理，因而目前趋向于使用导电纤维制备无溶剂型防静电地坪涂料[19]。

简言之，导电纤维就是具有导电性能的纤维。这类导电填料的优点是具有很高的强度，吸油量很低，具有很好的导电性能，在涂料中的添加量小，成本较低等。其缺点是电阻值的控制较差，容易造成击穿，造成危害，分散性差，涂层电阻值的分布不均匀等。下面介绍镀铝玻璃纤维型导电纤维的性能。

镀铝玻璃纤维是在玻璃纤维表面上覆镀一层薄而致密的高导电金属铝，在金属铝层上再进行表面处理，以提高其分散性及防止金属表面氧化。使玻璃由绝缘材料变为导电材料，由热的不良导体变为良导体。通过对玻璃纤维表面的金属化，使玻璃纤维在保留原有力学性能的基础上又具有了金属纤维良好的导电、导热等新的性能。与以碳纤维为基材的导电纤维相比，镀铝玻璃纤维的制造成本低，性能/价格比好，使其具有广泛的应用范围。例如，应用于防静电地坪涂料、电磁屏蔽、改性塑料、橡胶制品和导电织物等。镀铝玻璃纤维在防静电地坪涂料中应用，相对于其他导电填料，具有不易沉降、易分散、密度小、成本低、导电性能稳定、涂膜力学性能相对好等优点。表 4-30 中列出某镀铝玻璃纤维的性能。

表 4-30 镀铝玻璃纤维的性能示例

项 目	性能或描述
直径/μm	25～33
镀铝层厚度/μm	2～7
导电性	优良(单丝的电阻率可达 $10^{-4}\ \Omega\cdot cm$)
铝含量/%	40～50
密度/(g/m^3)	2.7(远小于金属纤维)
分散性能	分散率≥70% 分散性好，不像金属纤维那样出现团聚现象，极易在高分子材料中分散且抗拉强度高，可进行高速分散而不易断裂
抗拉强度/(kN/m^2)	54000
耐高温性能	高于 700℃
纤维长度	大于 1mm 或者可由需要裁剪为任意长度
与树脂的相容性	与树脂的亲和性好，可与各种树脂以 15%～35%(质量比)的比例进行复合，例如聚乙烯，聚酯，尼龙，聚氯乙烯，聚丙烯，聚苯乙烯，硅树脂，环氧树脂和氟树脂等

五、环氧防静电地坪涂料制备技术[20]

环氧防静电地坪涂料一般由多层涂料组成，例如渗透底漆、导电涂料和导电面漆等。表 4-31 中给出环氧防静电地坪涂料的导电层涂料和防静电面漆的配方举例。

表 4-31 环氧防静电地面导电层涂料和防静电面漆配方例

组分	原材料名称	用量(质量比)	
		防静电面漆	导电层涂料
涂料组分	E-51 环氧树脂	20～25	—
	E-20 环氧树脂	—	35～45
	分散剂	0.5～1.0	0.5～1.0
	颜料	5～8	—
	滑石粉	4～6	—
	沉淀硫酸钡	5～7	—
	混合溶剂	40～50	40～50
	复合导电填料	20～30	8～12①
	防沉剂	1～2	—
	消泡剂	适量	0.3～0.5
	流平剂	适量	0.3～0.5
	抗划伤剂	适量	—
固化剂组分	聚酰胺类固化剂	60～65	55～60
	混合溶剂	35～40	40～45

① 为导电炭黑。

环氧防静电地面导电层涂料的制备工艺为：将 E-20 环氧树脂、分散剂和部分溶剂等加入适当容器中搅拌均匀，然后再投入炭黑充分搅拌分散均匀，成为混合料浆。将混合料浆在研磨设备中研磨至细度小于 50μm，然后再加入剩余溶剂和助剂等搅拌均匀即得到环氧防静电地面导电层涂料组分。将固化剂加入混合溶剂长稀释均匀，并使表 4-31 中的配方和涂料组分配套，即得到环氧防静电地坪涂料的导电层涂料。

环氧防静电地坪涂料面漆的制备工艺为：将 E-51 环氧树脂、分散剂和部分溶剂等加入搅拌容器中搅拌均匀，然后再投入填料（滑石粉、沉淀硫酸钡）、颜料充分搅拌分散均匀，成为混合料浆。将混合料浆在研磨设备中研磨至细度在 50μm 以下，然后再加入复合导电填料继续分散 30min，最后加入剩余溶剂搅拌均匀，即得到环氧防静电地坪涂料面漆的涂料组分，将固化剂加入混合剂稀释均匀，并使表 4-31 中的配方和涂料组分配套，即得到环氧防静电地坪涂料面漆，所述制备过程示意图如图 4-13 所示。

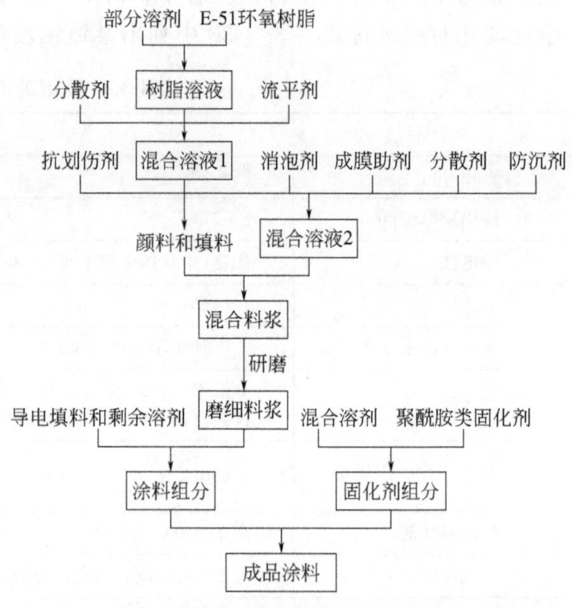

图 4-13 环氧防静电地坪涂料面漆的制备工艺示意图

六、影响导电涂料导电性能的因素

防静电地坪涂料的涂膜导电性能对于其防静电效果是重要的。因而，制备防静电地坪涂料时应当考虑影响导电涂料导电性能的某些因素，下面介绍有关这方面的内容。

1. 影响导电涂料导电性能的实质

对于掺和型的导电涂料来说，在填料种类一定的情况下，导电性能主要取决于导电填料在涂料体系中的分散状态。如果填料根本就未分散开，则导电涂膜不具备导电性能；如果分散十分均匀，填料颗粒完全被绝缘性的聚合物包裹，互相呈隔离状态分布，体系也不会具备导电性；如果涂料体系中的导电性填料形成网络状或蜂窝状结构，则涂膜具有导电性。

涂膜中电荷的传导有两种方式，一种是粒子接触导电，导电填料之间相互接触形成导体；另一种是隧道导电，即粒子间靠近到很小的距离时，其间虽然隔有聚合物膜，但载流子有足够的能量穿透该能位壁垒，由一个填料粒子运动到另一个填料粒子，场致发热、热电子运动、其他形式的带电粒子的运动都可以是这种形式。

影响涂膜导电能力的关键因素有两个，即粒子间的接触数目和粒子间接近的程度。粒子间接触的数目反应导电通路的多少。图 4-14 展示出导电涂膜中可能呈现的粒子接触状态和等效电路。粒子间的接触状态实际上可有四种形式。即：①粒子之间相互不接触，构成电阻很高的绝缘体，或只具备极微弱的电容式导电的能力；②有部分粒子处于相互接触状态；③粒子之间基本上呈电性接触，粒子之间被聚合物薄膜隔开，给粒子间的导电造成很高的电阻；④粒子间完全呈物理接触。从图 4-14 中的等效电路可见，只有粒子间呈③、④的接触状态，涂膜才能具有导电性能。

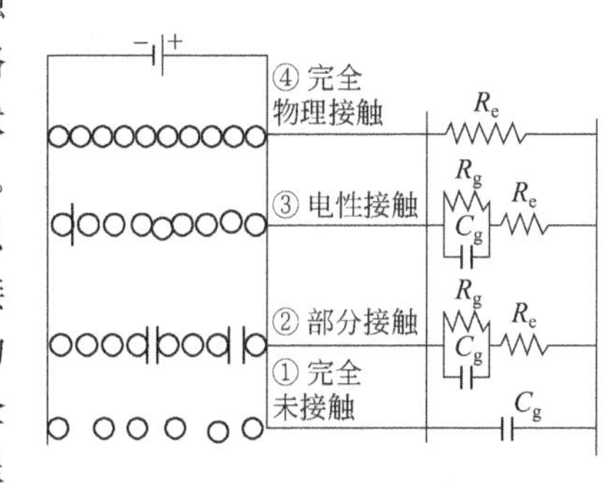

图 4-14　导电涂膜中可能存在的导电填料粒子的接触状态和等效电路

影响粒子间接近、接触的因素很多。例如，填料的含量、形状、尺寸和极性大小等。特别是粒子的性质，如树枝状粒子之间有三个以上的接触点；球型粒子只有三个接触点，而且接触面积小，只有在密集堆积状态时才彼此接触。一般来说，粒子粒径小，比表面积大、呈纤维状、树枝状或长径比、径厚比大的片状，适当的分散于涂料体系中，粒子间形成链状聚集体时就会有优良的导电性。

聚合物的一些性能也影响粒子间的接触状态。例如，聚合物的极性、结晶度、分子量，特别是其和填料的亲和性、对填料的吸附性和黏结情况等。由于溶剂影响聚合物的溶解性、对填料的吸附性等，也会进一步影响粒子间的接触状态。涂料涂装成膜过程中，粒子从孤立分散的状态逐渐互相趋近，并最终固定下来。促成接近的驱动力通常有重力、溶剂挥发产生的基料收缩力、化学反应产生的涂膜收缩力、磁场作用力等；阻止接近的阻力有聚合物基料的黏滞力、基料从溶剂向粒子表面的析出等。

2. 导电填料和添加量的影响

（1）炭黑添加量对涂料性能的影响　炭黑在导电涂料中的使用量会对涂料的一系列性能，例如电性能、理化性能等产生重要影响。一般来说，当炭黑的使用量较大时，对涂料的理化性能会产生不利影响。例如，随着涂料中炭黑用量的逐渐增大，涂料的耐磨性和附着力均会逐渐变差。

① 水性涂料。炭黑在涂料中的加入量对涂膜的导电性能会产生很大影响。对于水性涂料来说，炭黑加入量在小于 10％和大于 10％两种情况下对涂膜的表面电阻 R_s 和表面电阻率 ρ_s 的影响分别如表 4-32 和表 4-33 所示。

表 4-32　炭黑加入量＜10％时，加入量不同对水性涂料电性能的影响

炭黑加入量(质量比)	2	4	6	8	10
表面电阻(R_s)/($\times10^6\Omega$)	1.0	1.1	5.0	19.0	45.0
表面电阻率(ρ_s)/($\times10^7\Omega/cm^2$)	8.16	8.98	40.8	155	369

表 4-33　炭黑加入量>10%时，加入量不同对水性涂料电性能的影响

炭黑加入量(质量比)	0	10	16.7	23.1	28.8	32.0	35.0
表面电阻(R_s)/($\times 10^6 \Omega$)	1.6×10^3	38	2.3	1.9	1.6	5	5
表面电阻率(ρ_s)/($\times 10^7 \Omega/cm^2$)	1.3×10^3	31.0	1.88	1.55	1.31	4.08	4.08

对于水性涂料来说，在不加炭黑时其涂膜的表面电阻 R_s和表面电阻率 ρ_s分别为 $1.6\times 10^8 \Omega$ 和 $1.3\times 10^{11} \Omega/cm^2$，其值远高于相应的含炭黑导电涂料的值。水性涂料在炭黑浓度为 10%附近的表面电阻率有最大值。在炭黑浓度小于 6%时，由于浓度小，导电填料彼此不接触，形成链式导电机制的概率很小，炭黑的增减对涂膜电阻率的影响不明显。当炭黑浓度为 6%～10%时，其涂膜电阻率有上升的趋势。在炭黑用量大于 30%时，相对于填料来说基料的用量太少，此时基料已经不能完全润湿导电填料，导电填料粒子间形成孔隙，会出现涂膜性能下降和电阻率上升的趋势。为兼顾涂料的导静电性能和较好的涂膜性能以及从低的涂料成本考虑，导电填料的用量可在 15%～30%内选择，并在满足涂料各性能要求的情况下尽可能小些。

② 溶剂型涂料。对于溶剂型涂料来说，炭黑加入量对涂膜的表面电阻 R_s和表面电阻率 ρ_s的影响如表 4-34 所示。

表 4-34　炭黑加入量不同对溶剂型涂料的电性能的影响

炭黑加入量(质量比)	4	20	25	35	40
表面电阻(R_s)/($\times 10^5 \Omega$)	10	1.45	4.5	6.0	4.5
表面电阻率(ρ_s)/($\times 10^7 \Omega/cm^2$)	8.16	1.18	3.67	4.90	3.67

可见，对于溶剂型涂料，基料与导电填料之间的分散与润湿情况类似于水性涂料。一般来说，炭黑的用量在 25%～35%的区域内，涂膜性能比较稳定。

③环氧防静电地坪涂料。对于环氧防静电地坪涂料来说，当全部使用炭黑为导电填料时，炭黑的用量对涂膜电阻的影响如图 4-15 所示。

(2) 石墨粉添加量和粒径对涂料导电性能的影响　石墨粉作为导电填料在导电涂料中应用，其所赋予涂料的导电性能与石墨粉的粒径大小以及在涂料中的用量有关，并分别如图 4-16 和图 4-17 所示。由于石墨粉中微细颗粒具有很强烈的聚集倾向，而且粒径越小，聚集的倾向越大，导电粒子间存在的孔隙越多，越不利于导电颗粒间的紧密接触，其导电性能越会变差，因而电阻率越高（见图 4-16）。而就其用量来说，随着石墨粉加入量的增大，导电粒子间的距离缩小，接触机会增多，导电性能迅速提高，因而体积电阻率迅速降低。当达到临界体积浓度时电阻率降至最低，再增大加入量时，电阻率的变化缓慢，或者基本保持不变（见图 4-17）。

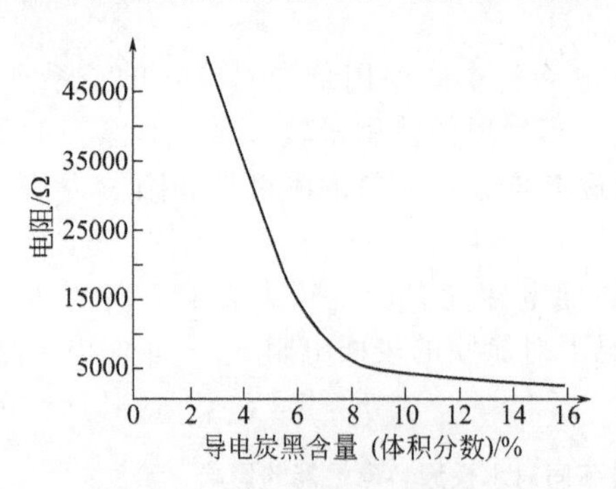

图 4-15　环氧防静电地坪涂料中炭黑的用量对涂膜电阻的影响

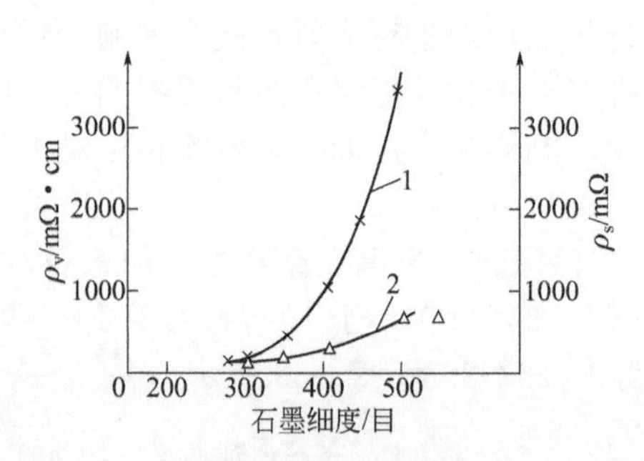

图 4-16　石墨粉粒径对涂膜电阻率的影响
1—ρ_v曲线；2—ρ_s曲线

以石墨-丙烯酸树脂的导电涂料为例，当涂料中的石墨用量不同时，可得到的导电涂料的导电性能也不相同，其变化关系如图 4-18 所示。此外，涂层的厚度不同，对导电性能也有影

响，这种影响也示于图4-18中。从图中可以看出，对应于100质量份的树脂，试样在石墨加入量从10份增大到40份的过程中，电阻率下降是非常显著的，当石墨加量增大到40～50份后，再增大其加量就失去意义。

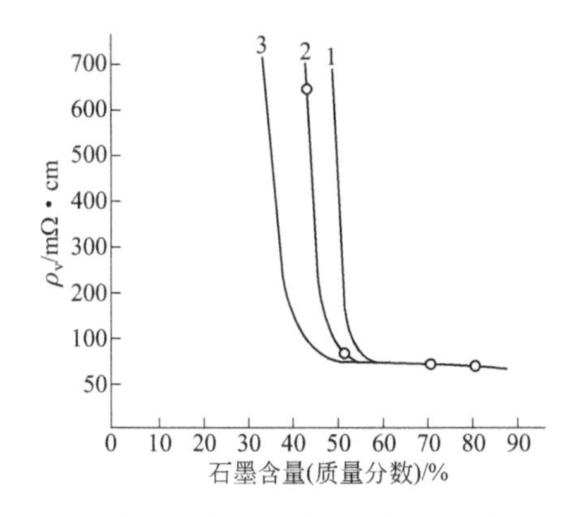

图4-17 石墨粉用量对涂膜体积电阻率的影响
1—聚氨酯；2—环氧树脂；3—丙烯酸酯树脂

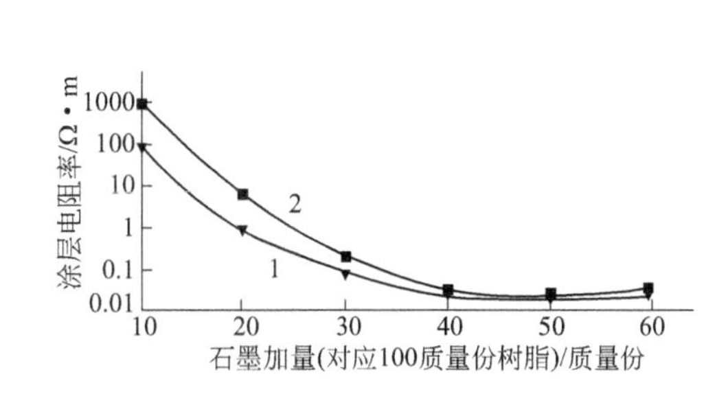

图4-18 不同涂层厚度时石墨用量对涂层电阻率的影响
1—涂层厚度99μm±10μm；2—涂层厚度35μm±8μm

导电率与石墨用量的这种依赖关系符合F. Bueche关于掺和型导电涂料的导电无限链理论，即在含有导电微粒的高聚物中，当导电微粒的浓度达到某一临界值后，体系中的导电微粒便会排列，形成一种导电无限链，从而使高聚物变成导体或半导体。对应于本研究石墨的临界值为45左右，即100份树脂，添加的石墨粉为45份。

关于涂层厚度对于导电率的影响，从图中可以看出，在石墨加量相同时，当涂层厚度减小后，涂层的电阻率有明显上升趋势，但这种上升趋势在石墨加量增加到40份以后有所减弱。其原因在于导电填料还未达到临界值时，体系中还不足以形成无限导电链。涂层越薄，形成无限导电链的概率就越小，因而呈现出的电阻率就越高，否则反之[13]。当导电填料的加量达到临界值后，厚度的增减对涂层的电阻率不会产生什么影响，但由于涂层制作过程的特殊性，如涂层过薄，容易出现针孔等缺陷，同时，过薄的涂层在制备涂膜时很容易产生肉眼不易觉察或根本无法观察的缺陷，这些都是导致涂层电阻率上升的因素。

七、环氧防静电地坪涂料施工技术

1. 简述

防静电地坪涂层体系一般由渗透层、绝缘层（找平层）、接地网络、导电层和防静电层组成。渗透层的涂料应选用渗透性强的涂料，不能片面追求封闭性，以避免涂层起壳。如一道渗透底涂不能封闭，则应涂装第二道。绝缘层（找平层）施工时，要注意最终表面的光滑性和平整度。光滑性和平整度越高，导电自粘铜箔越能很好地黏附。

铜箔虽然是在涂层的下面，但铺设的美观程度直接影响施工的管理水平。通常情况下，先在要施工的范围中心，铺设一个十字，在离施工的端边500～1000mm处铺设一个封闭的回路，然后从中心向两边铺设，间距是中心到端边的距离均匀分布，间距一般控制在3000～6000mm。

接地系统通常分内外两部分，外部有土建施工方负责，主要有地桩，连线，室内的接地铜牌。内部由防静电地坪施工方负责，主要是将接地铜箔与接地铜牌相连接，通常由专业公司进行。

环氧防静电地坪涂料的施工与环氧耐磨地坪涂料的施工有相同的地方，例如基层处理，封闭底涂料的施工等，也有不同的地方，例如接地网络的敷设等。下面以某IIPC工业厂房环氧防静电地坪涂料的施工为例说明该涂料的施工技术[21]。

2. 工程简况

IIPC工业厂房系用于生产笔记本电脑产品的生产车间，该类厂房要求全封闭、防静电、洁净等，生产设备、人员和地坪等都需要具有防静电要求，因而需要将生产过程中产生的静电通过防静电地面涂层导入接地系统而迅速排除，以避免静电积累对人体和产品产生危害。IIPC工业厂房要求地坪表面电极间电阻为10^5～$10^8\Omega$，系统接地电阻小于4Ω，能够走叉车。该厂房有两层，约15000m²，采用2mm厚绿色防静电环氧自流平地坪，涂料使用瑞士原装进口的麦斯 conipox 270 AS环氧防静电地坪涂料涂装体系。

3. 基层要求和基层缺陷的影响

（1）基层要求　基层要求如表4-35所示。

表4-35　涂装环氧防静电地坪涂料的基层要求

项　目	要　求
强度	基层细石混凝土面层的抗压强度≥25MPa；与涂料的黏结强度≥1.5MPa
平整度	基层的平整度用2m长度靠尺检查，最大间隙不得超过2mm
含水率和pH值	基层的含水率应小于4%；pH值小于9(新浇筑混凝土应养护28d)
表面质量	基层表面应无空鼓、开裂、砂眼、坑洞、起壳和油污等
防水处理	底层无地下室的基层需要做防水、防潮处理
防裂处理	地坪设分割缝以防止面积过大产生温差开裂、应力开裂等

（2）基层缺陷的影响　基层的强度、平整度等不符合要求，会给环氧防静电地坪涂料的质量或其后地坪的使用带来严重不良影响，如表4-36所示。

表4-36　基层缺陷可能给涂层质量带来的不良影响

缺陷项目	可能对地面涂层的质量或使用带来的不良影响
强度低	基层面层的强度，特别是黏结强度低(与环氧树脂涂料的黏结强度小于1.5MPa)，环氧防静电地坪涂料施工后会产生与基层的固着不牢，当叉车在地坪上行走时会连基层一起拉裂
平整度	平整度差，会影响地坪的装饰效果，尤其是使环氧防静电自流平涂料的涂膜厚度难以保持均匀，并进而对防静电性能产生影响(若使用自流平涂料找平基层则价格昂贵)
防水、防潮缺陷	一层的基层未作防水、防潮处理，涂装涂料时，土壤中的水分通过毛细孔的作用会上升到面层，影响涂料与混凝土的黏结和使涂膜产生针孔等质量缺陷
空鼓、开裂	基层的空鼓、开裂，在涂装涂料后，会造成深层空鼓、开裂等问题
疏松	基层疏松会使底漆的用量显著增加，增大涂装成本
缺少接地点	缺少防静电的接地点，会严重影响静电的排泄，而进一步影响环氧防静电地坪的防静电性能。环氧防静电地坪必须单独设置接地系统，不能和防雷引下线共用

4. 基层检查和处理

（1）基层检查　应在相关工种、吊顶、内墙、空调、照明和消防等施工先行完成后再进行基层的检查等工作。

对于该具体工程来说，其基层存在着先天不足，通过采用取芯、回弹、拉拔试验、靠尺检查、敲击空鼓等方法对基层进行全面检查。检查发现：

① 一层基层强度低，疏松、起砂严重，空鼓和裂缝较多，平整度的偏差最大处超过5mm；二层基层空鼓和裂缝较多，平整度的偏差最大处超过7mm，局部强度低；

② 一层基层无防水、防潮处理（无防水层）；

③ 无预留防静电接地点，只在部分柱筋上有防雷引下线预埋铁板。

鉴于基层质量较差的具体情况，经过与业主和土建施工单位交涉，由土建施工单位对基层进行了处理，将一层的混凝土基层全部凿除，重新浇筑；对二层的空鼓部分凿除，重新浇筑细石混凝土。处理后对基层又作了检查，发现混凝土的强度仍然偏低，并继续存在裂缝、空鼓等问题。平整度虽有所改善，但仍然达不到误差小于 2mm 的要求（最大的偏差达到 4～5mm）；且修补处接槎较明显，在新、老混凝土结合处还出现了一些新的裂缝，地面施工垃圾、残胶和涂料痕迹较多。再次将检查结果提交给业主备案，并协调土建施工单位对一些较大的空鼓进行了重新处理。鉴于土建施工水平和原地坪本身就是按一般厂房的地坪标准要求进行设计的情况，由环氧防静电地坪涂料施工公司进行进一步的基层处理，以求满足要求。

（2）基层的处理

① 对基层不平整的处理。采取打磨方法对基层进行处理。由于本工程施工时间比较充裕，可以采用水磨的方法进行打磨，即用水磨机将接槎和凸出部位打磨平整，清理浮浆，使其自然干燥。但是，当工期较紧时这种方法不适用。

② 对裂缝的处理。裂缝的处理是使用切割机将裂缝切割成 V 形槽，将槽内清理干净后，再与地面分割缝一起填补无溶剂环氧砂浆。无溶剂环氧砂浆系采用 Conipox 601 无溶剂环氧底漆和石英砂配制而成。

③ 铲除污物和起壳层。使用铲刀仔细清理面层沾染的建筑胶黏剂和涂料等，并连同起壳的壳层一起铲除。

④ 抛丸处理。对基层进行全部抛丸处理，去除表面疏松层，边角用干式打磨机处理。

⑤ 面层清理。将基层上的所有垃圾清理干净，再用工业吸尘器吸净灰尘，然后封闭现场。

⑥ 刮涂底漆。用刮涂方法刮涂 Conipox 601 无溶剂环氧底漆，然后再增加一道刮砂层。刮砂层使用的材料为采用 Conipox 601 无溶剂环氧底漆和细砂配制而成砂浆满刮。该刮砂层能够起到增强基层强度、改善防水性能和进一步找平基层的作用。

经过以上工序和方法对基层进行处理后，基层的平整度、强度提高，观感大为改善，并且基本上能够满足涂装环氧防静电地坪涂料施工的要求。

5. 环氧防静电地坪涂料的施工

（1）施工条件要求　环氧防静电地坪涂料施工的现场、气候、人员、劳动保护等的条件要求如表 4-37 所示。

表 4-37　环氧防静电地坪涂料的施工条件要求

<table>
<tr><th>类别</th><th>项目</th><th>要求内容</th></tr>
<tr><td rowspan="2">现场和气候</td><td>现场</td><td>要求封闭施工现场，无交叉作业，施工照明良好</td></tr>
<tr><td>气候</td><td>空气相对湿度要求<75%，温度高于露点温度 3℃以上</td></tr>
<tr><td>基层</td><td>含水率和 pH 值</td><td>基层的含水率应小于 4%；pH 值小于 9</td></tr>
<tr><td rowspan="2">人员和施工管理</td><td>人员</td><td>施工人员应有一定的施工经验，主要工种人员应技术熟练</td></tr>
<tr><td>管理</td><td>施工人员要组织得当，分工协作合理，衔接流畅，现场指挥人员应富有经验</td></tr>
<tr><td rowspan="2">劳动保护措施</td><td>防火安全</td><td>施工现场要注意防火和用电安全，安排专人布线掌灯</td></tr>
<tr><td>劳动保护</td><td>施工人员应穿工作服、戴手套，穿劳保鞋，进入施工区要换上拖鞋或穿鞋套</td></tr>
<tr><td rowspan="2">机具和仪器准备</td><td>机具</td><td>要准备好施工专用机具，如搅拌机、吸尘器、拖布、打料枪、推车、料桶、齿刀、刮板、针滚筒、钉鞋、鞋套、手套、加长杆、纸胶带、开桶器、批刀、铲刀等，放置于现场，随用随取</td></tr>
<tr><td>仪器</td><td>计量仪器如电子秤、温度计、温湿度仪、地温表、卷尺、靠尺和电阻仪等要备于现场，随时测量。涂层的厚度主要靠控制涂料的用量进行保证；施工时应随时记录温度和湿度</td></tr>
</table>

（2）涂料系统组成和施工方法　环氧防静电地坪涂料的涂料系统组成和施工方法如表 4-38 所示。在施工过程中，每道工序完成，并待涂膜干燥后才能进行下道工序，每道工序施工前应

打磨并除尘干净。面涂层完工后要养护 1d 才可行人，养护固化 7d 后才可行车。施工过程中的注意事项如表 4-39 所示。

表 4-38 环氧防静电地坪涂料的涂料系统组成和施工方法

种类	涂料或材料	施工方法
底漆	Conipox 601 双组分无溶剂环氧底漆	刮涂
增强层	Conipox 601 双组分无溶剂环氧底漆＋10％左右的细砂搅拌均匀	刮涂，针辊筒辊涂消泡
导电铜网	3m 自粘铜箔(10mm 宽，0.1mm 厚)	5m×5m 布网，每 500m^2 引出一个接地点与接地干线连接
导电中涂层	黑色 Conipox 289 环氧导电地坪涂料	刮涂＋辊涂
自流平防静电面涂	绿色 Conipox 270 AS 双组分无溶剂环氧面涂料	镘刀刮涂，涂层 2mm 厚，针辊筒辊涂消泡，每个约 2000m^2 的工作段需要一次性连续施工

表 4-39 环氧防静电地坪涂料的施工注意事项

项目	施工注意事项
计划安排	施工前根据预先划分好的施工段(本工程共分为 7 个施工段)，提前做好一切人、机和料的施工准备工作
材料	双组分涂料要严格按照比例进行混合，不足一桶的使用电子秤按照配比准确称量甲、乙双组分。双组分混合搅拌的时间一般为 3min，混合前涂料组分要先搅拌，有结块时要先过滤
施工及其配合	施工过程中要注意操作人员的明确分工与密切配合，送料、倒料要有条不紊，刮涂、消泡都要及时，工序尽量衔接紧密，以保证自流平涂料的流动性不受损失，避免固化后接槎明显，捡垃圾和消泡要仔细，保护和收边的人员要先行走，以免影响大面积的刮涂质量。自流平面涂料主要靠掌握其流动性来保证厚度均匀和观感一致、少接槎，应尽量做好施工细节的安排以达到这一目的
边界处理	施工边界的处理要及时，施工完毕后要安排专人值守，以免污损，最好一次成活，尽量避免修补
电阻测试和接地	①铜网布置和导电中涂完成后要测试导电性能；②工程每个段落和整体完成后都要使用兆欧电阻测量仪进行电阻的测试，包括表面电极间电阻和接地电阻。每 100m^2 要求测试两个点，如实记录测量结果并制成图表。完工后经有资质的第三方进行检测，测试结果全部合格，满足要求；③所述工程的接地工作由专业公司另行施工

6. 环氧防静电地坪涂料的施工质量保证措施

所述工程实例由于是由有经验的专业施工单位进行施工，并高度重视每个施工细节，因而取得了良好的效果。由于微电子行业的迅速发展和化工、医药、制衣生产环境和安全的需要，环氧防静电地坪涂料的应用可能会越来越多。为了保证施工质量，更好的促进其应用与发展，施工时应注意以下一些问题。

① 应该重视对基层的要求，在地坪设计时就应该明确对基层的要求，如平整度、强度、防水、分格缝和接地系统等，保证基础工作坚实。

② 处理基层前一定要先进行全面的检查、评估，充分考虑到各种可能产生的影响，预先采取措施或对策进行预防。环氧防静电耐磨地坪返工、翻新和维修的成本高，因而应尽量提前将工作做好，不留隐患，保证施工出的地坪的长久质量。

③ 环氧防静电地坪涂料施工前一定要进行全面的抛丸处理，以去除薄弱层，增加表面粗糙度，保证底漆的附着性能。

④ 应确保材料的质量符合有关标准要求；施工配制涂料时不可随意加砂；自流平面漆的流动性要好，以保证涂膜厚薄均匀和涂层的装饰效果。

⑤ 应综合考虑接地系统，将地坪、设备和人员防护接地联系在一起，应单独接地，不可与防雷接地和其他配电系统共用接地系统。

⑥ 基层的处理也可以考虑用高强自流平水泥进行补强加固；应正确选用嵌填分割缝用的材料。

八、防静电地坪涂料通用规范介绍

中国电子行业标准 SJ/T 11294—2003《防静电地坪涂料通用规范》，规定了防静电地坪涂料通用的术语和定义、要求、试验方法、验收规则和标志、包装、运输、储存等要求。该规范适用于作为电子、邮电通信、精密仪器、印刷、有机溶剂的厂房等需要防静电地坪涂装的水泥、混凝土、石材或钢材等基面涂装的各种防静电地坪涂料。下面介绍该规范的主要内容。

1. 规范使用的术语和定义

(1) 静电耗散型材料 (electrostatic dissipative material)　表面电阻或体积电阻在 10^6～$10^9\Omega$ 之间的材料。

(2) 导静电型材料 (static conductive material)　表面电阻或体积电阻小于 $10^6\Omega$ 的材料。

(3) 自流平地坪涂料 (self-leveling floor coating)　在水平基面上涂覆后能自身流动找平，一遍施工厚度在 0.5mm 以上的地坪涂料。

(4) 弹性地坪涂料 (spring floor coating)　玻璃化温度低于室温，扯断伸长率大于 50%，取消外力作用后涂层具有比较好的复原性能的地坪涂料。

(5) 普通地坪涂料 (common floor coating)　采用喷涂、滚涂或刷涂等施工方法，一遍施工成膜厚度在 30μm 左右的地坪涂料。

(6) 底涂 (料) (primer)　多层涂装时，直接涂到地板基体上的涂料。

(7) 面涂 (料) (finish)　多层涂装时，涂于最上层的涂料。

2. 分类与命名

(1) 分类　防静电地坪涂料分类如下：

① 自流平防静电地坪涂料面涂，又分为导静电型和静电耗散型。

② 普通防静电地坪涂料面涂，又分为导静电型和静电耗散型。

③ 防静电地坪涂料底涂。

④ 弹性防静电地坪涂料。

(2) 命名　防静电地坪涂料分类及其代号见表 4-40。

表 4-40　防静电地坪涂料的分类及其代号

施工方式		涂层结构		防静电类型		复原性能	
代号	名称	代号	名称	代号	名称	代号	名称
P	普通型	m	面涂	H	静电耗散型	t	弹性型
Z	自流平型	d	底涂	D	导静电型	(无代号)	非弹性型

防静电地坪涂料型号命名用图 4-19 所示形式表示。

(3) 示例

示例 1　导静电型自流平防静电地坪涂料面涂，应表示为 TDZm。

示例 2　静电耗散型自流平防静电地坪涂料面涂，具有弹性，应表示为 THZmt。

示例 3　静电耗散型普通防静电地坪涂料面涂，应表示为 THPm。

示例 4　防静电地坪涂料底涂，应表示为 Td。

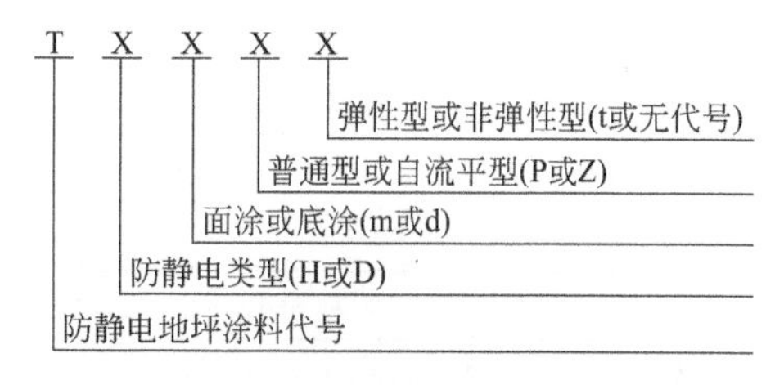

图 4-19　防静电地坪涂料型号命名形式表示方法

3. 技术要求

（1）自流平防静电地坪涂料面涂　自流平防静电地坪涂料面涂产品技术要求应符合表 4-41 的规定。

表 4-41　自流平防静电地坪涂料面涂和弹性自流平防静电地坪涂料技术要求

序号	检验项目		指标	
			自流平防静电地坪涂料面涂③	弹性自流平防静电地坪涂料
1	容器中状态		搅拌混合后无硬块	
2	颜色及外观		涂膜平整光滑,颜色均一	
3	干燥时间/h	表干	≤6	≤6
		实干	≤48	≤48
4	耐水性/48h		涂膜完整,不起泡、不剥落,允许轻微变色,2h 后恢复	
5	耐化学性	10% H_2SO_4 48h	涂膜完整,允许轻微变色	
		10% NaOH 48h		
6	硬度(邵氏硬度计,D 型)		≥70	50～95①
7	耐磨性(750g,500r),失重/g		≤0.03	≤0.015
8	耐洗刷性/次		≥10000	—
9	抗压强度/MPa		≥70.0	—
10	黏结强度/MPa		≥2.0	≥2.0
11	表面电阻、体积电阻/Ω	导静电型	$5\times10^4\sim1\times10^6$	$5\times10^4\sim1\times10^6$
		静电耗散型	$5\times10^6\sim1\times10^9$	$1\times10^6\sim1\times10^9$
12	阻燃性(水平燃烧法)		≤FH-2-45	≤FH-2-45②
13	环保性(有害物质含量)		见 GB 18581—2009	见 GB 18581—2009
14	拉伸强度/MPa		—	≥0.8
15	扯断伸长率/%		—	≥50

① 硬度为邵氏硬度计，A 型。
② 阻燃性为垂直燃烧法。
③ 制板检测涂膜厚度及推荐施工厚度为 1～2mm。

（2）普通防静电地坪涂料面涂　普通防静电地坪涂料面涂产品技术要求应符合表 4-42 的规定。

表 4-42　普通防静电地坪涂料面涂技术要求

序号	检验项目		指标
1	容器中状态		搅拌混合后无硬块
2	刷涂性		刷涂后无刷痕,对底材无影响
3	固体含量/%		≥55
4	颜色及外观		涂膜平整光滑,颜色均一
5	干燥时间/h	表干	≤6
		实干	≤24
6	硬度(铅笔)		≥B
7	抗冲击性/cm・N		≥400
8	柔韧性/mm		≤3
9	附着力(划格实验)/级		≤1

续表

序号	检验项目		指 标
10	耐磨性(750g,500r),失重/g		≤0.03
11	耐水性/48h		涂膜完整,不起泡、不剥落,允许轻微变色,2h后恢复
12	耐化学性	10%NaOH 48h	涂膜完整,允许轻微变色
		10% H_2SO_4 48h	
13	表面电阻、体积电阻/Ω	导静电型	$5\times10^4\sim1\times10^6$
		静电耗散型	$5\times10^6\sim1\times10^9$
14	阻燃型(水平燃烧法)		≤FH-2-45
15	环保性(有害物质含量)		见GB 18581—2009

(3) 防静电地坪涂料底涂 防静电地坪涂料底涂产品技术要求应符合表4-43的规定。

表4-43 防静电地坪涂料底涂技术要求

序号	检验项目		指 标
1	固体含量/%		≥55
2	干燥时间/h	表干	≤6
		实干	≤24
3	附着力(划格实验)/级		≤2
4	柔韧性/mm		≤2
5	表面电阻、体积电阻/Ω		$<1\times10^6$
6	打磨性(24h后,300#水磨砂纸,20次)		易打磨,不粘砂纸
7	对面漆的适应性		无不良反应
8	环保性(有害物质含量)		见GB 18581—2009

(4) 弹性自流平防静电地坪涂料 弹性自流平防静电地坪涂料产品技术要求应符合前述表4-41的规定。

第四节 沥青路面用太阳热反射涂料简介

一、概述

1. 沥青路面高温危害

由于沥青路面呈黑色，对太阳热辐射的吸收率可达0.85～0.95。在夏季，太阳热辐射强度高，日照时间长，极易导致沥青路面温度升高。在高温条件下，沥青性能从弹性体向塑性体转化，劲度模量下降，其抗变形能力降低，在车辆荷载作用下会出现车辙。

车辙会对原有路面产生破坏，并诱发其他病害，雨天还会在车辙内积水以及冬季车辙内聚冰，造成路面防滑能力下降。

当气温低于30℃时一般不会有大的车辙；气温超过38℃车辙深度会很快增大；若连续超过40℃，则路面可能会发生严重的车辙损坏，车辙深度可能会以厘米级速度发展。

过高的路面温度不但易产生车辙，还会由于轮胎与路面的摩擦生热，胎内气压随之增高，使轮胎胎体发胀变薄而产生爆胎的危险。

在夏季，沥青路面一天的热辐射量可高达草地的10.7倍。而在晚上，草地不但不向大气辐射热量，还能从大气中吸收热量；沥青路面则从傍晚18：00到次日早6：00向大气辐射的热量仍占一天的1/3。

白天沥青路面温度远高于裸土表面温度，在午后温度上升超过60℃，即使在日出前沥青路面温度仍高于大气温度5℃。因而，沥青路面对公路沿线热物理环境会产生不良影响，特别是在建筑物密集且人工放热大的城市，沥青路面加剧了城市“热岛效应”。沥青路面反照率从0.1提高到0.4，降低大气温度最高值可达0.6℃。

2. 沥青路面用太阳热反射涂料

应用于沥青路面的太阳热反射涂料属于反射隔热涂料的一种，是一种功能性涂料，已经成功应用于军用、石油输送、储罐和建筑等领域多年，在许多领域已经成为成熟的应用技术。

太阳热反射涂料具有较强反射太阳辐射热的能力，施涂于路面后，能够将一部分太阳辐射热反射到大气中，抑制路面温度上升。这种涂料在日本的沥青路面已大量应用，根据其工程实践的总结，具有以下特点。

① 可降低沥青路面表面温度10～15℃，甚至更高；由于减少路面的蓄热量，不仅能降低白天路面温度，对城市“热岛效应”也有所缓解。

② 施工操作方便，开放交通早。由于热反射型沥青路面所用涂料属于冷涂型涂料，施工时无需加热，小面积涂刷时无需专用设备，涂料干燥快，对交通的影响小。

③ 由于涂料涂刷于路表，降温效果下降后可通过重复涂刷而恢复路面降温能力，保持降温的长久性。

④ 适用于新、旧沥青路面。对于特殊功能路面，如开级配防滑磨耗层（OGFC），不会降低路面原有的透水、降噪、防滑等性能。

⑤ 针对不同功能的使用场合，如行车道、人行道、公园、广场等，可以选择不同的颜色，从而提高美观性。

⑥ 抗滑方面稍有不足，但可通过添加防滑颗粒补偿。

3. 太阳热反射涂料在沥青路面中的应用

太阳以大约1.77×10^{17} J/s的速度将能量辐射到地球表面，给地球生命提供了生存条件，但夏季强烈的热辐射也给人类生活带来诸多不便。自20世纪70年代以来，美国、英国、日本等国家开始研究能反射太阳热量的隔热涂料及其应用技术，因其具有经济、使用方便和隔热效果好等优点而越来越受重视。在我国，目前该类涂料在石油和建筑行业都得到成功应用。以建筑行业来说，从20世纪末、21世纪初就已经开始在建筑物的屋顶、外墙面应用。从2007年开始相继颁布了该类涂料产品的建材行业标准、建工行业标准和国家标准，最近又颁布了规范其应用的JGJ/T 359—2015《建筑反射隔热涂料应用技术规程》。

但是，直到21世纪初，太阳热反射材料在路面中才得以首次应用。2002年，日本长岛特殊涂料公司和日本铺道公司联合开发出一种能控制公路路面温度升高的新型铺路材料，称为“凉顶”（cooltop）。铺完沥青混合料后，再铺一层由微小陶瓷粒子和热反射颜（填）料组成的“凉顶”，其中含有的微小粒子能反射太阳光中的红外线。继长岛特殊涂料公司后，日本许多家企业纷纷开始了热反射涂料研究，并组建了遮热性路面研究协会，进一步推动了热反射涂料的相关研究及其在路面中的广泛应用工作。近两年，开发了溶剂型、乳液型等多种适合于不同场合的热反射涂层铺装材料，除行车道和人行横道外，还在广场、游泳池旁等特殊工程中应用[22,23]。

目前，日本国内已有40多个行政区的道路采用了遮热性路面，累计超过百万平方米，其中东京地区占全国总铺装面积54%[24]。对涂装三种不同颜色热反射涂料及未涂装的普通沥青路面进行路表反照率及温度测试，路面温度均有不同程度降低，最大降幅可达15℃以上；对不同路面进行的降温效果试验表明，涂刷热反射涂料的透水性路面与普通透水性路面温度低4～5℃。日本遮热性铺装协会在总结已有成果的基础上，编制了行业内部的技术应用指南，提出了相关试验方法。

但是，目前我国反射隔热涂料用于沥青路面降温还处于研究探索阶段，仅有部分高校开展相关技术研究工作，像日本那样大面积推广应用尚待时日。

二、热反射型沥青路面降温机理

1. 隔热涂料分类及其降温机理

根据降温机理不同隔热涂料可以分为阻隔型隔热涂料、反射型隔热涂料和辐射型隔热涂料三类。

（1）阻隔型隔热涂料　阻隔型隔热涂料是采用低热导率材料或在涂膜中引入热导率极低的空气，目的是降低涂层的热导率从而获得良好的隔热效果。材料热导率的大小是材料隔热性能的决定因素，热导率越小，隔热保温性能就越好。此外，也通过增大涂层厚度，延长热量流入路径，使得涂层具有一定的减慢热流传递的能力，增强了隔热降温效果。

（2）反射型隔热涂料　反射型隔热涂料是根据任何物质都具有反射或吸收一定波长太阳光的性能理论，通过提高反射可见及红外线的形式把太阳光能从其表面就与涂层下基体隔绝，从而抑制被涂覆物体升温。太阳辐射能绝大部分处于可见光和近红外区，即 400～2500nm 范围。在该波长范围内，反射率越高，涂层的降温效果越好。因此通过选择合适的树脂、颜（填）料及生产工艺，可制得高反射率的涂层，反射可见光及红外线，以达到降温目的。

（3）辐射型隔热涂料　辐射型隔热涂料主要是通过热辐射的形式把物体吸收的热量以一定的波长（主要集中在红外波段）发射到空气中，从而达到降温目的。为了使涂层在红外波段具有较好的辐射效果，首先必须使红外辐射能顺利地穿过大气层发射到外层空间。大气对于红外辐射有 2 个窗口，分别位于 3～5μm 和 8～13.5μm，即大气对这 2 个区域的红外辐射吸收能力较弱，透过率一般在 80%以上。要想实现物体的持续降温，就得把吸收的热量尽可能地辐射到外层空间中去。因此，要使涂层材料在 3～5μm 和 8～13.5μm 波段内有高的发射率，必须加入此波段范围具有高峰吸收值的物质，增强辐射涂层在此波段范围的辐射能力，红外辐射物吸收了辐射热能而改变和加剧了分子内部的运动，使粒子能态级产生从高到低的热发射，从而降低被涂物体的温度。

2. 热反射型沥青路面降温及环境改善机理

黑色的沥青路面对太阳热辐射吸收率可高达 0.85～0.95，在太阳热辐射长时间照射下温度极易升高。提高沥青路面反照率是抑制沥青路面温度上升的有效办法。

热反射型沥青路面降温工作机理如图 4-20 所示。对比发现，热反射型沥青路面由于路表面与普通沥青路面相比多了一层太阳热反射涂层，增大了对太阳热辐射的反射能力，使得进入沥青路面结构的热量减少，减少后的热量不足以再使得沥青路面温度升高过大；添加的玻璃（或陶瓷）空心微珠，由于其内部填充惰性气体，热导率极低（小于 0.055W/m·K），也减少了热量进一步在路面结构层内的传导；添加的辐射材料，增加了涂层在大气“红外窗口”的辐射能力，产生了一定的辐射制冷作用。

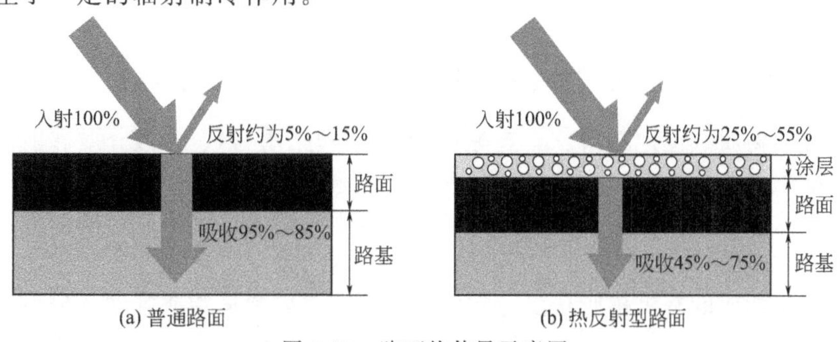

图 4-20　路面热传导示意图

总之，热反射型沥青路面主要依靠涂层对太阳热反射减少太阳热辐射进入沥青路面结构层的热量，通过添加热障涂层与辐射涂层分别起到减缓热量进入结构层速度与提高其对外辐射能力，从而达到“反射”“热阻”“辐射”综合降低沥青路面温度的目的。

热反射型沥青路面环境改善机理在于，物体的辐射能力与该物体的温度呈四次方幂指数正关系，热反射型沥青路面温度降低则其对周围物体，尤其是近路面大气的辐射能减少，例如沥青路面温度从60℃降到50℃，则辐射能力从641W/m^{2}降低到568W/m^2，因而减少了沥青路面自身通过辐射对近路面大气热量的传输，从而改善了近路面大气温度环境，有助于缓解“城市热岛效应”。

此外，热反射型沥青路面能够将路面高温时的能量以长波辐射的形式向外发射出去，由于其表层的太阳热涂层中的功能性填料具有特殊的红外特性，即能够在3～5μm和8～13.5μm波段内有高的发射率，使得其热量以长波辐射的形式通过大气“红外窗口”而不被大气所吸收，因此能够有效地降低大气温度。

3. 热反射型沥青路面降温特点

热反射型沥青路面主要通过增大对太阳热辐射的反射，减少太阳热辐射进入沥青路面结构层，从而抑制沥青路面温度的上升，因此热反射型沥青路面降温效果一方面取决于太阳热辐射强度的大小，另一方面也与其自身对太阳热辐射的反射能力有关，而后者往往会因涂料的颜色不同降温效果不同。

一般地说，不同颜色的涂料对太阳热辐射有着不同的吸收和反射能力，即涂膜的颜色越浅，降温效果越好，但总的来说主要与其反射率的大小有关，图4-21为涂刷不同颜色后的试件温度对比情况，可以看出白色涂料降温效果最为明显，这主要是其反照率最大达到了0.6，黑色降温效果最差，其反照率为0.25[25]。对于应用在沥青路面上的涂料，考虑到行车安全，应尽量使用深色系且高反照率的太阳热反射涂料，而且现在“冷颜料”的开发应用在很大程度上解决了深颜色太阳热反射涂料反射性能降低的问题。

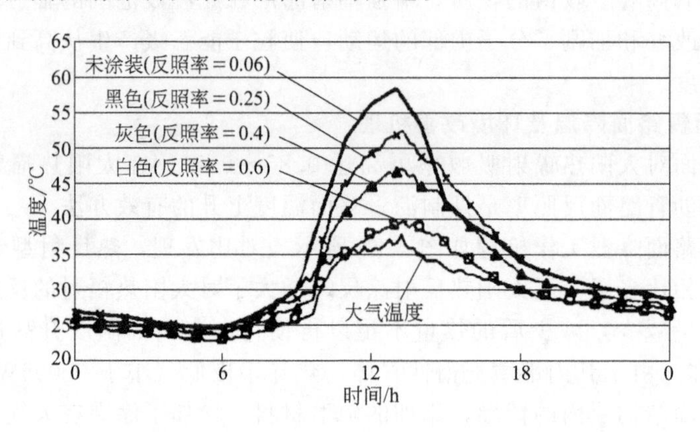

图4-21 不同色调（反照率）的涂料降温效果试验

三、应用于沥青路面的反射隔热涂料制备技术主要研究结果

涂料是由成膜物质（也称基料、漆基等）、颜料（包括填料）、分散介质和助剂四种组分组成的。由于目前国内路用反射隔热涂料还处于材料研发过程[26]，进行实际道路试验还仅是探索阶段。因而，这里仅介绍路用反射隔热涂料制备技术的某些主要研究结果。

1. 成膜物质的选用

作为涂料成膜物质的有机树脂很多，常用的有聚丙烯酸酯树脂或乳液、聚氨酯树脂、环氧树脂、不饱和聚酯等。据了解，目前为制备应用于路用反射隔热涂料而选用成膜物质时，应避免选用结构中含有 C—O—C、C ═O 和—OH 等基团的树脂[27]，常选用的有聚丙烯酸酯树脂、聚氨酯树脂、聚脲树脂、环氧树脂、不饱和聚酯树脂和有机硅改性聚丙烯酸酯树脂等。此外，还可以根据不同的应用场合选择路用反射隔热涂料成膜物质。例如，溶剂型聚丙烯酸酯树脂多用于行车道；聚脲树脂多用于行车道或人行道；聚丙烯酸酯乳液多用于人行道。

当成膜物质使用硅丙乳液时[28,29]，所制得的路用热反射涂料可以有效地提高沥青路面的反射率，降低沥青路面的平衡温度，可以降低表面温度 11.4℃。应用热反射涂料后路面的抗滑性能略有降低，但仍满足路用要求。新施工的热反射涂层的眩光性能介于普通路面和交通标线之间，在使用过程中逐渐降低。此外，涂料具有良好的耐水性。

当成膜物质使用不饱和聚酯，同时配以过氧化甲乙酮（MEKPO）/烷酸钴体系作为涂料的固化体系时[30]，固化后涂膜表面状况良好，固化时间适用于路面施工；涂料具有良好的耐水性、耐油性、柔韧性、耐磨性和抗滑性，在夏季高温季节可降低路面温度近 10℃。

当成膜物质使用乙烯基树脂改性环氧树脂（聚丙乙烯基树脂）时[31]，制备的涂料性能良好：具有明显的降温效果，最高降温幅度可达 12.5℃，且涂层的耐水、耐碱性优良；通过添加标准砂可以提高涂膜抗滑性能。

2. 玻璃空心微珠及其功能特性

从各种研究结果来看，用于路用热反射涂料的功能性材料，即能够起到显著反射太阳辐射热功能的主要材料是玻璃空心微珠[29,32]，辅助颜料为二氧化钛（钛白粉），这和其他场合应用的反射隔热涂料是一样的。

玻璃空心微珠也称陶瓷空心微珠，是一种功能性填料，是赋予建筑反射隔热涂料功能性的最重要材料。功能性填料中除了玻璃空心微珠外，作为辅助性功能填料使用的还有粉煤灰空心微珠、云母粉等。

（1）玻璃空心微珠基本特性　玻璃空心微珠是一种中空薄壁坚硬轻质的球体或近似球体，球体内部封闭有稀薄的惰性气体，具有良好的耐酸、耐碱性，不溶于水，软化温度为 500～550℃，抗压强度高。

图 4-22 为玻璃空心微珠的偏光显微镜照片，从图 4-22 中可以看出，微珠是一颗颗透明的微米级玻璃质密闭中空球体，圆形度很高。此外，它还有坚硬的球壳，球体内充有稀薄的 N_2。玻璃空心微珠作为一种新型的功能填料，具有以下优点[33]。

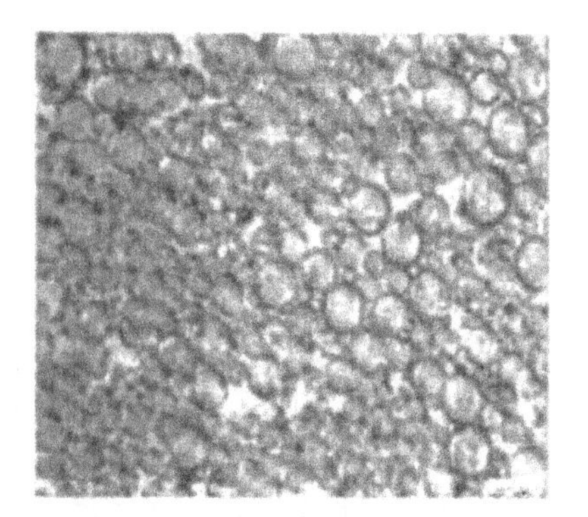

图 4-22　玻璃空心微珠的偏光显微镜照片

① 热导率低，20℃时，可在 0.0512～0.0934W/（m·K）进行调节。

② 真密度小，在乳液体系中均匀分散，可在 0.25～0.60g/cm^3之间进行密度调节。

③ 抗压强度高，可在 5～82MPa 之间进行调节，在混合过程中不易破碎，能充分发挥隔热作用。

④ 密封性好，能够保持涂料体系稳定。

玻璃空心微珠的各项理化性能见表 4-44。

表 4-44　玻璃空心微珠的各项理化性能

项目	性能	项目	性能
外观	流动性良好的白色粉末	粒径范围/μm	2～125
热导率(20℃)/[W/(m·K)]	0.0512～0.0934	抗压强度/MPa	5～82
堆积密度/(g/cm^3)	0.147～0.42	pH 值	7～8
真密度/(g/cm^3)	0.25～0.60		

（2）玻璃空心微珠在反射隔热涂料中的作用机理　玻璃空心微珠在反射隔热涂料中作用的基本原理是，当反射隔热涂料涂布在基层形成涂膜时，玻璃空心微珠赋予涂膜以太阳光反射性能，使涂膜能够通过反射太阳光来阻隔外部热量向基体的传导。

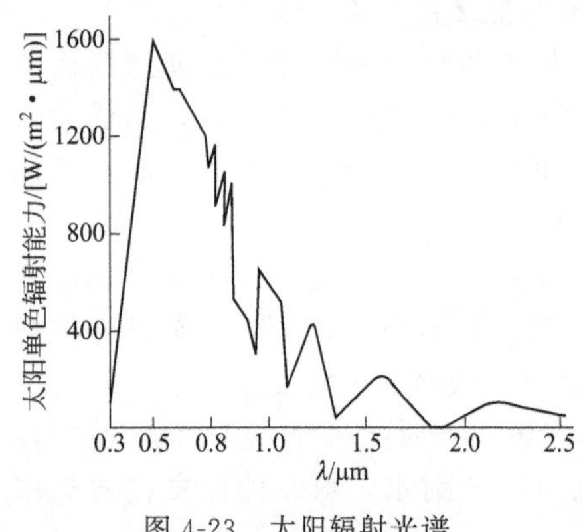

图 4-23　太阳辐射光谱

太阳光是一种电磁波，地球表面的太阳辐射光谱图见图 4-23。

通过对地球表面太阳辐射的光谱图分析发现，太阳辐射通过大气后，其强度和光谱能量分布都发生变化。在地球表面的整个太阳光谱里，紫外线波长在 0～0.4μm，它在整个太阳光谱的比例为 3%；可见光波长在 0.4～0.8μm ，它在整个太阳光谱里的比例是 44%，近红外波长在 0.8～2.5μm，它在整个太阳光谱里所占比例是最大的（53%），由于产生热能的光波是近红外光波，故远红外光波可以忽略不计。因此，反射隔热涂料的主要作用区域为可见光区域和近红外区域。

反射隔热涂料在施工成膜后，在涂膜中形成一个由玻璃空心微珠组成的中空层，玻璃空心微珠其外部呈近似的圆球形，具有很好的红外线反射性能，对可见光具有很好的反射作用。由于玻璃空心微珠的中空特点，其会紧密排列成对热有隔阻性能的中空气体层，阻隔热量通过传导机理的传导。

紧密排列的玻璃空心微珠内部含有稀薄的气体，使其热导率很低，使涂层具有好的隔热保温效果。因而，反射隔热涂料可以对太阳光的可见光和红外线进行反射，达到降低涂膜表面温度升高而阻隔热量传导的目的。

（3）玻璃空心微珠在反射隔热涂料中的作用　当然，玻璃空心微珠在反射隔热涂料中的最主要的作用还是赋予涂膜以反射性能。但除此之外，玻璃空心微珠在反射隔热涂料中还能具有以下一些作用。

① 单个玻璃空心微珠近似于球形，在涂料中具有自润滑作用，可有效增强涂层的流动、流平性。由于球形具有同体积物体最小的比表面积特性，使得玻璃空心微珠比其他填料具有更小的吸油率，可降低涂料其他组分的使用量。

② 玻璃空心微珠内含有气体，具有较好的抗冷热收缩性，增强涂层的弹性，减轻涂层因受热胀冷缩而引起的开裂倾向。

③ 玻璃空心微珠的玻璃化质表面具有良好的抗化学腐蚀性，能够增强涂膜的防沾污、防腐蚀、耐紫外线老化和耐黄变效果。

（4）玻璃空心微珠在反射隔热涂料中应用应注意的问题

① 构成玻璃空心微珠的材料应为优质玻璃。只有优质的玻璃其表面才能够有效提高反射隔热涂料的热反射率和发射率。

② 玻璃空心微珠应具有合理的粒度分布。玻璃空心微珠粒度应呈正态分布，这样有利于形成稳定的中空层。

③ 玻璃空心微珠应具有良好的机械性能，抗酸、碱性和抗老化性能，这是其在反射隔热涂料中应用的基本要求。

④ 玻璃空心微珠应具有良好的表面结合性能，其表面和涂料中有机分子结合的亲和性（相容性）决定最终涂膜的力学性能。

3. 颜料的选用——冷颜料

对于路用反射隔热涂料来说，颜料的选用可能是必须的，但颜料的选用必然会降低涂膜的反射隔热性能。提高深色涂料对太阳光、热的反射性能，对于以深颜色为应用主要对象的路用反射隔热涂料来说意义更大。在已经得到成熟应用的其他场合（例如外墙建筑涂料）来说，也在寻求这个问题的解决途径，目前得到的有效方法是使用“冷颜料”。

（1）定义冷颜料也称红外反射颜料，通常定义为具有高太阳光反射率和良好的耐温性、耐候性，并且自身化学稳定性非常优异的一类颜料。一些复合无机“冷颜料”系经800℃以上的高温煅烧而成，因而具有优异的耐候性、耐高温性和环保性。

（2）“冷颜料”在反射隔热涂料中的应用　为了提高反射隔热涂料的反射性能，可采用光谱选择性颜料，即“冷颜料”配成一定颜色，“冷颜料”能提高红外区的反射率。

配制有色反射隔热涂料的关键技术之一是选择较低吸收率的黑色颜料。一般地说，配制相同颜色的涂料，用红外反射颜料的涂料和用普通颜料的涂料相比其反射率会较高。且颜色越深，差值越大，最大可达20%以上。美国军标规定深色涂料反射率在50%以上；美国绿色涂料环境标志（GS-11 Green Seal Environmental Standard for Paints and Coatings）对墙面建筑涂料的要求是浅色涂料反射率在65%以上，深色涂料反射率在40%以上。

颜料的颜色特性决定了该着色物体对太阳光的吸收和反射率的高低。作为“冷颜料”的特殊功能，它主要体现在着色物体对太阳光的反射率方面，颜料越“冷”，其反射率越高。因紫外线的穿透性很强，所有颜料往往在该波段几乎都不反射。所以，在可见光和近红外波段，反射率的高低决定着该颜料是否是“冷颜料”的关键。白色的颜料（全反射可见光）大多是“冷颜料”，而且反射率和冷效果最好。相反，黑色颜料（全吸收可见光）则应该是“热颜料”。

（3）颜料近红外反向散射能力分类　美国劳伦斯伯克利国家实验室（LBNL）根据颜料近红外的反向散射测试结果，将颜料进行了分级，分别为强、中、弱近红外散射性颜料，具体分类如表4-45所示。从表4-45可以看出，冷颜料大多数属于强、中近红外散射性颜料。

表4-45　颜料近红外反向散射能力分类

强近红外散射性颜料（系数>1000mm^{-1},1μm）	中近红外散射性颜料（系数10～1000mm^{-1},1μm）	弱近红外散射性颜料（系数<10mm^{-1},1μm）
钛酸铬黄、氧化铬铁黑、钛酸镍黄、掺片状云母的金红石型二氧化钛、金红石型二氧化钛	镉橘黄、亚铬酸钴蓝、亚铬酸钴绿、钛酸钴绿、钛铁棕、改性氧化铬绿、酞菁红、氧化铁红、氧化铁棕	铝酸钴蓝、二芳基黄、二氧化紫、汉莎黄、二萘嵌苯黑、酞菁蓝绿、喹吖酮红、群青

（4）“冷颜料”的基本性能举例　表4-46为Ferro公司Eclipse系列“冷颜料”中几种产品的基本性能。

表4-46　几种“冷颜料”产品的基本性能

项　目	性　能				
	V13810铁红	V9118镍钛黄	V9250钴铝蓝	10241铬铝绿	V778铁铬黑
颜料索引号	P. R. 101	P. Y. 53	P. B. 28	P. G. 17	P. G. 17
密度/(g/cm^3)	5.15	4.55	4.30	5.00	5.20
pH值	7.0	7.0	8.7	6.8	6.5
吸油量/(g/100g)	20.0	14.0	18.7	12.0	13.0
粒子尺寸/μm	0.27	0.83	0.62	1.65	1.02

（5）“冷颜料”的太阳光总反射率（TSR）　颜料应用在涂料体系中，一般很少会出现纯透明体系涂料，而且大多数涂料中都会加入白色颜料如钛白粉，这就使得浅色涂料系统往往会自带“冷涂料”的效果（实际为钛白粉的作用）。因为黑色颜料一般为全吸收，如炭黑无论加入何种涂料体系中其太阳光总反射率（TSR）值都很低，所以黑色复合无机冷颜料的出现无疑对反射隔热涂料的发展和应用具有重要意义。

以Ferro公司系列Eclipse“冷颜料”为例，对其在PDVF氟碳涂料体系按透明和不透明（1∶4钛白粉比例）体系，测试涂料的TSR值，结果见表4-47[34]。

表4-47 Ferro冷颜料用于透明和不透明体系涂料的反射率

颜料C.I.	颜色	太阳光总反射率(TSR)值/%	
		透明	不透明
钛白粉	白色	>80	>80
炭黑	黑色	5～6	5～6
镍钛黄PY-53	黄色	72	78
钴铝蓝PB-28	正蓝色	36	63
铁铬黑PG-17	黑色	30	52
铬铝绿PG-17	军绿色	42	66
铁红PR-101	铁红	46	63

由表4-47可见，黑色冷颜料PG-17（铁铬黑）在透明涂料体系中TSR值已有超过30%的，这拓宽了反射隔热涂料在黑色和深色涂料体系中的应用。由于复合无机颜料大都为金属化合物经过高温煅烧生产，所以相比其他无机颜料而言其成本相对较高。冷颜料在国内涂料领域中的应用目前已处于推广起步阶段。

采用特殊黑色隔热颜料（冷颜料）的涂料，其太阳光反射比远大于炭黑的太阳光反射比，用该颜料调配的涂料比用一般颜料制备的涂料太阳光反射性能好很多。同时，由普通颜料制备的不同复色涂料太阳光反射比差异较大，其中的可见光部分反射率对总反射率的贡献较大。

四、沥青路面用反射隔热涂料涂装技术

沥青路面用热反射涂料虽然还没有在实际工程中应用，但有的研究在得到良好的实验室结果后，进行了一定规模的实际路面试验，下面介绍在实际路面试验[35]中使用的涂料施工方法。

1. 应用热反射涂料试验路的基本情况

试验路段选在某大学校园内的一条行车道上，表面为密级配沥青混凝土，路幅宽度为5m。试验路段面积为156m^2，其中蓝色和灰色涂层各半幅。

2. 沥青路面用热反射涂料实际路面试验用材料

（1）沥青路面用热反射涂料 该涂料为双组分，A组分为固体引发剂，B组分为液体涂料。现场施工时将两种组分混合后施工。

（2）防滑粒料 选用高温煅烧陶瓷颗粒，应保证颗粒干燥无杂物，颗粒粒径范围为0.5～1.0mm。其性能参数如表4-48所示。

表4-48 热反射涂层用防滑粒料性能参数

项　目	指标	项　目	指标
密度/(kg/m^3)	2.25～2.70	磨耗损失率/%	<20
吸水率/%	<2.0	硬度(莫氏)	>7

3. 沥青路面用热反射涂料实际路面试验用主要设备

热反射涂料的施工可使用专用设备喷涂和人工滚涂两种施工方式。人工滚涂适用于小面积以及密级配施工，喷涂施工适用于排水性路面以及大面积施工，主要设备见表4-49。

表 4-49 沥青路面用热反射涂料实际路面试验用主要设备

设备名称	用途	设备名称	用途
螺旋搅拌机	用于涂料施工前的搅拌混合均匀	骨料撒布设备	均匀撒布防滑粒料
鼓风机	吹扫路面灰尘及松散骨料	扫帚、胶带等	清扫路面及黏封标线等
涂料施工设备	喷涂或者滚涂热反射涂料		

4. 热反射涂料施工的基本要求

(1) 对原路面的要求

① 具有足够的强度和刚度。原路面应能承受荷载的作用，在重复荷载作用下，不会产生残余变形，也不允许产生剪切和弯拉破坏。

② 具有良好的整体稳定性。原路面的整体稳定性是保证施工后路面稳定性的基本因素。

③ 表面平整、清洁。

(2) 施工气候条件　热反射涂料为双组分材料，A组分为固体引发剂，B组分为溶剂型涂料，施工温度过高会导致涂层凝固过快，温度过低不利于材料成分的充分反应，施工气温在10～25℃，路面温度在10～35℃，同时应避免雨天施工，路面含水率不宜过高。

(3) 施工人员要求　施工队伍应有一定的组织，基本组成应包括施工负责人、操作人员、路面清扫人员和路面标线黏封人员等。

(4) 对交通的要求　在涂料施工过程中要封闭交通。封闭时间应在涂料施工并完成养护(需30～60min)后开放。施工过程中应设置醒目的交通标志。

5. 热反射涂料施工工艺

(1) 基本施工流程　路用热反射涂料施工工艺流程如下：新建沥青路面清扫或旧路面养护维修→路面清扫及养生→涂布第一层涂料→撒布第一层防滑粒料→养生→涂布第二层涂料→撒布第二层防滑粒料→养生→撤养生用塑胶膜、清扫→开放交通。

(2) 施工操作

① 实行交通管制，设置交通标志，要求醒目。

② 新建沥青路面表面的沥青膜会影响热反射涂料的黏结性能，因此在新建沥青路面施工涂料前须进行研扫处理；对于旧沥青路面则无须进行此操作，但是若表面有油脂等污迹，则需要进行相应的处理。同时，对影响路面结构强度的病害进行修补。

③ 用高压气流鼓风机将路面上松动的细颗粒及灰尘，由里向外吹出路面，用胶布封黏路面标线，用土工布或者塑胶膜覆盖在施工以外处，以防施工时受到污染。

④ 混合并调配涂料。调配时注意硬化剂添加量。

⑤ 按照室内试验确定的最佳涂料用量施工第一层涂料，涂布量为0.4kg/m^2。涂料施工方法根据工程规模确定。滚涂适于小面积施工，喷涂适于大面积施工。

⑥ 第一层涂料施工后，紧接着撒布防滑粒料。撒布量为0.5kg/m^2。如采用鼓风机吹撒粒料可能会导致粒料飞散至施工段以外处，可使用护墙板将施工处围起来。待撒布完第一层防滑粒料后进行养生。养生时间为30(夏季)～60min(冬季)。

⑦ 第一道涂料硬化、防滑粒料固定后，按相同方式施工第二道涂料和撒布防滑粒料。第二道涂料的涂布量为0.4kg/m^2，粒料撒布量为0.2 kg/m^2。

热反射涂料涂布完成后，进行路面的最后养生，养生时间为夏季30min，冬季1h。同时，及时清扫受污染部位，撤去塑胶膜。若涂料超出范围黏到标线，需用贴片铲等工具将其刮除。待路面达到一定强度后，将清除黏封胶布，开放交通。

6. 施工注意事项

① 施工前须测定涂料固化时间，根据固化时间确定施工操作时间。

② 施工时应佩戴口罩、穿工作服。

③ 人工滚涂存在一定程度的不均匀性，且部分孔隙不易覆盖。大面积施工应采用喷涂；人工撒布防滑粒料时容易造成不均匀，大面积施工时可采用专用粒料撒布设备撒布。

④ 施工期间应严禁车辆行人入内，待涂层完全固化后方可开放交通。

7. 试验路段热反射涂料降温效果和抗滑性

在试验路段钻取芯样并采用碘钨灯模拟太阳光源照射，比之未涂布涂料的路面，在沥青路面上涂布太阳热反射涂料，路面温度降低10℃左右。

施工前后路面的抗滑性能测试结果表明，热反射涂层中使用了防滑粒料，提高了路面的抗滑性。但是，路面的抗滑性通常随着时间的增加而降低，长期使用后的路面抗滑性还有待进一步研究。

第五节 光固化地坪涂料

一、光固化地坪涂料基本性能要求及其品种

1. 基本特征

光固化地坪涂料也称UV固化地坪涂料，系采用紫外线照射引发自由基聚合而固化成膜的涂料，其基本特征一是涂膜固化速度快，可在紫外线的照射下几秒至几十秒内使湿涂膜固化成膜，而且在未固化之前具有无限期的湿膜流平时间；二是涂料的环保性能好，涂料可为100%固体含量涂料或水性涂料；三是涂料组成中必须含有光引发剂。此外，光固化涂料还有以下一些特征。

① 光固化涂料的施工过程与涂料的固化过程分离。光固化涂料施工过程与固化过程两者是分开进行的，因而在施工过程中有利于液体涂料去除在涂装流平时夹杂的空气气泡。另外，涂料可在紫外线照射下瞬间固化，即不通过加热、挥发或蒸发等传统干燥方式，有利于最大限度地消除涂层表面沾污。

② 光固化施工不受环境温度的影响。光固化涂料可在低温（如冬季或冷库）条件下进行施工作业。

③ 光固化施工固化速度快。光固化涂料在紫外线照射下几乎瞬时固化（几分之一秒）。而且，固化后涂膜优良的性能立刻便能展现，从而有助于缩短施工周期，快速投入使用。

④ 光固化涂层性能优异。光固化涂层性能不仅符合通用标准，而且许多技术指标甚至优于传统工艺的涂层。此外，光固化涂膜的性能可根据用户的要求量身定制，满足市场多样化的个性需求。

2. 基本性能要求

不同的地面基材对光固化涂料的性能要求是不一样的，然而，在现场使用时对所有的固化涂料都需要满足一些基本要求，这包括以下几点[36]。

（1）流变性　光固化涂料必须具有良好的流变性，即涂料的黏度应为现场施工所接受，以保证涂料铺展时能满足人工滚涂和刷涂的要求。另外，涂料对于地面基材应有良好的湿润性，否则会影响涂层对基材的附着力。

（2）耐用性　固化后的地坪涂料必须能够耐受行人的踩踏，对于有的地坪涂料来说，还需要耐受车轮等重负荷的碾压。

（3）柔韧性　固化后的地坪涂料在重负荷压力和冲击下应不开裂、不破损。

（4）抗污染性和耐化学品性　地坪涂料须耐受车辆油污、化学品，以及清洁用品的侵蚀等。

3. 主要品种及其特性

在涂料应用领域，光固化涂料是以一种干燥（或固化）方式，而不是以不同树脂类别来区别其他非光固化涂料。光固化涂料有100%固体分涂料与水性涂料两大类型，也有清漆与色漆之分的类型。

目前100%固含量光固化涂料的应用占有主导地位。近年来，水性光固化涂料，特别是聚氨酯分散体逐步在光固化地坪涂料中得到应用。这种聚氨酯分散体采用水作为稀释剂，使涂料配方中的低聚物可以得到更低的黏度。

表4-50列出了100%固体含量光固化涂料和水性光固化涂料两者之间性能特征的比较。

表4-50 100%固体含量光固化涂料和水性光固化涂料性能比较

项目	性能比较	
	100%固体含量光固化涂料	水性光固化涂料
成膜树脂	丙烯酸酯树脂	中等分子量的丙烯酸酯化聚氨酯
分子量	低	中等
固化机理	自由基反应	聚结成膜+水蒸发+自由基反应
交联密度	高	中等
收缩率	低	高
附着力	良好	良好
柔软性+硬度平衡	难	易
耐化学品性	好	好
稀释剂	丙烯酸酯单体	水
皮肤刺激性	可能有	无
黏度	高	低
干膜厚度	厚	薄
光泽度范围	20～90	5～80
干燥后有无黏性	黏	不黏
助溶剂	无	可能有

4. 适用范围

光固化地坪涂料适用于水泥基材料地面、木地板、瓷砖以及VCT等地坪表面的涂装。此外，各种工作台面，包括水泥台面、大理石台面、花岗岩台面与水磨石台面，也是光固化地坪涂料的良好应用场合。

二、光固化地坪涂料的组成材料

1. 成膜物质

光固化地坪涂料的组成中，其成膜物质为低聚物树脂和活性稀释剂。

低聚物树脂也称为齐聚物或预聚物，是一种分子量较低（500～5000）的短链聚合物。低聚物在光固化地坪涂料各种成分中是决定涂层基本性能的主体。低聚物在化学结构上属于感光性树脂，一般都具有对紫外线敏感的化学基团（如不饱和双键或环氧基团等）。

最常见的自由基光固化低聚物是各类丙烯酸树脂，例如环氧丙烯酸树脂（EA）、聚氨酯丙烯酸树脂（PUA）、聚酯丙烯酸树脂（PEA）、聚醚丙烯酸树脂、丙烯酸酯树脂等。其中，在现场施工的光固化涂料中选择最多的低聚物，是环氧丙烯酸树脂与聚氨酯丙烯酸树脂。几种不同低聚物的涂膜性能如表4-51所示[15]。

表 4-51 几种用于光固化地坪涂料的低聚物的性能

项目		涂膜性能			
		丙烯酸酯	聚酯丙烯酸	聚氨酯丙烯酸	环氧丙烯酸
涂料性能	黏度	高	可调节	高	高
	黏度可调节性	可调节	易调节	可调节	易调节
	固化速度	慢	一般	一般	快
涂膜性能	伸长率	低	中等	中等偏高	高
	抗化学性	低	好	好	低
	硬度	低	中等	中等	高
	不泛黄性	极好	不良	一般	一般～不良

高黏度树脂不利于在光固化地坪涂料中使用。改善涂料的流变性是光固化涂料面临的挑战。选择具有一定环氧值的环氧丙烯酸树脂作为涂料配方的主体树脂，并以常规的多官能团丙烯酸酯单体（如二缩三丙二醇二丙烯酸酯 TPGDA）作为反应性稀释剂，是一种切实可行的解决方案，有助于满足涂料流变性的要求。另外，环氧丙烯酸树脂和聚氨酯丙烯酸树脂等也都有可能作为低聚物而加以应用。

虽然目前改善涂料流变性可供选择的树脂类型还有限，然而随着今后对树脂的不断开发，光固化涂料的配方将会有更多的选择。

2. 光引发剂

是引发低聚物和单体在紫外线照射下产生聚合反应的关键材料，决定着涂料能否固化和固化的速度。光引发剂有羰基化合物、过氧化物、含氮化合物、有机硫化物、卤化物、光还原染料和醌类等。有多种商品，常用的为安息香醚类。可单独使用一种，也可以几种合用，以合用的效果为好。

为防止空气中氧干扰引发聚合反应，常常还需要使用光引发助剂。

3. 活性稀释剂（单体）

对于100%固体含量的光固化地坪涂料来说，活性稀释剂（单体）是保证涂料可施工性的重要成分。活性稀释剂（单体）的光化学活性都高于树脂，能够加快涂膜的固化速度，因而活性稀释剂（单体）不但可以起到调节涂料黏度的作用，而且还会影响涂料的固化速度和最终涂层的力学性能。

活性稀释剂（单体）的主要品种是单烯类和多烯类化合物，如常规的多官能团丙烯酸酯单体（如二缩三丙二醇二丙烯酸酯 TPGDA）。

4. 助剂

助剂是为了改善涂料性能而添加的成分。光固化涂料可根据不同地面基材的实际需要，对配方的基本成分进行优化选择，满足对涂层的不同性能要求。

5. 光固化涂料基本组成和配方举例

一般地说，光固化涂料的基本组成为（质量比）：低聚物树脂 50～70；活性稀释剂（单体）20～30；颜料（包括填料）20～30；光引发剂和光引发助剂 5 以下；各种涂料助剂 5 以下。

表 4-52 列出光固化耐污地坪消光面漆参考配方[37]。

表 4-52 光固化耐污地坪消光面漆参考配方举例

材料名称	型号	用量(质量比)
含氧、聚硅氧烷低聚物	Etercure 6154B-80	40.0
乙二醇二丙烯酸酯(HDDA)		15.0

续表

材料名称	型号	用量(质量比)
三羟甲基丙烷三丙烯酸酯	$(EO)_3TMPTA$	30.1
光引发剂	1173	4.0
消光粉	UV 55C	10.0
分散剂	EFKA 5065	0.2
消泡剂	BYK 088	0.1

三、紫外光源

光固化涂料的固化过程离不开紫外光源（内置汞弧灯、无极灯或 LED 灯），因而实现光固化地坪涂料现场施工的关键问题是实现 UV 固化装置小型化与可移动化。近年来，已经有不同类型的可移动式 UV 固化装置，包括手推车式可移动装置与便携式手持装置可供使用。这些装置的特点是：整台装置配套设施齐全（如光闸等），实现装置一体化，应该具有一些鉴于实际应用的基本特征，如结构简单、紧凑，灵活机动，安全高效，操作方便，成本低，使用寿命长等，能够满足光固化地坪涂料现场施工的需求。例如，应用于光固化地坪涂料基的手推车式可移动 UV 固化装置和便携式手持 UV 固化装置便具有这类特性。

手推车式可移动 UV 固化装置，其推车滚轮间距小于光源窗口长度，光源窗口应尽可能贴近地面（1～2mm），移动平稳（推进速度 4m/min），不颠簸、不抖跳。

便携式手持 UV 固化装置，一般用于手推车式可移动装置难以达到的施工区域，例如接缝、拐角、墙角、边缘、楼梯、台阶、交界处、工作台面等区域，起到现场拾遗补漏以及缺陷表面修补的作用。此类便携式手持 UV 固化装置小巧灵敏、易于操作、维护检修方便，现场作业安全防护有保障。目前，可移动 UV 固化装置配置的紫外光源以中压汞弧灯为主。

然而，新近开发的发光二极管紫外光源（UV-LED）是一种半导体固体光源，与中压汞弧灯气体光源相比较优势十分明显[38]。这主要表现在 UV-LED 使用寿命长（达到 20000h），可即开即关，而中压汞弧灯紫外光源的使用寿命只有 1000h；UV-LED 本身的输出不存在红外线辐射，因此在对基材进行光固化照射时并不产生热量，属于“冷固化”过程，而中压汞弧灯紫外光源热效应明显，可达到约 350℃等。

由于 UV-LED 是一种单能发射的紫外光源，而不像常规中压汞弧灯（或是金属掺杂的汞灯）的发射是一种多谱线输出。因而，对于为传统汞弧灯设计的各种涂料配方需加以调整，才能适应于新型紫外光源的照射条件。

四、紫外光源与光引发剂的匹配

在紫外固化反应中必须要使用光引发剂，光引发剂吸收一定波长的能量，产生自由基、阳离子等而引发单体聚合交联固化反应。但是不同光引发剂对光子波长的响应范围不同，因此在设计地坪涂料紫外固化的施工方案时，必须确保紫外光源与光引发剂的匹配。

迄今为止，高辐射效率的 UV-LED 发出的中心波长都在 365nm 以上，因此在选择与 UV-LED 固化系统匹配的涂料配方时，必须要选用在长波处具有较大吸收光谱的光引发剂。而采用汞灯作为紫外光源的固化系统中，最常用的是光引发剂 1173（2-羟基-甲基苯基丙烷-1-酮）。其吸收光谱在短波 300nm 左右有很大的吸收峰，但是在长波 380nm 附近吸收率很低，如图 4-24 所示。因此，该种光引发剂并不适用于 UV-LED 固化系统。使用 UV-LED 固化系统应该选择吸收光谱较长的光引发剂，如光引发剂 819[苯基双(2,4,6-三甲基苯甲酰基)氧化膦]等。

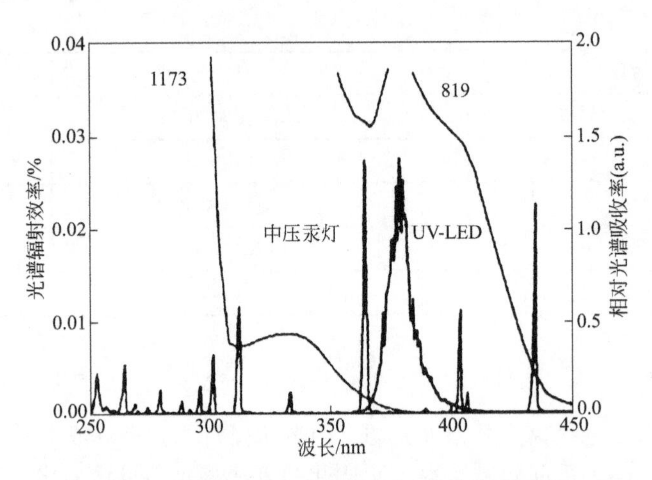

图 4-24　紫外光源与光引发剂吸收的光谱匹配

可以用“有效紫外利用效率”来评价固化系统中光源与光引发剂的匹配性。该参数综合考虑了紫外光源的辐射效率以及光引发剂的吸收谱，而没有考虑光源的实际功率，有助于对应用体系的整体效率进行客观评价，不仅可用于紫外固化系统，也可以用于其他紫外应用。以表 4-52 中的 UV 耐污地坪消光面漆为例，配方中采用了光引发剂 1173，与中压汞灯相配合，能达到较好的固化效果，其有效紫外利用效率为 0.058，而中心波长为 380nm 的 UV-LED 与该光引发剂的有效紫外利用效率仅为 0.014，只有中压汞灯的 1/4。而如果采用光引发剂 819，则配合 UV-LED 的有效紫外利用效率可达 1.118，远大于配合中压汞灯的 0.226。因此光引发剂 819 与 UV-LED 的匹配性更好。

当然，光引发剂在紫外固化反应中的效率对于整体效率的评价也会造成影响，但有效紫外利用效率的提出，为紫外光源与光引发剂的方案选择提供了参考依据。而不同光引发剂之间的比较，需要对各种光引发剂的吸收谱进行更加定量地测定，这还有待进一步研究。

参 考 文 献

[1] 朱万章. HF-05 型聚氨酯防滑漆. 聚氨酯工业，1998，(2)：4.
[2] 孙祖信，张东亚，陈凯锋，等. 一种不含防滑粒料的甲板漆. 上海涂料，2006，(8)：1-4.
[3] 朱万章. 摩擦与防滑涂料. 涂料工业，2002，32 (8)：34-37.
[4] 高延继，曲雁. 地面防滑材料与防滑技术. 新型建筑材料，2001，(7)：32-33.
[5] 朱万章. 倾角法研究聚氨酯涂层的摩擦性能. 涂料工业，1996，26 (3)：8-10.
[6] 钱逢麟，竺玉书. 涂料助剂——品种和性能手册. 北京：化学工业出版社，1990.
[7] 张学卿，张卫国，李旭朝. 防滑涂料的发展概况. 现代涂料与涂装，2002，(3)：10-12.
[8] 张雄，张永娟. 建筑功能砂浆. 北京：化学工业出版社，2006：388-390.
[9] 兰光友，叶荣根. 自行车赛场跑道地坪漆面层施工新技术. 涂料工业，2005，35 (12)：56-58.
[10] 金仁和，梁锐，李明英. 塑胶跑道的施工质量控制. 建筑技术，2006，37 (9)：701-703.
[11] 朱万章，张锡提. 直升飞机起降甲板防滑涂料. 涂料工业，2001，(2)：11-13.
[12] 刘登良. 涂料工艺（下册）. 第 4 版. 北京：化学工业出版社，2009：1703.
[13] 战凤昌. 专用涂料. 北京：化学工业出版社，1988.
[14] 杨丽梅，等. 导电云母粉的制法及其应用. 涂料工业，1998，(11)：19-21.
[15] 马庆麟. 涂料工业手册. 北京：化学工业出版社，2001.
[16] 王晓丽，杜仕国，王胜岩. 防静电涂料用导电填料. 涂料工业，2002，(4)：31.
[17] 任友梅，等. 涂料工业用原材料技术标准手册. 北京：化学工业出版社，1992.
[18] 欧国勇，程启潮，朱庆坚，等. 无溶剂防静电环氧自流平地坪涂料及涂装. 现代涂料与涂装，2005，8 (1)：16-19
[19] 孙君同，曹建霞. 新型导电材料在防静电地坪涂料中的应用//“2006 年拜耳杯”全国环境友好型高功能涂料涂装技术研讨会论文集. 杭州，2006：191-194.

[20] 徐志新，贾根林. 环氧防静电涂料的研制与应用//全国化学建材协调组建筑涂料专家组汇编；第三届中国建筑涂料产业发展战略与合作论坛论文集. 成都，2003.
[21] 黄天杰，等. 防静电环氧自流平地坪工程案例分析//全国化学建材协调组建筑涂料专家组汇编. 第三届中国建筑涂料产业发展战略与合作论坛论文集. 成都，2003.
[22] 久保和幸，川上篤史. 道路舗装におけるヒアトアイランド対策. 土木技術，2006，(8).
[23] 加藤寛道. 遮熱塗料を塗布した道路舗装の概要について. 塗装工学，2005，(8).
[24] 遮熱性舗装技術研究会. 遮熱性舗装の実績（H14 年度-H22 年度).
[25] 西岡真稔，鍋島美奈子，若間賢志，上田淳也. 高反射型アスファルト舗装の表面温度低減効果と路上の熱環境特性. 日本ヒートアイランド学会論文集. 2006，1：46-52.
[26] 郑木莲，程承，王彦峰，等. 基于提高路面反照率的沥青路面降温技术试验研究. 公路交通科技，2012，(9)：63-66.
[27] 王伟，曹雪娟，唐伯明. 太阳热反射涂层在沥青路面中的应用. 公路与汽运，2010，(1)：97-99.
[28] 冯德成，张鑫. 热反射涂层开发及路用性能观测研究. 公路交通科技，2010，27 (10)：17-20.
[29] 张静. 沥青路面热阻及热反射技术应用研究. 哈尔滨：哈尔滨工业大学，2008.
[30] 李文珍，李亮，石飞. 沥青路面不饱和聚酯降温涂料的研制. 重庆交通大学学报（自然科学版)，2010，29 (6)：916-918.
[31] 汤琨. 遮热式路面太阳热反射涂层研究. 西安：长安大学，2009.
[32] 梁满杰. 沥青路面光热效应机理及热反射涂层技术研究. 哈尔滨：哈尔滨工业大学，2006.
[33] 刘亚辉，冯建林，许传华. 玻璃空心微珠在反射隔热涂料中的应用. 现代涂料与涂装，2013，(8)：15-16.
[34] 厦晶. 复合无机颜料. 涂料技术与文献，2011，(9)：40-44.
[35] 王伟，唐伯明，石飞. 浅析沥青混凝土路面热反射涂层施工工艺. 公路，2010，(8)：75-78.
[36] 吕延晓. 地面涂层快干施工的新选择：UV 现场光固化方案. 涂料技术与文摘，2014，35 (7)：46-48.
[37] 金养智. 光固化材料性能及应用手册. 北京：化学工业出版社，2010.
[38] 吕延晓. 水泥地坪涂料：UV 固化现场施工新概念. 涂料技术与文摘，2014，35 (7)：39-42.

第五章

自流平地坪材料的原材料与生产设备

第一节　水泥

水泥是一种外观呈灰黑色至灰白色或白色的粉末状物质，属于水硬性胶凝材料。水泥与水混合后经过物理化学过程由可塑性胶体变成坚硬的石状体，并能够将松散状材料胶结成为整体，因而水泥是一种良好的矿物胶凝材料。就硬化条件而言，水泥浆体不但能够在空气中硬化，还能够更好地在水中硬化，并且随着其硬化时间的延长，强度稳定增长。水泥是世界上使用量最大的无机胶凝结构材料，广泛应用于土木建筑工程、水利水电工程、近海建筑以及桥梁、道路等领域，用途十分广泛。

水泥的种类很多，每一类水泥又有很多的型号或等级。通常，将水泥分为三大类，第一类是用于普通土木建筑工程的水泥，习惯上称为通用水泥；第二类是具有专门用途的水泥，称为专用水泥；第三类是某种性能比较突出的水泥，称为特种水泥。水泥是无机地面自流平材料的胶凝材料。

如第一章中所介绍，除了水泥类以外，无机地面自流平材料还有石膏类。但本节只介绍水泥，而关于石膏的介绍放在第六章第五节“石膏基自流平地坪材料”中介绍。

一、水泥的凝结硬化

水泥加水后即凝结硬化，硬化所形成的硬化体称为水泥石。水泥石将松散材料（例如砂、石）胶结凝固所形成的材料称为水泥基材料，例如混凝土、水泥砂浆以及各种水泥混凝土构件等。

1. 水泥的水化反应

（1）水泥的主要矿物成分　水泥的主要矿物成分由水泥熟料所决定，硅酸盐水泥的主要熟料矿物的名称及其习惯使用的表示符号、含量范围和性能特征等如表 5-1 所示。在水泥的主要熟料矿物中，硅酸三钙和硅酸二钙是主要的熟料矿物，二者的总含量在 70%以上，其次是铝酸三钙和铁铝酸四钙，其总含量在 25%左右，故称为硅酸盐水泥。除主要熟料矿物外，水泥中还含有少量游离氧化钙、游离氧化镁和碱，但总含量一般不超过 10%。

表 5-1 水泥熟料矿物的性能特征

矿物名称	分子式与缩写符号	含量(质量分数)/%	性能特征
硅酸三钙	分子式为:$3CaO \cdot SiO_2$; 缩写符号为:C_3S	37~60	C_3S是熟料的主要矿物,水化较快,粒径为40~50μm的C_3S颗粒水化28d,其水化程度可达到70%左右,所以强度发展较快,早期强度高,且强度增进率较大,28d强度能够达到一年强度的80%。就28d或一年的强度来说,C_3S在四种矿物中强度最高。C_3S水化凝结时间正常,水化热较高
硅酸二钙	分子式为:$2CaO \cdot SiO_2$; 缩写符号为 C_2S	15~37	C_2S是熟料的主要矿物之一,在熟料中以β型存在。β-C_2S水化较慢,28d龄期的水化程度仅达到20%左右,所以凝结硬化发展缓慢,早期强度较低,但28d以后强度仍能够较快增长,在一年后能够超过C_3S,β-C_2S的水化热较小
铝酸三钙	分子式为:$3CaO \cdot Al_2O_3$; 缩写符号为:C_3A	7~15	C_3A水化迅速,放热量大,凝结时间很快,如不加石膏作缓凝剂,易使水泥速凝。C_3A的硬化也很快,3d就大部分发挥出来,因而早期强度较高,但能够达到的最大值不高,3d后几乎不再增长,甚至倒缩。C_3A含量高的水泥浆体干缩变形大,抗硫酸盐性能差
铁铝酸四钙	分子式为:$4CaO \cdot Al_2O_3 \cdot Fe_2O_3$; 缩写符号为:$C_4AF$	10~18	C_4AF实际上是熟料中铁相连续固溶体的代称。C_4AF的水化速度在早期介于C_3S和C_3A之间,但随后的发展不如C_3S。C_4AF的强度类似铝酸三钙,但在后期还能够不断增长,类似于C_2S。C_4AF的抗冲击性能和抗硫酸盐性能较好,水化热较C_3A低

(2) 水泥水化的主要化学反应和水化产物 水泥是一种水硬性材料,即水泥与适量的水混合后,能够凝结硬化而产生强度。水泥颗粒与水接触,在其表面的熟料矿物立即与水发生水解或水化作用(统称水化)。水化反应受水泥的颗粒细度、加水量和温度等因素的影响,是一个非常复杂的过程。一般按下面反应方程式说明水泥的水化机理[1]。

$$2(3CaO \cdot SiO_2) + 6H_2O \longrightarrow 3CaO \cdot 2SiO_2 \cdot 3H_2O + 3Ca(OH)_2$$

硅酸三钙 水化硅酸钙 氢氧化钙

$$2(2CaO \cdot SiO_2) + 4H_2O \longrightarrow 3CaO \cdot 2SiO_2 \cdot 3H_2O + Ca(OH)_2$$

硅酸二钙 水化硅酸钙 氢氧化钙

$$3CaO \cdot Al_2O_3 + 6H_2O \longrightarrow 3CaO \cdot Al_2O_3 \cdot 6H_2O$$

铝酸三钙 水化铝酸三钙

$$4CaO \cdot Al_2O_3 \cdot Fe_2O_3 + H_2O \longrightarrow 3CaO \cdot Al_2O_3 \cdot 6H_2O + CaO \cdot Fe_2O_3 \cdot H_2O$$

铁铝酸四钙 水化铝酸三钙 水化铁酸一钙

为了调节水泥的凝结时间(缓凝)而掺入的石膏则与生成的水化铝酸钙作用产生下列反应:

$$3CaO \cdot Al_2O_3 \cdot 6H_2O + 3(CaSO_4 \cdot 2H_2O) + 19H_2O \longrightarrow 3CaO \cdot Al_2O_3 \cdot 3CaSO_4 \cdot 31H_2O$$

水化硫铝酸钙(钙矾石)

水泥熟料矿物在水化之前,可能先进入溶液,有一部分水化也可能是直接的固液相反应。在水化后期,当扩散变得很困难时,固液相反应可能占优势。硅酸三钙的水化很快,生成的水化硅酸钙几乎不溶于水,而立即以凝胶析出,并逐渐凝聚而成为大小与胶体相同、结晶较差的凝胶,这种凝胶呈薄片状或纤维状,称为托勃莫来石凝胶。水化生成的氢氧化钙在溶液中的浓度很快达到饱和,呈六方晶体析出。水化铝酸三钙为立方晶体,在氢氧化钙饱和溶液中它与氢氧化钙进一步反应生成六方晶体的水化铝酸四钙。石膏与水化铝酸钙反应生成的水化硫铝酸钙(钙矾石)是难溶于水的稳定的晶体。水泥浆在空气中硬化时,表层形成的氢氧化钙还会与空气中的二氧化碳反应生成碳酸钙。

可见，硅酸盐水泥与水作用后，生成的水化物有：水化硅酸钙和水化铁酸钙凝胶、氢氧化钙、水化铝酸钙和水化硫铝酸钙晶体。在完全水化的水泥石中，水化硅酸钙约占50%，氢氧化钙约占25%。

（3）水泥的水化反应过程　水泥加水拌和，未水化的水泥颗粒分散于水中成为水泥浆体。水泥颗粒的水化从其表面开始。颗粒表面的熟料矿物与水反应，形成相应的水化物，水化物溶解于水，暴露出新的表面，水化得以继续进行。

在初始阶段水化进行得很快。由于各种水化物的溶解度小，水化物的生成速率大于水化物向溶液中扩散的速率，所以很快就在水泥颗粒周围达到过饱和，析出以水化硅酸钙凝胶为主体的半渗透膜层，包覆在水泥颗粒表面。膜层的形成减缓了外部水分向内渗入和水化物向外扩散的速率，使水化反应变慢。水分渗入膜层以内进行的水化反应使膜层向内增厚；通过膜层向外增厚的水化物聚集于膜层外侧向外增厚，如图 5-1（a）和（b）所示。

水分渗入膜层内部的速度大于水化物通过膜层向外扩散的速率，因而产生渗透压力，膜层内部水化物的饱和溶液向外突出，如图 5-1（c）所示。水泥凝胶体膜层的向外增厚和随后的破裂伸展，使原来水泥颗粒之间被水占据的空隙逐渐缩小，而表面包覆有凝胶体的颗粒则逐渐接近，以至在接触点相互黏结。

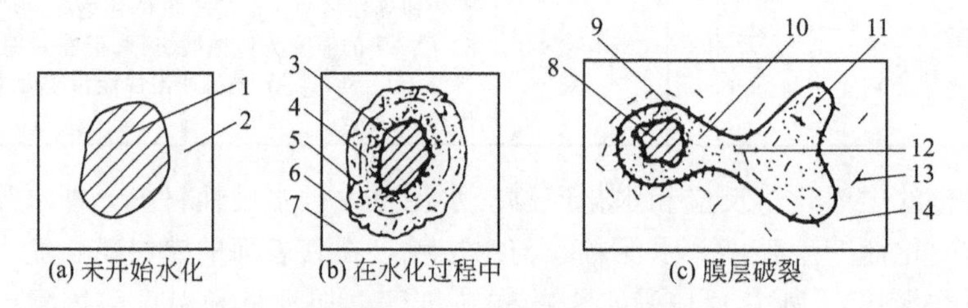

图 5-1　水泥颗粒水化、凝胶体膜层破裂示意图

1—未水化的水泥颗粒；2—水；3—水泥颗粒的未水化内核；4—内层水化物；5—原来水泥颗粒周界；6—外层水化物；7—水化物溶液；8—水泥颗粒的未水化内核；9—水化硅酸钙胶膜层；10—膜层与未水化内核之间的过饱和转变区；11—突出部分；12—膜层破裂处；13—氢氧化钙晶体；14—水化颗粒之间的溶液

水化作用是从水泥颗粒表面开始向内渗透的，开始时水化很快，而后逐渐减慢，达到全部水化需要很长时间。例如，水泥颗粒在20℃的温度水化时，其水化深度第一天为0.5μm，第二天为0.7μm，第28天为3.5μm，第90天为5μm。硅酸盐水泥完全水化所需要的水从理论上讲约为水泥质量的35%～37%。

2. 水泥的凝结硬化过程

水泥加水拌和而产生上述一系列反应。经过一定时间后水化物凝胶体的浓度上升，凝胶粒子相互凝聚成网状结构，使水泥浆变稠、失去塑性。该状态称为凝结。凝结后凝胶体逐渐增多，被紧密地填充在水泥颗粒间而逐渐硬化，该过程如图 5-2 所示。根据水泥的水化反应速度和物理化学的主要变化，可以将水泥的凝结硬化分为表 5-2 所示的几个阶段。但好似及上凝结与硬化没有严格的界限，实际上是一个连续的、复杂的物理化学变化过程，凝结和硬化是人为划分的。水泥浆从流动状态到开始不能流动的塑性状态称为初凝；继续凝固直至完全失去塑性而还不具备强度时称为终凝。水泥浆逐渐硬化成坚硬的水泥石的过程称为硬化。

表 5-2　水泥凝结硬化的几个阶段

凝结硬化阶段	一般的放热反应速率/(J/g·h)	一般的持续时间	主要的物理化学变化
初始反应期	168	5～10min	初始溶解和水化
潜伏期	4.2	1h	凝胶体膜层围绕水泥颗粒成长
凝结期	6h内逐渐增加到21	6h	膜层增厚,水泥颗粒进一步水化
硬化期	24h内逐渐增加到4.2	6h至若干年	凝胶体填充毛细孔

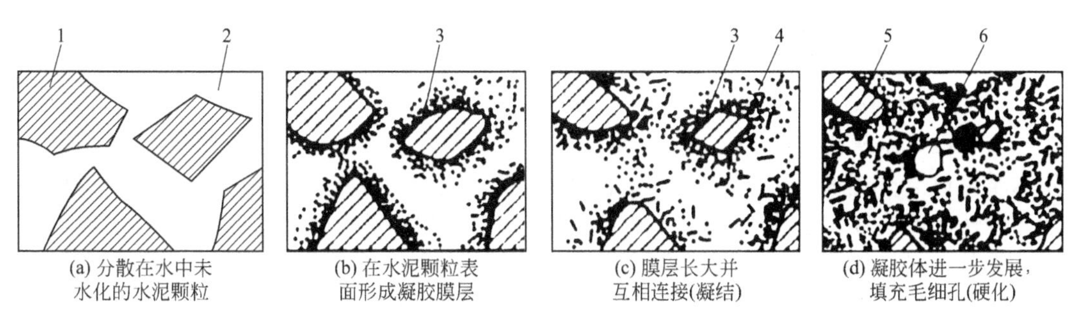

图 5-2 水泥凝结硬化过程示意图

1—水泥颗粒；2—水分；3—凝胶；4—晶体；5—水泥颗粒的未水化内核；6—毛细孔

3. 影响水泥凝结硬化的因素

水泥的凝结硬化过程也就是水泥强度发展的过程，影响该过程的因素除了水泥本身的矿物成分、细度和调拌时的用水量外，还有养护时间、环境的温度、湿度和水泥中的石膏含量等。

（1）养护时间 水泥的水化是从表面开始向内部逐渐深入进行的，随着时间的延续，水泥的水化程度不断增大，水化产物也不断增加并填充毛细孔，使毛细孔孔隙减少，凝胶孔孔隙相应增多，如图 5-3 所示[2]。水泥加水拌和后的前 4 周的水化速率较快，强度增长也快，4 周之后显著减慢。但是，只要维持适当的温度、湿度，水泥的水化会不断进行，其强度在几个月、几年甚至更长时间后还会继续增长，如表 5-3 所示。

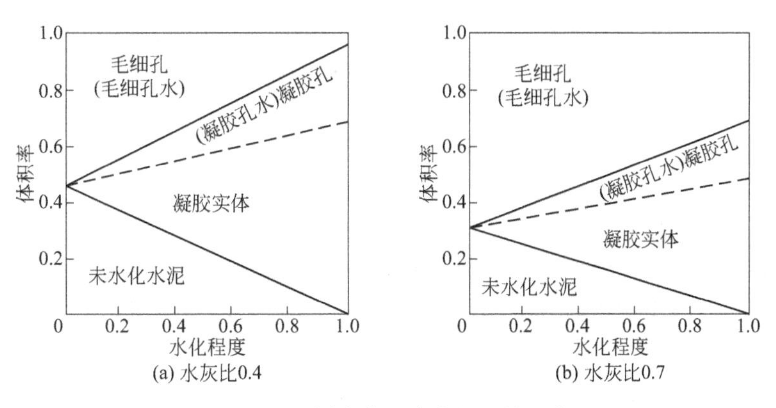

图 5-3 不同水化程度水泥石的组成

（2）温度和湿度 温度对水泥的凝结硬化有明显影响。当温度升高时，水化反应加快，水泥强度的增加也较快；而当温度降低时，水化作用减慢，强度增加缓慢。当温度低于 5℃时，水化硬化大大减慢；当温度低于 0℃时，水化反应基本停止。同时，当温度低于 0℃而水结冰时，还会因冰晶的体积膨胀而冻坏水泥石结构。

潮湿环境下的水泥石，能够保持有足够的水分进行水化和凝结硬化，生成的水化物进一步填充毛细孔促进水泥石的强度发展。保持环境的温度和湿度，使水泥石强度不断增长的措施称为养护。水泥的强度必须指定规定的养护环境条件和龄期。

（3）石膏掺入量 水泥中掺入适量石膏能够调节水泥的凝结硬化速度。在水泥生产时，若不掺入石膏或石膏掺入量不够时，水泥会发生不正常的凝结现象（通常称为瞬凝）。这是由于铝酸三钙在溶液中电离出三价铝离子（Al^{3+}），它与硅酸钙凝胶的电荷相反，促使胶体凝聚。加入石膏后，石膏与水化铝酸钙作用，生成难溶于水的钙矾石沉淀在水泥颗粒表面上形成保护膜，降低了溶液中的 Al^{3+} 浓度，并阻碍铝酸三钙水化，延缓水泥的凝结。但如果石膏的掺入量过大，则会促使水泥凝结加快。同时，还会在后期引起水泥石的膨胀而开裂破坏。

二、水泥的技术性能

1. 水泥基材料的基本特性

（1）强度、水灰比与龄期　水泥需要加水拌和或调制才能使用。加入拌和水的数量通常称为用水量，以 kg/m^3 表示；水泥与加入拌和水数量的比称为水灰比，是直接影响水泥基材料强度和各种性能的参数。水灰比越高，强度越低，相对应的各种性能也越差。

水泥基材料从加水拌和并浇筑成型后的时间称为龄期，用天（d）表示。水泥基材料加水拌和、浇筑后，失去塑化成型性能的时间称为凝结时间。水泥基材料凝结后，在水的存在下水泥仍会继续进行水化反应而强度持续稳定地增大。因而，水泥基材料在施工后通常必须进行一定时间的保水养护。普通混凝土的早龄期强度很低，随着龄期的延长而逐步提高。水泥基材料的强度一般以 28d 为标准。通常混凝土的设计强度都是指 28d 抗压强度。如上述，水泥基材料的强度在保水养护下强度的增长还与环境温度有关，温度越高，强度增长越快，但可能达到的最高强度越低；反之亦然。水泥基材料在早龄期强度增长很快，一般在 25℃时，混凝土的 7d 抗压强度可达到 28d 的 70%左右。不同龄期混凝土的强度如表 5-3 所示。从表中可以看出，虽然混凝土后期强度增长缓慢，但龄期延续很久强度仍有所增长。

表 5-3　混凝土各龄期的强度增长值

龄期	7d	28d	3 个月	6 个月	1 年	2 年	5 年	20 年
混凝土 28d 强度相对值	0.60～0.75	1.00	1.25	1.50	1.75	2.00	2.25	3.00

对于一般的水泥混凝土来说，抗压强度与水灰比的关系使用鲍罗米公式计算：

$$R_{28}=AR_{c}\left(\frac{C}{W}-B\right)$$

式中，R_{28}为混凝土 28d 抗压强度 MPa；R_c为水泥抗压强度 MPa；C、W 分别为每立方米混凝土中的水泥用量和用水量，kg/m^3；A、B 为经验系数。

根据这个公式，若已知混凝土的原材料和水灰比，就能够预计混凝土 28d 的抗压强度。也可按照设计强度和混凝土的原材料计算水灰比和各种原材料的使用量。通常，使用碎石配制混凝土时，$A=0.46$，$B=0.52$；使用卵石配制混凝土时，$A=0.48$，$B=0.61$。

（2）水泥基材料是一种多孔性材料，吸水率大　由于工作性的需要，拌制水泥时的加水量必然要多于水泥水化所需要的水。水泥凝结硬化后，多余水分从水泥基材料中逸出，便在水泥基材料中留下孔隙，这种孔隙导致材料的强度降低、渗透率提高和耐腐蚀性降低等不利影响，是水泥及混凝土工作者一直研究并致力于解决的问题。

此外，水泥在加水拌制过程中，因机械搅拌使鲜水泥浆中裹入空气，也会在水泥基材料中留下孔隙；为了某种性能的需要，有时还会有目的地向水泥中引入适量空气而留下孔隙。因而，水泥基材料是结构中含有孔隙的多孔材料。

（3）抗压强度高，抗拉强度低　根据用途的不同，可以灵活地设计水泥类材料（如混凝土）的抗压强度。但水泥基材料的抗拉强度很低，一般为抗压强度的 1/10～1/5，且脆性极大，断裂韧性很低。

（4）水泥基材料内部含有大量微细裂纹　水泥基材料会因为塑性收缩、自干燥、干燥和内、外表面温差等原因而在结构内部出现微裂纹和宏观裂纹，且这种微裂纹和宏观裂纹几乎是不可避免的。

（5）水泥基材料具有渗透性　由于水泥基材料结构中的多孔性，使得水泥基材料虽然能够承受一定的渗透压力，但对于水来说，水泥基材料是可以渗透的。水泥基材料的强度越低，渗透性越大；内部缺陷（例如微裂纹、气孔等）越多，渗透性越大；水泥基材料越密实，渗透性越小。水泥基材料的渗透性是水泥耐久性的最重要的影响因素。水泥基材料的冻融耐久性会因水的渗透而降低。

（6）水泥基材料中始终含有水分　水泥基材料的多孔性会使处于自然干燥状态的水泥中始终滞留有湿气（水分）。其中水分的多少与其所处的环境湿度有关。环境湿度低，含水量低；反之含水量则高。处于干燥环境中的水泥基材料，在环境湿度增大时，其含水量相应增大。

（7）水泥基材料耐碱但不耐酸　在水泥的水化过程中，在生成水化产物的同时，会生成占水化产物质量计约20%的$Ca(OH)_2$，使水泥基材料保持在高pH值状态（例如混凝土的pH值在13左右）。因而，水泥基材料是耐碱的，但由于其本身呈碱性，遇到酸特别是无机酸时会产生强烈的反应，因而水泥不耐酸。

2. 水泥的技术性能

（1）细度　水泥颗粒的粗细对水泥的性能有很大影响。水泥颗粒粒径一般在7～200μm（0.007～0.2mm）范围内。颗粒越细，与水反应的表面积就越大。因而，水泥颗粒细，水化反应快而且完全，早期强度和后期强度都较高，但在空气中的硬化收缩性较大，生产成本也高。如果水泥颗粒过粗则不利于水泥活性的发挥。一般认为水泥颗粒小于40μm时，才具有较高的活性，大于100μm活性就很小了。

国家标准GB 175—2007《通用硅酸盐水泥》规定：硅酸盐水泥和普通硅酸盐水泥的细度以比表面积表示，且不小于300m^2/kg；矿渣硅酸盐水泥、火山灰质硅酸盐水泥、粉煤灰硅酸盐水泥、复合硅酸盐水泥的细度以筛余表示，其80μm方孔筛筛余不大于10%或45μm方孔筛筛余不大于30.0%。

（2）凝结时间　凝结时间分初凝和终凝。初凝为水泥加水拌和起至标准稠度净浆开始失去可塑性所需要的时间；终凝为水泥加水拌和起至标准稠度净浆完全失去可塑性并开始产生强度所需要的时间。为了使混凝土和砂浆有充分的时间进行搅拌、运输、浇捣和砌筑，水泥初凝时间不能过短。当施工完毕后，则要求尽快硬化，具有强度，因而终凝时间不能太长。

GB 175—2007标准规定，硅酸盐水泥初凝不得早于45min，终凝不得迟于390min；普通硅酸盐水泥、矿渣硅酸盐水泥、火山灰质硅酸盐水泥、粉煤灰硅酸盐水泥、复合硅酸盐水泥初凝不得早于45min，终凝不得迟于600min。

水泥凝结时间的影响因素很多：①熟料中铝酸三钙含量高，石膏掺入量不足，使水泥快凝；②水泥的细度越细，水化作用越快，凝结越快；③水灰比越小，凝结时的温度越高，凝结越快；④混合材料掺入量大、水泥过粗等都会使水泥的凝结缓慢。

（3）体积安定性　如果在水泥已经硬化后，产生不均匀的体积变化，即所谓体积安定性不良，就会使构件产生膨胀性裂缝，降低建筑物质量，甚至引起事故。

体积安定性不良的原因，一般是由于熟料中所含有的游离氧化钙过多。也可能是由于熟料中所含有的游离氧化镁过多或者掺入的石膏过多。熟料中所含的游离氧化镁或氧化钙都是过烧的，熟化很慢，在水泥已经硬化后才开始熟化：

$$CaO + H_2O \longrightarrow Ca(OH)_2$$

$$MgO + H_2O \longrightarrow Mg(OH)_2$$

这时体积膨胀，引起不均匀的体积变化，使水泥石开裂。当石膏掺入量过多时，在水泥硬化后，还会继续与固态的水化铝酸钙反应生成高硫型水化硫铝酸钙，体积约增大1.5倍，也会引起水泥石开裂。

水泥的体积安定性用沸煮法检验。测试方法可以用饼法也可以用雷氏法，有争议时以雷氏法为准。沸煮法起加快氧化钙熟化的作用，因而只能检验游离氧化钙引起的体积安定性不良。由于游离氧化镁在压蒸下才加速熟化，石膏的危害则需要长期在常温水中才能发现，两者均不便于快速检验。所以国家标准规定水泥熟料中游离氧化镁含量不得超过 5.0%，水泥中三氧化硫含量不超过 3.5%，以控制水泥的体积安定性。体积安定性不良的水泥应作废品处理。

(4) 强度及强度等级　强度是水泥的重要技术指标。GB 175—2007 标准将硅酸盐水泥分成 42.5、42.5R、52.5、52.5R、62.5、62.5R 六个强度等级。其中 R 表示早强水泥。各强度等级、各类硅酸盐水泥的各龄期强度不得低于表 5-7 中的值。

(5) 碱含量　水泥中的碱含量按 ($Na_2O+0.658K_2O$) 计算值表示；若使用活性骨料，碱含量过高将引起碱骨料反应，低碱水泥的碱含量一般不得大于 0.60%。

(6) 水泥的密度和水化热　硅酸盐水泥的密度为 3.0～3.15g/cm^3，平均可取 3.10g/cm^3。其堆积密度按松紧程度在 1000～1600kg/m^3。

水泥在水化过程中放出的热称为水化热。水化放热量和放热速度与水泥的矿物成分、细度、水泥中掺混合材和外加剂品种、数量等有关。水泥矿物水化时，铝酸三钙放热量最大，速度也快，硅酸三钙放热量稍低，硅酸二钙放热量最低，速度也慢。水泥细度越细，水化反应越容易进行，水化放热量越大，放热速度也越快。对于自流平地坪这类薄层施工材料来说，水泥的水化热对性能及施工影响不大，但对于大坝和厚大体积的结构基础等大体积混凝土来说，水化热的影响是不可忽视且需要采取措施解决的问题。

3. 水泥基材料的耐老化性

水泥基材料属于无机材料，几乎不受大气中紫外线照射的降解，耐老化性十分优良，其老化机理完全不同于有机聚合物的紫外线降解。由于水泥基材料是一种脆性材料，水泥水化所形成的水泥石中含有大量的毛细孔隙，在施工过程中又会引入大量空气而形成更大的孔隙，因而很容易吸收环境中的水分。水泥基材料在处于吸水饱和状态（通常称之为饱水状态）下受到冰冻时，内部的孔隙和毛细孔内的水结冰膨胀（水转变成冰体积增大约 9%），这将在材料结构内部产生相当大的压力，并作用于孔隙和毛细孔的内壁，在材料内部产生微细裂缝。在气温升高时冰又开始融化。如此反复冻结-融化，内部的微细裂缝会逐渐增长、扩大，材料的强度逐渐降低，表面开始剥落，甚至遭受破坏。因而，通常采用冻融破坏来衡量其耐老化性能，所以水泥基材料的耐久性又称为冻融耐久性或抗冻耐久性。水泥基材料的密实性和内部的孔隙结构（孔径大小与分布等）是确定其耐久性的最重要因素。密实性大和具有均匀分布的、封闭的、直径微细的孔隙会使材料具有更好的耐久性能。如何提高水泥基材料的冻融耐久性，一直是人们致力于研究解决的问题[3]。提高混凝土的抗冻耐久性有很多方法[4]，而使用聚合物对水泥进行改性，使水泥基材料的渗透性降低和韧性提高则是众多方法中非常实用、简单、经济并得到广泛应用的技术，其研究与应用早就得到重视[5]。

4. 水泥石的腐蚀

水泥石的耐腐蚀性差，许多化学物质都会对水泥石造成腐蚀。例如各种盐溶液，向多孔结构的水泥石中渗入而造成腐蚀。而工业环境中有许多因素会对水泥石或由其胶结构成的混凝土造成腐蚀甚至严重的腐蚀。由于自流平地坪大多数应用于工业环境中，因而下面介绍工业环境对水泥石（混凝土）的腐蚀。

工业环境指的是工业过程造成的腐蚀性环境。处于腐蚀性环境中的腐蚀性物质通常有无机酸、某些有机酸、各种硫酸盐溶液、各种氨混合物的溶液、氯化物、糖、硝酸盐等。除了和这些物质接触使混凝土中的水泥石受到腐蚀外，大气中的腐蚀性物质也会引起其中水泥石的腐蚀，但与上述物质相比还是低水平的。工业环境中混凝土受腐蚀的种类如表 5-4 所示。

表 5-4　工业环境中混凝土受腐蚀的种类

腐蚀种类	腐蚀作用
游离氧化钙的简单溶蚀（一类腐蚀）	处于水流状态下的混凝土，其组成中的氧化钙会被水溶解而进入水溶液中，使混凝土的碱度逐渐降低，混凝土的质量下降

续表

腐蚀种类	腐蚀作用
腐蚀性溶液和水泥化合物反应形成新的化合物，该新化合物或者从混凝土中溶蚀出来，或者无黏结性，使强度逐渐降低（二类腐蚀）	涉及这类腐蚀的主要是各种酸，例如硫酸、盐酸、硝酸、磷酸和有机酸如乳酸、醋酸、甲酸和单宁酸等。酸的腐蚀主要是因为和混凝土中的游离氧化钙的反应。例如，硫酸和氧化钙反应生成硫酸钙并作为石膏沉淀，即：$H_2SO_4+Ca(OH)_2 \longrightarrow CaSO_4 \cdot 2H_2O$。随着腐蚀的持续进行，所有的水泥化合物最终都可能被破坏，并可能和碳酸盐骨料一起溶蚀掉
腐蚀性溶液和水泥化合物反应形成新的结晶体。该类腐蚀与二类腐蚀相似，但生成的新晶体会在混凝土内部产生膨胀压力而使混凝土受到破坏（三类腐蚀）	典型的是硫酸盐的腐蚀，硫酸盐和水泥中的铝酸钙反应生成硫铝酸钙（钙矾石），钙矾石的结晶体因为体积的增大而在混凝土内部膨胀能够使混凝土瓦解。反应式为： $3CaSO_4+3CaO \cdot Al_2O_3 \cdot 6H_2O+nH_2O \longrightarrow 3CaO \cdot Al_2O_3 \cdot 3CaSO_4 \cdot 31H_2O$ 此外，硫酸铵、硫酸镁和碱金属类硫酸盐都能够和水泥浆中的游离氢氧化钙反应生成硫酸钙而使混凝土受到腐蚀。例如，$MgSO_4+Ca(OH)_2 \longrightarrow CaSO_4+Mg(OH)_2$。硫酸镁和硫酸铵还能够继续腐蚀水化硅酸钙
盐直接从混凝土中结晶，导致混凝土破坏（四类腐蚀）	属于这类腐蚀的一般是碱对混凝土的腐蚀。例如，高浓度的 NaOH 和 KOH 会腐蚀硅酸盐水泥浆。在干湿交替的情况下腐蚀的性质是生成膨胀性的盐晶体

不同的工厂环境可能对混凝土造成的破坏形式如表 5-5 所示。

表 5-5　工厂环境可能对混凝土造成的破坏形式

工厂类别	腐蚀性材料	可能对混凝土造成的影响
造纸厂	氯气	缓慢地瓦解潮湿的混凝土
	次氯酸钠	缓慢地瓦解混凝土
	氢氧化钠	瓦解混凝土
	硫化钠	缓慢地瓦解混凝土
	硫酸钠	瓦解不耐硫酸盐的混凝土
	酸性鞣化液	瓦解混凝土
食品厂和饮料厂	杏仁油	缓慢地瓦解混凝土
	黄油	膏状黄油缓慢地瓦解混凝土；液态黄油迅速地瓦解混凝土
	啤酒	啤酒中含有醋酸、乳酸、碳酸、鞣酸和发酵物，会缓慢地瓦解混凝土
	奶油和碳酸	缓慢地瓦解混凝土
	椰子油	瓦解混凝土，有空气时尤甚
	玉米浆	瓦解混凝土
	谷物等	发酵过程中产生的鞣酸缓慢地瓦解混凝土
	动物肉、油	缓慢地瓦解混凝土，油会更迅速地瓦解混凝土
	豆油和花生油	缓慢地瓦解混凝土
	蔗糖和糖蜜	缓慢地瓦解混凝土
化工厂和发电厂	酸性水	缓慢地瓦解混凝土，腐蚀多孔或开裂混凝土中的钢筋
	硝酸铵	瓦解混凝土，腐蚀多孔或开裂混凝土中的钢筋
	苯和煤焦油	因渗透而使混凝土失去液体水
	氯化物	腐蚀多孔或开裂混凝土中的钢筋，进而引起混凝土剥落
	乙烯和磷酸	缓慢地瓦解混凝土
	二氧化碳	引起混凝土收缩
	煤	淋沥出来的硫化物可能氧化成氧化硫或硫酸而缓慢地瓦解混凝土
	硫化物	在氧化环境中转变成亚硫酸缓慢地瓦解混凝土
	二氧化硫	和水分形成亚硫酸而迅速地瓦解混凝土

5. 通用水泥的主要品种

按照水泥性能和用途的不同，水泥分为通用水泥、专用水泥和特种水泥三大类别，如表 5-6 所示[6]。

表 5-6　三大类水泥的品种及用途举例

类　别	主要品种举例	用　途
通用水泥	硅酸盐水泥、普通硅酸盐水泥、矿渣硅酸盐水泥、火山灰质硅酸盐水泥、粉煤灰硅酸盐水泥和复合硅酸盐水泥等	应用于一般土木建筑工程

续表

类　别	主要品种举例	用　途
专用水泥	耐热水泥、耐酸水泥、油井水泥、砌筑水泥等	应用于某些专用工程
特种水泥	快硬硅酸盐水泥、水工水泥、抗硫酸盐水泥、膨胀水泥和自应力水泥等	应用于对混凝土有某些特殊要求的工程

硅酸盐水泥、普通硅酸盐水泥、火山灰质硅酸盐水泥、矿渣硅酸盐水泥和粉煤灰硅酸盐水泥是常用的通用水泥，在一般土木建筑工程中通常称为“五大水泥”，此外还有复合硅酸盐水泥，也是常用水泥品种。各强度等级、各类硅酸盐水泥的各龄期强度不得低于表 5-7 中的数值。硅酸盐水泥的早期强度增长快，水化热高；普通硅酸盐水泥次之。除了硅酸盐水泥外，其他类水泥在生产时都掺有一定的混合材料，例如火山灰、矿渣和粉煤灰等。由于混合材的加入，其凝结硬化速度相对变慢，水化热不像硅酸盐水泥那样集中在一定的时间段。在水泥基材料中最常使用的是强度等级为 42.5 级的普通硅酸盐水泥。

表 5-7　各强度等级、各类硅酸盐水泥的各龄期强度值

水泥品种	强度等级	抗压强度/MPa		抗折强度/MPa	
		3d	28d	3d	28d
硅酸盐水泥	42.5	17.0	42.5	3.5	6.5
	42.5R	22.0		4.0	
	52.5	23.0	52.5	4.0	7.0
	52.5R	27.0		5.0	
	62.5	28.0	62.5	5.0	8.0
	62.5R	32.0		5.5	
普通硅酸盐水泥	42.5	17.0	42.5	3.5	6.5
	42.5R	22.0		4.0	
	52.5	23.0	52.5	4.0	7.0
	52.5R	27.0		5.0	
矿渣硅酸盐水泥、火山灰质硅酸盐水泥、粉煤灰硅酸盐水泥、复合硅酸盐水泥	32.5	10.0	32.5	2.5	5.5
	32.5R	15.0		3.5	
	42.5	17.0	42.5	3.5	6.5
	42.5R	22.0		4.0	
	52.5	23.0	52.5	4.0	7.0
	52.5R	27.0		5.0	

三、白水泥和彩色水泥

1. 白水泥

（1）基本特性　白水泥是白色硅酸盐水泥的简称，系采用含极少量着色物质（氧化铁、氧化锰、氧化钛和氧化铬等）的原材料，如高纯度的高岭土、石英砂或白垩等，在较高温度（1500～1600℃）下烧制成水泥熟料。在煅烧、研磨和输送时均严格防止着色杂质混入而制得的洁白色的粉末。

普通硅酸盐水泥、白水泥和彩色水泥只是水泥在表观颜色上的差别，其主要物理机械性能是相同或相近似的。因而，上面关于普通硅酸盐水泥基本性能的讨论对于白水泥和彩色水泥也是适用的。因而除了颜色外，白水泥具有和普通硅酸盐水泥相同的性质，但因对原材料和生产工艺都有特殊要求，因而其价格较贵。

由于相比较合成树脂乳液类材料来说，白水泥的价格仍然低得多，且其耐水性、耐碱性、耐老化性也非常好，强度较高，因而白水泥在各种水泥基材料产品中使用具有较好的技术经济综合性能。白水泥在产品中主要提供胶结、强度和耐紫外线的照射老化性。作为一种无机胶凝材料，白水泥具有和合成树脂完全不同的老化机理，这类材料对紫外线的照射老化不敏感，其老化破坏主要是浸水情况下的冻融破坏和各种腐蚀性物质的腐蚀破坏。而当其和合成树脂复合后，其吸水率会变得很小，冻融破坏和腐蚀破坏的机制受到极大地抑制，使得产品的耐老化性显著提高。因而，对于复合有水泥和合成树脂的水泥基材料类产品，除了黏结强度等常规的物理机械性能得到显著的提高外，其耐老化性能也会得到明显的改善。

（2）技术性能要求　根据国家标准 GB /T 2015—2005《白色硅酸盐水泥》的规定，白水泥按强度等级分级分为 32.5、42.5 和 52.5 三种等级，各强度等级的白水泥在不同龄期的强度不得低于表 5-8 中规定的数值，其他物理性能和化学成分应符合表 5-9 的要求。

表 5-8　白水泥各标号、各龄期的强度

标号	抗压强度/MPa		抗折强度/MPa	
	3d	28d	3d	28d
32.5	14.0	32.5	2.5	5.5
42.5	18.0	42.5	3.5	6.5
52.5	23.0	52.5	4.0	7.0

表 5-9　白色硅酸盐水泥的物理性能和化学成分要求

物理机械性能或化学成分	技术要求
三氧化硫含量	应不超过 3.5%
细度	80μm 方孔筛筛余应不超过 10%
凝结时间	初凝应不早于 45min，终凝应不迟于 10h
安定性	用沸煮法检验必须合格
水泥白度	应不低于 87

2. 彩色水泥

除了白水泥外，还可以针对最终建材成品的颜色要求有选择地使用彩色水泥。与在白水泥中加颜料的着色方法相比，使用彩色水泥的优势在于，颜料是和水泥熟料在一起研磨的，混合分散得更为均匀，颜料的利用率高，且颜色效果更好。特别重要的是这些颜料大部分是无机颜料，耐光照老化和耐褪色等性能十分优异。

彩色水泥是由硅酸盐水泥熟料及适量石膏（或白色硅酸盐水泥）、混合材及着色剂磨细或混合制成的带有色彩的水硬性胶凝材料。国家行业标准 JC/T 870—2012《彩色硅酸盐水泥》规定，彩色硅酸盐水泥分为 27.5、32.5 和 42.5 三个强度等级，基本色有红色、黄色、蓝色、绿色、棕色和黑色等，主要用于建筑物的内、外装饰工程和彩色水泥制品。

四、早强快硬水泥

早强快硬水泥属于特种水泥或专用水泥，其主要特点是凝结硬化快、早期强度高以及强度增长快等，在负温施工、防水、堵漏和抢修等方面有广泛的应用。在自流平水泥地坪中能够提高早期强度。

1. 快硬硫铝酸盐水泥

根据国家标准 GB 20472—2006《硫铝酸盐水泥》的规定，硫铝酸盐水泥系采用适当成分的生料，经过煅烧制得硫铝酸钙和 β 型硅酸二钙为主要矿物成分的熟料，加入石膏后共同磨细而制成的早期强度高的胶凝材料，在水泥基自流平地坪材料中使用的快硬硫铝酸盐水泥是硫铝酸盐水泥中的一种，代号为 R·SAC。

GB 20472—2006 标准规定水泥的标号以 3d 抗压强度值表示，分为 42.5、52.5、62.5 和 72.5 四个强度等级，其细度和凝结时间要求如表 5-10 所示，强度性能要求如表 5-11 所示。

表 5-10　快硬硫铝酸盐水泥的细度和凝结时间要求

项　目			要　求
比表面积/(m^2/kg)		≥	350
凝结时间①/min	初凝	≤	25
	终凝	≥	180

① 用户要求时，可以变动。

表 5-11　快硬硫铝酸盐水泥的强度性能要求

强度等级	抗压强度/MPa			抗折强度/MPa		
	1d	3d	28d	1d	3d	28d
42.5	30.0	42.5	45.0	6.0	6.5	7.0
52.5	40.0	52.5	55.0	6.5	7.0	7.5
62.5	50.0	62.5	65.0	7.0	7.5	8.0
72.5	55.0	72.5	75.0	7.5	8.0	8.5

使用快硬硫铝酸盐水泥时应注意以下问题。

① 在需要延缓水泥的凝结时间时，可以加入缓凝剂，但必须通过试验确定。缓凝剂应以水溶液的形态加入。

② 施工时，混凝土硬化开始后（约 2～3h），应及时保水养护，养护期不少于 3d。

③ 冬期施工时，可加入水泥用量 1%～4%的亚硝酸钠防冻剂。

④ 用于钢筋防锈要求较高的工程时，可加入水泥用量 0.25%～0.50%的亚硝酸钠防锈剂。

⑤ 水泥中不得混入其他品种的水泥和石灰等高碱性物质。混凝土也不得与其他水泥混凝土混合使用，但可浇筑在其他已经硬化的水泥混凝土上。

⑥ 早强水泥不得用于耐热工程或温度经常处于 100℃以上的混凝土过程。

2. 快凝快硬硫铝酸盐水泥

这种水泥和上述快硬硫铝酸盐水泥的不同在于其具有更快的凝结硬化速率和早期强度发展速度，建材行业标准 JC/T 2282—2014《快凝快硬硫铝酸盐水泥》中简称“双快水泥”，代号为 QR·SAC。

双快水泥的强度等级分为 32.5、42.5 和 52.5 三个等级。不同强度等级水泥、不同龄期强度要求如表 5-12 所示，物理性能和氯离子含量要求如表 5-13 所示。

表 5-12　快凝快硬硫铝酸盐水泥的强度性能要求

强度等级	抗压强度/MPa			抗折强度/MPa		
	4h	1d	28d	4h	1d	28d
32.5	≥10	≥20	≥32.5	≥3.0	≥5.0	≥6.0
42.5	≥15	≥30	≥42.5	≥3.5	≥5.5	≥6.5
52.5	≥20	≥40	≥52.5	≥4.0	≥6.0	≥7.0

表 5-13　快凝快硬硫铝酸盐水泥的物理性能和氯离子含量要求

项　目	指标要求
比表面积	不小于 400 m^2/kg
凝结时间	初凝不小于 3min,终凝不大于 12min

续表

项目	指标要求
自由膨胀率	1d自由膨胀率不小于0.01%,3d自由膨胀率不小于0.04%,28d自由膨胀率在0.06%~0.20%
氯离子含量	不大于0.06%

3. 氟铝酸钙型水泥（快凝快硬水泥）

（1）主要矿物成分　氟铝酸钙型水泥是以铝质原料、石灰质原料、萤石（或再加石膏），经过适当配合烧制成以氟铝酸钙（$11CaO \cdot Al_2O_3 \cdot CaF_2$，简写为$C_{11}A_7CaF_2$）和硅酸钙为主要成分的氟铝酸盐水泥熟料，加入适量的硬石膏、粒化高炉矿渣、无水硫酸钠，磨细而制成的凝结快、小时强度增长快的水硬性胶凝材料。

氟铝酸钙型水泥的矿物组成范围如下：$C_{11}A_7CaF_2$为20.6%～72.4%；C_3S为0～50.4%；C_2S为0～17.6%；C_4AF为0～5.2%；C_2F为0～3.0%。

（2）性能要求　水泥的标号以4h强度而定，分为双快-150和双快-200两个标号。其性能要求如表5-14所示。双快水泥主要应用于快速修补工程、堵漏工程和铸造工业中的型砂黏结剂。

表5-14　双快(快凝快硬)水泥的技术要求

项目		要求	
		双快-150	双快-200
强度/MPa	抗压 4h	14.7	19.6
	1d	18.6	24.5
	28d	31.9	41.7
	抗折 12h	2.7	3.3
	1d	3.4	4.5
	3d	5.4	6.3
细度[比表面积/(cm^2/g)]	≥	4500	
凝结时间/min	初凝不早于	10	
	终凝不迟于	60	
安定性		蒸煮法检测,必须合格	
化学成分/%	熟料中的氧化镁 ≤	5.0	
	水泥中的三氧化硫 ≤	9.5	

（3）水泥的水化　氟铝酸钙一接触到水立刻溶解，几秒钟内就开始生成水化铝酸钙CAH_{10}、C_2AH_8、C_4AH_{19}和$AH_2\overline{F}$（$\overline{F}$为氟）。在几秒钟内，水化铝酸钙与$CaSO_4$以及硅酸钙水化生成的$Ca(OH)_2$形成低硫型水化硫铝酸钙和钙矾石。其反应如下：

$$C_{11}A_7CaF_2 + 6Ca(OH)_2 + 6CaSO_4 + 68H_2O \longrightarrow 6(3CaO \cdot Al_2O_3 \cdot CaSO_4 \cdot 12H_2O) + 2Al(OH)_2\overline{F}$$

$$3CaO \cdot Al_2O_3 \cdot CaSO_4 \cdot 12H_2O + 2CaSO_4 + 20H_2O \longrightarrow 3CaO \cdot Al_2O_3 \cdot 3CaSO_4 \cdot 32H_2O$$

$$2Al(OH)_2F + Ca(OH)_2 \longrightarrow 2Al(OH)_3 + CaF_2$$

C_3S和C_2S的水化与硅酸盐水泥相同，水化产物亦为C-S-H凝胶和$Ca(OH)_2$。但反应速度有所加快。水泥石结构是以钙矾石晶体为骨架，晶体间充以C-S-H凝胶和铝胶，故能够迅速达到很高的致密程度。

（4）应用与应用注意事项　氟铝酸钙型水泥的凝结硬化很快，初凝与终凝一般仅几分钟，初凝与终凝的时间间隔很短，终凝一般不超过0.5h。氟铝酸钙型超早强水泥的最大特点是具有小时强度，5～20min 就可硬化，2～3h 后抗压强度可达到 20MPa；在 5℃低温下硬化，6h 抗压强度可达到 10MPa，1d 可达到 30MPa。

当氟铝酸钙型水泥需要缓凝时，可用缓凝剂来调节。常用的缓凝剂有酒石酸、柠檬酸和硼酸等。例如，水泥中掺入柠檬酸时，由于生成柠檬酸钙，消耗了液相中的钙离子，使硫铝酸钙的形成受到限制，达到缓凝效果。使用氟铝酸钙型水泥时应注意以下问题。

① 混凝土拌和物的流动性丧失较快，因此每次混凝土的拌和量要少。

② 可根据气温高低掺入缓凝剂，缓凝剂必须以水溶液的形态加入。常用的缓凝剂为柠檬酸和酒石酸，若缓凝剂掺入量过高，将显著降低混凝土的早期强度。

③ 拌制混凝土时水泥和集料先干拌均匀后，应立即加水拌和，禁止将干拌混合物放置一段时间再加水。

④ 水泥易风化应妥善保管。

4. 铝酸盐水泥

铝酸盐水泥又称高铝水泥，是以铝矾土和石灰石为原料，经煅烧（或熔融状态）得到以铝酸钙为主、氧化铝含量大于 50%的熟料，磨细制成的水硬性胶凝材料。铝酸盐水泥是一种快硬、高强、耐腐蚀、耐热的水泥，代号为 CA。

（1）铝酸盐水泥的化学成分　铝酸盐水泥熟料的主要化学成分为 CaO、Al_2O_3、SiO_2、Fe_2O_3以及少量的 MgO、TiO_2等。各种化学成分的主要作用如表 5-15 所示。由于原料及生产方法的不同其化学成分有一定的变化范围：Al_2O_3 33%～66%；CaO 32%～44%；SiO_2 3%～15%；Fe_2O_3（含 FeO）1%～15%。

表 5-15　铝酸盐水泥熟料中各种化学成分的主要作用

化学成分	主要作用
氧化铝	氧化铝是保证形成铝酸盐矿物的基本成分，我国采用烧结法生产时，Al_2O_3含量在 45%以上。Al_2O_3含量过低，熟料中将出现 $C_{12}A_7$，使水泥快凝，强度降低；Al_2O_3含量过高，熟料中形成过多的 CA_2，使早期强度下降
氧化钙	氧化钙也是保证形成铝酸盐矿物的基本成分。CaO 含量过低，将形成大量的 CA_2，CaO 含量过高，易形成 $C_{12}A_7$
氧化硅	铝酸盐水泥熟料中的 SiO_2含量增加，C_2AS 含量相应增加，水泥的早强性能下降
氧化铁	Fe_2O_3铝酸盐水泥熟料中形成胶凝性能极弱的 C_2F、CF，会降低水泥的强度

（2）铝酸盐水泥熟料的矿物成分与水化反应　铝酸盐水泥的主要矿物成分为铝酸一钙（CaO·Al_2O_3，简写为 CA）及其他的铝酸盐，如二铝酸一钙（CaO·2Al_2O_3，简写为 CA_2）、铝方柱石（2CaO·Al_2O_3·SiO_2，简写为 C_2AS）、七铝酸十二钙（12 CaO·7Al_2O_3，简写为 $C_{12}A_7$）等，同时还含有很少量的 2CaO·SiO 等。

铝酸盐水泥的水化和硬化主要是铝酸一钙的水化及其水化物的结晶，一般认为其水化反应随温度的不同而水化产物不相同。

当温度低于 20℃时，其反应：

$$\underset{\text{铝酸一钙}}{CaO\cdot Al_2O_3}+10H_2O \longrightarrow \underset{\text{水化铝酸钙}(CAH_{10})}{CaO\cdot Al_2O_3\cdot 10H_2O}$$

当温度在 20～30℃时，其反应：

$$2(CaO\cdot Al_2O_3)+11H_2O \longrightarrow \underset{\text{水化铝酸二钙}(C_2AH_8)}{2CaO\cdot Al_2O_3\cdot 8H_2O}+\underset{\text{铝胶}}{Al_2O_3\cdot 3H_2O}$$

当温度大于 30℃时，其反应：

$$3(CaO\cdot Al_2O_3)+12H_2O \longrightarrow 3CaO\cdot Al_2O_3\cdot 6H_2O(C_3AH_6)+2(Al_2O_3\cdot 3H_2O)$$

在一般条件下，CAH_{10}和 C_2AH_8同时形成，一起共存，其相对比例则随着温度的提高而减少。但在较高温度（30℃以上）下，水化产物主要为 C_3AH_6。

水化物 CAH_{10} 和 C_2AH_8 都属于六方晶系，具有细长的针状或板状结构，能够互相结成坚固的结晶连生体，形成晶体骨架。析出的氢氧化铝凝胶难溶于水，填充于晶体骨架的间隙中，形成密实的水泥石结构。同时水化 5～7d 后，水化铝酸盐结晶连生体的大小很少改变，故铝酸盐水泥初期强度增长很快，而以后强度增长不显著。

（3）铝酸盐水泥的性能　铝酸盐水泥通常为黄褐色，也有呈灰色的。铝酸盐水泥的密度和堆积密度与普通硅酸盐水泥相近，密度为 3.2～3.25kg/cm³，松散状态的堆积密度为 1.0～1.3 kg/cm³，紧密状态的堆积密度为 1.6～2.0 kg/cm³。国家标准 GB/T 201—2015《铝酸盐水泥》，根据其中 Al_2O_3 含量对该种水泥进行分类（见表 5-16）。各类水泥各龄期强度值不得低于表 5-17 中所示的值。

表 5-16　铝酸盐水泥的分类

类别	Al_2O_3 含量要求
CA50	50%≤$w(Al_2O_3)$<60%；该品种根据强度分为 CA50-Ⅰ、CA50-Ⅱ、CA50-Ⅲ、CA50-Ⅳ四种
CA60	60%≤$w(Al_2O_3)$<68%；该品种根据主要矿物组成分为 CA60-Ⅰ（以铝酸一钙为主）和 CA60-Ⅱ（以铝酸二钙为主）两种
CA70	68%≤$w(Al_2O_3)$<77%
CA80	$w(Al_2O_3)$≥77%

表 5-17　铝酸盐水泥的强度性能要求

类型		抗压强度/MPa				抗折强度/MPa			
		6h	1d	3d	28d	6h	1d	3d	28d
CA50	CA50-Ⅰ	≥20①	≥40	≥50	—	≥3①	≥505	≥6.5	—
	CA50-Ⅱ		≥50	≥60	—		≥6.5	≥7.5	—
	CA50-Ⅲ		≥60	≥70	—		≥7.5	≥8.5	—
	CA50-Ⅳ		≥70	≥80	—		≥8.5	≥9.5	—
CA60	CA60-Ⅰ	—	≥65	≥85	—	—	≥7.0	≥10.0	—
	CA60-Ⅱ	—	≥20	≥40	≥85	—	≥2.5	≥5.0	≥10.0
CA70		—	≥30	≥30	—	—	≥5.0	≥6.0	
CA80		—	≥25	≥45			≥4.0	≥5.0	—

①用户要求时，生产厂家应提供试验结果。

除了表 5-17 中的强度值要求外，还要求各类铝酸盐水泥的比表面积和凝结时间符合表 5-18 的要求。

表 5-18　铝酸盐水泥的细度和凝结时间要求

类型		初凝/ min	终凝/min
CA50		≥30	≤360
CA60	CA60-Ⅰ	≥30	≤360
	CA60-Ⅱ	≥60	≤680
CA70		≥30	≤360
CA80		≥30	≤360
细度		比表面积不小于 300m²/kg 或 0.045mm 筛余不大于 20%。有争议时以比表面积为准	

（4）铝酸盐水泥的应用

① 铝酸盐水泥不经过试验，不应任意与石灰或水化后有形成 $Ca(OH)_2$ 的胶凝材料混合使用，否则会发生凝结不正常和强度下降现象。这主要是由于 $Ca(OH)_2$ 与低碱性水化铝酸钙发

生反应，立即形成立方相水化铝酸三钙(C_3AH_6)所致，如表 5-19 所示[7]。

表 5-19 不同配比的硅酸盐水泥与和铝酸盐水泥的凝结时间和强度

配合比/%		凝结时间/min		抗压强度/MPa	
硅酸盐水泥	铝酸盐水泥	初凝	终凝	1d	2d
100	0	120	230	18.8	29.0
90	10	20	40	10.9	19.6
80	20	3	11	5.9	9.4
50	50	瞬间	瞬间	—	—
20	80	—	5	2.9	2.4
10	90	1	35	43.1	44.1
0	100	180	225	45.1	48.0

② 铝酸盐水泥对浓酸及碱溶液的耐蚀性不好，因而不得应用于接触碱溶液的工程。

工程实践证明，铝酸盐水泥的长期强度确实下降，特别是在湿热环境下，影响更加严重(其降低幅度达到 40%以上)，甚至可能引起结构破坏。因此，我国目前已经限制将铝酸盐水泥应用于结构工程。

第二节 矿物掺和料与集料

一、矿物掺和料的种类与作用

矿物掺和料也称微集料，是混凝土或水泥基材料中的一个常用术语，全称为混凝土活性矿物掺和料。许多掺和料也称矿粉，是指本身没有或只有很低的胶凝特性，但在水泥水化产物的激发下能够产生一定胶凝特性的一类材料。掺和料分天然的、人工的和工业废料三种。天然掺和料如火山灰（火山喷发的岩浆经冷凝后形成的灰白色粉状物）、凝灰岩、硅藻土等；人工掺和料如煅烧页岩、天然沸石粉和煅烧黏土等；工业废料掺和料如粉煤灰、水淬高炉矿渣和硅灰等。其中，工业废料掺和料是混凝土中最常用和技术经济效益最好的掺和料。这里仅介绍最常用的工业废料掺和料。

掺和料在水泥基材料中能够起到改善性能的重要作用。例如[8]，在聚合物水泥基材料中，矿粉与聚合物具有协同作用。聚合物中的表面活性剂被吸附在超细矿物粉体的表面，增强了其电位，而在水泥浆体中产生减水、分散、增塑、填充和均化作用，二者的复合使材料的微观结构更加均匀和致密，而降低材料泌水的功能则改善了材料内部的孔结构。同时，超细矿物粉体可以填充材料内部的缺陷和孔隙，使聚合物能够充分用于包裹矿粉和水泥颗粒表面，聚合物更容易连结成网络，以抑制裂缝的形成与扩展，导致材料的抗折强度提高。

二、水泥基材料中常用的矿物掺和料

（一）粉煤灰

1. 基本特性和商品品种

(1) 基本特性　粉煤灰又称烟灰，外观为灰白色的粉末，是以煤粉为燃料的火力发电厂排放的工业废料。煤粉燃烧时剩下的不可燃杂质以及一部分未烧尽的碳作为废弃物被排放出来，此即粉煤灰。按煤种的不同粉煤灰分为 F 类和 C 类两种。F 类粉煤灰是由无烟煤或烟煤煅烧收集的粉煤灰；C 类粉煤灰是由褐煤或次烟煤煅烧收集的粉煤灰，其氧化钙含量一般大于 10%。

粉煤灰的化学成分主要是二氧化硅（SiO_2）和三氧化二铝（Al_2O_3）以及少量的三氧化二

铁（Fe_2O_3）、氧化钙（CaO）、氧化镁（MgO）、氧化钠（Na_2O）、氧化钾（K_2O）和氧化硫（SO_3）等。其中未燃烧的碳含量在3%～15%，碳含量越高，粉煤灰的品质越低。粉煤灰的化学成分如表5-20[1]所示。

表5-20 粉煤灰的化学成分和物理性能

类别	成分或项目	数据
化学成分/%	二氧化硅（SiO_2）	40.0～60.0
	三氧化二铝（Al_2O_3）	20.0～30.0
	三氧化二铁（Fe_2O_3）	4.0～10.0
	氧化钙（CaO）	2.5～7.0
	氧化镁（MgO）	0.5～2.5
	氧化钠＋氧化钾（Na_2O+K_2O）	0.5～2.5
	氧化硫（SO_3）	0.1～0.5
	烧失量	3.0～15.0
物理性能	干燥状态密度/（kg/m^3）	2.0～2.3
	孔隙率/%	550～650
	细度/（cm^2/g）	2700～3500
	孔隙率/%	60～75

粉煤灰中含有大量的玻璃体物质，颗粒很细，也有一些黏结在一起的粘连颗粒。粉煤灰具有水硬性。煤粉在燃烧过程中粉煤灰中的杂质发生了复杂的化学反应，反应产物有偏高岭土（$Al_2O_3 \cdot 2SiO_2$）、游离二氧化硅和三氧化二铝。这些物质如果用碱性物质来“激发”，则能够表现出水化硬化能力，即能够产生一定的强度和对松散材料具有一定的黏结能力。

（2）商品品种　粉煤灰的来源一般有两种途径，一是取自发电厂的湿排灰，经过烘干和筛分或者通过磨细而得到。这样得到的粉煤灰成本低，但需要烘干等加工设备的投资，且容易造成二次污染，通常只有在用量很大，对粉煤灰的质量要求不高，且取灰方便，运输费用低的情况下采用这种粉煤灰。二是发电厂利用其干排灰加工的成品，具有满足国家标准规定质量要求和正规的包装，作为商品出售。这类粉煤灰称之为商品粉煤灰，使用较为方便。生产水泥基材料时因为粉煤灰的用量低，对其质量具有一定要求，绝大多数情况下是采用商品粉煤灰。

2. 粉煤灰与水泥的反应及其活性

（1）与水泥的反应　粉煤灰在水泥基材料中能够与水泥的水化产物$Ca(OH)_2$反应。这种反应首先是粉煤灰颗粒表面形成一层C-S-H凝胶外壳，这层C-S-H凝胶是硅酸盐水泥的水化产物。然后，粉煤灰表面的玻璃体溶解，溶解的快慢通常受水泥基本系统孔隙中含有高浓度碱性水化产物溶液的影响。接着，粉煤灰再与$Ca(OH)_2$反应形成水化产物。

粉煤灰与水泥的反应将显著影响硬化水泥浆体的性能。粉煤灰的CaO含量不同，与水泥反应的差别会很大。在低钙粉煤灰中，能够与水泥反应的组分主要是玻璃体。粉煤灰颗粒中的石英、赤铁矿、磁铁矿等晶体相在水泥中是没有反应性的，而玻璃体通常温度下与水泥的反应也很慢。在高钙粉煤灰中，不仅玻璃体，还有一些晶体组分都有化学反应性。一些粉煤灰中含有游离氧化钙、硫酸钙、C_3A，这些活性晶体加水后可直接生成钙矾石、单硫型水化硫铝酸钙甚至C-A-S凝胶等。

粉煤灰在水泥基材料中的后期水化，既能够提高水泥基材料的强度，又能够改善水泥基材料中的矿物结构，提高抗冻融耐久性。粉煤灰在水泥水化的后龄期，在氢氧化钙的激发作用下开始水化，由于这时水泥已经进行了充分的水化，在结构中存在着大量毛细孔隙，粉煤灰的水化产物能够堵塞结构中的这些毛细孔隙，提高混凝土的密实性和抗渗性[9]。粉煤灰在混凝土中的用量一般视要求和所达到的目的的不同为8%～35%。在其他水泥基材料中应用则视产品、目的以及成本等因素的不同，有着更大的范围。

（2）粉煤灰的活性指数　粉煤灰的水硬性能用活性指数 h 来表示，h 按照下式计算：

$$h=\frac{Al_2O_3\text{含量}}{\text{烧失量}}$$

h 值越大，粉煤灰的活性就越高，即 Al_2O_3 含量越高，活性越高；烧失量越高（反应碳含量），活性越低。粉煤灰的水化反应速率较慢，因而其早期强度较低，而后期强度高，能够达到甚至超过水泥的强度。

3. 在水泥基材料中的应用特性和性能要求

（1）在水泥基材料中的应用特性　在水泥基材料，例如混凝土、自流平砂浆等中适量地掺入粉煤灰，能够改善材料的性能。通常从水泥基材料硬化前和硬化后两个方面的性能考虑。从水泥基材料硬化前的性能考虑，粉煤灰的添加，能够减小需水量，降低水灰比；改善流动性、提高密实性；减少离析和泌水以及延长凝结时间等。粉煤灰中的主要成分是空心或实心玻璃微珠，这些玻璃微珠粒形圆整、表面光滑，自流平砂浆中利用粉煤灰产生的滚珠效应，提高流动度[10]；从硬化后的性能考虑，则能够提高后期强度，增大材料的密实度、提高耐腐蚀性和改善耐久性等。此外，在自流平砂浆中使用粉煤灰可使自流平材料成本降低，合理利用废渣，减少环境污染。

（2）性能要求　根据国家标准GB/T 1596—2005《用于水泥和混凝土中的粉煤灰》的规定，不同品质粉煤灰的技术要求如表5-21所示。

表5-21　混凝土和砂浆掺和料的粉煤灰的质量要求

<table>
<tr><th rowspan="2">指标项目</th><th rowspan="2">粉煤灰类别</th><th colspan="3">粉煤灰级别</th></tr>
<tr><th>Ⅰ</th><th>Ⅱ</th><th>Ⅲ</th></tr>
<tr><td rowspan="2">细度(45μm方孔筛筛余)/%　≤</td><td>F类粉煤灰</td><td rowspan="2">12.0</td><td rowspan="2">25.0</td><td rowspan="2">45.0</td></tr>
<tr><td>C类粉煤灰</td></tr>
<tr><td rowspan="2">需水量比/%　≤</td><td>F类粉煤灰</td><td rowspan="2">95</td><td rowspan="2">105</td><td rowspan="2">115</td></tr>
<tr><td>C类粉煤灰</td></tr>
<tr><td rowspan="2">烧失量/%　≤</td><td>F类粉煤灰</td><td rowspan="2">5.0</td><td rowspan="2">8.0</td><td rowspan="2">15.0</td></tr>
<tr><td>C类粉煤灰</td></tr>
<tr><td rowspan="2">含水量/%　≤</td><td>F类粉煤灰</td><td colspan="3" rowspan="2">1.0</td></tr>
<tr><td>C类粉煤灰</td></tr>
<tr><td rowspan="2">三氧化硫/%　≤</td><td>F类粉煤灰</td><td colspan="3" rowspan="2">3.0</td></tr>
<tr><td>C类粉煤灰</td></tr>
<tr><td rowspan="2">游离氧化钙/%　≤</td><td>F类粉煤灰</td><td colspan="3">1.0</td></tr>
<tr><td>C类粉煤灰</td><td colspan="3">4.0</td></tr>
<tr><td>安定性(雷氏夹沸煮后增加距离)/mm　≤</td><td>C类粉煤灰</td><td colspan="3">5.0</td></tr>
</table>

（二）微细矿渣粉

1. 基本特性

微细矿渣粉是以粒化高炉矿渣为主要原料，可掺入少量石膏研磨得到一定细度的粉体。粒化高炉矿渣是熔融高炉矿渣经水或空气急冷而成的细小颗粒状矿渣，用水急冷的又称水淬矿渣或水渣，我国大部分钢铁厂使用水冷法，因而大多数矿渣为水淬矿渣。

高炉矿渣的主要成分为SiO_2和CaO，一般这两种成分的总量在90%以上。根据成分的差别，水淬矿渣分为酸性矿渣和碱性矿渣，碱性矿渣的活性较高。Al_2O_3是矿渣具有活性的主要成分，其含量越高，矿渣的活性也越高。由于急冷矿渣具有玻璃质结构，因而具有较高的活性，是常用的水泥掺和料。

2. 技术性能指标

国家标准GB/T 18046—2008《用于水泥和混凝土中的粒化高炉矿渣粉》将微细矿渣粉按照活性指数的不同分为S105、S95和S75三种，其性能要求如表5-22所示。

表5-22　微细矿渣粉的性能要求

项目			级别		
			S105	S95	S75
密度/(g/cm^3)		≥	2.8		
比表面积/(m^2/kg)		≥	500	400	300
活性指数/% ≥	7d		95	75	55
	28d		105	95	75
流动度比		≥	95		
含水量(质量分数)/%		≤	1.0		
三氧化硫(质量分数)/%		≤	4.0		
氯离子(质量分数)/%		≤	0.06		
烧失量(质量分数)/%		≤	3.0		
玻璃体含量(质量分数)/%		≥	85		
放射性			合格		

3. 应用性能特征

(1) 凝结时间　水泥基材料中加入微细矿渣粉可使初凝、终凝时间有所减缓，但幅度不大。

(2) 流动性　在水泥砂浆中，当掺入同样量的减水剂时，微细矿渣粉的掺入会使砂浆的流动度明显提高，并且流动度的经时损失也会得到明显缓解。流动度的改善是由于微细矿渣粉的存在，延缓了水泥水化初期水化产物的相互搭接，还由于C3A矿物含量的降低而与减水剂具有更好的相容性以及微细矿渣粉也具有一定的减水作用。但是，与粉煤灰相比，微细矿渣粉作为混凝土的掺和料对混凝土的和易性改善作用不大，因为其颗粒形状不如粉煤灰。但水淬矿渣的活性比粉煤灰高，掺入量范围也更大。

(3) 强度　微细矿渣粉的掺入能够使早期强度稍有降低，但28d以后的强度增长会显著提高。用超细矿渣配制高强混凝土和高强泵送混凝土已经成为我国的一项实用性很强的新技术。

(4) 耐久性　由于在混凝土或砂浆中掺入微细矿渣粉能够提高致密性和改善水泥石与集料的界面结构，并使抗渗性能提高，因此能够显著改善冻融耐久性。此外，由于微细矿渣粉具有较强的吸附氯离子的作用，因而能够有效阻止氯离子在材料中的扩散，能够显著提高砂浆和混凝土的抗氯离子能力。砂浆和混凝土的耐硫酸盐侵蚀性能主要取决于抗渗性和水泥中铝酸盐含量和碱度，而微细矿渣粉中铝酸盐含量和碱度都较低，因而微细矿渣粉的加入可使耐久性显著改善。此外，碱度降低对预防碱骨料反应也是有利的。

(三) 硅灰

1. 基本特性

硅灰也称硅烟或硅粉，是钢厂和铁和金厂生产硅钢和硅铁时产生的一种烟尘，主要化学成分是SiO_2（占85%～98%），硅灰的颗粒呈极细的玻璃球状，粒径为0.1～1.0μm，是水泥颗粒粒径的 1/50～1/100，因此是一种特效的混凝土掺和料，活性极高，能够明显提高混凝土的性能，显著提高水泥基材料的强度和综合性能[11]。硅灰具有以下特性，当掺入水泥基材料中后对拌和物和硬化浆体的影响均与这些特性有关。

① 硅灰是一种极细的粉末，主要成分是颗粒极细（0.1～0.2μm）的无定形二氧化硅。硅灰的平均粒径比水泥小 100 倍，比表面积约为 15～20m^2/g。

② 因为硅是从蒸气冷凝得到的，故具有非常完美的球形状态；硅灰的密度为 2.2～2.5g/m^3，松散堆积密度为 200～300g/m^3。

2. 化学成分及性能

硅灰的化学成分随着所生产的合金和金属的品种不同而异。一般地说，其 SiO_2 含量超过 90%；Al_2O_3 为 0.5%～3.0%；Fe_2O_3 为 0.2%～0.8%；MgO 为 0.5%～1.42%；CaO 为 0.1%～0.5%；Na_2O+K_2O 为 0.6%～2.0%；烧失量（C）为 0～2.5%；S 为 0～0.4%。

硅灰和水拌和后呈浅灰到深灰色，膏状时为黑色。硅灰的相对密度为 2.2，松散密度为 250～300kg/m^3。硅灰颗粒极细，比表面积为 20000～25000cm^2/g，其微粒绝大多数小于 1μm。

硅灰的火山灰活性指标高达 110%，需水量比为 134%。硅灰的有效取代系数高达 3～4，即在混凝土中 1kg 硅灰可取代 3～4kg 水泥。

3. 硅灰在水泥基材料中的作用机理

硅灰具有极强的火山灰特性，当掺入水泥基材料时，硅灰和水接触，部分小颗粒迅速溶解，溶液中富 SiO_2 和贫 Ca 的凝胶在硅灰粒子表面形成附着层，经过一定时间后，富 SiO_2 和贫 Ca 凝胶附着层开始溶解，并和水泥水化的 $Ca(OH)_2$ 反应生成 C-S-H 凝胶。

火山灰反应的结果是改变了浆体的孔结构，使大孔（大于 0.1μm）减少，小孔（小于 0.05μm）增加，使孔径变细，还使浆体中 $Ca(OH)_2$ 减少，结晶细化，并使其定向程度变弱。细颗粒的硅灰填充在水泥颗粒空隙间，也使浆体更密实。此外，由于火山灰的反应和泌水减少，界面处浆体密实，$Ca(OH)_2$ 晶体细化，定向程度变弱，致使过渡区变薄，增加浆体与骨料界面的黏结，从而改变界面过渡区的分布形态[12]。

4. 硅灰在自流平砂浆中的应用

硅灰已由一种对环境产生危害的工业废料转变为宝贵的混凝土原材料，价格是水泥的近 10 倍，主要用于配制高强、超高强混凝土（砂浆）、耐磨混凝土（砂浆）以及其他有特殊性能要求的特种或专用混凝土（砂浆）。例如，在某超级自流平修补砂浆中，使用硅灰除了提高强度等性能外，还能够很好地解决通常不掺入硅灰时砂浆出现的砂粒沉淀和砂浆泌水的问题，如表 5-23 所示[13]。

表 5-23　掺和不掺硅灰的超级自流平砂浆的性能①

硅灰和外加剂掺入量(水泥质量分数)/%			流动度/cm	密度/(g/cm^3)	砂粒沉降情况
硅灰	减水剂	增稠剂			
—	1.0	1.0	23	1.94	2.5min 后开始沉淀
—	1.0	1.0	23	1.95	3min 后开始沉淀
10	0.8	0.8	24	1.96	基本无沉淀,无泌水

① 砂浆的基本配合比为：水泥∶砂∶水∶膨胀剂＝1.2∶1∶0.5∶0.144。

（四）沸石粉

1. 基本矿物结构

天然沸石矿有 40 种之多，在混凝土和砂浆中应用的主要是斜发沸石和丝光沸石。沸石是一种硅氧四面体［SiO_4］组成的结晶矿物，硅氧四面体可由铝氧四面体［AlO_4］所置换。Al

置换 Si 后，四面体有一个氧离子得不到中和而呈电负性，但 Si/Al 比不固定，一般在 3～5。沸石矿物的晶格内部有大量彼此连通的空腔与管道，而具有巨大的内表面积。沸石粉的这种独特的内部结构极易被水分子填充，水分子以结晶的形态存在。例如，某沸石粉的烧失量达到 10%～15%，主要是沸石粉中的结晶水。这种水与普通的结构水不同，其在某一温度下加热而释放，可以使水泥石的水化更加充分，提高密实度和强度。

将这种“沸石水”在一定温度下加热脱出后，沸石结构并不破坏，而成为海绵或泡沫状的多孔性结构，具有吸附性和离子交换特性。此外，沸石还具有良好的热稳定性、耐酸性、导电性、化学反应的催化裂化性、耐辐射性和低堆密度等性能特点。

2. 沸石的化学成分和沸石粉的物理性能

沸石的主要成分为氧化硅和氧化铝，活性较高。产地不同的沸石粉的化学成分差异较大，一般沸石粉中的 SiO_2 和 Al_2O_3 含量总和约占 80%。表 5-24 中列出某商品磨细沸石粉的化学成分和物理性能[14]。

表 5-24 沸石粉的化学成分和物理性能

化学成分	SiO_2	Al_2O_3	Fe_2O_3	CaO	MgO
含量	66.24%	12.82%	1.42%	2.40%	1.08%
物理性能	比表面积		需水量		含水率
指标	4426cm²/g		110%		1.2%

3. 在水泥基材料中的应用特性

沸石粉的活性是因活性成分 SiO_2 和 Al_2O_3 与水泥化过程中释放的 CH 发生反应，使其转化为 CSH 凝胶和铝酸盐。因此，硬化后混凝土的微观结构得以改善，并且提高了混凝土的抗渗透性。

以无定形和玻璃态为主的物质比晶态的物质活性高。与一般火灰质材料不同，天然沸石粉是一种微细结晶矿物，其活性却很高。而将沸石粉经 500～600℃温度焙烧变成玻璃态的沸石之后，其增强效果比原状沸石粉要差，说明沸石矿物结构改变后不再具有活性。沸石粉的活性还与沸石的含量有关，沸石含量越大则活性越大。沸石的细度对活性的影响也较大，磨细后沸石的表面能及表面活性很大，火山灰活性得到进一步提高。

在混凝土和砂浆中应用的沸石的技术要求应满足：细度 0.08mm 方孔筛筛余≤8%；吸铵值≥100meq/100g；相对密度为 2.2～2.4，容重为 700～800kg/m³；水泥胶砂 28d 抗压强度比不小于 62%，火山灰试验应合格。

三、填料(微集料)

为了使自流平地坪材料中的骨料具有更好的颗粒级配以及改善施工流动性能，在其组成材料中常常还使用一定数量的、粒径比骨料更细微的惰性材料，这类材料的细度一般在 120 目以上，在不同的行业中有不同的名称。在第二章环氧地坪涂料中称为填料，在混凝土、砂浆等水泥基建材中也称为惰性微集料或者惰性矿物掺和料。最常使用的是重质碳酸钙、石英粉和重晶石粉，有关内容也已在第二章第一节中介绍，下面介绍填料对自流坪砂浆性能的改善。

1. 矿物掺和料和填料对自流平材料流动性能的改善

研究表明，在自流平材料中，适当地掺入矿物掺和料和填料，能够改善拌和物的流动性和硬化体的力学性能。例如，以细度为比表面积 465m²/kg 的微细矿渣粉和以细度为比表面积 230m²/kg 的重质碳酸钙代替自流平材料中的部分水泥，拌和物的流动性的改善及其经时损失见图 5-4[15]。其中，K30 为单掺入 30%微细矿渣粉的自流平砂浆；KL5、KL10、KL15 为掺入 30%微细矿渣粉后再分别与 5%、10%、15%的重质碳酸钙复合掺入的自流平砂浆。自流平砂浆的水胶比为 0.25，胶砂比为 1∶1。

从图 5-4 中可见，掺入 30%微细矿渣粉的 K30 组拌和物初始流动性比较好，满足行业标准 JC/T 985—2005《地面用水泥基自流平砂浆》不小于 130mm 的要求，但 30min 内的流动度损失较大。掺入重质碳酸钙后拌和物初始流动度有所提高，且流动度的经时损失随着重质碳酸钙掺入量的增加而减小。当重质碳酸钙的掺入量为 10%时，拌和物在 30min 内几乎无流动度损失，但当重质碳酸钙掺入量增加至 15%时，拌和物经时损失又有所增大。

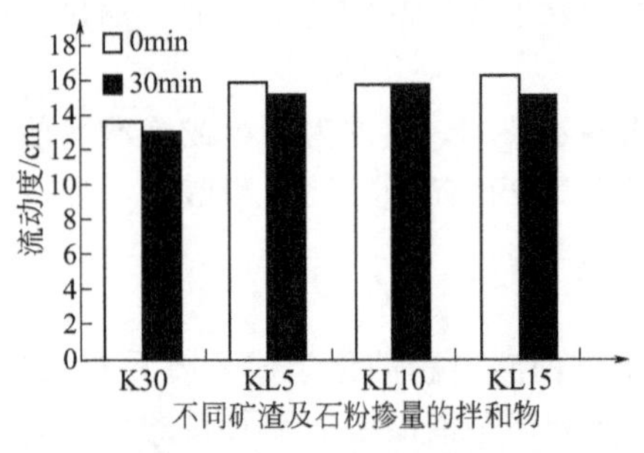

图 5-4 矿物掺和料和填料对自流平材料的流动度的影响

矿渣、重质碳酸钙可以改善拌和物的变形性，提高其稳定性。磨细的重质碳酸钙可使拌和物表现出良好的工作性、较高的抗压强度和较好的成型面。这主要是因为重质碳酸钙的加入改善了混合体系的颗粒堆积状态。由于重质碳酸钙的微观形态呈很规则的圆球形，因而对浆体有塑化作用。重质碳酸钙的拌和需水量比水泥的低，因而其掺入量越高浆体所需要的拌和水用量越低。

另一方面，由于重质碳酸钙和微细矿渣粉的堆积密度都比水泥的小，因而用重质碳酸钙和微细矿渣粉取代等量的水泥时浆体的体积增大，使拌和物的和易性得到改善。此外，重质碳酸钙能够增加拌和物的黏聚性。在重质碳酸钙掺入量不超过 10%时，对拌和物的保水性有利；掺入量增加至 15%时，黏聚性的增大给流动性带来不利影响。

2. 矿物掺和料和填料对自流平材料力学性能的影响

图 5-5 和图 5-6 中分别示出矿物掺和料和填料对自流平材料抗折强度和抗压强度的影响。从图中可以看出，单掺入矿渣时，自流平砂浆的早期抗折强度和抗压强度均比纯水泥砂浆（即空白组 C）的低。但是，随着龄期的延长，其差距越来越小，到 28d 时二者的抗折强度已基本相当，抗压强度比不掺入时略高。重质碳酸钙掺入量在 10%以内时，砂浆的早期抗压强度有所提高，抗折强度变化不大。当重质碳酸钙的掺入量为 10%时，砂浆的 28d 抗折强度提高幅度较大。掺入量增加至 15%时，砂浆的抗压强度变化不大，但各龄期的抗折强度与重质碳酸钙的早强作用及重质碳酸钙的自身性质有关。概括起来涉及特定的化学反应、微晶核作用和微集料填充效应等。过去，重质碳酸钙一直被认为是水泥基材料的一种惰性填料，但自 20 世纪 80 年代以来的研究表明：①掺入重质碳酸钙后熟料的水化加速，形成碳铝酸盐，改善了微孔结构；②在钙矾石的形成过程中，SO_4^{2-} 可以被 CO_3^{2-} 取代而不影响水化反应进程；③硅酸钙与碳酸钙之间存在过渡区，且碳酸钙加速了 C_3S 的水化，改变了水化硅酸钙中的 C/S 比。此外，分散的微细重质碳酸钙颗粒对 C_3S 有明显的微晶核作用，使重质碳酸钙颗粒附近的 $Ca(OH)_2$ 优先成核，大部分 $Ca(OH)_2$ 生长在重质碳酸钙表面，而不是在特定位置，局部生成大晶体，$Ca(OH)_2$ 晶粒细化，有利于界面黏结。此外，重质碳酸钙填充在颗粒之间的孔隙中，使水泥石的结构更加密实。

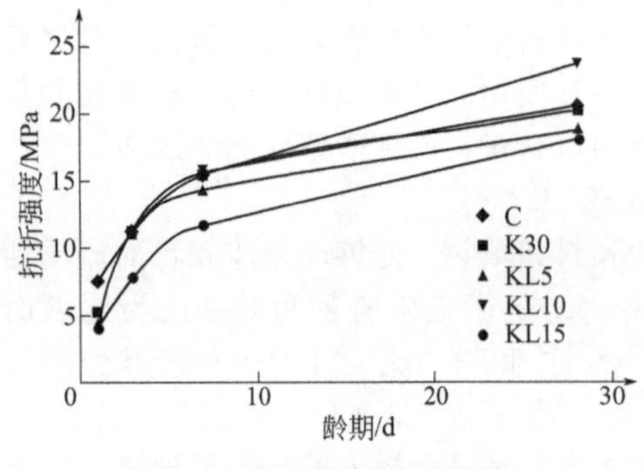

图 5-5 矿物掺和料和填料对自流平材料抗折强度的影响

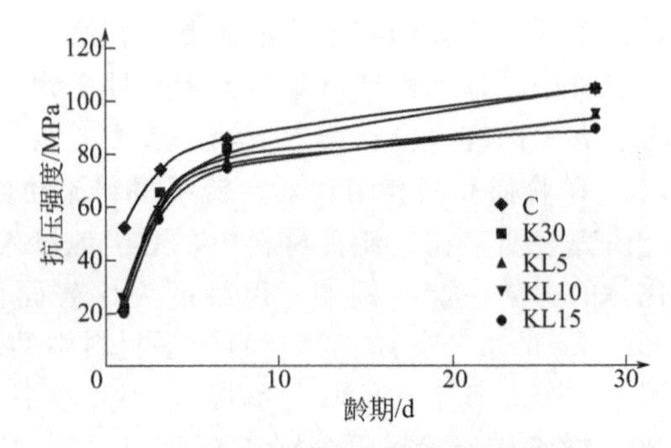

图 5-6 矿物掺和料和填料对自流平材料抗压强度的影响

四、骨料(砂)

骨料也称集料，一般分粗骨料和细骨料。粗骨料指的是石子；细骨料指的是砂子。对于混凝土和水泥砂浆来说，骨料是重要的组成材料。自流平地坪材料通常也称自流平砂浆，骨料仅指的是细骨料（即砂），是自流平地坪材料中很重要的组成材料，对其性能的影响非常重要。

1. 品种及基本特性

细骨料的主要品种是砂。砂是自然界中比较常见的物质，是由岩石风化等自然条件作用而形成的。根据国家标准 GB/T 14684—2011《建设用砂》的规定，砂按产源分为海砂、河砂、湖砂、山砂和淡化海砂；按细度模数 M_x 分为粗、中、细、特细四种规格，按其技术要求分为优等品、一等品、合格品。

河、湖、海砂由于受水流的冲刷作用，颗粒多呈圆形，表面较光滑，在水泥基材料中使用时需水量小，砂粒与水泥间的黏结力较弱，海砂中还含有贝壳碎片和可溶性盐类等有害杂质。山砂颗粒多具棱角，表面粗糙，需水量较大，和易性差，但砂粒与水泥间的黏结力强，有时含有较多的黏土等有害杂质。

2. 关于砂的术语及其性能要求

表 5-25 中列出自流平地坪材料中可能常常涉及的关于砂的术语的含义以及 GB/T 14684—2011 对天然砂的要求；对机制砂的泥块含量和石粉含量限量如表 5-26 所示。

表 5-25　几个关于砂的术语和技术性能要求

术语名称	定义描述	GB/T 14684—2011 标准要求		
		Ⅰ	Ⅱ	Ⅲ
含泥量	天然砂中粒径小于 75μm 的颗粒含量	≤1.0%	≤3.0%	≤5.0%
泥块含量	砂中原粒径大于 1.18mm，经水浸洗，手捏后小于 600μm 的颗粒含量	0	≤1.0%	≤2.0%
石粉含量	机制砂中粒径小于 75μm 的颗粒含量	（见表 5-26）		
坚固性	砂在自然风化和其他外界物理化学因素作用下抵抗破裂的能力	质量损失≤8%		质量损失≤10%
轻物质	砂中表观密度小于 2000kg/m³ 的物质	≤1.0%（按质量计）		
碱集料反应	水泥、外加剂等混凝土组成物及环境中的碱与集料中碱活性矿物在潮湿环境下缓慢发生并导致混凝土开裂破坏的膨胀反应	经碱集料反应试验后，试件应无裂缝、酥裂、胶体外溢等现象，在规定的试验龄期膨胀率应小于 0.10%		

表 5-26　机制砂的泥块含量和石粉含量限量

类别	指标	限量（按质量计）/%		
		Ⅰ	Ⅱ	Ⅲ
MB 值≤1.4 或快速法试验合格	MB 值	≤0.5	≤1.0	≤1.4 或合格
	石粉含量①	≤10.0		
	泥块含量	0	≤1.0	≤2.0
MB 值>1.4 或快速法试验不合格	石粉含量	≤1.0	≤3.0	≤5.0
	泥块含量	0	≤1.0	≤2.0

① 此指标根据使用地区和用途，经试验验证，可由供需双方协商确定。

3. 砂的粒度及颗粒级配

砂的粒度是指不同粒径的砂混合在一起后的平均粗细程度；颗粒级配则是指砂中大小颗粒的搭配情况。砂的粒度和颗粒级配都通过筛分法确定。用细度模数表示砂的颗粒级配情况。

筛分法是使用一套孔径为5mm、2.5mm、1.25mm、0.63mm、0.315mm和0.16mm的标准筛，按照筛孔的大小顺序，将500g质量的干砂由粗到细依次过筛，称得余留在各个筛网上的砂的质量，并计算出各筛网上余留砂的分计筛余百分率a_1、a_2、a_3、a_4、a_5和a_6（各筛上的筛余量占砂样总重的百分率）以及累计筛余百分率A_1、A_2、A_3、A_4、A_5和A_6（各个筛的分计筛余百分率加上大于该筛的分计筛余百分率的总和），其关系如表5-27所示。

表5-27 累计筛余与分计筛余的关系

筛孔尺寸/mm	分计筛余/%	累计筛余/%
5	a_1	$A_1=a_1$
2.5	a_2	$A_2=a_1+a_2$
1.25	a_3	$A_3=a_1+a_2+a_3$
0.63	a_4	$A_4=a_1+a_2+a_3+a_4$
0.315	a_5	$A_5=a_1+a_2+a_3+a_4+a_5$
0.16	a_6	$A_6=a_1+a_2+a_3+a_4+a_5+a_6$

砂的细度模数（M_x）是衡量砂粗细程度的指标，它是上面2.5mm、1.25mm、0.63mm、0.315mm和0.16mm五种孔径的筛累计筛余百分率的总和。细度模数M_x按照下式计算：

$$M_x=\frac{(A_2+A_3+A_4+A_5+A_6)-A_5}{100-A_1}$$

细度模数M_x越大，表示砂越粗。其中，细度模数$M_x=3.7\sim3.1$为粗砂，最适合于配制混凝土使用；细度模数$M_x=3.0\sim2.3$为中砂；细度模数$M_x=2.2\sim1.6$为细砂；细度模数$M_x=1.5\sim0.7$为特细砂。配制混凝土使用的砂为中、粗砂；某些粉状建材产品中使用的砂为特细砂。

4. 砂的技术性能要求

（1）有害物质限量　砂中不宜混有草根、树叶、树枝、塑料品、煤块、炉渣等杂物。砂中所含有的黏土、淤泥、有机物、云母、硫化物和硫酸盐等，是会对材料性能产生不利影响的有害杂质。黏土、淤泥黏附于砂粒表面，影响水泥与砂粒的黏结，降低材料的强度、抗冻性和耐磨性等，并增大混凝土的干缩。根据GB/T 14684—2011的规定，砂的含泥量应符合表5-25中的规定。云母呈薄片状，表面光滑，与水泥的黏结不牢，能够降低强度。有机物、氯盐和硫酸盐对水泥均有腐蚀作用，都是砂中的有害物质，其含量都必须符合表5-28的规定。由于自流平地坪材料中水泥是主要组分，选用细砂时应考虑到这些有害物质的含量，防止其对自流平地坪材料性能产生不利影响。但同时，由于聚合物树脂的加入，有些有害物质比在普通的水泥混凝土或砂浆中的危害已经被减缓或消除。

表5-28 砂的有害物质限量和坚固性指标

项　目	指　标		
	Ⅰ	Ⅱ	Ⅲ
云母(按质量计)/%	≤1.0	≤2.0	
有机物	合格		
硫化物与硫酸盐(以SO_3质量计)/%	≤0.5		
氯化物(以氯离子质量计)/%	≤0.01	≤0.02	≤0.06
贝壳(按质量计)/%①	≤3.0	≤5.0	≤8.0

① 该指标仅适用于海砂。

（2）砂的坚固性　砂的坚固性用坚固性指标表示，是指气候、环境变化或其他物理因素作用下抵抗破裂的能力。砂的坚固性指标用硫酸钠溶液检验，试验经5次循环后其质量损失应符合表 5-25 的规定。

(3) 密度、体积密度、孔隙率　砂的密度、体积密度、孔隙率应符合如下规定：密度大于 $2500kg/m^3$；松散体积密度应大于 $1400kg/m^3$；孔隙率小于 44%。

(4) 碱集料反应　碱集料反应是指水泥和混凝土的有关添加剂中的碱性氧化物质(K_2O，Na_2O)与砂中活性二氧化硅等物质在常温常压下缓慢反应生成碱硅胶后，吸水膨胀导致混凝土破坏的现象。

5. 颗粒级配

砂的颗粒级配应符合表 5-29 的规定。

表 5-29　砂的颗粒级配区

筛孔尺寸/mm	累计筛余(按质量计)/%		
	Ⅰ区	Ⅱ区	Ⅲ区
10.0(圆孔)	0	0	0
5.00(圆孔)	10～0	10～0	10～0
2.50(圆孔)	35～5	25～0	15～0
1.25(方孔)	65～35	50～10	25～0
0.630(方孔)	85～71	70～41	40～16
0.315(方孔)	95～80	92～70	85～55
0.160(方孔)	100～90	100～90	100～90

注：砂的实际颗粒级配与表中所列数字相比，除 5.00mm 和 0.630mm 筛外，可以允许略有超出分界线，但总量应小于 5 %。

对自流平地坪材料所使用的砂的要求在很多情况下可能更高，使用一般建筑用砂已经不能够满足要求，而需要使用专门加工的石英砂，例如使用加工细度为 8 目、30 目、40 目、60 目等粒度的石英砂。有关内容已在第二章第一节中介绍，此不赘述。

第三节　化学外加剂和添加剂

一、化学外加剂和添加剂概述

化学外加剂和添加剂是水泥基材料，包括聚合物水泥基防水涂料、粉状建筑涂料和自流平地坪砂浆材料等常用到的一个术语。化学外加剂和添加剂是根据人们的不同习惯的称谓，有时还称为助剂、改性剂等。通常化学外加剂和添加剂指的是相同类别的材料，但在不同应用领域中有着不同的性能要求，能够产生不同的功能，因而具有不同的名称。例如表面活性剂，在涂料领域应用时称为润湿、分散剂；在混凝土领域应用时称为减水剂；在水泥砂浆中应用时称为塑化剂等。

外加剂是混凝土领域中的术语。根据 GB/T 8075—2005《混凝土外加剂定义、分类、命名与术语》的定义，混凝土外加剂是一种在混凝土搅拌之前或搅拌过程中加入的、用以改善新拌混凝土和（或）硬化混凝土性能的材料。并将混凝土外加剂分成能够改善混凝土拌和物流变性能的外加剂（包括各种减水剂和泵送剂等）；调节混凝土凝结时间、硬化性能的外加剂（包括缓凝剂、促凝剂和速凝剂等）；改善混凝土耐久性的外加剂（包括引气剂、防水剂、阻锈剂和矿物外加剂等）和改善混凝土其他性能的外加剂（包括膨胀剂、防冻剂和着色剂等）。

在水泥砂浆中，通常不称外加剂而称添加剂。由于水泥基和石膏基自流平地坪材料都属于砂浆材料，因而下面将化学外加剂和添加剂统一称为化学添加剂。在自流平地坪材料中所使用的化学添加剂可以归纳成表 5-30 中所示的一些品种。

表 5-30　自流平地坪砂浆中使用的化学添加剂

种　类	品　种
改善材料力学性能的添加剂	乳胶粉、微细聚乙烯醇粉末、聚合物乳液等
改善拌和物流变性能的添加剂	塑化剂(减水剂、泵送剂和各种矿物添加剂)、流平剂(如低黏度纤维素醚、低聚合度聚乙烯醇等)、保水剂(如各种高黏度纤维素醚)和可再分散聚合物粉末等
调节拌和物凝结时间和硬化速度的添加剂	缓凝剂(葡萄糖酸钠、柠檬酸钠)、促凝剂(如碳酸钠、各种商品速凝剂)、早强剂(无水硫酸钠、三乙醇胺等)
其他添加剂	如消泡剂、导电材料、防水剂等

二、可再分散聚合物树脂粉末

(一) 定义与特性

1. 定义

可再分散聚合物树脂粉末也称可再分散乳胶粉、乳胶粉、聚合物胶粉、树脂粉末等，规范的名称应为可再分散聚合物树脂粉末。简单地说，乳胶粉就是乳液的固体形态，是在通过乳液聚合得到的聚合物乳液中加入防粘连剂而制成喷雾分散液，再在一定的工艺条件下进行喷雾干燥而制得的能够自由流动的固体粉末[16]。若将其重新在水中搅拌分散，则能够得到与原来的分散液基本相同性能的乳液。

聚合物乳液失水干燥时会成膜，该成膜过程一般是不可逆的，这一特性是乳液应用的基础，但也使制造乳胶粉产生困难。为了解决这一技术难题，将乳液的分散体粒子使用水溶性的保护胶体进行包覆，该包覆层和防黏连剂的作用能够防止聚合物乳液在喷雾干燥过程中分散体粒子之间产生不可逆聚结。

2. 特性

可再分散聚合物树脂粉末最主要的特性在于其能够很方便地再分散于水中形成具有黏结性能的乳液，并具有乳液通常具有的各种性能。因而，可再分散聚合物树脂粉末通常以干粉状态供货，不但给包装、运输和储存都带来很大方便，而且特别重要的是能够和水泥、石灰（灰钙粉)、石膏等水硬性、气硬性胶凝材料以干粉状态混合。这样，就能够生产以干粉状态包装的各种建筑材料，例如各种聚合物砂浆、粉状砂浆、建筑涂料和胶黏剂等。这些干粉状建材在包装、运输和储存时都无水分存在，而在使用时加水拌和，水硬性的水泥等遇到水后和水发生化学反应而产生强度。分散在粉状建材中的聚合物粉末遇到水则重新分散形成聚合物乳液。乳液和水泥结合，同时乳液被水泥中的钙离子改性，因而所得到的这些建材产品实质上是聚合物改性水泥类材料，也可以说是有机-无机复合材料。其中，有机组分是聚合物粉末（乳液)，无机组分是水泥或石膏、石灰等。当材料以聚合物树脂为主导时，则也把水泥等材料称作“增强材料”。

一般地说，将可再分散聚合物胶粉与水泥混合，会使水泥类材料的弹性模量降低，以及可能会使抗压强度降低，但会使抗弯强度、抗拉强度和抗折强度等显著提高，并使水泥基材料与一些基材，如聚氯乙烯板、木材或其他有机材料甚至金属材料的黏结性能（强度）大大提高。

可见，与液体状态的乳液产品相比，乳胶粉在生产过程中虽然需要喷雾干燥等工序以及在喷雾干燥过程中需要使用防黏连剂等，使生产技术复杂化，以及使生产能耗提高，制造成本增大，但所得到的产品在使用时却能够得到更多的方便和更大的效益。乳胶粉广泛用于各种粉状建筑黏合剂、干粉砂浆、粉状墙面腻子和建筑涂料等。目前国内使用的乳胶粉基本上是进口产品。

这里需要指出的是，乳胶粉一般只有在生产干粉类产品时才具有技术经济效益。因为乳胶粉在生产时保护胶体的用量比正常液态乳液大，且还需要再使用防黏连剂，使再分散于水中后形成的涂膜的耐水性降低，再加上制造成本等因素，所以当生产液体类材料时使用乳胶粉是不适宜的。

3. 可再分散聚合物树脂粉末的种类

用于水泥基材料改性的乳胶粉种类（根据聚合物类型分类）如表 5-31 所示；国家标准 GB/T 29594—2013《可再分散性乳胶粉》中的分类见表 5-32。

表 5-31 用于水泥基材料改性的乳胶粉种类

种 类	可再分散聚合物树脂粉末	代 号
弹性型	苯乙烯-丁二烯橡胶粉末	SBR
热塑型	聚乙烯-乙酸乙烯共聚物	EVA
	聚乙酸乙烯-羧酸乙烯共聚物	VA/VeoVa
	聚苯乙烯-丙烯酸酯共聚物	St/BA
	聚丙烯酸酯共聚物(如聚甲基丙烯酸甲酯-丙烯酸酯共聚物)	PAE

表 5-32 国家标准 GB/T 29594—2013 对可再分散性乳胶粉的分类

分类代号	反应主体材料类型
RDPⅠ	乙酸乙烯酯均聚乳液
RDPⅡ	乙酸乙烯酯和叔碳酸乙烯酯共聚乳液
RDPⅢ	乙酸乙烯酯和乙烯共聚乳液

（二）乳胶粉对水泥的改性

1. 乳胶粉对水泥基材料用水量的影响

由于乳胶粉在制备过程中使用了大量的表面活性剂，这些表面活性剂能够降低水泥产品遇水形成的分散体系的表面张力，因而将其掺于水泥基材料中，必然会对材料的用水量产生重要影响。据试验，水泥砂浆中掺入乳胶粉后，用水量会明显降低[17]。以德国瓦克（Wacker）公司的 Vinnapas LL5044 乳胶粉为例，其对水泥基材料用水量的影响和减水作用分别如图 5-7 和图 5-8[18]所示。该树脂粉末为乙烯基聚合物，玻璃化温度为−7℃，最低成膜温度为 0℃。

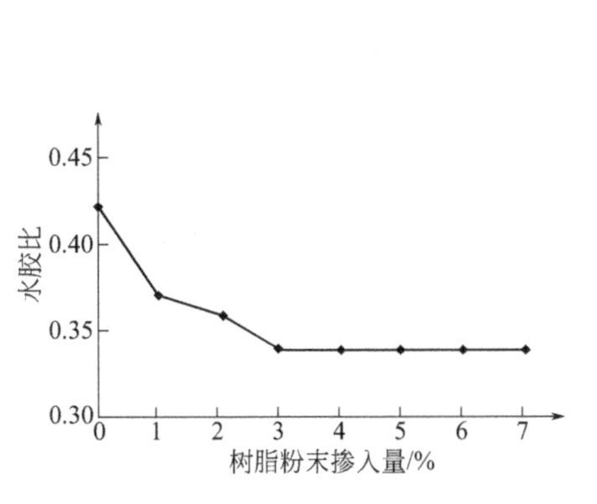

图 5-7 乳胶粉的掺入量对砂浆用水量的影响

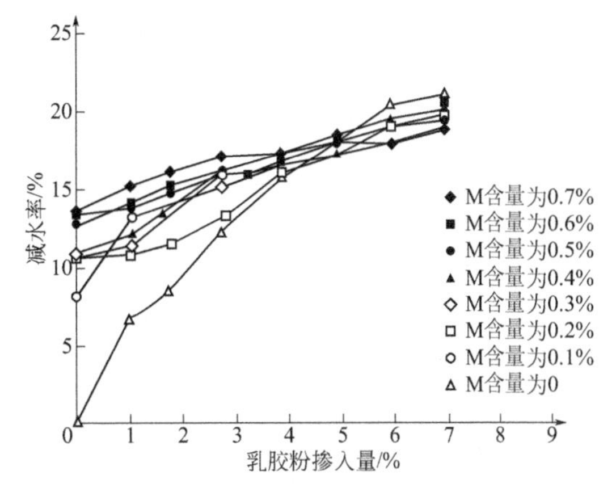

图 5-8 乳胶粉的掺入量与减水率的关系
［图中 M 为德国科莱恩（Clariant）公司的 MH10007P4 的羟乙基甲基纤维素］

从图 5-7 中可以看出，当乳胶粉的掺入量超过 3%时，用水量基本不变。说明乳胶粉中表面活性剂的作用已经处于“饱和”状态。由于不同的乳胶粉使用的表面活性剂及其用量不同，因而对于不同的乳胶粉，该“饱和”用量可能不同，但总的趋势是一样的。由于水泥基材料的强度与水灰比（水、水泥比）成反比，因而这种降低对于材料的性能是极为有利的。

2. 乳胶粉对水泥砂浆的改性[19]

（1）乳胶粉改性水泥砂浆的含气量和流动度　表 5-33 中展示出不同种类的乳胶粉在不同配比时对水泥砂浆改性后砂浆的含气量和流动度；表中同时列出各种砂浆的试验配合比。作为比较，表 5-34 列出聚合物乳液在不同配比时对水泥砂浆改性后砂浆的含气量和流动度以及试验配合比。在乳胶粉中按 1.0%（质量分数）加入一种聚酯类消泡剂；在聚合物乳液中按 0.7%（质量分数）加入一种有机硅乳液类消泡剂。

表 5-33　乳胶粉改性水泥砂浆的配比、含气量和流动度

砂浆种类	聚灰比/%	水灰比/%	含气量/%	流动度/mm
未改性砂浆	0	75.0	7.0	170
EVA-1 改性砂浆	5	66.0	7.4	171
	10	66.0	7.2	168
	15	66.0	7.0	172
	20	65.0	7.8	169
EVA-2 改性砂浆	5	64.0	9.6	173
	10	63.0	8.8	168
	15	64.0	8.6	168
	20	64.0	8.8	169
EVA-3 改性砂浆	5	71.0	9.0	167
	10	67.0	7.8	175
	15	65.0	6.8	172
	20	63.0	7.6	170
VA/VeoVa-1 改性砂浆	5	71.0	7.8	170
	10	69.0	8.0	168
	15	70.0	7.8	173
	20	71.0	8.4	168
VA/VeoVa-2 改性砂浆	5	66.0	8.2	170
	10	63.0	8.0	170
	15	60.0	7.6	172
	20	59.0	8.2	171
MMA/BA 改性砂浆	5	66.0	11.5	166
	10	64.0	11.5	170
	15	63.0	10.0	172
	20	61.0	10.5	173
St/BA 改性砂浆	5	68.0	8.6	166
	10	67.0	8.2	166
	15	67.0	7.8	168
	20	67.30	8.2	170
SBR 改性砂浆	5	70.0	7.6	166
	10	72.0	6.4	170
	15	74.0	5.4	174
	20	75.0	5.2	171

注：胶砂（水泥-砂）比以质量计为 1∶3。

表 5-34 聚合物乳液改性水泥砂浆的配比、含气量和流动度

砂浆种类	聚灰比/%	水灰比/%	含气量/%	流动度/mm
未改性砂浆	0	75.0	7.0	170
EVA-1 改性砂浆	5	63.0	8.4	170
	10	60.0	8.4	174
	15	66.0	9.3	168
	20	52.0	9.9	169
SBR 改性砂浆	5	67.0	8.8	168
	10	64.0	5.6	170
	15	61.0	6.0	174
	20	57.0	5.1	170

注：胶砂（水泥-砂）比以质量计为 1∶3。

（2）乳胶粉改性水泥砂浆的抗弯强度和抗压强度　图 5-9 和图 5-10 中展示出各种乳胶粉改性水泥砂浆的抗弯强度和抗压强度。和聚合物乳液改性砂浆一样，乳胶粉改性水泥砂浆的抗弯强度和抗压强度通常大大超过未改性砂浆，特别是抗弯强度显著提高。在聚灰比未超过 20% 时，随着聚灰比的提高，砂浆的抗弯强度和抗压强度明显提高，因为在聚灰比为 10%～20% 时，抗弯强度和抗压强度几乎恒定或者达到最大值。一般地说，乳胶粉改性水泥砂浆的抗弯强度和抗压强度和聚合物乳液改性砂浆的一样。可再分散 EVA 粉末改性砂浆的抗弯强度和抗压强度和 EVA 乳液的基本相等。通过对比，可再分散 SBR 粉末改性砂浆的抗弯强度和抗压强度低于可再分散 SBR 粉末改性砂浆。不同型号的可再分散 EVA 和 VA/VeoVa 粉末改性砂浆的抗弯强度也基本相同，但各型号粉末的抗压强度却有显著差别。可再分散 St/BA 和 VA/VeoVa-2 粉末改性砂浆的抗弯强度和抗压强度分别达到最高值。

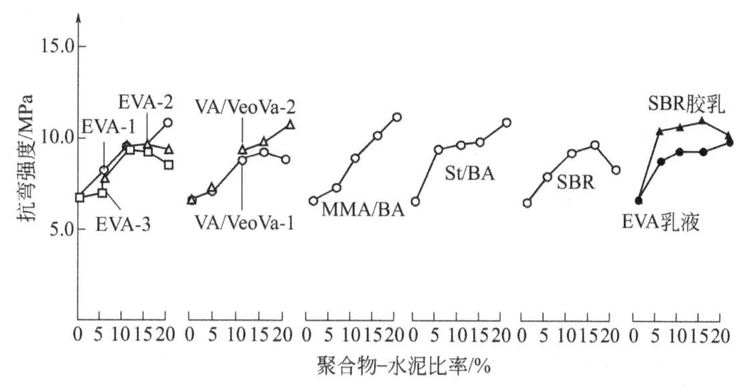

图 5-9　聚灰比与乳胶粉改性砂浆抗弯强度的关系

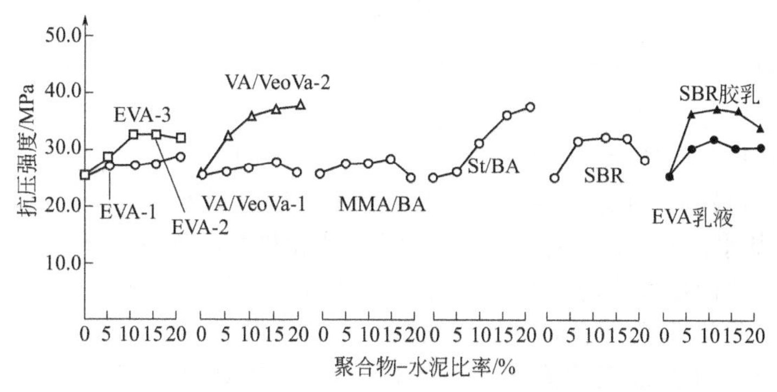

图 5-10　聚灰比与乳胶粉改性砂浆抗压强度的关系

(3) 聚合物提高砂浆抗压强度的原因分析　由于乳胶粉是一类玻璃化温度低于 30℃的热塑性树脂，因而从原理上说其对水泥基材料的抗压强度不会产生任何贡献。但是，水泥基材料是多孔材料，孔隙率是影响其抗压强度的重要因素，而孔隙率又受到水灰比和含气量的影响。在聚合物改性水泥材料中除了孔隙率影响抗压强度外，聚合物的掺入量也会影响抗压强度。在保持水灰比（W/C）和含气量不变的情况下，则掺入柔性的热塑性材料不能够提高水泥基材料的抗压强度。反之，如果加入聚合物后会使水灰比（W/C）或者含气量降低，则就会提高材料的抗压强度。因此，认为“掺入聚合物能够提高水泥基材料的抗压强度”的观点是片面的。实际上，加入聚合物提高水泥基材料抗压强度的原理在于水灰比或者（和）含气量的降低。

(4) 乳胶粉改性水泥砂浆的黏结强度　自流平地坪施工有其特殊性，一是自流平层为二次附加层，而且自流平层施工厚度通常较一般地坪砂浆薄；二是自流平地坪施工后，为快速交付使用，通常不做养护或养护时间极短；三是自流平地坪层需对抗来自于不同材料的热应力以及有时自流平砂浆被用于难以附着的基面等。因此，即便有界面处理剂的辅助作用，为保证自流平层能长期牢固地附着在基层上，使用乳胶粉来确保自流地坪平材料有长期可靠的黏结力是最常用的技术措施。这是因为，乳胶粉能够显著提高水泥基材料的黏结强度。向水泥基材料中加入的乳胶粉越多，所得到的黏结强度就越高。

图 5-11 中展示出聚灰比与乳胶粉改性水泥砂浆的黏结强度间的关系。通常，在黏结拉力试验中，乳胶粉改性水泥砂浆与水泥砂浆黏结应力间的破坏方式，在聚灰比为 0 和 5%时，破坏或者发生在改性砂浆中，或者发生在未改性砂浆中。而当聚灰比为 10%或者更高时，则 100%发生在未改性砂浆中。在聚灰比为 15%时，改性砂浆的黏结强度几乎恒定或者达到最大值。除了 VA/VeoVa-1 和 SBR 乳胶粉改性砂浆外，其他乳胶粉改性砂浆的黏结强度与乳液改性砂浆的很相似。EVA 乳胶粉改性砂浆和乳液改性砂浆的黏结强度基本相等。不过，SBR 乳胶粉改性砂浆的黏结强度比乳液改性砂浆的小很多。不同型号的 EVA 乳胶粉改性砂浆的黏结强度几乎没有差别，而不同型号的 VA/VeoVa 乳胶粉改性砂浆的黏结强度差别却很大。

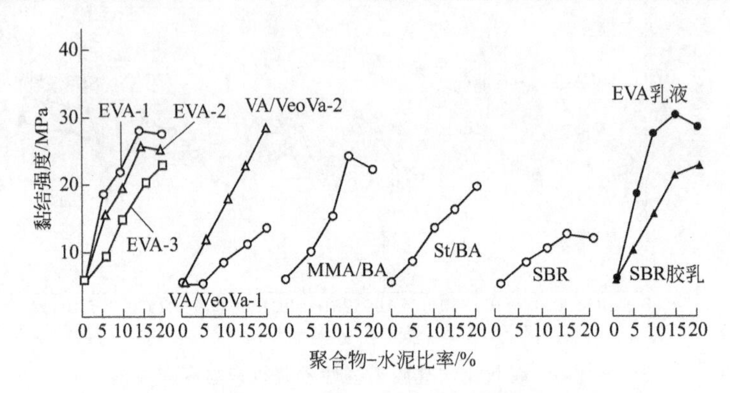

图 5-11　聚灰比与乳胶粉改性砂浆黏结强度的关系

(5) 乳胶粉对自流平地坪砂浆耐磨性能的影响　由于地面不可避免地要承受各种动态与静态应力［来自家具脚轮、铲车（如库房地坪）和车轮（如停车场地坪）等］，一定的耐磨性是自流平地面具有长期耐久性的重要性能之一。乳胶粉能够显著提高自流平地坪砂浆的耐磨性。表 5-35[20] 展示出乳胶粉改性地坪砂浆的磨失量与平均磨痕深度。试验以 m［铝酸盐水泥（高铝水泥）］：m（硅酸盐水泥）：m（石膏）＝20：13：12 的无机黏结剂三元体系为水泥基自流平材料的基础配方，乳胶粉的掺入量均以自流平粉状砂浆的质量分数。试验所用水泥为德国产 32.5 级硅酸盐水泥和法国芳都高铝水泥。耐磨试验按欧洲标准 prEN 13892-5：2000 规定的测试方法进行，自流平样品在标准实验室条件［(23±2)℃，相对湿度(50±5)%］养护 7d 后，以 200kg 负载的钢轮在自流平地坪材料样品上作二维来回碾压 10000 次的动态剪切应力模仿重载碾压，然后转入 (18±1)℃水中养护 7d 后，重复以上试验，测量自流平材料的磨失量与平均磨痕深度。

表 5-35 RE5011L 乳胶粉掺入量对自流平材料耐磨性的影响

乳胶粉掺入量/%	试验条件	磨失量/g	平均磨痕深度/mm
0	碾压 4800 次	试样透底	试样透底
2	碾压 10000 次→水中养护 7d→碾压 1000 次	135.3	1.37
4		17.8	0.17

由表 5-35 可见，随着乳胶粉掺入量的增加，自流平地坪材料的耐磨性有非常显著的提高；而未掺入乳胶粉的自流平材料在实验室养护 7d 后，往复碾压仅进行 4800 次便已磨损透底。这是由于乳胶粉增强了自流平材料的内聚力，并且提高了自流平材料的塑性（即可变形性），使其能很好地分散来自滚轮的动态应力。

(6) 乳胶粉改性水泥砂浆的吸水率和透水性 图 5-12 和图 5-13 中展示出聚灰比与各种乳胶粉改性水泥砂浆的吸水率和透水性（图中为渗水量）的关系。可以看出，和聚合物乳液改性砂浆一样，乳胶粉改性水泥砂浆的吸水率和透水性随着聚灰比的增大而减小。在相同的聚灰比下，乳胶粉改性水泥砂浆的吸水率和透水性比聚合物乳液改性水泥砂浆的略大。因此，乳胶粉改性水泥砂浆的防水性比聚合物乳液改性水泥砂浆的略差，但与未改性水泥砂浆相比防水性却大大提高。不同型号的 EVA 乳胶粉改性砂浆的渗水性差别很小，但吸水性却有一些差别。在八种乳胶粉改性水泥砂浆中，MMA/BA 乳胶粉改性水泥砂浆的吸水率和透水性最小，和聚合物乳液改性水泥砂浆的基本相同。这主要是由于砂浆中微观结构上的较大孔隙被聚合物填充或者被聚合物膜封闭。

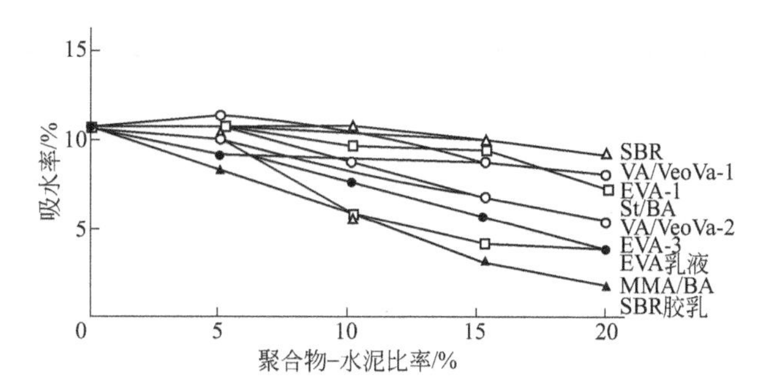

图 5-12 聚灰比与乳胶粉改性砂浆的吸水率的关系

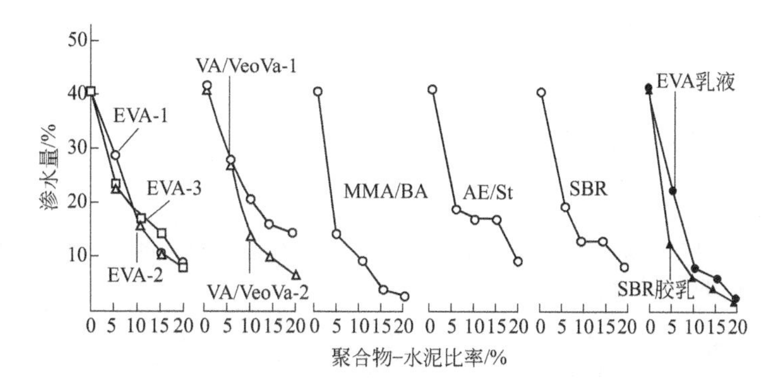

图 5-13 聚灰比与乳胶粉改性砂浆的渗水量的关系

（三）对水泥的改性机理及其在自流平砂浆中的作用

1. 乳胶粉对水泥的改性机理

在黏结体系中，热膨胀系数不同的两种材料结合的界面是最容易受到损伤的部位，并且在界面处存在着应力集中现象。由于乳胶粉的加入，水泥基材料被赋予变形能力，通过材料的变形而将因体积变化所产生的变形吸收掉。

另一方面，乳胶粉的存在并不影响水泥的水化反应。这一点可以从实验监控水泥在水化过程中的放热曲线反映出来。实验证明，经过乳胶粉改性的水泥与没有改性的水泥的放热曲线完全相同。而通过电子扫描显微镜的观察也可证实：在水泥-乳胶粉-惰性集料系统中，水泥和乳胶粉都起着胶黏剂的作用；而且在改性水泥基材料中能够观察到乳胶粉所形成的薄膜。由于聚合物薄膜本身的黏结强度很高（一般高于 5MPa），远高于水泥的拉伸强度，因而在其中加入乳胶粉后，材料系统的拉伸强度会有很大提高。众所熟知，在水泥的凝结硬化过程中，其内部不可避免地会产生许多孔隙，这些孔隙是造成水泥渗透、开裂的薄弱部位。水泥体系中加入乳胶粉时，聚合物会分散并聚集于孔隙壁上，并在材料干燥硬化后在孔隙壁表面形成一层薄膜，实现了对这些薄弱部位的增强作用。

2. 乳胶粉在自流平地面砂浆材料中的作用

（1）对砂浆拌和物的作用　能够提高砂浆拌和物的流动性能，提高砂浆拌和物的内聚力而减少分层，以及提高砂浆的早期抗裂性和减少砂浆的抗早期龟裂性等。

（2）对硬化砂浆的作用　能够提高硬化砂浆的抗裂性，提高硬化砂浆的抗弯折强度；显著提高自流平砂浆的耐磨性以及显著提高自流平基层的黏结强度。

（四）乳胶粉商品的质量和材料进厂检验

1. 乳胶粉商品的质量

国家标准 GB/T 29594—2013 对可再分散性乳胶粉商品的质量要求如表 5-36 所示。

表 5-36　国家标准 GB/T 29594—2013 对可再分散性乳胶粉商品的质量要求

项目		指标		
		RDPⅠ	RDPⅡ	RDPⅢ
外观		白色或微黄色粉末、无结块		
堆积密度/(g/L)		300～500	300～600	
不挥发物含量/%	≥	98.0		
灼烧残渣/%	≤	13.0		
平均粒径 D_{50}/μm	≤	100		
pH 值		5.0～9.0		
最低成膜温度/℃		$M\pm2$		
玻璃化温度 T_g/℃		$N\pm3$		
拉伸强度/MPa	≥	10.0	6.0	5.0
断裂伸长率/%	≥	8	200	300

注：M 和 N 由各生产厂家根据产品性能情况确定相应值。

2. 乳胶粉商品的材料进厂检验

乳胶粉作为原材料采购进厂，其质量对产品会产生很大的影响，因而对其进行必要的质量检验是保证产品质量的重要手段。

（1）随商品的资料检查　在采购乳胶粉商品时，供应商应随商品提供相关的技术资料，包括产品的特性、用途、技术质量说明和产品生产规范，必要时能够提供质量检验报告和质量担保书。

（2）外观检查　外观检查的内容包括对包装的外观检查和产品的外观检查。包装外观检查包括检查包装是否有破损，包装是否正常，包装上的标记要素（如产品标记、制造厂名、生产批号和出厂日期、质量等级、注册商标、执行标准和防潮、防火标志等）是否齐全等；产品外观检查包括检查是否均匀，有无受潮结块及其他不正常现象等。

（3）实验室检查 实验室检查是根据企业的质量规定，抽样进行一些性能项目的检查。这些项目可以包括含水率、产品粒径、灰分和标准配方下的性能检查等。

① 含水率。在标准实验室条件［温度（23±2)℃，相对湿度 50%±5%］下，称取一定质量的粉末，然后置于恒温干燥箱中于 105℃下烘干至恒重，在干燥器中冷却至室温后再称量烘干后的质量，并根据检验结果计算含水率。

② 粒径。有条件时可以采用电子显微镜进行粒径的检查，条件不具备时也可以采用负压筛进行粒径检验。检验时，根据供应商提供的技术资料，选择相应孔径的筛网，在负压筛分机上进行筛分，并根据检验结果计算筛余。也可以使用水泥细度负压筛分仪代替负压筛进行检验。

③ 灼烧残渣（灰分）。将样品在 105℃下烘干至恒重以去除样品中的水分，在干燥器中冷却至室温后，称取样品的起始质量。然后，将粉末置于高温炉中，缓慢加热至 900～1000℃（也可以加热至产品说明书中的灼烧温度），并灼烧至恒重（一般需要 20min）。取出灼烧残留物并在干燥器中冷却至室温后称重。根据检验结果计算灰分。结果必须符合供应商对商品的质量描述。

④ 标准配方下的性能。按照标准配方，在保持水泥、纤维素醚和砂等其他组分质量稳定的情况下，使用新粉末配制样品，然后再对配制的样品进行诸如凝结时间、流动度、可操作时间、黏结强度和抗折、抗压强度等性能检验。通过检验结果分析样品的质量与以前的是否一致。

（五）乳胶粉商品供应状况

乳胶粉在我国已经得到较多的应用，大部分为进口商品，各生产商的产品供应情况如表 5-37 所示。

表 5-37 乳胶粉商品供应状况

供应商	商品型号
德国瓦克（WACKER）公司	①VINNAPAS® RE5044 N(VAc/E,醋酸乙烯-乙烯共聚物)；②VINNAPAS® RI 551 Z(VC/E/VL,氯乙烯-月桂酸乙烯酯-乙烯三元共聚物)；③INNAPAS® RI 554 Z(VC/E/VL,氯乙烯-月桂酸乙烯酯-乙烯三元共聚物)；④VINNAPAS® LL 5031(VAc/E,醋酸乙烯-乙烯共聚物)；⑤VINNAPAS® RE5010 N(VAc/E,醋酸乙烯-乙烯共聚物)；⑥VINNAPAS® RE5010 L(VAc/E,醋酸乙烯-乙烯共聚物)
德国巴斯夫（BASF）公司	①Acrona® S 430 P(St/BA,苯乙烯-丙烯酸酯共聚物)；②Acrona® S 629 P(St/BA)；③Acrona® S 631 P(St/BA)；④Acrona® S 695 P(St/BA)；⑤Styrofan DS 3538(SBR,苯乙烯-丁二烯橡胶共聚物)
美国陶氏［罗门哈斯（ROHM & HAAS)］公司	①DRYCRYL™DP-2903(PAE,纯丙烯酸酯聚合物)；②ROVACE™DP-8208(VAc/E,醋酸乙烯-乙烯酯共聚物)；③ROVACE™ DP-8229(VAc/E,醋酸乙烯-乙烯酯共聚物)；④ROVACE™DP-8508(VAc/E,醋酸乙烯-乙烯酯共聚物)
法国罗地亚（RHODIA)公司	①PAV22(VAc/VeoVa,聚乙酸乙烯-羧酸乙烯共聚物)；②PAV23(VAc/VeoVa)；③PAV27(VAc/VeoVa)；④PAV29(VAc/VeoVa)；⑤PAV30(VAc/E,醋酸乙烯-乙烯共聚物)；⑥PAV31(VAc/E,醋酸乙烯-乙烯共聚物)；⑦PSB150(SBR,苯乙烯-丁二烯橡胶共聚物)
中国山西三维化工公司	①SWF-01(H)VAc,醋酸乙烯聚合物)；②SWF-01(L)VAc,醋酸乙烯聚合物)③SWF-03(VAc/VeoVa,聚乙酸乙烯-羧酸乙烯共聚物)④SWF-04(VAc/VeoVa,聚乙酸乙烯-羧酸乙烯共聚物)；⑤SWF-05(VAc/VeoVa/E,聚乙酸乙烯-羧酸乙烯-乙烯共聚物)；⑥SWF-06(VAc/E,醋酸乙烯-乙烯共聚物)；⑦SWF-07(VAc/VeoVa,聚乙酸乙烯-羧酸乙烯共聚物)

三、微粉状聚乙烯醇

1. 基本性能

聚乙烯醇具有良好的黏结性、流动性和耐水性等。聚乙烯醇的某些共性如表 5-38 所示。

表 5-38 聚乙烯醇的通性

项 目	具体数据或描述
密度/(g/cm^3)	1.26～1.31
玻璃化温度/℃	部分碱化型:60;完全碱化型:85
熔点/℃	部分碱化型:180～190;完全碱化型:230
耐化学药品性	耐弱酸、弱碱,但不耐强酸、强碱,具有较好的抗溶剂性
吸湿性	吸湿率较低,因而产品受湿度影响较小
透气性	除了 H_2O 以外,对 H_2、N_2 和 O_2 等气体均具有隔绝性
耐光性	产品品质不受日光照射影响
成膜性	具有优良的成膜性,薄膜的拉伸强度、撕裂强度和耐磨强度等均较好
毒性	对人和生物无害

聚乙烯醇的醇解度和聚合度是产品的两个重要性能指标。醇解度表示聚醋酸乙烯酯受皂化的程度。根据醇解度的不同，聚乙烯醇分为能够常温溶解于水的部分醇解型（例如 1788 型）和常温下完全不溶于水的完全醇解型（例如 1799 型、2399 型、2699 型等）。聚合度表示聚乙烯醇分子量的大小，聚合度越大，分子量越大，相同浓度下聚乙烯醇水溶液的黏度越高；反之黏度越低。从表 5-38 中还可以看出，聚乙烯醇的玻璃化温度较高，因而其在常温下显示脆性。在地面自流平材料中，往往使用低聚合度的聚乙烯醇，以使之能够赋予自流平材料以良好的流动性。

2. 微粉化速溶性聚乙烯醇的性能

生产粉状建材产品所使用的聚乙烯醇为能够常温溶解于水的、醇解度为 88%的产品。国内的 1788 型聚乙烯醇产品由于呈颗粒状，虽然常温下能够溶解于水，但需要的时间较长，往往需要浸泡 1～3d。国外进口的微粉状聚乙烯醇产品，如德国科莱恩（Clariant）公司以及韩国、日本等国家的醇解度为 88%微粉状聚乙烯醇，由于细度高（细度值一般大于 120 目），颗粒细微，具有较好的快速常温水溶性。表 5-39 中展示出几种商品的微粉化速溶性聚乙烯醇的性能。

表 5-39 几种微粉化速溶性聚乙烯醇商品的性能

项目指标	醇解度为 88%聚乙烯醇商品规格					
	05-88 P	17-88 P	24-88 P	PVA-P17s	PVA-205s	PVA-224s
平均聚合度(DP)	550～650	1700～1800	2400～2500	1700	500	2400
分子量(Mn)	27000～32000	84000～	118000～124000	—	—	—
黏度/cP	5～6	21～26	44～50	20.5～24.5	4.6～5.4	40～48
皂化度(摩尔分数)/%	86～89	86～89	86～89	87～89①	86.5～89①	87～89①
挥发分(质量分数)/%	<5	<5	<5	5	5	5
灰分(质量分数)/%	<0.5	<0.5	<0.5	0.4	0.4	0.4
pH 值	5～7	5～7	5～7	5～7	5～7	5～7
细度/目	高于 80	高于 80	高于 80	120	100	100

① 碱化度。

注：$1cP=10^{-3}Pa\cdot s$。

四、保水剂(甲基纤维素醚)

施工性能是水泥基地面自流平材料极为重要的性能指标。保水材料就是为了施工性能而使用的一种材料，很多资料中也称之为保水剂，一般为能够显著延缓干燥时间的材料。能够速溶于冷水并具有高效保水性能的保水材料，同乳胶粉一样，是新型地面自流平材料组分中的关键材料。最常用的保水材料是甲基纤维素、羟丙基甲基纤维素和羟乙基甲基纤维素等，或者混合甲基纤维素醚，通常统称为甲基纤维素醚。

1. 基本特性

纤维素醚是粉状建材中最常用的一类材料，主要作用是提供保水性和赋予产品触变稠度以改善施工性能。纤维素醚是以天然纤维素为原料，在一定条件下经过碱化、醚化反应生成的一系列纤维素衍生物的总称，是纤维素分子链上羟基被醚基团取代的产品，例如甲基纤维素、乙基纤维素、羧甲基纤维素、苄基纤维素等[21]。建材行业标准 JC/T 2190—2013《建筑干混砂浆用纤维素醚》规定的常用纤维素醚的分类和代号如表 5-40 所示。

表 5-40 常用纤维素醚的分类和代号

分 类	代号	分 类	代号
甲基纤维素醚	MC	羟丙基甲基纤维素醚	HPMC
羟乙基纤维素醚	HEC	羟乙基甲基纤维素醚	HEMC

粉状建材中使用的纤维素醚要求能够在冷水中具有快速溶解的性能，根据这一特性要求，常用的是甲基纤维素、羟乙基甲基纤维素和羟丙基甲基纤维素，这些纤维素产品在市场上销售时通常统称为甲基纤维素醚或纤维素甲醚或甲基纤维素混合醚。

甲基纤维素也称纤维素甲醚，外观为白色的粉末状物质。甲基纤维素是天然纤维素的葡萄糖单元上的羟基被甲氧基取代所得到的产物，分子式为$[C_6H_7O_2(OH)_{3-n}(OCH_3)_n]_x$，结构式如图 5-14（a）所示。羟丙基甲基纤维素外观也为白色的粉末，通常简称 HPMC。羟丙基甲基纤维素是天然纤维素的葡萄糖单元上的羟基一部分被甲氧基取代，而另一部分被羟丙基取代所得到的产物，分子式为$[C_6H_7O_2(OH)_{3-m-n}(OCH_3)_m(OCH_2CH(OH)CH_3)_n]_x$，结构式如图 5-14（b）所示。羟乙基甲基纤维素外观也为白色的粉末，通常简称 HEMC。同羟丙基甲基纤维素相似，羟乙基甲基纤维素是天然纤维素的葡萄糖单元上的羟基一部分被甲氧基取代，而另一部分被羟乙基取代所得到的产物，分子式为$[C_6H_7O_2(OH)_{3-m-n}(OCH_3)_m(OCH_2CH_2OH)_n]_x$，结构式如图 5-14（c）所示。

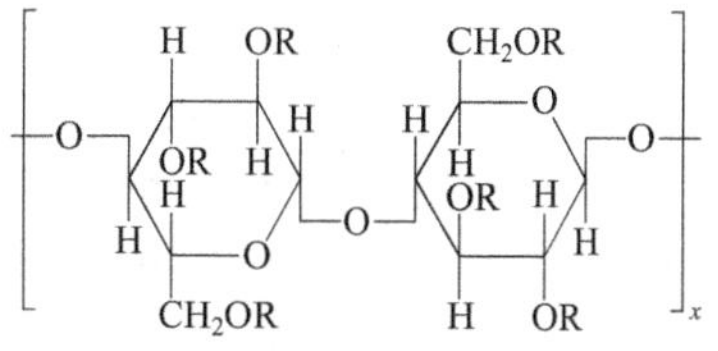

式中x为聚合度，R为—H、—CH_3

(a) 甲基纤维素

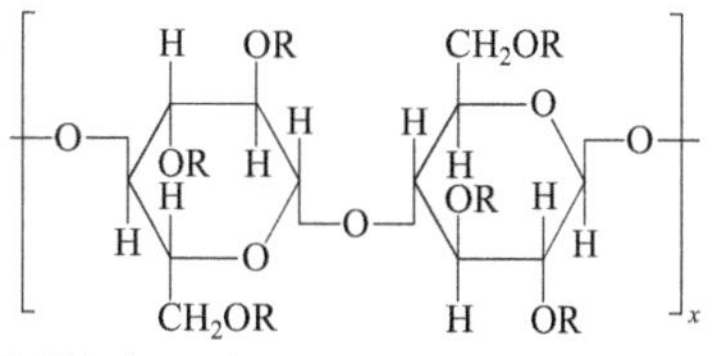

式中x为聚合度，R为—H、—CH_3、—$CH_2CHOHCH_3$

(b) 羟丙基甲基纤维素

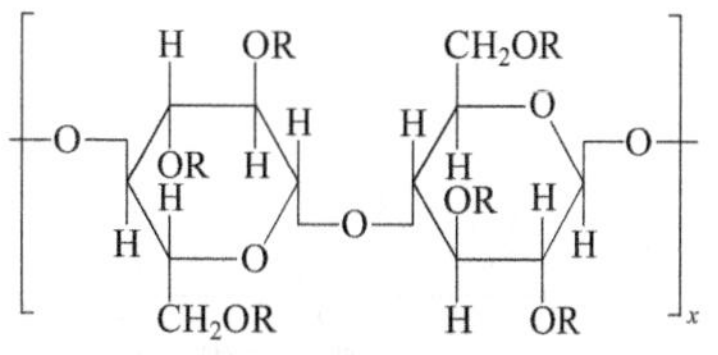

式中x为聚合度，R为—H、—CH_3、—CH_2CH_2OH

(c) 羟乙基甲基纤维素

图 5-14 甲基纤维素、羟丙基甲基纤维素和羟乙基甲基纤维素的化学结构式

甲基纤维素、羟乙基甲基纤维素和羟丙基甲基纤维素通常是目前粉状建材产品使用的主要保水材料，有些销售商并不对其进行区分，而是统称为甲基纤维素醚，它们具有一些共性，因此下面对其特性以及有关性能的叙述是将三者统称为甲基纤维素醚叙述，而

不再单独分别讨论。

（1）在水中的溶解性　甲基纤维素醚能够溶解于冷水，其最高浓度仅取决于黏度，溶解度随着黏度而变化，黏度越低溶解度越大。有些甲基纤维素醚产品还能够溶解于二元有机溶剂以及有机溶剂-水体系中，例如适当比例的乙醇-水、丙醇-水、三氯乙烷等。

（2）抗盐性　甲基纤维素醚是非离子型纤维素醚，而且不是聚合电解质，因此在金属盐或有机电解质存在时，在水溶液中很稳定。但是，过量地添加电解质，也可能引起胶凝和沉淀。

（3）表面活性　甲基纤维素醚具有表面活性，因而产品中添加甲基纤维素醚后，能够提高产品中粉料遇水的分散性，即起到分散剂的功能。

（4）热凝胶　当将甲基纤维素醚水溶液加热到一定温度时，会变得不透明，凝胶析出以及形成沉淀等，但在连续冷却时，则又能够恢复到原来的溶液状态，而发生这种凝胶和沉淀的温度主要取决于甲基纤维素醚产品的种类、型号、浓度和加热速率等。

（5）生物降解性　甲基纤维素醚是微生物的营养物质，极易霉变而变质。因而，当甲基纤维素醚需要溶解成溶液使用时应注意防霉、防腐剂的应用。但是，在粉状建材产品中，由于配方中同时还存在着水泥或石膏等物质，这些材料或者能够提供微生物不易生存的碱性环境，或者本身能够杀灭微生物，而且材料本身又处于干燥状态包装，因而生物腐蚀问题并不存在。另一方面，现在有些甲基纤维素醚产品本身已经制成抗生物降解型，具有防霉效果。

（6）广泛 pH 值范围内的稳定性　甲基纤维素醚水溶液的黏度几乎不受酸或碱的影响，pH 值在 3.0～11.0 范围内都是比较稳定的，有些商品甚至在 pH 值为 13 时仍能够保持长期的稳定性。

（7）触变性能　高黏度的甲基纤维素醚水溶液具有很高的触变性能，这一性能对于许多粉状建材产品的施工性能非常有利。例如，它能够使涂料施工得很厚而不产生流挂，以及使涂料施工没有黏滞性。应指出，对于自流平地坪材料来说，触变性是不利的，它会使材料的流平性变差，通常通过选用低黏度型号产品解决之。

（8）保水性　甲基纤维素醚具有的亲水性和它的水溶液的高黏度，使之成为一种高效的保水剂，这是甲基纤维素醚在粉状建材中应用的最重要的性能。

2. 甲基纤维素醚的添加量与保水性

根据甲基纤维素醚生产时的用途不同而导致产品有不同的性能。如上述，保水性是甲基纤维素醚在粉状建材产品中应用的最重要的特性。就保水效果来说，主要与产品的颗粒细度、溶解速度、添加量和产品的黏度有关。通常情况下，添加量越大，黏度越高，细度越细，保水性能越好。保水性与甲基纤维素醚的添加量和黏度的关系分别如图 5-15 和图 5-16 所示。

鉴于保水性和材料黏度等综合考虑，通常情况下在自流平地坪材料中以选用 10000mPa·s 左右黏度规格的产品为宜。

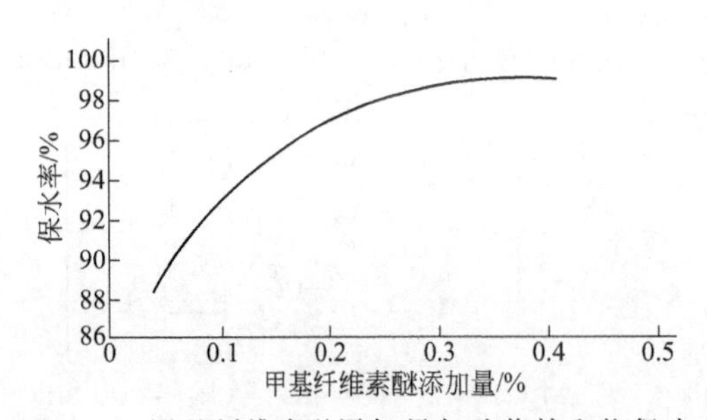

图 5-15　甲基纤维素醚添加量与砂浆拌和物保水率的关系（2%溶液，20℃，Walocel MKX 30000 PP 01，Wolff 纤维素，黏度为 30000mPa·s，采用 Haake Rotovisko 方法测量）

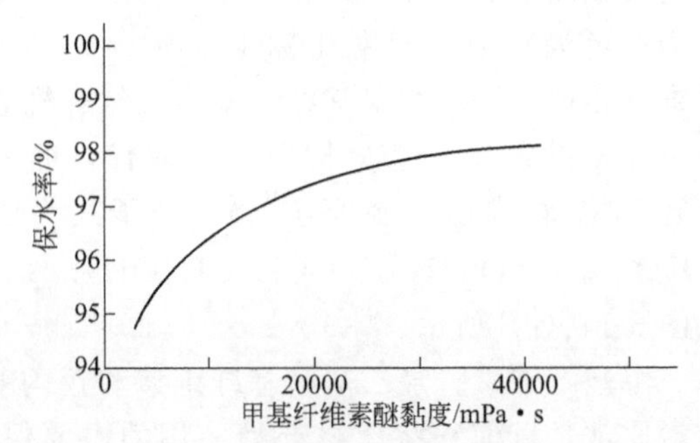

图 5-16　甲基纤维素醚黏度与砂浆拌和物保水率的关系（2%溶液，20℃，Walocel MKX 30000 PP 01，Wolff 纤维素，黏度为 30000mPa·s，剪切速率 $D=2.5s^{-1}$，采用 Haake Rotovisko 方法测量）

甲基纤维素醚的溶解速度取决于其细度和是否经过化学改性。一般地说，细度越细，溶解速度越快。用于水泥基地面自流平材料的甲基纤维素醚，必须在与水接触的几秒钟内迅速溶解，同时提供整个体系适宜的稠度，通常那些通过化学改性的微细甲基纤维素醚产品具有这种快速溶解的特性。

3. 甲基纤维素醚对产品用水量的影响

甲基纤维素醚掺之于粉状材料中，遇水溶解形成胶状物质，必然对产品的用水量产生影响。以改性水泥砂浆为例，甲基纤维素醚（羟乙基甲基纤维素）的掺入量对用水量的影响如图5-17所示[22]。图中的水胶比即水与水泥的质量比，是水泥类材料中常用的术语。图5-17说明，水泥基材料中掺入甲基纤维素醚后用水量增大，且掺入量越大，用水量提高的幅度越大。

4. 温度对甲基纤维素醚保水性的影响

温度会影响大部分甲基纤维素醚的保水性[23]。一般的规律是，温度越高，保水性越差。例如，在掺入普通甲基纤维素醚的水泥（灰）浆中，当温度为20℃时保水性为97%；当温度升高到30℃时保水性为94%；当温度达到40℃时保水性只有87%，导致普通甲基纤维素醚的保水性基本丧失。其原因是甲基纤维素醚随着温度的升高溶解性降低，在40℃时甲基纤维素醚几乎失去水溶性。

某些经过化学改性的甲基纤维素醚能够缓解温度对保水性的影响。例如，某通过化学改性的甲基纤维素醚与普通的甲基纤维素醚在不同温度下保水性的对比如图5-18所示。从图中可以看出，在20～40℃的温度范围内，经过化学改性的甲基纤维素醚的保水性基本保持恒定，而普通甲基纤维素醚的保水性却大幅度降低。

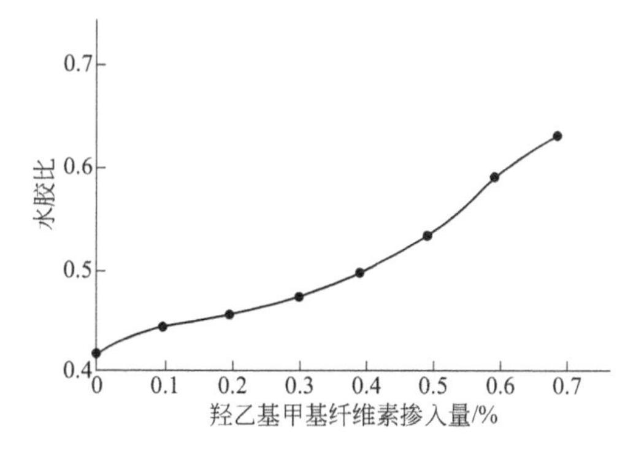

图5-17 甲基纤维素醚掺入量对水泥砂浆用水量（水胶比）的影响

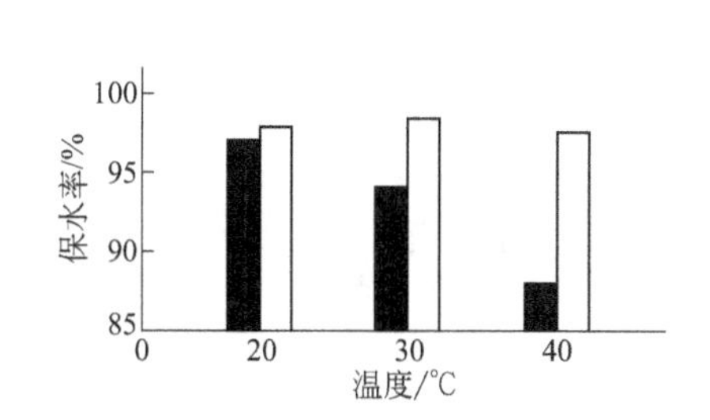

图5-18 化学改性甲基纤维素醚与普通甲基纤维素醚在不同温度下的保水性比较

■—普通甲基纤维素醚；□—化学改性甲基纤维素醚

5. 纤维素醚产品技术性能要求

JC/T 2190—2013标准规定的羟丙基甲基纤维素醚的基团含量、凝胶温度和代号如表5-41所示，产品技术性能要求如表5-42所示。

表5-41 羟丙基甲基纤维素醚的基团含量、凝胶温度和代号

基团含量		凝胶温度/℃	代号
甲氧基含量/%	羟丙氧基含量/%		
28.0～30.0	7.5～12.0	58.0～64.0	E
27.0～30.0	4.0～7.5	62.0～68.0	F
16.5～20.0	23.0～32.0	68.0～75.0	J
19.0～24.0	4.0～12.0	70.0～90.0	K

表 5-42 纤维素醚产品技术性能要求

项目	技术要求						
	MC	HPMC				HEMC	HEC
		E	F	J	K		
外观	白色或微黄色粉末,无明显粗颗粒、杂质						
细度/% ≤	8.0						
干燥失重率/% ≤	6.0						
硫酸盐灰分/% ≤	2.5						10.0
黏度①/mPa·s	标注黏度值(−10%;+20%)						
pH 值	5.0～9.0						
透光率/% ≥	80						
凝胶温度/℃	50.0～55.0	58.0～64.0	62.0～68.0	68.0～75.0	70.0～90.0	≥75.0	—

① 黏度值适用于黏度范围 1000～100000mPa·s。

6. 商品甲基纤维素醚的技术性能

表 5-43 中给出泸州天普精细化工厂、浙江中维药业有限公司和石家庄市金华纤维素化工有限公司的甲基纤维素和羟丙基甲基纤维素产品的技术性能；表 5-44 中给出几种商品羟丙基甲基纤维素产品的技术性能；表 5-45 中给出几种商品羟乙基甲基纤维素产品的技术性能。

表 5-43 几种商品甲基纤维素的技术性能

产品型号	产品理化性能和应用特性	生产厂商
系列甲基纤维素产品	甲氧基含量:28%～31%;水分:≤5.0%;外观:无嗅、无味、无毒的白色或灰白色粉末,稍有吸湿性;表观密度:0.25～0.70g/cm³;细度:60 目筛通过率大于 99%;黏度(2%水溶液,20℃):视产品不同黏度规格,为 20～100000mPa·s;表面张力(25℃):47～53mN/m;凝胶温度:50～60℃;变色温度:190～200℃;炭化温度:225～230℃	石家庄市金华纤维素化工有限公司
MA 系列产品	甲氧基含量:27%～32%;水分:≤5.0%;外观:白色颗粒或白色粉末,稍有吸湿性;细度:80 目、100 目、120 目;黏度(2%水溶液,20℃):视产品不同黏度规格,为 5～200000mPa·s;pH 值:4.0～8.0;凝胶温度:53～57℃	泸州天普精细化工厂
甲基纤维素系列产品	甲氧基含量:27.5%～31.5%;取代度:1.7～1.9;水分:≤5.0%;外观:白色或类白色粉末,稍有吸湿性;细度:80 目、100 目、120 目、140 目;黏度(2%水溶液,20℃):视产品不同黏度规格,为 5～200000mPa·s;pH 值:5.0～7.5;凝胶温度:53～67℃;变色温度:190～200℃;炭化温度:225～230℃;分解温度:≥200℃;表面张力(25℃,2%水溶液):46～51dyn/cm;表观密度:0.25～0.70g/cm³	浙江中维药业有限公司

注：1dyn=10^{-5}N。

表 5-44 几种商品羟丙基甲基纤维素的技术性能

产品型号	理化性能	产品应用特性	生产厂商
JHE	甲氧基含量:28%～30%;羟丙基含量:7%～12%;凝胶温度:58～64℃	水分:≤5.0%;灰分:≤1.0%;表观密度:0.40～0.70g/cm³;细度:60 目筛通过率大于 99%;黏度(2% 水溶液, 20℃): 20～50000mPa·s	石家庄市金华纤维素化工有限公司
JHF	甲氧基含量:27%～30%;羟丙基含量:4%～7.5%;凝胶温度:58～64℃		
JHK	甲氧基含量:19%～24%;羟丙基含量:4%～12%;凝胶温度:58～64℃		

续表

<table>
<tr><th>产品型号</th><th>理化性能</th><th>产品应用特性</th><th>生产厂商</th></tr>
<tr><td>HF</td><td>甲氧基含量:27%～30%;羟丙基含量:4.0%～7.5%;凝胶温度:63～67℃</td><td rowspan="4">水分:≤5.0%;灰分:≤1.0%;pH值:5.0～7.5;细度:80目、100目、120目、140目;黏度(2%水溶液,20℃):视产品不同黏度规格,为5～200000mPa·s</td><td rowspan="4">泸州天普精细化工厂</td></tr>
<tr><td>HG</td><td>甲氧基含量:28%～30%;羟丙基含量:7.5%～12.5%;凝胶温度:58～62℃</td></tr>
<tr><td>HJ</td><td>甲氧基含量:16.5%～20.0%;羟丙基含量:23.0%～32.0%;凝胶温度:70～75℃</td></tr>
<tr><td>HK</td><td>甲氧基含量:19.0%～24.0%;羟丙基含量:4.0%～12.0%;凝胶温度:70～90℃</td></tr>
<tr><td>ME</td><td>甲氧基含量:28.0%～30.0%;取代度:1.8～2.0;羟丙氧基含量:7.5%～12.0%;取代度:0.2～0.3;凝胶温度:58～64℃</td><td rowspan="4">水分:≤5.0%;外观:白色或类白色粉末,稍有吸湿性;细度:80目、100目、120目;黏度(2%水溶液,20℃):视产品不同黏度规格,为5～180000mPa·s;pH值:4.0～8.0;变色温度:190～200℃;炭化温度:225～230℃;分解温度:≥200℃;表面张力(25℃,2%水溶液):52～55dyn/cm;表观密度:0.25～0.70g/cm³</td><td rowspan="4">浙江中维药业有限公司</td></tr>
<tr><td>MF</td><td>甲氧基含量:27.0%～30.0%;取代度:1.7～1.9;羟丙氧基含量:4.0%～7.5%;取代度:0.1～0.2;凝胶温度:62～68℃</td></tr>
<tr><td>MJ</td><td>甲氧基含量:16.5%～20.0%;取代度:1.1～1.6;羟丙氧基含量:23.0%～32.0%;取代度:0.7～1.0;凝胶温度:60～75℃</td></tr>
<tr><td>MK</td><td>甲氧基含量:19.0%～24.0%;取代度:1.1～1.6;羟丙氧基含量:4.0%～12.0%;取代度:0.1～0.3;凝胶温度:70～90℃</td></tr>
</table>

注：1dyn=10^{-5}N。

表 5-45 几种商品羟乙基甲基纤维素的技术性能

<table>
<tr><th>产品型号</th><th>理化性能和产品应用特性</th><th>生产厂商</th></tr>
<tr><td>MH羟乙基甲基纤维素</td><td>甲氧基含量:22.0%～30.0%;取代度:1.6～2.0;凝胶温度:60～90℃;水分:≤5.0%;外观:白色或类白色粉末,稍有吸湿性;细度:80目、100目、120目;黏度(2%水溶液,20℃):视产品不同黏度规格,为5～180000mPa·s;pH值:4.0～8.0;变色温度:190～200℃;炭化温度:225～230℃;分解温度:≥200℃;表面张力(25℃,2%水溶液):49～53dyn/cm;表观密度:0.25～0.70g/cm³</td><td>浙江中维药业有限公司</td></tr>
<tr><td>Tylose MH 60001羟乙基甲基纤维素</td><td>外观:可溶于冷水的精细粉末;活性物含量:>92.5%; 含水量率:<6%;盐含量:<1.5%;粒径:<0.100mm(通过140目>90%);黏度:60.000 mPa·s(Hopper落球黏度计),27000～34000 mPa·s(Brookfield DV 20 r/min)</td><td>德国科莱恩(CLariant)公司</td></tr>
<tr><td rowspan="2">SE羟乙基甲基纤维素</td><td>甲氧基含量:21.0%～26.0%;羟乙氧基含量:4.0%～8.0%;取代度:甲氧基1.5,羟乙氧基0.20;水分:<5%;灰分:<1%</td><td rowspan="2">ShinEtsu公司(上海和氏璧化工公司经销)</td></tr>
<tr><td>甲氧基含量:20.0%～26.0%;羟乙氧基含量:9.0%～15.0%;取代度:甲氧基1.5,羟乙氧基0.30;水分:<5%;灰分:<1%</td></tr>
<tr><td>HT－H羟乙基甲基纤维素</td><td>羟乙基摩尔取代度(MS):1.8～2.0;甲氧基取代度(DS):0.8～1.2;水分:≤5.0%;灼烧残渣:≤5.0%;pH值(1%溶液,25℃):6.0～8.5;黏度(2%溶液,20℃):5～100000mPa·s</td><td rowspan="2">湖州展望天明药业有限公司</td></tr>
<tr><td>HT－L羟乙基甲基纤维素</td><td>羟乙基摩尔取代度(MS):0.2～0.4;甲氧基取代度(DS):1.3～2.0;水分:≤5.0%;灼烧残渣:≤5.0%;pH值(1%溶液,25℃):6.0～8.5;黏度(2%溶液,20℃):5～100000mPa·s</td></tr>
</table>

注：1dyn=10^{-5}N。

此外，用作粉状建材产品的保水材料，要使用细粉状的，一般要求细度应不小于120目。絮状产品不利于均匀分散和快速溶解，在产品加水搅拌后常常会因为絮状产品的溶解性不好，而在产品中引起柔软的絮状胶体小疙瘩，引起产品的质量问题。

五、混凝土外加剂

如前述，根据GB/T 8075—2005《混凝土外加剂定义、分类、命名与术语》的规定，混凝土外加剂分为改善混凝土拌和物流变性能的外加剂；调节混凝土凝结时间、硬化性能的外加剂；改善混凝土耐久性的外加剂和改善混凝土其他性能的外加剂。下面分别介绍这些混凝土外加剂的常用品种、功能与作用等。

（一）改善混凝土拌和物流变性能的外加剂

这类外加剂有混凝土减水剂、泵送剂、引气剂和保水剂等。保水剂已在上面介绍，而引气剂在水泥基地面自流平材料中极少使用，因而下面只介绍混凝土减水剂和泵送剂。

1. 混凝土减水剂

（1）基本定义与种类　在混凝土坍落度基本相同的条件下，能够减少用水量的外加剂称为混凝土减水剂。减水剂分普通减水剂和高效减水剂两类。减水率小于或等于8%的称为普通减水剂；大于8%的称为高效减水剂。根据减水剂所能够带给混凝土的功能的不同，又分为早强型减水剂（兼有早强作用的减水剂）、引气型减水剂（兼有引气作用的减水剂）、缓凝型减水剂（兼有缓凝作用的减水剂）等[6]。

在国家标准GB 8076—2008《混凝土外加剂》中，对各类混凝土外加剂采用如表5-46所示的代号。

表5-46　各类混凝土外加剂的代号

外加剂的类型	代号	外加剂的类型	代号
早强型高性能减水剂	HPWR-A	缓凝型普通减水剂	WR-R
标准型高性能减水剂	HPWR-S	引气减水剂	AEWR
缓凝型高性能减水剂	HPWR-R	泵送剂	PA
标准型高效减水剂	HWR-S	早强剂	Ac
缓凝型高效减水剂	HWR-R	缓凝剂	Re
早强型普通减水剂	WR-A	引气剂	AE
标准型普通减水剂	WR-S		

（2）作用原理　简而言之，减水剂通常是表面活性剂，吸附于水泥颗粒表面使颗粒显示电性能。颗粒间由于带相同电荷而互相排斥，使水泥颗粒被分散而释放颗粒间多余的水分而产生减水作用。另一方面，由于加入减水剂后水泥颗粒表面形成吸附膜，影响水泥的水化速度，使水泥石晶体的生长更为完善，网络结构更为致密，提高了水泥石的强度和结构致密性。

当水泥加水拌和后，由于水泥分子间的引力、水泥颗粒在溶液中的热运动互相碰撞、水泥矿物在水化过程中带有异性电荷、水泥矿物水化后的溶剂化水膜产生某些缔合作用，导致水泥浆形成絮凝结构，如图5-19所示。在絮凝结构中包裹了许多拌和水（游离水），使水泥颗粒表面不能充分与水接触，导致要达到所需要的施工性能时的用水量增大。

掺入减水剂后，带电性能的减水剂分子的憎水基团定向吸附于水泥颗粒表面，亲水基团指向水溶液，在颗粒表面形成一层吸附膜，使水泥颗粒表面带有相同电荷。在电性斥力的作用下，水泥颗粒互相分开，水泥浆的絮凝结构被解体。一方面，水泥浆絮凝结构中的游离水被释放出来，增大了水泥颗粒与水的接触面，从而增大了拌和物的流动性；另一方面，不但水泥的水化能够更加充分，有利于提高强度，而且由于水泥颗粒表面形成的溶剂化水膜的增厚，增加了水泥颗粒间的滑动。这就是减水剂因产生吸附分散、润湿、润滑作用而导致用水量减少的原理，如图 5-20 所示。

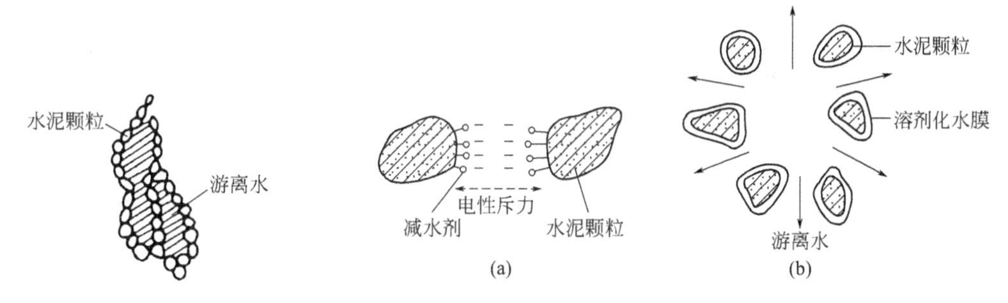

图 5-19 水泥浆的絮凝结构示意图

图 5-20 减水剂的作用机理示意图

(3) 功能与作用 减水剂的作用有：使水泥颗粒分散，改善和易性；降低混凝土用水量，从而提高水泥基材料的强度、改善耐久性和减少水泥用量等。减水剂的功能有[24]：在保证混凝土工作性和强度的前提下，降低水泥用量；在保证混凝土的工作性和水泥用量不变的前提下，降低用水量（水灰比），提高混凝土的强度；在保证混凝土的用水量和水泥用量不变的前提下，增大流动性，改善混凝土的工作性。

(4) 主要商品类别介绍 常用的普通型减水剂有木质素磺酸盐型和腐殖酸类；高效减水剂品种较多，有萘系（萘磺酸盐和萘磺酸盐甲醛缩合物）、三聚氰胺甲醛缩合物和聚羧酸盐系等。

木质素磺酸钠简称木钠，分子结构式如图 5-21 所示。

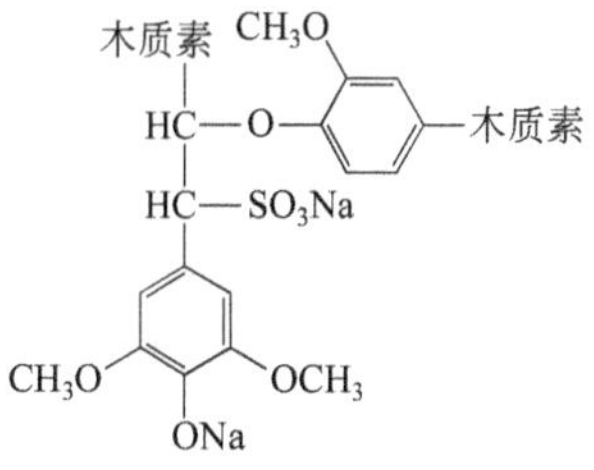

木钠减水剂减水效率低，属于普通减水剂，当用于砂浆时，可提高流动性和可浇筑性，或者在砂浆流动性相同的情况下降低水灰比，提高强度。增加木钠掺入量具有缓凝作用，可以降低砂浆的流动性损失。木钠具有一定的引气性，但引入的气泡大小不均匀，无益于耐久性的提高。

图 5-21 木质素磺酸钠的分子结构式

萘系（萘磺酸盐和萘磺酸盐甲醛缩合物）和蜜胺系（三聚氰胺甲醛缩合物）减水剂是目前世界上最广泛使用的两种高效减水剂，其化学结构式分别如图 5-22（a）和（b）所示。萘系减水剂（通常称为 BNS 减水剂）在延缓砂浆沉落度方面稍占优势；蜜胺系减水剂（通常称为 MS 减水剂）可提高早期强度和无引气性。蜜胺系减水剂是性能优异的外加剂，其特点是塑化效果好，砂浆沉落度损失小，碱含量低，能够有效控制砂浆的离析和泌水，无缓凝作用，耐温性好，且能够显著降低砂浆的收缩而提高耐久性，特别是具有使砂浆硬化后表面光亮、平滑的特点。

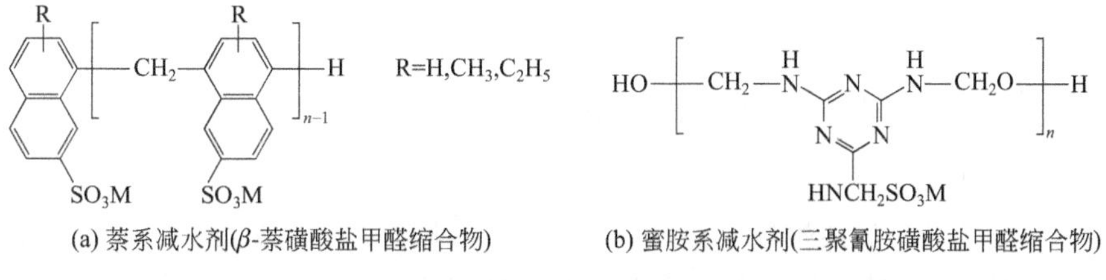

(a) 萘系减水剂(β-萘磺酸盐甲醛缩合物)　(b) 蜜胺系减水剂(三聚氰胺磺酸盐甲醛缩合物)

图 5-22 萘系和蜜胺系减水剂的化学结构示意图

萘系和蜜胺系等缩聚物减水剂的不足之处在于当水灰比低于 0.35 时，具有较大的离散性，在制备超高性能砂浆和混凝土时易产生问题以及砂浆拌和物在 1～2h 内的扩展度保留性较差（见图 5-23）。这就促使聚羧酸盐系新型高效减水剂的问世。聚羧酸盐类减水剂是近年来研制开发的全新型高性能减水剂，因为具有低掺入量，高减水率，分散性好，与不同水泥具有相对较好的适应性，低沉落度损失，能够更好地解决砂浆的引气、离析和泌水问题等特点，砂浆的后期强度较高。聚羧酸盐减水剂的掺入量一般只是萘系减水剂的1/10～1/15，减水率可达到30%以上。

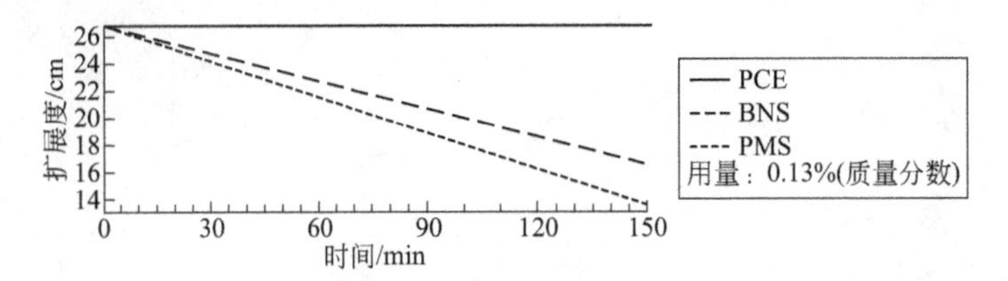

图 5-23　掺入不同高效减水剂的水泥浆体的扩展度保留性

图 5-24 中展示出几种聚羧酸盐类减水剂的化学结构示意图。聚羧酸盐类减水剂的减水机理不是像木质素、萘系和蜜胺系减水剂那样仅通过电性斥力而起减水作用，而是由于分子结构中羧基负离子的电性斥力和由于主链或侧链的空间位阻效果两种作用，使水泥颗粒高度分散而得到减水效果的。因此，聚羧酸盐类减水剂和萘系及蜜胺系主要由电性斥力作用相比较时，可以在较少的掺入量时而得到同样的减水效果。

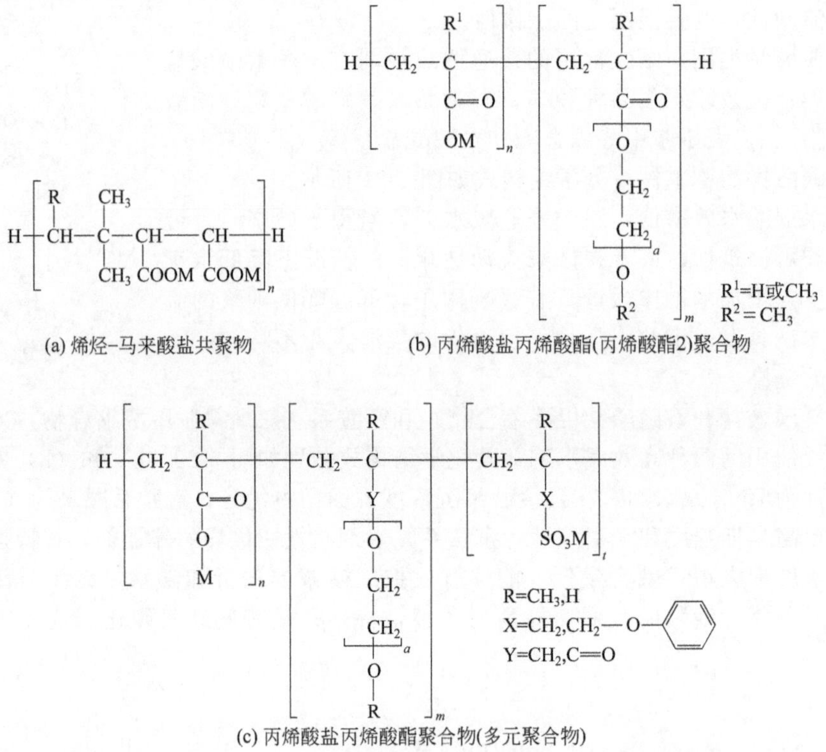

(a) 烯烃-马来酸盐共聚物

R^1=H或CH_3
$R^2=CH_3$

(b) 丙烯酸盐丙烯酸酯(丙烯酸酯2)聚合物

R=CH_3,H
X=CH_2,CH_2—O—(苯基)
Y=CH_2,C═O

(c) 丙烯酸盐丙烯酸酯聚合物(多元聚合物)

图 5-24　几种聚羧酸盐类减水剂的化学结构示意图

聚羧酸盐类减水剂的分散保持性（延缓坍落度损失）可以从以下方面得到解释[25]。图 5-24（a）中的烯烃-马来酸盐共聚物系减水剂，在水泥颗粒表面形成图 5-25（a）所示的环线状的吸附形态，与图 5-25（b）所示的萘系及蜜胺系刚性的层状吸附相比较，由于羧基的负离子大容积吸附，提高了电性斥力的持续性。

图 5-24（b）中丙烯酸盐丙烯酸酯聚合物和（c）丙烯酸盐丙烯酸酯聚合物，由于化学结构中存在的羧基负离子使水泥颗粒高度分散，并且由于具有立体伸展的侧链而使分散效果持续，这种侧链的配置平衡决定水泥颗粒的分散稳定性。

交联聚合物的聚羧酸盐类减水剂的分散保持性（延缓坍落度损失）于图5-26中模拟化示出。在图5-26中：①水泥颗粒处于凝聚状态；②在该状态下添加交联聚合物型聚羧酸盐类减水剂时，有立体侧链的聚羧酸吸附在水泥颗粒上，由于羧基负离子的电性斥力和侧链的立体斥力使水泥颗粒分散；③一定时间后，随着水泥颗粒进行水化，析出水化物。吸附在水泥颗粒表面的减水成分的一部分被水化物覆盖，因为减水成分有立体的侧链，其侧链的大部分未被水化物覆盖住，依然是侧链长长地突出，因而维持了分散效果。另外，从这时起交联聚合物的交联部分由于水泥的碱成分而慢慢开裂，变化为有分散性的聚羧酸，继续分散水泥颗粒。因此，混凝土的坍落度或砂浆的沉落度得以长时间保持。

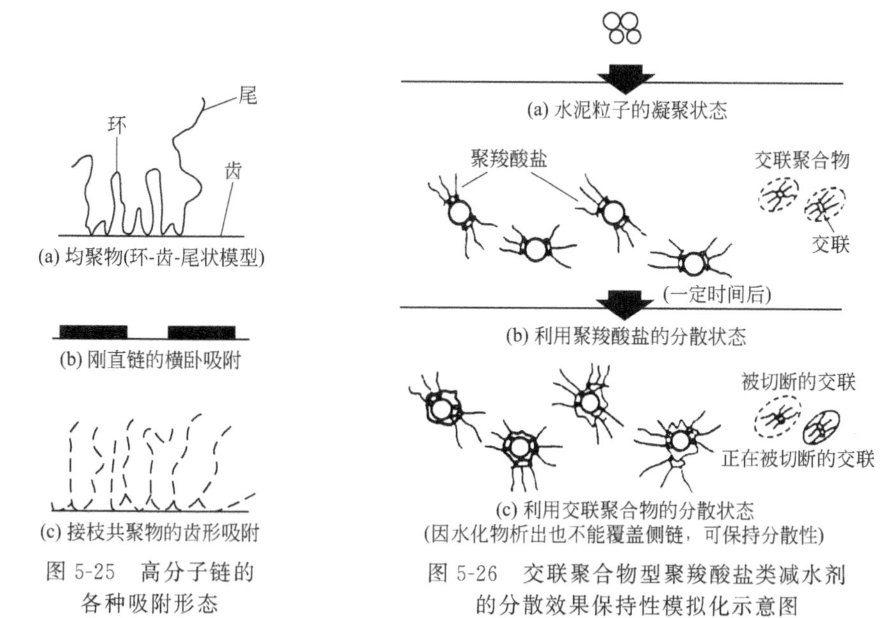

图5-25　高分子链的各种吸附形态

图5-26　交联聚合物型聚羧酸盐类减水剂的分散效果保持性模拟化示意图

（5）常用减水剂的掺入量及其使用效果　常用减水剂的掺入量及其使用效果见表5-47。

表5-47　常用减水剂的掺入量及其使用效果

类别		普通减水剂		高效减水剂	
		木质素系	糖蜜系	多环芳香族磺酸盐系(萘系)	水溶性树脂系
主要品种		木质素磺酸钙(木钙) 木质素磺酸钠(木钠) 木质素磺酸镁(木镁)	3FG、TF、ST等	NNO、NF、FDN、UNF、JN、MF、SN-2SP-1AF、JW-1等	SM、CRS等
主要成分		木质素磺酸钙 木质素磺酸钠 木质素磺酸镁	矿渣、废蜜经石灰中和处理而成	芳香族磺酸盐甲醛缩合物	三聚氰胺树脂磺酸钠(SM)；古玛隆-茚树脂磺酸钠(CRS)
掺入量(水泥质量分数)/%		0.2～0.3	0.2～0.3	0.2～1.0	0.5～2.0
效果	减水率/%	10左右	6～10	15～25	18～30
	早强			明显	显著
	缓凝	1～3h	3h以上		
	引气/%	1～2		<2	<2

（6）混凝土减水剂产品的技术性能要求　国家标准GB 8076—2008《混凝土外加剂》对各类混凝土减水剂的技术性能要求如表5-48所示。

表 5-48 混凝土减水剂的技术性能要求

项目		高性能减水剂 HPWR			高效减水剂 HWR		普通减水剂 WR		
		早强型 HPWR-A	标准型 HPWR-S	缓凝型 HPWR-R	标准型 HWR-S	缓凝型 HWR-R	早强型 WR-A	标准型 WR-S	缓凝型 WR-R
减水率/% ≥		25	25	25	14	14	8	8	8
泌水率/% ≤		50	60	70	90	100	95	100	100
含气量/% ≤		6.0	6.0	6.0	3.0	4.5	4.0	4.0	5.5
凝结时间之差/min	初凝	−90～+90	−90～+120	>+90	−90～+120	>+90	−90～+90	−90～+120	>+90
	终凝			—		—			—
1h 经时变化量	坍落度/mm	—	≤80	≤60	—	—	—	—	—
	含气量/%		—	—	—	—	—	—	—
抗压强度比/% ≥	1d	180	170	—	140	—	135	—	—
	3d	170	160	—	130	—	130	115	—
	7d	145	150	140	125	125	110	115	110
	28d	130	145	130	120	120	100	110	110
28d 收缩率比/% ≤		110	110	110	135	135	135	135	135

2. 混凝土泵送剂

能够改善混凝土拌和物泵送性能的外加剂称为混凝土泵送剂。混凝土泵送剂不是一种独立的外加剂品种，而是以减水剂为主要成分通过复合缓凝、塑化等组分而得到的混凝土外加剂。其中，一些减水剂（例如木质素磺酸盐型类）本身具有很好的缓凝作用，这时如果缓凝效果能够满足要求，则不必再使用缓凝成分；塑化成分一般可为引气类材料，或者是前面介绍的低黏度的保水材料。

泵送剂一般分为非引气型（主要组分为木质素磺酸钙、高效减水剂等）和引气型（主要组分为减水剂、引气剂等）两类。木质素磺酸盐减水剂除了能够使拌和物的流动性明显增大外，还能够减少泌水，延缓水泥的凝结和延缓水泥水化的放热速度等；引气剂能够显著提高拌和物的流动性，降低泌水性，减少离析现象。这都对提高拌和物的泵送性能十分有利，是泵送剂的常用组分。

GB 8076—2008 标准对混凝土泵送剂产品的技术性能要求如表 5-49 所示。

表 5-49 混凝土泵送剂、早强剂和缓凝剂的技术性能要求

项目		要求		
		泵送剂	早强剂	缓凝剂
减水率/% ≥		12	—	—
泌水率/% ≤		70	100	100
含气量/% ≤		5.5	—	—
凝结时间之差/min	初凝	—	−90～+90	>+90
	终凝		—	—
抗压强度比/% ≥	1d	—	135	—
	3d	—	130	—
	7d	115	110	100
	28d	110	100	100
收缩率比/% ≤	28d	135		

（二）调节混凝土凝结时间、硬化性能的外加剂

调节混凝土凝结时间和硬化性能的外加剂主要是早强剂、速凝剂、缓凝剂等。其中，缓凝

剂用于延缓地面自流平材料的凝结时间，保证材料达到自动流平所需要的时间，是十分重要的添加剂；早强剂用于气温较低时施工，使自流平材料能够在一定的时间内达到所需要的强度，或者提高常温施工时的早期强度增长速度，也是自流平地面材料中较为常用的添加剂；而速凝剂在自流平材料中没有应用。因而，下面仅介绍早强剂和缓凝剂。

1. 早强剂

(1) 基本定义与种类 能够提高混凝土早期强度并对后期强度无显著影响的外加剂称为早强剂。按照化学成分的不同早强剂分为无机和有机两类。前者主要是硫酸盐类材料，如硫酸钠；后者如三乙醇胺、三异丙醇胺和乙酸钠等。

(2) 作用原理 不同早强剂的作用原理并不相同。氯化钙早强剂（$CaCl_2$）产生早强作用的机理在于能够与水泥的中 C_3A 作用，生成几乎不溶于水和 $CaCl_2$ 溶液的水化氯铝酸钙（$3CaO \cdot Al_2O_3 \cdot 3CaCl_2 \cdot 32H_2O$），又能够与水化产物 $Ca(OH)_2$ 反应，生成溶解度极小的氧氯化钙[$CaCl_2 \cdot 3Ca(OH)_2 \cdot 12H_2O$]。水化氯铝酸钙和氧氯化钙固相早期析出，形成骨架，加速水泥浆体结构的形成，同时也由于水泥浆中 $Ca(OH)_2$ 浓度的降低，有利于 C_3S 水化反应的进行，因此早期强度提高。

硫酸盐系早强剂如硫酸钠（Na_2SO_4），产生早强作用的机理则在于，Na_2SO_4 溶解于水中与水泥水化产生的 $Ca(OH)_2$ 作用，生成氢氧化钠与硫酸钙：

$$Na_2SO_4 + Ca(OH)_2 + 2H_2O \longrightarrow CaSO_4 \cdot 2H_2O + 2NaOH$$

这种新生成的硫酸钙的颗粒极细，活性比外掺硫酸钙要高得多，因而与 C_3A 反应生成水化硫铝酸钙的速率要快得多，而氢氧化钠是一种活化剂，能够提高 C_3A 和石膏的溶解度，加速硫酸钙的形成，增加水泥石中硫铝酸钙的数量，导致水泥凝结硬化和早期强度的提高。

有机早强剂如三乙醇胺，是一种较好的络合剂，在水泥水化的碱性溶液中能够与 Fe^{3+} 和 Al^{3+} 等离子形成较稳定的络合离子，这种络合离子与水泥水化物生成结构复杂、溶解度小的配合物，使水泥石中固相比例增加，提高了强度。

(3) 功能与作用 气温低时混凝土的强度增长缓慢，且混凝土受到冰冻时的强度越低，对混凝土的危害越大。混凝土在早龄期的低强度时的受冻破坏可造成混凝土的永久性破坏，因而在低气温下施工时必须采取措施提高混凝土的强度，使混凝土能够尽快具有承受一定冰冻的能力。此外，有时施工要求一定的施工进度，即需要混凝土在早龄期具有更高的强度，以满足承受外力的要求，只有早强剂能够解决这些问题。早强剂能够明显提高混凝土的早期强度并不会显著影响后期强度，且能够提高混凝土的抗硫酸盐侵蚀性。因而，早强剂广泛应用于低气温下的混凝土施工以及加快常温下的施工进度或加速模板周转等。但是，硫酸盐型早强剂对混凝土中的钢筋有一定的腐蚀作用，不得应用于预应力混凝土中，在钢筋混凝土中的用量也有严格的限制。氯盐类早强剂对引起钢筋锈蚀的危害更为严重，其应用限制比硫酸盐类早强剂更为严格。

(4) 常用早强剂的掺入量 常用早强剂的掺入量及其早强效果如表 5-50 所示。

表 5-50 常用早强剂的掺入量及其早强效果

类别	常用品种	适宜掺入量（水泥质量分数）/%	早强效果
氯盐类	氯化钙	0.5～1.0	3d 强度提高 50%～100%；7d 强度提高 20%～40%
硫酸盐类	无水硫酸钠(元明粉)	0.5～2.0	掺入 1.5%时达到混凝土设计强度 70%的时间可缩短一半
有机胺类	三乙醇胺	0.02～0.05①	早期强度提高 50%左右，28d 强度不变或稍有提高

续表

类别	常用品种	适宜掺入量(水泥质量分数)/%	早强效果
复合类	①三乙醇胺(A)+氯化钠(B) ②三乙醇胺(A)+亚硝酸钠(B)+氯化钠(C) ③三乙醇胺(A)+亚硝酸钠(B)+二水石膏(C) ④硫酸盐复合早强剂(NC)	①(A)0.05+(B)0.5 ②(A)0.05+(B)0.5+(C)0.5 ③(A)0.05+(B)1.0+(C)2.0 ④(NC)2.0～4.0	3d强度提高70%;28d强度提高20%

① 一般不单独使用，常与其他早强剂复合使用。

(5) 产品技术性能要求 GB 8076—2008 标准对混凝土早强剂产品的技术性能要求如表5-49所示。

2. 缓凝剂

(1) 基本定义与种类 能够延缓混凝土的凝结时间，并对后期强度无显著影响的外加剂称为缓凝剂。缓凝剂是调整地面自流平材料凝结时间的常用添加剂，在气温高时其应用更为重要。常用缓凝剂的主要品种有糖类、木质素磺酸盐类、羟基羧酸盐类和无机盐类等，见表5-51。

(2) 作用原理 缓凝剂作用机理复杂，有机类缓凝剂多为表面活性剂，主要是缓凝剂分子吸附于水泥颗粒表面，形成同种电荷的亲水膜，使水泥颗粒互相排斥，阻碍水泥水化产物凝聚，使水泥延缓水化反应而延缓凝结。对于羟基羧酸类缓凝剂主要是水泥颗粒中 C_3A 首先吸附羟基羧基分子，使它们难以较快生成钙矾石结晶而起到缓凝作用。无机盐类缓凝剂（例如磷酸盐类）的缓凝机理是，缓凝剂溶于水中生成离子，被水泥颗粒吸附生成溶解度很小的磷酸盐薄层，使水泥中 C_3A 的水化和钙矾石的形成过程被延缓而起到缓凝作用。

(3) 常用缓凝剂的掺入量 常用缓凝剂的掺入量及其缓凝时间如表5-51所示。

表5-51 常用缓凝剂的掺入量及其缓凝时间

类别	品种	适宜掺入量(水泥质量分数)/%	延缓凝结时间/h
糖类	糖蜜等	水剂:0.2～0.5;粉剂0.1～0.3	2～4
木质素磺酸盐类	木质素磺酸钙(钠)等	0.2～0.3	2～3
羟基羧酸盐类	柠檬酸、酒石酸钾(钠)等	0.03～0.1	4～10
无机盐类	锌盐、硼酸盐、磷酸盐等	0.1～0.2	

(4) 缓凝剂对砂浆性能的影响及其应用 缓凝剂对砂浆的性能会产生一定影响，因而必须进行合理的使用才能得到既延缓砂浆的凝结时间，又不影响砂浆性能，甚至提高性能的结果。缓凝剂延缓凝结时间的长短与砂浆使用的水泥的成分、砂浆的配合比、养护条件（温度和湿度）以及砂浆中其他添加剂的使用等因素有关。缓凝剂主要对 C_3A 起作用，对 C_3S 和 C_2S 的作用都很小。因此，在砂浆凝结硬化后缓凝剂对水泥水化反应的速率就没有多大影响。

由于缓凝剂会使砂浆的凝结速率减慢，因而缓凝剂会影响砂浆的早期强度，但不会降低后期强度。在正确的使用条件下，由于在水泥水化的初期，水泥石“生长发育”的条件好，结构会更加致密，孔隙率下降，孔隙直径变小，因而对砂浆的后期强度有利。

对于有表面活性作用的缓凝剂，则能够使砂浆的流动性增大。在保持砂浆和易性适当且相同的情况下，由于其减水作用则可以使强度提高。掺入缓凝剂能够使砂浆的耐久性得到改善，对砂浆的干缩具有一定减缓作用。

由于有些缓凝剂对水泥的缓凝作用很强，因此其掺入量应尽可能正确。例如硼酸（H_3BO_3），超过适宜掺入量较多时，会导致砂浆不能正常凝结。木钙类具有缓凝作用的减水剂，若掺入量超过适宜掺入量的一倍或更多时，就有可能使砂浆成型后数日不凝结。

（5）产品技术性能要求 GB 8076—2008 标准对混凝土缓凝剂产品的技术性能要求如表 5-49 所示。

（三）改善混凝土耐久性的外加剂

这类外加剂包括引气剂、防水剂、阻锈剂和矿物外加剂等。矿物外加剂即矿物掺和料，系粉煤灰、硅灰等一类具有火山灰作用的粉状材料，已在第二节中介绍。引气剂和阻锈剂在地面自流平材料中很少单独使用。

能够提高水泥砂浆、混凝土抗渗性能的外加剂称为防水剂，一般系由化学材料配制而成的产品。防水剂的种类非常多，是应用量和应用范围都很大的一类外加剂。按照化学成分的不同，防水剂有硅酸钠类防水剂、氯化物金属盐类防水剂、金属皂类防水剂和其他新型防水添加剂（例如渗透结晶防水剂）等。水泥基渗透结晶型防水剂是近年来新研制开发的产品。在这四类防水剂中，前三类过去在我国广泛使用，有些现在仍有一定的应用。

水泥基渗透结晶型防水剂是粉状材料或者液体材料，粉状防水剂只能在配制时掺入在混凝土或砂浆中。

该类防水剂的组成中含有能够再结晶的活性物质，当混凝土结构在使用的过程中因各种原因而在内部产生微细裂缝发生渗漏时，活性物质在遇到水后能够在裂缝缺陷处产生二次结晶，堵塞裂缝而起到防水作用。这类防水剂具有自动修复结构微裂缝等缺陷的功能，防水性能可靠。

（四）改善混凝土其他性能的外加剂

1. 减缩剂

（1）减缩剂减少混凝土或砂浆收缩的原理 混凝土减缩剂是新出现的外加剂品种，日、美等国于 20 世纪 80 年代即开始研制[26]混凝土减缩剂，其主要功能是降低混凝土因干缩和自缩而引起的收缩，但对其他原因引起的收缩，例如温度变化收缩就没有作用。

减缩剂的应用原理在于：混凝土中的水泥石干燥时，毛细孔中的水首先蒸发，充满水的毛细孔孔径大约为 2.5～50nm。随着毛细孔内部水分的蒸发，水面下降，弯月面的曲率变大，在水的表面张力作用下产生毛细孔收缩力，造成混凝土的力学变形-收缩；而当毛细孔大于 50nm 时，产生的毛细孔压力很小，可以忽略；毛细孔直径小于 2.5nm 时不会促成毛细孔月牙面的形成。一定半径的毛细孔中水的压力 P 可以根据拉普拉斯（Laplas）定律计算：

$$P = 2\sigma/R$$

式中，σ 为水的表面张力；R 为弯月面的主曲率半径。可见，在水的表面张力 σ 不变的情况下，弯月面的曲率半径越小，产生的毛细孔压力越大；而在毛细孔直径 R 不变时 P 与水的表面张力 σ 成正比。纯水的表面张力很高，为 72N/m；添加活性剂水溶液的表面张力可降低至 30N/m。因此，降低毛细孔中水的表面张力，能够使毛细孔中的压力降低，相应降低混凝土的干缩。国外最新的研究表明，减缩剂不仅减少干缩，还能够大幅度减少混凝土的早期自收缩和塑性收缩。

（2）对减缩剂的性能要求 在混凝土系统中，减缩剂一般需满足以下要求：①具有能够降低混凝土中水溶液表面张力的作用；②在强碱性条件下具有足够的稳定性；③其降低水溶液表面张力的作用受温度变化的影响小；④具有较低的、稳定的引气能力；⑤与常用的引气剂具有良好的相容性，不降低其引气能力；⑥与常用的混凝土减水剂、早强剂、缓凝剂等混凝土外加剂具有良好的相容性；⑦能够明显地降低混凝土的干缩；⑧价格低廉；⑨易于储存和使用。

（3）减缩剂的种类及其化学组成 根据化学组成的不同，混凝土减缩剂可分为三大类，分别为烷基醚聚氧化乙烯、低分子量脂肪多元醇和聚羧酸与氧化乙烯烷基醚接枝共聚物[27]。

① 低分子量脂肪多元醇。如 2-甲基-2,4 戊二醇、2,2-二甲基-1,3-丙二醇、1,6-己二醇等，

掺入量为1%～3%，该类产品降低混凝土28d强度达10%～15%。

② 烷基醚聚氧化乙烯或聚氧化丙烯一元醇。该类产品如$RO(CH_2CH_2O)_nH$、$RO(CH_2CH_2CH_2O)_nH$和$RO(EO)_n(PO)_mH$，掺入量为2%～3%，影响混凝土的抗冻融性能。

③ 聚氧化乙烯或聚氧化丙烯与聚羧酸接枝共聚物。该类产品是现有聚羧酸类高效减水剂或保坍剂的聚氧化乙烯或聚氧化丙烯的接枝共聚物，其掺入量为水泥用量的0.2%～0.3%，同时具有高减水、高保坍性能，凝结时间和混凝土强度发展与掺聚羧酸减水剂混凝土相同。聚羧酸共聚物有：烯丙基醚-马来酸酐共聚物、苯乙烯磺酸钠-马来酸酐共聚物、（甲基）丙烯酸-（甲基）丙烯酸共聚物和甲基丙烯酸-烯丙基磺酸钠共聚物等。

（4）减缩剂的应用　目前减缩剂在工程中进行实际应用的数量很小，范围不大，基本上处于实验室研究阶段。但有的研究也已经走出实验室，进行了一定规模的工程试验。例如，JSJ减缩剂已经在某厂区60m的道路上进行抗裂试验，并得到："JSJ减缩剂能够有效地推迟混凝土的开裂时间，降低裂缝的幅度和数量"的工程应用研究结果[28]。

总的来说，我国关于减缩剂的研究还很少。但在国外，特别是美国，已经对减缩剂进行了大量研究，并出现较多的专利。例如，关于一元醇类减缩剂的专利美国专利5181961；关于氨基醇类减缩剂的有美国专利5389143；关于二元醇类减缩剂的专利有美国专利5626663；关于聚氧乙烯类减缩剂的专利有美国专利4547223、4575121、5413634等单一组分构成的减缩剂。而关于多组分构成的减缩剂的美国专利则有5556460、5604273、5618344、5622558、5679150、5779778和5938835等。减缩剂在美国、日本等已经开始工程应用。工程应用有直接掺入和渗透两种方法。直接掺入法是在混凝土拌制时作为外加剂直接掺入新拌混凝土中；渗透法则是在混凝土浇筑后将减水剂喷涂或刷涂于混凝土表面，使之向混凝土中渗透，后者用量少，较经济。

另一方面，国外的一些建材类产品在国内推广应用，已经开始将减缩剂进行实际应用。例如，德国瓦克（WACKER）公司在其关于聚合物乳胶粉在地面自流平水泥砂浆的配方中，就将已二醇作为减少水泥砂浆收缩的减缩剂予以使用。

2. 膨胀剂

（1）基本定义　与水泥、水拌和后经过水化反应生成钙矾石或氢氧化钙，使混凝土体积产生微膨胀的外加剂称为膨胀剂。

（2）种类与应用原理　根据化学组成和膨胀原理的不同，膨胀剂分为三类，如表5-52所示。混凝土膨胀剂能够补偿混凝土的收缩，解决混凝土收缩开裂和增强混凝土的抗渗性，改善混凝土的耐久性。

表5-52　膨胀剂的种类与膨胀原理

类　别	膨　胀　原　理
硫铝酸钙类	与水泥、水拌和后经过水化反应生成钙矾石而使混凝土产生膨胀
氧化钙类	与水泥、水拌和后经过水化反应生成氢氧化钙而使混凝土产生膨胀
复合类	是指硫铝酸钙类或氧化钙类混凝土膨胀剂分别与化学外加剂复合的、兼有混凝土膨胀剂与混凝土化学外加剂性能的一类膨胀剂，例如具有减水和膨胀功能的复合型膨胀剂

（3）功能与作用　膨胀剂能够降低混凝土的收缩，减少混凝土内部的结构裂缝，增强混凝土的致密性，提高抗渗性能。膨胀剂作为建筑结构裂缝控制的一个有效的技术措施，已受到设计施工界的认可，并广泛应用于地下防水、地下超长结构混凝土浇筑的裂缝控制等。

（4）主要商品类别　表5-53中列出我国主要混凝土膨胀剂品种的组成及其在混凝土中的掺入量[29]。

表 5-53 主要混凝土膨胀剂品种、组成及其掺入量

膨胀剂品种	典型品牌	基本组成	标准掺入量/%
U-Ⅰ型膨胀剂	UEA-Ⅰ	硫铝酸钙熟料、明矾石和石膏等;碱含量 2.5%~3.0%	12
U-Ⅱ型膨胀剂	UEA-Ⅱ	硫铝酸盐熟料、明矾石和石膏等;碱含量 1.7%~2.0%	12
U-Ⅲ型膨胀剂	UEA-Ⅲ	硫铝酸盐熟料、明矾石和石膏等;碱含量 0.5%~0.75%	12
硫铝酸钙膨胀剂	CSA	硫铝酸钙熟料和石膏等;碱含量 0.4%~0.6%	8
ZY 膨胀剂	ZY	铝酸钙-硫铝酸钙熟料和石膏等;碱含量 0.3%~0.5%	8
复合膨胀剂	CEA	石灰系熟料、明矾石和石膏等;碱含量 0.4%~0.7%	10
铝酸钙膨胀剂	AEA	高铝水泥熟料、明矾石和石膏等;碱含量 0.5%~0.71%	10

3. 防冻剂

(1) 基本定义与种类 在一定的负温条件下，能够显著降低混凝土的冰点，使混凝土的液相不冻结或部分冻结，防止混凝土受到冻害，且使水泥能进行水化反应，在一定的时间内获得预期强度的外加剂，称为混凝土防冻剂。混凝土防冻剂的主要品种如表 5-54 所示。

表 5-54 混凝土防冻剂的主要种类

防冻剂类别	主要品种
氯盐防冻剂	氯化钙、氯化钠和氯化钙+氯化钠等
氯盐阻锈防冻剂	氯盐与阻锈剂、早强剂、减水剂等的复合剂，如:氯化钠+亚硝酸钠、氯化钙+亚硝酸钠等
非氯盐防冻剂	亚硝酸盐、硝酸盐、碳酸盐及其与无氯早强剂、减水剂等的复合剂

(2) 应用原理 防冻剂通过降低混凝土中液相的冰点，使混凝土受冻的临界强度降低以及改善混凝土内生成的冰的晶形，防冻剂析出的冰对混凝土不产生显著的损害等，而使新浇混凝土免受冻害。

(3) 功能与作用 防冻剂的主要功能是冬期气温在 0℃以下的情况下仍能够进行混凝土的施工，这在冬期时间长、平均气温低的地区以及对于现代施工进度要求都是很有意义的。此外，在某些特殊情况下需要进行低温施工时，防冻剂也是不可缺少的外加剂品种。

4. 增强混凝土功能类外加剂

混凝土是土木建筑等许多工程领域中性能良好的结构材料。但有时也在其完成结构功能的同时希望能够更好地发挥其他功能作用，使用外加剂是达到这一目的的重要措施。通常把这类外加剂称为增强混凝土功能的外加剂，种类很多，有些常用，有的用途较特殊，最大的特点就是赋予混凝土以专用的功能，例如导静电剂和耐磨剂等。这类外加剂将在第六章叙述各类功能型自流平地坪材料的相应内容中介绍。

第四节 自流平地坪材料生产用设备

一、自流平地坪材料的生产工艺及设备

目前得到大量实用的自流平地坪材料是粉状单包装类材料，这一材料的形态特征决定了其生产工艺特征是各种原材料的物理混合过程，其生产工艺如图 5-27 所示。

自流平地坪材料的生产工艺特征，一是生产过程完全是粉状和颗粒状原材料的物理混合过程，不涉及化学反应；二是其组成中各类材料的比例悬殊很大，例如，砂的含量以质量计要在60%以上，而保水剂（甲基纤维素醚）、分散剂和消泡剂等材料的用量则很低；三是各种材料的细度差别同样很大，砂的细度为毫米级，而水泥、添加剂等的细度都是微米级。因而，自流平地坪材料的生产工艺特点就在于要将这类用量悬殊而又粗细不同的各种材料充分混合均匀。

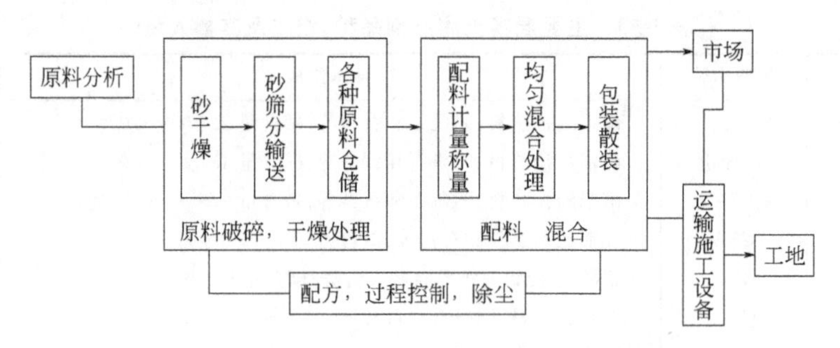

图 5-27 自流平地坪材料生产工艺流程示意图

否则，就不能够满足产品质量的要求。这一特征，既对物料的搅拌混合提出一定要求，又对计量设备提出一定要求。根据作者的了解，在一般生产设备中，往往是对不同计量精度要求的材料采用不同的计量设备。对于配方中用量特别小的材料组分，采用高精度的计量设备进行人工计量往往比使用自动计量设备能够得到更好的结果。

此外，在实施混合之前，各种材料应能够达到所要求的含水率，否则会对产品质量产生影响。这就对生产工艺的质量控制和混合前的预处理（预烘干）提出要求。有时候，配方中还需要使用一些颗粒状的材料，例如具有分散、缓凝功能的六偏磷酸钠，作为早强剂使用的颗粒状的硫酸钠。这些材料生产时混合均匀和使用时快速溶解的要求，都需要在实施预混合前进行粉化处理。因而，在生产过程中还需要使用粉磨设备。

自流平地坪材料是粉状砂浆的一种，其主要设备有砂预处理（干燥、筛分、输送）系统、各种粉状物料仓储系统、配料计量系统、混合搅拌系统、包装系统、收尘系统、电气控制系统及物料输送设备等。生产设备不是本书的重点，因而下面仅针对生产自流平地坪砂浆的小规模生产企业的需求状况简介几种主要的生产设备。

二、烘干、粉化与筛分设备

1. 烘干设备

自流平砂浆视品种的不同，所使用的砂有时候是普通建筑用砂，是时候是专门加工的商品石英砂。一般商品石英砂几乎不含水，无须进行干燥处理。而普通建筑用砂，由于露天堆放，往往处于较高的含水状态，且含水率大小也不等，可在 0～12%变化，有的甚至含水高达20%。因而，应对这类砂进行干燥处理。常用于砂的干燥设备有振动流化床干燥机和机械滚筒式干燥机两类，特征如表 5-55 所示。

表 5-55 流化床干燥机和机械滚筒式干燥机的特征

干燥机类别		性能特征描述
流化床式干燥机		流化床干燥机由进气室、开孔床面及上罩等组成，适用于松散性粉状和粒状物料的干燥。干燥时，湿物料由加料口进入机内的干燥床面，物料在线性激振力的作用下处于抛掷或半抛掷状态，并沿振动床长度方向均匀地向出料端移动。热风由进气口进入干燥床面下的进气室，经床面开孔鼓出与物料接触，实现对物料的干燥。余热空气及湿分由上罩上的排气口排出，进入旋风除尘器。干燥后的物料由排料口连续地排出机外。流化床干燥机因机械振动与热风共同作用使被干燥物料得以良好流化，物料在床面的停留时间可通过激振力的方向和大小无级调节，操作简单、运行稳定。物料受热均匀，热交换充分，几乎无辐射热损失，干燥强度高，流态化稳，无死角和吹穿现象。干燥机可实现全封闭，作业环境清洁。和传统的滚筒式干燥机相比其优点为无相对机械运动，几乎无磨损；维修保养费用低，启动时间短，噪声低等
机械滚筒式干燥机	单滚筒干燥强制风冷却式干燥机	这类干燥机筒体略倾斜，滚筒转速可根据物料的含水率进行人工或者自动调节，湿物料通过滚筒内的热风（顺流或者逆流）或者加热壁面进行有效接触而实现干燥。在滚筒的出料口安装有强制冷却风机构进行除尘和冷却。这类设备结构简单、运转可靠、维护方便、生产量大

续表

干燥机类别		性能特征描述
机械滚筒式干燥机	单滚筒三回程干燥冷却式干燥机	这类干燥机由燃烧炉、滚筒和转动系统组成，干燥时湿砂由圆盘给料机经燃烧炉上部的进料油管均匀进入滚筒内，同时燃料燃烧所放出的热量在抽风机的作用下进入滚筒，砂子在滚筒内经过三个回程的运动中连续的热交换和热传导，使水分蒸发，最后经排料漏斗送至振动筛而筛分分级。烘干过程中的粉尘随水蒸气经除尘器处理后排出。这类设备结构紧凑、运转可靠、能耗低，烘干效果好，燃料取材方便，造价低

2. 粉磨设备

常用的粉磨设备有雷蒙磨、塑料粉碎机和球磨机等，性能特征如表5-56所示。如果生产过程中采用的非粉状原材料品种和数量少，也可以因陋就简地采用简单的磨细器具进行细化处理。

表5-56 几种粉磨设备的原理及特征简介

设备名称	功能特征描述
雷蒙磨	是传统使用的设备，系环滚研磨机的一种，也称摆轮式研磨机。在结构中有竖轴，轴顶交叉的十字横梁上有2～6个自由下悬且附有研磨轮的摆。研磨轮除了以摆的轴为中心作自转外，并连同摆绕竖轴而旋转。当竖轴转动时，离心力使研磨轮压向环形衬垫上。待粉碎的物料加入后，在研磨轮和衬垫间被粉碎。已经被粉碎的物料由吹入的空气流带出。大块和未被粉碎的物料落于设备的底部，由研磨机内的耙重新将其抛掷于转动很快的研磨轮前的环形衬垫上。被粉碎的原料在粉碎前必须通过电磁离析器等，以除去金属硬质物料，避免损伤机件。其特点是粉碎成品细而均匀，但动力损耗较高
间歇式球磨机	球磨机的主要结构是一个能够密封的绕轴心旋转的圆筒体，内装载有研磨介质(钢球)。研磨时，将被研磨的物料装入球磨机中，物料和研磨介质混合。电机启动后带动研磨筒转动。筒内的研磨介质和被研磨的物料随着研磨筒的转动被向上提起，达到一定高度时研磨介质开始向下滚落、滑落或跌落(瀑流)，同时带动物料一起运动。在物料和研磨介质一起被提起和下落的过程中，球体之间或相互撞击，或互相摩擦，物料团粒则受到研磨介质运动时产生的冲击或强剪切作用，同时磨球间的物料也处于运动状态，在受到研磨的过程中不断变换位置，达到被磨细和混合均匀的目的。为了防止研磨筒转动时研磨球后滑，研磨筒内壁有时设有挡板；为了防止研磨过程中研磨筒内物料的温度上升得过高，可在筒外壁设置夹套通入冷水冷却

3. 筛分设备

通常使用振动筛分机对干砂进行筛分，振动筛分机有投影式概率振动筛和水平式直线振动筛两种形式。

水平式直线振动筛分机属于国内传统机型，占地面积大、产量较低。现在有些改进的振动筛采用了筛网振动技术，振动功率小，能耗省，噪声低，粉尘污染小，成为新型节能环保型筛分设备。投影式概率振动筛分机是采用概率筛分原理通过合理选择砂网孔径和筛面倾角，使小于筛孔粒径的待筛物料迅速过筛。投影式振动筛分机质量可靠、投资低，与传统水平式筛分机相比投资低、体积小、可靠，即使在过载的情况下，筛网由于倾斜设置也不会被撕裂；同时根据需要筛网可配制两层、三层、四层配套于小型、中型干混砂浆生产设备；稳定的系统误差保证配方修正，从而保证产品质量优异。

三、混合设备

混合设备应具有高混合均匀度，高混合效率，卸料速度快，无残余卸料，更换产品不用清理混合机以及能耗低，耐磨损，维修保养方便，运行费用低等特征。这类设备主要有锥形悬臂双螺旋混合机、犁刀式混合机、立式混合机等。

1. DSH型非对称双螺旋锥形混合机

DSH型非对称双螺旋锥型混合机由传动、螺旋、筒体、筒盖、出料阀和喷液装置等结构部分组成。由自转电机和公转电机的运动通过蜗轮蜗杆减速箱或者双级双轴摆线针轮减速机，将齿轮调整到所需要的速度，然后传递给搅拌螺旋，使搅拌螺旋实现自转和公转两种运动。

圆锥形筒体是混合机的主体，起到容纳与封闭物料、固定悬臂螺旋等作用。在锥形筒内平行于筒壁设置有两根非对称排列的、能够产生搅拌混合物料作用的悬臂螺旋。当这两个悬臂螺旋作自转和公转的行星运动时，迫使筒内待搅拌的物料作较大范围的翻动，使物料快速达到均匀混合的目的。

DSH 型非对称双螺旋锥形混合机混合物料的原理在于：物料混合时，通过电机的带动，两个非对称的螺旋各自快速自转并沿着圆筒壁转动，将待混合的物料向上提升，形成两股沿着筒壁自下向上的非对称的螺柱型物料流。在该提升和形成物料流的过程中，一部分物料被错位提升，另一部分物料被抛出螺柱，这样实现全圆周方位物料的不断更新扩散，被提到上部的两股物料再向中心凹穴汇合，形成一股向下的物料流，补充了底部的空穴，从而形成对流循环。该过程的反复进行，实现了物料的高效均匀混合。

该类混合机械能够使物料得到大范围的搅拌，混料的速度快，并能够应用于密度悬殊、配方组成物中组分比例悬殊的产品的生产。

2. 犁刀式混合机

犁刀式混合机是生产自流平砂浆的高效混合设备，该类混合机混合时间短，对粒度、密度差异大的物料混合适应性强。犁刀式混合机由传动机构、卧式筒体、犁刀、飞刀四部分组成，物料在犁刀作用下沿筒壁作周向运动，当物料流经飞刀时被高速旋转的飞刀抛洒。即使是混合物料比例悬殊、难以混合的彩色砂浆，也可以在较短时间内达到均匀混合。犁刀式混合机的卸料口采用无残余卸料设计，借助于两个卸料阀门，混合料被卸入与搅拌机等长的底斗仓中。混合机中的残余料可以忽略不计，并有效减少卸料过程中可能出现的再次分离。

3. 无重力双轴桨叶混合机

双轴桨叶混合机为适合混合粉状、颗粒状及黏稠状物料的混合机械，其性能特征有混合周期短，排料迅速、无残留，出料门密封可靠，装载量可变范围大，出料控制可采用气动或电动控制，以及结构紧凑，占地面积和空间小于其他同混合量混合设备，运转噪声低，无粉尘和环境影响小等。

双轴桨叶混合机由电机架、摆线针轮减速机、小链轮、链条、大链轮、张紧链轮、防护罩、检修门和转子等组成。混合机有两个旋转方向相反的转子，其上焊有多个特殊角度的桨叶。混合时，桨叶带动物料一方面沿着机槽内壁作逆时针旋转；另一方面带动物料左右翻动。在两个转子的交叉重叠处，形成一个失重区，在此区域内，不论物料的形状、大小和密度如何，都能够使物料上浮，处于瞬间失重状态，以此使物料在机槽内形成全方位连续循环翻动，相互交错剪切而达到快速混合均匀的效果。

4. 立式混合机

立式混合机属于比较简单的混合设备，该类混合机布局紧凑、结构简单、占地面积小、不需要安装在工作平台上、耗电量相对小、操作维修方便和噪声低；但混合时间长，搅拌底壳处有一定的残留物料。适合于产量小的简易生产车间使用。

立式混合机主要由接料斗、垂直绞龙、圆筒、绞龙外壳、卸料门、支架和电机传动部分等构成。混合时，将经过计量的各种物料依次投入进料斗，通过垂直绞龙的旋转，将物料垂直向上运送。物料达到绞龙的顶端后，由拨料板将物料向筒体内壁拨扬，物料撞击筒壁后反弹并散落在筒内。从混合机的顶端看，物料犹如从一个旋转的喷嘴喷出。抛出的物料是回转的。散落的物料落到混合机的锥部又被从新提升，这样循环多次进行混合。混合完毕后将卸料门打开，成品从卸料门出料。这样混合一批料的时间约是 15min。

四、粉状自流平地坪材料生产线

粉状自流平地坪材料属于干混砂浆的一种。目前，国内的干混砂浆生产按要求有不同方案。按结构形式分有双混式、简易式、串行式和塔楼式粉状砂浆生产工艺线，分别如图 5-28～图 5-31 所示。

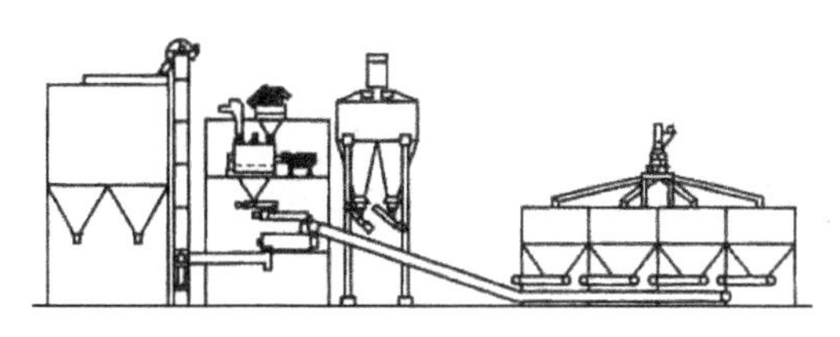

图 5-28 双混式粉状砂浆生产工艺线

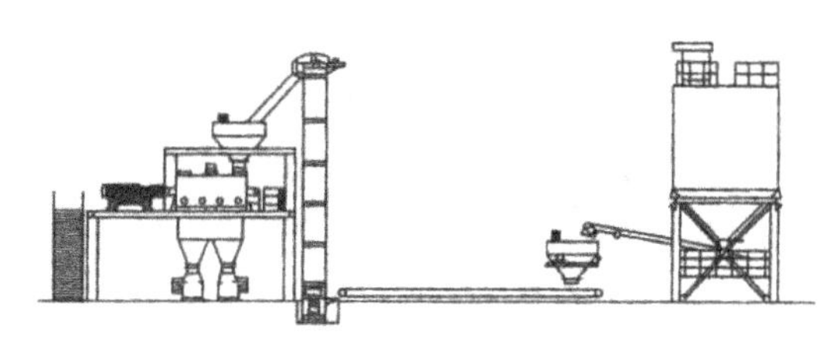

图 5-29 简易式粉状砂浆生产工艺线

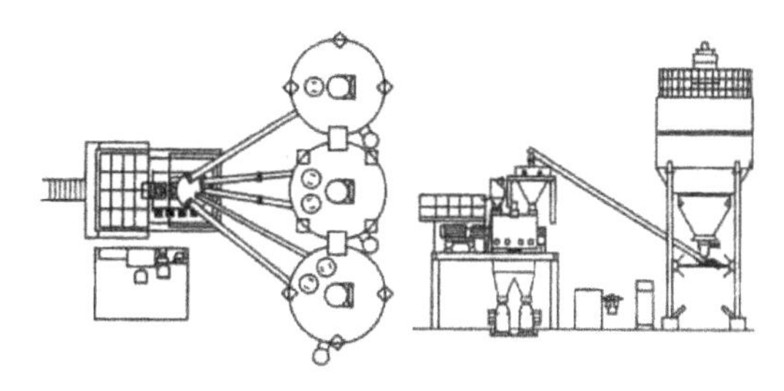

图 5-30 串行式粉状砂浆生产工艺线

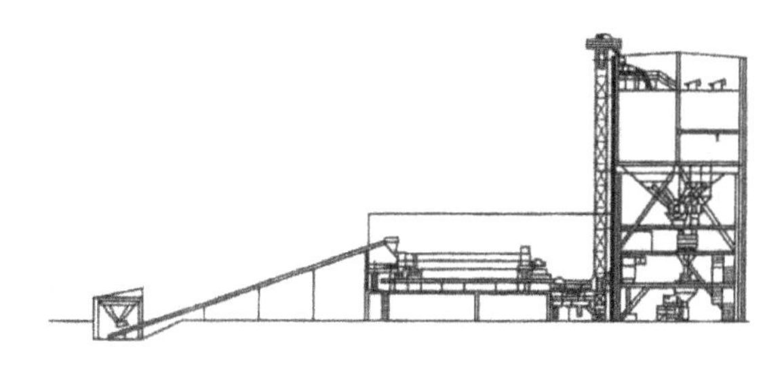

图 5-31 塔楼式粉状砂浆生产工艺线

1. 双混式粉状砂浆生产工艺线

双混式粉状砂浆生产工艺布置如图 5-28 所示。该生产线具有生产效率高、能耗低、适用范围广等优点。由于砂和粉料分开搅拌混合，搅拌机只搅拌粉料，大大地提高了搅拌机的混合效率。

2. 简易式粉状砂浆生产工艺线

简易式粉状砂浆生产工艺布置如图 5-29 所示。该生产线的生产能力为 1～10t/h。工艺的布置是半自动化的，主要成分的配料、称量和装袋也可以实现自动化。该生产线能够模块化扩展，投资小，建设快。

3. 串行式粉状砂浆生产工艺线

串行式粉状砂浆生产工艺布置如图 5-30 所示。该生产线是专为车间高度受限制而设计的。生产线的高度和基础截面较小，其生产能力为 50～100t/h。生产线的机械组件和全自动 PC 控制能够保证生产系统的高精度。该生产线能够模块化扩展。

4. 塔楼式粉状砂浆生产工艺线

塔楼式粉状砂浆生产工艺布置如图 5-31 所示。该生产线是将所有预处理好的原料提升到原料筒仓顶部，原材料依靠自身的重力从料仓中流出，经计算机配料、螺旋输送计量、混合再到包装机包装成袋或散装入散装车或入成品仓储存等工序后成为最终产品。全部生产由中央计算机控制系统操作，配料精度高、使用灵活、采用密闭的生产系统设备使得现场清洁、无粉尘污染，保证了工人的健康，模块式的设备结构便于扩展，使生产容量能和市场的发展相衔接。

5. 简易生产线

以上几种生产工艺线都是针对生产建筑砂浆这类用量很大的产品的情况设计的。实际上，对于仅生产自流平地坪砂浆来说，产量有时候可能很小，根本用不上这些生产线。这种情况和生产建筑涂料中的粉状腻子、粉状涂料的情况相似。如果使用上面介绍的生产线，则既浪费投资，生产运行过程中的能耗也大，设备的利用效率也将会很低。因而应针对具体的生产量选择生产线。下面介绍仅适合于小生产量的情况下的生产线。

(1) 积木式粉状建材生产线　该种生产线为中、小型生产线，整机高度为 4.2m，装机容量 20kW，操作时实际耗用功率 7～19kW，取决于包装时使用的是阀口袋还是敞口袋。视不同的产品品种，每次产量为800～1200kg，每小时可生产3批，生产效率为2～3t/h，投料1～2人，包装2人。

（2）台架式生产线　台架式生产线是在净高度约6m的车间中，布置2～3m高度的工作平台，将在上面混合设备内容中介绍的非对称双螺旋锥形混合机或者犁刀式混合机，或者无重力双轴桨叶混合机中的一种，安装于工作平台上而构成。另在平台适当的位置设置电动升降机，以起运生产中需要的材料。这种生产线生产过程中的计量、包装都是人工操作，生产量小，生产过程中有灰尘污染。但投资小，安装简单，生产的产品更换灵活。一条生产线可以生产自流平砂浆、粉状腻子、粉状防水涂料、粉状建筑涂料等。因而，市场风险小，很适合于生产自流平地坪砂浆这类用量不大的产品使用。

（3）使用立式混合机生产粉状建材　当极小量地生产一些粉状建材，或者供应用于大批量粉状建材的配方调整，或者试生产时，可以更简单地使用立式混合机进行生产。这种情况下安装更为简单，不需要工作平台，将立式混合机直接安装于地面上即可。当然，这种情况下产量更小，生产条件更差，只是一种很简陋的生产条件。目前有少量用来生产腻子粉、砂浆王、自流平地坪砂浆等产品。

参考文献

[1] 王寿华，马芸芳，姚庭舟. 实用建筑材料学. 北京：中国建筑工业出版社，1988.
[2] 湖南大学，天津大学，同济大学，等. 土木工程材料. 北京：中国建筑工业出版社，2002：55-55.
[3] 徐峰. 对混凝土抗冻性问题的几点认识. 混凝土与水泥制品，1989，(5)：15-16，18.
[4] 徐峰，王琳，储健. 提高混凝土耐久性的原理与实践. 混凝土，2001，(9)：21-24，19.
[5] 徐峰. 乳液改性砂浆和混凝土. 化学建材，1989，(5)：36-38.
[6] 中国建筑科学研究院混凝土研究所. 混凝土实用手册. 北京：中国建筑工业出版社，1987：1.
[7] 袁润章. 胶凝材料学. 第2版. 武汉：武汉工业大学出版社，1996：192.
[8] 刘志勇，李延涛，刘津明. 乳胶粉和矿粉在低聚灰比聚合物水泥基材料中的效能研究. 新型建筑材料. 2001，(7)：16-18.
[9] 徐峰. 对粉煤灰在混凝土中应用问题的几点认识. 粉煤灰综合利用，1990，(5-6)：31-33.
[10] 景龙. 地面自流平材料的研制. 新型建筑材料，2003，(9)：30-32.
[11] 徐峰. 硅灰的性能及应用. 北京建材，1988，(1)：34-38.
[12] 杨坪，彭振斌. 硅粉在混凝土中的应用探讨. 混凝土，2002，(1)：11-12.
[13] 王学森，朱双华，杜保旗，等. 超级自流平砂浆研究. 混凝土，2001，(10)：21-23.
[14] 武铁明，林怀立. 利用沸石粉配制高性能混凝土的应用研究. 混凝土，2001，(10)：17-18.
[15] 李文婷，陈剑雄，丁正，等. 新型自流平修补砂浆的研究. 新型建筑材料，2007，(4)：73-75.
[16] 刘庆，陆文雄，陈立斌，等. 可再分散乳胶粉的制备与性能表征. 新型建筑材料，2005，(4)：51-53.
[17] 王晓明，王培铭. 聚合物干粉对水泥砂浆凝结时间的影响. 新型建筑材料，2005，(3)：51-53.
[18] 王培铭，张国防，吴建国. 聚合物干粉对水泥砂浆的减水和保水作用. 新型建筑材料，2003，(3)：25-28.
[19] 肖力光，罗兴国. 可再分散乳胶粉在水泥砂浆中的应用. 混凝土，2003，(4)：60-62.
[20] 张杰. 可再分散乳胶粉在自流平地坪材料中的应用. 新型建筑材料，2003，(6)：28-30.
[21] 王箴. 化工词典. 第3版. 北京：化学工业出版社，1993：326.
[22] 王晓明，王培铭. 聚合物干粉对水泥砂浆凝结时间的影响. 新型建筑材料，2005，(3)：51-53.
[23] Breckwoldt，W Lange，张亦京. 甲基纤维素醚的特性及应用. 新型建筑材料，2002，(2)：7-8.
[24] 徐峰. 混凝土减水剂的基本知识. 混凝土技术（全国混凝土建筑构件预制技术情报网网讯刊物），1985，(7-8)：12-13.
[25] 刘印月译. 最近的外加剂. 混凝土外加剂（内部刊物），1995，(4)：22-24.
[26] 杨医博，高玉平，文梓芸. 混凝土减缩剂的研究进展. 新型建筑材料，2002，(6)：16-19.
[27] 卞荣兵. 混凝土抗收缩剂的最新发展趋势. 化学建材，2001，17 (5)：35-36.
[28] 邵正明，张超，仲晓林，等. JSJ减缩剂的性能研究与工程应用. 混凝土，2003，(4)：53-55.
[29] 游宝坤. 我国混凝土膨胀剂的发展近况和展望. 混凝土，2003，(4)：3-6.

第六章

自流平地坪材料及其应用技术

第一节　水泥基自流平地坪材料

一、水泥基自流平地坪材料的种类与特征

1. 种类与特征

迄今为止，以水泥砂浆或混凝土制备的地坪仍是工业与民用建筑中应用最为广泛的地坪，该类地坪已经得到长时间的应用。但是，这类地坪在平整度、强度和耐磨性以及清洁性等方面往往不能够满足人们对现代地坪性能或功能的要求。因而，新型地坪材料应运而生。除了在第二章、第三章中介绍的各种以新型化学材料制备的地坪涂料外，现代水泥基自流平地坪材料在性能、功能等方面也都得到很大的提高与扩展，并逐步发展成为新一代水泥基地坪材料，是地坪材料生产与施工的重要技术进步。

水泥基自流平地坪材料也称水泥自流平砂浆，属于具有特征功能的水泥砂浆，以硅酸盐水泥或铝酸盐水泥为胶凝材料，加入颗粒状集料（砂）和粉状填料，并使用可再分散聚合物树脂粉末和各种化学添加剂进行改性，通过一定的生产工艺混合均匀成为粉状产品包装。使用时，加水调拌成浆状后，具有极好的流动性，倾注于地面后稍经摊铺即能够自动流平，并形成很光滑的表面。水泥基自流平地坪材料可以泵送施工，浇筑后能够自动找平，施工效率高，所得到的地坪质量稳定。根据工程的需要，施工时还可以在地坪层中加设钢筋骨架，能够更好地满足对地坪的重负荷要求。因而，水泥基自流平地坪材料克服了传统水泥基地坪材料施工速度慢、平整度差以及时常出现开裂、剥落、起灰等多种缺陷，既可用于新地面的施工，也可用于修补已经磨损、起砂、损坏的旧地面。

由于水泥基自流平地坪材料的性能优势，近年来得到一定的应用，同时为了满足不同性能和功能的需要其种类也相应增多。例如，根据对自流平地坪材料的应用性能要求，通过正确的选用原材料和设计配方，一些水泥基自流平地坪材料能够制备成具有良好的抗压强度和耐磨性，可以应用于承受重负荷的工业地坪和交通场所的地坪；而在水泥基自流平地坪材料中加入补偿收缩材料或者抗裂材料，可应用于大面积的体育场馆和广场的施工；在水泥基自流平地坪材料中加入导电碳纤维、碳粉等导电性功能材料，能够制得防静电地坪材料；加入防水剂等功能外加剂，能够制得具有防水功能的地坪材料；通过向水泥基自流平地坪材料中加入耐磨骨料（例如金刚砂、钢砂和刚玉等），可以制得耐磨性极好的耐磨地坪。总之，水泥基自流平地坪材料已经成为品种多、功能齐全、用途广泛的一类地面材料。

在第一章表1-12中曾经分别根据在地面结构中的位置、胶凝材料的不同和产品外观形态

或包装形式对无机（石膏基和水泥基）自流平地坪材料进行了大致的分类，并介绍了自流平地坪材料的种类。在表 6-1 中则对水泥基自流平地坪材料进行了更详细的分类，同时概述各种水泥基自流平地坪材料的性能特征与应用范围等。

表 6-1 水泥基自流平地坪材料的种类特征

种类	性能特征	应用范围
高强型	抗压强度、抗张强度、黏结强度和表面硬度等均高，耐磨性好，成本高	适用于高耐磨地面、重负荷交通地面的建造和大面积起砂地坪的修复或磨损后蜂窝麻面的修补
普通型	仅具有良好的自流平性能，强度、耐磨性等一般，成本低	不作为表面结构层的地坪材料使用，仅适用于铺设其他地坪材料的基层找平。例如，作为环氧树脂地坪、聚氨酯地坪、PVC 薄地砖、饰面砖、木地板和地毯等面材的高平整基层
装饰型	除了具有良好的自流平性、强度和耐磨性等性能外，还具有所需要的色彩，装饰效果较好，成本高	作为表面结构层，适用于有装饰性要求，但对耐磨、抗重负荷或耐腐蚀等没有特殊要求的自流平地坪
功能型	除了具有良好的自流平性、强度和耐磨性等性能外，还具有所需要的特殊功能，例如防静电、防水等，成本高	防静电自流平地坪材料：适用于有防静电要求的地坪；防水自流平地坪材料：适用于经常受到水侵蚀而有防水要求的地坪

2. 不同国家早期的水泥基自流平砂浆配方

在国外，以石膏或水泥等胶凝材料为基料，掺入其他辅助材料和助剂组成的自流平材料在地坪施工中已经得到广泛的应用。该类材料具有高流动度、保水、密实、微膨胀等性能，且具有足够的强度和凝结时间，在与水拌匀成浆体后浇筑在基底上，能在自重和自膨胀应力的作用下自由流动形成水平面，一般在 1d 后就可行走[1]。这类地坪材料从开发应用至今，对其性能的要求不断提高，也促使其性能不断趋于完善。为了便于比较了解及开发与研究参考，表 6-2～表 6-4 中分别列出美国、德国和日本早期的水泥基自流平砂浆配方[2]。美国早期的自流平砂浆配方中的聚丙烯酸酯树脂为乳液，而不是目前广泛使用的乳胶粉。

表 6-2 美国早期的水泥基自流平砂浆配方

原材料名称	用量(质量比)	
	配方Ⅰ	配方Ⅱ
普通波特兰水泥①	100②	100②
减水剂	1.33	1.30
木质素磺酸钙	1.20	—
砂	217③	177③
缓凝剂	1.15	1.10
保水剂	1.08	0.01
早强剂	0.05	0.16
聚丙烯酸酯树脂	8.30	1.60
消泡剂	0.335	0.335
水	④	④

①普通波特兰水泥即是我国的普通硅酸盐水泥。
② 由普通波特兰水泥和高铝水泥组成。二者的配合比为：普通波特兰水泥∶高铝水泥＝(20～80)∶(80～20)。
③ 含填充料。
④ 施工时调配比例为浆状自流平水泥砂∶水＝1∶0.24。

表 6-3 德国早期的水泥基自流平砂浆配方

原材料名称	用量(质量比)	
	配方Ⅰ	配方Ⅱ
普通波特兰水泥①	33.35	38.00
高铝水泥	2.30	4.00
膨胀剂	3.70	4.75
砂	35.0	25.0
缓凝剂	1.30	1.20
氟化钠	0.05	0.05
水	24.30	27.00

①普通波特兰水泥即是我国的普通硅酸盐水泥。

表 6-4 日本早期的水泥基自流平砂浆配方

原材料名称	用量(质量比)	
	配方Ⅰ	配方Ⅱ
普通波特兰水泥①	100	85
膨胀剂	6～20	15
减水剂	0.5～3	0.1
砂	80～180	100
填充料	6～25	145
缓凝剂	—	3.75
保水剂	0.04～0.2	0.15
纤维材料	—	3.75
水	45～68	65

①普通波特兰水泥即是我国的普通硅酸盐水泥。

二、水泥基自流平地坪材料的配方确定

1. 原材料的选用

进行自流平地坪砂浆配方设计的第一步是选用原材料。在第一章表 1-11 中曾概述以及上一章详述了自流平地坪砂浆中需要使用的各种材料。其中所介绍的材料组分有些是基本组分，必不可少，例如胶凝材料、超塑化剂、砂和消泡剂等，有些则是视砂浆的性能要求根据需要而添加，例如保水材料、改性材料、缓凝剂、早强剂等。下面从确定基本配方的角度概述自流平地坪砂浆的材料组分。

(1) 胶凝材料

① 无机胶凝材料。水泥基自流平地坪砂浆使用普通硅酸盐水泥或者硅酸盐水泥，水泥的强度等级不应低于 32.5 级，水泥的其他性能应符合国家标准 GB 175—2007《通用硅酸盐水泥》的要求。

为了获得良好的早强性，在配方中可以适量使用铝酸盐水泥（高铝水泥），或者硫铝酸盐水泥，或者将适量的铝酸盐水泥和硅酸盐水泥复合使用。其用量可以在普通硅酸盐水泥：高铝水泥=10%～90% 或 5%～95%（按质量计）范围内调节。有时候，还可以使用适量的半水石膏或无水石膏（用量保持在 10%以下），用量太大时硬化后将产生异常膨胀。铝酸盐水泥和硫铝酸盐水泥的强度等级应为 425 号或更高。

② 乳胶粉（可再分散聚合物树脂粉末）和聚合物乳液。水泥基自流平地坪材料有单组分

和双组分两种，单组分的应用更为广泛。单组分产品可以选用 VAE 类乳胶粉，如对地坪材料的性能要求高也可以使用丙烯酸酯共聚物的乳胶粉。对于普通工业地面，乳胶粉的用量是胶结料的 20%～30%。乳胶粉价格昂贵，因而对于较厚的地面应考虑双层构造，面层材料中的乳胶粉含量应高些。对于大型工程项目，经过协商后也可以使用聚合物乳液代替乳胶粉，以降低成本。

双组分产品选用的聚合物乳液必须能够和水泥相容，二者混合时不会产生絮凝、破乳等现象。这类乳液商品以聚丙烯酸酯类为多，但 VAE 类乳液成本更低。

(2) 砂、填料和矿物掺和料

① 砂。砂是自流平砂浆中的集料，有普通建筑用砂和石英砂。使用普通建筑用砂时一是应注意干燥，二是应注意级配。可通过适当筛分后重新级配。普通建筑用砂颗粒更接近圆形，对于砂浆的流动性有利；石英砂多棱角，与胶凝材料的结合性好，耐磨，但流动性比较差。自流平砂浆中砂的含量高时，砂浆的流动性好，但是浆体稳定性、保水性差[3]。

② 填料。填料也称微集料，最常用的是重质碳酸钙和石英粉，主要作用是填充砂颗粒之间的堆积间隙，使集料之间有更好的密堆结构。由于颗粒级配对砂浆拌和物的剪切屈服应力具有较大影响，因而填料和砂之间的比例适当，砂浆会有更好的流动性。填料应尽量选用颗粒呈球形的填充料，以提高流动性。一般来说，重质碳酸钙表观圆球度较高。填充料的细度不宜太高，一般在 100～180 目即可。

③ 矿物掺和料。矿物掺和料可以使用粉煤灰、磨细矿渣和硅灰等。由于粉煤灰中含有大量的空心玻璃微珠，这些玻璃微珠颗粒呈球形、表面光滑，利用其在浆体中产生的“滚珠轴承”效应，能够提高自流平性。粉煤灰和硅灰相比，前者提高自流平性的效果好，后者对提高强度的作用明显。

(3) 外加剂

① 减水剂。减水剂（超塑化剂）也称流化剂，为砂浆提供高流动性，是自流平砂浆中的必需组分。目前可选用的减水剂品种很多，例如木质素磺酸盐、萘系、三聚氰胺甲醛缩合物以及聚羧酸盐系等类别。在这几种减水剂中，木质素磺酸盐属于普通减水剂，减水效果差，但有明显的缓凝作用；萘系减水剂的减水效果在高效减水剂中相对差些，特别是不具备延缓自流平料浆坍落度损失的能力；蜜胺系、三聚氰胺系等的减水效果更好，且不会向体系中引入气泡；聚羧酸盐减水剂不但减水效果好，而且能够很好地延缓料浆的坍落度损失，这对自流平料浆的流平性极为有利，但该类减水剂粉状产品较少，价格高，使其使用受到限制。各种减水剂的性能差别很大，在选用时应特别注意的是除了减水率外，还应兼顾减水剂对砂浆引气量、凝结时间和流动度损失等的影响。

② 消泡剂。消泡剂对于减少自流平地坪砂浆中的结构缺陷和提高密实性非常重要，它能够破灭自流平材料在调制时高速搅拌过程中产生的气泡。由于砂浆中表面活性剂（减水剂和乳胶粉中的乳化剂等）的使用和机械搅拌，不可避免地会产生气泡。目前可选用的粉状消泡剂品种少，且多为国外进口商品，价格较高，如 AGITAN P 803 消泡剂、SILIPUR RE 2971 消泡剂或 RHOXIMAT™DF6352DD 消泡剂等。实际上，液体的磷酸三丁酯也具有很好的消泡效果。当砂浆的用量大时，可以采用先粉化再掺入到砂浆中的方法。

③ 缓凝剂。缓凝剂的使用很重要，尤其是在气温高的季节，不使用缓凝剂，自流平砂浆往往难以满足流动度损失的要求。根据原材料的市场供应情况，可以选用糖蜜类、柠檬酸钙类、葡萄糖酸钙类或其他商品缓凝剂。也可以使用有缓凝效果的减水剂（例如木质素磺酸钙），但效果有限。

④ 早强剂。早强剂并非是必须使用的材料组分，只有在冬季或需要较高早期强度时才有必要使用早强剂，应选用粉状产品，如硫酸钠或者甲酸钙，或者其他的商品早强剂。如是颗粒状产品，在生产前应先粉碎。

⑤ 膨胀剂和减缩剂。对于大面积地坪，使用膨胀剂是补偿砂浆收缩、防止开裂的良好措施。可以选用的膨胀剂品种很多，例如UEA膨胀剂、CEA复合膨胀剂等均可使用，但应注意不同产品的掺入量差别很大。减缩剂是近年来新发展的外加剂品种，能够减少水泥砂浆的硬化收缩，防止开裂。可以和膨胀剂互相补偿使用。

⑥ 保水剂。保水剂也称流平剂、增黏剂或者黏塑剂等。一般是水溶性的纤维素类材料，其使用在自流平砂浆中非常重要，既能够提高砂浆的流平性，又能够提高砂浆的保水性，使之避免水分被基层吸收或蒸发，长时间保持砂浆的流动性和稳定性，更为主要的是能够减少砂浆出现离析、分层、泌水等现象。可以从商品的甲基纤维素、羟乙基甲基纤维素、羟丙基甲基纤维素等商品中选择适当黏度型号的品种，通过实验确定掺入量。

(4) 着色颜料 当对地坪有较高的装饰性要求时，往往需要使用着色颜料。选用着色颜料时应注意，由于水泥水化时会生成熟石灰，因而必须使用耐碱性能好的颜料，如氧化铁红、氧化铁黄、酞菁蓝和氧化铬绿等。

2. 配方确定

自流平砂浆的配方在建筑行业更经常的则是称为配合比。配方确定的目的是使所设计的砂浆配方能够满足施工性能和硬化后的物理力学及耐久性能。满足施工性能的要求主要是指如何使材料获得最大的流动性，使砂浆拌和物能自由流动，并使浆体具有较好的稳定性，使之尽量减少产生离析、分层、泌水、泛泡等不良现象；并使这些性能在较长时间内得以保持（建材行业标准JC/T 985—2005《地面用水泥基自流平砂浆》中规定的时间为20min)。硬化后的物理机械性能则是指保证材料具有较好的早期强度及后期强度，地坪层与基层黏结牢固，不产生空鼓、开裂现象，地坪层本身致密、无宏观气孔等。

地坪砂浆的性能影响因素很多，仅就抗压强度一项，就不可能像混凝土那样有强度与水灰比的公式。而自流平砂浆的配合比设计影响因素更多，更难用简单的公式表达。因而，在实际中是针对具体的性能要求和具体的原材料状况根据经验和通过试配，经过实验确定砂浆的配方。

国家行业标准JGJ/T 98—2010主要是砌筑砂浆的配合比设计规程，不适用于地坪砂浆，更不适用于自流平地坪砂浆，但某些内容对自流平砂浆的设计可具有参考作用。

(1) 基本配合比的确定

① 参考砌筑砂浆的设计思路确定基本配方。砌筑砂浆配方的设计思路，是考虑使用水泥浆填充砂颗粒的间隙，水泥浆的水灰比则仍按照混凝土中强度与水灰比的概念（见第五章第一节中的鲍罗米公式）确定。表6-5中列出每立方米普通砌筑用水泥砂浆中各材料的用量，可以作为经验确定自流平地坪砂浆配方的起始点。

表6-5 每立方米普通砌筑用水泥砂浆中各材料的用量

砂浆要求抗压强度(28d)/MPa	水泥用量/kg	砂用量/kg	用水量/kg
2.5～5	200～230	实测确定的1m³砂的密度值	270～330
7.5～10	220～280		
15	280～340		
20	340～400		

表6-5中的水泥用量应根据水泥的强度等级和施工要求合理选择，当水泥的强度较高时可选择下限值。用水量应根据砂的粗细选择。当砂较粗时，用水量可选择下限值。

按照表6-5中确定的砂浆的流动度大概在7～9mm，通过高效减水剂或者超塑化剂的引入，即可以将砂浆的流动度大大提高，满足自流平施工的要求。而通过缓凝剂的使用，则能够使砂浆的流动度在较长时间内得以保持。

② 根据参考资料确定基本配方。现在能够得到基本配方的途径很多，比如原材料供应商

通常能够提供一些基本配方；在各种文献资料中也不难找到。例如上面就给出美国、德国和日本等早期的水泥基自流平砂浆配方，下面还将给出一些参考配方。当然不能将这些配方生搬硬套、削足适履地进行应用。但这类配方可以作为实验研究的起始点，都还是具有参考意义的。有选择地参考，往往能够起到事半功倍的效果。

(2) 确定砂浆的流变性能　砂浆的流变性能包括流动度、黏聚性、稳定性、流动度保持时间等，是自流平砂浆施工使用性能的重要体现。高流动度、适当黏聚性（或者称塑性黏度）和稳定性等性能是靠高效减水剂、缓凝剂和保水剂（或者称为增黏剂、黏塑剂）等实现的。这几种材料组分的合理使用能够使砂浆具有好的流变性能。

从流变学的角度分析，砂浆拌和物属于宾汉（Bingham）体，其流变性可由屈服应力 τ_0 和塑性黏度 η 两个参数确定，τ_0 既是砂浆开始流动的前提，又是砂浆拌和物不产生离析的重要条件。τ_0 大，砂浆拌和物的流动性差；τ_0 小，砂浆拌和物的流动性好。但是，τ_0 过小砂浆拌和物易产生离析分层，粗粒径砂很难自由悬浮于浆体中。就自流平砂浆来说，屈服应力 τ_0 通常很小，与砂浆工作性相关的最重要因素是塑性黏度 η。图 6-1 是大流动性与抗分离稳定性矛盾统一的理想模型[4]。该模型说明足够小的屈服应力 τ_0 和适宜的塑性黏度 η 是满足自流坪砂浆拌和物良好工作性的重要条件。通常通过掺入适量高效减水剂，使屈服应力 τ_0 降到足够小，达到大流动性；同时，适当掺入纤维素类能够使砂浆产生黏塑性的保水剂，增大砂浆拌和物的塑性黏度 η，从而达到自流平所需要的大流动性和抗分离稳定性矛盾统一的理想模型。

高效减水剂、缓凝剂等的使用在前面有关内容中多有介绍。黏塑剂通常建议使用纤维素醚类材料，例如适当黏度型号的羟丙基甲基纤维素。根据作者在实际工作中的经验，低聚合度的聚乙烯醇在提高砂浆的黏聚性和流平性方面具有更好的效果，其效果大大优于纤维素类材料，但其保水性能不好。因而，可以将二者复合使用，能够得到更好的效果。

(3) 确定集料-填料比　自流平砂浆中除了需要严格控制砂的颗粒形态和级配外，还使用填料得到合理的颗粒级配。填料填充砂之间的间隙，能够影响砂浆的颗粒级配。可见，集料-填料比既影响砂浆的流变性能，也影响密实度。在配方中适当地使用粉煤灰、硅灰和磨细矿渣等矿物掺和料，也能够提高自流平料浆的流动性和稳定性。仅从料浆流动性来说，矿物掺和料的作用和填料相同。

由于颗粒级配对浆体屈服应力影响大，为降低屈服应力，提高流平性，颗粒级配需合理。颗粒级配除了从砂子本身的级配考虑外，砂子与填料、矿物掺和料等的比例也是重要的影响因素。应根据实验结果确定具体体系中粗细惰性材料的比例。例如，某自流平砂浆体系中重质碳酸钙与砂之间的比例对流动性的影响如图 6-2 所示[5]。由图 6-2 可见，当砂掺入量较大时，流动度降低，填料增加，流动性提高。对于这一具体实例中的体系来说，当砂与重质碳酸钙之比小于 0.5 时，颗粒相互摩擦的阻力降至最低，流动性基本保持恒定。自流平材料的水泥-集料比为：水泥∶砂子∶重质碳酸钙=1∶1∶1。实际上，填料-集料比极大地取决于砂的粒径和级配状况。

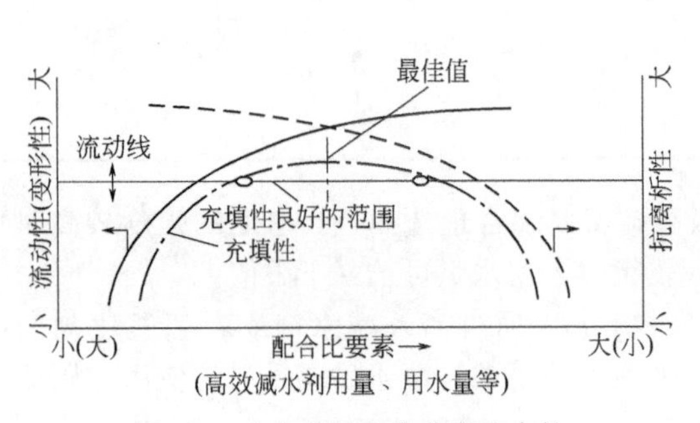

图 6-1　大流动性和抗分离稳定性矛盾统一的理想模型

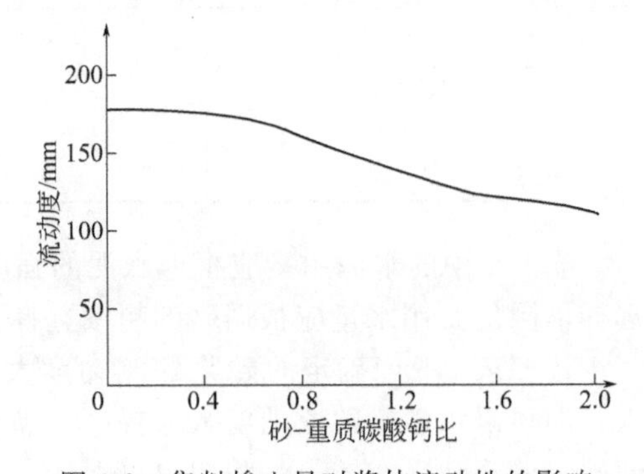

图 6-2　集料掺入量对浆体流动性的影响

(4) 使用三元或者二元无机黏结体系降低砂浆的收缩　自流平地坪砂浆的干燥收缩性能是其非常重要的性能。控制水泥基自流平地坪砂浆的收缩与实现快干快硬的重要途径是利用三元或者二元无机黏结体系钙矾石的生成。一个好的自流平地坪砂浆的干燥收缩仅为传统找平砂浆的几分之一。图 6-3 作为使用三元或者二元无机黏结体系的参考示例，展示出四种不同配方的三元和二元无机黏结体系在两种不同养护条件下的受阻收缩值的演变趋势[6]。试样的养护条件为：先在 (35±2)℃、相对湿度 (70±5)%下养护 28d，然后在 (18±1)℃水中再养护 28d。

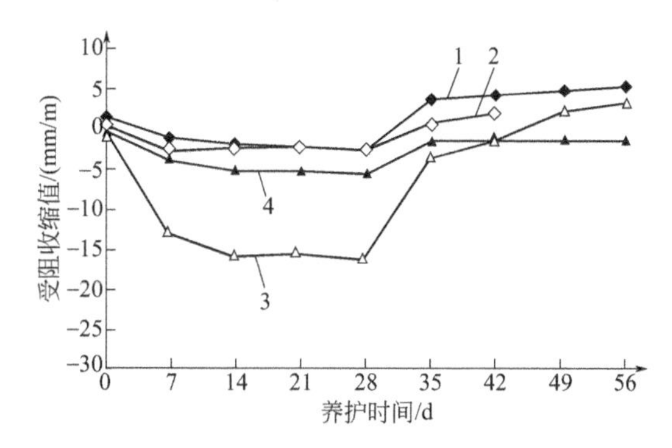

图 6-3　不同配方无机黏结料受阻收缩值的演变趋势

1—*m*（高铝水泥）∶*m*（p-半水石膏）∶*m*（无水石膏）=2.7∶1∶1；2—*m*（硅酸盐水泥）∶*m*（高铝水泥）∶*m*（无水石膏）=30∶7∶5；3—*m*（硅酸盐水泥）∶*m*（无水石膏）=10∶1；4—*m*（高铝水泥）∶*m*（硅酸盐水泥）∶*m*（无水石膏）=8∶4∶5

使用石膏时，应使用 α-半水石膏或者硬石膏。硬石膏种类多，使用不同的硬石膏会有不同的性能。α-半水石膏和硬石膏能够以很快的速度释放硫酸根而不会增大用水量。虽然 β-半水石膏比 α-半水石膏价格便宜且更容易得到，但由于 β-半水石膏的高孔隙率会显著增加用水量，从而导致硬化后的自流平砂浆强度降低，因而不宜使用。

(5) 其他参数的确定　除了以上几种主要因素外，还应根据实际要求决定材料的使用。例如，决定耐磨材料的使用、补偿收缩材料的使用、早强组分的使用以及消泡剂等的使用等。将这些材料组分考虑进基本配方中，就可以进行试配实验。一般地说，有经验的技术人员并不需要很多次实验就能够得到满足要求的配方。

三、水泥基自流平地坪材料配方举例

这里摘录有关技术文献中的一些水泥基自流平地坪材料配方，供读者进行产品研发时参考。

1. 某纤维素醚商品销售时提供的自流平地坪砂浆配方（质量比）

早强型普通硅酸盐水泥（强度等级 42.5 级）280；拉法基（Larfarge）高铝水泥 70；圆形石英砂（粒径 0.125～0.375mm）380；重质碳酸钙（200 目）190；硬石膏 50；Vinnapas RE 5011 L 型乳胶粉 20；低黏度羟丙基甲基纤维素（Hercules MHPC 500 PF）1.5；减水剂（F 10 型）6；消泡剂（Hercules RE 2971 型）1.0～1.5；酒石酸 1.7；碳酸锂 0.5～1.0；1，6 己二醇（DISPELAIR P429/P430）5；施工时加水量<240mL/kg。

2. 抗龟裂性自流平地坪砂浆

该抗龟裂性自流平地坪砂浆系掺入硅油防裂剂而构成的，硅油防裂剂的掺入量为以水泥质量比例计的 0.001～2，最佳为 0.005～1，并掺入各种混合材和其他助剂。典型配方如表 6-6[7] 所示。

表 6-6　抗龟裂性自流平地坪砂浆配方

原材料	用量(质量比)	原材料	用量(质量比)
矿渣水泥	100	石灰系膨胀材料	6
磺化三聚氰胺甲醛缩合物类减水剂	1.4	Ⅱ型无水氟石膏	12
保水剂(低黏度甲基纤维素)	0.3	集料	100
硅油防裂剂	0.1	水	50
消泡剂	0.3		

该自流平材料的抗裂性好，当基层表面凹凸不平时不会发生骨料离析、下沉，表面尺寸精度好，非常平整美观。该自流平砂浆的其他性能为：加水拌和后的流动值为 211mm；拌和 60min 后的流动值为 205mm；28d 龄期时长度变化为－0.03％～＋0.03％；28d 抗压强度为 33.61MPa；表面无裂纹；无骨料分离现象。

3. 掺入石灰系膨胀混合材的自流平砂浆

在水泥中外掺以质量计的石灰系膨胀混合材 6％～20％、改性磺化三聚氰胺甲醛缩合物类减水剂 0.5％～3％；砂、粉煤灰及少量的保水剂、消泡剂等配合而成。该种自流平材料硬化后亦有防止龟裂的作用。

4. 硬化收缩极小的自流平砂浆

为了降低自流平材料的干燥收缩，研究发现掺入酰胺化合物极为有效。例如，在以质量计为 100 份的水硬性材料（由 90％～95％水泥和 1.0％～5％石膏组成）中，掺入酰胺化合物或者氰氨化钙 0.2～5 份，蛋白质系增黏剂 0.1～5 份，水溶性高分子材料 0.01～2 份。此外，还可根据需要在上述组成中掺入骨料，诸如硅砂、碳酸钙、粉煤灰和高炉矿渣等，既能够改善耐磨性能，又能够提高经济效益。一般掺入量可为配方中水硬性材料一倍。该自流平材料可泵送，硬化后干燥收缩极小，不龟裂，耐磨性好，可应用于车辆出入的路面。

5. 流动性高的自流平地坪材料

在一般的水泥灰浆组成物中加入有机茚化合物，加水拌和后呈现优异的流动性（流动值可达到 19cm 以上），并且能够得到所需要的初期强度。

对该水泥灰浆组分无特别要求，如以质量比例计硅酸盐水泥 100 份、粉煤灰 5～45 份、二水石膏 1～44 份构成的组成物。另外可根据要求掺入骨料、分散剂、保水剂和消泡剂等。有机茚化合物的加入对提高流动性和早期强度极为重要。其掺入量越多，发挥作用越好，一般掺入量以质量计是灰浆组成的 0.5％～4％，最好是 0.1％～2％。

在以质量比例计硅酸盐水泥 100 份中加入粉煤灰 20 份、二水石膏 2 份、甲基纤维素 0.001 份、硅砂 160 份构成的组成物中，分别掺入以质量计 0.4％的高缩合吖嗪系化合物类分散剂、三聚氰胺磺酸盐系复合物类分散剂或者与 0.1％的八氯化甲桥茚相组合配制成各种水泥系自流平材料，结果其性能如表 6-7 所示。

表 6-7　高流动性自流平地坪砂浆的流动度与抗压强度

龄期	流动度/mm	抗压强度/MPa				
		无分散剂	分散剂 A	分散剂 B	A+茚化合物	B+茚化合物
1d	170	1.21	3.28	2.95	3.27	3.30
	190	0.44	1.89	2.59	2.45	2.76
	210		1.50	1.83	1.63	2.21
2d	170		11.31	8.16	13.59	9.52
	190		9.02	3.99	10.55	7.50
	210		6.72	6.72	7.52	5.19

6. 使用EVA乳胶粉的自流平地坪砂浆配方（质量比）[8]

波特兰水泥70.0，高铝水泥25.0，石膏5.0，细硅砂70.0，重质碳酸钙20.0，EVA型可再分散乳胶粉10.0，流变改性剂0.1，超塑化剂1.0，施工时加水量50.0。

四、地面用水泥基自流平砂浆产品技术要求

建材行业标准JC/T 985—2005《地面用水泥基自流平砂浆》规定了地面用水泥基自流平砂浆的分类与技术要求。

1. 分类和标记

地面用水泥基自流平砂浆的代号为CSLM，按组成分为单组分和双组分两类。

（1）单组分（代号S） 由工厂预制的包括水泥基胶凝材料、细骨料和填料以及添加剂等原料拌和而成的单组分产品，使用时按生产商的使用说明加水搅拌均匀后使用。

（2）双组分（代号D） 由工厂预制的由水泥基胶凝材料、细骨料、填料以及其他添加剂和聚合物乳液等组成的双组分材料，使用时按生产商的使用说明将两个组分搅拌均匀后使用。

（3）强度 地面用水泥基自流平砂浆按其抗压强度等级分为C16、C20、C25、C30、C35、C40；按其抗折强度等级分为M、F6、F7、F10。生产企业可根据用户要求，将抗压与抗折强度等级组合，生产各个强度等级不同的产品，以满足地面工程不同的使用要求。

（4）标记及示例 产品标记按照产品名称、组分、强度等级、标准号顺序排列。例如，单组分抗压强度等级为C20、抗折强度等级为F7的地面用水泥基自流平砂浆标记为：

CSLM DC20 F7 JC/T 985—2005

2. 要求

（1）对有害物质含量的规定 地面用水泥基自流平砂浆除应满足地面承载能力与装饰功能外，不应带有有害物质，防止其使用过程中外逸，污染环境，危害人体、生物的健康与生命。因此，JC/T 985—2005标准在“范围”内作了原则性规定：“本标准包括的产品不应对人体、生物和环境造成有害的影响，涉及与使用有关的安全与环保问题应符合我国相关标准和规范的规定”。

（2）外观 单组分产品外观应均匀、无结块；双组分产品液料组分经搅拌后应呈均匀状态；粉料组分应均匀、无结块。

（3）物理机械性能 地面用水泥基自流平砂浆的物理机械性能应符合表6-8的要求。

表6-8 物理机械性能要求

项目			技术指标
流动度①/mm	初始流动度	≥	130
	20min后流动度	≥	130
拉伸黏结强度/MPa		≥	1.0
耐磨性②/g		≤	0.50
尺寸变化率/%			−0.15～+0.15
抗冲击性			无开裂或脱离底板
24h抗压强度/MPa		≥	6.0
24h抗折强度/MPa		≥	2.0

① 用户若有特殊要求由供需双方协商解决。

② 适用于有耐磨要求的地面。

（4）抗压强度和抗折强度 水泥基自流平地坪砂浆的抗压强度等级为C16～C40，抗折强度等级为F4～F10。不同抗压强度和抗折强度等级的产品28d强度应符合表6-9中的规定。

表 6-9 抗压、抗折强度等级

抗压强度等级	28d 抗压强度/MPa ≥	抗折强度等级	28d 抗折强度/MPa ≥
C16	16	F4	4
C20	20	F6	6
C25	25	F7	7
C30	30	F10	10
C35	35		
C40	40		

JC/T 985—2005 标准中规定的技术要求主要是应用于室内地面材料。如用于室外，还应根据使用环境的要求，考虑增加材料抗冻融性、抗滑性以及日晒雨淋、干湿交替引起的体积变化、空气中二氧化碳对水泥基材料的碳化等性能的影响等性能的规定。

五、自流平地坪砂浆施工技术

1. 施工工艺流程

自流平地坪砂浆施工工艺流程如图 6-4 所示[1]。

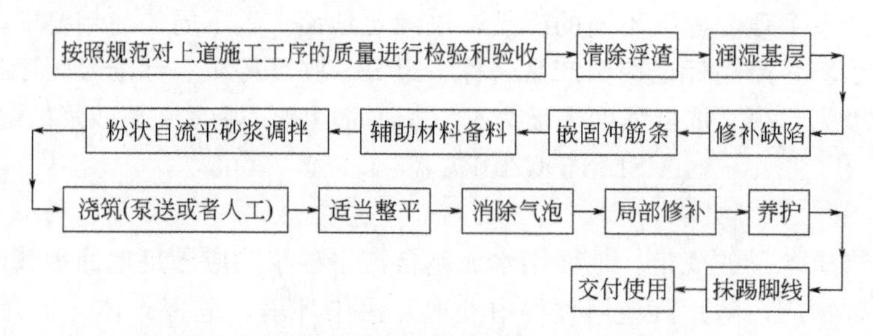

图 6-4 自流平地坪砂浆的施工工艺流程

2. 施工工具及材料准备

(1) 施工工具准备 根据工程大小状况，预先准备好需要使用的施工机具，如灰浆机、砂浆输送泵、刮尺（铝合金型材制成）和针辊筒、钉鞋，以及准备清理基层用工具（钢丝刷、铲刀、扫帚等）等，更详细的施工工具准备可参见第二章第二节中“环氧耐磨地坪涂料施工技术”中“材料和施工工具的准备”内容。

(2) 材料准备

① 材料准备。根据设计选定的颜色、工艺要求，结合实际面积与材料单耗和损耗计算备料，并根据该要求订货、进货。

② 材料检查。检验进场砂浆的色泽、品牌、数量、质量复验报告，符合标准规定后备用。

3. 基层处理

除了下面介绍的基层处理内容外，自流平水泥地坪施工的基层要求、处理等都可以进一步参考第二章第二节中“环氧耐磨地坪涂料施工技术”中的有关内容。

根据现场原有混凝土基层条件的不同，采取不同的处理方法，使之达到表面坚硬、清洁。基层表面的裂缝要剔凿成 V 形槽，并用自流平砂浆修补平整；大的凹坑、孔洞可用自流平砂浆修补平整；混凝土基层表面的水泥浮浆用钢丝刷清除；起砂严重的地面，要把起砂表面一层全部打磨掉。基层混凝土强度低会导致自流平材料和基层混凝土之间的粘接强度降低，可能造成自流平地面成品形成裂纹和起壳现象；如果平整度不好，则会影响自流平地坪的厚度。

新施工的混凝土表面一般不宜立即涂装，至少要经过 3 周的养护，使水泥充分水化，并待干燥，盐分析出后才可涂装。如工程急需，可采用 15%～20%硫酸锌（或氯化锌溶液）涂刷水泥表面数次[9]，待干后除去析出的粉质和浮粒，再进行涂装。

4. 水泥自流平地坪砂浆的施工

(1) 水泥基自流平砂浆施工条件

① 施工时及施工后一周室内温度应控制在10～28℃。

② 施工时要避免风吹，因此要关闭门窗，避免水分蒸发损失太快而导致硬化过程中产生裂纹。

③ 基层地面要有一定的强度（抗拉强度至少1.5MPa）。

④ 基层地面如果是新浇筑的混凝土，其收缩必须已经完成，否则基层混凝土开裂会导致自流平砂浆开裂。

⑤ 施工时不得停水、停电，不得间断性施工。

(2) 界面剂的涂刷　界面剂涂刷两道，两道的涂刷方向互相垂直，以防漏涂，并保证涂刷效果。涂刷第二道界面剂时，一定要等到第一道界面剂干燥，形成透明的膜层。

(3) 水泥自流平砂浆的施工　水泥自流平砂浆施工前，需要根据作业面宽度及现场条件设置施工缝。施工作业面宽度一般不要超过6～8m。施工段可以采用泡沫橡胶条分隔，粘贴泡沫橡胶条前应放线定位。

施工时，按照给定的加水量称量每袋自流平粉料所需清水，将自流平干粉料缓慢倒入盛有清水的搅拌桶中，一边加粉料一边用搅拌器搅拌，粉料不要一次加完。加完粉料并搅拌均匀后，静置3～5min后即可使用，注意搅拌均匀的料浆中不能有料团。自流平砂浆调拌时应注意用水量不要过量，以免造成强度降低。

把搅拌好的浆料均匀倒入施工区域，浆料倾倒时一定要注意每一次倾倒的浆料都要倾倒到上一次的浆料上边，不能和上一次倾倒的浆料有间隙。用专用工具稍加铺摊至要求厚度。再用消泡辊筒反复滚平。

(4) 成品养护　施工作业前要关闭窗户，施工作业完成后将所有的门关闭。施工完成后24h内注意保湿养护，避免震动或刮伤。

(5) 伸缩缝处理　在自流平地面施工结束24h后，可以用切割机在基层混凝土结构的伸缩缝处切割出3mm的伸缩缝，将切割好的伸缩缝清理干净，用弹性密封胶密封填充。

(6) 施工环境的保护　在水泥自流平施工过程中，很容易污染施工现场周边的墙面，最好粘贴5～7cm宽的美纹纸在踢脚板上，在地坪施工完后，再将多余的美纹纸去除。

六、水泥基自流平砂浆用界面剂

界面剂是用于基层加固增强、提高基层界面黏结力的一种基层处理材料，相当于地坪涂料涂装中使用的底漆。在现代建筑施工和涂装作业中界面剂被广泛应用。例如在水泥基自流平砂浆、外墙外保温和屋面、地面防水等施工中都需要使用界面剂。

界面剂又称界面处理剂，是应用于增强混凝土表面性能或赋予混凝土表面所需要的功能的一种表面处理材料。

1. 界面剂的应用原理

使用界面剂对混凝土表面进行处理，主要原理是利用界面剂中的聚合物与混凝土面层之间的黏结，即利用聚合物对混凝土面层通过机械固定与锚定以及物理固定作用，能够得到比仅用水泥基材料高得多的黏结强度和拉伸强度，而得到一个新的粗糙面。由于该粗糙面不仅与原有基层的黏结力很高，而且其自身所形成的表面又非常粗糙而易于在其上进一步黏结新的材料，从而形成一个具有双向良好黏结性能的过渡层。

2. 类别

按照表观形态的不同，界面剂因有液体状和粉状两种；从化学成分上区别，粉状界面剂分为聚合物水泥界面剂（复合型）和无机界面剂等，这两类界面剂又都有含砂的和不含砂的两种。含砂的界面剂又称界面砂浆，能够施工成较厚的涂层；不含砂的界面剂通常施工的涂层较薄。

聚合物水泥复合型界面剂应用比较广泛，可以应用于非长期浸水结构部位的各种需要增强界面黏结的场合；无机界面剂中不含有机组分，仅应用于长期浸水结构部位新旧混凝土黏结的界面处理。

液体类界面剂是较早应用的产品，随着新材料的发展和新的施工工艺的要求，粉状界面剂因有许多优点而得到开发应用。首先，液体类界面剂在很多应用场合下需要和砂、水泥等一起配制成砂浆使用，这就存在着水泥质量和配比计量对界面砂浆的影响问题，且应用不方便；其次，如果直接使用的液体类界面剂不和水泥复合，在有些情况下性能不能满足使用的要求。因而，粉状界面剂在多年前就得到开发应用。

此外，建材行业标准 JC/T 2329—2015《水泥基自流平砂浆用界面剂》按照产品应用基层的类别将界面剂分为Ⅰ型和Ⅱ型两类。Ⅰ型用于吸水性基层，Ⅱ型用于非吸水性基层。吸水性基层是指 4h 表面吸水量大于 0.5mL 的基层表面，例如混凝土、水泥砂浆等表面；非吸水性基层是指 4h 表面吸水性量不大于 0.5mL 的基层表面，例如瓷质砖等表面。

3. 水泥基自流平砂浆用界面剂的组成材料和配方

（1）粉状界面剂　粉状界面剂中的黏结材料主要有可再分散乳胶粉、水泥、砂和添加剂等。从保证界面剂具有良好物理机械性能方面考虑，乳胶粉应选用聚丙烯酸酯类；水泥应选用强度标号不低于 42.5 级的产品；砂应选用粒径为 60～80 目的天然加工砂。不过，砂并不是界面剂必须使用的材料，也有不含砂的界面剂，例如表 6-10 中的普通型界面剂。

在添加剂方面，界面剂中需要添加保水剂、消泡剂和分散剂（或减水剂）等。界面剂在施工时需要有一定的保水性能，对于易吸水的多孔质表面尤其重要。因而界面剂中必须使用适量的保水剂，即常用的甲基纤维素醚。应选用低黏度产品，以保证界面剂具有良好的流平性。

消泡剂的添加是因为界面剂施工时需要机械搅拌以调拌成便于施工的料浆，而且界面剂组成材料中又因为添加了甲基纤维素醚和乳胶粉，使得界面剂在加水搅拌过程中很容易产生难破灭的泡沫。当然，对于粉状界面剂来说，必须选用粉状消泡剂，例如 AGITAN P 803 消泡剂和 RHOXIMAT™DF6352DD 消泡剂等。

添加减水剂是为了使界面剂更容易调配和减少调配用水量。可以选用粉状建筑涂料中使用的粉状分散剂，也可以选择自流平砂浆中使用的减水剂。表 6-10 中给出水泥基自流平砂浆用界面剂的参考配方。

表 6-10　两种界面剂参考配方

原材料名称及要求	用量/质量比	
	普通型	厚涂型
硅酸盐水泥或普通硅酸盐水泥(强度等级≥42.5 级)	94.0～95.0	50.0～55.0
可再分散乳胶粉(最低成膜温度不低于 0℃)	5.0～6.0	4.0～5.0
甲基纤维素醚	0.1～0.3	0.1～0.2
石英砂(粒径 0.3～0.8mm)	—	35.0～40.0
减水剂	0.6～1.0	0.3～0.5
消泡剂	0.1	0.1
兑水比例(质量比)	约 40	约 30

（2）双组分界面剂　双组分界面剂由液料组分和粉料组分构成。液料组分的主要材料是合成树脂乳液，如 VAE 乳液、聚丙烯酸酯乳液等，选用时应当选择粒径细、固体含量高、耐水

性好的乳液。

液料组分中还需要按照乳胶漆的材料使用原则选择使用纤维素醚溶液、防霉剂、防冻剂和成膜助剂等组分。

砂可以加入液料组分中，这样能够简化粉料组分的生产，但会增加液料组分的包装；也可以加入到粉料组分中，这样能够简化液料组分的包装，但会使粉料组分的生产变得复杂。表 6-11 中给出双组分水泥基自流平砂浆用界面剂的参考配方。

表 6-11 双组分界面剂参考配方

原材料名称	用量/质量比
液料组分	
聚丙烯酸酯乳液	100.0～150.0
消泡剂	0.1～0.3
防霉剂	0.1～0.3
成膜助剂	0～2
甲基纤维素醚	0.05～0.1
其他助剂	适量
水	100.0～150.0
粉料组分	
硅酸盐水泥或普通硅酸盐水泥(标号≥42.5 级)	50～80
砂	60～80

注：液料组分和粉料组分按照 1∶2 配合包装。

4. 技术质量要求

JC/T 2329—2015《水泥基自流平砂浆用界面剂》规定了该类产品的生产、使用的一般要求和产品性能要求，介绍如下。

(1) 水泥基自流平砂浆用界面剂的一般要求　水泥基自流平砂浆用界面剂的生产和应用不应对人体、生物和环境造成有害的影响，所涉及与使用有关的安全与环保要求，应符合我国的相关国家标准和法规的要求。

(2) 产品性能要求

① 外观：呈均匀状态，无结块、凝聚和沉淀现象。

② 产品物理和力学性能要求见表 6-12。

表 6-12 水泥基自流平砂浆用界面剂的质量要求

序号	项 目	技术要求	
		Ⅰ型	Ⅱ型
1	不挥发物含量/%	≥8.0	
2	pH 值	≥7.0	规定值±0.5
3	表干时间	≤2	
4	24h 表面吸水量/mL	≤2.0	—
5	界面处理后拉伸黏结强度/MPa	≥1.0	

七、自流平地坪材料生产和应用中的一些问题

1. 过去使用的自流平隔声仿瓷地面[10]

自流平隔声仿瓷地面是过去使用的一种集保温、隔声、自流平、美观、耐磨等功能为一体

的地面。经测定楼板撞击声隔声指数大于60dB，隔声性能达到国家一级标准。现在材料和施工技术的进步已非当时能比，这里介绍该自流平隔声仿瓷地面的目的在于抛砖引玉，为研发新产品开阔思路。下面介绍该自流平隔声仿瓷地面的施工技术。

（1）隔声层的制作　将体积比为2.5∶1的聚苯乙烯颗粒-菱苦土首先加入到强制搅拌机中拌和2min后，再加入滑石粉和适当浓度的固化剂氯化镁溶液，拌和3min后立即铺筑在楼板上。厚度控制在20mm。用振动平板适当振捣密实后抹平压光。

（2）自流平层的制作　首先按配合比（水泥∶水玻璃∶UFN-1缓凝高效减水剂∶大白粉＝65∶20∶1∶14）把各种原料称量后加入到搅拌机中混匀，得到高流动度的灰浆，按照事先计算好的用量立即倒入房间地面上，让其靠自重摊开，流到地面的每个角落，使地面形成一个完整的、光滑的水平面，该地面材料强度增长快，12h可上人行走。

（3）地面彩色瓷性涂料层　该楼面的涂刷方法与普通楼面相同。工具也无特殊要求。首先量取房间净尺寸并按300mm×300mm方格列成若干等分，将氧化铁黄、氧化铬绿、钛白粉等分别适量加入到市售的仿瓷涂料中，并拌均匀后立即涂刮，保持颜色一致，最后地面形成黄、白、绿若干小块，高雅、美观、平整的面层。

2. YD型高效自流平砂浆流化剂[11]

自流平砂浆通常掺用高效减水剂，但新拌的砂浆扩展度经时损失大，缩短了拌和物的可使用时间，影响了其应用。通过高效减水剂与缓凝剂复合使用的方法，使得保塑时间有了显著增长。但缓凝剂的使用虽然能克服扩展度经时损失，但一般会对早期强度，特别是对12h和1d强度产生不利的影响。由于地面在建筑物中的特殊地位，决定了地面自流平砂浆对早期强度有着特别的要求，但一般的早强剂对12h和1d强度的提高不显著。

YD型高效砂浆流化剂是复合型自流平砂浆外加剂，由高效减水剂、缓凝剂和保水剂组成，使用该流化剂配制的水泥基自流平砂浆具有较高自流平特性，当自流平外加剂掺入量为2%时，流动扩展度达240mm，保塑性能较好，持续时间可达1～2h，采用52.5级硅酸盐水泥配制自流平砂浆，在水灰比小于0.55时，砂浆28d抗压强度可达60MPa以上，加入10%～20%的增强材料可使砂浆的早期强度大幅度提高，尤其是抗折强度有了较大幅度提高，收缩性有较明显的改善，对自流平地坪材料的使用十分有利和方便。

3. 自流平地坪砂浆的性能机理研究与应用[12]

（1）胶凝材料系统　由于对自流平地坪砂浆快硬、结合水高和低收缩性的特殊要求，大部分商品采用硅酸盐水泥和铝酸盐水泥混合的胶凝材料系统，使之生成以钙矾石为主的水化产物。因为钙矾石的形成速度快、结合水能力高并能够补偿收缩，符合自流平地坪砂浆所需要的性能要求。

这种以混合胶凝材料系统为基础的自流平地坪砂浆，主要有硅酸盐水泥为主的和铝酸盐水泥为主的两种类型。前者硅酸盐水泥的用量大于铝酸盐水泥的用量；后者则相反，且成本更高，但凝结硬化快，强度也更高。

可再分散乳胶粉是自流平地坪砂浆胶结材料系统的重要组分，为材料提供表面耐磨性、黏结强度、抗折强度以及砂浆拌和物的高流动性。高性能的自流平地坪砂浆的可再分散乳胶粉掺入量最高可达8%，并使用铝酸盐水泥胶凝材料系统，能够提供快速凝结硬化性能和24h后的高早期强度，以满足第二天即进行后期施工作业的要求。

（2）钙矾石和孔隙率在砂浆层断面中分布的研究　由于自流平地坪砂浆层与其所处环境之间的相互作用，使得钙矾石和孔隙率在砂浆层断面中形成明显的浓度梯度分布，如图6-5所示。所研究的砂浆是硅酸盐水泥胶凝材料系统的自流平地坪砂浆。

图6-5中曲线1表明，钙矾石的浓度从砂浆表面层的百分之几升高至砂浆层中间增加至20%以上，再到更下方时，钙矾石的含量又有所降低。这个浓度曲线获得的方法是首先从表面

开始对砂浆层进行逐层取样，一直向下直到砂浆与基层的界面，每次取样的厚度为200μm。对每个样品均采用热重分析方法来估算相应的钙矾石含量。把沿着深度方向每层样品的钙矾石含量汇总在一起，即可得到钙矾石沿着整个砂浆层的浓度梯度。钙矾石浓度曲线的结果表明，砂浆层表层在系统开始凝结前即已干透。这一过程会严重影响砂浆表层的刻划硬度、内聚强度和孔隙率等性能。图 6-5 曲线 2 表明的距离表层约 2mm 范围内的孔隙率的显著增加以及相应的钙矾石浓度的降低显然是由干燥的原因所致。

图 6-6 中对纤维素醚在砂浆层断面中的分布研究表明，纤维素醚在靠近砂浆层表层明显产生了富集。这是新拌阶段的早期离析以及砂浆在随后干燥过程中水分迁移所致。

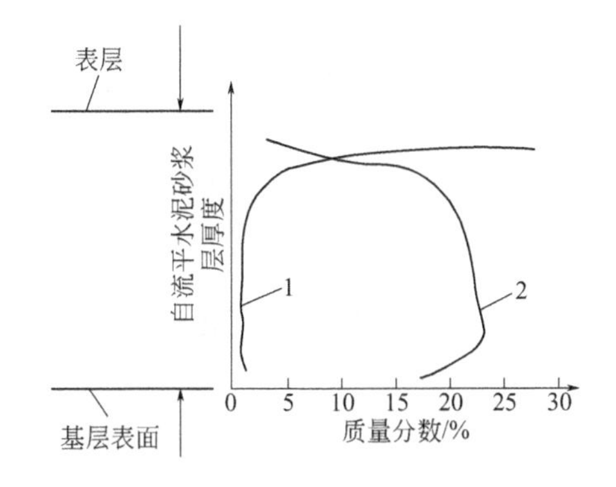

图 6-5 自流平地坪砂浆（硅酸盐水泥胶凝材料系统）层横断面的钙矾石和孔隙率分布曲线

1—钙矾石浓度曲线；2—基体孔隙率曲线

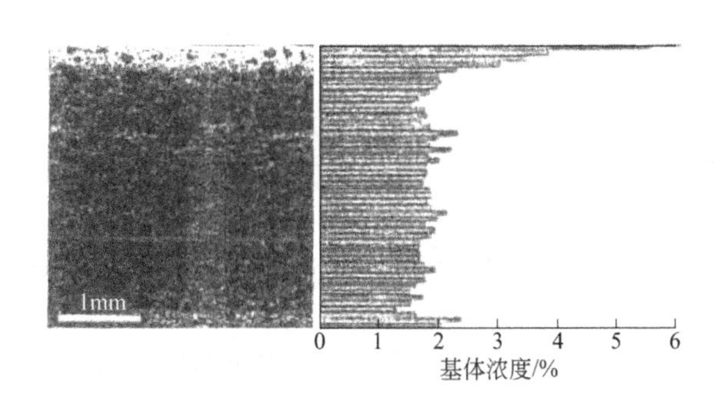

图 6-6 自流平地坪砂浆层断面的纤维素醚的浓度分布

(3) 测试自流平砂浆收缩与膨胀的接触式激光装置 自流平地坪砂浆的一个非常重要的性能是早期收缩与膨胀行为，它与凝结（内部动力学）和干燥（外部条件的影响）密切相关。对于自流平地坪砂浆来说，由于处于反应过程中的钙矾石系统的强烈放热作用以及基层和气候条件的显著影响，其温度和自由水的含量在很大程度上受环境条件的控制。新开发的一种称为“接触式激光装置”，在测试薄层自流平砂浆尺寸的变化和蒸发速率时，能够反应收缩与膨胀真正发生的具体情况。该装置及其实际测试曲线分别如图 6-7 和图 6-8 所示。这种接触式激光装置可以在新拌砂浆停止流动后立即测试水平方向上的膨胀与收缩。图 6-8 所示是硅酸盐水泥胶凝材料系统的自流平砂浆的收缩和水分损失测试结果。

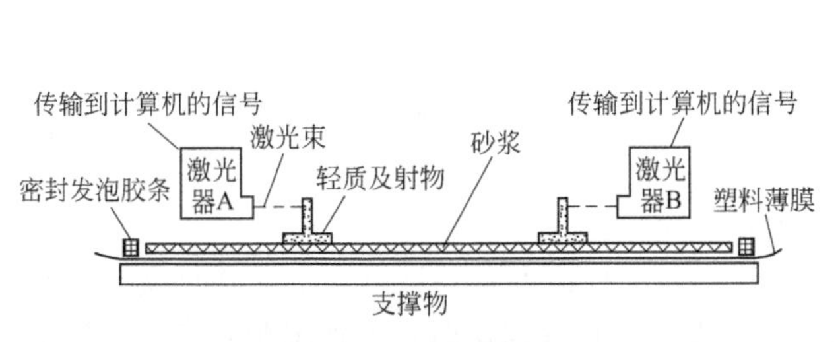

图 6-7 测试薄层自流平砂浆早期自由收缩和膨胀的接触式激光装置示意图

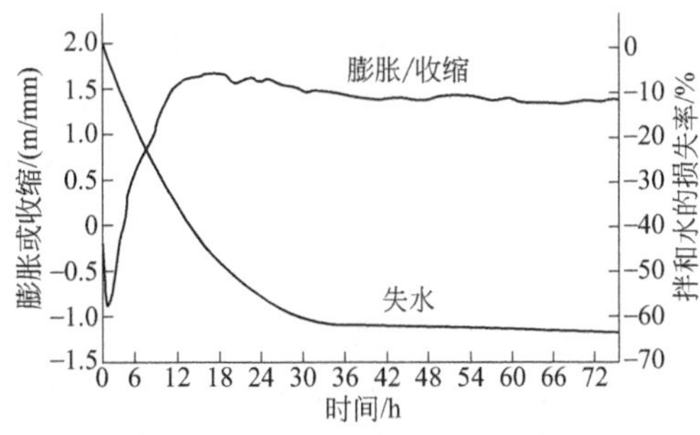

图 6-8 接触式激光装置测试的自流平砂浆的收缩和水分蒸发速率

大部分自流平地坪砂浆以塑性收缩阶段开始，采用防止干燥的封闭样品进行的对比实验发现，仅 1/3 的塑性收缩是由于蒸发失水产生的。因此，塑性收缩主要是由于水化引起的。实际上，钙矾石在凝结之前就已存在。由于钙矾石针状晶体超过某一临界尺寸，在凝结开始时塑性收缩转变为膨胀。这种具有临界尺寸的钙矾石可以形成颗粒相互支撑的微结构。晶体的任何进一步的生长均会引起颗粒的外移（或膨胀），而钙矾石的持续形成和相应的化学收缩也会造成孔隙的形成。在硅酸盐水泥系统中热（放热开始）和流变凝结同时发生，但对于快速凝结的钙矾石系统肯定与此不同。该系统中放热可以在浆体开始变硬之前很早就发生。钙矾石系统放热非常强烈，这一定会加速或者改变动力学。如果自流平地坪砂浆的施工厚度为几毫米厚的薄层，则情况有所不同，很大的表面可以使砂浆薄层很快冷却。

在凝结过程中，大多数自流平地坪砂浆的膨胀在1mm/m左右（见图6-8），大部分情况下，这种膨胀相在数小时内形成，并伴随着快速放热。当钙矾石的形成加速时，干燥收缩成为主导，一直到所有的自由水蒸发。对于5mm厚的薄层自流平砂浆层，该过程需要约2d。

由于自流平地坪砂浆的低黏性和薄层砂浆的高表面积/体积比，这一系统沿着垂直方向的组成与微结构的发展，受诸如重力、气候条件和基层性质（如孔隙率）等外部因素的影响。在新拌阶段和随后的干燥过程中产生的浓度梯度，对最终性能特别是表面性能影响很大。而表面附近纤维素醚和毛细孔的富集和水化产物钙矾石的贫化都属于这种情况。

第二节　自流平地面应用技术——JGJ/T 175—2009简介

工程技术规程一般包含对应用技术的一般规定、材料质量要求、设计、施工和工程验收等方面的技术要求和规定，是材料得以应用于工程中的技术支撑。本节介绍JGJ/T 175—2009《自流平地面工程技术规程》中的部分内容。

一、自流平地面工程的材料质量要求

水泥基自流平砂浆性能应符合现行标准《地面用水泥基自流平砂浆》JC/T 985的规定；石膏基自流平砂浆性能应符合现行标准《石膏基自流平砂浆》JC/T 1023的规定；水泥基和石膏基自流平砂浆放射性核素限量应符合现行标准《建筑材料放射性核素限量》GB 6566的规定；环氧树脂自流平材料性能应符合现行标准《环氧树脂地面涂层材料》JC/T 1015的规定；聚氨酯自流平材料性能应符合现行标准《地面涂装材料》GB/T 22374的规定；环氧树脂和聚氨酯自流平材料的有害物质限量应符合现行标准《地面涂装材料》GB/T 22374的规定；拌和用水应符合现行行业标准《混凝土用水标准》JGJ 63的规定。

二、自流平地面工程的设计

1. 自流平地面设计的一般规定

① 水泥基自流平砂浆可用于地面找平层，也可用于地面面层。当用于地面找平层时，其厚度不得小于2.0mm；当用于地面面层时，其厚度不得小于5.0mm。

② 石膏基自流平砂浆不得直接作为地面面层使用。当采用水泥基自流平砂浆地面面层时，石膏基自流平砂浆可用于找平层，且厚度不得小于2.0mm。

③ 环氧树脂和聚氨酯自流平地面面层厚度不得小于0.8mm。

④ 当采用水泥基自流平砂浆作为环氧树脂或聚氨酯地面的找平层时，水泥基自流平砂浆的强度等级不得低于C20。当采用环氧树脂或聚氨酯作为地面面层时，不得采用石膏基自流平砂浆作为找平层。

⑤ 基层有坡度设计时，水泥基或石膏基自流平砂浆可用于坡度小于或等于1.5%的地面；对于坡度大于1.5%但不超过5%的地面，基层应采用环氧底涂撒砂处理，并应调整自流平砂浆的流动度；坡度大于5%的基层不得使用自流平砂浆。

⑥ 面层分格缝的设置应与基层的伸缩缝保持一致。

2. 自流平地面工程的构造设计

各种自流平地面的构造见表 6-13。

表 6-13　各种自流平地面的构造

自流平地面种类	构造描述	构造图
水泥基自流平砂浆地面	由基层、自流平界面剂涂层、水泥基自流平砂浆层构成	见图 6-9
石膏基自流平砂浆地面	由基层、自流平界面剂涂层、石膏基自流平砂浆层构成	见图 6-9
环氧树脂自流平地面	由基层、底涂层、自流平环氧树脂地面涂层构成	见图 6-10
聚氨酯自流平地面	由基层、底涂层、自流平聚氨酯地面涂层构成	见图 6-10
水泥基自流平砂浆-环氧树脂或聚氨酯薄涂地面	由基层、自流平界面剂涂层、水泥基自流平砂浆层、底涂层、环氧树脂或聚氨酯薄涂层构成	见图 6-11

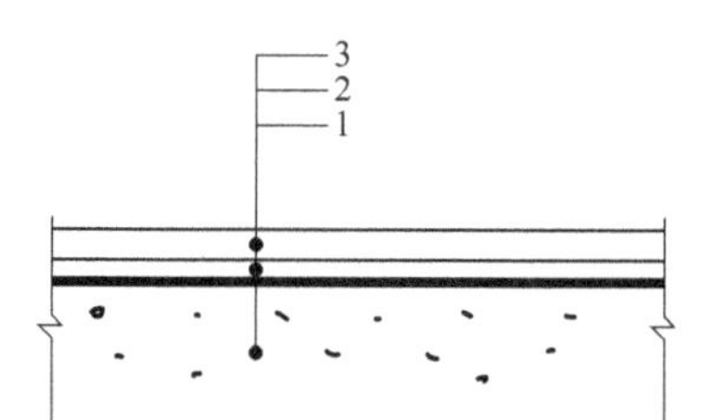

图 6-9　水泥基或石膏基自流平砂浆地面构造图
1—基层；2—自流平界面剂涂层；3—水泥基或石膏基自流平砂浆层

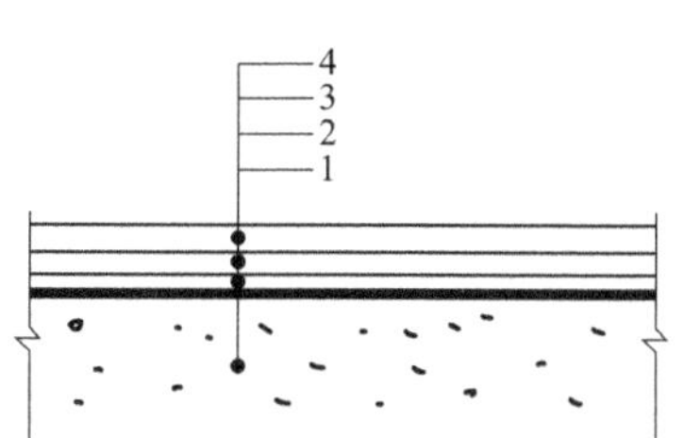

图 6-10　环氧树脂或聚氨酯自流平地面构造图
1—基层；2—底涂层；3—中涂层；4—环氧树脂或聚氨酯自流平涂层

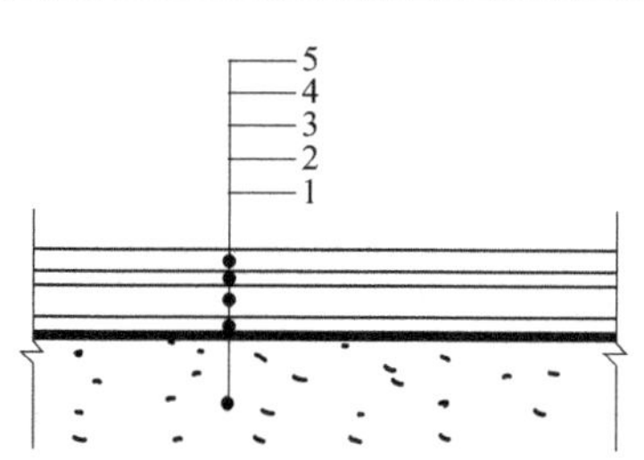

图 6-11　水泥基自流平砂浆-环氧树脂或聚氨酯薄涂地面构造图
1—基层；2—自流平界面剂涂层；3—水泥基自流平砂浆层；4—底涂层；5—环氧树脂或聚氨酯薄涂层

三、自流平地面工程的施工

1. 基层要求与处理

(1) 基层要求

① 自流平地面工程施工前，应按现行国家标准《建筑地面工程施工质量验收规范》GB 50209 进行基层检查，验收合格后方可施工。

② 基层表面不得有起砂、空鼓、起壳、脱皮、疏松、麻面、油脂、灰尘、裂纹等缺陷。

③ 基层平整度用 2m 靠尺检查。水泥基和石膏基自流平砂浆地面基层的平整度不应大于 4mm/2m，环氧树脂和聚氨酯自流平地面基层的平整度不应大于 3mm/2m。

④ 基层应为混凝土或水泥砂浆层，并应坚固、密实。当基层为混凝土时，其抗压强度不应小于 20MPa；当基层为水泥砂浆时，其抗压强度不应小于 15MPa。

⑤ 基层含水率不应大于 8%。

⑥ 楼地面与墙面交接部位、穿楼（地）面的套管等细部构造处，应进行防护处理后再施工。

(2) 基层处理

① 当基层存在裂缝时，宜先采用机械切割的方式将裂缝切割成 20mm 深、20mm 宽的 V 形槽，然后采用无溶剂环氧树脂或无溶剂聚氨酯材料加强、灌注、找平、密封。

② 当混凝土基层的抗压强度小于 20MPa 或水泥砂浆基层的抗压强度小于 15MPa 时，应采取补强处理或重新施工。

③ 当基层的空鼓面积小于或等于 $1m^2$ 时，可采用灌浆法处理；当基层的空鼓面积大于 $1m^2$ 时，应剔除并重新施工。

2. 水泥基或石膏基自流平砂浆地面施工

(1) 施工条件。水泥基或石膏基自流平砂浆地面施工温度应为5～35℃，相对湿度不宜高于80%；其施工应在主体结构及地面基层施工验收完毕后采用专用机具施工。

(2) 施工工艺

① 施工工序。水泥基或石膏基自流平砂浆地面施工应按下列工序进行：

封闭现场→基层检查→基层处理→涂刷自流平界面剂→制备浆料→摊铺自流平浆料→放气→养护→成品保护

② 施工工艺规定。水泥基或石膏基自流平砂浆地面施工工艺应符合如下规定：现场应封闭，严禁交叉作业；基层检查应包括基层平整度、强度、含水率、裂缝、空鼓等项目；基层处理应根据基层检查结果按JGJ/T 1175规程第5章的处理方法进行。

3. 环氧树脂或聚氨酯自流平地面施工

(1) 施工条件　环氧树脂或聚氨酯自流平地面施工区域严禁烟火，不得进行切割或电气焊等操作；环氧树脂或聚氨酯自流平地面施工温度宜为15～25℃，相对湿度不宜高于80%，基层表面温度不宜低于5℃；施工时现场应避免灰尘、飞虫、杂物等沾污；施工人员施工前应做好劳动保护，并采用专用机具施工。

(2) 施工工艺

① 施工工序。环氧树脂或聚氨酯自流平地面施工应按下列工序进行：封闭现场→基层检查→基层处理→涂刷底涂→批涂中涂→修补打磨→施工自流平面涂→养护→成品保护。

②施工工艺规定。环氧树脂或聚氨酯自流平地面施工工艺应符合如下规定：现场应封闭，严禁交叉作业；基层检查应包括基层平整度、强度、含水率、裂缝、空鼓等项目；基层处理应根据基层检查结果按JGJ/T 1175规程第5章的处理方法进行；底层涂料应按比例称量配制，搅拌混合均匀后方可使用，并应在产品说明书规定的时间内用完。涂装应均匀，无漏涂和堆涂；中涂材料应按产品说明书提供的比例称量配制，并应在搅拌混合均匀后批涂；中涂层固化后，宜用打磨机对中涂层进行打磨，局部凹陷处可采用树脂砂浆进行找平修补；面涂材料应按规定比例称量配制，并应在搅拌混合均匀后用镘刀刮涂，必要时宜用消泡辊筒进行消泡处理；施工完成的地面应进行养护，且固化后方可使用；施工完成的地面应做好成品保护。

4. 水泥基自流平砂浆-环氧树脂或聚氨酯薄涂地面施工

(1) 施工条件　应分别符合上述“水泥基或石膏基自流平砂浆地面施工”和“环氧树脂或聚氨酯自流平地面施工”。

(2) 施工工艺　水泥基自流平砂浆地面施工工艺按上述“水泥基或石膏基自流平砂浆地面施工”进行。

环氧树脂或聚氨酯薄涂面层施工工艺应符合下述规定。

① 水泥基自流平砂浆施工完成后，应至少养护24h，再对局部凹陷处进行修补、打磨平整、除去浮灰，方可进行下道工序。

② 底层涂料应按比例称量配制，搅拌混合均匀后方可使用，并应在产品说明书规定的时间内用完。涂装应均匀，无漏涂和堆涂。

③ 薄涂层应在底涂层干燥后进行施工。应将配制好的环氧树脂或聚氨酯薄涂材料搅拌均匀后涂刷2～3遍。

④ 施工完成的地面应进行养护，且固化后方可使用；施工完成的地面应做好成品保护。

5. 质量检验与验收

(1) 一般规定

① 自流平地面工程质量检验与验收应符合现行标准《建筑地面工程施工质量验收规范》GB 50209的规定。

② 自流平地面工程使用的材料和施工现场的室内空气质量应符合现行标准《民用建筑工程室内环境污染控制规范》GB 50325 的规定。

③ 自流平地面工程质量检验与验收批次应符合下列规定：a. 基层和面层应按每一层次或每层施工段或变形缝作为一个检验批，高层建筑的标准层可按每 3 层作为一个检验批，不足 3 层时应按 3 层计；b. 每个检验批应按自然间或标准间随机检验，抽查数量不应少于 3 间，不足 3 间时应全数检查，走廊（过道）应以 10 延长米为 1 间，工业厂房（按单跨计）、礼堂、门厅应以两个轴线为 1 间计算；c. 对于有防水要求的建筑地面，每检验批应按自然间或标准间随机检验，抽查数量不应少于 4 间，不足 4 间时应全数检查。

（2）主控项目　自流平地面主控项目的验收应符合表 6-14 的规定。

表 6-14　自流平地面验收的主控项目

项目	自流平地面				检查方法
	水泥基或石膏基自流平砂浆地面		环氧树脂或聚氨酯自流平地面	水泥基自流平砂浆-环氧树脂或聚氨酯薄涂地面	
	用于面层	用于找平			
外观	表面平整、密实，无明显裂纹、针孔等缺陷		平整、光滑，无气泡、泛花、砂眼、裂纹、镘刀纹，无色花、分色、油花、缩孔等缺陷。表面颜色及光泽应均匀一致，符合设计要求，无肉眼可见的明显差异		距表面 1m 处垂直观察，至少 90% 的表面无肉眼可见的差异
面层厚度偏差/mm	≤1.5	≤0.2	≤0.2		针刺法或超声波仪
表面平整度	≤3mm/2m		≤3mm/2m		用 2m 靠尺和楔形塞尺检查
粘接强度及空鼓	各层应粘接牢固；每 20m^2 地面空鼓不得超过 2 处，每处空鼓面积不得大于 400 cm^2				用小锤轻敲

（3）一般项目　自流平地面一般项目的验收应符合表 6-15 的规定。

表 6-15　自流平地面验收的一般项目

项目	自流平地面				检查方法
	水泥基或石膏基自流平砂浆地面		环氧树脂或聚氨酯自流平地面	水泥基自流平砂浆-环氧树脂或聚氨酯薄涂地面	
	用于面层	用于找平			
坡度	符合设计要求				泼水或坡度尺
缝格平直/mm	≤5		≤2		拉 5m 线和用钢尺检查
接缝高低差/mm	≤2.0		≤1.0		用钢尺和楔形塞尺检查
耐冲击性	无裂纹、无剥落	—	无裂纹、无剥落	—	直径 50mm 钢球，距离面层 500mm

（4）验收　自流平地面工程的检验验收在检验批质量检验合格的基础上，确认达到验收条件后方可进行；验收合格应符合下列规定：①检验批应按主控项目和一般项目验收；②主控项目应全部合格；③一般项目至少应有 80% 以上的检验点合格，且不合格点不影响使用；④施工方案和质量验收记录应完整；⑤隐蔽工程施工质量记录应完整。

涉及水泥基自流平地面工程应用技术的标准，除了上面介绍的 JGJ/T 175—2009《自流平地面工程技术规程》外，还有中国工程建设协会标准 CECS 328：2012《整体地坪工程技术规程》和建工行业标准 JGJ/T 331—2014《建筑地面工程防滑技术规程》等，二者主要内容已分别在第三章、第四章中介绍。

第三节　水泥基耐磨地坪材料

一、概述

1. 定义与基本类别

混凝土地面用水泥基耐磨材料是指由硅酸盐水泥或普通硅酸盐水泥、耐磨骨料为基料，加入适量添加剂组成的干混材料，建材行业标准 JC/T 906—2002《混凝土地面用水泥基耐磨材料》规定其代号为 CFH，是水泥基地坪材料中的重要一类。

水泥基耐磨地坪砂浆有非金属骨料型和金属骨料型两类。水泥基耐磨地坪中常常使用“金刚砂地坪”这个术语。这个术语的使用有些混乱；有时候，将金属骨料耐磨地坪称为金刚砂耐磨地坪；有时候则将使用碳化硅耐磨骨料制成的水泥基地坪称为金刚砂地坪；有时候，又专指含金属骨料的地面硬化剂型耐磨地面，因表面具有金刚石一样的硬度和耐磨特性而称为“金刚砂耐磨地坪”。实际上，应该是只有用金刚砂作为骨料的地坪才称为金刚砂耐磨地坪。

目前，赋予地坪砂浆高耐磨性的途径主要是采用高耐磨性的细集料（例如钢砂、钢渣等）代替砂、使用地面硬化剂和添加适量聚合物乳液以降低水泥砂浆的刚度从而提高其耐磨性等几种。

2. 发展简介

我国的水泥基耐磨地坪，是 20 世纪 70 年代中后期开始发展的。80 年代初国外几家建筑材料生产商（例如麦斯特、西卡、富斯乐等公司）相继在广州、上海开设办事处销售其产品，这些产品多数被应用于工厂车间地坪。90 年代后期，麦斯特公司在上海建厂生产，西卡、富斯乐公司在广州建厂。三家外资企业产品的国产化，在为建材行业带来新产品的同时，也垄断该行业数年。2000 年以后，国内出现多家地坪专业公司制备水泥基耐磨地坪，推动工程应用的普及，使其在几年间得到大量应用。这些耐磨地坪绝大多数是以地面硬化剂为耐磨材料制成的。

水泥基耐磨地坪材料还越来越多地被应用于公路路面、机场跑道、码头、商场、超市、仓库、停车场斜坡道、桥梁及建筑物地面等工程。在这些应用中，水泥基材料（砂浆或混凝土）高性能化，除了强度外，还要求有足够的抗磨损和抗滑性能。当这类材料应用于路面、跑道或码头时，为了保持一定的抗滑能力，一般要在未硬化的新浇混凝土表面进行拉毛、压槽等技术处理，从而形成厚度为 2～3mm 的水泥砂浆表面构造。

3. 性能特征

和普通自流平砂浆地坪相比，水泥基耐磨地坪材料的特征在于高强度和高耐磨性，其 28d 抗压强度要高于 80MPa；耐磨性要比普通砂浆高数倍。这就对其制备时的材料选择、配方确定和制备技术等都提出了更高的要求。

可见，与上一节介绍的普通自流平水泥地坪材料相比，水泥基耐磨地坪砂浆在制备技术上至少有以下几点特征：一是基准砂浆的强度必须大幅度提高；二是砂浆中耐磨骨料的耐磨性及其含量要得到保证；三是应克服由于砂浆中耐磨骨料的引入导致的对自流平性能的影响，即保持砂浆仍具有所需要的流变性能。

二、地面硬化剂型水泥基耐磨地坪

（一）地面硬化剂型水泥基耐磨地坪材料和施工技术简介

使用地面硬化剂得到的水泥基耐磨地坪是目前这类地坪中的主导产品，也是广泛应用的新型地坪材料与施工技术。相比较于各种有机地坪材料，该类地坪材料具有环保性能好，安全可靠，生产、施工等对人体及环境无污染，耐久性好，成本低，使用时间长等特点。

1. 定义与基本组成材料

地面硬化剂一般指混凝土地面用水泥基耐磨材料，系由硅酸盐水泥或普通硅酸盐水泥、耐磨骨料为基料，加入适量添加剂组成的干混材料。产品可以制成绿色、灰色、红色、黄色、蓝色、水泥原色等多种颜色的产品。

胶结料为高标号水泥。耐磨骨料为地面硬化剂中的耐磨组分，为粒状材料，平均粒径1.5mm，约占总量75%，具有耐磨、填充、骨架作用。以非金属骨料和金属骨料为主。非金属骨料一般为天然石英矿石经机械破碎、筛分制成，或天然沉积石英砂，经水洗、烘干、筛分级配制成的高纯度石英砂，不含或仅含有少量金属成分，或者其他耐磨性能更为优异的骨料，例如金刚砂（即碳化硅）；金属骨料系指金属冶炼过程中合成的耐磨合金或副产物，经机械破碎、分筛制成的粒料，其具有较高硬度和耐磨性，其品种很多，常用的有锰铁合金、硅铁合金等。

地面硬化剂的组成中除了水泥和耐磨骨料外，还需要使用几种具有增加强度、改善材料施工性能、改善地坪外观效果（例如提高地坪的光亮度）的重要添加剂。这类添加剂主要有粉状硅酸钠、偏硅酸钠和粉状硅酸钾等。

固体偏硅酸钠是由水玻璃和烧碱加工而成的白色粉末状晶体，模数（SiO_2/Na_2O）一般为1，分子中含有5个结晶水，熔点72.2℃，易溶于水，1%水溶液的pH值为10.5，合成方法有喷雾干燥法和溶液结晶法。其中，溶液结晶法具有工艺投资少，生产成本低，质量稳定等特点[13]。这类材料加入到水泥基材料中，能够和其中的水泥发生化学反应。既能弥补混凝土结构中的微观缺陷，又能显著提高混凝土的强度和硬度。

硬化剂耐磨地坪是在现浇混凝土初凝的时候在混凝土表面上均匀撒播一层地面硬化剂材料，通过机械抹光机反复磨光成型的一种地面形式，具有表面硬度高、密度大、耐磨、不生灰尘等优点。一般地，该类地坪在施工完成48～72h后可开放行走，7～10d后可行驶轻型货车；28d后可以正常使用。硬化剂耐磨地坪中混凝土基层与耐磨面层成为一体，消除了因基层与面层结合不良而导致裂缝和出现空鼓的问题，并使施工工序简化，工期缩短。

除了干粉状混凝土地面硬化剂外，近年来还出现一类渗透型液体硬化剂材料，是一种无色、无味、无毒、不燃、不含有机挥发物（VOC）的水性溶液，是以锂基硅酸盐（或称锂水玻璃）为主要原材料的高渗透低碱性混凝土密封固化剂。由于其低碱性，能够避免混凝土中可能发生的碱骨料反应（alkali silica reaction）危害。

2. 施工技术

硬化剂耐磨地坪施工时除了使用一般地坪施工所使用的振捣工具外，还需要使用除水工具和整体抹光机。除水工具即真空吸水泵或者一般塑料管。抹光机加上圆盘，主要是起到抹（钢）平作用，用以除去混凝土表面浮浆及整平；卸下圆盘装上三叶钢片并调整到所需要的角度，可进行地坪压光。硬化剂耐磨地坪的施工工艺为：混凝土浇筑并整平→抹光机振实、刮平→第一次撒播地坪硬化剂→抹光机揉压、抹平→第二次撒播地坪硬化剂→抹光机揉压、抹平→边角压光→整体抹平压光→养护。

（1）混凝土基层磨搓、提浆　施工时，先按照常规进行基层混凝土的施工。基层混凝土强度需高于C25，最小水泥用量为300kg/m^2，现场坍落度在75～100mm。基层混凝土层的厚度应不小于80mm，灰饼打点标高必须精确，严格控制边模板的整体标高。冬期施工时环境温度应高于5℃，温度较低时混凝土内应适当掺入早强剂。

待基层具有初凝强度时，启动已预安装提浆盘的抹平机慢速磨搓、压浆。然后，用大杆刮平，使混凝土浆面基本平整、均匀。磨搓要求均匀，不得漏搓，并根据混凝土表面干湿度适度调整磨搓时间。

（2）硬化剂硬化层施工　将地面硬化剂直接撒布在已经磨搓、提浆的混凝土基层上。地面硬化剂分两次撒布。第一次先撒布计划用料量的三分之二，注意模板边角和切缝处增加材料用量，边角加强，料撒布要均匀。撒布硬化剂时应戴防护手套，先撒边角部位，以保证用料充分。撒料时出手处距离混凝土面层 20～30cm，沿着垂直方向直线出手，展料长度可达 3m 左右，展料宽度约 20cm，然后顺序依次撒料。分条、分仓、分块浇筑时，可相对撒料；整体浇筑时以 3～4m 为一跨，逐跨后退撒料。同时，撒料应厚薄均匀，走向分明，无遗漏，无堆积，边角处撒料得当。

硬化剂用量根据材料说明书和设计要求确定，一般用量为 5kg/m²。应根据气温、混凝土配合比等因素正确掌握地面硬化剂的撒布时间。撒布过早会使耐磨材料沉入混凝土中而降低效果；撒布太晚混凝土已凝固，会失去黏结力，使耐磨材料无法与其结合而造成剥离。正确的撒布时间需要由施工经验丰富的人员掌握，或者在不断的撒布施工中注意掌握混凝土的凝结性能和撒布时间的关系，不断积累经验。

在硬化剂表面吸水变暗后，启动抹平机磨搓压浆，然后刮平。

紧随上一工序第二次撒布剩余地面硬化剂。要求撒布硬化剂的方向与第一次撒布方向垂直。根据第一次撒料的厚薄程度，适量调整撒料量，最终达到硬化剂层厚度均匀。待硬化剂表面吸水变暗后，启动抹平机，磨搓、压浆。磨搓时至少纵、横磨搓一遍，最终达到厚度均匀、色泽均匀、表面平整。

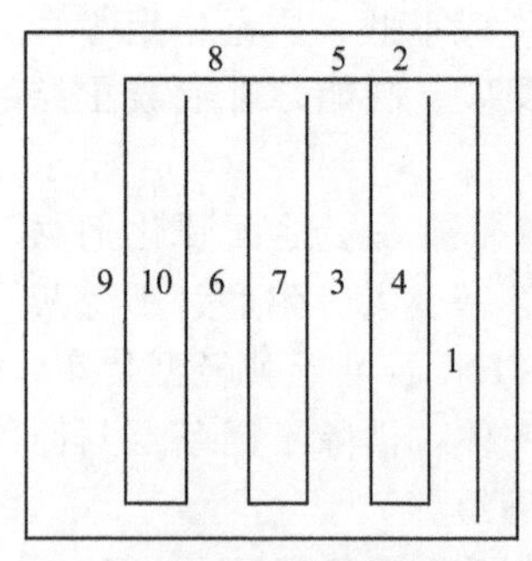

图 6-12　抹光机的行走顺序示意图

（3）抹平　硬化剂硬化层施工完成约 2h，此时基层混凝土已具有足够的强度，硬化剂层基本熟化。将抹平机的刀片调整为小角度，启动抹平机进行中速压抹，纵横方向反复抹平。抹平机行车线路视地面干湿度适度调整，一般采用反复包抄式，如图 6-12 所示[14]。在抹平工序中使用抹刀人工压抹穿插进行边角手工抹平收光。

（4）抛光　抹平工序完成后 2～3h，此时混凝土基层终凝，硬化剂层强度明显上升，行人赤脚行走无明显痕迹，启动抹平机，高速抛光。经验丰富的施工人员，抛光工序完成后，硬化剂耐磨地坪具有明显的镜面效果，色泽均匀，穿软底鞋行走表面无痕迹。一般情况下，硬化剂耐磨地坪表面层检测强度可以达到 C80～C100 混凝土强度。

（5）养护　硬化剂耐磨地坪抛光工序完成后 4～5h 开始养护，采用喷洒、涂抹养护剂或覆盖 PVC 膜保湿等方法。应根据工程要求选择不同的养护剂和养护方法。通常使用的养护剂有加硬型、阻碱型和普通保湿型等，功能作用和成本等差距很大，如表 6-16 所示。

表 6-16　硬化剂耐磨地坪常用的养护材料

类型	性能特征	商品举例	施工方法
加硬型养护剂	为可溶性硅酸盐低聚物水溶液，加入适量的成膜材料配制而成，成本较高。主要成分为 SiO_3^{2-}，具有高活性和反应性，能够渗透进入混凝土内部，发生化学反应。既能弥补混凝土结构中的微观缺陷，又能反应消耗多余的 Ca^{2+}。使混凝土强度提高比较明显。保湿、保色性能也较好	如加拿大产的 CPD® LS 养护液（硅酸锂类）；美国产的阿斯福®（硅酸钠类）养护液	刷涂、喷涂或者辊涂等
阻碱型养护剂	该类养护剂通常以高分子树脂为主，其特征是能够在地坪表层结成一层致密的涂膜，对地坪层中的水分起到封闭作用而阻止水分散失，减少 Ca^{2+} 向表面迁移。该类养护剂对金刚砂地坪的强度增长贡献不大，甚至因 Ca^{2+} 无法消除而积聚在混凝土结构中	溶剂型混凝土养护剂；水乳性混凝土养护剂等	刷涂、喷涂或者辊涂等
常规养护方法养护	即通常使用的混凝土养护方法，铺撒锯末及洒水、围水、覆盖 PVC 薄膜等。这些养护方法无法避免因 Ca^{2+} 迁移造成的表面泛碱现象	—	（按常规养护方法施工）

（6）修补方法　若硬化剂耐磨地坪损坏，可使用丁苯胶乳-硬化剂腻子胶泥或凿掉面层及部分基层混凝土重做两种方法进行修补[15]。

① 局部破损可以使用丁苯胶乳-硬化剂腻子胶泥修补。胶泥的配制为水、丁苯胶乳和筛除骨料的硬化剂以适当比例混合，搅拌均匀而成。修补时将破损区清理干净，充分浸水湿润，再用丁苯胶乳加水稀释后进行涂刷，干燥后用丁苯胶乳-硬化剂胶泥修补。

② 较大面积的破损可以根据需要画线锯切，凿掉面层及部分基层混凝土，再清理湿润，扫除水泥浆，浇筑混凝土，最后施工硬化剂面层。

（二）超级市场大面积硬化剂耐磨地坪施工

大型连锁超市一般分为仓储式超市和购物广场两类。超市仓储区和停车场整体地面面积通常在5000～20000m^2，由于仓储区储存货物较多，地面上要行驶叉车等运输设备，地面活荷载比较大，一般设计活荷载为15kN/m^2。对地面的质量要求非常严格，工程中全部采用整体现浇硬化剂耐磨地坪。

1. 地坪基本构造

地面构造由回填砂石垫层、ϕ12mm×200mm的双向钢筋网、250mm厚C30商品混凝土上撒5kg/m^2硬化剂、刷环氧树脂渗透剂组成；楼面层构造由ϕ6mm×200mm的双向钢筋网、60mm厚C30商品混凝土上撒5kg/m^2硬化剂、刷环氧树脂渗透剂组成。

2. 硬化剂耐磨地坪施工

（1）施工前准备

① 施工前先做好水、电管线的预埋，尤其是排水地漏必须预留到位，清除地、楼面上的淤泥、积水、浮浆和垃圾。

② 根据地面开阔的特点，在回填土施工过程中依据人力和机械状况编制施工计划，合理划分多个施工段，实行流水作业。

③ 设置控制铺筑厚度的标志，在固定的建筑物墙上弹上水平标高线或钉上水平标高木橛。楼面用水准仪配合间隔2m做好灰饼。

④ 铺筑前，应组织有关单位共同验槽、办理隐检手续。

（2）砂石垫层施工

① 材料的选择。地面回填土宜选用质地坚硬、含水率小、级配良好的砾石或粗砂、石屑或其他工业废粒料回填。回填的材料中，不得含有草根、树叶、塑料袋等有机杂物及垃圾。用作排水的固结地基时，含泥量不宜超过3%。碎石或卵石最大粒径不得大于垫层或虚铺厚度的2/3，并不宜大于50mm。

② 工艺流程。检验砂石质量→分层铺筑砂石、洒水、机械碾压→找平验收。

③ 施工。对级配砂石进行技术鉴定，如是人工级配砂石，应将砂石拌和均匀，其质量均应达到设计要求或规范的规定。然后分层铺筑砂石。铺筑砂石的每层厚度一般为15～20cm，不宜超过30cm，分层厚度可用样桩控制，铺筑厚度可达35cm，宜采用8t的压路机碾压。

分段施工时，接槎处应做成斜坡，每层接槎处的水平距离应错开0.5～1.0m，并充分压实。铺筑的砂石应级配均匀。如发现砂窝或石子成堆现象，应将该处砂子或石子挖出，分别填入级配好的砂石。

在对铺筑的砂石夯实碾压前，应根据其干湿程度和气候条件，适当洒水以保持砂石的最佳含水量，一般为8%～12%。夯实或碾压的遍数，由现场实验确定。采用压路机往复碾压，一般碾压不少于4遍，其轮距搭接不小于50cm。边缘和转角处应用人工或蛙式打夯机补夯密实。

（3）耐磨地面施工

① 绑扎钢筋、安装模板。根据划分好的施工段，绑扎双向钢筋网。为保证钢筋在浇筑混凝土时不被踩踏，应铺设马道。按地面设计标高安装宽度不大于6m模板（宜用槽钢），用水

准仪检测模板标高，对偏差处用楔块调整高度，保证模板的顶标高误差小于3mm。

② 润湿基层。混凝土浇筑前洒水使地基处于湿润状态，楼面用水泥浆充分扫浆。

③ 浇筑混凝土。混凝土宜选用商品混凝土现场泵送，水泥选用低水化热的粉煤灰硅酸盐水泥或矿渣硅酸盐水泥，尽可能减少水泥用量。细骨料采用中砂，粗骨料选用粒径5～20mm连续级配石子，以减少混凝土收缩变形。石子含泥量控制在1%以内；砂含泥量控制在2%以内；外加剂采用外掺UEA膨胀剂。掺入量按照水泥质量的10%。实验表明，混凝土中添加UEA膨胀剂，能够补偿混凝土的收缩应力，减少混凝土的不规则开裂。施工配合比应根据实验室试配后确定。控制水灰比小于0.5，坍落度70～90mm。如采用彩色混凝土地面时应严格按照试配确定的比例添加色浆，保证混凝土不出现过大的色差。

混凝土的浇筑应根据施工方案分段隔跨施工，尽可能一次浇筑至标高，局部未达到标高处利用混凝土补齐并振捣，严禁使用砂浆修补。使用平板振捣器或6m振捣梁振捣，并用钢滚筒多次反复滚压，柱、边角等部位用木抹拍浆。混凝土刮平后水泥浆浮出表面至少3mm厚。楼面混凝土找平后将灰饼剔除。混凝土的每日浇筑量应与墁光机的数量和效率相适应，每天宜500～2000m^2。

④ 地面硬化剂耐磨地坪施工。混凝土浇筑完毕，采用橡皮管或真空设备除去泌水，重复两次以上后开始地面硬化剂施工。地面硬化剂施工前，中期作业阶段施工人员应穿平底胶鞋进入，后期作业阶段应穿防水纸质鞋进入。

a. 第一次撒布地面硬化剂及抹平、磨光　地面硬化剂撒布的时间随气候、温度、混凝土配合比等因素而变化，判别撒布时间的方法是脚踩其上，约下沉5mm时，即可开始第一次撒布施工。

墙、柱、门和模板等边线处水分消失较快，宜先撒布，以防因失水而降低效果。第一次撒布量为地面硬化剂全部用量的2/3。撒布时，硬化剂应均匀落下，不能用力抛而致分离，撒布后即以木抹子抹平。地面硬化剂吸收一定的水分后，再用直径为1m圆盘抹光机碾磨分散并与基层混凝土浆结合在一起。

b. 第二次撒布地面硬化剂并抹平、磨光　第二次撒布地面硬化剂时，先用靠尺或平直刮杆衡量水平度，并调整第一次撒布不平处，第二次撒布方向应与第一次垂直。第二次撒布量为全部用量的1/3，撒布后立即抹平，磨光，抹光机的圆盘应更换成四片式抹片，重复抹光机作业至少两次。抹光作业时应纵横向交错进行，均匀有序，防止材料聚集。边角处用木抹子处理。面层材料硬化至指压稍有下陷时，抹光机的转速及角度应视硬化情况调整，抹光机进行时应纵横交错3次以上。

(4) 表面修饰及养护　抹光机作业后面层的抹纹较凌乱，为消除抹纹最后采用薄钢抹子对面层进行有序、同向的人工压光，完成修饰工序。

耐磨地坪施工5～6h后喷洒养护剂养护，用量为0.2L/m^2，或洒水再覆盖塑料薄膜养护。养护时间不少于一周。

耐磨地坪面层施工完成24h后即可拆模，但应注意不得损伤地坪边缘。

(5) 地面变形缝的设置和施工　由于超市地面的面积非常开阔，又是整体现浇成型，因此变形缝的处理尤为关键，设置和处理不当会引起地面开裂、变形。在制定混凝土施工方案时应按照地面的实际情况确定伸缩缝的留设位置和距离，通常室内地面的伸缩缝间距为40～60m，室外地面的伸缩缝间距为20～30m，缝宽20～30mm。纵向缩缝应采用平头缝或企口缝，其间距可采用3～6m一道。横向缩缝宜采用假缝，其间距采用6～12m；高温季节施工的地面，假缝间距宜采用6m。假缝的宽度宜为5～10mm；高度宜为垫层厚度的1/5，设置防冻胀层的地面，纵向缩缝、横向缩缝应采用平头缝，其间距不宜大于3m。

硬化剂耐磨地坪面层施工完成5～7d后宜马上开始切割缝，以防不规则龟裂。切割应统一弹线，以确保切割缝整齐顺直。切割缝完成后将缝内杂物清理干净，用除尘器吹干缝内积水。将 PG 道路嵌缝胶灌入缝内。

（6）涂刷环氧树脂渗透剂

① 基层处理。先用角磨机对地面上凸凹不平处磨平，潮湿的地方烘干，清理吸尘，使其平整、清洁、无松动、无油污、地面干燥（含水率≤10%）、环境清洁，施工时的温度在5℃以上。

② 底涂一遍。将调配好的渗透剂用辊筒均匀涂刷在处理完的地面上，辊涂厚度 0.5～0.8mm，使树脂渗透到水泥内部。

③ 面涂两遍。首先对固化的底涂进行打磨，清除大的气泡，清理干净，达到平整无杂质。然后用辊筒把配制好的彩色面涂均匀辊涂在底涂上，第一遍完全固化后方可涂刷第二遍，最后进行收光。达到无接缝、完全覆盖、色泽一致、光洁明亮的效果。

施工完毕后要马上进行现场维护，固化时间（24h）内严禁踩踏，固化完成后要采取严格措施保护成型的地面。

三、水泥基耐磨材料的性能要求

建材行业标准 JC/T 906—2002《混凝土地面用水泥基耐磨材料》规定了混凝土地面用水泥基耐磨材料的分类、要求、试验方法、检验规则及标志、标签、包装和储存等。该标准适用于混凝土地面用水泥基耐磨材料，此类材料可以是水泥本色的，也可以制成彩色的，其代号为 CFH。

1. 分类与标记

（1）类型　混凝土地面用水泥基耐磨材料按骨料种类分为两种类型：Ⅰ型为非金属氧化物骨料混凝土地面用水泥基耐磨材料；Ⅱ型为金属氧化物骨料或金属骨料混凝土地面用水泥基耐磨材料。

（2）标记　产品按下列顺序标记：名称代号、类型、标准号。

非金属氧化物骨料混凝土地面用水泥基耐磨材料的产品标记为：

CFH Ⅰ JC/T 906—2002

2. 原材料要求

（1）水泥　混凝土地面用水泥基耐磨材料所用的水泥应符合 GB 175—2007 规定。

（2）骨料　混凝土地面用水泥基耐磨材料所用的骨料应符合 GB/T 14684—2011 的Ⅰ类机制砂技术要求中 5.2～5.6 规定，并不得影响水泥混凝土或砂浆的体积安定性与耐久性。

3. 产品技术要求

混凝土地面用水泥基耐磨材料的技术要求应符合表 6-17 的规定。

表 6-17　混凝土地面用水泥基耐磨材料的技术要求

项目		技术指标	
		Ⅰ型	Ⅱ型
外观		均匀、无结块	
骨料含量偏差[①]		生产商控制指标的±5%	
抗折强度(28d)/MPa	≥	11.5	13.5
抗压强度(28d)/MPa	≥	80.0	90.0
耐磨度比/%	≥	300	350
表面强度(压痕直径)/mm	≤	3.30	3.10
颜色(与标准样比)		近似～微[②]	

① 产品的骨料含量应在质保书中明示。

②“近似”表示用肉眼基本看不出色差，“微”表示用肉眼看似乎有点色差。

4. 渗透型液体硬化剂的性能要求

除了 JC/T 906—2002 标准外，用于增强地面自流平耐磨地面材料的产品标准还有建材行业标准 JC/T 2158－2012《渗透型液体硬化剂》，该标准规定了渗透型液体硬化剂的要求、试验方法、检验规则及标志、标签、包装和储存等；该标准适用于能渗入水泥基地面面层，起到密实作用的以无机材料为主的单组分渗透型液体硬化剂。

JC/T 2158—2012 标准规定渗透型液体硬化剂的外观为无色、透明、均匀的液体，且对其物理性能的要求如表 6-18 所示。

表 6-18 渗透型液体硬化剂的技术性能要求

序号	项目		指标
1	固体含量/%		规定值① ±2
2	pH 值	≥	11.0
3	24h 表面吸水量/mm	≤	5
4	24h 表面吸水量降低率/mm	≥	80
5	耐磨度比/%	≥	140
6	VOC/(g/L)	≤	30

① 规定值为生产方及相关方明示值。

四、钢渣耐磨地坪砂浆

1. 钢渣种类和粒径对砂浆耐磨性的影响[7]

使用钢渣代替砂，能够配制性能良好的耐磨地坪砂浆。研究与应用表明，钢渣中 Fe_2O_3 的含量越高，其所配制的钢渣水泥砂浆的耐磨性越好。表 6-19 为几种不同含铁量的钢渣在相同配比下的耐磨性实验，结果见图 6-13。

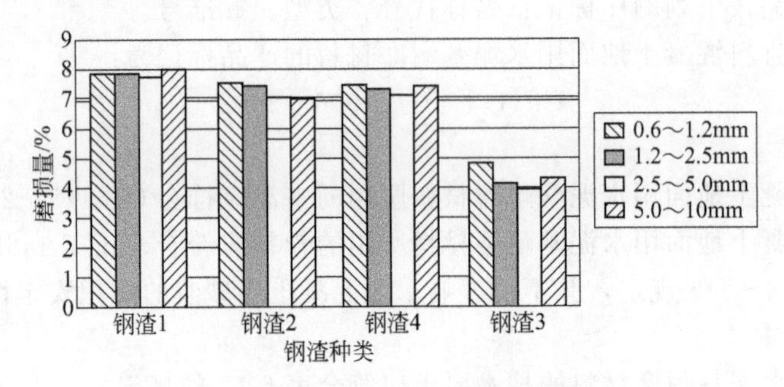

图 6-13 钢渣种类、粒径与砂浆磨损量的关系

表 6-19 不同钢渣的化学成分

钢渣种类	化学成分(质量比)					
	烧失量	SiO_2	Al_2O_3	Fe_2O_3	CaO	MgO
钢渣 1	9.38	13.26	3.52	20.39	42.02	6.46
钢渣 2	1.92	13.87	2.43	20.88	50.20	7.69
钢渣 3	6.09	13.96	5.69	27.74	27.45	14.74
钢渣 4	3.67	14.80	13.60	21.80	49.85	4.12

耐磨性实验在圆盘耐磨实验机上进行。首先按水灰比 0.44，水泥-集料比 2.5，用河砂和钢渣作集料分别配制基准水泥砂浆和钢渣水泥砂浆，制成 27～100mm 的圆柱形试块，养护 26d 后在空气中干燥 2d，然后进行耐磨性实验，试件磨耗时间为（1800±10）s。磨耗实验的结

果表明，Fe_2O_3含量较高、粒径范围为2.5～5mm的钢渣能使地坪砂浆达到较好的耐磨性能。

2. 钢渣掺入量及配合比

表6-20使用表6-19中钢渣3配制的水泥砂浆在不同钢渣掺入量条件下的磨耗量。由表6-20可知，在相同粒径条件下，随着钢渣掺入量的增加，钢渣水泥砂浆的磨耗量降低。在基准配合比不变的条件下，随着钢渣掺入量的增加，砂浆中水泥-集料比相对逐渐减少，用水量增大，将导致砂浆的孔隙率增大，集料与水泥石间的黏结性能变差。而钢渣掺入量过大，将会引起混凝土后期稳定性不良的问题。当水泥∶砂∶钢渣为1∶2∶0.5时，钢渣砂浆具有较好的耐磨性。因而最佳的钢渣掺入量占砂子用量的比应为5/20，即25%，但考虑到过多的钢渣可能会增加安全性不良的危险，因此建议取钢渣掺入量为砂的20%左右为宜。

表6-20　钢渣掺入量对砂浆磨损量的影响

粒径/mm	用量(质量配合比)			磨耗量/%
	水泥	砂	钢渣	
2.5～5.0	1	2	0	7.83
	1	2	0.5	7.70
	1	2	1.0	6.76
1.5～2.5	1	2	1.0	6.76
	1	2	1.5	6.59
	1	2	2.0	4.91

3. 后期稳定性

由于钢渣中含有大量游离的CaO和MgO（含量高达6.14%），这些矿物由于经过炼钢工业的高温煅烧，因而结构致密，在水泥水化过程的初期，它们是不会水化的。但是，在水化后期，这些矿物遇水水化，形成氢氧化钙和氢氧化镁，发生体积膨胀，破坏砂浆结构。对钢渣水泥砂浆后期稳定性的沸煮压蒸快速测定结果表明，由于钢渣的掺入，水泥砂浆沸煮膨胀率普遍提高，其中钢渣3水泥砂浆的膨胀率明显比钢渣2的低。采用钢渣3配制的水泥砂浆的膨胀率基本上与基准水泥砂浆相近。因而，采用钢渣3配制耐磨砂浆，其耐磨性提高幅度最大，而且基本无后期安定性问题。

五、某耐磨混凝土配合比试验研究介绍

由于考虑到针对工程具体要求自配制耐磨水泥砂浆（混凝土）的资料很少，因而下面介绍某耐磨混凝土配合比试验研究[16]。从该耐磨混凝土所使用的骨料来看，仍是一种耐磨砂浆。

1. 原材料和配合比

（1）原耐磨混凝土设计指标

所述耐磨混凝土为特种工程使用，要求早强和具有良好的耐磨性。具体设计指标为：①坍落度不小于8cm；②抗压强度，$R_{3d}>20$MPa，$R_{28d}>40$MPa；③抗磨性能，3d龄期单位面积磨耗量不大于1.0kg/m^2；④微膨胀，不离析。

（2）原材料选择

① 水泥。42.5强度等级普通硅酸盐水泥，实测抗压强度为：$R_{3d}=24.8$MPa，$R_{28d}=58.6$MPa。

② 粗骨料。某钢厂生产，粒径1.5～8mm，松散密度为5.13g/cm^3。

③ 石英砂。粒径0.6～2.7mm，松散密度为1.65 g/cm^3。

④ 掺和料。铁粉，某钢厂生产，粒径0.03～0.5mm，松散密度为4.35g/cm^3。

⑤ 减水剂为UNF-2型高效减水剂；膨胀剂为UEA膨胀剂。

⑥ 水为自来水。

2. 配合比设计与试验方法

（1）配合比设计　为增强混凝土的耐磨性，使用一部分石英砂代替铁砂。但铁砂与石英砂的密度相差较大，易造成混凝土的分散离析，故加入铁粉作为混合材。拟定的七种配合比（质量比）如表 6-21 所示，其中减水剂用量为以水泥质量计的百分比。

表 6-21　拟定试验的耐磨混凝土配合比

编号	水泥	铁砂	铁粉	石英砂	膨胀剂	水	减水剂/%
N1	1.0	1.2	—	1.3	0.10	0.44	1.0
N2	1.0	1.2	—	1.3	0.10	0.44	1.0
N3	1.0	1.0	1.0	0.5	0.10	0.45	1.0
N4	1.0	1.0	0.5	1.0	0.10	0.45	1.0
N5	1.0	1.5	1.0	—	0.10	0.46	1.0
N6	1.0	0.5	1.0	1.0	0.10	0.44	1.0
N7	1.0	—	1.3	1.2	0.10	0.44	1.0

（2）试验方法　耐磨混凝土在强制式搅拌机中搅拌。投料顺序为先加入铁砂、石英砂（铁粉）拌和 30s，再加入水泥和外加剂拌和 30s，最后加水搅拌 120s。抗压强度试块为 150mm×150mm×150mm 尺寸，按照标准方法成型并养护至试验龄期；测试膨胀率试块为 100mm×100mm×515mm 尺寸，养护至试验龄期使用 SZ 混凝土收缩膨胀仪测试膨胀率。

耐磨试验采用交通行业标准 JTJ 053—94《公路工程水泥混凝土试验》，T0527—94《混凝土抗磨性试验》转盘磨耗试验法进行。试件尺寸为 150mm×150mm×70mm，标准养护至 3d、7d 和 28d 试验龄期进行磨耗试验，以试件磨损面上单位面积的磨损量作为评定混凝土耐磨性的相对指标。

3. 结果与分析

（1）初步试验结果与分析　各编号混凝土拌和物的坍落度，混凝土 3d、7d 和 28d 龄期的抗压强度和膨胀率测试结果如表 6-22 所示。

表 6-22　耐磨混凝土的初步试验结果

混凝土编号	坍落度/cm	抗压强度/MPa			膨胀率/‰		
		3d	7d	28d	3d	7d	28d
N1	10.0	19.3	30.7	40.5	0.213	0.452	0.879
N2	9.0	20.3	29.8	41.6	0.156	0.375	0.635
N3	10.0	22.4	32.4	45.3	0.342	0.424	0.934
N4	10.0	23.7	34.7	44.1	0.247	0.402	0.822
N5	9.0	21.8	32.7	43.5	0.200	0.316	0.725
N6	10.0	22.5	33.4	43.7	0.178	0.459	0.921
N7	11.0	19.8	31.4	42.9	0.209	0.361	0.826
N①	10.0	24.4	36.2	45.6	0.235	0.428	0.883

① 为试验后重新确定的最佳配合比的试验结果。

从表 6-22 中可见，各混凝土拌和物的坍落度都大于 8cm，加入铁粉掺和料的混凝土拌和物（如 N3～N7）黏聚性明显增加，在振捣密实过程中不泌水，不离析，说明铁粉能够消除混凝土拌和物的分层离析。混凝土的膨胀率均大于 0，说明所有试件都产生膨胀；抗压强度均达到设计的大于 C40 指标。经分析，应在 N3～N6 编号中优选出最佳配合比。

（2）最佳配合比的确定　以单位面积的磨耗量作为最佳配合比的确定指标。为了方便对比，以普通骨料配制普通C40混凝土，编号为N0。所使用的碎石粒径为10～32mm，中砂粒径为0.3～5mm。其他原材料和耐磨混凝土的相同。混凝土的材料用量（kg/m^3）为：水泥：石子：中砂：水：膨胀剂：减水剂＝468：1100：566：212：47：4.7。实测对比混凝土拌和物的坍落度为10.5cm，28d膨胀率为1.103‰，混凝土3d、7d和28d龄期的抗压强度分别为21.8MPa、27.6MPa、44.7MPa。

对比混凝土和编号N3～N6的耐磨混凝土3d、7d和28d龄期的磨耗试验结果如图6-14所示。可以看出，N4耐磨混凝土在各龄期的磨耗量都最低，即耐磨性最好，其配合比为最佳配合比。为此，确定耐磨混凝土的配合比（kg/m^3）为：水泥：铁纱：铁粉：石英砂：水：膨胀剂：减水剂＝970：930：465：930：437：97：9.7。对调整后的配合比重新试配所得到的耐磨混凝土的3d、7d和28d龄期的磨耗量为0.93kg/m^3、0.84kg/m^3和0.80kg/m^2；混凝土的抗压强度和膨胀率如表6-22中最下边一栏所示。

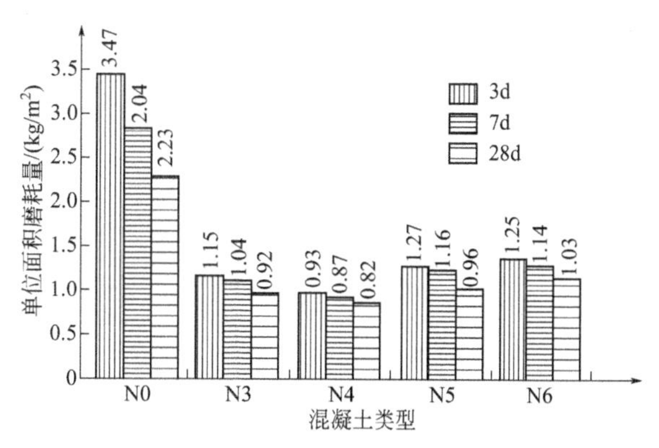

图6-14　混凝土耐磨实验结果的比较

4. 施工注意事项提示

① 混凝土拌和时应按规定顺序投料，搅拌时间要充裕。

② 浇筑时应随时人工捣实、压光。

③ 在混凝土初凝前可以在表面均匀地撒布一层水泥或者水泥与砂的混合物。

④ 延迟抹面时间，有利于混凝土的耐磨性。

⑤ 混凝土终凝后，应保持湿养5～7d，若条件允许，可适当延长养护时间。

六、刚玉型耐磨混凝土

刚玉是棕刚玉粉碎、磨细后得到的细小颗粒或粉末，是一种非金属矿物质，它的规格很多，根据型号不同粒径从8mm到500μm。例如，某刚玉商品的主要规格有：8-5微粉，粒径8～5mm；1-0微粉，粒径1～0mm；500微粉粒径0.5mm。掺入刚玉微粉的混凝土因其抗冲击、耐高温，已广泛应用于上海宝钢、首钢、鞍钢等大型钢铁企业施工和飞机防滑耐磨跑道、火箭发射架基座等，效果很好[17]。

刚玉混凝土建议采用的配合比（质量比）为：m(8-5刚玉)：m(1-0刚玉)：m(硅粉)：m(水泥)＝1540：827：88：548，水胶比取0.5～0.3，减水剂掺入量取1%。采用此配合比的混凝土，其抗压强度可以达到100MPa左右。

七、丁苯胶乳耐磨地坪砂浆

1. 丁苯胶乳

丁苯胶乳（SBL）是丁二烯-苯乙烯共聚乳液的简称，其颗粒直径小（约0.13μm），对水泥基材料具有良好的改性作用。例如，某商品名称为SYNTHOMER的系列丁苯胶乳，在水泥基材料中作为水泥改性的材料应用，具有抑制水解作用；能够改善材料的抗老化性和抗冻融稳定性；可以防止砂浆的过早硬化；且与大多数的水性黏结剂具有很好的相容性；可以应用于工业地坪、水泥砂浆、底涂、水泥添加剂、密封砂浆、沥青化合物等，以及作为水泥基材料的添加剂。

丁苯胶乳所形成的聚合物膜能够牢固地吸附在集料与水泥石的界面，最终形成集料-水泥石-丁苯胶膜的空间网状结构。这样，因聚合物膜本身的高抗拉强度和高黏结强度，增强了水泥浆体和水泥混凝土的柔性及变形能力。

与聚丙烯酸酯、环氧树脂和EVA乳液等常用的改性水泥用乳液相比，使用丁苯乳液改性水泥的特性在于其能够得到更好的低温柔韧性，耐水性、耐酸碱性和耐磨性等都好，而且丁苯乳液的价格相对便宜。

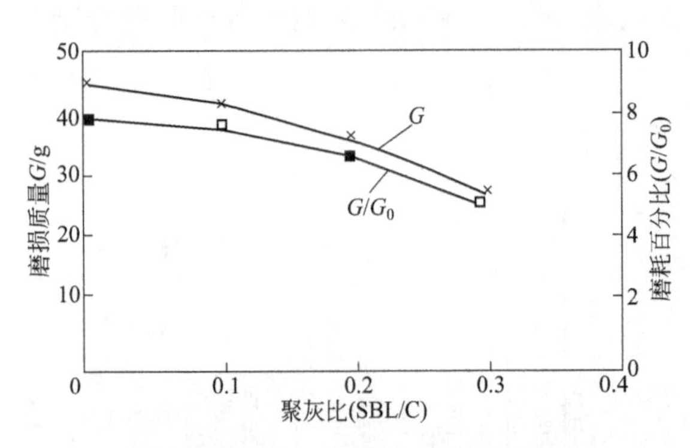

图 6-15　聚灰比与砂浆的耐磨性关系

2. 丁苯胶乳改性水泥砂浆的耐磨性

图6-15是不同丁苯胶乳用量的改性水泥砂浆的耐磨性试验结果曲线，试验所使用的配合比如表6-23所示。从图6-15中可以看出，随着聚灰比（即丁苯胶乳-水泥比，SBL/C）的增大，砂浆的磨耗质量损失 G 减小。同样，磨耗百分比 G/G_0 也相应减小，说明改性砂浆的耐磨性能逐渐提高。

表 6-23　丁苯胶乳地坪砂浆配合比

编号	水灰比	配合比（水泥：砂：水：丁苯胶乳）
C1	0.44	1：2.5：0.44：0.0
C2		1：2.5：0.44：0.1
C3		1：2.5：0.44：0.2
C4		1：2.5：0.44：0.3
D1	0.48	1：2.5：0.48：0.0
D2		1：2.5：0.48：0.1
D3		1：2.5：0.48：0.2
D4		1：2.5：0.48：0.3

第四节　水泥基防静电地坪材料

一、概述

水泥基防静电地坪材料包括防静电混凝土和防静电砂浆两种，是在原混凝土或者砂浆的基础上加上导电材料，例如导电填料和导电纤维，可以使材料的电阻显著降低，而具有排泄地面积累电荷功能的新型水泥基地坪材料。防静电混凝土和防静电砂浆，二者的作用原理完全一样，组成材料的差别也仅仅在于骨料粒径的差别以及配合比的不同，二者常常放在一起讨论。

产生静电是一种普遍的自然现象。当静电的存在超过一定的限度（可以场强、电位或存储能量的形式出现），且在客观环境适宜时，便会以其特有的不同模式对生产环境、产品和人身产生危害。从传统的观点来看，它是火工、化工、石油、粉碎加工等行业引起火灾、爆炸等事故的主要诱发因素之一，也是亚麻、化纤等纺织行业加工过程中的质量及安全事故隐患之一，还是造成人体电击危害的重要原因之一。因此，静电防护是某些行业最关注的安全问题之一。静电防护中重要的是使产生的电荷迅速地向大地泄漏。

泄漏静电的方法大致有三种：接地、提高周围环境湿度和增加材料的电导率。为有效地使人体静电能通过地坪尽快泄漏于大地，其先决条件是地坪必须具有一定的导电性能，即防静电。这种防静电也能泄漏设备、工件上的静电荷。防静电地坪是用电阻率较低材料制作的具有一定导电性能的地坪。

防静电地坪性能参数的确定有两个原则，即既要保证在较短时间内放电到安全电压，又要保证操作人员的安全。地坪的电阻率应调节在合适的范围内，通常电阻率所取范围是 $10^6 \sim 10^9 \Omega \cdot cm$。

导电或者防静电混凝土具有很广泛的用途，例如能够用来屏蔽无线电干扰、防御电磁波、短路器的合闸电阻、接地装置、建筑物的避雷设备、消除静电装置、环境加热、电阻器、金属防腐阴极保护技术、高速公路的自动监控、运动中的质量称量、道路和机场融冰化雪以及在工程上利用导电混凝土的电阻率变化对大型结构如核电厂设施与大坝的微细裂缝进行监测等。因而，导电混凝土已经得到较多的研究和应用。导电地坪砂浆或者防静电地坪砂浆的用途有限，主要是用于防静电以及建筑采暖地面等，但由于受到竞争材料的竞争，使用受到限制。

水泥基材料是无机硅酸盐材料，在干燥状态下其电阻率很高。但水泥基材料属于多孔材料，在自然状态下其孔隙中含有一定水分。因而，水泥基材料的电阻率通常随着其中含水率的变化而改变。水泥类地坪的电阻率为 $10^5 \sim 10^{10} \Omega \cdot cm$，其值随含水量变化而变化。当含水量增大时，其电阻率明显下降。一般环境条件下，按常规方法施工的水泥类地坪的电阻率在 $10^9 \Omega \cdot cm$ 以下，具有防静电效果。但对于两层以上的楼房地面，由于干燥而不能确保其防静电性，应考虑制备防静电地坪。最常用的防静电地坪是环氧防静电地坪，但水泥类防静电地坪具有施工方便、经久耐用、造价低廉等优点，也在某些工程中应用。

二、水泥基材料的导电机理

水泥基材料的导电机理和第三章中介绍的环氧树脂类防静电涂料的机理有所不同（环氧树脂为绝缘材料，水泥基材料为弱导电材料)。水泥基导电材料由导电材料和绝缘材料复合而成。当掺入的石墨粉或者导电纤维等导电材料和水泥基材料复合时，在导电材料的体积分数小于某一个临界值时，复合材料的电阻率随导电材料掺入量的增加而缓慢减小；当导电材料的体积分数达到临界值以后，复合材料的电阻率将随导电材料掺入量的增加而急剧减小，电阻率的减小可达几个数量级；当导电材料掺入量进一步增大时，复合材料电阻率的减小又平缓。这是由于在导电材料的掺入量较小时，导电材料孤立地分散在水泥基材料中，导电作用不大，因而导电材料的掺入量对复合材料电阻率的影响不明显；随导电材料掺入量的增大，导电材料之间形成导电网链，当导电材料的掺入量使导电网链初步形成时，材料的电阻率急剧减小，而当导电网链完全形成后，导电通路足够通畅，因而材料的电阻率随导电材料的掺入量增加而减小，但是减小的速度大大降低。

无限网链理论分析表明，导电材料由孤立分散状态变为连续网状结构形成导电网链，是一个突变的过程。相应地，复合材料的导电性也会出现突变。实际上导电通路是逐步形成的，是一个导电通路从无到有、从短到长、从量变到质变的过程。因此，导电材料还有一个中间的过渡状态。所以，在导电复合材料中，当导电材料由少到多、由孤立分散到连续的过程中，导电材料在复合材料中的分布有：①完全孤立分散，彼此不接触；②导电材料部分连续，形成短链，链与链之间有基体填充；③导电材料形成贯穿的连续链三种状态。

在第一种状态下，水泥基导电复合材料的电阻率取决于基体，导电材料的掺入量对复合材料的电阻率影响很小；在第二种状态下，短链的长度随导电材料的掺入量增加而迅速增大，水泥基导电复合材料的电阻率也急剧减小；在第三种状态下，水泥基导电复合材料的电阻率取决于导电材料本身的电阻率、导电材料界面间的电阻率和导电链的数量，基体的作用很小。贯穿的长链形成后，水泥基导电复合材料的电阻率随导电材料掺入量的增加而缓慢减小。

在水泥基导电复合材料中，所掺入的碳纤维和石墨是电子导电材料，具有金属导电性，频率对它们的电阻率没有影响。干燥的水泥石是弱导电性的，其导电作用主要依赖于其中的弱束缚离子，具有一定的电容作用，其电阻率随频率的增大而减小。当导电材料的掺入量逐渐增大时，基体的作用不断减小，导电材料的作用不断加强，水泥基导电复合材料的导电性也逐渐向金属性过渡，对频率的依赖性变小。导电通路形成后，水泥基导电复合材料的电阻率不再随频率而变。随着龄期的增长，水泥石的渗水网络越来越细小弯曲，电荷的定向移动也更加困难，电阻率逐渐增大，因此当导电材料的含量小于下阈值时，水泥基导电复合材料的电阻率随龄期的增长而不断增大；当导电材料的含量形成导电通路时，基体的电阻率不再影响水泥基导电复合材料的电阻率。

三、水泥基防静电材料的原材料

（1）胶凝材料　胶凝材料为强度等级不低于 32.5 级的硅酸盐水泥或普通硅酸盐水泥。

（2）导电相材料　导电砂浆主要依靠导电相材料导电。导电砂浆的导电相材料构成了防静电材料的导电相，应具有必需的导电性、足够的机械强度和温度稳定性。同时，应能在组分局部过热时具有抗氧化作用，而且不应与胶凝材料发生化学反应，导电相材料和胶凝材料的线膨胀系数值应相近，对温度的依赖性应小。并非所有电阻率低的导电材料均适宜作导电相材料，如金属铜、铁屑等，虽然电阻率极低，但由于水泥浆的强碱性，会侵蚀某些金属如铜、铝、铝合金、锌等。含铁的金属掺入砂浆后，砂浆的碱性会使其钝化，结果在金属表面形成一层氧化膜，这层氧化膜的电阻率比金属自身的电阻率大得多，而且这些金属往往被水泥所包围，形成离子和电子通路并存现象，所以也不适于作为导电砂浆中的导电相材料。

在众多的导电材料中，碳质骨料最适宜作为导电砂浆的骨料，可取代部分骨料掺入，或作为单独组分直接掺入。用于导电相材料时，碳纤维通常可直接作为砂浆的一种组分掺到砂浆中。

导电细骨料主要有石墨、炭黑和焦炭等，以比表面积来控制细度。细骨料的理想级配必须通过实验来测得，其掺入量由所需的导电性来决定。石墨的强度高，但不能制成理想的级配并且电阻率相对较高。相对而言，焦炭则具有电阻率小、质量轻、价廉等优点。它虽然有一定的孔隙率和吸水性，但吸水率稳定，且吸水后体积不膨胀，是一种理想的导电相。不足之处是其自身强度较低。亦可使用钢纤维和铁矿石等作为导电相骨料。

（3）水　水对防静电砂浆的影响很大。在正常含湿量下，电阻率为 $10^7\Omega\cdot cm$；当吸水饱和后，电阻率下降到 $10^4\Omega\cdot cm$ 以下。但在干燥环境下，电阻率将增大。湿度对导电砂浆的影响程度取决于导电相的掺入量，掺入量大时影响较小，但不成线性关系。

四、水泥基防静电地坪砂浆配制技术要点

水泥基防静电砂浆地坪的配制技术，应根据设计要求进行。配制的技术内容应包括原材料选用，配合比确定，配制程序和施工技术等。

1. 原材料的选用

主要是根据具体工程要求和原材料情况确定各种原材料的使用，在确定除导电相材料外的其他材料时，应按照普通砂浆或者混凝土的要求进行确定，同时还要考虑导电相材料可能带来的影响。

虽然从提供导电性能的意义上来说有很多种导电相材料，但真正实用的还是碳系材料，即石墨、碳粉和碳纤维等。

2. 导电相材料对导电砂浆或混凝土性能的影响

（1）石墨　掺入石墨混凝土的导电性与石墨的掺入量有关，掺入量越大，导电性能越好，但过大时对混凝土的强度将产生严重影响。下面介绍对石墨导电混凝土的研究[18]。

基准混凝土的水灰比为0.44，砂率为38%。石墨的选择掺入量为5%、10%、15%和20%。掺入石墨后用水量大大增加，因而水灰比增大。各种混凝土的配合比如表6-24所示；各种混凝土在不同龄期内电阻率的变化如图6-16所示。从图6-16可以看出，在7～14d的养护龄期内，混凝土的电阻率增大，但5%、10%两种石墨掺入量的混凝土呈现下降趋势，可能是由于水泥水化使离子增多导致导电性增大；在14～21d龄期内混凝土的电阻率增大最快；在21～28d龄期内，电阻率的增大趋势较14～21d减缓；在28～56d龄期范围混凝土的电阻率基本上没有变化，说明混凝土的电阻率在28d龄期已经基本上稳定。

表6-24 掺入石墨的导电混凝土的配合比

石墨掺入量/%	原材料用量/(kg/m^3)				
	石墨	水泥	砂	卵石	水
0	0	414	702	1112	160
5	119.4	414	582.6	1112	160+86
10	238.8	414	463.2	1112	160+172
15	358.2	414	343.8	1112	160+258
20	477.6	414	224.4	1112	160+344

不同石墨含量混凝土在28d龄期的电阻率如图6-17所示。从图6-17中可以看出，随着石墨含量的增加，混凝土的电阻率呈线性下降。石墨掺入量在0～10%的范围内，电阻率的下降最为明显；在10%～15%的范围内，电阻率的下降趋于缓和；在15%～20%的范围内，电阻率基本上无变化。由于石墨的掺入会严重降低混凝土的强度，因而应根据对电阻率的要求尽量降低石墨的掺入量。

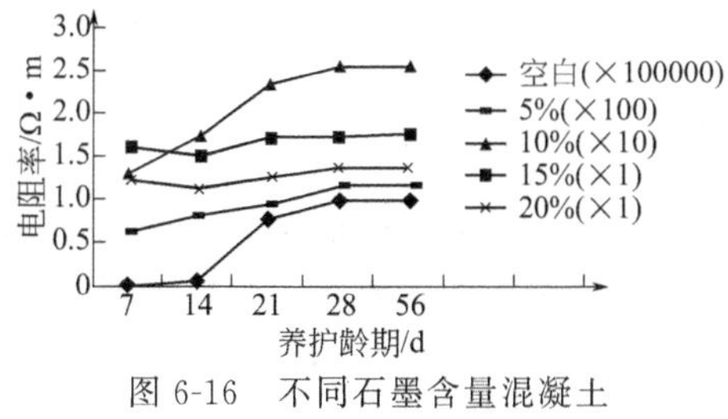

图6-16 不同石墨含量混凝土在不同龄期内电阻率的变化

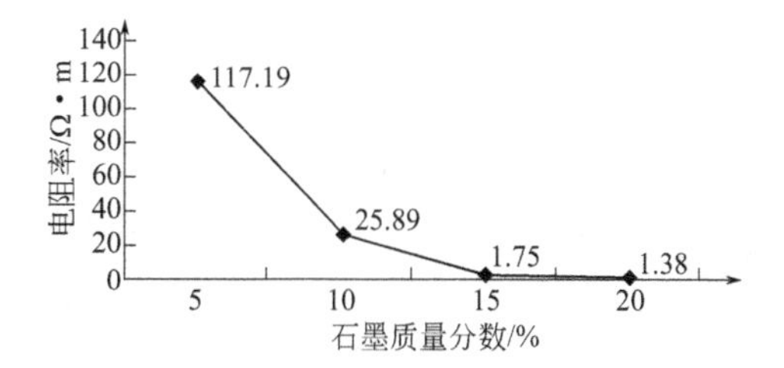

图6-17 不同石墨含量混凝土在28d龄期的电阻率

由于石墨的摩擦系数小于0.1，具有良好的润滑性，且石墨的强度本身也很低，因而于混凝土中水泥石的黏结强度很低，导致掺入石墨的混凝土强度降低。石墨掺入量对混凝土强度的影响如表6-25所示。随着石墨掺入量的提高，混凝土的强度急剧性下降。

表6-25 石墨掺入量对混凝土28d强度的影响

石墨掺入量/%	0	5	10	15	20
混凝土28d抗压强度/MPa	43.68	7.63	3.53	1.67	0.27

此外，有研究者研究水灰比为0.36、水泥和砂的比例为1∶2.2的防静电砂浆，其石墨掺入量与电阻率的关系见图6-18。令干燥试件的体积电阻率下降到$1.0\times10^4\Omega\cdot cm$时，石墨掺入量约在30%～40%。

(2) 碳纤维

① 导电相材料还可以使用导电纤维。导电纤维的掺入不仅赋予砂浆一定的导电性，而且可以极大地改善砂浆的力学性能，尤其是抗拉强度、抗裂性能和韧性等。例如，使用碳纤维不

但能够显著降低水泥基材料的电阻率，而且能够在降低电阻率的同时使抗压强度显著提高。例如，掺 0～1.5%碳纤维的水泥基材料，其体积电阻率由 $5.0\times10^6\Omega\cdot cm$ 显著地下降到 $7.8\times10^3\Omega\cdot cm$，而抗压强度由 73MPa 增大到 85～91MPa，表观密度为 $2.4g/cm^3$。这样掺入碳纤维的水泥基材料可应用于工业防静电。

② 掺 0.5%碳纤维和 0～40%石墨的水泥基材料，其体积电阻率由 $1.0\times10^5\Omega\cdot cm$ 迅速下降到 $1.5\Omega\cdot cm$，同时抗压强度和表观密度也分别由 90MPa 下降到 14MPa 以及由 $2.5g/cm^3$ 下降到 $1.74g/cm^3$。这样掺入碳纤维和石墨的水泥基材料可应用工业防静电、电工和电热材料以及建筑物屏蔽电磁波。

此外，有研究者研究在水泥∶水∶硅灰＝1∶0.5∶0.15 的水泥净浆中掺入碳纤维，不同碳纤维掺入量试件养护至 28d 时，试件电阻率随着碳纤维掺入量的变化如图 6-19 所示[19]。

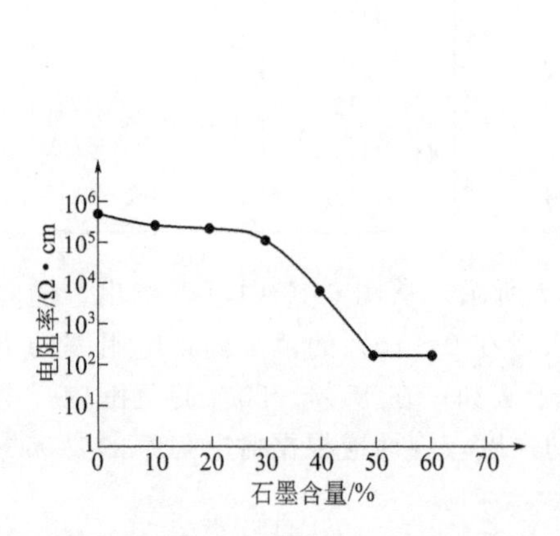

图 6-18 水泥砂浆中石墨掺入量与电阻率的关系

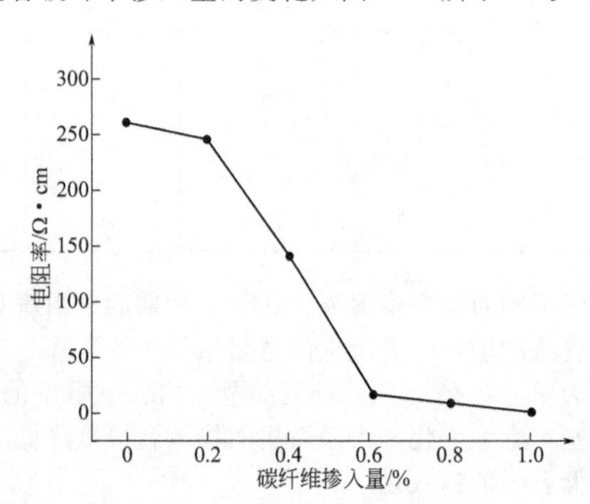

图 6-19 水泥净浆中碳纤维掺入量与电阻率的关系

五、耐磨水泥防静电地坪的施工工艺

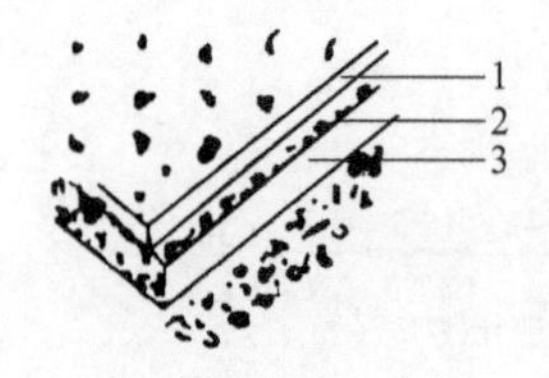

图 6-20 耐磨水泥防静电地坪构造示意图

1—添加金刚砂的耐磨水泥混凝土面层；2—一般水泥砂浆层；3—钢筋网

耐磨水泥基防静电地坪分为 3 层，根据规范要求，建议采用 4～6mm 的钢筋编织成钢筋网，相距为 200cm×200cm，将其埋于一般水泥砂浆当中，在一般水泥砂浆上面，再浇灌 20cm 左右厚度的耐磨水泥混凝土，该水泥混凝土中酌量添加金刚砂，具体结构如图 6-20 所示。普通水泥砂浆的配比无特殊要求，耐磨水泥混凝土中金刚砂加入量约为 10%。按要求每隔 10～15m 从网上引出一接地导线，该引出线端子设置在墙壁，接线柱在距地坪 20～30m 的上方处。

第五节 石膏基自流平地坪材料

由于石膏基自流平地坪材料中主要是石膏，石膏的性能起确定作用，因而下面将对针对石膏作较多介绍，而对于石膏基自流平地坪材料配制及施工技术，仅根据其特征以及和水泥基材料不同的地方作适当介绍。

一、石膏基自流平地坪砂浆的性能特征

石膏基自流平地坪材料和水泥类有着完全不同的组成与性能。首先，前者组成中通常不含有砂，而只含有一定的细骨料（填料），而石膏胶凝材料的含量较高（一般以质量计大于50%）；其次，石膏基材料的强度低，耐水性差，但不收缩，不开裂，耐酸、碱的腐蚀性好；

再次，石膏基自流平地坪材料一般只能用于地坪的底层，由于强度低，耐磨性差而不能用于结构面层。下面以使用发电厂的脱硫石膏制得的α-半水石膏配制的石膏基自流平砂浆为例，介绍自流平砂浆与水泥基自流平砂浆相比较的一些性能特征。

1. 拌和物及其基本性能

表6-26是使用发电厂的脱硫石膏脱水而成的α-半水石膏配制的石膏基自流平砂浆，除了物理机械性能之外的几种基本性能指标与水泥基自流平地坪砂浆的比较。可以看出，就所比较的性能指标来说，两种砂浆性能十分相近。

表6-26　自流平砂浆的技术性能指标

项目	自流平地坪砂浆种类	
	石膏基自流平砂浆	水泥基自流平砂浆
密度/(kg/dm³)	1.2	1.4
需水量/%	22～26	22～24
流动性/cm	25～28	24～27
可施工时间/min	40～60	30～40
初凝/min	70～80	60～90
可上人时间/h	约3	约4
可贴砖时间/h	与厚度有关	约4
材料用量/[kg/(m²·mm)]	约1.6	约1.4

2. 收缩

石膏基材料的性能优异之处是其不像水泥基材料那样出现干燥收缩或者硬化收缩，图6-21中示出两种自流平砂浆收缩率的比较。可以看出，石膏基自流平砂浆的收缩率远低于水泥基自流平砂浆。因而，石膏基自流平砂浆不会因为收缩而产生裂缝现象。

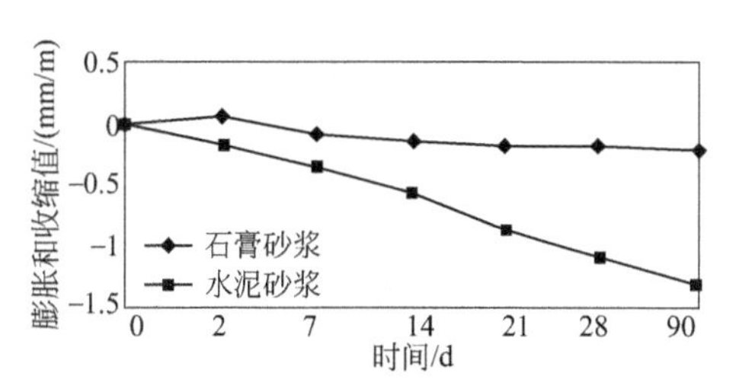

图6-21　石膏基自流平砂浆与水泥基自流平砂浆的收缩率

3. 强度、耐热和耐水性能

石膏基自流平砂浆的强度增长与砂浆本身的干燥程度有很大的关系，除了形成二水石膏所需的水外，多余的水分会蒸发逸散，进而形成强度，即石膏基自流平砂浆的强度增长与其干燥速率成正比。石膏基自流平砂浆除了早期强度较高外，后期强度增长也很快，28d可达到30MPa以上。

在地暖系统中应用是石膏基自流平砂浆的重要用途之一，因而耐热性也是其重要性能。表6-27是将石膏基自流平砂浆置于50℃的热环境中不同时间后性能的变化。表6-27的数据表明，石膏基自流平砂浆在50℃的条件，基本上保持稳定，即不再有太大的变化，如28d和194d的收缩值及抗压强度几乎保持一致，说明石膏基自流平砂浆适合于地暖系统应用。

表6-27　石膏基自流平砂浆的热力学性能

性　能	受热时间/d		
	7	28	194
收缩/(mm/m)	−0.24	−0.27	−0.27
质量损失/%	12.6	12.6	12.6
抗折强度/(N/mm²)	—	10.8	10.8
抗压强度/(N/mm²)	—	36.3	38.2

注：所有试块（40mm×40mm×160mm）首先在标准养护条件（20℃、65%相对空气湿度）下养护7d，然后直接置入50℃的干燥箱内。

石膏基自流平砂浆的水溶性较大，耐水性较差，这是石膏基材料应用受到限制的主要性能缺陷，也是石膏基自流平砂浆不能应用于地坪面层的主要原因。

二、石膏胶凝材料的种类和基本特性

石膏是以硫酸钙为主要成分的胶凝材料。石膏可分为天然二水石膏、天然硬石膏和工业废渣石膏三大类。生产石膏胶凝材料的石膏主要是天然石膏。天然石膏的主要成分是含有两个结晶水的硫酸钙（$CaSO_4 \cdot 2H_2O$），是一种外观呈白色、粉红色、淡黄色或灰色的透明或半透明非金属矿物，也称二水石膏。

（1）半水石膏　半水石膏是主要的石膏胶凝材料。将主要成分为二水石膏的天然二水石膏或者其他化工废渣二水石膏加热时，随着温度的升高，可能会发生一系列变化。当温度为65～75℃时，$CaSO_4 \cdot 2H_2O$开始脱水，至107～170℃时，生成半水石膏［$CaSO_4 \cdot (1/2)H_2O$］，其反应式为：

$$CaSO_4 \cdot 2H_2O \xrightarrow{107\sim170℃} CaSO_4 \cdot 1/2H_2O + 3/2H_2O$$

在加热阶段因加热条件不同，所得到的半水石膏有α型和β型两种形态。若将二水石膏在非密闭的窑炉中加热脱水，得到的是β型半水石膏，称为建筑石膏。建筑石膏的晶粒较细，调制成一定稠度的浆体时，需水量很高，硬化后的强度低。若将二水石膏置于0.13MPa、124℃的过饱和蒸汽条件下蒸炼脱水，或者置于某些盐溶液中沸煮，可得到α型半水石膏，称为高强石膏。高强石膏的晶粒较粗，调制成一定稠度的浆体时，需水量很低，硬化后的强度高。

当加热温度为170～200℃时，半水石膏继续脱水，成为可溶性硬石膏，与水调和后仍能够很快凝结硬化；当加热温度为200～250℃时，石膏中残留很少量的水，凝结硬化非常缓慢；当加热温度为400～750℃时，石膏完全失去水分，成为不溶性硬石膏，失去凝结硬化能力，成为死烧石膏；当温度高于800℃时，部分石膏分解成的氢氧化钙起催化作用，所得到的产品又具有凝结硬化性能，这就是高温煅烧石膏。

（2）天然硬石膏　天然硬石膏也称天然无水石膏，其质地较二水石膏硬，一般为白色，若有杂质则呈灰红等颜色。天然硬石膏本身具有胶凝性，但强度很低，一般需要采取措施提高其活性。

石膏胶凝材料的结构为$CaSO_4 \cdot H_2O$系统，其形态及变种很多，在$CaSO_4$-H_2O系统中一般公认的石膏相有五种形态、七个变种。它们是：二水石膏（$CaSO_4 \cdot 2H_2O$）；α型与β型半水石膏（α-$CaSO_4 \cdot 1/2H_2O$、β-$CaSO_4 \cdot 1/2H_2O$）；α型与β型硬石膏（α-$CaSO_4$Ⅲ、β-$CaSO_4$Ⅲ）；Ⅱ型硬石膏（$CaSO_4$Ⅱ）；Ⅰ型硬石膏（$CaSO_4$Ⅰ）。二水石膏既是脱水物的原始材料，又是脱水石膏再水化的最终产物。

根据脱水程度的不同，石膏具有如表6-28[20]所示的几种形式和相应的性能特征。

表6-28　几种石膏的形式和性能特征

石膏种类	性能特征描述
半水石膏（$CaSO_4 \cdot 1/2H_2O$）	有α-半水化合物和β-半水化合物两种同质异构体，α-半水石膏化合物密度大，强度较高。在水的作用这两种半水化合物都能够迅速硬化。由于凝结较快，在使用时需要掺入缓凝剂
无水石膏Ⅲ（$CaSO_4$）	在160～300℃条件下烧成，含有残余的水分。在大气中水分的作用下已经硬化，所以和水的反应缓慢
无水石膏Ⅱ	在300～800℃条件下烧成，相当于天然的无水石膏。与水的反应不快，所以只有在掺入水泥或熟石灰或其他化学激发材料后才能够产生水化反应
无水石膏Ⅰ	900～1200℃条件下烧成，已经含有CaO和SO_3。在水中的溶解度小，与水的反应缓慢，凝结速度随着游离石灰含量的增加而加快。例如，含氧化钙11%～12%时，凝结过程只需要1h；如果含量再小，则需要几天才能够凝结

三、石膏的凝结硬化

1. 建筑石膏的凝结硬化

建筑石膏与水拌和后，能够调制成可塑性浆体，经过一段时间反应后，会失去塑性，并凝结硬化成具有一定强度的固体。实践证明，石膏胶凝材料在水化过程中，仅形成水化产物，浆体并不一定能够形成具有强度的人造石，而只有当水化物晶体互相连生形成结晶结构网时，才能硬化并形成具有强度的人造石。

建筑石膏的凝结和硬化主要是由于半水石膏与水相互作用，还原成二水石膏：

$$CaSO_4 \cdot 1/2H_2O + 3/2H_2O \longrightarrow CaSO_4 \cdot 2H_2O$$

半水石膏在水中发生溶解，并很快形成饱和溶液，溶液中的半水石膏与水化合，生成二水石膏。由于二水石膏在水中的溶解度比半水石膏小得多（仅为半水石膏溶解度的1/5），所以半水石膏的饱和溶液对二水石膏来说，就成了过饱和溶液。因此二水石膏从过饱和溶液中以胶体微粒析出，这样促进了半水石膏不断地溶解和水化，直到半水石膏完全溶解。在这个过程中，浆体中的游离水分逐渐减少，二水石膏胶体微粒不断增加，浆体稠度增大，可塑性逐渐降低，此时称之为“凝结”；随着浆体继续变稠，胶体微粒逐渐凝聚成为晶体，晶体逐渐长大、共生并相互交错，使浆体产生强度并不断增长，这个过程称为“硬化”，如图 6-22 所示[21]。实际上，石膏的凝结、硬化是一个连续的、复杂的物理化学变化过程。

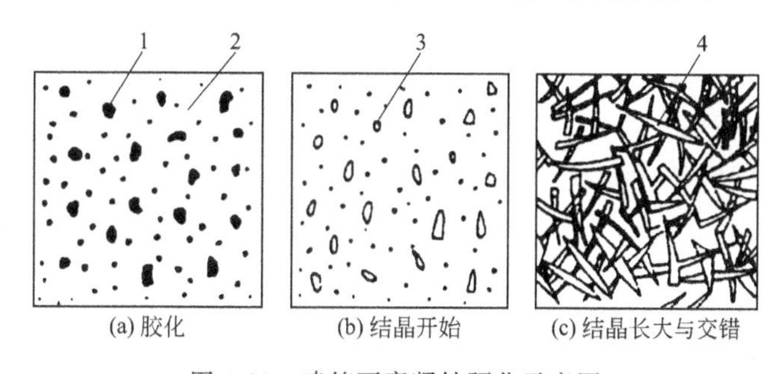

图 6-22　建筑石膏凝结硬化示意图

1—半水石膏；2—二水石膏晶体微粒；3—二水石膏晶体；4—交错的晶体

2. 天然硬石膏的凝结硬化及其活性激发

天然硬石膏磨成细粉，也能较缓慢地水化硬化，在 25～30℃的室温干燥条件下强度不断增长，28d 抗压强度能达 14.3～17.1MPa。研究发现约有 20%的硬石膏水化生成二水石膏。这是由于天然硬石膏往往含有其他成分，可能有活化作用；同时磨细过程能使硬石膏部分活化，促进水化能力。

天然硬石膏的活性激发有粉磨、热处理和掺入激发剂三种。前两种方法有时也并称为物理活性激发，其基本原理是通过改变硬石膏的晶体结构，增加结构内部的晶格畸变和缺陷，提高比表面积，改善表面性能，从而提高其水化活性。但仅靠物理活性激发，仍不能使天然硬石膏达到实际使用要求，因此需要在天然硬石膏中掺入激发剂进行化学活性激发。

硬石膏的激发剂可定义为在硬石膏中掺入的、用来激发其活性、提高其水化与硬化能力的化学物质。硬石膏在激发剂的作用下，水化硬化能力增强，凝结时间缩短，强度提高。根据激发剂性能的不同，分为：硫酸盐激发剂［Na_2SO_4、$NaHSO_4$、K_2SO_4、$KHSO_4$、$Al_2(SO_4)_3$、$FeSO_4$及 $KAl(SO_4)_2 \cdot 12H_2O$ 等］和碱性激发剂（石灰 2%～5%、煅烧白云石 5%～8%、碱性高炉矿渣 10%～15%、粉煤灰 10%～20%）等。

作为一种有实际应用价值的硬石膏激发剂，需要同时能够满足三个性能的要求，即大幅度缩短浆体凝结时间、显著提高硬化体的早期强度和不返霜或者返霜不明显。

图 6-23 是部分激发剂对天然硬石膏水化率的影响。从图中可以看出，几种激发剂的加入，都得到相似的水化率曲线线型，即 1d 之内水化较快，3d 之后水化较慢。在激发剂中以 $KAl(SO_4)_2$、煅烧明矾石、明矾和 $NaHSO_4$ 效果较好，其硬石膏净浆试件的 7d 干燥强度都在 60.0MPa 以上。从经济和实用来看，以煅烧明矾石为优。

前苏联的布德尼可夫认为硬石膏具有组成络合物的能力，在有水和盐存在时，硬石膏表面生成不稳定的复杂水化物，然后此水化物又分解为含水盐类和二水石膏。正是这种分解反应生成的二水石膏不断结晶，使浆体凝结硬化。其反应式为：

$$m\mathrm{CaSO_4}+\text{盐(活化剂)}+n\mathrm{H_2O}\longrightarrow m\mathrm{CaSO_4}\cdot\text{盐}\cdot n\mathrm{H_2O}\text{(复盐)}$$

$$m\mathrm{CaSO_4}+\text{盐}\cdot n\mathrm{H_2O}+2m\mathrm{H_2O}\longrightarrow m(\mathrm{CaSO_4}\cdot 2\mathrm{H_2O})+\text{盐}\cdot n\mathrm{H_2O}$$

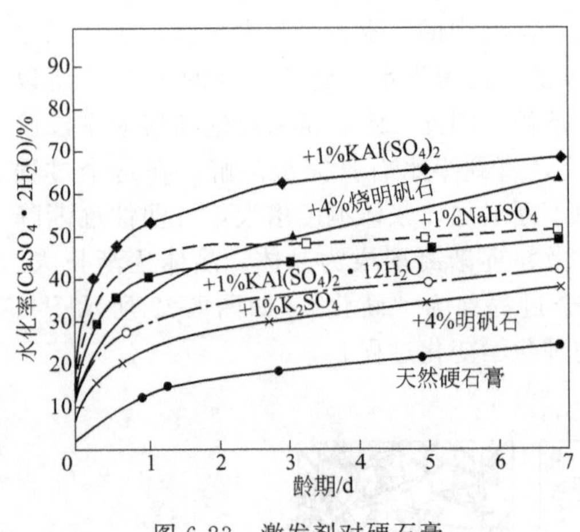

图 6-23 激发剂对硬石膏水化率的影响(W/C=0.21)

纯硬石膏的溶解度比二水石膏的溶解度大，所以硬石膏可以水化成二水石膏。但硬石膏的溶解度速度很慢，一般要 40～60d 才能达到平衡溶解度。加入激发剂后，因先与硬石膏生成不稳定的复盐，再分解生成二水石膏，并反复不断地通过中间水化物(复盐)转变成二水石膏，因而加速了硬石膏的溶解。

当掺有硅酸盐水泥熟料、碱性高炉矿渣、石灰等碱性激发剂时，除起到活化作用外，硫酸盐与矿渣玻璃反应，结果能生成水化硫铝酸钙，当反应速度控制适当时，可使硬化石膏浆体强度进一步提高，抗水性也有所增强。

经过激发并改性的天然硬石膏，具有良好的力学性能及耐水性能。有研究表明[22]：①硫酸钾激发剂的最佳掺入量为 1.0%～1.5%，低于该掺入量时，激发效果随着硫酸钾的掺入量增大而显著提高；高于该掺入量时，激发效果随着硫酸钾掺入量的增大而减弱。②硅酸盐水泥的掺入能够提高硬石膏的强度，改善耐水性能，但基于充分利用硬石膏资源及保证材料安定性考虑，其掺入量以不高于 5%为宜。③半水石膏对缩短硬石膏的凝结时间效果明显，且在一定的掺入量范围内能够提高硬石膏的强度，但对硬石膏的耐水性能有不利影响，其掺入量不宜超过 8%，并应根据材料使用环境对耐水性能的要求确定半水石膏的适宜掺入量。

四、建筑石膏的使用性能

1. 建筑石膏的技术性质

(1) 建筑石膏的种类 建筑石膏是指以 β-半水石膏 (β-$CaSO_4\cdot 1/2H_2O$) 为主要成分，不预加任何外加剂的粉状胶结料，主要用于制作石膏建筑材料，是一种外观为白色粉末状的水硬性胶凝材料，密度为 2500～2700 kg/m^3，松堆积密度为 800～1100kg/m^3。国家标准 GB/T 9776—2008《建筑石膏》规定，建筑石膏按原材料种类不同分为天然建筑石膏 (N)、脱硫建筑石膏 (S) 和磷建筑石膏 (P) 三类。

(2) 强度等级和产品标记 GB/T 9776—2008 标准将建筑石膏按 2h 抗折强度不同分为 3.0、2.0、1.6 三个等级。

建筑石膏按产品名称、代号强度等级和标准号的顺序进行产品标记。例如，抗折强度为 2.0MPa 的天然建筑石膏表示为：建筑石膏 N 2.0 GB/T 9776—2008。

(3) 建筑石膏的组成 建筑石膏组成中 β 半水硫酸钙 (β-$CaSO_4\cdot 1/2H_2O$) 的含量以质量分数计应不小于 60.0%。

(4) 物理机械性能　见表 6-29。

表 6-29　建筑石膏的物理机械性能

等级	细度(0.2mm 方孔筛筛余)/%	凝结时间/min		2h 强度/MPa	
		初凝	终凝	抗折	抗压
3.0	≤10	≥3	≤30	≥3.0	≥6.0
2.0				≥2.0	≥4.0
1.6				≥1.6	≥3.0

(5) 放射性核素限量　工业副产建筑石膏的放射性核素限量应符合 GB 6566—2010 的要求。

(6) 限制成分　工业副产建筑石膏中限制成分氧化钾（K_2O）、氧化钠（Na_2O）、氧化镁（MgO）、五氧化二磷（P_2O_5）和氟（F）的含量由供需双方商定。

2. 建筑石膏的应用性能特征

(1) 凝结硬化快　建筑石膏与水拌和后，在常温下数分钟即可初凝，而终凝一般在 30min 以内。在室内自然干燥的条件下，达到完全硬化约需要一个星期。建筑石膏的凝结硬化速度非常快，其凝结时间随着煅烧温度、磨细程度和杂质含量等的不同而变化。凝结时间可按要求进行调整：若需要延缓凝结时间，可掺入缓凝剂，以降低半水石膏的溶解度和溶解速率，如亚硫酸盐酒精溶液、硼砂或者用灰活化的骨胶、皮胶和蛋白胶等；如需要加速建筑石膏的凝结，则可以掺入促凝剂，如氯化钠、氯化镁、氟硅酸钠、硫酸钠、硫酸镁等，以提高半水石膏的溶解度和溶解速度。

(2) 硬化时体积膨胀　建筑石膏在凝结硬化过程中，体积略有膨胀，硬化时不会像水泥基材料那样因收缩而出现裂缝。因而，建筑石膏可以不掺入填料而单独使用。硬化后的石膏，表面光滑、颜色洁白、质感丰满，具有非常好的装饰性。

(3) 硬化后孔隙率较大，表观密度和强度较低　建筑石膏的水化在理论上其需水量只需要石膏质量的 18.6%，但实际上为了使石膏浆体具有一定的可塑性，往往需要加入 60%～80% 的水，多余的水分在硬化过程中逐渐蒸发，使硬化后的石膏结构中留下大量的孔隙，一般孔隙率为 50%～60%。因此，建筑石膏硬化后，强度较低，表观密度较小，热导率小，吸声性较好。

(4) 防火性能良好石膏硬化后的结晶物 $CaSO_4 \cdot 2H_2O$ 遇到火焰的高温时，结晶水蒸发，吸收热量并在表面生成具有良好绝热性能的无水物，起到阻止火焰蔓延和温度升高的作用，所以石膏具有良好的抗火性。

(5) 具有一定的调温、调湿作用　建筑石膏的热容量大，吸湿性强，故能够对环境温度和湿度起到一定的作用。

(6) 耐水性、抗冻性和耐热性差　建筑石膏硬化后具有很强的吸湿性和吸水性，在潮湿的环境中，晶体间的黏结力减弱，导致强度降低。处于水中的石膏晶体还会因为溶解而引起破坏。在流动的水中破坏更快，因而石膏的软化系数只有 0.2～0.3。若石膏吸水后受冻，则孔隙内的水分结冰，产生体积膨胀，使硬化后的石膏晶体破坏。因而，石膏的耐水性、抗冻性较差。此外，若在温度过高（例如超过 65℃）的环境中使用，二水石膏会脱水分解，造成强度降低。因此，建筑石膏不宜应用于潮湿环境和温度过高的环境中。

在建筑石膏中掺入一定量的水泥或者其他含有活性 CaO、Al_2O_3 和 SiO_2 的材料，如粒化高炉矿渣、石灰、粉煤灰，或者掺入有机防水剂等，可不同程度地改善建筑石膏的耐水性。

由于建筑石膏吸水后会凝结变硬，导致结块或强度降低，甚至报废，因而在储存时应注意防水、防潮；建筑石膏的储存期为 3 个月，超过 3 个月后，强度将随着超过的时间而出现不同程度的降低。超过储存期的石膏应重新进行强度检验，并按照实际检验强度使用。

五、工业废渣石膏

除了通过石膏原矿石加工石膏胶凝材料外，我国每年还排放出大量的工业废石膏（我国每年排放出的磷石膏超过1000万吨），需要占地堆放，会对环境造成不良的影响。工业废石膏材料通过适当的加工，也可以制成石膏胶凝材料进行应用，例如可以制成粉状内墙腻子[23]，是废料资源化和环境综合治理的一个途径。工业废石膏的种类如表6-30所示。

表6-30 化工(废渣)石膏来源及化学成分 单位：%

废渣石膏种类	来源	化合水	SO_3	CaO	$CaSO_4 \cdot 2H_2O$
磷石膏	磷酸盐矿与硫酸反应制造磷酸时的副产品	18.0～20.2	40.3～44.4	33.0～35.0	64.0～96.0
氟石膏	氟化物与硫酸反应制造氢氟酸时的副产品	18.4～19.4	41.0～44.5	28.0～32.0	88.4～95.2
盐石膏	由海水制造NaCl时钙化合物与硫酸盐反应而成	0.5	46.0	31.7	98.0
乳石膏	制造乳酸时的副产品	—	45.0～50.0	37.0	77.0～80.0
黄石膏	染化厂生产氧化剂、染化中间体、扩散剂等的副产品	—	35.0～48.9	22.0～36.0	67.0～84.0
苏打石膏	苏打石灰工业与人造丝工业中$CaCl_2$与Na_2SO_4反应生成	18.0～20.5	44.0～46.9	31.0～33.0	99.0
	硫酸铵与$Ca(OH)_2$反应生成	19.0～20.0	44.0～45.0	32.0～33.0	95.0～96.0
	硫酸铜或者硫酸锌提纯过程中，钙化物和废硫酸作用而成	18.0～19.5	41.0～44.0	32.0～33.0	88.0～94.0

1. 磷石膏

磷石膏是合成洗衣粉厂、磷肥厂等制造磷酸时的废渣，它是用磷灰石或含氟磷灰石［$Ca_5F(PO_4)_3$］和硫酸反应而得的产物之一，其反应如下：

$$Ca_5F(PO_4)_3+5H_2SO_4+10H_2O \longrightarrow 3H_3PO_4+5(CaSO_4 \cdot 2H_2O)+HF$$

磷矿石与硫酸作用后，生成的是一种泥浆状的混合物，其中含有液体状态的磷酸和固体状态的硫酸钙残渣，再经过滤和洗涤，可将磷酸和硫酸钙分离，所得硫酸钙残渣就是磷石膏。其主要成分是二水石膏($CaSO_4 \cdot 2H_2O$)，其含量约64%～69%，除此还含有磷酸约2%～5%，氟(F)约1.5%，还有游离水和不溶性残渣，是带酸性的粉状物料。每生产1t磷酸约排出5t磷石膏，因而随着化学工业的发展，磷石膏的产量巨大，可见回收和综合利用磷石膏的意义重大。磷石膏除了能代替天然石膏生产硫酸铵以及农业肥料外，凡符合国家标准GB 6566—2010《建筑材料放射性核素限量》的磷石膏也可以作为水泥的缓凝剂，还可以用它生产石膏胶凝材料及制品。

2. 氟石膏

氟石膏是制取氢氟酸时产生的废渣。萤石粉(CaF_2)和硫酸(H_2SO_4)按一定比例配合经加热产生下列反应：

$$CaF_2+H_2SO_4 \longrightarrow CaSO_4+2HF\uparrow$$

HF气体经冷凝收集成氢氟酸，残渣即氟石膏，主要化学组成为Ⅱ型无水硫酸钙($CaSO_4$ Ⅱ)，渣中残存的硫酸也可用石灰中和生成$CaSO_4$。每生产1t HF约产生3.6t无水氟石膏，我国氟石膏年排放总量约300万吨。

新生氟石膏在堆放过程中能缓慢水化生成二水石膏，自然堆放两年以上的氟石膏的主要成分为二水石膏，杂质为CaF_2、硬石膏等。由于氟石膏一般无放射性污染，因此可直接作为原料资源利用，使用效果较好。

3. 排烟脱硫石膏(FGD 石膏)

排烟脱硫石膏是利用火力发电站、钢铁厂、冶炼厂及各种化工厂等在燃烧煤或重油过程中排放的大量 SO_2 废气，经脱硫装置或采用隔离预洗涤循环法处理后所得到的副产品。排烟脱硫石膏的主要成分为二水硫酸钙，其纯度可达 90%以上。目前其生产和应用较好的国家有日本、德国和美国等。我国 SO_2 年排放量很大，若能充分利用，不仅可减少空气污染，还可以提供大量的排烟脱硫石膏。随着人们面临的环境压力不断增大，节能减排已经成为世界范围的重要举措。目前我国许多大型火力发电厂都已拥有 SO_2 废气处理装置，每年产生出巨大量的排烟脱硫石膏，而将其作为资源再利用于建筑领域，更能充分地体现利用效率高和效益突出等多方面的优势。

利用排烟脱硫石膏可以制成 α-半水石膏，以这种石膏作为主要原料生产石膏基自流平地坪砂浆，不仅具有流动性好、干燥快、早期强度高、不易干裂、施工简便等特点，而且能大量地使用脱硫处理的工业废渣石膏，有利于环境保护。该类石膏基自流平砂浆可广泛用于室内地面的找平处理，一次性找平厚度可以达到 60mm 左右，而且也适用于地板采暖系统。

4. 其他副产石膏

氟石膏及磷石膏是在化学反应中直接生成的，此外，在化工过程中为了中和过多的硫酸而加入含钙物质时，也会形成以石膏为主要成分的废渣。例如在生产供印染用的氧化剂——染盐 S（又名硝基苯磺酸）时，采用苯和硫酸作为原料，它们相互作用后，过剩的硫酸与熟石灰中和而生成石膏：

$$H_2SO_4+Ca(OH)_2 \longrightarrow CaSO_4\downarrow+2H_2O$$

石膏沉淀经过滤后与产品分离。这种石膏是中性黄色粉末，因此习惯上又称为“黄石膏”，属于无水石膏类型，但因存在大量吸附水和游离水等，所以也有二水石膏成分。

又如用萘和硫酸生产染料中间体（克利夫酸）时，利用白云石粉（$CaCO_3 \cdot MgCO_3$）进行中和，此时过剩的硫酸与白云石所含的碳酸钙反应，同时生成石膏：

$$H_2SO_4+CaCO_3 \longrightarrow CaSO_4\downarrow + H_2O+CO_2\uparrow$$

这种石膏是黄白色中性粉末，含有较多的游离水。

六、石膏基自流平地坪材料的添加剂

1. 减水剂

半水石膏水化成为二水石膏，其理论用水量仅为石膏的 18.6%，而实际上，为了使石膏能充分水化及满足施工操作上的要求，水-石膏比一般为 0.45～0.55。相对来讲，用水量大（水-石膏比大），水化速度较快，但硬化后晶体较粗，孔隙率大，强度较低；用水量小（水-石膏比小），则石膏浆体的流动性差，影响施工操作，而且导致部分石膏得不到充分水化，使强度降低。采用减水剂可以减少拌和用水用量或者提高石膏的强度。因而，和水泥类自流平地坪材料一样，配制石膏基自流平地坪材料也需要使用减水剂或者高效减水剂（流化剂）。

2. 其他添加剂

像水泥基自流平地坪一样，配制石膏基自流平地坪材料也还需要使用保水剂、消泡剂、流平剂以及其他功能性外加剂。

3. 缓凝剂

半水石膏凝结硬化很快，其初终凝时间为 6～30min，可操作时间只有 5～10min，往往不能满足石膏基材料施工的需要。选择适宜的缓凝剂及其掺入量，可实现对石膏基材料凝结时间的大范围任意调节，满足自流平地坪施工工艺的要求。

（1）缓凝剂的作用机理和常用缓凝剂　缓凝剂的作用机理是：①降低半水石膏的溶解度；②减缓半水石膏的溶解速度；③把离子吸附在正在生长的二水石膏晶体的表面，并把它们结合到晶格内；④形成络合物，限制离子向二水石膏晶体附近扩散。

常用的石膏缓凝剂有碱性磷酸盐和磷酸铵、有机酸及其可溶性盐、已破坏的蛋白质，或者是复合型的石膏缓凝剂。例如，酒石酸（JSS)、硼砂（PS)、骨胶（GJ)、柠檬酸（NMS)、六偏磷酸钠（PLSN)、多聚磷酸钠（DJLSN）和SC型缓凝剂等。

(2) 缓凝剂对石膏凝结时间的影响　表6-31展示出SC型缓凝剂应用于湖北应城产建筑石膏、在水-石膏比为0.45时的不同掺入量下的缓凝效果[24]，表6-32是一些常用的缓凝剂对石膏凝结时间影响的实验结果[25]。

表6-31　SC型缓凝剂掺入量对凝结时间和机械强度的影响

缓凝剂掺入量/%	初凝时间/min	终凝时间/min	7d烘干强度/MPa	
			抗折	抗压
0	5	7	—	—
0.1	34	38	—	—
0.2	73	85	—	—
0.3	102	114	3.2	11.3
0.4	176	198	3.3	10.0
0.5	—	—	3.2	9.7

表6-32　缓凝剂掺入量对石膏初凝时间的影响

缓凝剂掺入量/%	初凝时间/min					
	柠檬酸	酒石酸	六偏磷酸钠	多聚磷酸钠	硼砂	骨胶
0	7	7	7	7	7	7
0.05	17	8	17	95	15	14
0.10	45	11	87	143	17	15
0.30	112	12	123	175	17	95
0.50	159	12	178	264	146	138
0.70	231	15	215	386	237	176
1.00	305	13	257	512	361	224

表6-31表明，SC缓凝剂掺入量对石膏强度的敏感性较小。SC缓凝剂的主要成分是二亚乙基三胺五乙酸钠盐，其缓凝机理是在一定碱度条件下对半水石膏颗粒的表面起吸附作用，降低生成结晶胚芽的速度，降低半水石膏的溶解度，从而使半水石膏对于所生成二水石膏的饱和程度减少，减缓结晶化过程，延长了石膏凝结时间。

由表6-32可见，缓凝剂掺入量不大于0.1%时，仅多聚磷酸钠（DJLSN)、六偏磷酸钠（PLSN）及柠檬酸（NMS）的缓凝作用较明显，掺入量大于0.1%时，它们的缓凝时间随掺入量增加而延长；硼砂（PS）和骨胶（GJ）只有掺入量分别达到0.5%和0.3%时才显示出缓凝作用；而酒石酸（JSS）在实验条件下的缓凝效果不明显。

(3) 缓凝剂对石膏抗折强度和抗压强度的影响　缓凝剂能够延缓建筑石膏的凝结时间，使之满足施工操作的要求。但是，缓凝剂的使用并不是仅根据凝结时间的要求进行掺入量调整的，因为一般情况下石膏的抗压强度和抗折强度会随着缓凝剂掺入量的增加而下降。例如，图6-24和图6-25展示出常用缓凝剂对石膏抗压强度和抗折强度的影响。

由图6-24、图6-25可知，掺入量小于0.1%时，样品的抗折强度、抗压强度都随缓凝剂掺入量增加而明显降低，其中掺NMS和DJLSN的样品下降最大；当掺入量大于0.1%时，强度下降减缓，其中分别掺入GJ、DJLSN及PS的样品在掺入量大于0.1%后，随掺入量增加，抗折强度仅稍有降低，抗压强度降低也不显著；但掺入GJ或PS试件的强度要比其他试件的强度高。表6-31中SC缓凝剂掺入量对石膏强度的敏感性也较小。

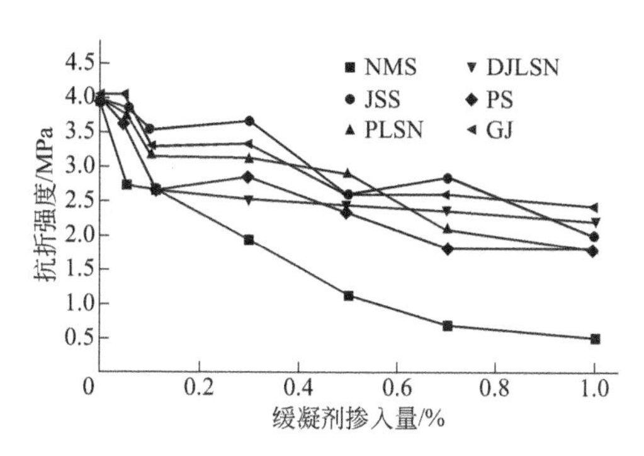

图 6-24　抗折强度随缓凝剂掺入量的变化曲线

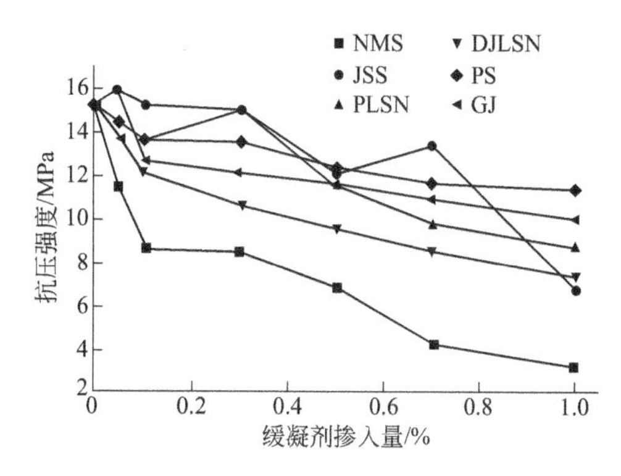

图 6-25　抗压强度随缓凝剂掺入量的变化曲线

七、石膏基自流平地坪材料应用技术

1. 石膏基自流平地坪材料配方举例

石膏基自流平地坪材料作为粉状材料，其生产工艺和技术与水泥基完全相同，不同的是配方构成。下面介绍这类地坪材料的配方。

(1) 天然硬石膏基地面自流平材料　中国专利 CN1693269 是一种天然硬石膏基基地面自流平材料，所述自流平地坪材料的构成（质量分数）为：天然无水石膏粉 80%～90%；碱性激发剂 10%～20%；酸性激发剂 0.5%～1.5%；保水剂 0.03%～0.1%；减水剂 0.5%～1.5%；消泡剂 0.1%～0.5%；粒径在 0.125mm 以下的细河砂 0～100%。

配方中的碱性激发剂和酸性激发剂，是为了提高天然硬石膏胶凝材料的早期强度和后期强度以及凝结硬化性能，而必须使用的石膏改性材料，如果对于建筑石膏，则不需要使用这类激发剂组分，但随之而来的是缓凝剂的使用。

(2) 日本典型的石膏系自流平浆体配方[26]　石膏 70kg，水泥 15kg，石英砂 15kg，增稠剂（纤维素）0.5kg，缓凝剂（胺酸类）0.02kg，消泡剂（有机硅油）0.02kg，水 40kg。

2. 产品技术要求

关于石膏基自流平地坪材料的质量标准，目前有建材行业标准 JC/T 1023—2007《石膏基自流平砂浆》，该标准要求石膏基自流平砂浆的外观为干粉状物，应均匀、无结块、无杂物，其对物理机械性能的规定如表 6-33 所示。

表 6-33　石膏基自流平地坪材料的质量指标

项目			技术指标
30min 流动度/mm		≤	3
凝结时间/h	初凝	≥	1
	终凝	≤	6
强度/MPa	24h 抗折	≥	2.5
	24h 抗压	≥	6.0
	绝干抗折	≥	7.5
	绝干抗压	≥	20.0
	绝干拉伸黏结	≥	1.0
收缩率/%		≤	0.05

3. 石膏基自流平地坪材料的应用技术

在本章第二节中介绍了自流平地面材料的应用技术，其中主要介绍 JGJ/T 175—2009《自流平地面工程技术规程》中的部分内容，也包括石膏基自流平砂浆的应用技术，即材料性能要求、设计、施工和工程验收等支撑其工程应用的相关规定。

JGJ/T 175—2009 规程规定，石膏基自流平砂浆不得直接作为地面面层使用，而仅可用于找平层，且地坪层的厚度不得小于 2.0mm。

4. 石膏基自流平地坪材料的施工

石膏基自流平地坪材料作为一种经济环保型建筑材料，由于凝结硬化快、强度增长迅速、热稳定性好以及不开裂等诸多优点，可广泛应用于室内地面的找平处理和地板采暖地坪系统。石膏基自流平地坪材料的施工和水泥基地坪类似。但是，同水泥基地坪不同的是，其一次性施工厚度可以达到约 60mm（具体厚度与石膏基自流平地坪材料的配方有关），并且干燥快，在其表层可直接铺设地毯、PVC 地板、木地板等地面材料。下面介绍其施工技术。

（1）施工准备

① 材料准备。按照工程应用量预先准备好石膏基自流平地坪砂浆以及配套的界面处理剂，并按照合同要求检查材料的数量、包装；检查随产品配带的软件材料，如产品检测报告（可以是复制件）、使用说明书和施工与验收规程或者施工操作细则等；材料堆置应防潮、防雨。

②工具准备。水准仪或聚乙烯透明软管、标高螺钉等；扫帚、拖把、水桶、铁皮桶等；毛刷或辊筒、搅拌工具如手提式电动搅拌器或者小型搅拌机等；齿形刮板和针辊筒以及钉鞋等。

（2）施工条件和基层处理

① 施工条件。石膏基自流平地坪材料一般不能用于室外地坪，应当在高于 5℃的环境条件下施工。施工期间及施工后的 7d 内，门、窗应关闭；施工后 3d 内空气相对湿度以大于 60%为好。

施工前应对基层地面进行平整度、强度和湿度等情况的检查，并确认地面平整、强度满足设计要求、无裂缝和干燥等。

② 基层处理。将地面的破碎处、水泥灰渣、易剥离的抹灰层及浮土、脏物和残油等彻底清理干净。清除破碎的混凝土层并重新修补，事先修补大的孔洞、裂纹、裂缝等；若地面高差超过 20mm，应事先用修补砂浆修补或者打磨凸起部位。

（3）标高控制与界面处理

① 标高控制。用水准仪或聚乙烯透明软管测定需施工自流平地坪材料的标高与厚度，用标高螺钉将基层的标高标出。一般要求石膏基自流平地坪砂浆的施工厚度不小于 4mm。

② 界面处理。用辊筒或者毛刷将配套界面剂在基层上涂刷 1～2 遍。正常情况下涂刷一遍即可。如遇到基层过于潮湿，或者在第一遍涂刷后出现类似火山口的气孔时需涂刷第二遍。界面剂涂刷后，应保持室内通风，以利于界面剂干燥。

（4）施工

① 料浆调拌。料浆调拌应采用机械搅拌。按照施工加水调配比例把粉料倒入装有清水的桶内，用手持式搅拌机对桶内粉料进行充分搅拌，搅拌 5min 后静置 3min，再对其进行充分的搅拌后即可施工。

② 施工。把调拌好的浆料按照由内到外的顺序倾倒在施工区域内。当石膏基自流平地坪材料自动流平后，再用针辊筒来回辊砂浆表面，以消除砂浆中的气泡。对于局部没有自动流平的，可用齿形刮板清除浇筑泡沫并适当摊铺，辅助流平。石膏基自流平地坪材料的施工时间可以通过合适的添加剂来调节，以适合施工要求。

施工时的浇筑宽度通常不应超过 12m，较宽时可用橡胶条分隔后施工；调拌好的浆料最好在 30min 内施工完；施工机具停用时应及时清洗干净；施工完毕后关闭门窗，注意养护。

石膏基自流平地坪砂浆的用量约为 1.6～1.9kg/（m^2·mm）。

上述这类靠人工的手工操作施工，主要用于小面积的室内地面找平工作。此外，石膏基自流平地坪材料也可以采用机械施工，用料仓供货，连接有气力输送设备，同时采用机械搅拌及输送管道，主要用于大面积地面的找平处理。

（5）施工质量通病及防治办法

① 表面出现火山口类气孔，或者开裂、空鼓、脱落等。可能是因为基层密封不严所致，应注意底层密封完好，对于过于粗糙的地面，应涂刷两遍界面剂；或者是自流平砂浆中缺少消泡剂或者消泡剂用量不足或者使用品种不当，可同材料供应商联系在料浆调配前酌量加入消泡剂。

② 施工后的自流平地面表面有小的团块突起。可能是自流平砂浆调配时搅拌不充分所致。应检查粉料是否有结块、成团等现象，如有结块、成团现象，应先将团块等清理干净后再调配，并适当延长搅拌时间，充分搅拌。

③ 表面有少量返霜。是由于地面封闭施工时没有充分封闭，或者空气相对湿度过大。可在 3d 后用扫帚清理，并用拖把拖洗干净。

④ 局部尤其是施工面接触处平整度差。地面基层未进行充分的预处理或者预处理质量差，高差过大，用料不足或者施工过慢，未遵守操作时间等，应严格按照施工规程施工。

（6）注意事项

① 石膏基自流平地坪砂浆不宜用于室外，或者室内经常有明水接触的结构部位（如厨房、卫生间等）。

② 料浆调配时应严格按照说明书推荐的加水量范围加水调配，应在施工前先进行少量预调配，不能随意增减用水量；并且在调配时不能随意添加集料。

③ 施工后 24h 内自流平地面禁止上人。

④ 石膏基自流平地坪砂浆在运输和储存过程中应注意防潮、防雨。

5. 石膏基自流平地坪材料在地板采暖系统中的应用

用石膏基自流平地坪材料施工地板采暖系统，以房间的整个地面作为散热面，均匀地向室内辐射热量，具有很好的蓄热能力。相对于空调、暖气片、壁炉等采暖方式，具有热感舒适、热量均衡稳定、节能、免维修等特点，其采暖系统的热源可以是热水，也可以是电热丝。石膏基自流平地坪材料地板采暖系统结构如图 6-26 所示。

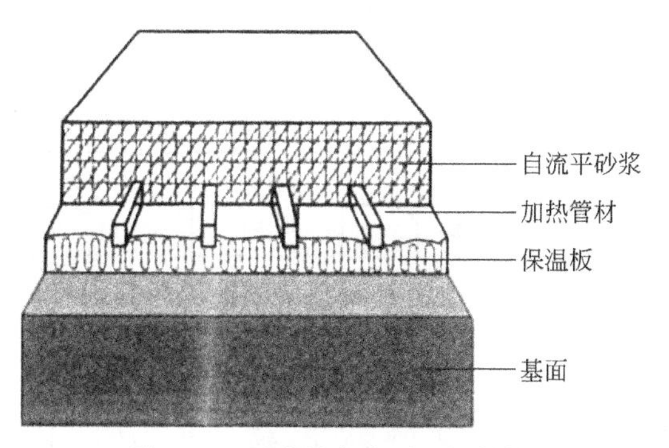

图 6-26　石膏基自流平地坪材料地板采暖系统构造示意图

表 6-34 中比较了石膏基自流平砂浆地板采暖系统（水热源和电热源）和普通细石混凝土地板采暖系统的特征。

表 6-34　石膏基自流平砂浆地板采暖系统和普通细石混凝土统的特征

比较项目	自流平砂浆	细石混凝土
产品质量	工厂化生产的干混砂浆配方科学计量准确，混合均匀	工地现场配料，原材料的计量/配比难以保证
施工	干混砂浆（袋装/散装）在工地易于堆放，有利于文明施工。在工地只需按相应的加水量搅拌均匀或直接用机械搅拌施工。砂浆有很好的流动性，能凭借自身的流动性均匀地分布流入地暖管间的空隙中	工地现场堆放水泥、砂石易造成粉尘污染等脏乱现象。水泥、砂石的搅拌难以保证均匀。流动性差，靠施工人员将砂浆平摊到地暖管间隙中
施工速度	采用机械施工时能大大提高工程进度，正常情况下，采用机械施工可达 $50\sim80m^2/h$。一次施工的厚度可为 4～60mm，由于其内应力低，即使较大的厚度也不会产生裂缝	由于采用现场搅拌，施工速度较慢。如果所铺砂浆厚度过大，养护不好易形成表面裂纹

续表

比较项目	自流平砂浆	细石混凝土
致密性与采暖效果	由于自流平砂浆具有很好的抗离析能力，故硬化后砂浆分布均匀，具有致密的砂浆结构。这种致密的砂浆结构有利于热量均匀的向上传导，从而保证最大的热效应。此外，自流平砂浆与热水管具有很好的握裹力，特别适合与耐高温性能良好的PB管（聚丁烯管）配合使用	由于施工不当易造成离析，即粗骨料易分布在底层，细骨料和粉料则分布在上层。由于骨料的颗粒匹配未能最佳化，砂浆中含有较多的气孔，不利于热传导，易造成热损失。由于掺入了部分粗骨料，个别锋利的边角可能对热水管造成挤压甚至破坏
表面质量	由于具有自流平的优点，故表面平整、光洁	砂浆层的均匀性及表面平整性难以得到保证
早期强度	早期强度高，通常情况下1～2d即可上人，其相应的抗折强度可达到5～10N/mm^2，抗压强度15～30N/mm^2	早期强度较低

八、用脱硫石膏制备自流平地坪砂浆[27]

1. 脱硫石膏的基本性能

脱硫石膏经煅烧后形成α型半水石膏，其标准稠度30%；初凝12min；终凝14min，强度性能见表6-35。

表6-35 脱硫α半水石膏的强度性能

强度	2h抗折强度/MPa	2h抗压强度/MPa	绝干抗折强度/MPa	绝干抗折强度/MPa
性能	6.00	35.10	12.70	55.10

2. 减水剂对石膏基自流平砂浆性能的影响

使用性能优异的三聚氰胺（SM-1）和聚羧酸盐（HC-1）两类高效减水剂配制石膏基自流平砂浆，其对自流平砂浆性能的影响如表6-36所示。

表6-36 减水剂对石膏基自流平砂浆基本性能的影响

减水剂		用水量/%	流动度/mm		强度/MPa		绝干强度/MPa	
类型	掺入量/%		初始	30min后	抗折	抗压	抗折	抗压
SM-1	0	36	140	132	2.00	7.10	5.50	15.40
SM-1	0.5	30	142	141	2.35	8.55	6.20	17.90
SM-1	1.0	29	140	138	—①	—①	—①	—①
HC-1	0.06	24	144	137	3.25	15.10	8.00	31.25
HC-1	0.10	22	146	138	—①	—①	—①	—①

①难以拌和。

从表6-36可以看出，两种减水剂均在一定程度上降低了初始流动度用水量，且显著提高了自流平砂浆各龄期的抗折强度、抗压强度，其中，HC系列减水剂的初始用水量最小，抗折强度、抗压强度最好。增加SM-1减水剂用量，自流平砂浆的初始流动度几乎没有变化，虽然自流平砂浆的30 min流动度损失较小，但是其初始流动度用水量较大，容易造成泌水现象，且自流平砂浆各龄期的抗压强度、抗折强度较低，达不到石膏基自流平砂浆强度指标要求。

掺入HC系列减水剂的自流平砂浆的30min流动度损失>3mm，但其各龄期的抗压强度、抗折强度均达到自流平砂浆强度指标要求，相比于SM系列减水剂，HC系列减水剂掺入量较低。因此，在不泌水、达到自流平砂浆强度指标要求等方面考虑，HC系列减水剂更适用于配制石膏基自流平砂浆，适宜掺入量为0.06%。

3. 集料对石膏基自流平砂浆性能的影响

集料对砂浆的流动度、强度、孔隙率等有显著影响。采用40～80目和80～120目两种粒径的石英砂作粗细集料，对自流平砂浆性能的影响如表 6-37 所示。

表 6-37 集料对自流平砂浆性能的影响

石英砂掺入量/%		用水量/%	流动度/mm	
40～80 目	80～120 目		初始	30min 后
20	20	27	142	141
20	20	28	148	147
20	30	23	142	136
25	25	22	141	139
30①	20	23	140	137
35	15	23	142	138

① 稍泌水。

从表 6-37 可以看出，石英砂掺入量从 40% 增加到 50%时，自流平砂浆的初始流动度用水量降低，这是因为石英砂代替部分石膏。

当 40～80 目和 80～120 目两种石英砂掺入量为 40%、50%，两种石英砂的比例为 1∶1 时，自流平砂浆的流动度损失较小且不会出现泌水现象，此时自流平砂浆的表观性能较好。

4. 缓凝剂对石膏基自流平砂浆性能的影响

α 型半水石膏的凝结较快，加水搅拌后几分钟内就失去流动性，因而石膏基自流平砂浆中必须使用缓凝剂。在加入一定量水泥作激发剂情况下，商品 SC 石膏缓凝剂对石膏基自流平砂浆性能的影响如表 6-38 所示。

表 6-38 SC 石膏缓凝剂对石膏基自流平砂浆性能的影响

水泥掺入量/%	SC 石膏缓凝剂掺入量/%	用水量/%	流动度/mm	
			初始	30min 后
5	0.02	23	145	123
5	0.03	21	149	132
5	0.04	19	140	130
5	0.05	19	149	135
0.5	0.03	22	144	136
0.5	0.04	22	141	134
0.5	0.05	22	142	138

从表 6-38 可以看出，当水泥掺入量为 5% 时，自流平砂浆的 30min 流动度损失较大，当水泥掺入量降低到 0.5%时，自流平砂浆的 30min 动度损失明显变小。当水泥掺入量降低为 0.5%时，随着缓凝剂掺入量从 0.03%增加到 0.05%，自流平砂浆的 30min 流动度损失逐渐变小。可见，水泥和缓凝剂的适宜掺入量分别为 0.5%和 0.05%。

5. 保水剂对石膏基自流平砂浆性能的影响

选用甲基纤维素醚作保水剂时，其掺入量从 0.05%增加到 0.15%时，自流平砂浆的初始流动度用水量几乎没有变化，流动度损失也较小，但是当保水剂掺入量低于 0.10%时，自流平砂浆会出现泌水现象，起不到增稠保水剂作用，且自流平砂浆硬化后会出现起粉现象。当保水剂掺入量为 0.10%和 0.15%时，自流平砂浆不泌水，不起粉，这可能是由于保水剂掺入量的增加，提高了自流平砂浆的保水能力，缩短了凝结时间。

6. 消泡剂对石膏基自流平砂浆性能的影响

自流平料浆配方中加有减水剂、乳胶粉和保水剂等材料，施工时需要高速搅拌，浆体中易产生大量气泡且不易破灭而影响石膏基自流平砂浆的性能，如使砂浆的强度降低等。当选用粉末状改性硅氧烷基消泡剂时，能抑制泡沫的产生和消泡。

当消泡剂掺入量低于0.03%时，消泡效果不明显；当消泡剂掺入量大于0.06%时，消泡剂会将部分水以气泡扩散的形式带到自流平砂浆的表面，造成自流平砂浆的泌水，并因此影响自流平砂浆的初凝、终凝时间。该种消泡剂的适宜掺入量为0.04%～0.05%。

7. 乳胶粉对石膏基自流平砂浆性能的影响

乳胶粉能够显著提高石膏基自流平砂浆的黏结强度、抗折强度和柔韧性等。EVA类可再分散乳胶粉对石膏基自流平砂浆的性能影响如表6-39所示。

表6-39 EVA乳胶粉对石膏基自流平砂浆性能的影响

乳胶粉添加量/%	初始流动度/mm	1d强度/MPa		绝干强度/MPa		拉伸黏结强度/MPa	绝干压折比
		抗折	抗压	抗折	抗压		
0	145	3.25	15.10	8.00	31.25	0.88	3.91
1	150	3.00	13.65	9.00	31.70	0.92	3.52
2	150	2.80	12.65	9.00	31.55	0.98	3.51
3	147	2.70	12.60	9.70	34.00	1.20	3.51

从表6-39可以看出，在相同的用水量下，乳胶粉的掺入改变了石膏基自流平砂浆的初始流动度和力学性能。在初始流动度用水量不变的情况下，掺入EVA的石膏基自流平砂浆的初始流动度增大，虽然其1d抗折强度、抗压强度降低，但其绝干抗压强度、抗折强度、绝干压折比和拉伸黏结强度提高。

当EVA乳胶粉掺入量≤2.00%时，石膏基自流平砂浆的拉伸黏结强度低于1.0MPa，当EVA乳胶粉掺入量为3.00%时，石膏的压折比和绝干抗折强度、抗压指标最好，拉伸黏结强度达到1.2MPa。

8. 脱硫石膏基自流平砂浆的配比

脱硫石膏基自流平砂浆的基本配方为：脱硫α半水石膏50%；40～80目石英砂25%，80～120目石英砂25%；激发剂（水泥）0.5%；SC石膏缓凝剂0.05%；保水剂（甲基纤维素醚）0.10%，改性硅氧烷基消泡剂0.05%；EVA乳胶粉3.00%，水23%。（石膏和石英砂为基本配料，二者之和为100%，其余助剂为该基础上所占的质量分数。）

九、天然硬石膏自流平地坪砂浆配方研究[28]

1. 天然硬石膏的凝结硬化及其活性激发

（1）硬石膏的水化硬化　硬石膏的化学组成主要是$CaSO_4$，属于正交晶系。根据无水石膏结晶水含量及水化活性的不同，硬石膏可分为α、β、γ三种。二水石膏在加热过程中当温度升至200℃时，半水石膏首先转变为γ-$CaSO_4$，并含有比例很小的结晶水，其亲水性强，在潮湿空气中可转变为半水石膏；温度升至300～700℃时，γ-$CaSO_4$转变为β-$CaSO_4$，同时形成一种很致密的稳定的结晶相。β-$CaSO_4$即天然硬石膏，具有潜在的水化活性，但其水化速率缓慢；当二水石膏经1100℃以上高温煅烧后，即形成不具有水化活性的α-$CaSO_4$硬石膏[29～32]。

天然硬石膏水化硬化为二水石膏是一个热力学自发过程（25℃时ΔG为−18kJ/mol），这是硬石膏作为建筑材料使用的化学基础，但在实际应用中凝结硬化缓慢。将天然硬石膏磨成细粉，加水调和后也能较缓慢地水化硬化，且在25～30℃的室温干燥条件下强度不断增长，28d抗压强度能达到14.3～17.1MPa。研究发现，约有20%左右的硬石膏水化生成二水石膏。这是由于天然硬石膏中往往含有其他成分，可能有活化作用；同时磨细过程能使硬石膏部分活化，促进水化能力。但总的来说，天然硬石膏本身的胶凝性很差，能够达到的强度有限，在很多情况下不能满足使用要求，一般需要采取措施提高其活性。

（2）硬石膏的活性激发　采取措施提高硬石膏的活性，通常也称为激发，即采用一定的方法加速其水化硬化过程的反应速率。天然硬石膏的活性激发主要有机械力化学法、热化学法和外加剂激发法等。前两种方法有时也并称为物理活性激发。机械力化学法主要是通过机械粉磨增大物料比表面积，增加反应的可能性。热化学法是通过适当温度煅烧硬石膏，使其晶格畸变，激发其水化活性。这两种方法激发硬石膏活性的效能较低，仍不能使天然硬石膏达到实际使用要求，因此需要在天然硬石膏中掺入激发剂进行化学活性激发。

外加剂激发法是通过改变硬石膏水化硬化模式达到激发其活性的目的。在硬石膏中加入某些无机物或有机物以改变其无水石膏相的溶解度或改变它的溶解速度。在这些外加剂的激发作用下，硬石膏水化硬化能力增强，凝结时间缩短。根据激发性能不同，激发剂可分为：硫酸盐激发剂、碱性激发剂以及高炉矿渣和粉煤灰等复杂化合物。

（3）硬石膏激发剂　图 6-23 展示出部分激发剂对天然硬石膏水化率的影响（即激发效果）[21]。

（4）激发剂激发硬石膏活性机理　硬石膏具有组成络合物的能力，在有水和盐存在时，硬石膏表面生成不稳定的复杂水化物，然后此水化物又分解为含水盐类和二水石膏。正是这种分解反应生成的二水石膏不断结晶，使浆体凝结硬化。

2. 天然硬石膏自流平地坪砂浆配方研究用原材料

（1）天然硬石膏　经粉磨的丰富粉状产品，密度为 2.92g/cm^3，细度约 200 目，比表面积 3100cm^2/g，白度约 68，初凝时间约 15h，终凝时间约 77h，pH 值 7.9；化学成分见表 6-40；硬石膏的 X 射线粉末衍射分析结果见图 6-27。

表 6-40　自流平地坪砂浆配方研究用天然硬石膏的化学成分

化学成分	CaO	SO_3	MgO	Al_2O_3	Fe_2O_3	K_2O	Na_2O	酸不溶物	烧失量	附着水	结晶水
含量/%	38.47	51.54	3.14	0.08	0.01	0.01	0.015	1.03	5.33	0.17	0.37

由图 6-27 可见硬石膏的主要物相组成为 $CaSO_4$，此外还有微弱的 $CaMg(CO_3)_2$ 和 $CaCO_3$ 特征峰。结合化学分析结果可知，微量 MgO 是白云石矿物组分特征。

（2）硫酸盐硬石膏激发剂　包括 $Na_2C_2O_4$、$(NH_4)_2SO_4$、Na_2SO_4、$NaHSO_4$、K_2SO_4、$Al_2(SO_4)_3$、$KAl(SO_4)_2$、$FeSO_4 \cdot 7H_2O$ 及 $KAl(SO_4)_2 \cdot 12H_2O$ 等。

（3）水泥　32.5 级早强复合硅酸盐水泥、52.5 级铝酸盐水泥和 42.5 级早强快硬硫铝酸盐水泥。

（4）减水剂、乳胶粉和保水剂　其名称和技术性能见表 6-41，供应商均为瓦克（Wacker）化学（中国）股份有限公司。

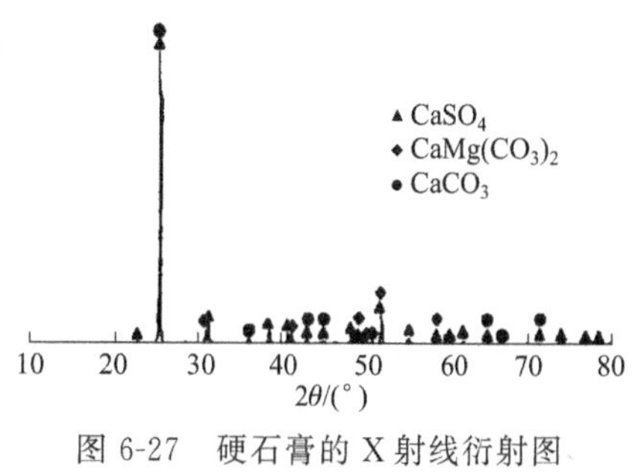

图 6-27　硬石膏的 X 射线衍射图

表 6-41　自流平地坪砂浆配方研究用减水剂、乳胶粉和保水剂的技术性能

类别	名　称	技术性能描述
减水剂	1#：MELMENT F10	为蜜胺树脂类减水剂，白色可自由流动粉末，堆积密度 500～800kg/m^3，pH 值 9.0～11.4
	2#：Melflux 2651	为聚羧酸盐类减水剂，橘色至褐色粉末，堆积密度 300～600 kg/m^3，pH 值 6.5～8.5
	3#：Liquiment5581F	为聚羧酸盐类减水剂，黄色至淡黄色粉末，堆积密度 400kg/m^3，pH 值 7.5

续表

类别	名 称	技术性能描述
乳胶粉	1#:5044N	白色粉末,固含量99%,灰分13%,表观密度450g/L
	2#:5011L	白色粉末,固含量99%,灰分11%,表观密度550g/L
保水剂	Starvis 3003F	淡黄色粉末,堆积密度250~400 kg/m³,pH值7~9

(5) 粉煤灰 符合Ⅱ级粉煤灰标准。

3. 激发剂对硬石膏自流平地坪砂浆性能的影响

图6-28所示为分别添加不同激发剂的硬石膏在不同龄期的水化率。硬石膏的添加量为硬石膏:激发剂=100:1(摩尔比)。

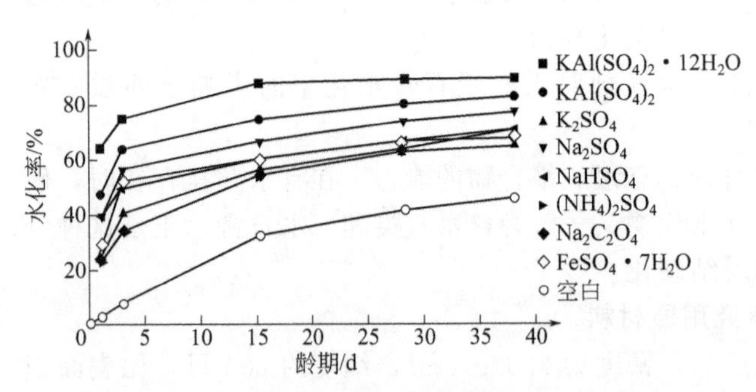

图6-28 激发剂对不同龄期硬石膏水化率的影响

从图6-28可以看出,不同激发剂对硬石膏水化能力的影响不同,但其水化速率均加快。$KAl(SO_4)_2 \cdot 12H_2O$ 和 $KAl(SO_4)_2$ 的激发效果最好,3d水化率都达到60%以上;其次是 Na_2SO_4;而 K_2SO_4、$NaHSO_4$、$FeSO_4 \cdot 7H_2O$、$Na_2C_2O_4$ 和 $(NH_4)_2SO_4$ 的效果基本一致,但仍能大幅提高硬石膏的水化率。若以 $KAl(SO_4)_2 \cdot 12H_2O$ 为激发剂,成型过程中会产生大量气泡,这是因为硬石膏中含有少量碳酸盐矿物,$KAl(SO_4)_2 \cdot 12H_2O$ 水解后生成的 H^+ 将与 CO_3^{2-} 作用产生 CO_2 气体;煅烧明矾 $KAl(SO_4)_2$ 中含有活性 Al_2O_3 和 K_2SO_4,均对硬石膏有激发作用。对硬石膏来说,选择 $KAl(SO_4)_2$、Na_2SO_4 和 K_2SO_4 作激发剂较合适。

硬石膏与激发剂摩尔比为100:1时,激发剂对硬石膏自流平地坪砂浆抗折强度、抗压强度和凝结时间的影响见表6-42。

表6-42 不同激发剂对硬石膏自流平地坪砂浆物理性能的影响

激发剂种类	绝干强度/MPa		凝结时间/h	
	抗折	抗压	初凝	终凝
空白	—	0.43	15.0	77.0
K_2SO_4	0.80	1.50	4.8	11.7
$KAl(SO_4)_2 \cdot 12H_2O$	—	—	3.4	9.6
$KAl(SO_4)_2$	4.54	7.76	2.9	4.6
$Na_2SO_4 + K_2SO_4$(摩尔比为1:1)	6.20	12.40	2.4	4.8
$K_2SO_4 + Al_2(SO_4)_3$(摩尔比为1:1)	6.53	9.34	1.9	3.6

由表6-42可见,适量复合激发剂能够改善硬石膏自流平地坪砂浆的物理性能,Na_2SO_4 与 K_2SO_4 按摩尔比为1:1复合使用,硬石膏自流平地坪砂浆的综合物理性能较好。

根据这些结果,在添加适量硫酸盐激发剂后,在硬石膏中分别添加硅酸盐、铝酸盐和早强快硬硫铝酸盐水泥,水泥掺入量对硬石膏基自流平地坪砂浆抗压强度的影响见图6-29。

由图6-29可见,随水泥掺入量增加,抗压强度逐渐提高;在相同掺入量下,硬石膏-硅酸盐水泥体系和硬石膏-铝酸盐水泥体系的抗压强度基本一致,而硬石膏-硫铝酸盐水泥体系的抗压强度明显提高;对于硬石膏-硫铝酸盐水泥体系,当水泥掺入量低于40%时,抗压强度随水泥掺入量增大而大幅提高,当水泥掺入量为40%时,其绝干抗压强度为27.2MPa。其后继续增加水泥掺入量，抗压强度基本稳定不变。

4. 减水剂对硬石膏自流平地坪砂浆性能的影响

对于硬石膏，聚羧酸盐类减水剂在掺入量较低的情况下具有较好的流动度[33]，蜜胺树脂类减水剂即使增大掺入量，分散效果也差于聚羧酸盐类减水剂。硬石膏添加适量复合激发剂后，减水剂对硬石膏自流平地坪砂浆流动度的影响（水膏比为 0.21）见图 6-30。图中 1#、2#、3# 减水剂名称和性能见表 6-41。

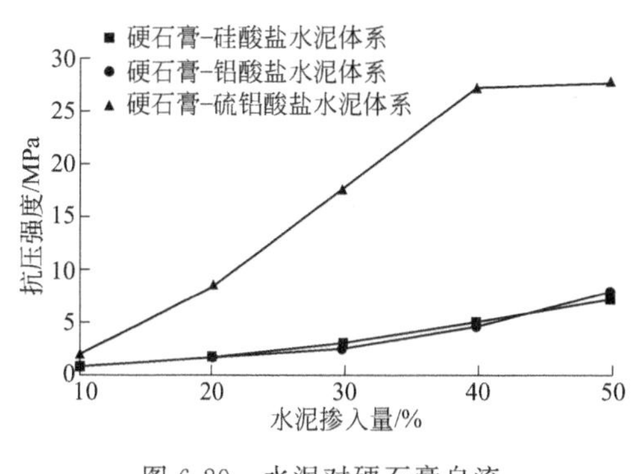

图 6-29 水泥对硬石膏自流平地坪砂浆抗压强度的影响

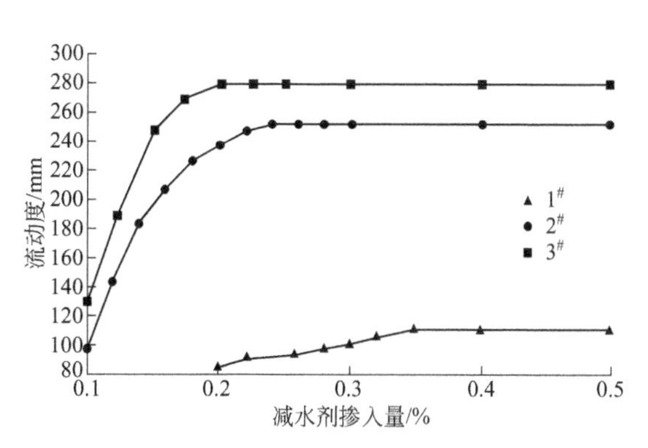

图 6-30 减水剂对硬石膏自流平地坪砂浆流动度的影响

由图 6-30 可知，对于 1# 减水剂，掺入量为 0.35%才达到其饱和掺入量，流动度仅为 110mm；对于 2# 减水剂，掺入量为 0.25%即达到饱和掺入量，流动度为 250mm；对于 3# 减水剂，掺入量为 0.225%就达到饱和掺入量，流动度为 280mm。显然，3# 减水剂减水效果优于 1# 和 2# 减水剂。聚羧酸盐类减水剂之所以具有良好的分散性和高效减水效果，是因为在分子主链或侧链上引入强极性基团，使分子具有梳形结构，这样可以通过调节聚合物的分子量来提高减水性，通过调节侧链分子量增加立体位阻作用而提高分散性。研究中添加适量 Liquiment 5581F 减水剂的硬石膏具有良好的流动性。

5. 乳胶粉对硬石膏自流平地坪砂浆性能的影响

乳胶粉对添加适量复合激发剂和减水剂后的硬石膏自流平地坪砂浆性能的影响见表 6-43。

表 6-43 乳胶粉对硬石膏自流平地坪砂浆性能的影响

乳胶粉种类	胶粉掺入量/%	绝干抗折强度/MPa	绝干抗压强度/MPa	拉伸黏结强度/MPa	绝干质量/g
空白	0	3.93	23.73	0.22	436.17
5044N	1	4.67	19.18	0.4	427.23
	2	5.17	18.83	0.63	423.13
	3	6.15	17.48	0.77	421.60
5011L	1	3.90	14.60	0.38	440.63
	2	4.70	14.65	0.57	447.33
	3	5.23	14.27	0.64	455.07

由表 6-43 可见，随乳胶粉掺入量增加，硬石膏自流平地坪砂浆的绝干抗折强度和拉伸黏结强度逐渐提高。对于 5044N 乳胶粉，随其掺入量增加绝干抗压强度和试块绝干质量逐渐降低；对于 5011L 乳胶粉，随其掺入量增加绝干抗压强度基本稳定不变，绝干抗折强度和绝干质量逐渐增大。根据绝干质量可知，5011L 乳胶粉降低了硬石膏自流平地坪砂浆的含气量，使得抗压强度提高，因此随掺入量增加绝干抗压强度并没有降低。当乳胶粉掺入量超过 2%时，反

而会对地面材料基本性能产生不利影响，因此适宜添加量应控制在2%左右。总之，添加适量5011L乳胶粉，能够改善砂浆的力学性能。

6. 保水剂对硬石膏自流平地坪砂浆性能的影响

保水剂能够有效解决自流平材料因失水过快而产生的问题。由于保水剂本身具有增稠增黏作用，对于自流平地面流动度会产生不利影响，因此应控制其种类和添加量。在上述实验基础上对硬石膏添加适量复合激发剂、减水剂和乳胶粉后保水剂对硬石膏自流平地坪砂浆保水率的影响见表6-44。

表6-44 保水剂对硬石膏自流平地坪砂浆保水率的影响

保水剂掺入量/%	0	0.05	0.10
保水率/%	78.4	90.0	92.1

从表6-44可以看出，当Starvis3003F型保水剂掺入量为0.05%时，料浆保水率为90.0%，此时浆体均匀性良好，无离析沉降现象出现；当掺入量为0.10%时，料浆保水率为92.1%。

7. 微集料对硬石膏性能的影响

粉煤灰作为微集料会影响硬石膏基地面材料基本性能，其对硬石膏自流平地坪砂浆性能的影响见表6-45。

表6-45 粉煤灰对硬石膏自流平地坪砂浆流动度的影响

粉煤灰掺入量/%	0	1	2	3	4	5
流动度/mm	210	213	215	217	213	207

由表6-45可知，粉煤灰掺入量为3%时比未掺入粉煤灰的料浆流动度增大了7mm。

8. 硬石膏自流平地坪砂浆基本配方

硬石膏自流平地坪砂浆的基本配方（以质量分数计）：硬石膏60%～70%，复合激发剂（早强快硬硫铝酸盐水泥和适量硫酸盐激发剂）10%～40%，聚羧酸盐类减水剂0.25%～1.00%，乳胶粉0～3%，保水剂0.05%～0.10%，粉煤灰0～5%。

十、氟石膏基自流平地坪砂浆[34]

氟石膏氢氟酸生产过程中排放的工业废渣。我国氟石膏目前主要用作水泥缓凝剂，大部分氟石膏稍加中和后作为固体废弃物堆存，既占用土地，又污染土壤和地下水。下面介绍以氟石膏废渣为主要原料，通过掺入激发剂、减水剂、乳胶粉、稳定剂和粉煤灰等制备自流平地坪砂浆的研究。

1. 制备氟石膏自流平地坪砂浆用氟石膏

pH值为2.54，密度为2.93g/cm^3，化学成分见表6-46，X射线衍射分析见图6-31。

表6-46 制备自流平地坪砂浆研究用氟石膏的化学成分

化学成分	CaO	SO_3	MgO	Al_2O_3	Fe_2O_3	水溶F	全F	酸不溶物	烧失量	附着水	结晶水	pH值
含量/%	41.21	56.09	0.16	0.01	0.20	0.053	0.517	0.32	0.99	0.20	0.84	2.54

从表6-46可见，氟石膏中酸不溶物等杂质含量较少，氟石膏中水溶性的氟在全氟中的比例很小，说明氟石膏中的氟主要以难溶于水的CaF_2形式存在且含量极低，不会危害人体健康。同时，氟石膏一般无放射性污染，因此利用氟石膏作为建筑材料是安全可行的。

从图6-31可知其主要化学组成为$CaSO_4$，经计算其含量为92.3%，在石膏资源中其品级较高。由于氟石膏中残留少量酸，所以在改性前应使用Ca（OH）$_2$调节其pH值呈中性。

2. 激发剂对氟石膏性能的影响

氟石膏水化活性差，硬化后强度低，须进行改性才能应用。氟石膏的改性目前主要有粉磨、热处理和添加外加剂等方法。

添加外加剂法是在氟石膏中加入适量物质以改变 $CaSO_4$ 的溶解度或溶解速度，加快 $CaSO_4 \cdot 1/2H_2O$ 的生成速率，提高氟石膏的水硬性，缩短凝结时间。目前使用的激发剂主要有硫酸盐、碱性激发剂和其他盐类激发剂。硫酸盐激发剂主要有 $KAl(SO_4)_2 \cdot 12H_2O$、煅烧明矾以及各种硫酸盐[Na_2SO_4、K_2SO_4、$Al_2(SO_4)_3$、$FeSO_4$、$CuSO_4$、$(NH_4)_2SO_4$]等。

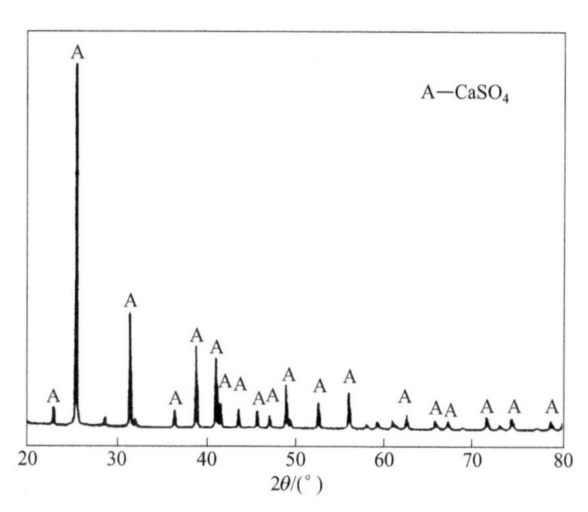

图 6-31　制备自流平地坪砂浆用氟石膏 X 射线衍射图

碱性激发剂主要有水泥、石灰、高炉矿渣、粉煤灰等，其他盐类激发剂有 $K_2Cr_2O_4$、$Na_2C_2O_4$ 等，下面介绍的研究采用自制的复合激发剂。其中，激发剂 1# 为 K_2SO_4；2# 为 $K_2Cr_2O_4$ 和 $KAl(SO_4)_2 \cdot 12H_2O$ 的复合物，复合比例为摩尔比 1∶1；3# 为 Na_2SO_4 和 $FeSO_4$ 的复合物，复合比例为摩尔比 1∶1；4# 为 K_2SO_4 和 $Al_2(SO_4)_3$ 的复合物，复合比例为摩尔比 1∶1。氟石膏与激发剂摩尔比为 100∶1。

不同激发剂对氟石膏的激发效果见表 6-47。

表 6-47　激发剂对氟石膏性能的影响

激发剂种类	力学强度/MPa		凝结时间/h	
	绝干抗折强度	绝干抗压强度	初凝	终凝
空白	—	0.9	18.9	84.0
1#	1.1	4.4	3.8	21.7
2#	2.5	7.1	9.4	12.6
3#	4.6	12.2	5.8	7.2
4#	7.2	22.4	1.38	5.8

从表 6-47 可见，激发剂可以有效提高材料的力学强度，缩短氟石膏的凝结时间。

3. 减水剂对自流平地坪砂浆性能的影响

(1) 减水剂对流动性的影响　图 6-32 所示是不同减水剂在不同掺入量下对氟石膏基自流平地坪砂浆流动性的影响。其中，1# 为聚羧酸盐类减水剂；2# 为蜜胺树脂类减水剂。对于 1# 减水剂，当掺入量小于 0.15%时，随着掺入量增加流动度显著增大；当掺入量为 0.15%时流动度达到最大，为 290mm；其后基本上稳定在 280～290mm。

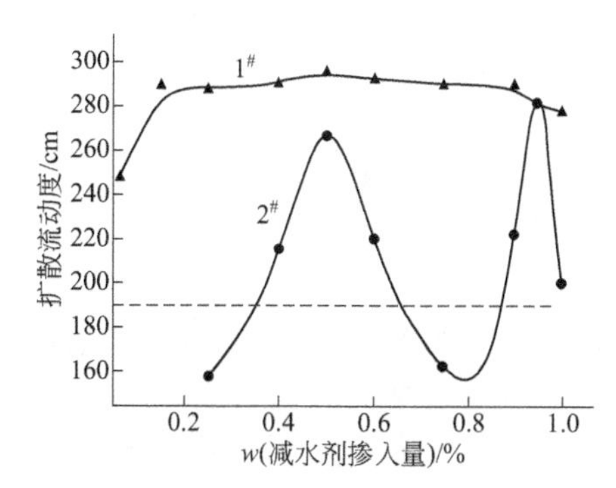

图 6-32　减水剂对氟石膏自流平地坪砂浆流动性的影响

对于 2# 减水剂，当掺入量从 0.25%增至 0.50%时，随掺入量增加流动度从 158mm 增至 267mm；但当掺入量从 0.50%增至 0.75%时，随着掺入量增加流动度显著减小，从 267mm 减至 163mm。随着减水剂掺入量进一步增加流动度呈增大趋势。当掺入量为 0.95%时流动度达到另一个峰，为 282mm；其后随着掺入量增加流动度又呈减小趋势。这说明 2# 减水剂的适宜掺入量范围较窄。

（2）减水剂对力学性能的影响　减水剂对氟石膏自流平地坪砂浆力学强度的影响见表 6-48。

表 6-48　减水剂对氟石膏自流平地坪砂浆力学强度的影响

减水剂种类	掺入量 /%	流动度 /mm	绝干抗折强度 /MPa	绝干抗压强度 /MPa
1#	0.25	240	2.5	7.07
1#+2#	0.25+0.40	240	3.6	8.32
2#	1.00	240	4.6	20.77

从表 6-48 可见，随着减水剂掺入量的增加，氟石膏自流平地坪砂浆绝干抗折强度和抗压强度显著增大，说明减水剂可以提高材料的力学强度。这是因为适量减水剂可以使氟石膏在保持原有流动度的情况下减少拌和用水量，从而降低氟石膏硬化体的孔隙率，提高致密性和抗渗性。此外，减水剂会在氟石膏颗粒表面形成吸附膜，影响 $CaSO_4 \cdot 2H_2O$ 的生成速率，使其晶体的生长更完善，网络结构更密实，提高材料强度。

4. 乳胶粉对氟石膏自流平地坪砂浆性能影响

表 6-49 为乳胶粉对氟石膏自流平地坪砂浆力学性能的影响。

表 6-49　乳胶粉对氟石膏自流平地坪砂浆力学性能的影响

乳胶粉掺入量 /%	绝干抗折强度 /MPa	绝干抗压强度 /MPa	拉伸黏结强度 /MPa	绝干质量 /g
0	3.96	8.3	0.28	444.0
2	4.2	14.4	0.56	444.6
3	5.6	13.7	0.64	440.3
4	6.2	21.2	1.68	437.2

从表 6-49 可知，随着乳胶粉掺入量的增大，绝干抗压强度和拉伸黏结强度逐渐增大；绝干抗折强度则先减小然后逐渐增大。乳胶粉改善了砂浆的和易性。柔性聚合物的加入提高了基体的变形能力，且聚合物用量越大赋予材料的变形能力也越大，吸收应力的能力也就越大，可有效防止微裂缝在基体内部出现，使抗折强度和黏结强度提高。

5. 稳定剂对氟石膏自流平地坪砂浆性能的影响

一般的砂浆稳定剂是纤维素醚类产品，也称保水剂，能防止浆料发生泌水和离析，改善和易性和保水性。这里介绍的氟石膏基自流平地坪砂浆配方研究中采用一种阴离子型聚合物黏度改善剂作为稳定剂，既能有效改善氟石膏基自流平砂浆的保水性，又不会增大浆体的黏稠度和影响浆体的流动度。

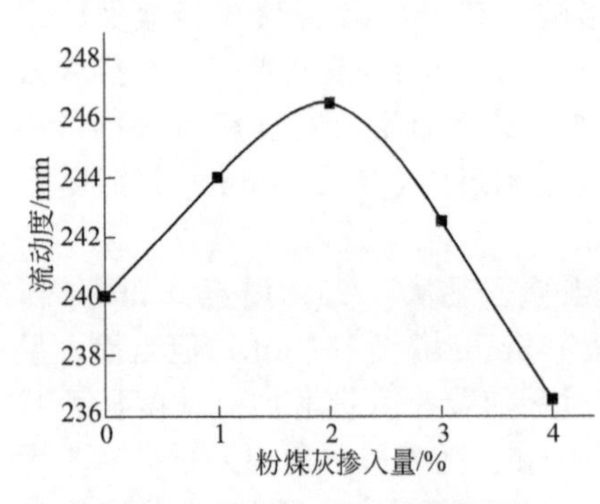

图 6-33　粉煤灰对氟石膏自流平地坪砂浆流动性的影响

6. 粉煤灰对氟石膏基自流平砂浆性能的影响

粉煤灰对氟石膏基自流平地坪砂浆流动度的影响见图 6-33。

从图 6-33 可见，当粉煤灰掺入量为 2%时氟石膏基自流平地坪砂浆的流动度比不掺粉煤灰时提高 6.5mm。这是因为粉煤灰含大量空心玻璃微珠，在料浆中能够产生“滚珠轴承”效应。此外，粉煤灰还能够改善材料的颗粒级配，提高密实度，进而提高力学性能（见表 6-50）。

表 6-50 粉煤灰对氟石膏自流平地坪砂浆力学性能的影响

粉煤灰掺入量/%	绝干抗折强度/MPa	绝干抗压强度/MPa
0	3.4	10.1
2	3.2	8.6
4	5.7	18.5

从表 6-50 可见，当粉煤灰掺入量为 2%时，氟石膏基自流平地坪砂浆的抗折强度和抗压强度均降低，当掺入量增大到 4%时抗折强度和抗压强度均提高。这可能是由于粉煤灰只能产生微弱的水化反应，当其掺入量低时相当于增加了惰性集料，而当掺入量增大后粉煤灰的“滚珠轴承”效应、微填料效应和碱激发等共同作用能够相互叠加。

7. 氟石膏基自流平地坪砂浆基本配方

氟石膏基自流平地坪砂浆配方（以质量计）为：氟石膏 75.0%～90.0%；激发剂 10.0%～25.0%；减水剂 0.2%～1.0%；乳胶粉 0～4.0%；稳定剂 0.05%～0.10%；粉煤灰 0～5.0%。

将拌制的氟石膏基自流平地坪砂浆拌和物浇筑在 800mm×800mm 的水泥地坪上，使之自动流平，流平后厚度为 100m 左右。浇筑 2h 后用塑料膜养护，3d 后砂浆表面光滑，无裂纹。实验时的空气相对湿度为 25%～32%，气温为 10～12℃。

参考文献

[1] 宋志根，裴金荣，游劲秋．自流平地坪材料的研制与应用．新型建筑材料，1999，(4)：15-16.

[2] 罗庚望．水泥系自流平材料研究应用进展．化学建材，1995，11 (5)：218-220.

[3] 卜景龙．地面自流平材料的研制．新型建筑材料，2003，(9)：30-32.

[4] 宋学锋，何廷树，詹美洲，等．粘塑剂对免振捣自密实混凝土性能的影响．混凝土，2002，(11)：39-41.

[5] 周晓群．JD 单组分地面自流平材料研制与应用．北京建材，1997，(4)：1-5.

[6] 张杰．可再分散乳胶粉在自流平地坪材料中的应用．新型建筑材料，2003，(6)：28-30.

[7] 张雄，张永娟．建筑功能砂浆．北京：化学工业出版社，2006：360.

[8] 肖力光，罗兴国．可再分散乳胶粉在水泥砂浆中的应用．混凝土，2003，(4)：60-62.

[9] 胡飞，肖静芝，付为明，等．新型自流平水泥地坪涂料施工工艺的研究．新型建筑材料，2000，(1)：29.

[10] 王先进，张岭东，田爱明．自流平隔音仿瓷地面．保温材料与节能技术，1994，(5)：10-12.

[11] 杜建光，叶枝荣．YD 型高效自流平砂浆流化剂的研制．建筑材料学报，2000，3 (1)：37-41.

[12] De Gasparo，J Kighelman，R Zurbriggen，等．自流平地面砂浆的性能机理及应用．新型建筑材料，2006，(9)：4-7.

[13] 刘红飞，蒋元海，叶蓓红．建筑外加剂．北京：中国建筑工业出版社，2006：322.

[14] 于啸武，寇全军，郭新军，等．耐磨彩色地面硬化剂施工工艺．建筑技术，2006，37 (9)：687-688.

[15] 石伟国．金刚砂整体耐磨地坪施工技术．建筑技术，2006，(9)：683-684.

[16] 王学森．耐磨混凝土配合比试验研究．混凝土，2002，(4)：45-46.

[17] 贺虎成，唐德高，曹兰付，等．刚玉微粉混凝土的研究．新型建筑材料，2004，(12)：4-5.

[18] 沈刚，董发勤．石墨导电混凝土的研究．混凝土，2004，(2)：21-23.

[19] 白轲．碳纤维水泥基复合材料导电性能研究．长沙：中南大学，2009.

[20] 科博尔．Vinnapas® 可再分散乳胶粉对石膏基灰泥的改性作用．化学建材，1999，15 (6)：41-44.

[21] 袁润章．胶凝材料学．第 2 版．武汉：武汉工业大学出版社，1996：192.

[22] 邓鹏，王培明．天然硬石膏的活性激发及改性．新型建筑材料，2007，(1)：62-64.

[23] 彭家惠，吴莉，张建新．磷石膏基建筑腻子的配制与性能．新型建筑材料，2002，(1)：25-26.

[24] 岑如军，唐蕾，鲍水红，等．建筑粉刷石膏的研制．新型建筑材料，2003，(11)：36-39.

[25] 张锦峰，许红升，谢红波，等．缓凝剂对建筑石膏性能及结晶习性的研究．新型建筑材料，2006，(5)：55-58.

[26] 苑金生．地面自流平材料的发展．中国建材，1997，(12)：46-48.

[27] 徐亚玲，陈柯柯，施嘉霖．脱硫石膏用于自流平地坪的应用研究．粉煤灰，2011，(4)：18-22.

[28] 王丽，王鹏起，周建中．硬石膏自流平地面材料配方试验探索．新型建筑材料，2015，(9)：19-22.

[29] 法国石膏工业协会．石膏．杨得山译．北京：中国建筑工业出版社，1987.

[30] M Farnsworth. The hydration of anhydrite. Industrial and Engineering Chemistry，1925，17 (9)：967-970.
[31] D Freyer，W Voigt. Crysallization and phase stability of $CaSO_4$ and $CaSO_4$-based salts. Monatshefte for Chemie，2003，134：693-719.
[32] E Finot，E Lesniewska，J P Goudonnet，et al. Correlation between surface forces and surface reactivity in the setting of piaster by atomic force microscopy. Applied Surface Science，2000，161：316-322.
[33] 林艳梅. 早强型聚羧酸高性能减水剂的合成研究. 新型建筑材料，2014，(5)：11-14.
[34] 王丽，赵金平，冯菊莲，等. 氟石膏基自流平地坪砂浆的试验研究. 矿物岩石，2012，32 (2)：7-11.